JN246515

書籍のコピー，スキャン，デジタル化等による複製は，
著作権法上での例外を除き禁じられています．

ま え が き

　本書は，ドイツ語授業を受けはじめた高校のときから，今日に至るまでに，高校・大学・大学院での授業・講義，ドイツでの企業研修，大手製鉄会社勤務，ドイツ駐在，ISO事務局，翻訳業務で得た経験・知見・技術を基に，科学技術の分野でよく使われる科学技術ドイツ語について，『科学技術和独英大辞典』としてまとめてみた．

　科学技術文献・特許の翻訳の際に，迷ったとき，「あ，そうか！」と納得していただけたら，幸いである．本書で挙げた語は，筆者が実際に遭遇した，または使用した生きた科学技術ドイツ語・文で，有用と思われるもののみを集めたものであるので，実際の業務・翻訳で役立つことを確信している．科学技術ドイツ語辞典については，国内で最近刊行されることがなく，科学技術の進展に適応できていないのが現状である．また，著者をはじめとする団塊の世代の幅広い経験・技術の伝承の面からもこの種の辞典が望まれていた．本書が現在では古くなっている専門辞典との懸け橋となって，科学技術ドイツ語の理解の一助となれば，著者の幸いとするところである．

　なお，本書で取り上げた文章のうち，短い文については，一般的に使われ，著作権的に意味がないと思われるものについては，出典を示さなかったが，長文については，その都度出典を書き添えた．また，利便性を考え，できるだけ英語も併記した．しかし，読者にとっても煩雑となると思われる，あまりにも初歩的な単語などは，独英語ともに省いた．略語については，英語であってもそのままよく使われるもの，重要と思われるものについては採用した．さらに文法については，本書が実用に処することを目的にしていることから，ある程度文法は習得されていることを念頭に置き，できる限り最小限に抑えた．

　さらに，本書では主に，技術論文，技術系雑誌，特許などでよく用いられる語ほかについて，実用上の観点からまとめてみた．本書は和独辞書であるので和独翻訳などで日本語から引くときはもちろんであるが，“独和翻訳”の際に，本書を使って関係・関連する語を引き，そこからヒントを得て，独語の適切な日本語訳を見い出すうえでも大いにお役に立つことができるのではと考えている．また，本書は，従来の和独辞書にありがちな，短く切った断片的で単発的な単語のみならず，ドイツ語に特有の長いひとまとまりな単語・合成語，並びに文章成分なども，現実に即して積極的に採り上げ，読者のドイツ語に対する理解が幅広く拡がりを持って進み，利便性が高まるように努めた．

2018年新春　軽井沢の山荘にて

町村　直義

凡　例

1. 見出し語以下の説明については，次の配列に従って行なった.

1) 見出し語（現代かなづかい，平仮名と片仮名で表示）−通常表記和文単語（和文別名，類義語，関連語など，必要により語の説明または補足）−独訳語−独語類義語・同義語，関連語・反対語−英訳語−「；」で仕切り用例など−専門分野別略語表示

2) 略語が対象の場合：見出し語（現代かなづかい，平仮名と片仮名で表示）−通常表記和文単語（和文別名，類義語，関連語など，必要により語の説明または補足）−対象略語＝独語全文または英語その他言語全文＝英語全文または独語その他言語全文−「；」で仕切り用例など−専門分野別略語表示

【具体例】

ホスホグリセリンアルデヒドだっすいそこうそ　ホスホグリセリンアルデヒド脱水素酵素（高エネルギーリン酸結合形成に関与），PGADH = Phosphoglyzerinaldehydehydrogenase = phosphoglycerin aldehyd dehydrogenase 化学 バイオ 医薬

2. 見出し語は，現代かなづかいを用いて次の順序により配列した.

1) 五十音順
冗長に過ぎない範囲で発音にできるだけ沿った記述とした（例えば，長音が続く「セパレーター」は「セパレータ」とする）.

2) 清音・濁音・半濁音の順

3) 促音・拗音・直音の順

4) 和語・漢語・外来語の順

5) 通常表記和文単語で，漢字表記のあるときは，① 漢字の字数が少ないものが先，② 字数が同じときは，1字目の漢字の画数が少ないものが先，③ 1字目の漢字の画数が同じときは，2字目以下の画数による.

6) 外来語で同じ見出しのときは，原語の綴りのアルファベット順とする.

7) 英字・数字を含む見出し語は，その発音により配列した.

8) ギリシャ文字の接頭記号を持つ見出し語については，その発音により配列した. ギリシャ文字以外のD-, L- などについては，その発音により配列した.

9) 長音は「あ行」のかなに置き換えた位置に配列した.

10) 平仮名と片仮名のみの通常表記和文単語は，見出し語と同じくなるので省略した.

3. 和文別名，類義語，関連語などでの，必要による語の説明または補足
通常表記和文単語の次にくる "和文別名，類義語，関連語など，必要により語の説明または補足 "については（　）を用い，読者が望むと思われる語について，ほかの日本語との関係，表示独語の意味するところを，より広く的確に理解を深めていただけるように表示した.

4. 独語類義語・同義語，関連語・反対語
独訳語の次には，独語類義語・同義語，関連語・反対語などを示し，読者が重要な科学技術独訳語の位置づけを把握しやすくなるように努めた.

5. 括弧表示は（　　　）とし，二重括弧となる場合は［（　）］とした.

6. 類義語・同義語，関連語・反対語，用例の和訳は（　）括弧に入れた.

7. コロンとセミコロンの使い分けは以下の通りとする.
：（コロン）は，「つまり」「すなわち」と前文（語）とイコールに近い場合に用いる.

;（セミコロン）は「一方」「それと」「だけど」など，前文（語）とは切れ目の比重が大きい場合に用いる．

8．漢字の読みについては，必要により［　］にて示した．

9．次項に示す ㊤ 英語表示・㊧ ドイツ語表示について
英独で，形容詞，動詞の場合などは，同じ綴り，もしくはわずか違いなどで判別がしにくいことから，㊤㊧ をできるだけ，あえて表示し，読者の便を図った（heploid, orbital など，頭文字が独語でも小文字のため）．単語または略語で，それが英語（圏）起源または英語である場合には，和独辞書の性格上読者の理解の助けになるよう ㊤ の表示をいれた．ただし性が示されている独語名詞の直後に英単語が配置される場合には，明確に判別できるため ㊤ をはぶいた．その他読者のわかりやすさを念頭にできるだけ ㊤㊧ を付加表示した．

10．符号・記号・略語
㊚ 男性名詞
㊛ 女性名詞
㊥ 中性名詞
㊁ 複数形
㊟ 類義語・同義語
㊟ 関連語・反対語
etwas　　　事物の4格
etwas$^{(3)}$　　事物の3格
etwas$^{(2)}$　　事物の2格
$^{+2,+3,+4}$上付き数字は格支配を示す．
㊟ 他動詞
㊟ 自動詞
㊟ 再帰動詞　　4格の再帰代名詞を必要とする再帰動詞には sich を，3格のそれを必要とする再帰動詞には sich$^{(3)}$ を添えて示した．
㊤ 英語表示
㊧ ドイツ語表示

㊏ フランス語表示
㋶ ラテン語表示

11．専門分野別略語（五十音順）
㊎ 労働安全，労働災害，労働衛生，安全教育，食の安全
㊎ 医学，薬学，医薬品
㊎ 印刷，印刷用紙，製紙
㊎ エネルギー，省エネルギー，熱
㊎ 音響学，音響
㊎ 海洋
㊎ 化学，化学工学，化学プラント，石油化学工学，石油化学プラント，石油，分析
㊎ 環境，環境保護，自然保護，エコロジー
㊎ 機械全般，自動車，自転車，機械設計，製図
㊎ 規格関連，基準
㊎ 気象，天候，気象学
㊎ 軍事全般，兵器，核兵器
㊎ 経済社会全般，経営，労働，労務
㊎ 原子力，原子力発電
㊎ 建設，建設工学，建築，建築工学，土木，土木工学，橋梁，橋梁工学，コンクリート，コンクリート工学
㊎ 光学，レーザー，レーザー機器，プラズマ
㊎ 航空機，航空工学，宇宙工学，宇宙，天体，人工衛星
㊎ 鉄道，鉄道工学，電車，交通工学，交通全般，地理
㊎ 分塊，圧延，鍛造，材料，加工，熱処理，表面処理，性質，品質，品質管理，製品，材料全般
㊎ 雑貨，その他の工業製品
㊎ 社会全般，社会問題
㊎ 食品，食品工業，栄養
㊎ 数学
㊎ 製銑，製銑原料，焼結，コークス炉，高炉，製錬
㊎ 製品

精錬 溶銑処理，溶解，精錬，転炉，電気炉，炉外精錬，製鋼，非鉄精錬，造塊

設備 設備，装置

繊維 繊維工業，織物，布，裁縫，ミシン

船舶 船舶工学，船舶

全般 科学工学全般，研究，研究開発，教育

操業 操業，運転

組織 協会，連盟，学会，団体，組織，公共機関，政府機関，国際組織，EU

単位 単位，単位系

地学 地学，土壌，採掘，採鉱，鉱物，鉱物資源，鉱床，石炭

鋳造 鋳造，鋳物，造塊，鋳鉄

鉄鋼 鉄鋼全般

電気 電気，電子，通信，コンピュータ，計測，分析，電気・電子材料，半導体，

発電，発電設備，プラズマ，磁気

統計 統計

特許 特許関連

バイオ バイオ，動植物，農業，生理学

非金属 非金属材料全般，セラミックス，耐火煉瓦，スラグ

非鉄 非鉄金属材料全般，非鉄材料，非鉄金属製造法，非鉄精錬

品質 品質，品質管理

物理 物理，気象，地震，火山，磁気，プラズマ

物流 物流，物流システム，倉庫，倉庫システム

放射線 放射線，放射線治療

法制度 法律，制度，規則，条例，国際条約，制度

溶接 溶接，溶接施工，溶接冶金

リサイクル リサイクル，リサイクル技術・設備

連鋳 連続鋳造

あ

アークあんていそうち アーク安定装置, Lichtbogenstabilisator 男, arc stabilizer 溶接 電気 機械 精錬

アークほうでん アーク放電, Lichtbogenentladung 女, arc discharge 電気 精錬 機械

アークようせつ アーク溶接, Lichtbogenschweißung 女, arc welding 溶接 機械

アークようだん アーク溶断, Lichtbogenschneiden 中, arc cutting 溶接 機械

アークろ アーク炉, Lichtbogenofen 男, arc furnace 精錬 電気 材料

アース Erdung 女 電気

アースせつぞくターミナルブロック アース接続ターミナルブロック, Leiteranschluss-Klemmblock 男, terminal block for earth connection 電気

アーチきょう アーチ橋, Gewölbebrücke 女, arched bridge 建設

アーチこうはいせつごうぶ アーチ後背接合部(アーチと前壁間)クラック, Rückenfugenriss 男, crack in arch rear exterior side connecting part 建設

アーチじょうりゅうめん アーチ上流面(アーチ背面), Krümmungsaußenseite 女, extrados, exterior curve of an arch 建設

アーチそとがわのきょくせん アーチ外側の曲線(アーチ背面), Krümmungsaußenseite 女, extrados, exterior curve of an arch 建設

アーチはいめん アーチ背面, Krümmungsaußenseite 女, extrados, exterior curve of an arch 建設

アーチはいめんせりもちだい アーチ背面迫持台, Gewölbekämpfer 男, springing of extrados 建設

アーチファクト [(生体電気計測で障害となる) 雑音成分, 障害陰影, 人工物, 人為構造], 英 artifact 化学 バイオ 医薬 電気

アーチリング Gewölbering 男, arch ring 建設

アーバ Dorn 男, 類 Spindel 女, arbor 機械

アーバーサポート Traglager des Dorns 中, arbor support 機械

アール・イー・エヌプログラム REN プログラム(無尽蔵にあるエネルギー源を使った, エネルギーの合理的な使用と, そこからの受益に関するプログラム), REN-Programm = Programm"Rationale Energirverwendung und Nutzung unerschöpflicher Energiequelle" エネ 環境 機械

アール・ピー・エフシステム RPF システム(繰り返し機構付きフィードバックフィードフォアワッド制御系), RPF-System = 英 repetitive programmed controller feedforward/feedback computer system 電気 機械 設備

アールフィコエリスリン R フィコエリスリン(蛍光色素, フローサイトメータで使う蛍光標識物質), RPE = R-Phycoerythrin 光学 化学 バイオ

アイ・イー・シー60825-1 IEC60825-1 [レーザー製品の安全性を規定した IEC (国際電気標準会議) の規格(safty of laser products)] 電気 規格 組織

アイ・エス・オーかんど ISO 感度, ISO-Filmempfindlichkeit 女, iso film speed 光学 電気

アイがたこう I 形鋼, I-Profil 中 材料 鉄鋼 建設

アイがたざい I 形材(I 形断面), I-Profil 中, I-profie 材料 鉄鋼 非鉄 建設

アイがただんめん I 形断面(I 形形材), I-Profil 中 材料 建設

アイコン(ボタン), Symbol 中, 類 Icon 中, icon 電気

アイコンバー Symbolleiste 女, icon bar 電気

あいぜんごして 相前後して, hintereinander 設備 全般

あ

アイソセンター Isozentrum 中, isocenter 化学 バイオ 放射線

アイ・ディートークン IDトークン(識別子トークン), 英 ID-Token, 英 identifier -token 電気

あいてがわフォームフィッティングけつごうの 相手側フォームフィッティング結合の, gegenformschlüssig, 英 mating form-fitting connection 機械

あいてがわプラグ 相手側プラグ, Gegenstecker 男, mating plug 電気

アイドリング Leerlauf 男, idling, running without load 機械

アイドリングこんごうき アイドリング混合気, Standgas 中, idling mixture 機械 環境 エネ

アイドリングロス Leerlaufverluste 男, 複, losses in idle 機械

アイドルタイム Nebenzeit 女, 類 Stillstandszeit 女, idle time, down time 操業 設備 機械

アイ・ピーアドレス IPアドレス, IP-Adresse = 英 internal protocol adress 電気

アイフック Ösenhaken 男, eyehook, eyelet, clevis hook 機械

アウトカップリングまど アウトカップリング窓, Auskoppelfenster 中, outcoupling window, coupling-out window 光学

アウトソーシング Fremdleistung 女, 類 Fremdvergeben 中, out sourcing 経営 操業

アウトバウンド OB = outbound = auslaufend 物流 製品

あえんきダイキャストごうきんのしょうひんめい 亜鉛基ダイキャスト合金の商品名(米国), ZAMAK = Zink + Aluminium + Magnesium + Kupfer Legierung 鋳造 材料 機械

あおりど 煽り戸, Klappe 女, flap door 機械

あかがね 赤金(銅, あかがね, アカガネ, レッドメタル), RM = Rotmetall = red metal 非鉄

あがり(ぶい) 揚がり(部位), Erhebung 女, elevation, rise 機械 特許

あがりどめ 揚り止め, Erhebungsanhalt 男, elevation stop 交通 機械

あきだか あき高(内法の高さ), lichte Höche 女, clear height, upper clearance 交通 機械 建設

あきゅうせいさいきんせいしんないまくえん 亜急性細菌性心内膜炎, SBE = subakute bakterielle Endokarditis = subacute bacterial endocarditis バイオ 医薬

あきょうしょうの 亜共晶の(< 4.3C%), untereutektisch, 英 hypo-eutectic 材料 製銑 精錬 鋳造 鉄鋼 非鉄

あきょうせきの 亜共析の(< 0.85C%), untereutektoidisch, 英 hypo-eutectoid 材料 製銑 精錬 鋳造 鉄鋼 非鉄

あくせいこうたいおんしょうこうぐん 悪性高体温症候群, MHS = malignes Hyperthermiesyndrom = malignant hyperthermia syndrome 医薬

あくせいひんけつ 悪性貧血, PA = perniziöse Anämie = pernicious anemia 医薬

アクセサリー (コンピュータなどのアクセサリー), Zubehör 中, accessory 機械 電気

アクセスかんり アクセス管理, Zugriffssteuerung 女, access control, AC 機械 電気

アクセスけん アクセス権, Zugriffsrecht 中, right to access 電気

アクセスタイム (メモリー上のデータの読み見出しに要する時間など), Zugriffszeit 女, access time 電気

アクセスのしやすさ Zugänglichkeit 女, accessibility 電気

アクセルペダル Gaspedal 男, accelerator pedal, gas pedal 機械

アクチベータいでんし アクチベータ遺伝子, Aktivatorgen 中, activator gene バイオ 医薬

アクチュエータ Stellantrieb 男, 類 Antrieb 男, acutuator 機械 電気

アクリルさんメチル アクリル酸メチル(主

にアクリル樹脂の原料として使用されており，ほかの樹脂の共重合原料などにも用いられる．出典：製品評価技術基盤機構，2008, p.3), Methylacrylat 中, 英 methyl acrylate 化学 材料

アクリロニトリル・ブタジエンきょうじゅうごうゴム アクリロニトリル・ブタジエン共重合ゴム，NBR = 英 nirile-butadien rubber 化学 材料

アクリロニトリル・ブタジエン・スチレンさんげんきょうじゅうごうたい アクリロニトリル・ブタジエン・スチレン三元共重合体，ABS = Acrylnitril-Butadien-Styrol = acrylonitrile-butadiene-styrene terpolymer 化学 材料

あさがお 朝顔，Rast 女, bosh, notch 製銑 設備 機械 非鉄

あさんかちっそ 亜酸化窒素，Stickstoffoxydul 中, 類 Distickstoffmonoxid 中, N_2O, dinitrogen monoxide, nitrous oxide 化学 バイオ 医薬

あしおきだい (オートバイなどの)足置き台，Fußraste 女, foot rest 機械

あしかけだい 足掛け台(ラッチ, キャッチ), Raste 女, foot rest, latch, catch, notch 機械

あしくびかんせつじょうぶ 足首関節上部，OSG = Oberes Sprunggelenk = upper ankle joint 医薬 電気

あしば 足場，Rüstung 女, scaffolding, scaffold 建設 設備

アジピンさん アジピン酸(ナイロンの原料として工業的に重要), Adipinsäure 女, adipin acid 化学 材料

アジマスかく アジマス角，Azimutwinkel 男, azimuth angle 電気 機械

アジャストメント Anordnung 女, adjustment 機械

あしゆび 足指，Zehe 女, toe 医薬

あしょうさんえん 亜硝酸塩，Nitrit 中, nitrite 化学

アシルきてんいこうそ アシル基転移酵素(脂肪酸転移反応を触媒する酵素の総称．出典：日本光合成学会ホームページ), Acyltransferase 女, acyltransferase

化学 バイオ

アスパラギンさんアンモニアリアーゼ アスパラギン酸アンモニアリアーゼ，Aspartatammoniatiklyase 女, aspartate ammonia-lyase (E.C.4.3.1.1) 化学 バイオ

アスパラギンさんキナーゼ アスパラギン酸キナーゼ，Aspartatkinase 女, aspartate kinase (E.C.2.7.2.4) 化学 バイオ

アスペクトひ (タイヤの)アスペクト比，Höhe zu Breite Verhältnis 中, aspect ratio 機械

アスペルギルス・アワモリ (泡盛麹), Aspergillus awamori 男, 英 Aspergillus awamori 化学 バイオ

アスペルギルス・オリーゼ (米麹菌，コウジ), Aspergillus oryzae 男, 英 Aspergillus oryzae 化学 バイオ

アスマンつうふうかんしつけい アスマン通風乾湿計，Assmann'sches Aspirationspsychrometer 中, 英 Assmann aspiration psychrometer 化学 環境 気象

アセチルシスティン ［パラセタモール(アセトアミノフェン)の過剰摂取の治癒，嚢胞性線維症や慢性閉塞性肺疾患などにみられる多量の粘液分泌の緩和に使用される医薬品である．出典：The American Society of Health-System Pharmacists, ウイキペディア], NAC = N-Acetylcystein = N-acetyl Cystein バイオ 医薬

アセチルペニシラミン NAP = N-Azetylpenicillamin = N-acetyl-D, L-penicillamine 化学 バイオ 医薬

アセテーター Acetator 男, acetator, vinegar fermenter 化学 バイオ 設備

アセトアニリド Acetanilid 中, acetanilide 化学

アセトン Aceton 中, acetone 化学

アセンブリー Satz 男, assembry 機械

アセンブリげんご アセンブリ言語，Assemblersprache 女, assembler language 電気

あそび 遊び，Spiel 中, backlash, side play, play 機械

あそびぐるま 遊び車，Losrad 中, 類 lose Rolle, idler wheel 機械

あ

あそびはぐるま 遊び歯車, leerlaufend-es Rad 中, 類 Sicherheitsrad 中, idle gear 機械

アタッチメント Vorsatzteil 男, attachment 電気 機械

アダプター Vorsatzgerät 中, 類 Ansatzstück 中, adapter 電気 機械

あたん 亜炭, Braunkohle 女, lignite, brown coal 地学 製銑 エネ

あつい 厚い, mächtig, thick 地学

あついた 厚板, Grobblech 中, 関 Stahlblech 中, plate 材料 機械

あついたあつえんき 厚板圧延機, Grobblech-Walzwerk 中, plate rolling mill 材料 操業 設備

あつえんけいかく 圧延計画, Walzprogramm 中, roll plan 材料 操業 設備

あつえんせいひんこうさ 圧延製品公差, Walzguttoleranz 女, roll products tolerance 材料 操業 設備 製品 品質

あつえんのちゅうだん 圧延の中断, トラブル, Walzunterbrechung 女, roll interruption 材料 操業 設備

あつえんほう 圧延法, Walzverfahren 中, rolling process 材料 操業 設備

あつえんほうこう 圧延方向, Walzrichtung 女, direction of rolling 材料 操業 設備

あっか 悪化(劣化), Verschlechterung 女, deterioration 材料 物理 化学

あつかべの 厚壁の, dickwandig, thickwalled 材料 操業 設備 機械 化学

あっくうシール 圧空シール, APS = 英 air pressure sealing 操業 設備 機械 材料

あっくうシリンダー 圧空シリンダー, Pneumatikzylinder 男, pneumatic cylinder 機械

あっこん 圧痕, Eindruck 男, impression, indentation, mark 材料 機械

あつさ 厚さ, Stärke 女, strength, starch 機械 材料 化学

あっさくする 圧搾する, quetschen, 英 crush, 英 squash, 英 squeeze 機械

あっしゅくうんどう 圧縮運動, Einfederbewegung 女, compression move-ment, compression travel 機械

あっしゅくくうきエンジン 圧縮空気エンジン, Pressluftmotor 男, compressed air motor 機械

あっしゅくけいすう 圧縮係数, Kompressibilitäts-Koeffizient 男, 類 関 Druckkoeffizient 男, Pressbarkeitsfaktor 男, Verdichtbarkeit 女, compression coefficient 材料 機械

あっしゅくしけんき 圧縮試験機, Druckprüfmaschine 女, compression test, pressure test 材料 機械 エネ

あっしゅくする 圧縮する komprimieren, compress 機械 化学 電気

あっしゅくせい 圧縮性(圧縮率), Verdichtbarkeit 女, compatibility 鋳造 機械 化学 材料 非金属

あっしゅくつよさ 圧縮強さ, Druckfestigkeit 女, compressive strength 材料 機械 化学

あっしゅくてっきん 圧縮鉄筋, Druckstab 男, pressure bar, compression beam 材料 建設

あっしゅくひ 圧縮比, Verdichtungsverhältnis 中, compression ratio, C.R. 材料 鋳造 機械

あっしゅくビーム 圧縮ビーム, Druckstab 男, pressure bar, compression beam 材料 建設

あっしゅくピストンリング 圧縮ピストンリング, Druckkolbenring 男, compression piston ring 機械

あっしゅくひずみ 圧縮ひずみ, Druckformänderung 女, compressive deformation/strain 材料 機械 化学

あっしゅくりつ 圧縮率, Verdichtbarkeit 女, compatibility 鋳造 機械 化学 材料 非金属

あっせつ 圧接, Pressschweißung 女, pressure welding 溶接 機械 材料

あつそうだんそうさつえいほう 厚層断層撮影法, Sonographie 女, sonography 医薬 電気 機械 光学 音響

あつでんセラミックス 圧電セラミック, PK = Piezo-Keramik = piezo-ceramic

物理 電気 非金属

あつでんの 圧電の piezoelektrisch, 英 piezoelectric 電気

あつどう 圧胴, Gegendruckzylinder 男, inking or impression roll 印刷 機械

アットマーク @, Klammeraffe 男, at sign 電気 印刷

アッパーダイ Patrize 女, 関 Matrize 女, upper die, punch, patrix 機械

アッパービーム Querhaupt 中, upper beam, top beam 機械 建設

あっぱくたい（血圧計の）圧迫帯, Manschette 女, cuff 医薬 機械

あっぱん 圧版, Druckform 女, 類 Druckplatte 女, pressure plate, printing plate 印刷 機械

アップセッティング Gesenkdrücken 中, 類 Stauchung 女, upsetting 機械 操業 設備

アップデート Akutualisierung 女, up-dating 電気 機械

アッベすう アッベ数, Abbesche Zahl 女, abbe's number 光学 音響

あつみほうこうのしんどうによってしょうじるびびりもよう 厚み方向の振動によって生じるびびり模様, Dickenwelle 女, gage chattering mark 機械

あつりょく，たいせき，おんど 圧力, 体積, 温度, PVT = 英 pressure, volume, temperature = Druck, Volumen, Temperatur 化学 物理 精錬

あつりょくおくり 圧力送り, Druckförderung 女, pressure transport 機械 操業 設備 エネ

あつりょくおんどスイングきゅうちゃくほう 圧力温度スイング吸着法, PTSA = 英 pressure and temperature swing adsorption 化学 操業 設備

あつりょくかく 圧力角, Pressungswinkel 男, pressure angle, angle of obliquity 機械

あつりょくコイルばね 圧力コイルばね, Druckspiralfeder 女, presure spiral spring 機械

あつりょくしゅかん 圧力主管, Druck-

hauptrohr 中, pressure main pipe 機械 操業 設備 化学

あつりょくじゅんかつ 圧力潤滑, Druckschmierung 女, forced feed lubrication, pressure lubrication 機械 化学

あつりょくスイングきゅうちゃくほう 圧力スイング吸着法(混合気体の分離・濃縮操作), PSA = 英 pressure swing adsorption = Druckwechseladsorption 化学 操業 設備

あつりょくせいぎょべん 圧力制御弁, Druckbegrenzungsventil 中, pressure control valve, excess pressure valve 機械 操業 設備 化学

あつりょくせつぞく（ぶい）圧力接続(部位), Druckanschluss 男, pressure connection, pressure port 機械 操業 設備 化学

あつりょくチャンバー 圧力チャンバー, Druckbehälter 男, pressure chamber, pressure tank, pressure vessel 機械 操業 設備

あつりょくちょうせいそうち 圧力調整装置, Druckregulator 男, pressure controller 機械 化学

あつりょくちょうせいべん 圧力調整弁, Druckregelventil 中, 類 Drucksteuerventil 中, performance valve 機械 化学

あつりょくでんたつそうち 圧力伝達装置, Druckübertragungseinrichtung 女, pressure transpotation equipment 機械 エネ

あつりょくばめ 圧力ばめ, Presspassung 女, force fit, interference fit 機械

あつりょくぶんぷ 圧力分布, Druckverteilung 女, 類 Presssitz 男, pressure distribution 機械 材料 エネ

あつりょくふんむしきバーナー 圧力噴霧式バーナー, Druckzerstäubungsbrenner 男, 類 Druckzerstäuber 男, mechanical atomizer burner 機械 材料 エネ

あつりょくヘッド 圧力ヘッド, Druckhöhe 女, discharge head, delivery charge head 機械 操業 設備 化学

あてがねつぎて 当て金継ぎ手, Lasche 女, connector, plate, eye,

shackle 機械

あてがねりベットけつごう 当て金リベット結合, Laschennietung 女, strapped revetting binding 機械

アテニュエータ （オペロン内部の転写終結部位）, Attenuator 男, attenuator 化学 バイオ

アデニルさん アデニル酸（RNA 中に見られるヌクレオチドの一種）, Adenylat 中, adenylate 化学 バイオ

アデノシンさんリンさん アデノシン三リン酸, ATP = Adenosintriphosphat = adenosin 5-triphosphate 化学 バイオ

アデノシントリフォスファターゼ （E.C.3.6.1.3）, ATPase = Adenosintriphosphatase, adenosintriphosphatase 化学 バイオ

あといれさきだしほう 後入れ先出し法, LIFO-Methode = last-in-first-out-methode 機械 物流 電気 操業 設備

あとだれする 後だれする, tröpfelnd, 英 dribbling, 英 after dripping 機械

あとづけする 後付けする, nachrüsten, 英 install additionally, 英 expand, 英 retrofit, 英 upgrade 機械 操業 設備

あとねつしょり 後熱処理, Wärmenachbehandlung 女, stress relief heat treatment, post heating 材料 溶接 機械

あともえ あと燃え（アフターバーニング）, Nachverbrennung 女, after burning 機械 精錬 操業 設備 エネ

あなあけかこう 穴あけ加工, Perforieren 中, perforating 機械

あなあけシート 穴あけシート, Lochblech 中, perforated sheet, punched sheet 機械

アナプレロティックけいろ アナプレロティック経路（クエン酸回路の代謝中間体オキサロ酢酸を, ピルビン酸またはホスホエノールピルビン酸から補充する経路などを指す）, anaplerotischer Weg 男, anaplerotic pathway バイオ 医薬

アナログデジタルへんかんき AD 変換器, Digitalisierer 男, analog to digital converter 電気

アニュラス 環状路, Ring-Spalt 男, annulus 機械

アニリンあお・エオジン・フロキシンせんしょく アニリン青・エオジン・フロキシン染色（病理組織染色法）, WEP = Wasserblau-Eosin-Phloxin = waterblue-eosin-phloxin（staining）化学 バイオ 医薬

アノマー Anomer 中, anomer 化学

あばた （痘痕）, Ansatz 男, 類 Schülpe 女, scab, crater, pockmark 材料 鋳造 機械

アフィニティー・クロマトグラフィー Affinitätschromatographie 女, affinity chromatography 化学 バイオ 電気

アブシシンさん アブシシン酸（植物ホルモンの一種. 構造的にはセスキテルペンに属する. 休眠や生長抑制, 気孔の閉鎖などを誘導する）, Abscisinsäure 女, abscisic acid, ABA 化学 バイオ

アフターバーニング （あと燃え）, Nachverbrennung 女, after burning 精錬 操業 設備 機械

アフターファイヤリング （排気管燃焼）, Nachverbrennung 女, post combustion, after firing 精錬 操業 設備 機械

あぶら 油, Ol = ㋺ oleum = Öl 化学 機械

あぶらあなつきツイストドリル 油穴付きツイストドリル, Spiralbohrer mit Ölkanälen 男, twist drill with oil channel 機械

あぶらいれぼうばくこうぞう 油入れ防爆構造, EX-o（規格）, Immersionsöl und explosionsgeschützte Struktur 女, Oil-immersion and explosion-proof structure 電気 機械 規格

あぶらうけ 油受け, Ölsumpf 男, oil sump 機械

あぶらかきリング 油掻きリング, Ölabstreifring 男, oil control ring, oil scraper ring 機械

あぶらきゅうしゅうせいの 油吸収性の, oleophil, 英 oleophillic 機械 材料 化学 バイオ

あぶらきりリング 油切りリング Ölschleuderring 男, oil thrower ring 機械

あぶら‐くうきかんしょうき 油‐空気緩衝器, Öl-Luftdämpfer 男, oleo shock absorber 機械

あぶらくぼみ 油窪み, Schmiertasche 女, lubrication indentation, lubrication pocket 機械

あぶらだめ 油溜め, Ölsumpf 男, oil sump 機械

あぶらぶんりき 油分離器, Ölabscheider 男, oil trap, oilseparator, oil stripper 機械

あぶらポケット 油ポケット, Schmiertasche 女, lubrication indentation, lubrication pocket 機械

あぶらポンプ 油ポンプ, Ölpumpe 女, lubricating-oil pump 機械

あぶらみぞ 油溝, Schmiernute 女, 類 Ölnut 女, lubrication groove, oil groove 機械

アプリケーションソフトウエアー（アプリ）, Anwendungssoftware 女, application software 電気

アプリケーションプロセスきじゅつ・ひょうげん アプリケーションプロセス記述・表現, Anwendungsprozessbeschreibung 女, application process description 電気

アプリケータ Aufbringvorrichtung 女, applicator 機械 電気

あふれべん あふれ弁, Überflussventil 中, over flow valve 機械 化学

アポプラストせんじょうえき アポプラスト洗浄液, apoplastische Waschflüssigkeit 女, apoplastic rinsing solution 化学 バイオ

あま 亜麻, Flachs 男, 類 Lein 男, 関 Hanf 男, Kenaf 男, flax バイオ 繊維

アマルガムか アマルガム化, Amalgamierung 女, amalgamation 化学

アミノきてんいはんのう アミノ基転移反応（アミノ基転移反応の生成物は通常アラニン, アスパラギン酸, グルタミン酸のいずれかである）, Transaminierung 女, transamination バイオ 医薬

アミノさんさんかこうそ アミノ酸酸化酵素, AAO ＝ 英 amino-acid oxidase ＝ Aminosäureoxidase, LAOD バイオ 医薬

アミノさんざんき アミノ酸残基, Aminosäurerest 男, amino acid residue バイオ 医薬

アミノさんちかん（こうかん） アミノ酸置換（交換）, Aminosäureaustausch 男, exchange of amino acids バイオ 医薬

アミノさんはいれつ アミノ酸配列, Aminosäuresequenz 女, amino-acid sequence バイオ 医薬

あみめスクリーン 網目スクリーン, Raster 男, halftone screen 電気

あみめそしき 網目組織, Geflecht 中, fabric, net 化学 繊維 医薬

アミラーゼ Amylase 女, amylase バイオ 医薬

アミルエーテル Amylether 男, amylether 化学

アモルファスの amorph, 英 amorphous 化学 材料

あやめ あや目, Doppelhieb 男, double-cut 機械

アラインメント Fluchtung 女, alignment 機械

アラキジンさん アラキジン酸（ピーナッツ油に約 1% 含まれる飽和脂肪酸）, Arachidonsäure 女, arachidonic acid 化学 バイオ

あらけずり 荒削り, Schruppen 中, rough finishing, rough machining 機械

あらけずりすんぽう 荒削り寸法, Vordrehmaß 中, pre-machining diameter, lathe roughing cut dimension 機械

あらけずりバイト 荒削りバイト, Formwerkzeug 中, 類 Formstahl 男, Schruppwerkzeug 中, Schruppstahl 男, forming tool, roughing tool 機械

あらけずりフライス 荒削りフライス, Formfräser 男, 類 Schruppfräser 男, 関 Schlichtfräser 男, formed cutter, roughing cutter 機械

あらさ 粗さ, Rauhigkeit 女, 類 Rauheit 女, roughness 材料 機械

あらさき あら先, ohne Kuppe, 英 as-rolled end 機械

あらしあげ 荒仕上げ, Schruppen 中, rough finishing, rough machining 機械

アラミド・グラスファイバーきょうかプラスチック アラミド・グラスファイバー強化プラスチック, AFRP = 英 aramid fibre glass reinforced plastic = Aramid Glassfaserverstärkter Kunststoff 化学 材料 機械

アリコート （商品名 英）aliquot；液状陰イオン交換体）, Aliquote 女, 類 関 Aliquot 中, konstante Teilmenge 女, aliquot 化学 数学 統計

ありみぞ あり溝, Schwalbenschwanznut 女, dovetail groove 機械

ありゅうさん 亜硫酸, schwefelige Säure 女, sulfurous acid, H_2SO_3 化学

アリレンビスジチオカルバメート Arylenbisdithiocarbamat 中, arylenbisdithiocarbamate 化学 機械

アルカリか アルカリ価, OH-Zahl 女, total base number 化学 機械

アルカリ・ケイさんはんのう アルカリ・ケイ酸反応, AKR = Alkali-Kieselsäure-Reaktion 化学 建設 精錬

アルカリどるいきんぞく アルカリ土類金属, Erdalkali-metall 中, alkali-earth metal 地学 化学

アルカリの アルカリの, alkalisch, 英 alkaline 化学

アルカン （脂肪族飽和炭化水素の一般名, C_nH_{2n+2}）, Alkan 中, alkane 化学

アルギニノコハクさん アルギニノコハク酸（尿素回路の中間生成物質）, Argininobernsteinsäure 女, argininosuccinic acid バイオ 医薬

アルキルか アルキル化, Alkylierung 女, alkylation 化学

アルキルざんき アルキル残基, Alkyl-rest 男, alkyl residue 化学

アルコールじょうりゅうはいえき アルコール蒸留廃液, Schlempe 女, slip, stillage 化学 バイオ

アルコールをふくまない アルコールを含まない, alkohlfrei, 英 alcohol-free 化学

バイオ

アルコキシルき アルコキシル基, Alkox-ylgruppe 女, alkoxyl group 化学

アルコラート （アルコールの OH 基の水素が金属と変わって塩になった化合物の総称）, Alkoholat 中, alcolate 化学

アルツハイマーしんけいげんせんいへんか アルツハイマー神経原線維変化（アルツハイマー病にかかっている脳に多くみられる病理変化．出典：「知っておきたい認知症について」ホームページ）, Alzheimersche neurofibrilläre Veränderung 女, Alzheimer's neuro-fibrillary tangle 医薬

アルドールしゅくごう アルドール縮合（アセトアルデヒド2分子が塩基の作用で反応して，アルドールを生成する反応）, Aldolkondensation 女, aldol condensation 化学 バイオ 医薬

アルドラーゼ （解糖系酵素の一種，癌などで血清中の活性が上昇することから臨床診断にも利用される．出典：ブリタニカ国際大百科事典）, Aldolase 女, aldolase バイオ 医薬

アルファクロロトルエン a - クロロトルエン（かつて催涙ガスとして戦争で用いられたことがある）, Benzylchlorid 中, a-chlorotoluene 化学 バイオ 医薬

アルブモーゼじょきょツベルクリン アルブモーゼ除去ツベルクリン, TAF = Tuberkulin, albumosefrei = albumose-free tuberculin バイオ 医薬

アルマイト （アルミニウム表面に陽極酸化皮膜をつくったもの）, Eloxal 中, anodized aluminum 材料 電気 非鉄

アルマイトか アルマイト化, Elo-xierung 女, anodic treatment, anodic oxidation 材料 電気 非鉄

アルミナ Tonerde 女, 類 Aluminium-oxid 中, alumina 製銑 精錬 材料 地学 化学 非鉄 非金属

アルミニウムごうきん アルミニウム合金, Legal = Legierung aus Aluminium = aluminum alloy 材料 非鉄

アレルギーせいしっかん アレルギー性

疾患, Allergose 囡, allergic disease, allergosis バイオ 医薬

アロフェン（アモルファスまたは結晶化度の低い水和アルミニウムケイ酸塩でできた粘土準鉱物), Allophan 男, allophane 化学 地学 非金属

あわせいせい　泡生成, Schaumbildung 囡, foaming, formation of foam 化学 バイオ 精錬

あわせガラス　合わせガラス, VG = Verbundglas = laminated glass 建設 材料

あわせること　合わせること, Einfügen 中 電気 機械

あわもりこうじ　泡盛麹, Aspergillus awamori 男, 英 Aspergillus awamori 化学 バイオ

アンインストールする　deinstallieren, 英 uninstall 電気

アンギュラーコンタクトたまじくうけ　アンギュラーコンタクト玉軸受, Schrägkugellager 中, angular contact ball bearing 機械

アングルコック　Winkelhahn 男, angle cock 機械

アングルプレート　Winkelstück 中, elbow, angle plate 材料 設備 化学 建設

あんごうさくせいユニット　暗号作成ユニット, Kryptoeinheit 囡, crypto-unit 電気

あんごうつうしんのかいざんぼうしよう コード　暗号通信の改竄（かいざん）防止用コード, MAC = 英 message authentification code 電気

あんざんがん　安山岩, Andesit 男, andesite 地学 物理

あんしや　暗視野, Dunkelfeld 中, dark field 機械 光学

あんせいくうふくじたいしゃかいてん　安静空腹時代謝回転, RNÜ = Ruhe-Nüchtern-Umsatz 化学 バイオ 医薬

あんせいじけつえきじゅんかん　安静時血液循環, RD = Ruhedurchblutung = blood circulation at rest 医薬

あんぜんかんりしゃ　安全管理者, SB = Sicherheitsbeauftragter = security officer = safety officer 操業 設備 安全 経営

あんぜんきょり　安全距離, SA = Sicherheitsabstand = safety distance 機械 設備 安全

あんぜんけんさ　安全検査, Sicherheitsprüfung 囡, safety test, safety check 機械 化学 操業 設備

あんぜんしようかじゅう　安全使用荷重, zulässige Betriebsbeanspruchung 囡, safe working load 機械 材料 化学 建設

あんぜんぞうぼうばくこうぞう　安全増防爆構造, EX-e, explosionsgeschützte und erhöhte Sicherheitsstruktur 囡, increased safety type explosion-proof structure 電気 規格

あんぜんとくべつていでんあつ　安全特別低電圧, SELV = 英 safety extra low voltage = Sicherheitskleinspannung 電気

あんぜんホイール　安全ホイール, Sicherheitsrad 中, safety wheel, safety caster 機械

あんぜんりつ　安全率, Sicherheitsfaktor 男, safety factor 機械 化学 操業 設備

あんそくかく　安息角, Schüttwinkel 男, angle of repose 機械

あんそくこうさん　安息香酸, Benzoesäure 囡, benzoic acid 化学 バイオ

あんそくこうさんエステル　安息香酸エステル, Benzoat 中, benzoate 化学 バイオ

アンダーカット　Hinterschneidung 囡, under cut 機械

アンチクリーパ　Gleisklemme 囡, clip for fixing light rails, rail anchor 交通 設備

アンチトロンビンさん　アンチトロンビンⅢ（抗血栓タンパク質), ATⅢ = Antithronbin Ⅲ = Blutgerinsel-lösndes Protein, antithrombin Ⅲ バイオ 医薬

アンチノックざい　アンチノック剤, Antiklopfmittel 中, antiknock additive 機械 化学

アンチロックブレーキシステム　ABS = Anti-Blockier-System 機械

い

あんない 案内, Führung 囡, guide 機械 電気

あんないシールド 案内シールド, Leitschirm 男, guide seal 機械

あんないデバイス 案内デバイス, Führungsanordnung 囡, guide device 機械

あんないピン 案内ピン, Führungszapfen 男, guide pin 機械

あんないめん 案内面, Führungsbahn 囡, guideway 機械

アンピシリン Ampicillin 中, ampicillin 化学 バイオ

アンモニア Ammoniak 中, ammonia 化学 バイオ 医薬

アンモニアかせい・さんかさいきん アンモニア化成・酸化細菌, ammonifizierendes und NH_4-oxidierendes Mikroorganismus 中 化学 バイオ

アンモニウム Ammonium 中, ammonium 化学 バイオ 医薬

い

イアンコード（ヨーロッパ商品コード, UPC のヨーロッパ版, GTIN, GS1 準拠）, EAN-Code = 英 Europian Article Number Code = Strichcode-Nummer für alle Waren des Verbrauchs 電気 製品 規格 経営

イー・エイチ・イー・ディー・ジー EHEDG（食品の加工と包装の衛生に関する装置工業・食品工業・研究所のコンソーシアム）, EHEDG = 英 Europian Hygienic Engineering & Design Group = eine Expertengemeinschat von Maschinen- und Komponenten-Herstellern, Fachleuten aus der Nahrungsmittelindustrie sowie von Forschungsinstituten und Gesundheitsbehörden バイオ 食品 操業 設備 機械 組織

イー・エヌひりつ EN 比率, 英 electrode negative ratio 溶接 電気 材料

イー・エム・ピーけいろ EMP 経路（解糖系, グルコースからトリオースリン酸を経てピルビン酸を生成する回路）, EMP Weg = Emden-Meyerhof-Parnas Weg 男, 化学 バイオ 医薬

イースト（酵母）, Hefe 囡, yeast 化学 バイオ 食品

イーユーのかがくぶっしつのとうろく, ひょうか, にんかおよびせいげんにかんするきそく EU の化学物質の登録, 評価, 認可および制限（REACH）に関する規則, REACH = 英 Registration, Evaluation and Authorisation of Chemicals = Europäische Verordnung für Chemikalien = EU-Chemikalienverordnung（Registrierung, Bewertung und Zulassung von Chemikalien）化学 バイオ 医薬 環境 法制度

いいんかい 委員会, Ausschuss 男, committee 社会 経営

いえん 胃炎, Magenentzündung 囡, gastric catarrh, gastritis 医薬

イオノゲン ionogen, 英 ionogenic 化学 バイオ

イオンこうかんじゅし イオン交換樹脂, ionenaustauschendes Kunstharz 中, ion exchange resin 化学 バイオ 材料

イオンせんたくせいエフ・エフ・ティー イオン選択性 FFT（電界効果トランジスタ）, ISFET = 英 ions-selective-field-effect-transistor 電気 光学

イオンせんたくせいの イオン選択性の, ionenselektiv, 英 ion-selective 化学 バイオ

イオンちゅうわぶんこうほう イオン中和分光法, INS = 英 ion neutrization spectroscopy 化学 電気 材料

イオンついしやく イオン対試薬（目的とするイオン性化合物と反対符号の電荷を持つ試薬, イオン対クロマトグラフィーなどで用いられる）, Ionenpaar-Reagenz 囡, ion-pairing reagent 化学 バイオ

イオンのじゅどうきゅうしゅう イオンの受動吸収, Influx 男, passive absorption of ions 化学 バイオ

いかいよう 胃潰瘍, Magengeschwür 中, gastric ulcer, stomach ulcer 医薬

いかさよう 異化作用(分解代謝), Katabolismus 男, catabolism バイオ 医薬

いがたさ 鋳型鎖, codierender Strang 男, kodierender Strang 男, Sinnstrang 男, coding strand バイオ

いがたしょう 鋳型床(ダイプレート, カウンターダイ, 母型[ぼけい]), Matrize 女, matrix, counter die, die plate, lower die 機械 鋳造

いがたはんてんき 鋳型反転機, Formwendemaschine 女, 類 Formüberschlagmaschine, mold rollover machine 鋳造 機械 操業 設備

いがたわく 鋳型枠(型枠, 鋳型箱, 枠鋳型, 鋳枠), Formkasten 男, 類 Kasten 男, molding box, molding flask, tuyere block 鋳造 材料 機械

いきすぎりょうの (グラフで)行き過ぎ量の, hinausschießend, 英 overshooting 機械 数学 統計 操業

いきである 活きである(電圧が印加されている, 電流が通過している, 通電している), stromführend, 英 current-carrying, live 電気 機械

イグゾー (インジウム, ガリウム, 亜鉛, 酸素から構成されるアモルファス半導体の略称. これを利用する液晶ディスプレイの呼称にもなっている. 消費電力低減が可能となる), IGZO = 英 Indium-Gallium-Zinc-Oxide 電気 化学 エネ

いくぼう 育房, Brutkammer 女, brood chamber バイオ

いけいせつごうたいの 異型接合体の, heterozygot, 英 heterozygous バイオ

いけんしょ 意見書, Erörterung 女, written opinion 特許

いこう 移行(遷移, 変化), Übergang 男, transition, transfer 材料 鉄鋼 非鉄 物理 化学 バイオ 機械 建設

いこみ (操業時の)鋳込み, Abguss 男, cast, casting 鋳造 機械 操業 設備

いこみかいし 鋳込み開始, Anguss 男,

cast start 鋳造 連鋳 操業 設備

いこみしかかりひんのなかごじょきょ 鋳込み仕掛り品の中子除去, Entkernung von Gußstücken 女 鋳造 機械 操業 設備

いこみじかんちゅうのおんどけいか 鋳込時間中の温度経過, Temperaturverlauf über die Gießzeit 男, temperature-transition through the casting time 製銑 精錬 連鋳 鋳造 材料 操業 設備

いこみとう 鋳込棟, Gießhalle 女, casting bay 連鋳 材料 鋳造 操業 設備

イコモス (国際記念物遺跡会議), ICOMOS = 英 International Council on Monuments and Site 環境 組織

いさんかた 胃酸過多(症), Hyperacidität 女, gastric hyperacidity, hyperchlorhydria 医薬

いしきしょうがい 意識障害, Bewustseinsstörung 女, disturbance of consciousness, consciousness disorder 医薬

いじコスト 維持コスト(ランニングコスト), Unterhaltskosten 複, maintenance cost, running cost 機械 操業 設備 経営

いしゅ 異種(不均質, 不等質), Heterogenität 女, heterogeneity バイオ 化学

いしゅかんいしょくぞうき 異種間移植臓器, Xenotransplantat 中, xenograft バイオ 医薬

いしゅこうぞうの 異種構造の(非相同の), heterolog, 英 heterologous 化学 バイオ

いしょう 意匠, Muster 中, pattern, 製品 品質 経営

いじょうしょけんなし 異常所見なし, n.a.d. = 英 nothing abnormal discovered = ohne Befund 医薬

いじょうち 異常値(外れ値), Ausreißer 男, outlying observation/outlier 数学 統計 操業 品質

いじょうはったつ 異常発達(肥大), Hypertrophie 女, hypertrophy;Hypertrophie Prostata(前立腺肥大) 医薬

いしょく (しゅじゅつ)**ごかんえん** 移植(手術)後肝炎, PTH = Posttransfusionshepatitis = posttransfusion hepatitis 移植（手術）後肝炎 医薬

いしょくごリンパぞうしょくせいしっかん　移植後リンパ増殖性疾患（移植後リンパ球増加症），PTLD =（英）posttransplant lymphoproliferative disease（disorder）= Lymphoproliferative Posttransplantations-Erkrankungen 医薬

いしょくぞうき　移植臓器，transplantiertes Organ（中），transplant バイオ 医薬

いしょくどうぎゃくりゅうしょう　胃食道逆流症，GERD =（英）gastroesophageal reflux disease = gastroösophageale Reflux-Krankheit 医薬

いしょくへん　移植片，Transplantat（男），（英）transplant，（英）graft バイオ 医薬

イジングもけい・モデル　イジング模型・モデル（磁性体,気体,合金の相転移模型,統計力学的格子模型），ISING-Modell（中）物理 材料 電気 化学 統計

いすうせい　異数性，Anoiploidie（女），aneuploidy 化学 バイオ

いせいたい　異性体，Isomer（中），類 Isomere（中），isomer，isometric compound 化学 バイオ

いそうかく　位相角，Phasenwinkel（男），phase angle 電気 機械 数学 バイオ

いそうかくせいぎょ　位相角制御（回転子偏位角制御），Polradregelung（女），類 関 Phasenanschnittsteuerung（女），rotor displacement angle control，phase angle control 電気 機械 数学 バイオ

いそうきかがく　位相幾何学，Topologie（女），topology 数学 統計

いそうくうかんビームかいせきき　位相空間ビーム解析器，PSBA =（英）phase space beam analyzer = Phasenraumstrahlungsanalysator 光学 物理

いそうさしじくそくていき　位相差視軸測定器（位相差ハプロスコープ，日常視に類似した環境での両眼視を検査するための機器），PDH = Phasendifferenzhaploskop = phase difference haploscope 光学 医薬

いそうシフトマスク　（減衰）位相シフトマスク［ウエハーへの露光時の解像度や焦点深度（DOF: Depth of Focus）を改善し，転写特性を向上させたフォトマスク，代表的なものに「ハーフトーン型（Attenuated PSM）」や「レベンソン型（Alternative PSM）」などがある．出典：TOPPANホームページ］，PSM =（英）(attenuated) phase shift mask = Phasenverschiebungamaske 電気 光学

いそうせんようフィルター　位相専用フルター，POF =（英）phase-only filter 光学

いそうちょうせい　位相調整，Phasenabgleich（男），phase adjustment 機械 光学 電気

いそうでんたつかんすう　位相伝達関数，PTF =（英）phase transfer function = Phasenübertragungsfaktor 光学 電気 数学

いそうどうきループ　位相同期ループ，PLL =（英）phase-locked loop = Phasenregelkreis 電気

いそうぶったい　位相物体，Phasenobjekt（中），phase object 光学 電気

いそうへんいへんちょう　位相偏移変調（位相シフトキーイング），PSK =（英）phase shift keying = Phasen-Umtastung 電気

いそうへんちょう　位相変調，PM = Phasen Modulation = phase modulation 電気

イソこうそ　イソ酵素，Isoenzym（中），類 Isozym（中），isoenzyme，isozyme 化学 バイオ

イソフタルさん　イソフタル酸，IPA =（英）isophthalic acid = Isophtalsäure 化学 バイオ

イソプロピルアミン　IPA =（英）isopropylamine = Isopropylamin 化学 バイオ

イソプロピルアルコール　（工業用溶剤・消毒剤・防腐剤に使用．化学式 $CH_3CH(OH)CH_3$，イソプロパノールとも呼ばれる．出典：デジタル大辞泉），IPA = Isopropylalkohol 化学 バイオ 医薬

イソプロピルキサントゲンさんあえん　イソプロピルキサントゲン酸亜鉛，ZIX = Zinkisopropylxanthogenat = zinc isopropylxanthate 化学 機械

イソプロピルチオガラクトピラノシド
IPTG = Isopropyl-. β .-D-1-thiogalacto-pyranosid = isopropyl β -D-1-thiogalac-topyranoside バイオ 化学

イソペニシリン・エヌ・シンターゼ イソペニシリン N シンターゼ, IPNS = Iso-penicillin N-Synthetase = isopenicil-lin-N synthetase 化学 バイオ

いたカム 板カム, Kurven-Steuerschei-be 女, plate cam 機械

いたゲージ 板ゲージ, Blechlehre 女, plate or sheet gauge 機械

いたべん 板弁(きのこ弁, ポペット弁), Tellerventil 中, disc valve, poppet valve 機械

いたみはっせいぶっしつ 痛み発生物質, PPS = 英 pain-producing substance 医薬

いたリンクチェーン 板リンクチェーン, Laschenkette 女, drag link conveyor chain, connector chain 機械

いち 位置(配置), Anordnung 女, lay-out 機械

いちあわせピン 位置合わせピン(取り付けピン), Passstift 男, alignment bolt, fitting pin 機械

いちエネルギー 位置エネルギー, po-tentielle Energie 女, potential energy 機械 エネ

いちおくぶんのいち 1億分の1(= 10^{-8} = 0.01ppm), pphm = 英 parts per hundred million = Hundertmillionstel 単位 化学 材料 物理 数学

いちがずれる 位置がずれる(ずり落ちる), verrutschen, 英 move, slip out 機械

いちぎめ (遺伝子などの)位置決め[マッピング(タンパク質分子のペプチド断片の分離パターンの)記録], Kartierung 女, mapping 化学 バイオ

いちぎめ・とりつけベアリング 位置決め・取り付けベアリング(固定軸受), Festlager 中, locating bearing, fixed bearing 機械

いちぎめジョー 位置決めジョー, Richt-backe 女, alignment jaw 機械

いちぎめそうち 位置決め装置(ポジショナー), Stellungsregler 男, 類 Positio-nierer 男, positioner 機械 電気

いちぎめポイント 位置決めポイント, Aufnahmepunkt 男, position point, attachment point 操業 設備 機械

いちぎめボルト 位置決めボルト, Auf-nahmebolzen 男, location bolt, loca-tion pin 機械

いちけんしゅつき 位置検出器(位置表示器), Positionsgeber 男, position gen-erator, position transducer, position encoder, synchronizer 機械 電気

いちげんはいちぶんさんぶんせきほう 一元配置分散分析法, ANOVA = 英 one way analysis of variance = ein-fache Varianzanalyse = Einweg- Streu-ungszerlegung = Einweg- Varianzana-lyse 数学 統計

いちこうしきゅうしゅう 1光子吸収, OPA = 英 one-photon absorption = ein Photon Absorption 光学 電気

いちじかんごとに 一時間毎に(毎時), q. h. = ラ quaque hora = stündlich = hour-ly 化学 バイオ 医薬

いちじかんサンプリング 一次管サンプリング, PTS = 英 primary tube sampling バイオ 医薬

いちじこうぞう 一次構造, Anfangse-quenz 女, initial sequence 化学 バイオ

いちししけい 位置指示計(位置フィードバック信号), Stellungsrückmelder 男, position indicator, position feedback signal 機械 電気

いちじせきしゅつ 一次析出, Primäraus-scheidung 女, primary precipita-tion 材料 鉄鋼 非鉄

いちじんでんタンク 一次沈殿タンク, VKB = Vorklärbecken = priliminary sedimentation tank 化学 バイオ 環境 操業 設備

いちじてきな 一次的な(さしあたり), vorläufig, 英 temporary 全般

いちじねんしょうしつ 一次燃焼室, Primärbrennkammer 女, primary

combustion chamber 機械 エネ

いちじば 一次場，Primärfeld 中，primary field 機械 電気

いちじほうていしき 一次方程式（線形方程式），Geradengleichung 女，near equation 数学 統計

いちじゅうまくさいぼうしょうきかん 一重膜細胞小器官，Peroxisom 中，peroxisome バイオ

いちじようかいせつび 一次溶解設備（予備処理溶解設備），Vorschmelzanlage 女，pre-melting furnace 製銑 精錬 環境 リサイクル 操業 設備

いちじるしいだんめんのへんか・いこう（ぶい） 著しい断面の変化・移行（部位），schroffer Querschnittsübergang 男，craggy transition in cross section 機械 設備 建設 材料

いちする 位置する，platzierend，英 placed 機械 操業 設備

いちだんポンプ 一段ポンプ，Einstufenpumpe 女，single stage pomp 機械

いちてんごポーションのかりゅうさんカリウム 1.5 ポーションの過硫酸カリウム，1.5 Teile Kaliumpersulfat，1.5portion of potassium sulphate 化学 バイオ

いちてんはちジアザビシクロ（ごよんれい）ウンデセンなな 1.8-ジアザビシクロ（5.4.0）ウンデセン-7（有機合成触媒・試薬），DBU = 1.8-diazabicyclo（5.4.0）undec-7-ene 化学

いちどうさ 位置動作，Lageregelung 女，positioning action 機械

いちとくてい 位置特定，Lokalisierung 女，localization 機械 電気 化学 バイオ

いちドデカンスルホンさんナトリウム 1 ドデカンスルホン酸ナトリウム（アニオン性界面活性剤の一つ，$C_{12}H_{25}SO_3Na$，$C_{12}H_{25}NaO_3S$），SDS = 英 sodium 1-dodecanesulfonate 化学 バイオ

いちどにてんかされるばくはつぶつのりょう 一度に点火される爆発物の量（装薬，炸薬），Sprengladung 女，explosive charge，quantity of explosive

to be set off at one time 化学 機械 地学

いちにちあたりのさいだいせっしゅりょう 一日当たりの最大摂取量，THD = Tageshöchstdosis = maximum daily dose 化学 バイオ 医薬

いちにちおきに 一日おきに（隔日に），ラ q.o.d. = every other day = jeden zweiten Tag 化学 バイオ 医薬

いちにちさんかい 1日3回，t.i.d. = a.d.t. = auf dreimal täglich 医薬

いちにちせっしゅきょようりょう 一日摂取許容量，ADI = 英 acceptable daily intake = akzeptable tägliche Dosis 化学 バイオ 医薬 環境

いちにちりょう 一日量（分量），TD = Tagesdosis = daily dose = daily intake 一日量，分量 医薬

いちにゅうりょくそうち 位置入力装置（ファインダー，ロケーター），Sucher 男，locator，finder 光学 機械 電気

いちのきそくせい （結晶中の）位置の規則性，PO = 英 positional order = Positionsfernordnung 材料 物理

いちのせいかくな 位置の正確な，positionsgenau，英 in correct position 機械

いちばいたいの 一倍体の（単相体の），haploid，英 haploid 化学 バイオ

いちひょうじき 位置表示器（位置検出器），Positionsgeber 男，position generator，position transducer，position encoder，synchronizer 機械 電気

いちびんかんがたひれいけいすうかん 位置敏感型比例計数管［比例計数管の有感域（測角範囲）に入射する X 線を全範囲にわたって同時に計数する一次元検出器．出典：（株）リガク ホームページ］，PSPC = 英 position sensitive proportional counter = positionsempfindlicher Proportionalzähler 放射線 物理

いちフィードバックしんごう 位置フィードバック信号（位置指示計），Stellungsrückmelder 男，position indicator，position feedback signal 機械 電気

いちまいウエブけた 一枚ウエブけた，Blechträger 男，plate girder 設備 建設

いちゆうかんせいたいそしきとうかぶっしつひれいけいすうばこ　位置有感生体組織等価物質比例係数箱, PS-TEPC = 英 position sensitive tissue equivalent proportional counter 放射線 化学 バイオ 医薬 物理 航空 電気

いちょうえん　胃腸炎, Magendarmentzündung 女, 類 Gastroenteritis 女, gastroenteritis 医薬

いつう　胃痛, Magenschmerzen 複, gastric pain, stomach ache, gastralgia 医薬

いっかいのどうりきがく　一階の動力学, eine Kinetik erster Ordnung 女, kinetics of first order 数学 物理

いっかせいのうきょけつ(せい)ほっさ　一過性脳虚血(性)発作, TIA = transitorische ischämische Attacke = transient ischemic attack 医薬

いっかの　一価の, einwertig, 類 monovalent, 英 monovalent, 英 univalent 化学

いっさんかたんそちゅうどく　一酸化炭素中毒, Kohlenmonoxidvergiftung 女, carbon monoxide poisoning, carbon monoxide intoxication 化学 バイオ 医薬

いっさんかちっそ　一酸化窒素, Stickstoffmonooxid 中, NO, nitrogen monoxide 化学

いっさんかにちっそ　一酸化二窒素(亜酸化窒素, 笑気), Stickstoffoxydul 中, 類 Distickstoffmonoxid 中, N_2O, dinitrogen monoxide, nitrous oxide 化学 バイオ 医薬

いったいあつえんしゃりん　一体圧延車輪, Vollrad 中, solid rolled wheel 交通 機械 材料

いったいこうぞう　一体構造(コンクリート施工), Massivbau 男, concrete construction, solid construction 建設

いったいじくうけ　一体軸受, einteiliges Lager 中, solid bearing 機械

いったいストロークシリンダー　一体ストロークシリンダー, Vollhub-Ventil 中, solid stroke cylinder 機械

いったいちゅうぞうひん　一体鋳造品, Einblockgussstück 中, integrated cast part 鋳造 機械

いったいピストン　一体ピストン, voller Kolben 男, solid piston 機械

いっついのいでんしによってせいぎょされるいでんせいしっかん　一対の遺伝子によって制御される遺伝性疾患, monogene Krankheit 女, monogenic diseases, an inherited disease controlled by a single pair of genes バイオ 医薬

いっていじかんないしょりりょう・のうりょく　一定時間内処理量・能力, Durchsatzleistung 女, throughput rate 機械 操業 設備 電気 化学

いっていのかんかくをおいて・たもって　一定の間隔を置いて・保って, beabstandet, 英 being spaced；in beabstandeter Weise 機械

いっていはきだしポンプ　一定吐き出しポンプ, nichtregelbare Pumpe 女, non-self-adjusting pump 機械

いっていようりょう　一定容量, Aliquote 女, 類 関 Aliquot 中, konstante Teilmenge 女, aliquot 化学 数学 統計

いってんけいりゅうブイほうしき　一点係留ブイ方式(一脚式一点係留), SALM = 英 single anchor leg mooring = einzige verankerte Boje 船舶 海洋 設備 化学

いってんさせん　一点鎖線, Strichpunktlinie 女, chain-dotted line 数学 統計

イットリアあんていかジルコニア　イットリア安定化ジルコニア(YBCO セラミック高温超伝導体の安定化のために使用する表面材料), YSZ = 英 Yttria Stabilized Zirconia = Yttriumoxid-stabilisiertes Zirkonoxid 材料 光学 電気 物理

イットリウムてつガーネット　イットリウム鉄ガーネット(磁性材料), YIG = 英 Yttrium Iron Garnet = Yttrium-Eisen-Granat 材料 電気 物理

いっぱんかいきニューラルネットワーク　一般回帰ニューラルネットワーク, GRNN = 英 general regression neural network 化学 バイオ 電気 数学

いっぱんはいきぶつ・としはいきぶつの

しょりおよびうめたてはいきにかんするぎじゅつししん 一般廃棄物・都市廃棄物の処理および埋立廃棄に関する技術指針, TASi = Technische Anleitung Siedlungsabfall = the Technical guidelines for the treatment and disposal of municipal waste 環境 化学 バイオ 医薬 法制度

いっぱんひじょうでんげん 一般非常電源（停電後40秒以内に作動）, allgemeine Notstromversorgung 女, general emergency power supply 医薬 電気 化学 機械 設備 操業

いっぷんあたりのカードよみとりそくど 一分当たりのカード読み取り速度, CPM = 英 card per minute 電気 機械

いっぽんいし 一本石（単一体）, Monolith 男, monolith 地学 建設 バイオ

いっぽんさ 一本鎖, Einzelstrang 男, single strand 化学 バイオ

いでんし 遺伝子（遺伝素質）, Erbanlage 女, hereditary disposition, genetic endowment バイオ 医薬

いでんしかいどく 遺伝子解読, Genentschlüsselung 女, gene decoding バイオ 医薬

いでんしくみかえがたそしきプラスミノゲンかっせいかいんし 遺伝子組替え型組織プラスミノゲン活性化因子, rt-PA = 英 recombinant tissue-type Plasminogen Activator = rekombinanter Gewebeplasminogenaktivator バイオ 医薬

いでんしくみかえたい 遺伝子組換え体（遺伝子組換え生物）, GVO = genetisch veränderte Organismen = GMO = genetically modified organismus バイオ 医薬 食品

いでんしくみかえどうけいこうはいかぶ 遺伝子組換え同系交配株, RIS = rekombinante Inzuchtstämme = recombinant inbred strains 化学 バイオ

いでんしけつごう 遺伝子結合, Genkopplung 女, gene linkage バイオ 医薬

いでんしさんぶつ 遺伝子産物, Gen-produkt 中, gene product バイオ 医薬

いでんしそうさびせいぶつ 遺伝子操作微生物, Rekombinante 女, recombinant organism バイオ 医薬

いでんしちりょう 遺伝子治療, Gentherapie 女, gene therapy, genetic treatment バイオ 医薬

いでんしのおきかえ 遺伝子の置き換え, Genumlagerung 女, gene rearrangement バイオ 医薬

いでんしのけっしつ 遺伝子の欠失, Deletion des Gens 女, gene deletion バイオ 医薬

いでんしはつげん 遺伝子発現, Genexpression 女, gene expression バイオ 医薬

いでんそしつ 遺伝素質（遺伝子）, Erbanlage 女, hereditary disposition, genetic endowment バイオ 医薬

いでんどくせいの 遺伝毒性の, gentoxisch, 英 genotoxic バイオ 医薬

いでんぶっしつ 遺伝物質, Erbgut-material 中, genetic material バイオ 医薬

いと 糸, Faden 男, thread, yarn, stitch 繊維

いどうかじゅう 移動荷重, Verkehrslast 女, moving load, travelling load 機械 交通

いどうけいろ 移動経路（走行距離, 作動範囲）, Verfahrweg 男, movement range, travel path, travel distance 機械

いどうさせる 移動させる, überführen, 関 verlagern, displace, shift, migrate, dislodge from 機械

いどうしてん 移動支点, beweglicher Stützpunkt 男, movable support point 機械

いどうする 移動する, übergehen, move 機械

いどうへいめん 移動平面, Wegebene 女, movement plane 機械

いどうりょう 移動量（行程, 工程）, Weg 男, way, path, travel, distance 機械 全般

いとちょうしばね 糸調子ばね, Spann-

いとちょうしばね　　　　　　　　　　　　　　　　　　　　　　　　　　　　　いりぐちべん

feder 女, pre-load spring, tension spring 機械 繊維

いとまき　糸巻(コイル, ボビン, リール), Spule 女, coil, winding, bobbin, spool, reel 材料 操業 設備 繊維

イナートガス(フォーミングガス, パージングガス), Formiergas 中, inert gas, purging gas 製銑 精錬 化学

イナートガスアークようせつ　イナートガスアーク溶接(シールドアーク溶接), Schutzgasschweißung 女, inert gas shielded welding 溶接 材料 機械 電気

いの　胃の, gastral, 英 gastral 医薬

イノシトールろくりんさん　イノシトール六りん酸[生体内でブドウ糖から生合成され, 生体成分として広く存在し, 特に穀物の糠[ぬか]や豆に多く含まれている. 細胞成長に必要はビタミンＢ群の一種と考えられており, 抗脂肪肝作用が知られている. 食品添加物(強化剤)として使用が認められている. 出典：銀座東京クリニック　ホームページ], IHP = Inositol-hexaphosphat = inositol hexaphosphate バイオ 医薬 食品

いのしょうかせいかいようのちりょうけっかのしつ　胃の消化性潰瘍の治療結果の質, QOUH = 英 quality of ulcer healing = Geschwür—Heilungs-Qualität 医薬

いはだ　鋳肌, Gusshaut 女, casting skin 鋳造 材料

いはだそうじ　鋳肌掃除, Putzen(der Gusshaut) 中, cleaning of casting surface, dressing of casting surface, fettling of casting surface 鋳造

いぶつ　異物(外来固形物), Fremdkörper 男, foreign matter 機械 化学 バイオ

いほうせい　異方性, Anisotropie 女, anisotropy 材料 電気

いほうせいどうでんざいりょう　異方性導電材料, ACM = 英 anisotropic conductive material = anisotrop-leitfähiges Material 材料 電気 機械 化学

イメージセッター　Filmbelichter 男,

image setter 光学 電気 機械

いもの(製品, プロダクトとして) 鋳物[(製品, プロダクトとして) 鋳造品], Abguss 男, 類 関 Gussprodukt 中, Gießerei 女, cast, casting 鋳造 機械

いものずな　鋳物砂, 型砂, Formsand 男, moulding sand, loamy sand 鋳造 材料

いものせいひん　鋳物製品(鋳造品), Gussprodukt 中, cast product 鋳造 機械

いものぶひん　鋳物部品, Gussteil 中, casting, casting part 鋳造 機械

イモビライザー　[盗難防止システム(電子的な照合システムによる)], Wegfahrsperre 女, immobilizer 電気 機械

いやくひんとうのせいぞうひんしつかんりきじゅん　医薬品等の製造品質管理基準(米国食品医薬品局 FDA が, 1938年に連邦食品・医薬品・化粧品法に基づいて定めた), GMP = 英 Good Manufacturing Practice = WHO-Empfehlungen an die Pharma-Industrie 医薬 食品 規格 法制度

いやくよう　医薬用, pro us.med. = ラ pro usu externo = zum arzneilichen Gebrauch = for medicinal use 医薬

イラクサ　Brennessel 女, stinging nettle バイオ

いりぐち　入り口(流入部位, 取り入れ部位, 吸い込み口), Einlass 男, 類 関 Einströmung 女, Zulauf 男, Zuführung 女, inlet, intake 操業 設備 機械 化学

いりぐちかく　入口角(流入角), Eintrittswinkel 男, entering angle, angle of contact 機械 エネ

いりぐちせん　(鉄道の)入口線[(鉄道の)引き込み線], Zufuhrgleis 中, entry line, siding service line(railway) 交通 電気 機械

いりぐちたんぶ　入口端部[前縁(翼, プロペラの)先端, 導入端部], Flügeleintrittskante 女, leading edge, entering edge エネ 航空 機械 設備

いりぐちべん　入口弁(吸気弁), Ein-

いりぐちべん　　　　　　　　　　　　　　　**インターロッキングの**

lassventil 中, intake valve 機械

いれこ　入れ子(周波数の絞り込み，割り込ませての分散記録，割り込ませての多重処理), Verschachtelung 女, interleaving 電気 光学

いろがあせること　色があせること，Ausbleichen 中, fading, bleaching out 印刷 繊維

いろくうかん　色空間, Farbraum 男, colour space 電気 光学

いろしゅうさ　色収差, chromatische Aberation 女, chromatic aberation 電気 光学

いん　員, Glied 中, member 化学

いんイオン　陰イオン, Anion 中, anion 化学 バイオ 医薬

いんイオンこうかんたい　陰イオン交換体 Anionen-Austauscher 男, anion exchanger 化学 バイオ 医薬

いんえいせん　陰影線(けば), Schraffur 女, hatching, diagonal stripe, shading 機械 光学

いんがかんけい　因果関係, Kausalität 女, 全般 社会

いんかんの　員環の, ringig, 英 membered 化学 バイオ 医薬

インキつぼローラー　インキつぼローラー, Duktorwalze 女, duct roller 印刷 機械

いんきょく　陰極, Kathode 女, cathode 化学

いんきょくせっちかいろ　陰極接地回路, KBS = Kathodenbasisschaltung = grounded-cathode circuit 電気

インクカートリッジ　Tintenpatrone 女, ink cartridge 機械 印刷

インクジェットプリンター　Tintenstrahldrucker 男, ink-jet printer 印刷 機械

インクジェットモジュール　Tintenmodul 中, ink-jet module 機械 印刷

インクリボン(熱転写プリンタのインクリボン), Farband 中, ink ribbon 機械 印刷

インゴット　Block 男, ingot 精錬 材料

インゴットあつえんする　インゴット圧延する, herunterwalzen, 英 break down,

roll down 材料 操業 設備

インゴットプッシャー　Blockdrücker 男, ingot pusher 精錬 操業 設備 材料

インサートする　einlegen, 英 insert 電気 機械

いんさつどう　印刷胴(加圧円筒), Druckzylinder 男, pressure cylinder, printing cylinder 機械 印刷

いんさつようし　印刷用紙(紙シート), Druckbogen 男, print paper 印刷

インジェクションブロック(ガスクロマトグラフィー用，エンジン用), Einspritzblock 男, injection block 化学 電気 機械

インジケータ(指標物質，指針，指示薬), Indikator 男, indicator, tracer 電気 化学 バイオ 医薬 放射線 機械

インシトゥ(生体内原位置，原位置，生体の一反応が，生体内の原位置にあるまま発現する状態にあることを示す句，原位置にあるまま引き続き反応を進める化学反応についても用いる), in-situ, 英 in place, in situ 化学 バイオ

インシュリンけつごうのう　インシュリン結合能, IBK = Insulinbindungs-kapazität IBC = insulin bindung capacity バイオ 医薬

インシュリンていこうせい　インシュリン抵抗性, Insulinresistanz 女, insulin-resistance バイオ 医薬

インストールする(設置・装備・設備する), installieren, 英 install 電気 機械 操業 設備

インストルメントクラスターパネル　Kombiinstrument 中, instrument cluster panel 機械

インタークーラ(給気冷却器), LLK = Ladeluft/Luft-Kühler = charge air/air cooler 機械 エネ

インターフェース　Schnittstelle 女, interface 電気 機械

インターベンショナルラジオロギー(画像診断的介入治療，透視下侵襲的治療), IVR = interventionare Radiologie = interventional radiology 医薬 放射線

インターロッキングの　[ポジティブロッキングの，フォームフィッティングの(型枠固

インターロッキングの　**いんりょうひんこうぎょう**

定締めの），ガイドコネクッションの］，formschlüssig，英 positive locking，interlocking，guide conection 機械 設備

インターロックプラグ　Riegelstopfen 男，interlock plug 機械

インダクタンス　Induktivität 女，inductance 電気 機械

インチねじ　Zollgewinde 中，thread measured in inches，inch thread 機械

インチング（寸動操作），Tippen 中，typing 機械

インテークーパイプ（エンジン用）［インテークーマニフォールド，サクションーパイプ（オイルポンプ用）］，Saugrohr 中，類 Einlasskrümmer 男，intake pipe，intake manifold，suction pipe 機械

インデックスマップ（標定図，索引図），Übersichtskarte 女，index map 地学 全般 印刷

インテリジェントがたでんげんモジュール　インテリジェント型電源モジュール，IPM = 英 intelligent power module 電気

インデント（字下げ），Einzug 男，indentation 印刷

いんとうえん　咽頭炎，Rachenentzündung 女，類 Pharyngitis 女，pharyngitis 医薬

インバータ　Wechselrichter 男，inverter 電気

インパクトエコーほうにもとづいたイメージングによるがぞうしょり　インパクトエコー法に基づいたイメージングによる画像処理（コンクリート内部欠陥などの評価手法として用いられる），SIBIE = 英 stack imaging of spectral amplitudes based on impact echo 電気 音響 材料 建設

インビトロ　［試験管内の意味であるが，多くの場合生物体機能の一部を試験管内で行なわせることを指す，微生物に対しては無細胞系を意味し，多細胞生物については，組織培養系，細胞培養系あるいは無細胞系を意味する，組織培養

系あるいは細胞培養系を意味する場合には，培養内(in culture)という表現を用いる場合も多い］，in vitro，英 in vitro バイオ 医薬

インビボ（対象とする生体の機能や反応が生体内で発現される状態を指す句），in vivo，英 in vivo バイオ 医薬

インプットステージ　Eingangsstufe 女 操業 設備 機械 化学

インペラー（ブレードホイール，羽根車，翼車，バケットホイール，外車），Schaufelrad 中，類 Laufrad 中，bladed wheel，impeller，bucket wheel bogie wheel 機械 エネ

インボリュートかく　インボリュート角，Polarwinkel 男，polar angle(involute) 機械

インボリュートはがた　インボリュート歯形，Evolventenprofil 中，involute profil 機械

インボリュートはぎりフライス　インボリュート歯切りフライス，Evolventenzahnradfräser 男，involute gear hobing machine 機械

インラインエンジン　Reihenmotor 男，in-line engine 機械

いんりょうすいじょうれい　飲料水条例，TVO = Trinkwasserverordnung = TrinkwV = drinking water ordinance = the drinking water regulation 化学 バイオ 医薬 食品 環境 法制度

インレー　［(歯)詰め物，中へ入れたもの，(コンクリートの)鉄筋，嵌め込み］，Einlage 女，inlay 機械 医薬 建設

インンテークーマニフォールド　［インテークーパイプ(エンジン用)，サクションーパイプ(オイルポンプ用)］，Saugrohr 中，類 Einlasskrümmer 男，intake pipe，intake manifold，suction pipe 機械

いんりょうひんこうぎょう　飲料品工業，Getränkeindustrie 女，beverage industry 食品 機械 化学 バイオ 医薬

う

ウイーピング（振り子運動），Pendelbewegung 女，movement of pendulum, weaving 機械 溶接

ウィスコット・アルドリッチしょうこうぐん ウィスコット・アルドリッチ症候群（ウィスコット・オルドリッチ症候群；伴性劣性遺伝型式の疾患），WAS = Wiskott-Aldrich-Syndrom = Wiskott-Aldrich syndrome バイオ 医薬

ウィッシュボーン（クロスコントロールアーム），Querlenker 男，transverse control arm, wishbone 機械 建設

ウイットねじ Whitworth-Gewinde 中，英 Whitworth-screw thread 機械

ウイリオーのへんいず ウイリオーの変位図（静定トラスの変形の図式解法），Willot-Verschiebungsplan 男，類 Willotsches Verschiebungsdiagramm 中，英 Willot's displacement diagram 建設 機械

ウイルスさいぼうひょうめんタンパクしつ ウイルス細胞表面タンパク質，Virusoberflächenprotein 中，virus cell surface protein バイオ 医薬

ウイルスせいかんえん ウイルス性肝炎，Virushepatitis 女，viral hepatitis, virus hepatitis 医薬

ウイルスりょう ウイルス量（ウイルス負荷），VG = Virusgehalt = viral loads バイオ 医薬

ウイングユニット（ホイストギヤー，トラス），Tragwerk 中，関 Unterzug 男，Gebinde 中，wing unit, hoist gear, truss 機械 建設

ウイングわく ウイング枠（窓枠，通気枠），Flügelrahmen 男，window sash, wing-frame, vent frame 機械 建設

ウインチ Drehstock 男，winch 設備 機械

ウインチドラム Hubtrommel 女，winch drum 設備 機械

ウインドウ Fenster 中，window 電気

ウインドウチャンネル（ウインドウガラスラン，ウインドウダクト），Fensterschacht 男，window channel 機械

ウインドウチャンネルバー Fensterschachtleiste 女，window channel bar 機械

ウインドウワッシャー Scheibenwascher 男，window washer 機械

ウエーバー（磁束の SI 単位，1Wb = 1V・s = 1N/m/A = 1m^2・kg・s^2・A^{-1}），Wb = Weber 単位 電気

ウエーバーすう ウエーバー数（界面作用計算関連，慣性力と表面張力の比を表す無次元数．出典：yahoo！知恵袋），We = Weber-Zahl 物理 機械

ウエーブスプリングワッシャー（波形ばね座金），Federscheibe 女，wave spring washer 機械

ウェゲナーにくがしゅしょう ウェゲナー肉芽腫症（ウェジナー肉芽腫症，Wegener 肉芽腫症），WG = Wegenersche Granulomatose = Wegener's granulomatosis 医薬

うえこみボルト 植込みボルト（スタッドボルト），Schaftschraube 女，stud bolt 機械

ウエットサンプじゅんかつ ウエットサンプ潤滑（湿式潤滑），Nasssumpfschmierung 女，wet-sump lubrication 機械

うえにつきでている 上に突き出ている（より高くなっている），überragend, 英 phenomenal, 英 outstanding, 英 paramount 機械 設備

うえばダイス 植歯ダイス（植刃ダイス），Schneideisen mit eingesetzten Messern 中，inserted chaser die 機械

うえばタップ 植刃タップ，Gewindebohrer mit eingesetzten Messern 男，inserted chaser tap 機械

うえばフライス 植刃フライス，Fräser mit eingesetzten Zähnen 男，類 Messerkopf 男，Fräskopf 男，inserted tooth cutter 機械

ウエブ （フットブリッジ，ランナー，サポート），Steg 男，web，foot-bridge，runner，support 機械 鋳造 建設

ウエファータイプバタフライバルブ （中間排気フラップ），Zwischenbauklappe 女，wafer type butterfly valve，inter-flange damper，intermediate exhaust flap 機械 化学 設備

ウエブあつみ ウエブ厚み，Stegdicke 女，web thickness 機械 材料

ウエブサイト Webseite 女，類 Website 女，web site 電気

ウエブたかさ ウエブ高さ（スパン高さ，ルート面の幅），Steghöhe 女，web height，span height，width of root face 機械 溶接

ウエブマスター Webmaster 男，web master 電気

ウオーキング・ビームしきかねつろ ウオーキング・ビーム式加熱炉，Hubbalkenofen 男，walking beam type furnace 機械 材料 操業 設備

ウオーターハウスフリーデリクセンしょうこうぐん ウオーターハウスフリーデリクセン症候群，WFS ＝ Waterhouse-Friderichsen-Syndrom ＝ Waterhouse-Friderichsen syndrome 医薬

ウオームギヤー （ウオーム歯車装置），Schraubgetriebe 中，worm gear 機械

ウオームはぐるまそうち ウオーム歯車装置（ウオームギヤー），Schraubgetriebe 中，worm gear 機械

ウオッシュアウト （エリューション，溶離，侵食），Auswaschung 女，wash out，washing attack，cavitation，leaching 材料 化学 機械 建設

ウォルフ・パーキンソン・ホワイトしょうこうぐん ウォルフ・パーキンソン・ホワイト症候群（WPW症候群），WPW-Syndrom ＝ Wolff-Parkinson-White Syndrom ＝ 英 Wolff-Parkinson-White syndrome 医薬

うかはいじょうみゃく 右下肺静脈，RLPV ＝英 right lower pulmonary vein

＝ rechte untere Pulmonalvene 医薬

うがんじょうしゃし 右眼上斜視，RH ＝ Rechtshypertropie ＝ right hypertropia 医薬 光学

うかんよう 右肝葉，RLL ＝ rechter Leberlappen ＝ right liver lobe 医薬

うけいれナンバー 受け入れ No.（取得 No.），英 accession No. 化学 バイオ

うげんステアリングかく 右舷ステアリング角，LSB ＝ Lenkwinkel Steuerbord ＝ steering angle- starboard side 船舶 機械

うごきばめ 動きばめ（すきまばめ），Laufsitz 男，類 Spielpassung 女，loose fit，running fit 機械

うごくほどう 動く歩道，Fahrsteig 男，moving walkway 機械 設備

ウサギけっせいアルブミン ウサギ血清アルブミン，RSA ＝英 rabbit serum albumin ＝ Kaninchen-Serumalbumin 化学 バイオ 医薬

うしがたかいめんじょうのうしょう 牛型海綿状脳症（狂牛病），BSE ＝英 bovine spongiform encephalopathy ＝英 CJD ＝ Creuz-feld-Jacob desease バイオ 医薬

うしののうりょくなどのきろくぼ 牛の能力等の記録簿（寿命などが書かれている），RL ＝ Rinderleistungsbuch バイオ 医薬

うしゅきかんし 右主気管支（右主幹気管支），RMB ＝英 right main bronchus ＝ rechte Hauptbronchie 医薬

うしろオーバーハングかく 後オーバーハング角（デパーチャー角），Hinterüberhangwinkel 男，rear overhang angle，departure angle 機械

うしろからとっしゅつしている 後ろから突出している，hinterragend，英 back out-standing 機械 設備

うしろげた 後桁，Hinterholm 男，rear spar，rear cross beam 機械

うしろばね 後ばね，Hinterfeder 女，rear spring 機械

うしんしつ （心臓の）右心室，V.d. ＝ ラ Ventriculus dexter ＝ rechter Ventrikel

うしんしつ / **うちばはぐるま**

= rechte Herzkammer = right ventricle 医薬

うしんしつくしゅつりょう（心臓の）右心室駆出量, RSV = rechtsventrikuläres Schlagvolumen = right[ventricular] stroke volume 医薬

うしんしつこうへき（心臓の）右心室後壁, PRV = 英 posterior wall of right ventricle = Hinterwand rechter Herzkammer 医薬

うしんふぜん 右心不全（右心機能不全症）, RHI = Rechtsherzinsuffizienz = right heart insufficiency 医薬

うず 渦（渦巻き）, Strudel 男, eddy, vortex 機械 電気 物理

うすいた 薄板, Feinblech 中, 関 Stahlblech 中, sheet, steel sheet 材料 鉄鋼 非鉄

うすいたあつえんき 薄板圧延機, Feinblech-Walzwerk 中, sheet rolling mill 材料 操業 設備

うすいたタップねじ 薄板タップねじ, Blechschraube 女, sheet metal screw, tspping screw 機械

うずけいせいそうち 渦形成装置（渦動フォーマー）, Wirbelbildner 男, vortex former 機械

うすスラブれんぞくちゅうぞうき 薄スラブ連続鋳造機, Vorbandgießanlage 女, thin-slab caster 連鋳 材料

うずでんりゅうセンサー 渦電流センサー, Wirbelstromsensor 男, eddy-current sensor 電気

うずでんりゅうブレーキ 渦電流ブレーキ, Wirbelstrombremse 女, eddy-current brake 電気 機械

うすにくえんとう 薄肉円筒, dünner Kreiszylinder 男, thin circular cylinder 機械

うすばの 薄刃の（端のとがった）, scharfkantig, 英 sharp-edged 機械

うずまき 渦巻き（渦動）, Wirbel 男, vortices, vertebra 機械

うずまきばね 渦巻きばね（ぜんまい）, Spiralfeder 女, coil spring, spiral

spring 機械

うずまきポンプ 渦巻きポンプ（遠心ポンプ）, Schleuderpumpe 女, 類 Kreiselpumpe 女, Zentrifugalpumpe 女, centrifugal pump 機械

うちかみあい（歯車の）内噛み合い（内歯車）, Innenverzahnung 女, 類 関 Innenrad 中, Hohlrad, internal gearing, internal gear 機械

うちがわクランプ 内側クランプ, Schalzwinge 女, inside clamp 機械

うちがわにみぞをつける 内側に溝を付ける（一本溝をつける）, einnuten, 英 groove in 機械

うちがわヒンジつきかたもちビーム 内側ヒンジ付き片持ちビーム, Gelenkträger 男, articulated beam 機械

うちこみほうこう 打ち込み方向, Eintreibrichtung 女, positioning direction 機械 建設

うちこみリベット 打ち込みリベット, Treibniet 中, drive rivet 機械

うちぬきカット 打ち抜きカット（打ち抜き品, 打ち抜き部位）, Stanzschnitt 男, punching cut 機械

うちぬきひん 打ち抜き品（打ち抜き部位, 打ち抜きカット）, Stanzschnitt 男, punching cut 機械

うちぬきほじき（ころがり軸受の）打ち抜き保持器, Blechkäfig 男, pin-type cage, sheet metal cage 機械

うちのりのたかさ 内法の高さ（あき高）, lichte Höche 女, clear height, upper clearance 交通 機械 建設

うちのりのはば 内法の幅, lichte Weite 女, clear span, bore 機械 交通 建設

うちはぐるま 内歯車, Innenrad 中, 類 Hohlrad, internal gear, internal geared wheel 機械

うちはなしコンクリートひょうめん 打放しコンクリート表面, Sichtbetonfläche 女, fare-faced concrete surface, exposed concrete surface 建設

うちばはぐるま 内歯歯車, Hohlrad 中, 類

うちばはぐるま

関 Innenrad 中, internal geared wheel 機械

うちばり　内張り, Polstern 中, celling, lining 機械

うちばりする・そとばりする　内張りする・外張りする(コーティングする), kaschieren, 英 coating, laminate 機械 材料

うちばりばん　内張り板, Wandbekleidung 女, inside panel, lining panel 機械

うちむきはんけいりゅうタービン　内向き半径流タービン, radial nach innen durchströmte Turbine 女, 類 Zentripetalturbine 女, radial inward flow turbine エネ 機械 設備

うちゅうステーション　宇宙ステーション, Raumstation 女, space station 航空

うつしとる　(DNAなどを固定用の基材へ)写し取る[(DNAなどを固定用の基材へ)移す], blotten, 英 blot 化学 バイオ 医薬

うつびょう　鬱病(うつ病), Depression 女, 類 Melancholie 女, melancholia, depression 医薬

うどんこびょう　うどん粉病, Mehltau 男, mildew バイオ

うなずく　nicken, 英 nod 機械

うなりしんどうすう　うなり振動数(うなり周波数, ビート周波数), ÜF = Überlagerungsfrequenz = beat frequency = supertelephone frequency 電気 音響

うねおり　畝織(コーディング, しばり付け), Schnürung 女, cording, tying-up, reduction of area 繊維 船舶 材料 機械

うはいどうみゃく　右肺動脈, RPA = rechte Pulmonalarterie = right pulmonary artery 医薬

うはいどうみゃくようせき　右肺動脈容積, RPAV = 英 right pulmonary artery volume = rechtes Lungenarterievolumen 医薬

うまくきのうしない　うまく機能しない(対応しきれない, 欠陥がある, 役に立たない), versagen, 英 fail, 英 malfunction 機械 製品 品質 設備 操業

うめこみ　埋め込み(はめ込み), Einbet-

tung 女, embedding 操業 設備 材料 機械 化学 電気 バイオ

うめたてゴミしょりち　埋め立てゴミ処理地, Deponie 女, waste disposal site 環境

うらごめ　裏込め, Hinterfüllung 女, backfilling 機械 建設

うらごめつきかためき　裏込め突き固め機, Verfüllbodenstampfer 男, back filling tamper 建設 機械

うらのりづけき　裏のり付機, Rakel (-stärke-)maschine 女, backsizing machine, backfilling machine, backfilling starcher(texties) 機械 繊維

ウラミルにさくさん　ウラミル二酢酸(キレート試薬), UDA = 英 uramil diacetic acid = Uramildiessigsäure 化学

うらようせつ　裏溶接, Gegennaht 女, 類 Aufschweißen 中, rückseitige Wurzellage 女, back weld, back run 溶接 材料 機械 建設

ウランぶんりユニット　ウラン分離ユニット, TAE = Trennarbeitseinheit = separation work unit 原子力 設備

ウリジルグルクロンさんてんいこうそ　ウリジルグルクロン酸転移酵素, UGT = Uridylglukurosyltransferase = uridylglucuronate transferase バイオ 医薬

ウリジンにリンさん　ウリジン二リン酸(ウリジン2リン酸), UDP = Uridindiphosphat = uridine diphosphate 化学 バイオ 医薬

ウリジンにリンさんグルコース　ウリジン二リン酸グルコース, UDPG = Uridindiphosphatglukose = uridine diphosphoglucose 化学 バイオ 医薬

ウリジンモノリンさんキナーゼ　ウリジンモノリン酸キナーゼ, UMPK = Uridinmonophosphatkinase = uridine monophosphate kinase 化学 バイオ 医薬

うりてかせんの　売手寡占の, oligopolisch, oligopolistic 経営 製品

ウルツごうせい　ウルツ合成(ハロゲン化アルキルに金属ナトリウムを作用させて, 炭素数の多い炭化水素を合成する反応を

え

いう）, Wurtz-Synthehse 囡, 愛 Wurtz synthesis 化学

ウレトジオン（硬化剤などに用いられる）, Uretdion 中, uretdione 化学 材料

うわおきされた 上置きされた（上置きの）, obenliegend, 愛 overhead 操業 設備 機械

うわがきかのうな 上書き可能な, überschreibbar, overwritten 電気

うわばりし 上張り紙, Deckblatt 中, cover sheet 印刷

うわばん 上盤（断層面の上位の岩盤, また, 鉱脈や炭層などの上側の岩盤を指す）, Hangendes 中, 類 関 Überlagerung 囡, hanging wall 地学

うんが（すいろ）**じどうせつぞくそうち** 運河（水路）自動接続装置, Wasa = Wasserstraßenselbstanshulussanlage 設備 交通 物流

うんそうじょう 運送状, Frachtbrief 男, shipment waybill 航空 船舶 物流 経営

うんてん 運転（案内, 操縦, 制御, コントロールアーム, 管理）, Führung 囡 機械 電気

うんてん 運転（操作）, Arbeitsvor-gang 男, operation, 関 Betrieb 男, duty 操業 設備 機械

うんてんしけん 運転試験, Betriebsversuch 男, operational test 操業 設備 電気

うんてんだい 運転台（運転室）, Führerstand 男 機械 交通 操業 設備

うんてんちゅうのはいガスちのかんし 運転中の排ガス値の監視, OBD = 愛 on-board diagnosis = Überwachung der Abgaswerte im Kfz 機械 環境 電気 法制度

うんてんのうりょく 運転能力, Fahrtüchtigkeit 囡, driving ability 機械 電気

うんどう・かいてんほうこう 運動・回転方向, Laufrichtung 囡 機械

うんどうエネルギー 運動エネルギー, KE = Kinetische Energie = kinetic energy 物理 化学

うんどうエネルギーそんしつけいすう 運動エネルギー損失係数, Bewegungsenergieverlustkoeffizient 男 機械

うんも 雲母, Glimmer 男, mica 地学 非金属

え

え 柄, Ansatz 男, 類 Besatz 男, Haltevorrichtung 囡, Henkel 男, Lasche 囡, Schaft 男, Vorsprung zum Halten 男, handle, grip 機械

エアーギャップ Luftspalt 男, air gap 機械 エネ

エアーナイフシステム Düsenabstreifverfahren 中, air knife system 機械 材料

エアーフローメータ Luftmengenmesser 男, air meter 機械 エネ

エアーポケット Lufteinschlüsse 男 複, air pockets, air lock, entrapped air 機械 化学 鋳造

エアーロック Lufteinschlüsse 男 複, air lock, entrapped air, air pockets 機械 化学 鋳造

エアロゾル Aerosol 中, 愛 aerosol 化学

えいきゅうじしゃく 永久磁石, PM = 愛 permanent magnet = Dauermagnet 電気

えいきゅうひずみ 永久ひずみ, bleibende Dehnung（Verformung）囡, permanent set 材料 機械

えいきょうかにある（〜の）影響下にある, unterliegen etwas[3] 〜, 愛 be subject to, be governed by 機械 全般 経営 特許 規格

えいきょうりょくをつよめること 影響力を強めること, Einflussnahme 囡, influence, interference 全般

えいこくきかくきょうかい 英国規格協会, BSI = 愛 British Standard Institution = Britishe Normenbehörden 規格 組織

えいこくこうりぎょうれんごうしょくひん

えいこくこうりぎょうれんごうしょくひんあんぜんきかく

あんぜんきかく 英国小売企業連合食品安全規格, BRC = 英 British Retail Consortium Global Standard for Food Safety 規格 食品 化学 バイオ 医薬

エイコサペンタエンさん エイコサペンタエン酸, EPA = 英 eicosapentaenoic acid = Eikosapentaensäure 化学 バイオ 医薬

えいせいさいぼう 衛星細胞, Mantelzelle 女, 類 Satellietzelle 女, satellite cell 化学 バイオ

えいせいナビゲーション 衛星ナビゲーション, Satellitenortnung 女, satellite navigation 航空 電気 機械

エイチ・エー・シー・シー・ピー HACCP(食品の危害分析重点管理方式, 危険度分析による食品衛生管理), HACCP = 英 Hazard Analysis Critical Control Point = Risiko Analyse für Lebensmittel 規格 化学 バイオ 医薬 食品 安全 操業 設備 物流

エイチ・エス HS(商品の名称および分類についての統一システム), HS = 英 Harmonized Commodity Description & Coding System 規格 製品 経営

エイチがたかいさきつぎて H形開先継手, DHY-Fuge = 英 double-bevel butt joint with broad root face = double U groove joint 溶接 材料

エイチがたざい H形材, H-Profil 中, 英 Hprofile 材料 建設 機械

エイチかたようせつ(つぎて) H形突合せ溶接(継ぎ手), H-Stumpfnaht 女, H-butt weld, H-butt joint 溶接 機械

エイチ・ディー・エル・シーのじゅしんふかコマンド(レスポンス) HDLC の受信不可コマンド(レスポンス), RNR = 英 receive not ready 電気

エイトストランドの 8ストランドの, 8-gerüstig, 類 8-strängig, 英 8-strand 材料 連鋳 設備

えいのうか 営農家, Landwirt 男, farmer, agriculturist バイオ 経営

エイムステスト [復帰突然変異試験, 突然変異性誘発性試験(Ames は, 人名)], Ames-Test 男, 英 Ames-test バイオ

えいよう 栄養, Ernährung 女 化学

バイオ 医薬 食品

えいようえき 栄養液(培養液), Nährlösung 女, nutrient solution 化学 バイオ

えいようしょようりょう 栄養所要量, RDA = 英 recommended dietary allowance = empfohlene Diätration 医薬 食品

えいようせっしゅ 栄養摂取, Ingestion 女, 類 関 Nutrition 女, Aufnahme 女, ingestion 化学 バイオ 医薬

えいようそ 栄養素, Nährstoff 男, nutrient 化学 バイオ 医薬

えいようはんしょく 栄養繁殖, vegetative Vermehrung 女, vegetative propagation バイオ

えいようふかさよう 栄養富化作用, Eutrophierung 女, eutrophication effect 化学 バイオ 環境

えいようようきゅうせいの 栄養要求性の, auxotroph, 英 auxotrophic バイオ

えいんしきこつばんリンパせつかくせいじゅつ 会陰(えいん)式骨盤リンパ節郭清術, PPL = perineale pelvine Lymphadenektomie = perineal pelvic lymphadenectomy 医薬

エーエッチそうい Ah 層位(濃い色を呈し, 30 重量％以下の腐植土堆積物を含む A 層位), Ah-Horizont 男, Ah-horizon(Wörterbuch der Bodenkunde, Enke, 1997 より) 地学 物理 化学 バイオ

エーシック [特定用途向け集積回路, ゲートアレー(日本では)], ASIC = 英 application specific integrated circuit = anwendungs-spezifischer elektronischer Schaltkreis 電気

エーしゅぜつえん A 種絶縁, Isolationsklasse A 女, isolation A 機械 電気 規格

エーそうい A 層位(有機堆積物を含む鉱物を含有する上部土壌層位), A-Horizont 男, A-horizon, (Wörterbuch der Bodenkunde, Enke, 1997 より) 地学 物理 バイオ

エーダッシュ A', A ダッシュ, eingestrichenes A 中, A-dash 数学 統計

エー・ダブル・ビーなかご　AWB（無機系結合剤）中子，AWB-Kern ＝ 英 alternative warmboxprocess-core 鋳造 機械

エー・ディーへんかんき　AD 変換器，ADC ＝ 英 analog-digital-converter ＝ Analog-Digital-Wandler ＝ ADU ＝ Analog-Digital-Umsetzer ＝ Analog-Digital-Konverter 電気 機械

エーロフォイル（空中翼），Tragfläche 女，aerofoil 機械 航空 建設

えきか　液化，Verflüssigung 女，liquefaction エネ 化学 地学

えきかせきゆガス　液化石油ガス，LPG ＝ 英 liquified petrolium gas ＝ Gase, die bei Raumtemperatur und geringem Druck 化学 機械

えきかてんねんガス　液化天然ガス，LNG ＝ 英 liquefied natural gas ＝ tiefgekühltes, verflüssigtes Erdgas 化学 機械

えきしょう　液晶，Flüssigkristall 男，liquid crystal 電気

えきしょうディスプレイ　液晶ディスプレイ，LCD，Flüssigkristallanzeige 女，liquid crystal display 電気

えきじょうの　液状の，liq. ＝ lq. ＝ liquidus ＝ flüssig 化学 バイオ 医薬

えきそうおんど　液相温度，Liquidustemperatur 女，liquidus temperature 材料 鉄鋼 非鉄 化学 物理

えきたいすいそ　液体水素，LH ＝ 英 liquid hydrogen ＝ Flüssigwasserstoff 機械 化学

えきたいピストンコンバータ　液体ピストンコンバータ，Flüssigkolbenwandler 男，liquid piston converter 機械

えきてきぶんさんリアクター　液滴分散リアクター，Tropfkörperreaktor 男，tricking film reactor，trickle-flow fermenter 化学 バイオ 電気 機械

エクサヘルツ　［周波数単位（10^{18} 回／秒）］，eHZ ＝ exa Herz ＝ Euskal Herria Zuzenean 単位 音響 電気

エコテストシンボル　Öko-Prüfzeichen 中，英 Oeko- test symbol，英 Oeko-test label 環境 化学 バイオ 組織

エコライザーバー　Quertraverse 女，類 Ausgleichshebel 男，equalizer bar 機械

えし　壊死，Nekrose 女，necrosis 医薬

エジェクター　Abwerfer 男，ejector 機械 化学 設備

えししょうがい　壊死障害，die nekrotischen Läsionen 女 複，necrotic lesion 医薬

エスアイたんい　SI 単位，SI-Einheit 女，英 SI-Unit 規格 特許

エス・アイ・ピー　SIP（シングルインラインパッケージ），SIP ＝ 英 single inline package ＝ Single-inline-Gehäuse 電気

エス・アイ・ピーたいおうの　SIP 対応の（シングル・イン・ライン・パッケージ対応の，IC の片方にのみリードピンの出ているタイプ対応の），SIP-fähig ＝ 英 single inline package -capable 電気

エスアデノシルホモシステイン　S-アデノシルホモシステイン（コリン，クレアチンそのほかのメチル化合物の生成にあたって，メチル基供与体として作用する），SAH ＝ S-Adenosyl-Homocystein ＝ S-adenosyl homocysteine 化学 バイオ 医薬

エスアデノシルメチオニン　S-アデノシルメチオニン（メチル化合物の生成や核酸のメチル化の際のメチル基供与体として作用する），SAM ＝ S-Adenosyl-Methionin ＝ S-adenosyl methionine 化学 バイオ 医薬

エスいでんしざとくいとうタンパク　S 遺伝子座特異糖タンパク，SLG ＝ 英 S-locus-glycoprotein 化学 バイオ 医薬

エスエヌきょくせん　SN 曲線（ヴェーラー曲線），Wöhlerkurve 女，英 Wöhler curve，英 S-N curve 材料 機械 建設

エス・エヌひ　SN 比，Signal-Stör-Abstand 男，類 Signal/Rausch- Verhältnis 中，Signal-/-Stör-Verhältnis 中，signal-to-noise –ratio 電気

エスカ（X 線光電子分光法），ESCA ＝ 英 electron spectroscopy for chemical analysis 電気 材料 光学 物理 化学

エスカレータ Fahrtreppe 女, escalator 機械

エスケープキー Unterdrückungstaste 女, ESC(= escape) key 電気

エスじょうけっちょうきょうけんさ(ほう) S状結腸鏡検査 (法)[S字結腸鏡検査 (法)], Sig = Sigmoidoskopie = sigmoidoscopy 医薬 電気

エステルか エステル化, Veresterung 女, 類 Esterifizierung 女, esterification 化学 バイオ 医薬

エステルかしぼうさん エステル化脂肪酸, VFS = veresterte Fettsäure = esterified fatty acid 化学 バイオ 医薬

エステルこうかんはんのう エステル交換反応(エステル間でアルコキシル基などが, 交換されて, 新しいエステルが生成する反応をいう), Umesterung 女, interesterification, transesterification 化学 バイオ

エステルごうせい エステル合成, Estersynthese 女, estersynthesis 化学 バイオ 医薬

エスフック S フック, Hängehaken 男, S-hook 機械

エゼクターポンプ Saugstrahlpumpe 女, ejector pump, suction jet pump, jet stream pump 機械 化学

えだかん 枝管, Zweigleitung 女, branch arm piping(BAP), branch pipe 機械 化学 設備

えだわかれ 枝分かれ, Verzweigung 女, branch, branching 化学 光学 電気

エチルアセテート Ethylacetat 中, 類 Essigsäureethylester 男, ethyl acetate 化学

エチルだいさんきゅうアミルエーテル エチル第三級アミルエーテル, ETAE =英 ethyl-tert.-amylether 化学 バイオ

エチレンアクリルさん エチレンアクリル酸, E.AA =英 ethylene acrylacid = Ethylen Acrylsäure 化学

エチレンオキシド エチレンオキシド(洗剤や合成樹脂などの製造原料, また燻蒸剤として用いられている), EO =英 ethylene oxide 化学

エチレンジアミンしさくさん エチレンジアミン四酢酸(金属イオンの分離, 除去, 分析のための試薬として広く使われている. 出典：ブリタニカ国際大百科事典 小項目事典, コトバンク), EDTA =英 ethylenediaminetetraacetic acid = Äthylendiamintetraessigsäure 女 化学

エチレンビニルアルコールきょうじゅうごうたい エチレンビニルアルコール共重合体(ガラス繊維とよく結合し, ガラス繊維強化 EVOH は機械強度が極めて高いため, 金属製品のプラスチック化を目的としたエンジニアリングプラスチックとしても採用されている. 出典：プラスチック素材辞典ホームページ), EVOH =英 ethylene vinyl alcohol = Ethylvinylalkohol 化学

エチレンプロピレンゴム EPR =英 ethylene-propylene rubber 化学 材料

エチレンプロピレンジエンモノマー EPDM = 英 ethylene-propylen dienmonomer = Ethylen-propylen-Dien-Kautschuk 化学 材料

エチレンベンゼン Ethylbenzol 中, ethylbenzene 化学

エックスがたグルーブ X 形グルーブ(X 形突き合わせ継手), X-Naht 女, 類 DV-Naht 女, double V seam 溶接 材料

エックスがたつきあわせつぎて X 形突き合わせ継手(X 形グルーブ), X-Naht 女, 類 DV-Naht 女, double V seam 溶接 材料

エックスせんかいせつほう X 線回折法, XRD = 英 X-ray diffractometry = Röntgendiffraktometrie 化学 電気 材料 物理 光学

エックスせんきたいぞうえいポリグラム X 線気体造影ポリグラム, RPPG = Röntgenpneumopolygramm = X-ray-pneumopolygram 医薬 放射線

エックスせんきゅうしゅうたんきんぼうびさいこうぞうかいせきほう X 線吸収端近傍微細構造解析法, XANES = 英 X-ray absorption near edge structure

え

物理 化学 材料 光学 電気 原子力

エックスせんきゅうしゅうびさいこうぞうかいせきほう X線吸収微細構造解析法（XANESとEXAFSから成る），XAFS = 英 X-ray absorption fine structure 物理 化学 材料 光学 電気

エックスせんけんさそうち（空港搭乗口などの）X線検査装置，RPA = Röntgenprüfanlage in der Flugsicherheit (Scanner) = X-ray inspection systems 電気 航空 安全

エックスせんこうでんしぶんこうほう X線光電子分光法（エスカ），ESCA = 英 electron spectroscopy for chemical analysis 電気 材料 光学 物理 化学

エックスせんしゅうだんけんしん X線集団検診（X線集団検，X線集検，X線集検診），RRU = Röntgenreihenuntersuchung = X-ray mass screening = X-ray mass examination 医薬 社会

エックスせんじゆうでんしレーザー X線自由電子レーザー，XFEL = 英 X-ray-frcc-electron laser 電気 光学 材料 化学 物理

エックスせんぞうえいがぞう X線造影画像，RKD = Röntgenkontrastdarstellung = X-ray contrast image 医薬 放射線

エックスせんぞうえいやく（ざい） X線造影薬（剤），Röntgenkontrastmittel 中，X-ray contrast medium，RKM 放射線 材料 医薬

エックスせんそうさがぞう X線走査画像，Röntgenrasterbild 中，X-ray scan picture 化学 電気 光学 原子力

エックスせんどうたいさつえいほう X線動態撮影法（X線キモグラフィ），RKY = Röntgenkymografie = roentgen kymography 医薬 放射線

エックスせんふとうかせいの X線不透過性の（放射線不透過性の，ラジオパク），röntgenkontrastfähig，英 radiopaque 放射線 電気 化学 バイオ 医薬

エックスせんりったいぶんせき X線立体分析，RSA = Röntgenstereometrieana-lyse = roentgenographic stereogrammetric analysis 医薬 放射線

エックスせんリトグラフィー X線リトグラフィー，XRL = 英 X-ray lithography = Röntgenstrahllithographie 光学 電気 物理 放射線

エッジガイドデバイス Kantenerfassung 女，edge guide device 機械 電気 光学

エッジフィルター Kantenspaltfilter 男，edge filter，steam-line filter 機械 化学

エッジングスタンド Stauchgerüst 中，edging stand 材料 操業 設備

エッペンチューブ（遠心分離機中のプラスチック反応容器，マイクロピペット），Eppendorfgefäs 中，nicrocentrifuge tube，microfuge tube 化学 バイオ

エドマンぶんかいによるはいれつけってい エドマン分解による配列決定，Edman-Sequenzierung 女，英 Edman degradation sequencing 化学 バイオ

エナメル（ほうろう），Email 中，enamel 材料

エナンチオマー Enantiomer 中，enantiomer 化学 バイオ

エヌアセチルベータディーグルコサミニダーゼ N-アセチル-β-D-グルコサミニダーゼ（NAGは腎の近位尿細管のリソソームに多く存在するため，尿中NAG活性は尿細管障害のよい指標となる．出典：シスメックス（株）ホームページ），NAG = N-Acetylbetaglukosaminidase = N-acecyl-β-glucosaminidase バイオ 医薬

エヌエチルマレイミド N-エチルマレイミド，1-エチル-3-ピロリン-2,5-ジオン（細胞研究試薬，タンパク質工学用試薬），NEM = N-ethylmaleinimid = N-ethyl-maleimide 化学 バイオ 医薬

エヌオーエックスしつどほせいけいすう NOx湿度補正係数，KHNOX = Feuchtigkeit-Korrekturfaktor für NOx = humidity correction factor for NOx = KH factor for NOx 機械 環境

エヌブロモアセトアミド N-ブロモアセトアミド，NBA = N-Bromacetamid = N-bromo acetamide 化学

エヌブロモスクシンイミド N-ブロモスクシンイミド，N-ブロモこはく酸イミド，ジヒドロ -1- ブロモ -1H- ピロール -2,5- ジオン（臭素源として用いられる），NBS = N-Bromosuccinimid = N-bromosuccinimide 化学

エヌまったん N 末端，N-Terminal 中，英 N - terminal バイオ 医薬

エネルギーキャリアー（エネルギー源となるもの），Energieträger 男，energy carrier エネ 機械

エネルギーきゅうしゅう エネルギー吸収，Energieabsorption 女，energy absorption 機械 エネ 化学 バイオ

エネルギーさいしょうげんかいち エネルギー最小限界値，Energieschwelle 女，energy threshold 機械 エネ 操業 設備

エネルギーしゅうせきがたの エネルギー集積型の，energieintensiv，英 energyintensive エネ 機械 化学 バイオ 環境

エネルギーたいしゃりつ エネルギー代謝率（生体のある運動動作が，基礎代謝の何倍にあたるかを求める数値．出典：デジタル大辞泉），RMR = 英 relative metabolic rate = relativer Energieumsatz 化学 バイオ 医薬

エネルギーたんたい エネルギー担体（エネルギー源となるもの），Energieträger 男，energy carrier エネ 機械

エネルギーちょうたつ（にゅうしゅ） エネルギー調達（入手），Energiebeschaffung 女，energy procurement エネ 経営

エネルギーてんかん エネルギー転換，Energiewende 女，energy turnaround，energy change エネ 環境 化学 バイオ 医薬 経営 社会

エネルギーのフィードバック Energierückspeisung 女，energy feeding back エネ 機械

エネルギーパラメータ Energiegröße 女，energy parameter 機械 エネ 操業 設備

エネルギーぶんさんがたけいこうエックスせんぶんせきそうち エネルギー分散型蛍光 X 線分析装置，EDXRF = 英 energy dispersive X-ray fluorescence spectrometer 電気 化学 材料 物理

エフ・イー・ピー（前置通信制御処理装置），FEP = 英 front-end processor 電気 機械

エフ・エー（生産工程のコンピュータ化による自動化），FA = 英 factory automation = Produktionsautomatisierung 電気 機械 操業 設備

エフ・エス・エス・シーにまんにせん FSSC22000（食品製造業向けの新しい食品安全の認証規格），FSSC22000 = 英 Food Safty System Certification 規格 化学 バイオ 医薬 食品

エフ・ケー・エムによってつくられた，こうさくきかいぶひん，きかいぶひんのコンピュータによるきょうどけいさんしん FKM（研究監督官庁―機械工学，管理委員会―機械工学）によってつくられた，工作機械部品，機械部品のコンピュータによる強度計算指針，FKM-Richtlinie = eine vom Forschungskuratorium Maschinenbau e.V. (FKM) herausgegebene Richtlinie für rechnerische Festigkeitsnachweise für Maschinenbauteile 規格 機械 電気 組織

エプスタイン・バール・ウイルス（ヘルペスウイルス科のウイルス，ヒトヘルペスウイルス 4 型ともいう），英 Epstein-Barr virus 化学 バイオ

エフ・ディー・エーきじゅんにがっちしている FDA（米国食品医薬品局）基準に合致している，FDA-konform， 英 FDA-conform 化学 バイオ 医薬 規格 法制度

エプロン Schlosskasten 男，apron 機械 材料 連鋳

エポキシか エポキシ化，Epoxidation 女，epoxidation 化学 バイオ

エポキシじゅし エポキシ樹脂，Epoxydharz 中，epoxy resin 化学 バイオ

えぼしたがね Kreuzmeißel 男，cross-cut chisel，parallel cross-bit chisel 機械

エボラしゅっけつねつ エボラ出血熱，das hemorrhagische Ebola-Fieber 中，英 Ebola hemorrhagic fever 医薬

エム・エス・シーはちじゅうなな 英

MSC87〔IMO（国際海事機関）の海洋安全委員会〕 材料 機械 組織

エム・エスばいち MS（Murashige-Skoog）培地（植物の組織培養に用いられる基本培地），MS-Medium 中 化学 バイオ

エム・エフ・アール MFR（一定時間内に押し出される熱可塑性材料の量），MFR＝英 melt mass flow rate＝Fließverhalten von Thermoplasten 化学 機械

エム・ピー・エス MPS（2値データのうち出現頻度の高い判定値），MPS＝英 more probable symbol，関 LPS 電気 数学 統計

エラーメッセージ Fehlermeldung 女，error massage 電気

エライサほう エライサ法（酵素結合免疫吸着法，抗原または抗体の濃度の検出・定量法），ELISA＝英 enzyme-linked immuno sorbent assay＝Testverfahren für Infektionskrankheiten 化学 バイオ 電気

エラストマー（常温でゴム状弾性を有する高分子物質，ゴムほか），Elastomer 中，elastomer 化学 バイオ 材料

エリューション Auswaschung 女，wash out，washing attack，cavitation，leaching 材料 地学 化学 機械 建設

エルスレオニンせいさんかぶ L-スレオニン生産株，L-Threonin produzierende Stämme 女，L-threonine producing strain 化学 バイオ

エルそう L層，Auflagehumus 男，litter layer 地学 バイオ

エル・ディー・アイ・ティー・オー・エフ・エム・エス LDI-TOF-MS〔ソフトレーザ脱離イオン化飛行時間型（TOF型）質量分析法〕，LDI-TOF-MS＝英 laser desorption／ionization time-of-flight mass spectrometry 化学 電気

エルボー Krümmer 男，bend，elbow，manifold 機械

エルボー Winkelstück 中，elbow，angle plate 材料 設備 機械 化学 建設

エレクトロスラグようせつ エレクトロスラグ溶接，Elektroschlacke-Schweißen 中，electro slag welding 溶接 材料 機械 電気

エレベータ Fahrstuhl 男，elevator 機械

エレメンタリーストリーム（MPEGでビデオとオーディオの二つに分かれている場合などの，信号要素ビット流），Elementarstrom 男，elementary stream 電気 機械

エレメント Einsatz 男，element 機械

えんかく（ほうしゃせん）ちりょう 遠隔（放射線）治療，Teletherapie 女，teletherapy 医薬 放射線 電気

えんかすいそ 塩化水素，Chlorwasserstoff 男，hydrogen chloride 化学

えんかセチルピリジニウム 塩化セチルピリジニウム（$C_{21}H_{38}NCl$，陽イオン性界面活性剤の一つ），CPCl＝英 cetylpyridinium chloride 化学 バイオ

えんかテトラエチルアンモニウム 塩化テトラエチルアンモニウム，TEAC＝Tetraethylammoniumchlorid＝tetraethylammonium chloride 化学 医薬

えんかナトリウム・クエンさんナトリウムかんしょうえき 塩化ナトリウム・クエン酸ナトリウム緩衝液，Natriumchlorid／Natriumcitrat-Puffer-lösung，SSC buffer solution，sodium chloride-sodium citrate buffer solution 化学 バイオ

えんかビニリデン 塩化ビニリデン，VDC＝Vinylidenchlorid＝vinylidene chloride 化学

えんかビニリデンモノマー 塩化ビニリデンモノマー，VDCM＝Vinylidenchloridmonomer＝vinylidene chloride monomer 化学

えんかビニル 塩化ビニル，VC＝Vinylchlorid＝vinyl chloride 化学 材料

えんかんボイラー 煙管ボイラー，Rauchrohrkessel 男，smoke tube boiler 機械 エネ

えんかんめん（たい）の 円環面（体）の（トーラスの），torus 統計 数学 機械 医薬

えんきつい 塩基対，Basenpaar 中，base pair 化学

えんきど 塩基度，Basengrad 男，類

Basizität, basicity 製銑 精錬 化学

えんきほうわ（ど） 塩基飽和（度）［土の塩基置換容量（CEC）のうちの何％が塩基で占められているかを示す数値. 出典：ルーラル電子図書館］, Basensättigung 女, BS, base saturation バイオ 化学 地学

えんきんちょうせつ （目の）遠近調節, Akkomodation 女 医薬 光学 機械 電気

えんきんほうの 遠近法の, perspektivisch, 英 perspective 機械 電気 光学

えんきんほせい 遠近補正, PC = 英 perspective-correction = perspektive Korrektur 医薬 光学 電気 機械

えんけいろしクロマトグラフィー 円形濾紙クロマトグラフィー（円形クロマトグラフィー）, Rundfilterchromatographie 女, radial-paper chromatography, circular paper chromatography 化学 バイオ

えんげこんなん 嚥下困難, Schluckbeschwerden 女 複, disturbance of swallowing, dysphagia, difficulty in swallowing 医薬

えんこはあつ 円弧歯厚, Zahndicke im Bogenmaß 女, circular thickness 機械

エンザイムイムノアッセイ （酵素抗体法）, PAP = Peroxidase-Antiperoxidase = peroxidase antiperoxidase 化学 バイオ 医薬

えんさんけつごうのう 塩酸結合能, SBV = SalzsäureBindungsVermögen 化学

えんしゅうおうりょく 円周応力（フープ応力）, Ringspannung 女, 類 Umfangsspannung 女, hoop stress, ring tension, circumferential stress 機械

えんしゅうほうこうへんい 円周方向変位, Ringverschiebung 女, circumferential displacement 機械 光学 数学 統計

えんしゅうようせつ 円周溶接, Rundnaht 女, circumferential weld 溶接 機械

えんしょういんし 炎症因子, IF = inflammatorischer Faktor = inflammatory factor 化学 バイオ 医薬

えんしんちゅうぞうほう 遠心鋳造法,

Schleudergießverfahren 中, centrifugal casting process 鋳造 材料 機械

えんしんふきこみせいけい 延伸吹込成形, Streckblasen 中, strech blow molding 機械 化学 鋳造

エンジンブレーキ Bremsen mit dem Motor 中 機械

えんしんぶんりき 遠心分離機, Zentrifugalscheider 男, 類 Zentrifuge 女, centrifugal separator, centrifuge 機械 化学 バイオ 原子力 物理

えんしんぶんりする 遠心分離する, schleudern, 英 centrifuge, sling 機械 化学 バイオ 原子力 物理

えんしんポンプ 遠心ポンプ, Schleuderpumpe 女, 類 Kreiselpumpe 女, Zentrifugalpumpe 女, centrifugal pump 機械

エンジンモジュール Motorbaustein 男, MBS, enjine module 機械 電気

えんしんりょく 遠心力, Fliehkraft 女, 類 Zentrifugalkraft 女, centrifugal force 機械

えんしんりょくしんどうしきけんさく・けんまき 遠心力振動式研削・研磨機, Fliehkraft-Gleitschleifmaschine 女, centrifugal force vibratory surface finishing machine 機械

えんすい 塩水, Sole 女, brine, salt water 化学 バイオ

えんすいかく 円錐角, Kegelwinkel 男, 類 Konuswinkel 中, angle of opening, angle of cone of dispersion, cone angle 機械 数学

えんすいがたつるまきばね 円錐形つる巻ばね, Kegelstumpffeder 女, conical herical spring, volute spring 機械

えんすいキー 円錐キー, Kegelkeil 男, cone key 機械

えんすいころじくうけ 円錐ころ軸受（テーパーころ軸受）, Kegelrollenlager 中, 類 Konusrollenlager 中, taper roller bearing 機械

えんすいざべん 円錐座弁, Kegelsitzventil 中, conically seated valve 機械

お

えんすいべん　円錐弁，Kegelventil [中]，conical valve [機械]
えんせい　延性，Dehnung [女]，elongation [材料]
えんせきせいせいぶつ　塩析生成物，Aussalzungsprodukt [中]，salting-out product [化学]
えんそうい　塩層位，Sa-Horizont = Salzhorizont = salt horizon [地学] [物理] [化学]
えんそかポリエチレン　塩素化ポリエチレン，PEC = chloriertes Polyethylen = CPE = chlorinated polyethylene [化学]
エンターキー　Eingabetaste [女]，enter key [電気]
エンタルピー　Enthalpie [女]，enthalpy [精錬] [エネ] [物理] [化学]
エンタルピーきじゅんぜんねつでんたつりつ　エンタルピー基準全熱伝達率，Gesamtwärme-Übergangszahl [女]，enthalpy based total heat transmissibility [エネ] [機械]
えんちょうぶ　延長部，Fortsatz [男]，extension，prolongation [操業] [設備] [機械]
えんどう　煙道，Rauchgaspfad [男]，flue gas pathway [機械] [エネ]
えんとうウォーム　円筒ウォーム，Zylinderschnecke [女]，cylindrical worm [機械]
えんどうガス　煙道ガス，Rauchgas [中]，chimney gas，flue gas [機械] [エネ]
えんとうけんさく　円筒研削，Rundschleifen [中]，cylindrical grinding [機械]
えんとうたかんしきじょうはつき　円筒多管式蒸発器，Rohrbündelverdampfer [男]，[類] Röhrenkesselverdampfer [男]，tube(pipe)bundle evaporator [機械] [エネ] [材料] [操業] [設備] [化学]
えんどうていぶ　煙道底部，Heizsohle [女]，heated insole [機械] [エネ]
えんどうまめ　えんどう豆，Erbse [女]，pea [バイオ]
えんとつ　煙突，Schornstein [男]，chimney，smokestack [エネ] [機械]
エンドトキシンショック　［微生物の感染が体内の血液中に及び，侵入したグラム陰性菌が壊れ，グラム陰性菌の細胞壁にあるエンドトキシン(内毒素)という物質が多量に放出され，生体の免疫反応が亢進した際に陥るショック状態のこと］，Endotoxinschock [男]，endotoxin shock [バイオ] [医薬]
エンドミル（底フライス），Schaftfräser [男]，end mill [機械]
エンドユーザー　Endkunden [女] [複]，end user [製品] [経営] [社会]
エンドレスロープ　endloses Seil [中]，endless rope，continuous rope [機械]
エントロピー　Entropie [女]，entropy [化学] [物理] [精錬] [エネ]
えんなかご　塩中子，Salzkern [男]，salt core [鋳造] [化学] [機械]
えんばんべん　円板弁，Scheibenventil [中]，disk valve，butterfly valve [機械]
えんぶ　縁部（グルーブ，サッシ），Zarge [女]，frame [機械]
えんぶ　縁部，Saum [男]，fringe [材料] [地学] [繊維]
えんぶん　塩分，Aufsalzung [女]，[類] [関] Salinität [女]，salinity [化学]
えんへんこうにしょくせい　円偏光二色性，Zirkulardichroismus [男]，circular dichroism，CD [光学] [電気]
えんるいのうど　塩類濃度，Salinität [女]，salinity [化学] [バイオ]

お

お（図面記号の）尾，Gabel [女]，fork，tail [機械]
おいこししゃせん　追い越し車線，Überholspur [女]，[類] Überholfahrbahn [女]，fast lane，fast track，overtaking lane [機械]
オイルカップ　Ölbüchse [女]，oil cup [機械]
オイルサンドこうしょう　オイルサンド鉱

床，Ölsand-Lagerstätte 囡，oil sand deposit 地学

オイルシール Simmerring 男，oil seal 機械

オイルシールされた ölgedichtet, oil sealed 機械

オイルシェール Ölschiefer 男，英 Oil-shale 地学 化学

オイルダンパー Öldämpfer 男，oil damper 機械

オイルドレンコック・べん オイルドレンコック・弁，Ölablasshahn 囡，oil drain cock 機械

オイルドレンプラグ Ölablassschraube 囡，oil drain plug 機械

オイルパン Ölwanne 囡，oil pan, oil tray, sump 機械

オイルフィードボルト Öleinfüllschraube 囡，oil feed bolt 機械

オイルフィルター Ölelement 中，oil filter 機械

オイルもれ オイル漏れ，Ölleck 中，oil leakage, oil spill 機械

オイルリングじくうけ オイルリング軸受，Ringschmierlager 中，ring-lubricated bearing 機械

おうかくへき 横隔壁，Querschotte 囡，transverse bulkhead 建設 機械

おうかくまく 横隔膜，Diaphragma 中，diaphragm 医薬

おうがたたてせんばん 大形立て旋盤，Karusselldrehmaschine mit verschiebbarem Portal 囡，vertical boring and turning mill, vertical lathe 機械

おうごんしょくしょくぶつもん 黄金色植物門，英 chrysophyta バイオ

おうごんしょくそう 黄金色藻(chrysophyceae 黄金色藻綱に属す)，英 chrysophytes バイオ

おうしゅううちゅうきかん 欧州宇宙機関，ESA = 英 European Space Agency = Europäische Raumfahrtbehörde 航空 組織

おうしゅうかあつすいがたげんしろ 欧州加圧水型原子炉(独仏共同開発)，EPR = European Pressurized Water Reactor = Europäischer Druckwasser-Reaktor 原子力 設備

おうしゅうげんしりょくあんぜんきせいぶかい・きかんグループ 欧州原子力安全規制部会・機関グループ，ENSREG = 英 European Nuclear Safety Regulator Groupe = Die Europäische Arbeitsgruppe für nukleare Sicherheit 原子力 組織

おうしゅうごうどうげんしかくけんきゅうきかん 欧州合同原子核研究機関(在ジュネーブ)，CERN = 仏 Counseil European pour la Recherche Nucleaire = Europäisches Kernforschungszentrum in Genf 原子力 電気 組織

おうしゅうしっぺいよぼうセンター 欧州疾病予防センター，ECDC = 英 European Center for Disease Prevention and Control = Europäiche Mitte für Krankheit-Verhinderung und Steuerung バイオ 医薬 組織

おうしゅうじどうしゃこうぎょうかい 欧州自動車工業会，ACEA = 仏 Association des Constructeurs Europeens d'Automobiles = Verband der Europäischen Automobilhersteller 機械 組織

おうしゅうたいようこうはつでんさんぎょうきょうかい 欧州太陽光発電産業協会，EPIA = 英 European Photovoltaic Industry Association = Der Europäische Photovoltaik Industrieverband エネ 電気 機械 環境 組織

おうしゅうでんききききぼうばくしれい 欧州電気機器防爆指令，ATEX = 仏 Atmospheres Explosion = europäische Richtlinie für elektrische Geräte in explosionsgefährdeter Umgebung 電気 規格 組織

おうしゅうでんきでんしききはいきしれい・ししん 欧州電気電子機器廃棄指令・指針，WEEE -Richtlinie = the Directives on Waste from Electric and Electronical Equipment = Europäische Direktive zur Entsorgung von

Elektro-und Elektronikschrott = Richtlinie über Elektro-und Elektronik-Altgeräte 環境 リサイクル 電気 法制度

おうしゅうはいきぶつリスト 欧州廃棄物リスト, EAK = der Europäische Abfallkatalog = European Waste Catalogue 環境 化学 バイオ 医薬 規格 組織

おうしゅうぶんしせいぶつがくけんきゅうしょ 欧州分子生物学研究所, EMBL = Europäisches Molekular-Biologisches Laboratorium in Heidelberg = European Molecular Biology Laboratories 化学 バイオ 医薬 組織

おうしょくブドウきゅうきん 英 黄色ブドウ球菌, Staphylococcus Aureus バイオ 医薬

おうだんしすう 黄疸指数, II = Ikterusindex = icterus index 黄疸指数 医薬

おうだんせつごうぶ 横断接合部, Querverband 男, transverse connection 機械 建設

おうだんはんそうしゃ 横断搬送車, Quertransportwagen 男, cross-transfer-car 機械 操業 設備

おうだんほうこうたわみ 横断方向たわみ, Querwöllung 女, cross bow 材料 機械

おうど(こうど) 黄土, Ocker 男, 類 Löss 男, ocher, loess 地学

おうとう 応答, Rückmeldung 女, 類 Abfrage 女, Ansprechverhalten 中, Antwort 女, reply, responce 電気 機械

おうとうあつりょく(弁の)応答圧力, Ansprechdruck 男, response presssure, actuation pressure 機械 電気

おうとうコード 応答コード, Kennung 女, identification character, answerback code 電気

おうどうバイト 黄銅バイト, Messingdrehstahl 男, brass turning tool 機械 非鉄 材料

おうぶ 凹部, Ausnehmung 女, 関 Aussparung 女, Vertiefung 女, clearance, opening 操業 設備 機械

おうぶ 凹部, Einbuchtung, concavity, inward bulge 材料 機械

おうぶ 凹部, Vertiefung 女, 関 Aussparung 女, recess, sinking, depression 機械 地学 医薬 気象

おうぶかみこみとっき 凹部噛み込み突起, Hintergreifvorsprung 男, protrusion for engaged recessed potion 機械

おうふくうんどうする 往復運動する, hin-und herbewegen, reciprocate 操業 設備 機械

おうふくだい 往復台, Bettschlitten 男, carriage 機械

おうふくひれいポンプ 往復比例ポンプ, Dosierkolbenpumpe 女, reciprocating proportioning pump 機械

おうむびょう・リンパにくがしゅしょう・トラコーマぐん オウム病 - リンパ肉芽腫症 - トラコーマ群, PLT = Psittakose-Lymphogranuloma-Trachoma [-Virus-gruppe] = psittacosis-lymphogranuloma-trachoma バイオ 医薬

おうりょく・ストロークせんず 応力 - ストローク線図, Kraft Weg-Diagramm 男, stress-stroke rate curve 材料 機械 鉄鋼 非鉄

おうりょく・ひずみ・きょくせん 応力 - 歪 - 曲線, SDK = Spannungs-Dehnungs-Kurve = stress-strain-curve 材料 機械 電気 数学

おうりょくしゅうちゅうけいすう 応力集中係数, Formzahl/Formziffer 女, 類 Spannungskonzentrationskoeffizient 男, Formfaktor 男, Spannungsanhäufungsbeiwert 男, form factor, shape factor, theoretical stress-concentration factor 化学 機械 建設 材料 物理

おうりょくせいぶん 応力成分, Spannungskomponenten 複, stress component 機械 建設 機械

おうりょくにがしたい・あな 応力逃し体・穴(ディスプレーサ, 置換物), Verdrängerkörper 男, displacer 機械 建設

おうりょくふしょくわれ 応力腐食割れ, SCC = 英 stress corrosion cracking = Spannungsrisskorrosion 女 材料 連鋳

化学 建設 設備

おうレンズ 凹レンズ, konkave Linse 女, concave lens 光学

おおあらめやすり 大粗目やすり, grobe Feile 女, coarse file 機械 材料

おおいをとること 覆いを取ること, Aufdeckung 女, detection, exposure 機械 化学 建設

オー・エイチ・シーエンジン OHC(頭上カム軸方式)エンジン, Motor mit der obenliegenden Nockenwelle 男, engine with overhead camshaft 機械

オーガードリル Meißel 男, auger drill, chisel, drill bit 機械 地学

おおがたかちくたんい 大型家畜単位, GV = Großvieheinheit(1GV ≒ 500kg/牛・生体重量, 例:子牛 = 0.4GV) 単位 バイオ

おおがたタンカー 大型タンカー, LCC =英 large crude(-oil)carrier = großer Rohöltanker 海洋 船舶 化学

おおがたハドロンしょうとつがたかそくき 大型ハドロン衝突型加速器(CERNに設置されている), LHC =英 large hadron collider 物理 航空 設備 全般

オーキシン (植物成長ホルモン), Auxin 中, 英 auxin バイオ

おおきなめんせきの 大きな面積の, großflächig, extensive 化学 機械 建設 物理

おおくすること 多くすること[(細胞内酵素活性などを)高めること], Amplifizieren 中, 類 Verstärkung 女, amplification 化学 バイオ

オー・シー・アールそふと OCR(自動文字認識)ソフト, OCR(=英 optical character recognition)program = Texterkennungsprogramm 中 電気

オージェでんしぶんこうほう オージェ電子分光法, AES = Auger-Elektronenspektroskopie = auger electron microscopy 化学 バイオ 材料 電気

オーステンパーダクタイルちゅうてつ オーステンパーダクタイル鋳鉄(オーステナイトーフェライト系球状黒鉛鋳鉄, DIN EN 1564), 英 Austempered Ductile Iron(DIN EN 1564), Bainitisches Gusseisen mit Kugelgraphit 材料 精錬 機械

オートバイ Motorrad 中, motorbike, motorcycle 機械

オートバイどうじょうしゃ オートバイ同乗者(組合員), Sozius 男 機械 経営 社会

オートマチックトランスミッション AMT =英 automated mechanical transmission = automatisches Schaltgetriebe 機械

オートリフト Hebebühne 女, elevating platform, lifting plattform 機械

オーバーアーム (フライス盤のオーバーアーム) Gegenhalter 男, overarm, retainer 機械

オーバートラベル Nachlaufen 中, over travel 機械 エネ

オーバーハング Wickelkopf 男, winding head, overhang 電気 機械

オーバーフロー Überschwappen 中, over flow, slopping over 精錬 化学 操業 設備

オーバーフローべん オーバーフロー弁, Überströmventil 中, overflow valve, relief valve 操業 設備 機械

オーバーヘッドカムシャフト OHC =英 overhead camshaft = oben liegende Nockenwelle 女 機械

オーバーヘッドぶひん オーバーヘッド部品, Brückenteil 中, overhead part 機械

オーバーラップ Übergreifung 女, 関 Überschneidung 女, Überlappung 女, overlapping 機械

オーバーラップ(弁のオーバーラップ), Überschneidung 女, 類 Überlappung 女, overlapping 機械

オーバーレイドした überschweißt, 英 over laid, over welded 溶接 材料

オープンコイルしょうどんろ オープンコイル焼鈍炉, Offenbandglühofen 男, open-coil annealing furnace 材料 鉄鋼 非鉄

オープンコイルやきなましろ オープンコイル焼きなまし炉, Offenbandglühofen 男, open-coil annealing furnace 材料 鉄鋼 非鉄

オープンリーディングフレーム ORF = 英 open reading frame バイオ

オープンリンクしゃりょう オープンリンク車両, Gliederfahrzeug 中, articulated trucks 交通

おおむぎ 大麦(オオムギ), Gerste 女, barley バイオ

おきあいふうりょくはつでんそうち 沖合風力発電装置, Offshore-Windkraftanlage 女, offshore wind turbine 電気 エネ

オキサロさくさん オキサロ酢酸(クエン酸回路の重要な一員),Oxalessigsäure 女, oxaloacetic acid, OES, OAA 化学 バイオ 医薬

オキサロさくさんえん オキサロ酢酸塩, OA = Oxalazetat = oxaloacetate 化学 バイオ 医薬

オキシジアニリン (ポリイミド樹脂の原料), ODA = Oxydianilin = oxydianiline 化学 バイオ 医薬

おくがいようでんきせつび 屋外用電気設備, offene elektrische Ausrüstung 女, exposed electrical equipment 電気 機械

オクターブたいいきはばフィルタ オクターブ帯域幅フィルタ, OF = Oktavfilter = octave filter 電気 音響

オクタノンさん オクタノン酸, Caprylat 中, octanoate, caprylate 化学 バイオ

オクタンか オクタン価, Oktanzahl 女, octane number 化学 機械

オクチルフェノールポリエトキシレート (ポリオキシエチレンアルキルフェニルエーテルの一種, 非イオン系界面活性剤の一つ), TritonX-100(商品名) 化学 バイオ

おくり 送り, Vorschub 男, 類 Zug 男, feed 機械

おくりこみけんさく 送り込み研削, Einstechschleifen 中, plunge grinding 機械

おくりじく 送り軸, Zugspindel 女, feed rod, feed shaft 機械

おくりそうち 送り装置, Schaltgetriebe 中, 類 関 Vorschubgetriebe 中, gear box, transmission 機械

おくりだしあつりょく(としゅつあつりょく) 送り出し圧力(吐出圧力), Lieferungsdruck 男, 類 Förderdruck 男, delivery pressure, discharge pressure 機械

おくりだしかん 送り出し管, Druckleitung 女, delivery pipe, discharge piping, pressure line 機械 操業 設備 化学

おくりだしこうりつ 送り出し効率, Förderleistung 女, output, feed performance 機械

おくりだしべん 送り出し弁, Druckventil 中, delivery valve, discharge valve 機械

おくりへんかんレバー 送り変換レバー, Schwerfass 中, tumbler 機械

おくりへんそくそうち 送り変速装置, Vorschubräderkasten 男, feed change gear box 機械

おくりぼう 送り棒, Zugspindel 女, feed rod, feed shaft 機械

おくれかく 遅れ角, Verschiebungswinkel 男, displacement angle, rotation angle 機械 電気 数学 統計

おくれじかん 遅れ時間, Verzögerungszeit 女, delay time 化学 バイオ 物理 電気

オクロモナスぞく オクロモナス属, Ochromonas 中, 英 Ochromonas 化学 バイオ

おさえボルト 押さえボルト, Kopfschraube 女, cap screw 機械

おしこみガスはっせいそうち 押し込みガス発生装置, Druckgaserzeugungsanlage 女, pressure gas production equipment 機械 操業 設備 化学

おしこみコンクリート 押し込みコンクリート, Stampfbeton 男, rammed concrete, compressed concrete 材料 建設

おしこみそうふうき 押し込み送風機, Druckzugventilator 男, 類 Kapselgebläse 女, forced ventilator, positive displacement blower 機械 エネ

おしこみつうき 押し込み通気, Drucklaufstrom 男, forced draft 機械

おしこみばめ 押し込みばめ, Schiebesitz 男, 類 関 Gleitsitz 男, sliding fit, push fit, sliding seat 機械

おしこみふかさ 押し込み深さ, Einpresstiefe 女, inset, offset 機械 材料

おしこみベアリング 押し込みベアリング, Kalottenlager 中, cap and ball bearing, spherical bearing 機械

おしだしてん 押し出し点, ausgefahrene Position 女, 関 zurückgezogene Position 女, extended position 機械

おしだしプレス 押し出しプレス, Strangpresse 女, extrusion press 機械 材料 化学 鋳造

おしつぶす 押しつぶす, quetschen, 英 crush, squash, squeeze 機械

おしねじ 押しねじ, Madenschraube 女, headless screw, set screw 機械

おしゆ 押し湯, Gießaufsatz 男, 類 関 Speisevorrichtung 女, Trichter 男, Steigkanal 男, Steiger 男, feeding head, feeder, riser 化学 製銑 鋳造 精錬 設備

オシレーション Schwingung 女, oscillation 機械 電気 光学 音響

オシレータ (トランスデューサ), Schwinger 男, 類 Oszillator 男, oscillator, transducer 電気 物理 光学 音響 機械

おすい 汚水, Abwasser 中, waste water 環境 リサイクル 化学 バイオ

オストワルドのカラーきかく オストワルドのカラー規格, OF = Ostwaldsche Farbnorm = Ostwald's Colour Standard 光学 電気 規格

おせんされた 汚染された, kontaminiert, 英 contaminated 化学 バイオ 環境 操業

オゾンかする オゾン化する, ozonisieren, 英 ozonize 環境 化学

オゾンをはかいする オゾンを破壊する, ozonschädigend, 英 ozone depleting 環境

化学

おたがいのあいだで お互いの間で, untereinander, 英 among each other 全般

おちつきのないせいしつ (市場などの) 落ち着きのない性質, Volatilität 女, volatility 化学 バイオ 経営

おでいしょうかガス 汚泥消火ガス, Faulgas 中, digester gas 化学 バイオ 環境

おとのつよさ 音の強さ, Schallstärke 女, sound strength, intensity of sound 音響 光学 電気

おねじのがいけい 雄ねじの外径, Außendurchmesser des Schraubengewindes 男, major diameter of screw 機械

おねじのたにけい 雄ねじの谷径, Gewindekerndurchmesser 男, 類 Kerndurchmesser des Schraubengewindes 男, minor diameter of screw thread, 関 Außendurchmessser des Muttergewindes 男 (雌ねじの外径), thread core diameter 機械

おびこう 帯鋼, Stahlband 中, 類 Bandstahl 男, steel strip, steel hoop 材料 鉄鋼

オフィスオートメーション OA = 英 office automation = integrierte Büroautomatisierung 電気 機械

オフサルモメーター (曲率半径測定), Ophthalmometer 男, ophthalmometer 光学 バイオ 医薬

オフセット Versatz 男, offset, displacement, misalignment 機械

オペレータ Bedienungspersonal 中 操業 設備

オペレーティングシステム Betriebssystem 中, operating system, OS 電気

おやかぶ 親株, Elternstamm 男, parent stock 化学 バイオ

おやせだい 親世代, P-Generation, 類 Parentalgeneration 女, Elterngeneration 女, parent generation バイオ

おやねじ 親ねじ, Leitspindel 女, leading screw, guide spindle 機械

おやばり　親梁，Durchzug 男，master beam 機械 建設

おやゆび　親指（カム），Daumen 男，関 Mitnehmer 男，cam，thumb 機械 化学 バイオ 医薬

おやリール　親リール，Volltambour 女，full real，parent real 機械 材料

おりかえしクランプ　折り返しクランプ，Umlegebügel 男，fold down clamp，turn down clamp 機械

おりかた　織り方，Textur 女，関 Gewebe 中，texture，fiber，structure 繊維 化学 バイオ

オリゴとう　オリゴ糖，Oligosaccharid 中，oligosaccharide 化学 バイオ

オリゴマー　（低重合体，多量体），Oligomer 中，oligomer 化学

おりじゃく　折り尺，Gliedermaßstab 男，類 Zollstock 男，folding rule 機械

おりたたみ　折り畳み，Querfaltung 女，cross fold，cross folding 機械 材料 電気

おりたたみこむ　折り畳み込む，einknicken，英 fold，bend in 機械

おりたたみめ　折り畳み目，Falz 男 印刷 機械 材料

おりたたみよく　折りたたみ翼，Klappflügel 男，folding wing 航空 機械

オリフィス　Drosselelement 中，類 Messblende 女，Mündungskanal 男，orifice，throttle，choke，inducer 機械 電気

オリフィスプレート　Drosselscheibe 女，orifice plate 機械

おりまげ　折り曲げ，Querfaltung 女，cross fold，cross folding 機械 材料 電気

おりまぜる　織り交ぜる，verflechten，英 weave，英 interweave 繊維

おりめのない　折り目のない，faltenfrei，wrinkle-free，crease-free 印刷 機械 材料

おりめをつけること　折り目をつけること，Faltung 女，folding，convolution 印刷 機械 材料 電気 数学

おりもの　織物（叢，網状組織，メッシュ），Geflecht 中，fabric，net 繊維 化学 バイオ 医薬

おりもの　織物，Textur 女，関 Gewe-be 中，texture，fiber，structure 繊維 化学 バイオ

おりロール　折りロール，Falzwalze 女，folding roller 機械 印刷

おりロールギャップ　折りロールギャップ，Falzspalt 男，folding roller gap 機械 印刷

オルガネラ　Organelle 女，organelle 化学 バイオ

オルタネータ　WG = Wechselstromgenerator = alternator = alternating current generator 電気

オルダム（じく）つぎて　オルダム（軸）継ぎ手，Kreuzscheibenkupplung 女，英 Oldham's coupling 機械

オルトアセチルチロシン　（サプリメントなどに用いられる），OAT = o-Acetyl-L-tyrosin = o-acetyl-L-tyrosine 化学 バイオ 医薬

オルトアミノアゾトルエン　（特定芳香族アミンの一つ），OAAT = ortho-Aminoazotoluol = ortho-amino-azotolune 化学 バイオ 医薬

オルトい　オルト位，ortho-Position 女，類 ortho-Stellung 女，ortho position 化学 バイオ

オルトキー　Codetaste 女，英 Alt（= alternate coding）key 電気

オルトジクロロベンゼン　o‐ジクロロベンゼン（オルトジクロロベンゼン；殺虫，殺菌などに用いられる），ODB = o-Dichlorbenzol = o-dichlorobenzene 化学 バイオ 医薬

オルトすいさんかリシルグリコシド　オルト水酸化リシルグリコシド，OHLG = ortho-Hydroxylysylglykosid = ortho-Hydroxylysyl glykoside 化学 バイオ 医薬

オルドビスき　オルドビス紀，Ordovisium 中，英 Ordovician 地学 物理 化学 バイオ

オルトフェニールフェノール　OPP = o-Phenylphenol = o-phenylphenol 化学 バイオ

オルニチン　（尿素回路におけるアルギニンの代謝中間体として重要である，生体塩基性アミノ酸，Orn と略記される），Ornithin 中, ornithine 化学 バイオ 医薬

オルニチンカルバモイルきてんいこうそ オルニチンカルバモイル基転移酵素［尿素生成系（尿素サイクル）の酵素］, OCT = Ornithincarbamyltransferase = ornithine carbamoyltransferase 化学 バイオ 医薬

オルニチンデカルボキシラーゼ（オルニチン脱炭酸酵素, アミノ酸であるオルニチンを脱炭酸し, 生体内ポリアミンの一種であるプトレシンを生じる酵素）, ODC = Ornithindecarboxylase = ornithine decarboxylase 化学 バイオ 医薬

オレインさん オレイン酸, Ölsäure 女, oleic acid 化学 バイオ

オレフィンカット Olefinschnitt 男, olefin cut 化学 操業

オレンジはだこうか オレンジ肌効果, Orangenhauteffekt 男, orange peel effect 機械

おろしうり 卸売り, Großhandel 男, wholesale trading 経営

おんきょうかがく 音響化学（超音波の化学作用の利用に関する研究分野）, Sonochemie 女, sono-chemistry 化学 音響 物理

おんきょうしんごうちょくせつどうきか 音響信号直接同期化, Mitnahmesynchronisierung 女, sound signal direct synchronization 電気

おんさがたこがたはっしんき 音叉型小型発振器, Stimmgabeloszillator 男, tuning fork oscillator 音響 機械

おんしつ 温室, Gewächshaus 中, 類 関 Treibhaus 中, greenhouse 化学 バイオ

おんすいタンク 温水タンク, Heißwasserbehälter 男, hot-water tank, condenser hot well 機械 エネ

おんすいだんぼう 温水暖房, Heißwasserheizung 女, 類 関 Warmwasserheizung 女, Whz, hot-water heating 機械 エネ 電気 建設

おんすいボイラー 温水ボイラー, Heißwasserkessel 男, hot-water boiler 機械 エネ 電気

オンデマンド OD =英 on demand = auf Verlangen = auf Wunsch 印刷 機械 製品

おんどけいか 温度経過, Temperaturprofil 中, 類 関 Temperaturverlauf 男, temperature profile エネ 機械 化学 製銑 精錬 材料 連鋳 操業 設備

おんどけいすう 温度係数, Temperaturkoeffizient 男, temperature coefficient, TK 化学 バイオ 物理 連鋳 鋳造 材料

おんどこうばい 温度勾配, Temperaturrampe 女, temperature ramp, temperature gradient エネ 機械 化学 製銑 精錬 材料 連鋳 操業 設備

おんどスイッチ 温度スイッチ, Temperaturschalter 男, temperature switch エネ 機械

おんどせってい・ちょうせい 温度設定・調整, Temperatureinstellung 女, temperature adjustment エネ 機械 化学 製銑 精錬 材料 連鋳 操業 設備

おんどほじそうち 温度保持装置, Einrichtung zum Warmhalten 女, apparatus for maintaining temperasture 機械 エネ

おんどほしょうかいろつきすいしょうはっしんき 温度補償回路付き水晶発振器, TCXO =英 temperature controlled xtal oscillator = 英 temperature compensated crystal oscillator = temperaturgesteuerter Quarz-Standardoszillator 電気

おんどもくひょうち・せっていち 温度目標値・設定値, Temperatursollwert 男, temperature set point エネ 機械 化学 製銑 材料 連鋳 操業 設備

おんぷうだんぼう 温風暖房, Luftheizung 女, hot air heating 機械

オンラインせつぞくした オンライン接続した, on-line gebunden, 英 on-line connected 機械 電気

か

か 科, Familie 女, family バイオ

カーゴようき カーゴ容器, Frachtbehälter 男, freight container, shipping container 航空 船舶 機械 交通

カーソル Cursor 男, cursor 電気

ガーダーはば ガーダー幅, Trägerbreite 女, girder width, beam width 材料 建設

かあつえんとう 加圧円筒, Druckzylinder 男, pressure cylinder, printing cylinder 機械 印刷

かあつすいデスケーリング 加圧水デスケーリング, Presswasserentzunderung 女, compressud water descaling 材料 機械

かあつダイアフラムポンプ 加圧ダイアフラムポンプ, DMP = druckluftbetriebe Membranpumpen 機械

かあつテルミットようせつ 加圧テルミット溶接, Druckthermitschweißung 女, pressure thermit welding 溶接 機械

かあつびふんたんねんしょう 加圧微粉炭燃焼, PPCC = 英 pressurized powder coal combustion エネ 機械 電気 製銑 地学

かあつボイラー 加圧ボイラー, Druckgaskessel 男, compressed gas boiler 機械 化学 操業 設備

かあつりゅうどうしょうねんしょうぎじゅつによるふくごうはつでんほうしき 加圧流動床燃焼技術による複合発電方式, PFBC = 英 pressurized fluidized bed combustion combined cycle = Druckwirbelschichtfeuerung 電気 エネ

カーテンコーティング Vorhangbeschichten 中, curtain coating 操業 設備 機械 材料

ガードボード Schrammbord 男, guard board 建設

カートリッジ Patrone 女, cartridge 機械 電気

ガードレール Geländer 中, 類 Treppengeländer 中, Balustrade 女, handrail, railing, guard rail 建設 機械

ガードロック ［タンブラー, 元締め装置（錠の）］, Zuhaltung 女, guard locking, tumbler 機械

カーブ Rundung 女, curve, rounding 機械 数学 統計

カーブでのあんていせい カーブでの安定性, Stabilität in Kurven 女, stability in curve 機械

カーラック Fahrradträger 男, bike rack, car rack 機械

カールフィッシャーてきてい カールフィッシャー滴定（水分定量法の一つ）, Karl Fischer Titration 女, 英 Karl Fischer titration 化学 バイオ

がいいんせいないぶんぴつかくらんぶっしつ 外因性内分泌撹乱物質, EDCs = 英 endocrine disrupting chemicals = endokrin wirksame Substanzen 化学 バイオ 医薬 環境

ガイガーカウンター Geigerzähler 男, 英 Geiger counter 原子力 放射線 機械 電気

かいかいろ 開回路, OC = 英 open circuit = offener Stromkreis 電気

かいがとうかくけんさ 絵画統覚検査, TAT = thematischer Apperzeptionstest = thematic apperception test 医薬

かいかんメタセシスじゅうごう 開環メタセシス重合, ROMP = 英 ring-opning metathesis polymerisation = ringöffnende Metathese-Polymerisation 化学 光学

かいき 回帰, Regression 女, regression 数学 統計 電気

かいぎょう 改行, LF = 英 line feed = Zeilenvorschub 電気 印刷

がいきんこんコロニーけいせい 外菌根コロニー形成, Ektomykorrhizabesatz 男, ectomycorrhiza colonisation バイオ

がいけい 外径, OD = 英 outside diameter = Außendurchmesser 機械 設備

かいけいせい 塊形成, Klumpenbildung 女, 関 Molch 男, lump formation 化学 バイオ 機械 設備

かいけいせいぼうしよう(へいそくぼうしよう) **ジェットピグ**(かい) 塊形成防止用(閉塞防止用)ジェットピグ(塊), Düsenmolch 男, jet pig 化学 バイオ 機械 設備

かいけいせいをぼうしした 塊形成を防止した, gemolcht, 英 pig, 英 scraped 化学 バイオ 機械 設備

がいけんさくたい 外圏錯体, Außensphärenkomplex 男, outer-sphere complex 化学 バイオ

かいこう 塊鉱, Stückerz 中, lump ore 製銑 地学

かいこうかく 開口角, Öffnungswinkel 男, groove angle, angle of bevel, angle of spread, opening angle 溶接 電気 機械

かいごうサイト 会合サイト, Bindungstelle 女, binding site 化学 バイオ

かいこうしぼり 開口絞り, Aperturblende 女, 類 Öffnungsblende 女, aperture stop 光学 航空 電気

かいこうすう 開口数, numerische Öffnung 女, 類 numerishe Apertur 女, numerical aperture, NA 光学 電気 機械 航空

かいごしせつかいけいきそく 介護施設会計規則, Pflegeeinrichtungs-Buchführungsverordnung 女, 類 Verordnung über die Rechnungs- und Buchführungspflichten der Pflegeeinrichtungen, accounting regulations of nursing facility, PBV 医薬 経営 法制度

かいざいニューロン 介在ニューロン, Interneuron 中, 類 Zwischenneuron 中, Schaltneuron 中, inteneuron バイオ 医薬

かいさき 開先, Einbrandkerbe 女, 類 Schweißfuge 女, groove 溶接 材料 機械

かいさきかくど 開先角度, Fasenwinkel 男, 類 Öffnungswinkel 男, Schweißkantwinkel 男, groove angle, angle of bevel 溶接 機械

かいさきかこう 開先加工, Fugenvorbereitung 女, 類 Schweißfugenvorberei-tung, edge preparation 溶接 機械

かいさきめん 開先面, Fugenflanke 女, groove face 溶接 機械

かいしつろ 改質炉, Reformer 男, reformer 化学 バイオ 設備

かいじでんあつ 界磁電圧, Feldspannung 女, field voltage 機械 電気

かいじでんりゅう 界磁電流, Feldstrom 男, field current 機械 電気

かいしゅう 回収, Rückgewinnung 女, recovery エネ リサイクル 環境

かいじょ 解除, Auslösen 中, rescission, release 機械 電気

がいしょうせいかんせつのはれ(しゅちょう) 外傷性関節の腫れ(腫脹), TGS = traumatische Gelenkschwellung = traumatic swelling of the joints 医薬

かいせいブレーキ 回生ブレーキ, Nutzbremsung 女, regenerating brake 機械

かいせつ 回折, Beugung 女, 類 Diffraktion 女, diffraction 電気 化学 バイオ 光学 物理

かいぜん 改善, 英 remediation 化学 バイオ 医薬 環境 機械

かいそう 海草, Alge 女, algae, seaweed 化学 バイオ

がいそうかのうな 外挿可能な, extrapolierbar, 英 extrapolable 数学 統計

かいぞうげんかい 解像限界, Auflösungsgrenze 女, resolution limit 材料 化学 電気 光学

かいぞうしゃ 改造車, modefizierte Fahrzeuge 中 複, modified vehicles 機械

かいぞうど 解像度, Auflösung 女, dissolution 材料 化学 電気 光学 鉄鋼 非鉄

がいそうほう 外挿法, Extrapolation 女, 類 Hochrechnung 女, extrapolation 数学 統計

かいぞうりょく 解像力, Auflösungsvermögen 中, resolution power 材料 化学 電気 光学

かいたいざい 解体材, Abbruchmaterialien 中 複, demolition waste material 建設 リサイクル

かいたん 塊炭, Stückkohle 女, lump coal 製銑 地学

かいだんひごうしねんしょうき 階段火格子燃焼機, Treppenrost 男, step grate, stair grating エネ 機械 設備

がいたんぶ (傘歯車の)外端部, Ferse 女, heel 機械

がいちゅうくじょざい 害虫駆除剤, Schädlingsbekämpfungsmittel 中, pesticide 化学 バイオ

かいちょう 階調(写真の), Gradation 女, gradation, contrast grade 光学 印刷 電気

かいてい 改訂, Überarbeitung 女, revision 規格 法制度

かいていぼうふんぼうしそうち 海底暴噴防止装置(サブシーBOPの上部にコネクターにより接続されている), LMRP = 英 lower marine riser package 地学 化学 材料 設備 海洋 船舶

かいてん 回転, Schwenkung 女, 類 関 Drehen 中, Drall 男, Gyration 女, turn, turning, revolution, gyrating 機械

かいてんうんどう 回転運動, Rotation 女, 類 rotatorische Bewegung, revolution, rotation 機械

かいてんえんばん 回転円板, umlaufende Scheibe 女, amature, rotating disc, revolving circular plate 電気 機械

かいてんえんばんそんしつ 回転円板損失, Radreibungsverlust 男, wheel friction loss 機械

かいてんし 回転子, Läufer 男, 類 Rotor 男, rotor, runner, impeller 電気 機械 エネ 航空

かいてんじく 回転軸, DA = Drehachse = revolving shaft = rotating shaft = axis of rotation = rotation axis 機械

かいてんしつりょう 回転質量, Schwungmasse 女, rotating mass, centrifugal mass 機械 物理

かいてんしへんいかくせいぎょ 回転子偏位角制御, Polradregelung 女, rotor displacement angle control, phase angle control 電気 機械

かいてんしゃばんカム 回転斜板カム, Treibplatte 女, 類 Schiefscheibe 女, swash plate, swash plate cam 機械

かいてんせいど (転がり軸受の)回転精度, Laufgenauigkeit 女, accuracy of movement, concentricity requirement 機械

かいてんちょくせんへんこう(は) 回転直線偏光(波), RPP = 英 rotating plane polarized(wave) = rotierende zirkular polarisierte ebene Welle 光学

かいてんどうしきねつこうかんき 回転胴式熱交換器, Drehtrommelwärmespeicher 男, rotary −drum type of heat accumulator 設備 機械 エネ

かいてんば 回転場, Wirbelfeld 中, rotational field, solenoidal field 電気 数学

かいてんはっきんびしょうでんきょく 回転白金微小電極, RPE = 英 rotating platinum microelectrode = rotierende Platin-Mikroelektrode 化学 電気

かいてんばね 回転羽根, Laufschaufel 女, 関 Leitschaufel 女, moving blade, turning blade, impeller blade, rotor blade 機械

かいてんはんけい 回転半径, Wenderadius 男, 類 Wendekreis 男, turning radius 機械 操業 設備

かいてんひごうし 回転火格子, Drehrost 男, revolving grate 設備 機械

かいてんふせいりつ 回転不整率, Ungleichförmigkeitsgrad des Motors 男, coefficient of speed fluctuation, cyclic irregularity 電気 機械

かいてんへいめんけんさくばん 回転平面研削盤, Rundtischflächenschleifmaschine 女, rotary surface grinder 機械

かいてんへんこうばんそうち 回転偏光板装置, RPA = 英 rotating polarizer assembly = rotierende Polarisator-Einheit 光学

かいてんへんりゅうき 回転変流機, EAU = Einankerumformer = rotary single amature converter 機械 電気

かいてんほうこう 回転方向, Laufrichtung 女, rotating direction 機械

かいてんポンプ 回転ポンプ, Drehkolbenpumpe 女, rotary pumpe 機械

かいてんろ 回転炉, Drehofen 男, rotary furnace, rotary kiln 設備 機械

かいてんろしょうろ 回転炉床炉, Drehtellerofen 男, rotary feed table furnace 材料 操業 設備

ガイドアーム Führungsarm 男, guide arm 機械

かいとう 解凍, Entpacken 中, unpack 電気

かいとうさよう 解糖作用, Glykolyse 女, glycolysis バイオ 医薬

ガイドコネクションの (型枠固定締めの), formschlüssig, guide connection 機械 設備

ガイドピストン Stufenkolben 男, 類 Differenzialkolben 男, differential piston, stepped piston 機械

ガイドピン Steckstift 男, push-in pin 機械

ガイドフットブリッジ Führungssteg 男, guide foot bridge 機械

ガイドベアリング Führungslager 中, guide bearing, pilot bearing 機械

ガイドレール Gleitführung 女, guide rail 機械

ガイドロール Lenkrolle 女, castor, steering castor, guide roller 機械

がいねんじっしょう 概念実証(実証実験), POC = 英 proof of concept 化学 バイオ エネ 原子力 全般

かいばつ 海抜, ü.d.M.= über dem Meeresspiegel = above sea level 海洋 船舶 気象 物理

かいはつ 開発, Entwicklung 女, development, generation, evolution 全般 地学 環境 バイオ 医薬 数学

かいはつぎょうむいたくきかん 開発業務委託機関, CRO = 英 contract research organization バイオ 医薬 組織

かいはつサイクル 開発サイクル, Entwicklungszyklus 男, development cycle 全般 製品 操業 設備 経営

がいぶはどめざがね 外部歯止め座金, Zahnscheibe 女, toothed lock washer, external teeth lock washer 機械

かいふく・しゅうりふのうの 回復・修理不能の, irreparabel, 英 irreparable 操業 設備

かいふくけいすう 回復係数, Rückgewinnungsfaktor 男, 類 Erholungsquotient 男, recovery factor, recovery quotient 機械 医薬

かいふくちりょうしつ 回復治療室, GCU = 英 growing care unit 医薬

かいふくほう 開腹法, Laparotomie 女, laparotomy 医薬

がいぶせん 外部線, 面線, 母線, Mantellinie 女, surface line, directrix 機械 化学 設備

かいへいきとうにゅうじゅんじょ 開閉器投入順序, Schaltungsanordnung 女, circuit arrangement, circuit system, circuitry, sequence of switches 電気 機械

がいへん 外辺, Saum 男, fringe 材料 地学

かいほう 解放, Auslösen 中, 類 Freigabe 女, opning, release 電気 機械

かいぼう 解剖, Zerlegung 女, 関 Auflösung 女, Zersetzung 女, Demontage 女, Trennung 女, dissection, resolution, decomposition, dismounting, separation 化学 バイオ 医薬 機械 建設

かいぼうがくの 解剖学の, anatomisch, anatomic バイオ 医薬

かいほうサイクルガスタービン 開放サイクルガスタービン, offener-Kreisprozess-Gasturbine 女, open-cycle process gasturbine 機械 エネ 電気

かいめん 界面, Grenzfläche 女, interface；Grenzfläche Metall / Gas(金属とガスの界面), interface metal / gas 物理 製銑 精錬 鋳造 連鋳 操業 設備 化学 バイオ 材料

かいめんか 海面下, u.d.M. = unter dem Meeresspiegel = below sea level 海洋 船舶 気象 物理

かいめんかっせいざい 界面活性剤, Tensid 中, 類 der oberflächenaktive Wirkstoff, surfactant, surface-active agent 化学 バイオ

かいめん（ひょうめん）**かっせいぶっしつ** 界面（表面）活性物質, OAS = oberflächenaktive Substanz = SAS = surface-active substance 界面（表面）活性物質 化学 バイオ 医薬

かいめん（ひょうめん）**かっせいリポタンパクしつ** 界面（表面）活性リポタンパク質, OAL = oberflächenaktives Lipoprotein = surface-active lipoprotein 化学 バイオ 医薬

かいめんちょうりょく 界面張力, Grenzflächenspannung 女, interfacial tension 物理 化学 バイオ 製銑 精錬 鋳造 連鋳 材料 操業 設備

かいめんてつ 海綿鉄, Eisenschwamm 男, sponge iron, metallised iron ore 精錬 材料 鉄鋼 操業 設備 電気

かいめんはんしゃじょきょそうち 海面反射除去装置, STC = 英 sensitivity time control 電気 航空 船舶 海洋

かいようせいしっかん 潰瘍性疾患, UE = Ulkuserkrankung = ulcer disease 医薬

かいようせいだいちょうえん 潰瘍性大腸炎, Colitis Ulcerosa 女, 類 chronische suppurative Kolitis 女, ulcerative colitis 医薬

がいらいかんじゃしんりょうしょ （大学病院などの）外来患者診療所, Poliklinik 女, polyclinic 医薬

がいらいこけいぶつ 外来固形物, Fremdkörper 男, foreign body, foreign matter 機械 化学 バイオ

がいらんへんすう 外乱変数, Störgröße 女, disturbance variable 電気 機械

かいりょうがたふっとうすいがたけいすいろ 改良型沸騰水型軽水炉, ABWR = 英 advanced boiling water reactor = Fortgeschrittener Siedewasserreaktor 原子力 設備 電気 機械

かいれつ 開裂, Abspalten 中, 類 Aufspaltung 女, Spaltung 女, cleavage,

cracking 化学 バイオ 電気 機械 材料

かいれつはんのう （共有結合の）開裂反応, Spaltung 女, 類 Abspalten 中, cleavage 化学 バイオ

かいろけいとう 回路系統, Schaltungsanordnung 女, circuit arrangement, circuit system, circuitry, sequence of switches 電気 機械

かいろのしょうさいせっけい 回路の詳細設計, Schaltungsanordnung 女, circuit arrangement, circuit system, circuitry, sequence of switches 電気 機械

かいろばんのじっそう 回路盤の実装, Bestückung der Leiterplatte 女, implementation of circuit board 電気

がいろめいひょうしき 街路名標識, Straßenschild 中, street sign 機械 建設

かいわりょうかいぼうがいレベル 会話了解妨害レベル, SIL = 英 speech interference level = Sprachstörpegel 電気

カウリング Motorhaube 女, bonnet, cowling, engine hood 機械

カウル Stirnwand 女, bulkhead, cowl, end wall, front wall 機械

カウンター Zähler 男, counter, meter 機械 電気 化学 設備

カウンターシャフト Vorgelege 中, intermediate gear, countershaft lay shaft, primary reduction gear 機械

カウンターダイ Matrize 女, matrix, counter die, die plate, lower die 機械 鋳造

カウンターでんあつ カウンター電圧, Gegenspannung 女, counter voltage 電気

カウンターバランス Gegengewicht 中, balance weight, counter balance 機械 設備

カウンターフランジ Gegenflansch 男, Widerlager 中, counter flange 機械 建設

かえす （卵をかえす）, bebrüten バイオ

かえんガソリン 加鉛ガソリン, verbleiter Kraftstoff 男, leaded gasoline 機械 化学

かえんそさん 過塩素酸（水溶液は，分析化学における有機物の酸化分解に用いられる），Perchlorsäure 囡，PCS，perchloric acid 化学

かえんでんぱ 火炎伝播，Flammenfortpflanzung 囡，flame propagation 機械 エネ

かがくきゅうちゃく 化学吸着（分子あるいは原子が，吸着媒表面と化学結合を形成していると見なされるほどの強い吸着で，物理吸着とは区別される），Chemisorption 囡，chemisorption，chemical adsorption 化学

かがくけいりょうモデル 化学計量モデル，chemometrisches Modell 回，chemometric model 化学

かがくけつごう 化学結合，chemische Bindung 囡，chemical bond 化学

かがくこうぎょうぶんやけいそく・せいぎょきかくきょうどうけんきゅうかい 化学工業分野計測・制御規格共同研究会，NAMUR = Normenarbeitsgemeinschaft für Mess-und Regelungstechnik in der chemischen Industrie 化学 電気 規格 組織

かがくこうそ 化学酵素の，chemoenzymatisch，英 chemoenzymatic 化学 バイオ

かがくしゅ 化学種，chemische Spezies 囡，chemical species 化学

かがくじょうちゃくほう 化学蒸着法，CVD = 英 chemical vapor deposition = Chemische Abscheidung von Schichten aus der Gasphase 化学 操業 設備 機械 電気

かがくてきふしょくの 化学的腐食の，aggressiv，英 aggressive，英 corrosive 材料 機械 化学

かかくのすいい 価格の推移，Preisentwicklung 囡，price development，price trend 経営 操業

かがくはっこうぶんせきけい 化学発光分析計，CL = Chemilumineszenz-Anaysator 化学

かがくひんのぶんるいおよびひょうじにかんするせかいてきちょうわシステム 化学品の分類および表示に関する世界的調和システム，GHS = Global Harmonisiertes System der Klassifikation und des Beschriftens der Chemikalien = Globally Harmonized System of Classification and Labelling of Chemicals 化学 バイオ 規格

かがくぶっしつあんぜんせいデータシート 化学物質安全性データシート，MSDS = 英 Material Safety Data Sheet 化学 規格 環境

かがくぶっしつはいしゅついどうりょうとどけでせいど 化学物質排出移動量届出制度，PRTR = 英 Pollutant Release and Transfer Register = Schadstoffregister 化学 バイオ 環境 法制度 規格 組織 経営

かがくへいききんしきかん 化学兵器禁止機関，OPCW = 英 Organisation for the Prohibition of Chemical Weapons = Organisation für das Verbot Chemischer Waffen 軍事 化学 バイオ 全般 組織 社会

かかくへんどう 価格変動，Preisentwicklung 囡，price development，price trend 経営 操業

かがくりょうろん 化学量論，Stöchiometrie 囡，stoichiometry 化学

かかと 踵，Ferse 囡，heel 医薬 バイオ 機械

かかん 火管（煙管，炎管），Heizkanal 回，fire tube 機械 材料

かかんしょうせい 可干渉性，Kohärenz 囡，coherence 光学

かきいた 掻き板，Schablonierbrett 回，類関 Abziehschablone 囡，Ziehschablone 囡，strickling board，sweeping board 鋳造 機械

かきかえがたひかりディスク 書き換え型光ディスク，ROD = 英 rewritable optical disk = wiederbeschreibbare optische Platte 電気 光学

かきかた 書き方，Schreibweise 囡，spelling 印刷 電気

かきがた 掻き型（木型の外型に分類され

る，断面が一定で細長い形の柱状の鋳物用の造型法，断面の半分を切り抜いた板で砂を掻いて造型する方法），Schabloniereinguss 男，sweeping mould 鋳造 機械

かぎゃくサイクル　可逆サイクル，umkehrbarer Kreisprozess 男，reversible cycle 化学 機械

かぎゃくせいきょけつせいしんけいけっそん　可逆性虚血性神経欠損，RIND = reversibles ischämisches neurologisches Defizit = reversible ischemic neurologic deficit バイオ 医薬

かぎゃくの　可逆の，reversibel，英 reversible 化学 物理

かきゅう　過給，Aufladung 女，supercharging 機械

かきゅうくうき　過給空気，Ladeluft 女，supercharged air，charge air 機械

かきょう　架橋［① 高分子鎖が末端以外の任意の位置で結合する橋かけ結合（cross-linkage），② 環状有機物の環中の離れた2か所をつなぐ反応，または金属錯体の中心金属をつなぎ，多核錯体をつくる反応（bridge formation）．出典：標準化学用語辞典 縮刷版，第四刷，日本化学会，丸善，2008］，Kreuzvernetzung 女，類 関 Quervernetzung 女，cross linking，bridge formation 化学

かきょうけつごう　架橋結合，Brückenverbund 男，cross linking，bridged bond 化学

かきょうさくたい　架橋錯体，Brückenkomplex 男，cross-linked complex，bridged complex 化学

かきょうしょうの　過共晶の（＞4.3C%），übereutektisch，英 hyper-eutectic 材料 製銑 精錬 鋳造

かきょうせきの　過共析の（＞0.85C%），übereutektoidisch，英 hypereutectoid 材料 製銑 精錬 鋳造

かきょうポリエチレン　架橋ポリエチレン，XLPE =英 cross linked polyethylene = vernetztes Polyäthylen 化学 材料

かく　核，ZK =Zellkern = nucleus バイオ

医薬

がくい（せいきゅう）**ろんぶん**　学位（請求）論文，Dissertation 女，dissertation 全般

かくうでんしゃせん　架空電車線，Fahrleitung 女，contact line，overhead conductor line 交通 電気 機械

かくエネルギー　核エネルギー，KE = Kernenergie = NE = nuclear energy 原子力 エネ 物理

かくオーバーハウザーこうか　核オーバーハウザー効果，NOE =英 nuclear Overhauser effect 物理 電気 化学 バイオ

かくかそくど　角加速度，Winkelbeschleunigung 女，angular acceleration 機械

かくことのできない　欠くことのできない，unentbehrlich，類 unerläßlich，英 indispensable，essential 全般

がくさいてきな　学際的な，interdisziplinär，英 interdisciplinary 全般

かくざひょうじくいどうりょう　各座標軸移動量，Koordinatenweg 男，coordinate travel 機械 電気 数学

かくさんけいすう　拡散係数，Diffusionskoeffizient 男，diffusion coefficient 化学 材料 精錬

かくさんていこうせい　拡散抵抗性，Diffusionsdichtigkeit 女，diffusion density，impermeability，seal integrity 機械 エネ 物理 化学 バイオ 医薬

かくさんはんしゃフーリエへんかんせきがいぶんこうほう　拡散反射フーリエ変換赤外分光法，DRIFTS =英 diffuse reflectance infra-red Fourier transform 化学 バイオ 材料 物理 光学

かくじきけい　核磁気計，NM = Nuklearmagnetron = nuclear magnetron 物理 電気

かくしつ　隔室，Kompartiment 中，関 Fahrgastraum 男，compartment 機械 航空 交通

かくしつそう　角質層，Hornhaut 女，類 Cornea 女，cornea，corneum，horny layer 医薬

がくしゅうベクトルりょうしか　学習ベク

トル量子化，LVQ ＝ 英 learning vector quantization 電気 化学 バイオ 数学

かくしょうテスト 確証テスト，Bewährungsprobe 女，test, practical test 化学 バイオ 医薬 全般

かくスピンかんわじかん 核スピン緩和時間，Kern-Spin-Relaxions-Zeit 女，nuclear spin relaxation time 物理 化学 材料

かくちょうカード 拡張カード，Erweiterungssteckkarte 女，類 Steckkarte 女，expansion card, expansion board 電気

かくちょうジョイント 拡張ジョイント，Dilatationsfuge 女，expansion joint, dilatation joint 機械

かくていする 確定する（算出する，確認する），ermitteln 全般

かくどうカム 確動カム，Positivnocken 男，類 zwangsläufigbewegender Nocken 男，positiv motion cam 機械

かくとくのうりょく 獲得能力（摂取能力），Aneignungsvermögen 中，acquisition property 化学 バイオ 医薬

かくないていぶんしアールエヌエー 核内低分子RNA，snRNA ＝ 英 small nuclear RNA ＝ kleine nukleare RNA 化学 バイオ 医薬

かくにんする （事実として）確認する，konstatieren，英 state 化学 バイオ 操業 材料

かくねじ 角ねじ，Viereckgewinde 中，square thread 機械

かくねんりょう 核燃料，Kernbrennstoff 男，atomic fuel, nuclear fuel 原子力

かくはいきぶつしょりセンター 核廃棄物処理センター，NEZ ＝ nukleares Entsorgungszentrum ＝ nuclear waste management centre 原子力 環境 化学 バイオ 医薬

かくはん 攪拌，Spülen 中，関 Rühren 中，bubbling, flushing, rinsing 精錬 化学 機械

かくはんガスりゅう 攪拌ガス流，Rührgasstrom 男，bubling gas stream 精錬 化学 バイオ 操業 設備

かくはんき 攪拌機，Wirbler 男，agitator, swirler, cyclone dust catcher 機械 環境

かくはんじょうけん 攪拌条件，Rührbedingung 女，bubling condition 精錬 化学 操業 設備

かくはんそうち 攪拌装置，Rührwerk 中，類 Rührmittel 中，stiring device 機械

かくはんのう 核反応，Kernreaktion 女，nuclear reaction 原子力 物理

かくはんのうかいせきほう 核反応解析法，NRA ＝ 英 nuclear reaction analysis 原子力 物理 化学 バイオ

かくはんようのみじかいはばひろのかい 攪拌用の短かい幅広のかい，Rührpaddel 中，stirrer 機械

かくふくブラッグピーク 拡幅ブラッグピーク，SOBP ＝ 英 spread-out bragg peak 化学 バイオ 医薬 放射線

かくぶんれつ 核分裂，Kernspaltung 女，nuclear fission 原子力 物理

かくぶんれつしゅうりつ 核分裂収率，Spaltproduktausbeute 女，fission yield 原子力 物理

かくぶんれつせいせいぶつ 核分裂生成物，Spaltprodukt 中，cleavage product, fission product 化学 バイオ 原子力 物理

かくへき 隔壁，Abschottung 女，類 Kompartiment 中，isolation 機械

かくへきをもうけること 隔壁を設けること，Schottung 女，partitioning, compartmentalization 船舶 航空 機械

かくへんかん 核変換，Umwandlung 女，transformation, conversion, trasition, transmutation 原子力 物理 材料 数学 化学 バイオ 医薬 電気

かくまく 角膜，Hornhaut 女，類 Cornea 女，cornea, corneum, horny layer 化学 バイオ 医薬

かくまく 核膜，NM ＝ 英 nuclear membrane ＝ Kernmembran ＝ ZKM ＝ Zellkernmenbran 化学 バイオ 医薬

かくまく 隔膜，Membran 女，関 Diaphragma 中，diaphragm 機械 電気 化学 バイオ 建設

かくまくじっしつえん 角膜実質炎，IK ＝ interstitielle Keratitis ＝ interstitial

かくまくじっしつえん / かさねようだん

keratitis 医薬

かくゆうごう 核融合, Kernverschmelzung 女, nuclear fusion 原子力 物理

かくよんじゅうきょくきょうめい 核四重極共鳴, NQR/NMR = 英 nuclear quadrupole resonance/nuclear magnetic resonance spectroscopy = Kern-Quadrupol-Resonanz/Kern-Magnetisches Resonanz 物理 化学

かくよんじゅうきょくけつごう 核四重極結合, Kern-Quadrupol-Kopplung 女, nuclear quadrupole coupling 物理 化学

かくりつろんてきあんぜんひょうかぶんせき 確率論的安全評価分析, PSA = 英 probability safety analysis = Analyse von Wahrscheinlichkeiten zu Sicherheit 数学 統計 操業 設備 電気 全般

かけがね 掛け金, Schäkel 男, 類 Ansatz 男, Handschelle 女, Lasche 女, Riegel 男, latch 機械

かけはずしできる 掛け外しできる, lösbar, 英 detachable, 英 disconnectable, 英 removable 機械

かげんばりべん 加減針弁, Messventil 中, metering valve 機械 電気

かげんぼうちょうべん 加減膨張弁, veränderliches Expansionsventil 中, variable expansion valve 機械

かこう 加工, Umformung 女, 類 Verarbeitung f., forming 機械 材料

かこう 花梗, Sprossachse 女, 類 Blütenstandsstiel 男, peduncle, flower stalk, axis of the shoot バイオ

かこう 河口, Mündung 女, estuary, river mouth 地学 機械 設備

かこう 架構, Maschinenbalken 男, frame work, structure, engine frame 機械

かごう 化合, Verbindung 女, composition, compound, connection 電気 機械

かこうがん 花崗岩, Granit 男, granite 地学 物理

かこうけいろ 加工経路, Bearbeitungs-

pfade 女, processing phase 機械

かこうこうか 加工硬化(性), Verfestigung 女, work hardning 材料

かこうしろ 加工代, Bearbeitungszugabe 女, 関 Schlichtzugabe 女, machining allowance 機械

かごうぶつ 化合物, Verbindung 女, composition, compound, connection 化学 電気 機械

かごがたかいてんし かご型回転子, Käfigläufer 男, 関 Segmentkäfig 男, squirrel cage motor 電気 機械

かこのかんきょうふかのうたがいのあるとち 過去の環境負荷の疑いのある土地, Altlastenverdachtsfläche 女, potential contaminated site 環境

かこのかんきょうふかぶっしつのしゅうふく 過去の環境負荷物質の修復, Altlastensanierung 女, site remediation 環境

かこみへき 囲壁, Wandung 女, wall 機械 設備

かさくさん 過酢酸, PES = Peressigsäure = peracetic acid 化学 バイオ

かさだかの 嵩高の, sperrig, 類 voluminös, gröbst, 英 bulky 機械 設備

かさなり 重なり, Überschneidung 女, 類 Überlappung 女, overlapping 機械

かさなりあって 重なり合って, untereinander 機械 全般

かさねいたばね 重ね板ばね, Überlappfeder 女, 類 Lamellenfeder 女, Blattfeder 女, Flachfeder 女, lamellar spring 機械

かさねつぎて 重ね継ぎ手, Lamellennaht 女, lamella welded joint 機械 溶接

かさねつぎてがたフランジ 重ね継ぎ手形フランジ, Vorschweißflansch 男, welding neck(WN)flange 機械 溶接 化学

かさねようせつ 重ね溶接, Übereinanderschweißung 女, lap welding 溶接 材料 機械

かさねようだん 重ね溶断, Stapelbrennschneiden 中, stack melting fu-

かさねようだん　　　　　　　　　　　　かすいぶんかいする

sion cutting 材料 溶接 機械

カサはぐるま　カサ歯車, Kegelrad 中, beval gear 機械

カサはぐるまちょうてん　カサ歯車頂点, Teilkegelspitze 女, apex of pitch cone 機械 数学

かさぶたができること　Verkrustung 女, 類 Fouling 男, encrustation 化学 バイオ 医薬 機械 設備

かざん　火山, Vulkan 男, volcano 地学 物理 気象

かさんかこうそ　過酸化酵素, Px = Peroxidase = peroxidase 化学 バイオ 医薬

かさんかすいそ　過酸化水素, Wasserstoffperoxid 中, hydrogen peroxide 化学

かさんかぶつか　過酸化物価(樹脂や油脂中などの), POZ = Peroxidzahl = POV = peroxide value 化学 食品

かしガラスかん　可視ガラス管, Schauglasrohre 女, inspection glas tube 機械 光学

かじこう　(γ相の)過時効, Überalterung der γ-Phase 女, overageing of the γ-phase 材料 溶接

かしてん　下死点, innerer Todpunkt 男, 類 unterer Todpunkt 男, bottom dead point 機械

かし(ぶ)ぶんこうほう　可視(部)分光法, VIS = 英 visible absorption spectroscopy = Absorptionsspektroskopie im sichtbaren Strahlungsbereich 化学 バイオ 電気 光学

かしめこうぐ　かしめ工具, Stemmsetze 女, 類 Stemmwerkzeug 中, calking tool 機械

かしめさぎょう　かしめ作業, Verstemmung 女, caulking 機械

かしめる　(リベットをかしめる), stemmen, 英 einformen, 英 abdichten, 英 chisel, peen 機械

かしゃ　貨車, Güterwagen 男, wagon, freight car 交通

かじゅうのめんじょ　荷重の免除, Entlastung 女, relief, unloading 機械

かじゅう(ふか)ピーク(ピークふか)しんぷくせいげんき　荷重(負荷)ピーク(ピーク負荷)振幅制限器, Lastspitzenbegrenzer 男, maximum demand(loadpeak/ peakload)limiter/peak chopper 電気 機械 材料

かじょ　花序(枝上における花の配列状態), Blütenstand 男, inflorescence, anthotaxy バイオ

かしょうかようぶんそうりょう　可消化養分総量, TDN = 英 total digestible nutrients = vollkommen verdauliche Nährstoffe バイオ 医薬 食品

かじょうくうきりつ　過剰空気率, Luftüerschusszahl 女, exess air ratio 機械

かしょうする　煆焼する, kalzinieren, 英 calcine 製銑 精錬 化学 地学

かしょうなひりつの　過少な比率の, unterpropotional, 英 at a dispropotionately low rate 数学 統計

かじょうブタノール　過剰ブタノール, Überschuss an Buthanol 男 化学 機械

かしょうろ　煆焼炉, Röstofen 男, calcining furnace, roasting furnace エネ 地学 製銑 精錬 化学 環境 リサイクル

かしらつきうえこみボルト　頭付き植え込みボルト, Stiftschraube 女, stud bolt 機械

かしんほうかかがくぶっしつ　日本国化審法化学物質(化審法の既存物質および告示された新規化学物質), ENCS = 英 Existing & New Chemical Substances 化学 バイオ 環境

かすいたいこうよう　下垂体後葉, HHL = Hypophysenhinterlappen = posterior pituitary 化学 バイオ 医薬

かすいたいせいちょうホルモン　下垂体成長ホルモン, PGH = 英 pituitary growth hormone = Hypophyse -Wachstumshormon バイオ 医薬

かすいぶんかい　加水分解, Hydrolyse 女, hydrolysis 化学 バイオ

かすいぶんかいする　加水分解する, hydrolysieren, 英 hydrolyze 化学 バイオ

かすう　仮数, Man = Mantisse = mantissa 数学 電気

ガスクロマトグラフィー　GC = Gaschromatographie = gas chromatography 化学

カスケード　Kaskade 女, 類 Flügelreihe 女, cascade, blade lattice 機械 エネ 電気

ガスケット　Flanschendichtung 女, gasket 機械

ガスケットリング　Simmerring 男, gasket ring 機械

ガスこうでんかん　ガス光電管, Gaszelle 女, gas filled photocell 電気 機械

ガスじょうきふくごうタービンそうち　ガス蒸気複合タービン装置, Gas-und Dampf-Turbinenanlage 女, gas and steam turbine エネ 電気 機械 設備

ガスじょうすう　ガス定数, Gaskonstante 女, gas constant 化学 物理

ガスせんじょうき　ガス洗浄器, Gaswäscher 男, gas scrubber 設備 化学

カスタマイズする　konfigurieren, 類 anpassen, customize 電気

かすとり　滓取り, Abstreifer 男, skimmer 鋳造 製銑 精錬 操業 設備

ガスぬきあな　ガス抜き穴, Gasabführung 女, gas discharge 精錬 鋳造 化学

かずのすうしきにんしき　数の数式認識, Zahlenformaterkennung 女, mathematical formula recognition 電気

ガスのれんこう（すいこみ）ガスの連行（吸い込み）Mitführung von Gas, carrying of gas 機械 エネ 化学

ガスバーナー　Gasbrenner 男, gas burner 機械 材料 エネ

ガスボンベ　Gasflasche 女, gas bottle, gas cylinder 材料 化学

ガスもれ　ガス漏れ（ガス排出ライン）, Gasausströmung 女, gas escape 機械 化学

ガスようせつ　ガス溶接, Gasschmelzschweissung 女, gas welding 溶接 材料 機械

ガスろ　ガス炉, Gasfeuerung 女, gas furnace 材料 エネ 化学

かせいがん　火成岩, Eruptivgestein 中, igneous rock 地学 気象

かせいじょう　化製場（死亡した家畜の死体などを処理する施設の総称）, TBA = Tierkörperbeseitigungsanstalt = rendering plant バイオ 環境 設備

かせいしんけいすいじゃくしょうこうぐん　仮性神経衰弱症候群, PsN = pseudoneurasthenisches Syndrom = pseudoneurasthenic syndrome 医薬

かせつ　仮説, Hypothese 女, hypothesis 物理 全般

かそういどうそう　仮想移動層, SMB = 英 simulated moving bed 化学

かそうげんじつ　仮想現実, virtuelle Realität 女, virtual reality 電気

がぞうしんだんてきかいにゅうちりょう　画像診断的介入治療（インターベンショナルラジオロジー, 透視下侵襲的治療）, IVR = interventionare Radiologie = interventional radiology 医薬 電気 放射線

がぞうたんぶのせんめいど　画像端部の鮮明度, Konturschärfe 女, acutance, sharpness of edges in an image 電気 機械 光学

がぞうデータ　画像データ, Bilddaten 複, image data 光学 電気

がぞうのゆがみ　画像のゆがみ, Bildverzerrung 女, distortion of the image 光学 電気

かそうパスせつぞく　仮想パス接続（ATMのVCIとその値が変換・解放される終端点間のVPLを連結したもの）, VPC = 英 virtual path connection = virtuelle Pfadverbindung 電気

かそうピッチえん　仮想ピッチ円, virtueller Teilkreis 男, virtual pitch circle 機械

がぞうファイル　画像ファイル, Bilddatei 女, image file 電気

かそうへいいきもう　仮想閉域網（ユーザー密着型サービスの名称）, VPN = 英 virtual private network 電気

カソードルミネッセンスほう カソードル
ミネッセンス法，CL =㊤cathode lumi-
nescence 化学 材料 電気

かそか 可塑化，Plastifizierung 女，類
Plastizierung 女，plasticization，plas-
tification 化学 材料

かそくど 加速度（加速性能），Be-
schleunigung 女，acceleration speed
機械

かそくどけい 加速度計，Beschleuni-
gungsmesser 男，accelerometer 操業
設備 機械

かそざい 可塑剤，Weichmacher 男，
plasticizer 化学 機械 材料

**ガソリンあっしゅくよこんごうじこちゃっか
ぎじゅつ** ガソリン圧縮予混合自己着火
技術，HCCI =㊤homogeneous charge
compression ignition 機械 エネ

ガソリンタンクローリーしゃ ガソリンタ
ンクローリー車，Tankkraftwagen 男，
fuel tank truck，TKW 機械

ガソリンちょくふんエンジン ガソリン直
噴エンジン，FSI =㊤fuel stratified in-
jection = Direkteinspritzung，an-
fänglich mit Schichtladung bei VW
und Audi = fuel straight injection 機械

かたあげそうさ 型上げ操作，Mo-
dellziehung 女，類 関 Modellabsenken
中，Modellabheben 中，stripping of
pattern 鋳造 機械 操業 設備

かたいた 型板，Führungslehre 女，
類 Schablohne 女，jig，contour gauge，
templete 機械 鋳造

かたがわすいこみあっしゅくき 片側吸
込み圧縮機，Einzelsaugungsverdich-
ter 男，single suction compressor 機械
エネ

かたがわすいこみはねぐるま 片側吸込
羽根車，Selbstständiglaufrad 中，sin-
gle-side type impeller エネ 機械

かたけずり 型削り，Gesenkfräsen 中，
関 Wälzstoßmaschine 女，（歯車形削り
盤），shaoing 機械

かたけずりばん 型削り盤，Gesenkkop-
iermaschine 女，diesinking machine，

shaper 機械

かたこう 形鋼，Profilstahl 男，類 関
Profil 中，Träger 男，section steel，
shape steel 材料 建設 鉄鋼

かたこうせつび 形鋼設備，Profilieran-
lage 女，profiling machine 材料 設備

かたこうばい 片勾配，Überhöhung 女，
関 Wölbung 女，Quergefälle 中，
Balligkeit 女，Sturz 男，camber，cant，
superelevation，banking 交通 建設 機械
材料 航空

かたこうロール 型鋼ロール，Profilwal-
ze 女，profile roll 材料 操業 設備

かたごめ 型込め，Formerei 女，類 For-
men 中，moulding，molding shop 鋳造
機械

かたさしけんき 硬さ試験機，Härteprüf-
gerät 中，hardness tester 材料 鉄鋼 非鉄

かたしききごう （自動車などの）型式記号，
Typschlüsselnummer 女，TSN，mod-
el code number 機械

かたしききょか 型式許可，Bauartzu-
lassung 女，design approval 材料 操業
設備 規格 組織 法制度

かたしきけんさ 型式検査，Typenprü-
fung 女，type inspection 機械 設備 規格
組織 法制度

かたしきしけん 型式試験，formelle
Kontrolle 女，type approval test 機械
操業 設備 化学 法制度

かたしきひょうじプレート 型式表示プ
レート，Typenschild 中，type plate，
name plate 機械 設備

かたずな 型砂，Formsand 男，mould-
ing sand，loamy sand 鋳造 材料

かたたんぞうされた 型鍛造された，
gesenkschmiedet，㊤ die forged，㊤
drop-forged 材料

かたばらしとくせい 型ばらし特性，
Auspackverhalten 中，characteristics
of shaking out 鋳造 機械

かたふりおうりょく 片振り応力，reine
Schwellbeanspruchung 女，pulsating
stress 機械 材料 建設

かたむける 傾ける，verkanten，㊤tilt，

英 tip 機械

かたもちの 片持ちの, freitragend, 英 cantilevered, 英 overhanging, 英 self-supporting 機械 設備 建設

かたもちばり 片持ち梁, Freiträger 男, cantilever beam, semibeam 設備 建設

かたもちばりしきばね 片持ちばり式ばね, Auslegerfeder 女, cantilever spring 機械

かたもちビーム 片持ちビーム, Kragträger 男, cantilever beam 建設

かたもちひらけずりばん 片持ち平削り盤, Einständerhobelmaschine 女, single column planing machine 機械

かたもちフライスばん 片持ちフライス盤, Einständerfräsmaschine 女, single column milling machine 機械

かたもちプレート 片持ちプレート, Kragplatte 女, cantilever slab 建設

かたわく 型枠, Formkasten 男, molding box, molding flask, tuyere block 鋳造 材料

かたんごうきん 可鍛合金, Knetlegierung 女, malleable or forgeable alloy 材料 鋳造 機械

かたんちゅうてつついもの 可鍛鋳鉄鋳物, Tempergussstück 中, malleable casting 材料 鋳造 機械 設備

かちく 家畜, Viehbestand 男, livestock バイオ

かちのていらく 価値の低落(下落, 劣化), Wertminderung 女, depreciation 経営

がっかにまたがる 学科にまたがる(専門にまたがる), transdisziplinär, 英 transdisciplinary 全般

がっかんこつ 顎間骨, ZK = Zwischenkiefer = premaxilla 医薬

かっくうかく 滑空角, Gleitflugwinkel 男, gliding angle 航空

かっこにいれられた 括弧に入れられた, eingeklammert, 英 bracketed 数学

かっせいかいしおんど 活性開始温度, 英 light on temperature 化学 バイオ 物理 材料

かっせいかエネルギー 活性化エネルギー, Aktivierungsenergie 女, activation energy 化学 バイオ

かっせいかスラジ 活性化スラジ, Belebtschlamm 男, 類 Klrschlamm 男, activated sludge 化学 バイオ 環境

かっせいかする 活性化する, aktivieren, 英 activate 化学 バイオ

かっせいさんそしゅ 活性酸素種, ROS = 英 reactive oxygen species = reaktive Sauerstoffspezies 化学 バイオ 医薬

かっせいせいぶん 活性成分, Wirkstoff 男, active substance, active ingredient 機械 化学 バイオ 医薬

かっせいそう 活性槽, Belebungsbecken 中, aeration tank 化学 バイオ 設備 機械

かっせいたん 活性炭, Aktivkohle 女, active coal 化学 製銑 地学

かっせいばいたい 活性媒体, Wirkmedium 中, active medium, operating medium, effective medium, working medium 機械 化学 バイオ

かっせいぶっしつ 活性物質, Wirkstoff 男, active substance, active ingredient 機械 化学 バイオ

かっせき 滑石, Talkum 中, talcum, steatite, talc 地学 化学

かっそうろ 滑走路, Rollbahn 女, 類 Landebahn 女, runway, landing strip 航空 建設 機械

カッターヘッド Fräskopf 男, cutterhead 機械

カッターローダー Fräserlader 男 機械

かったん 褐炭, Braunkohle 女, lignite 地学 製銑 エネ

カット(留分), Schnitt 男, cut, section, cut(distillation), fraction 化学 機械 数学

カッド(電話回線を扱う際の単位, ケーブルの芯を4本寄り合わせた束, 2本の対が2組の回路を構成している), Viererseil 中, quad 電気

かつどうたいこうたいりょう 滑動体後退量, Nachlaufen 中, over-travel 機械 エネ

カッドケーブル viererseiltes Kabel 中, quad cable 電気

カップタペット Tassenstößel 男, cup

tappet, bucket tappet 機械

カップラーギヤー Koppelgetriebe 中 機械

カップリング Kopplung 女, connection, coupling 機械

カップリングスリーブ Mitnehmerhülse 女, carrier bolt bushing, coupling sleeve 機械

がっぺいしょう 合併症, Komplikation 女, complication, disease complication 医薬 化学

かつやくきん 括約筋, Sphinkter 男, 類 Schließmuskel 男, sphincter muscle 医薬

かてい 過程, Vorgang 男, process 機械 化学 操業 設備

カテーテルによるけいちょうえいようほきゅう カテーテルによる経腸栄養補給, Sondennahrung über den Katheter 女, enteral feeding via the catheter 医薬

かでんあつぼうぎょモジュール 過電圧防御モジュール, VPM = 英 voltage protection module = Überspannungsschutz 電気

かでんあつよくしそうち 過電圧抑止装置, Überspannungsableiter 男, 類 関 Überspannungsschutzmodul 中, VPM, high rupture fuse, lightning arrester 電気 機械

かでんしけつごう 価電子結合, VB = Valenzbindung = valence binding 化学 物理

かでんしたい 価電子帯, VB = Valenzband = valence band 化学 物理 電気 光学

かでんたんたいえきどうど 荷電担体易動度, Ladungsträgerbeweglichkeit 女, charge carrier mobility 電気

かでんりゅう 過電流, Überstrom 男, overcurrent, forward overload current 電気 機械

かどう 渦動, Wirbel 男, vortices, vertebra 機械 医薬

かどう 稼動, Betrieb 男, 類 Inbetriebsetzung 女, 関 Arbeitsvorgang 男, duty 操業 設備

かどういき (関節) 可動域, ROM = 英 range of motion = Bewegungsumfang 医薬

かどうししょう 可動支承, Loslager 中, movable bearing, floating bearing 機械 建設

かとうせい 可撓性 (かぎょうせい), Flexibilität 女, elastic behavior, flexibility 材料 機械 化学

かどうせいしかいがいレーダー 可動性視界外レーダー, ROTHR = 英 relocatable over-the-horizon rader 軍事 電気 航空

かどうフォーマー 渦動フォーマー, Wirbelbildner 男, vortex former 機械

かときゅうしゅうツェナーダイオード 過渡吸収ツェナーダイオード, TAZ-Diode = transient-absorbing Z-Diode = Z-Diode zur Überspannungsableitung 電気 機械

かどつきナット かど付きナット, Klinkenmutter 女, ratched nut 機械

かどにこくしする 過度に酷使する, überstrapazieren 全般 操業

かどにひりつをおおきくした 過度に比率を大きくした (不相応な, 不釣り合いな), überpropotional, 英 disproportionate 機械 電気

かどのずれ 角のずれ, Kantenverzug 男 機械

かどのまるみづけめんとり 角の丸みづけ面取り, Kantenbrechung nach Rundung 女, bevelling by rounding 機械

かどのめんとり 角の面取り, Kantenbrechung nach Schrägung 女, bevelling bytapering 機械

かなづちのあたまでたたく (リベットを) 金鎚の頭でたたく, stemmen, einformen, abdichten, 英 chisel, 英 peen 機械

かなめいし (アーチの頂上の) かなめ石, Schlussstein 中, keystone, closing stone 建設 機械

かにゅうしゃアドレス 加入者アドレス, Teilnehmeradresse 女, subscriber address 電気

かにゅうしゃこたいしきべつ(にんしょう)
ユニット 加入者個体識別(認証)ユニット,
Teilnehmeridentifikationseinheit 囡,
subscriber identity unit 電気

カニューレ Hohlnadel 囡, cannula, hollow needle 医薬

かねつ 加熱(焼成), Ausheizen 中, baking out, curing, hardning 材料 エネ 機械

かねつ 加熱, Erwärmung 囡, 類 Anwärmung 囡(同じ「加熱」だが, heat up のニュアンスがある), heat 材料 機械 エネ

かねつしょうおんじかん 加熱昇温時間,
Aufheizzeit 囡, heating-up time 材料 溶接 機械 エネ

かねつしょうおんそくど 加熱昇温速度,
Aufheizgeschwindigkeit 囡 材料 機械 エネ

かねつど 過熱度, Überhitzungstemperatur 囡, super heat temperature 材料 精錬 鋳造 物理

かねんせい 可燃性, Entflammbarkeit 囡, flammability, ignitability 化学

かのう 化膿, Vereiterung 囡, suppuration 医薬

かのうかインパルス 可能化インパルス,
Freigabeimpuls 中, enable pulse 電気

カバー Abdeckhaube 囡, 類 Hülse 囡 機械 操業 設備

カバーディスク Deckscheibe 囡, cover dics 電気 機械

カバートラップブロック Klappriegel 男, folding tie bar 機械

カバープレート Deckplatte 囡, cover plate 建設 材料 鉄鋼

カバーページ Umschlagseite 囡 印刷 ;
die erste Umschlagseite, 表1, 外側フロントカバー, 関 vordere Umschlagseite, outside front cover ; die zweite Umschlagseite, 表2, 内側フロントカバー, second cover page, indide front cover ; die dritte Umschlagseite, 表3, 内側バックカバー, 関 hintere Umschlagseite, inside back cover ; die vierte Umschlagseite, 表4, 外側バックカバー, outside back cover 印刷

かはつげん 過発現, Überexpression 囡, overexpression 化学 バイオ

かびんしょう 過敏症, Hypersensibilität 囡, 類 Allergie 囡, hypersensitivity, allergy 医薬

かびんせい 過敏性, Hypersensibilität 囡, 類 Allergie 囡, hypersensitivity, allergy 医薬

かびんせいちょうしょうこうぐん 過敏性腸症候群, IBS = 英 irritable bowel syndrome = RDS = Reizdarmsyndrom 医薬

かふか 過負荷, Überbelastung 囡, over load, OL 機械 エネ

かふかでんりゅう 過負荷電流, Überstrom 男, overcurrent, forward overload current 電気 機械

かふかべん 過負荷弁, Überlastventil 中, overload valve 機械

カブキャベツ Kohlrabi 男, kohlrabi バイオ

かぶこうぞう 下部構造, UB = Unterbau = substructure = foundation 建設 交通

カプリルさんえん カプリル酸塩, Caprylat 中, octanoate, caprylate 化学

カプロラクタム Caprolactam 中, caprolactam 化学 バイオ

かふんかん 花粉管, Pollenschlauch 男, pollen tubes バイオ

かふんしょう 花粉症, Heuschnupfen 中, 類 Pollinose 囡, Pollenkrankheit 囡, pollinosis 医薬

かへい 花柄, Blütenstandsstiel 男, peduncle バイオ

かべがみ 壁紙, Hintergrundbild 中, wallpaper 電気

かべとりつけほうねつき 壁取り付け放熱器, Heizkörper in Wandnischen 男, heater in wall niches 機械 エネ 電気

かへんいりぐちあんないよく 可変入口案内翼, verstellbare Eintrittsleitschaufel 囡, variable inlet guide vane エネ 機械 設備

かへんけいじょう 可変形状, variable

Geometrie 囡, vaiable geometry 機械

かへんコンデンサ 可変コンデンサ, variac = 英 variable capacitor = regelbarer Kondensator 電気

かへんサイクルそうさ 可変サイクル操作, VCO = 英 variable cycle operation = Asynchronbetieb 操業 設備

かへんシート verstellbarer Sitz 男, adjustable seat 機械

かへんちょうふごうか 可変長符号化, VLC = 英 variable length coding 電気

かへんていこうき 可変抵抗器, Rh = Rheostat = rheostat = variable resister 電気

かへんはきだしポンプ 可変吐出しポンプ, regelbare Pumpe 囡, variable discharging pump 機械

かへんバルブタイミング 可変バルブタイミング, VVT = 英 variable valve timing = variable Ventilsteuerzeiten 機械 電気

かへんビットレート 可変ビットレート (動画圧縮で, 動きの激しいときほどビットレートを上げることで画質の劣化を抑える方式), VBR = 英 variable bit rate = variable Bitrate 電気

かへんりゅうノズルうずまき(せんかい)バーナー 可変流ノズル渦巻き(旋回)バーナー, Wirbelbrenner mit Verstellbrennstoffdüse 男, vortex buner with controlling fuel nozzle エネ 機械

かほうわ 過飽和, Übersättigung 囡, supersaturation 化学 機械

かみあい 噛み合い, Eingiff 男, gearing, operation 機械 医薬

かみあい 噛み合い(オーバーラップのニュアンスがある), Übergreifung 囡, overlapping 機械

かみあいあつりょくかく 噛み合い圧力角, Eingriffswinkel 男, 関 Arbeitseingriffswinkel 男, angle of pressure 機械

かみあいきこう 噛み合い機構, Klauenmechanismus 男, claw machanism 機械

かみあいそくフライス かみ合い側フライス, Doppelscheibenfräser 男, interlocking side cutter 機械

かみあいのせいかくな 噛み合いの正確な, passgenau, custom-fit 機械

かみあいピッチえん かみ合いピッチ円, Betriebswälzkreis 男, working pressure pitch circle 機械

かみあいりつ (歯車の)噛み合い率, Überdeckungsgrad 男, contact ratio 機械

かみこみあつりょくかく 噛み込み圧力角, Arbeitseingriffswinkel 男, 類 Kraftangriffswinkel 男, Betriebseingriffswinkel 男, working pressure angle 機械

かみこみリンク 噛み込みリンク, Eingriffsglied 中 機械

かみシート 紙シート, Druckbogen 男, print sheet 印刷

かみシートいんさつ 紙シート印刷, Bogendruck 男, sheet –fed printing 印刷

かみシートいんさつき 紙シート印刷機, Bogendruckmaschine 囡, sheet-fed press machine 印刷 機械

かみつちいき 過密地域, Ballungsgebiet 中, 類 Verdichtungsgebiet 中, conurbation 建設 社会

かみパルプ 紙パルプ, Zellstoffpapier 中, pulp and paper 印刷 化学 機械

カム Daumen 男, 関 Mitnehmer 男, cam, tappet 機械

カムじくせんばん カム軸旋盤, Nockenwellendrehbank 囡, camshaft lathe 機械

カムローラー Laufrolle 囡, cam roller, bogie runner 機械

がめん 画面, Bildschirm 男, display, display screen 電気

がめんせってい 画面設定, Bildschirmeinstellung 囡, display settings 光学 電気

がめんゆれ・ジッタぼうしほせいそうち 画面ゆれ・ジッタ防止補正装置, TBC = 英 time base correcter 機械 エネ 電気

かもつのつみかえコスト 貨物の積み替えコスト，Umschlagkosten 複，handling charge，transhipment cost，extra expence of port unloading operations 船舶 交通 物流 経営

かゆじょうの かゆ状の，breiig，英 pulpy，英 mushy 印刷 機械 化学 バイオ

かよう (肺)下葉(この UL については独語の略語なのか，英語の略語なのかについては要注意である．英語では UL ＝ 英 upper lobe で上葉を指す)，UL ＝ Unterlappen ＝ lower lobe 医薬

かようか(コロイドかいめんかがくの) 可溶化(コロイド界面化学の)，Solubilisierung 女，solubilization 化学

かようせいゆうきせいぶん (自動車排ガス中などの)可溶性有機成分，SOF ＝ 英 soluble organic fraction ＝ lösliche organische Fraktion ＝ lösliche organische Anteile 環境 化学 バイオ 医薬 機械

かようむちっそぶつ 可溶無窒素物，NFE ＝ 英 nitrogen-free extract ＝ (N-Nitrogenium)stickstofffreie Extraktstoffe 化学 バイオ 食品

カラー Kragen 男，collar 機械

カラー Manschette 女，packing ring，cuff 機械 医薬

カラースラストベアリング Kammlager 中，collar type thrust bearing 機械

カラーブッシュ Bundbuchse 女，collar bush 機械

カラーリング Manschettenring 男，collar ring 機械

カラギーナン (海草多糖，包括固定化に用いられる)，英 Carageenan バイオ

ガラスげんりょう ガラス原料(ガラスフリット)，Glasfritte 女，glass frit 化学 材料

ガラスたい ガラス体(硝子体)，Glaskörper 男，vitrious body 医薬 光学

ガラスちゅうくうカラムガスクロマトグラフィー ガラス中空カラムガスクロマトグラフィー，WCOT-GC ＝ 英 wall-coated open-tubular glass column gas chromatography 化学

ガラスフリット (ガラス原料)，Glasfritte 女，glass frit 化学 材料

カラマツ Lärche 女，larch バイオ

カラン Hahn 男，cock，tap，faucet 機械 設備

ガリウムひかぶつ ガリウム砒化物(半導体用ベース材料)，GaAs ＝ 英 Gallium Arsenide ＝ Basismaterial für Halbleiter 電気 化学

かりじめボルト 仮締めボルト，Montageschraube 女，類 Montagebolzen 男，erection bolt，mounting screw 機械

かりすいけいの 仮推計の，pseudostochastisch，pseudo-stochastic 数学 統計

カリパス Messlehre 女，calliper，gauge 機械

かりゅう 渦流，Wirbelströmung 女，turbulent flow，eddy flow 機械 エネ 電気

かりゅう(じょうのもの) 顆粒(状のもの)，Granulat 中，granular material，granulated material 化学 バイオ 医薬 機械

かりゅうさんカリウム 過硫酸カリウム，Kaliumpersulfat 中，potassium persulphate 化学

かりゅうしょり (タイヤなどの)加硫処理，Vulkanisierung 女，vulcanization，cure，thionation 機械 化学 材料

かりゅうねんしょうしつ 渦流燃焼室，Wirbelkammer 女，swirl chamber，turbulence chamber 機械 エネ

かりゅうぼうしへき 渦流防止壁，Splitter 男，chip，splinter，splitter 機械 電気 地学

かりゅうぼうしべん 渦流防止弁，Überströmventil 中，overflow valve，relief valve 操業 設備 機械

かりょう(とうよ) 過量(投与)，OD ＝ overdose ＝ Überdosis 医薬

かりわく 仮枠(コンクリート)，Schalung 女，formwork 建設

かりわくはずしきげん 仮枠外し期限，Ausschalfrist 女，stripping time 建設

カルシウムチャンネル Kalziumkanal 男，calcium channel バイオ 医薬

カルダンじく カルダン軸，Gelenkwelle 女，cardan shaft 機械

カルダンジョイント Kardangelenk 中, 関 Achsschenkelbolzen 男, Wellengelenk 中, cardan joint, knucle joint 機械

カルバモイルき カルバモイル基, Carbamoylguppe 女, carbamoyl group 化学 バイオ 医薬

カルバモイルリンさん カルバモイルリン酸(ピリミジン, アルギニン, 尿素合成の中間体), Carbamoyl-Phosphat 中, carbamoyl phosphate 化学 バイオ 医薬

かれいおうはんへんせいしょう 加齢黄斑変性症, ARMD = 英 age-related macular degeneration = altersbedingte Makuladegeneration 医薬 光学

かれいかきゅうろうれいいぞくねんきんせいど 加齢加給老齢遺族年金制度, ZAHV = zusätzliche alters-und hinterbliebenenversorgung = additional old-age pension scheme 法制度 社会

かれいきゃくのう 過冷却能, Unterkühlbarkeit 女, subcoolability 材料 鋳造 化学 物理

カロース Callose 女, 類 Kallose 女, callose 化学

かわをはぐこと 皮を剥ぐこと, Entrindung 女, barking 機械 バイオ

かん 環, Glied 中, ring 化学 機械

がんあつ 眼圧, Augendruck 男, 類 intraokulärer Druck 男, intraokular pressure, IOP 化学 バイオ 医薬 光学

がんあつけい 眼圧計, Tonometer 男, tonometer 化学 バイオ 医薬

かんあつせっちゃくせいざい 感圧接着性剤, PSA = 英 pressure sensitive adhesives = Druckempfindliche Kleber 材料 化学 物理

かんえん 肝炎, Hepatitis 女, 類 Lebersentzündung 女, hepatitis バイオ 医薬

かんか 環化(鎖式化合物から環式化合物を生成する反応), Ringschluss 男, ring closure, cyclization 化学

がんか 眼科, Augenheilkunde 女, 類 Ophthalmologie 女, ophthalmology, the department of ophthalmology 医薬 光学

かんがい 灌漑, Bewässerung 女, 関 Beregung 女, Berieselung 女, irrigation バイオ 環境

かんがいようポンプ 灌漑用ポンプ, Bewässerungspumpe 女, irrigation pump 機械 バイオ 環境

かんかいりつ 寛解率, RR = Remissionsrate = remission rate 医薬

かんかく 間隔, Spalt 男, 類 Spaltweite 女, clearance, gap, split, slot, crevice 機械 設備 地学

がんかしっかん 眼窩疾患, Orbitopathie 女, orbitopathy 医薬 光学

がんかの 眼窩の, 独 orbital, 英 orbital 医薬 光学 物理

かんき 換気, V = Ventilation = ventilation 医薬

かんきキャップ 換気キャップ, Lüftungskappe 女, ventilator cap, vent flap 機械 建設

がんきけんりつ 癌危険率, Krebsrisiko 中, cancer risk バイオ 医薬

かんきこう 換気孔, Luftloch 中, 類 Luftkanal 男, air hole, air vent 機械 建設 設備

かんきせんフード 換気扇フード, Dunstabzugshaube 女, ventilating hood 機械 電気

かんきのうシンチグラフィー 肝機能シンチグラフィー, LFS = Leberfunktionsszintigrafie 化学 医薬 電気 放射線

かんきフード 換気フード, Dachhaube 女, louvre, ventilation hood 機械 建設

かんきゅうおんどけい 乾球温度計, Trockenthermometer 中, dry-bulb thermometer 物理 気象

かんきょうおせんぶっしつはいしゅついどうとうろくせいど 環境汚染物質排出移動登録制度, PRTR = Pollutant Release and Transfer Register = Schadstoffregister 化学 バイオ 環境 法制度 組織 経営

かんきょうきょうてい 環境協定, Umweltpakt 男, the environmental agreement 環境 化学 バイオ 医薬 法制度

かんきょうけいかくじょうほうシステム 環境計画情報システム[UBA(連邦環境局)のデータバンク], UMPLIS = Umweltplanungs-und Informationssystem = environmental planning and information system 環境 電気 組織

かんきょうしゅうふく 環境修復, 英 remediation 化学 バイオ 医薬 環境 機械

かんきょうとちょうわしている 環境と調和している, umweltverträglich, 英 environmentally compatible 環境 リサイクル 化学

かんきょうばいたい (土壌・水資源・空気などの)環境媒体, Umweltmedien 中 複, environmental media 環境 化学 バイオ 医薬

かんきょうひょうかしょ 環境評価書, UE = Umwelterklärung = environmental statement 環境 法制度 組織

かんきょうほうてん 環境法典, UGB = Umweltgesetzbuch = Environmental Code 環境 法制度

かんきょうほごひょうじゅん 環境保護標準, Umweltschutzstandard 男, environmental protection standard 規格 環境 リサイクル 化学 操業 設備

かんきょうマネジメントシステム 環境マネジメントシステム, ISO14001, EMS = 英 Environmental Management System = UMS = Umweltmanagementsystem, 規格 環境

かんけいきかく 関係規格, mitgeltende Norm 女, related standard 規格 特許

かんけつジェット 間歇ジェット, pulsierendes Düsentriebwerk 中, intermittent jet, pulse jet 航空 機械

かんげやく 緩下薬, Lax. = Laxans = Laxativ = laxative バイオ 医薬

がんげんいでんし 癌原遺伝子(原癌遺伝子), Proto-Onkogen 中, proto-oncogene バイオ 医薬

かんげんがたエヌエーディー 還元型 NAD, (還元 NAD, 還元ニコチンアミド

アデニンジヌクレオチド), NADH = reduziertes NAD = reduced NAD 化学 バイオ 医薬

かんげんがたエヌエーディーピーエイチ 還元型 NADPH, NADPH = 英 nicotinamide adenine dinucleotide phosphatate, reduced = reduziertes Nicotinsäureamiddinukleotidphosphat 化学 バイオ 医薬

かんげんがたほこうそ 還元型補酵素, RC = reduzierte Coenzyme = reduced coenzymes 化学 バイオ 医薬

かんこうけい 感光計, Aktinometer 男, 関 Belichtungssteuerung 女, actinometer 光学 機械

かんこうへん 肝硬変, Leberzirrhose 女, liver cirrhosis, LC バイオ 医薬

かんささえ 管ささえ, Rohrträger 男, tubler member 機械 設備 材料

かんざん 換算, Umsetzung 女, conversion, reaction 化学 バイオ 機械 数学 統計 物理

かんざんあつりょく 換算圧力, reduzierter Druck 男, reduced pressure 機械 エネ 化学

かんざんする 換算する, umrechnen; etwas auf etwas umrechnen(ある事をある事に換算する) 数学 統計 エネ 機械 化学

かんしきくうきポンプ 乾式空気ポンプ, Dürrluftpumpe 女, dry air pump 機械

かんしきさどうポンプ 乾式作動ポンプ, trockenlaufende Pumpe 女, dry running pump 機械

がんじくちょう 眼軸長, die axiale Bulbuslänge 女, 類 Achsenlänge 女, axial eye length 光学 医薬

カンジダボンビコラ [不完全酵母の属の代表例, カンジダ族酵母, ソホロースリピッド(Sophorose lipids)を産生する], Candida bombicola 女, 英 Candida bombicola バイオ 食品

かんしつえきようりょう 間質液容量, IFV = interstitielles Flüssigkeitsvolumen バイオ 医薬

かんしつきゅうしつどけい　乾湿球湿度計, Psychrometer 中, psychrometer 機械 環境 物理 化学

かんしつさいぼう　間質細胞, Zwischennervenzelle 女, interstitial cell, stromal cell バイオ 医薬

かんしつさいぼうしげきホルモン（性腺）間質細胞刺激ホルモン, ICSH ＝英 interstitial cell-stimulating hormone ＝ IZSH ＝ interstitialzellstimulierendes Hormon バイオ 医薬

かんしぶんべんじゅつ　鉗子分娩術, Zangengeburt 女, forceps extension, forceps delivery, forceps operation 医薬

かんじゃそくたん　患者側端, der patientenbezogene Endpunkt 男, patient end 電気 医薬

かんじゅせい　感受性, Empfindlichkeit 女, sensitivity 電気 材料

かんじゅりつ　感受率, Suszeptibilität 女, susceptibility 電気 材料 物理

かんしょう　干渉（噛み合い）, Eingiff 男, interference, gearing 機械 医薬

かんしょうえき　緩衝液, Pufferlösung 女, buffer, buffer solution 化学 バイオ

かんしょうがあるばあい　干渉がある場合, Beeinflussungsfall 男, interfering case 材料 電気 溶接

かんしょうかんしゅうちゅうちりょうしつ　冠症患集中治療室（－装置, －病棟）, CCU ＝英 cardic（colonary）care unit ＝ kardiologische Intensivstation 医薬 設備

かんしょうき　緩衝器, Puffer 男, buffer device 機械

かんしょうき　緩衝器, Stoßdämpfer 男, shock absorber 機械

かんしょうけい　干渉計, Interferometer 男, interferometer 光学 電気

かんしょうじま　干渉縞, Interferenzstreifen 複, interference fringes 光学

かんしょうそうち　緩衝装置, Puffer 男, buffer device 機械

かんじょうたんかすいそ　環状炭化水素, RKW ＝ Ringkohlenwasserstoff ＝ cyclic hydrocarbon 環状炭化水素 化学

かんじょうどうみゃく　冠状動脈, Kranzarterie 女, 類 Koronararterie 女, coronary artery 医薬

かんしょうのう　緩衝能, Puffervermögen 中, buffering capacity 化学 バイオ

かんしょうぶっしつブランクち　緩衝物質ブランク値, PSL ＝ Puffersubstratleerwert ＝ buffer substance blank 化学 バイオ 医薬

かんじょうベクトルば　管状ベクトル場, quellenfreies Vektorfeld 中, solenoidal vector field, source free vector field 数学 電気

かんじょうろ　環状炉, Tunnelofen 男, tube furnace, tunnel kiln 材料 機械 化学 地学

かんじょうろ　環状路, Ring-Spalt 男, annulus 機械

がんしん　含浸（浸漬）, Imprägnierung 女, 類 関 Infiltrierung 女, Perkolation 女, Permiabilität 女, Tränkung 女, Transmission 女, Tauchen 中, impregnation 化学 バイオ 機械

かんしんせい　完新世（新生代第四紀の）, Holozän 中, Holocene 地学 物理 バイオ

かんすい　灌水, Beregung 女, 関 Berieselung 女, Bewässerung 女, sprinkling バイオ 環境

かんせいきょくモーメント　慣性極モーメント, Polarträgheitsmoment 中, polar moment of inertia 電気 機械 物理

かんせいげんしょう　慣性現象, Verzögerungsverlauf 男；am Verzögerungsverlauf der Karosserie teilnehmen（車体の慣性現象の影響を受ける）, deceleration curve, deceleration process 機械

かんせいこうほうシステム　慣性航法システム, INS ＝英 inertial navigation system ＝ Hilfssystem zur Ortungsunterstützung ＝ Trägheits-Navigationssystem 電気 航空

かんせいしゃ　完成車, vervollständige Fahrzeuge 中 複, completed car 機械

かんせいモーメント　慣性モーメント，Trägheitsmoment 中，moment of inertia 機械

がんせきがく　岩石学，Lithologie 女，lithology 地学

がんせきけん　岩石圏，Lithosphäre 女，lithosphere 地学 化学 バイオ

がんせきせいせいがく　（特に堆積岩生成の）岩石生成学，Lithogenese 女，lithogenessis 地学

がんせきゆらいの　岩石由来の，lithogen，英 lithogenous 地学

がんせつ　岩屑，Gerölle 中 複，rock-debris 地学

かんせつえん　関節炎，Arthritis 女，類 Gelenkentzündung 女，arthritis 医薬

かんせつこうグロブリンしけん　間接抗グロブリン試験，IAGT = indirekter Antiglobulintest = indirect antiglobulin test バイオ 医薬

かんせつしょうこ　間接証拠（状況証拠），Indizien 中 複，circumstantial evidence，indirect evidence 環境 全般

かんせつだんぼう　間接暖房，mittelbare Heizung 女，indirect heating エネ 機械

かんせつリューマチ　関節リューマチ，Gelenkrheumatismus 男，articular（joint）rheumatism，rheumatoid arthritis バイオ 医薬

かんぜんけい　完全系，perfektes System 中，perfect system 数学 統計 物理 音響

かんせんご　感染後，p.i. = ラ post infectionem = nach einer Infektion = post infection 医薬

かんせんしょう　感染症，Infektionskrankheit 女，epidemic（disease），infection，infectious disease バイオ 医薬

かんせんせいかんえん　感染性肝炎，IH = infektiöse Hepatitis = infectious hepatitis バイオ 医薬

かんぜんだつえんすい　完全脱塩水，VE-Wasser = vollentsalztes Wasser = fully desalinated water 化学 バイオ 医薬

かんぜんとけこみようせつ　完全溶け込み溶接，Durchschweißen 中，welding through，welding with full penetration 溶接 材料 機械

かんぜんなものにする　（補って）完全なものにする，vervollständigen 全般

かんぜんにこうぎょうせいさんされただんかい　完全に工業生産された段階（パイロット生産をクリヤーして），Produktionsreife 女，production stage，production maturity 操業 設備 経営 全般

かんぜんにしめらせること　完全に湿らせること，Durchfeuchtung 女，moisture penetration 機械 化学

かんぜんねんしょう　完全燃焼，vollkommene Verbrennung 女，perfect combustion 機械 エネ

かんぜんばいち　完全培地，Vollmedium 中，complete medium バイオ

かんせんりょくのある　感染力のある，virulent，英 virulent バイオ 医薬

かんそうがた　乾燥型，Trockenform 女，dry sandmold 鋳造 化学 設備

かんそうがたきんぞくせいりゅうき　乾燥型金属整流器，TGL = Trockengleichrichter = dry metal rectifier 電気

かんぞうがん　肝臓癌，Leberkrebs 男，類 Leberkarzinom 中，liver cancer，carcinoma of the liver 医薬

かんそうさせた　乾燥させた，sicc = ラ siccatus = getrocknet 医薬

かんそうざんりゅうぶつ　乾燥残留物，TS = Trockensubstanz = dry residue（substance）= dry matter 化学 バイオ

かんそうしきねつこうかんき　管巣式熱交換器，Rohrbündel-Wärmetausher 男，tube bundle heat exchanger，tube bank-type heat exchanger 機械 エネ 材料 操業 設備 化学

かんそうした　乾燥した，sicc. = ラ siccus = trocken = wasserfrei 化学 バイオ 医薬

かんぞうしゅだい　肝臓腫大，Leberanschwellung 女，liver swelling 医薬

かんそうしりょう　乾燥飼料，TF =

Trockenfutter = dry fodder バイオ

かんそうぶっしつ 乾燥物質, TS = Trockensubstanz = dry residue (substance) = dry matter 化学 バイオ

かんそうみつど 乾燥密度, Trockenrohdichte 女, dry bulk density 化学 バイオ

かんそうゆうきぶつ 乾燥有機物, org. TS = organische Trockensubstanz = organic dry matter 化学 バイオ 地学

かんそうろ 乾燥炉, Trockenofen 男, drying furnace, drying oven 材料 設備

かんそくしきねつこうかんき 管束式熱交換器, Rohrbündel-Wärmetauscher 男, tube bundle heat exchanger, tube bank-type heat exchanger 機械 エネ 材料 操業 設備 化学

かんそくしょ 観測所, Obs. = Observatorium = observatory 気象 航空 物理

かんだい 管台, Rohrstutzen 男, pipe socket, pipe stub 機械 設備

かんちかのうな 感知可能な, spürbar, 英 capable of sensing 電気 化学 機械

かんちそくていてん 感知測定点, Tastpunkt 男, probe point, tactile dot 電気

かんちょう 浣腸, Einlauf 男, 関 Klister 中, enema, clyster 医薬 機械 化学

カンチレバーカセット (走査型プローブ顕微鏡 (SPM) などの探針を備え, ほとんどは薄板形状の構造をしている), cantilever cassette 電気 光学 材料 物理

かんつうブレーキ 貫通ブレーキ, kontinuierliche Bremse 女, continual brake 機械

かんつぎて 管継手, Rohrverbindung 女, pipe connection, tube joint 機械 材料 設備

かんてい 鑑定, Gutachten 中 ; mit einem TÜV-Gutachten [TÜV (技術試験協会, 試験認証機関) の意見により], diagnosis, appraisal 材料 機械 電気 組織

がんていけつあつ 眼底血圧, NAD = Netzhautarteriendruck = Hintergrundarteriendruck = ophthalmischer Arteriendruck = retinal arterial pressure

= blood pressure of the retinal vessels 医薬

がんていけつあつそくてい (ほう) 眼底血圧測定 (法), ODG = Ophthalmodynamografie = ophthalmodynamography 医薬 光学

がんていけんさ 眼底検査, Funduskopie 女, fundus examination, ophthalmoscopy 医薬 光学 電気

がんていさつえいほう 眼底撮影法, Augenhintergrund-Photographie 女, fundus photography 光学 医薬

かんでん 感電, elektrischer Schlag 男, electric shock 電気 機械

がんてん 眼点, Stigma 中, stigma, バイオ 光学

カント Überhöhung 女, 関 Wölbung 女, Quergefälle 中, Balligkeit 女, Sturz 男, camber, cant, superelevation, banking 交通 建設 機械 材料 航空

かんど 感度, Empfindlichkeit 女, sensitivity 電気 材料

がん (きゅう) **どうみゃくあつ** 眼 (球) 動脈圧, OAP = 英 ophthalmic artery pressure = ophthalmischer Arteriendruck = Hintergrundarteriendruck 医薬 光学

かんとくきかん 監督機関, Aufsichtsorgan 男, supervisory authorities 組織 法制度

かんドック 乾ドック, Trockendock 中, dry dock, graving dock 船舶 機械 設備

ガントリーローダー (門形ローダー), Portallader 男, gantry loader, portal loder 機械 操業 設備 材料

ガンドリル Einlippenbohler 男, 類 Tieflochbohler 男, gun drill, single lip drill 機械

カントをつけたきょくせん カントを付けた曲線, überhöhte Kurve 女, superelevated curve 交通 建設

かんのう 間脳, ZH = Zwischenhirn = interbrain 医薬

かんばつ 間伐, Verlichtung 女, thinning, liberation cutting バイオ 環境 地学

がんはっせいとうかファクター 癌発生

等価ファクター，CEF ＝英 cancer equiv-alency factor ＝ Kanzerogenitätäquiva-lenzfaktor バイオ 医薬

がんばん 岩盤，Felsenshicht 女，layer of rock 地学

かん（きのう）**ふぜん**（しょう） 肝（機能）不全（症），Leberinsuffizienz 女，hepatic insufficiency，liver failure バイオ 医薬

カンブリアき カンブリア紀，Kambri-um 中，the Cambrian 地学 物理 バイオ

かんぽうやく 漢方薬，TCHR ＝英 tra-ditional Chinese herbal remedies ＝ traditionelle chinesischepflanzliche Heilmittel 医薬

ガンマアミノらくさん ガンマアミノ酪酸（ギャバ），GABA ＝英 γ-aminobutylic acid ＝ GABS ＝ γ-Aminobutter-säure 化学 バイオ

ガンマヒドロキシらくさん ガンマヒドロキシ酪酸，GHB ＝ Gamma-Hydroxy-buttersäure ＝ gamma-hydroxybutyric acid 化学 バイオ

がんゆうぶっしつ 含有物質，Inhalts-stoff 男，substance of content 化学 バイオ

かんようタップ 管用タップ，Rohrgewin-debohler 男，類 Rohrgewindeschneider 男，pipe tap，gas tap 機械 材料

かんようねじ 管用ねじ，Rohrgewinde 中，pipe thread 機械 材料

がんよくせいいでんしのいっしゅ 癌抑制遺伝子の一種，BRCA1 ＝英 breast cancer susceptibility gene I バイオ 医薬

かんよざいりょう 関与材料，die beteiligten Materialien 中 複，employed materials，materials involved 全般

かんりくいき 管理区域，gesteuertes Gebiet 中，control area 操業 設備 原子力

かんりされた 管理された（模範的な），

mustergültig，英 exemplary，類 stan-dard 全般 経営

かんリベット 管リベット，Rohrniet 男，tubular rivet 機械

かんりゃくかした 簡略化した verein-facht，英 simplified 機械 電気 操業 設備

かんりゃくしんやくしんせいてつづき 簡略新薬申請手続き，ANDA ＝英 Abbre-viated New Drug Application ＝ abge-kürzter neue Droge-Antrag 化学 バイオ 医薬 法制度

かんりゅう 貫流，Durchfluss 男，flow-ing through，percolation，break-through 機械 化学

かんりゅうガス 乾留ガス，Trockendes-tillationsgas 中，dry distillation gas，carbonization gas 化学 製銑 設備 地学

かんりゅうごしょうこうぐん 潅流後症候群，PPS ＝ Postperfusionssyndrom ＝ postperfusion syndrome 医薬

かんりゅうコンデンサー 還流コンデンサー，Rückflusskühler 男，closed-circuit cooler，reflux condenser 機械 エネ 設備

かんりゅうボイラー 貫流ボイラー，Zwangsdurchlaufkessel 男，one-through steam generator，forced flow boiler エネ 機械 操業 設備

かんろ 管路，Gang 男，pipeline，duct 機械 化学 地学 製銑

かんわきょくせん 緩和曲線，Über-gangsbogen 男，transition curve，easement curve 交通

かんわぶんこうほう 緩和分光法，Re-laxationsspektroskopie 女，relaxation-al spectroscopy；die breitbandige di-elektrische Relaxationsspektoroskopie（広帯域誘電緩和分光法）化学 電気 光学

き

き 基，Gruppe 女，類 Radikal 中，group，radical 化学

きあつきゅうすいタンク 気圧給水タンク，

Luftdruckwasserbehälter 男，類 Speisewasserbehälter mit Druckluft 男，pneumatic pressure tank 機械

キーコンビネーション Tastaturkürzel 中, key combination 電気

キーしやく キー試薬, Schlüsselreagens 中, key reagent 化学 バイオ 医薬

ぎいちじはんのう 擬一次反応, Reaktion pseudo-erster Ordnung 女, pseudo-first–order reaction 化学 物理

キーパッド Tastenblock 男, keypad 電気

キーボード Tastatur 女, keyboard 電気

キーみぞ キー溝, Nabennut 女, key way 機械

キーみぞばん キー溝盤, Nutenstoßmaschine 女, slotting machine, vertical shaper 機械

キーみぞフライスばん キー溝フライス盤（回転平削り盤）, Endfräsmaschine 女, 類 Keilnutenfräsmaschine 女, key seat milling machine, rotary planer 機械

きえきへいこう 気液平衡, Flüssigkeit-Dampf-Gleichgewicht 中, liquid-vapour-eqilibrium 化学 物理

きおくようりょう 記憶容量, Speicherkpazität 女, memory capacity 電気 機械

きがい 危害, 英 harm, Schaden 男, 類 関 Beschädigung 女 規格

きかいえんようにんち 機械援用認知, MAC = 英 machine-aided cognition = maschinelle Zeichenerkennung 機械 電気

きかいこうがく 機械工学, Maschinenbau 男, machine construction, mechanical engineering 機械

きかいこうぞう 機械構造（機械設計）, Maschinenbau 男, machine construction, mechanical engineering 機械

きかいしきどうりょくでんたつそうち 機械式動力伝達装置, mechanische Kraftübertragungsvorrichtung 女, mechanical transmission system 機械

きかいせっけい 機械設計, Maschinengestaltung 女, machine design 機械

きかいそくたん 機械側端（吸引源に接続する側のカテーテル端）, Maschinenseite 女, machine end 医薬 機械 電気

きかいタップ 機械タップ, Maschinen-Gewindebohler 男 機械

きかいてきでんげんスイッチ 機械的電源スイッチ, MPS = 英 mechanical power switch = Mechanischer Leistungsschalter 電気

きかがくこうぞう 幾何学構造, fraktale Eigenschaften 女, fractal structure 数学 印刷 材料 光学

きかき 気化器, Vergaser 男, carburetor 機械 化学

きかく・こうせい・ぐたいかだんかい 企画・構成・具体化段階, Ausgestaltungsphase 女, design phase 印刷 操業 設備 経営

きかくいいんかい 規格委員会, NA = Normenausschluss = standard committee 規格 組織

きかくせっけいせこうきぎょう（じむしょ） 企画設計施工企業（事務所）, PKM = Projektierungs, Konstruktions-und Montagebetrieb（bzw.-büro） 建設 経営

きかくぶひん 規格部品, Normbauteil 中, standard component, standardized component 機械 建設

きかん 軌間, Spurweite 女, 関 Reifenauffläche 女, track width, tread 機械 交通

きかん 器官, Apparat 男, organ, apparatus バイオ 医薬

きがん 基岩, Grundgestein 中, bedrock 地学

きかんきかんしえん 気管気管支炎, Tracheobronhitis 女, tracheobronchitis 医薬

きかんきかんしきゅういん 気管気管支吸引, TBA = tracheobronchiales Aspirat = tracheobronchial aspirate 医薬

きかんゲージ 軌間ゲージ, Spurlehre 女, track gauge 機械

きかんしぜんそく 気管支喘息, Bronchialasthma 中, bronchial asthma 医薬

きかんしゃ 機関車, Lokomotive 女, locomotive 交通 機械

きかんせっかいじゅつ 気管切開術, Tracheotomie 女, tracheotomy（永続的

な開口もしくは一時的な開口を指す) 医薬

ききおよびせいひんのあんぜんせいにかんするきそく　機器および製品の安全性に関する規則，GPSG = Geräte- und Produktsicherheitsgesetz = the German Device and Product Safety Act 規格 法制度 操業 設備 機械 化学 製品 安全

ききかんり　危機管理，RM = 英 risk management = Risikomanagement 経営 社会

ききのあんぜんせいにかんするきそく　機器の安全性に関する規則，GSG = Gerätesicherheitsgesetz 規格 操業 機械 化学

ききゃく　棄却，Entfernung 女，rejection 数学 統計 機械 化学 バイオ

ききょう　気胸，PT = Px = Pneumothorax = pneumothorax 医薬

きぎょうかんとりひき　企業間取引(to と two が同じ発音なので略語がわりに多用される)，B2B = 英 BBB = Business to Business 経営

きぎょうたいしょうひしゃ(こきゃく)かんとりひき　企業対消費者(顧客)間取引(to と two が同じ発音なので略語がわりに多用される)，B2C = 英 BBC = Business to Consumer(Customer) 経営

きぎょうない(こうない)ネットワーク　企業内(構内)ネットワーク，LAN = 英 local area network = lokales Netzwerk 電気

きぎょうのしゃかいてきせきにん　企業の社会的責任，CSR = coporate social responsibility = Gemeinsame Soziale Verantwortung 経営 社会

きぎょうへいきんねんぴ　企業平均燃費，CAFE = 英 corporate average fuel economy 機械 環境 エネ

きぐ　器具，Gerät 中，appratus, appliance, device 機械 電気 化学 バイオ 医薬

きぐるい　器具類，Instrumentarium 中，instrument 機械 電気 化学 バイオ 医薬

きけんげん　危険源，Gefahr 女，Risiko 中，hazard 規格

きけんじしょう　危険事象，ein gefähr-licher Vorfall 男，ein unerwünschtes Ereigniss 中，hazardous event 規格

きけんしひょう　危険指標(リスク累積表)，RI = Risikoindizes = risk indices = risk index 数学 統計 操業 設備 全般 経営

きけんどぶんせきによるしょくひんえいせいかんり　危険度分析による食品衛生管理，HACCP = 英 Hazard Analysis Critical Control Point = Risiko Analyse für Lebensmittel 規格 化学 バイオ 医薬 食品 安全 操業 設備 物流

きけんのうたがいのあるあとち　危険の疑いのある跡地，der gefahrverdächtige Altstandort 男，old site having possibility of contamination 化学 バイオ 医薬 環境

きけんはいきぶつしょうきゃくせつび　危険廃棄物焼却設備，SAV = Sonderabfallverbrennungsanlage 女，hazardous waste incineration plant, authorized special waste incineration plant 環境 化学 バイオ 医薬 エネ 機械

きけんぶっしつきせいぎじゅつきそく　危険物質規制技術規則，TRGS = Techinische Regel für Gefahrstoffe 環境 化学 バイオ 法制度

きけんぶっしつきゅうしゅう　危険物質吸収，Schadstoffaufnahme 女，intake of harmful substances, intake of pollutants 環境 化学 バイオ 医薬

きこうこう　寄航港，POC = 英 port of call = Anlaufhafen 船舶

きこうりつ　気孔率，Porosität 女，porosity 材料 物理 化学

きざい　基材，Grundwerkstoff 男，substrate, base material or metal, parent material or metal 溶接 材料 印刷

きさげかこう　きさげ加工，Schaben 中，scraping 材料 機械

きざみこむ　刻み込む，eingravieren，英 engrave, intaglio 機械

ぎさん　蟻酸，Ameisensäure 女，formic acid 化学 バイオ

キサントシン　Xao = Xanthosin = xanthosine バイオ 医薬

きしつ 基質, Substrat 中, substrate, matrix, stroma 化学 バイオ 設備 建設

きしつせいしっかん 器質性疾患, organische Krankheit 女, organic disease 医薬

きしつタンパクしつ 基質タンパク質(ウイルスのエンベロープとウイルスコアを繋ぐ構造タンパク質), Matrixprotein 中, matrix protein バイオ 医薬

きしつとくいせい 基質特異性, Substratspezifität 女, substrate specificity 化学 バイオ 医薬

きしつゆうどうこきゅうびせいぶつかっせい 基質誘導呼吸微生物活性(土壌微生物のバイオマスあるいは活性を評価する際に用いられる), SIR = 英 substrate induced respiration activity = 英 substrate induced respiratory property = substratinduzierte Atmungsaktivität バイオ 地学

きしゃく 希釈, Verdünnung 女, dilution 化学

きしゃくざい 希釈剤, Verdünnungsmittel 中, 類 Verdünner 男, diluent, diluting agent 化学 バイオ 医薬

きしゃくする 希釈する, verschneiden, 英 cut, dilute, blend, intersect 機械 化学 バイオ 医薬

ぎじゅつかんりかんちょう 技術監理官庁, TAB = Technische Aufsichtsbehörde = technical supervisory authority 法制度 組織

ぎじゅつぎょうむかんりセンター 技術業務管理センター, TEL = Technische Einsatzleitung = technical operation management 操業 設備 経営

ぎじゅつけんきゅうかいはつサイト・センター 技術研究開発サイト・センター, TES = Technische Forschungs- und Entwicklungsstelle = research and development institute 全般

ぎじゅつサービス 技術サービス, TD = technischer Dienst = technical service 経営 全般

ぎじゅつししん 技術指針, TA = technische Anleitung 全般 特許 規格

ぎじゅつてきしんぽせい 技術的進歩性, technische Weiterentwicklung 女, inventive step, unobviousness 特許 規格 全般

きじゅん 基準, Kriterium 中, criterium 操業 規格

きじゅんエッジ 基準エッジ, Bezugskante 女, reference edge 機械

きじゅんじくちょっかくへいめん 基準軸直角平面, Bezugsstirnfläche 女 機械

きじゅんせん 基準線, Bezugslinie 女, 類 Profilbezugslinie 女, reference line, datum line, profile reference line 機械 溶接

きじゅんそくていそうさほう 基準測定操作法, RMP = 英 reference measurement procedure 化学 バイオ 規格

きじゅんちょっけい 基準直径, Richtdurchmesser 男, datum diameter 機械

きじゅんてん 基準点, Anhaltspunkt 男, reference point, indicator 機械

きじゅんでんい 基準電位, Bezugspotential 中, referential potential 化学 電気 機械

きじゅんとなる 基準となる, maßgebend 全般

きじゅんとなるいちりゅうのさくひん・ちょさく 基準となる一流の作品・著作, Standardwerk 中, standard work 経営 社会 製品 品質

きじゅんピッチえん 基準ピッチ円, Nullteilkreis 男, standard pitch circle 機械

きじゅんめん 基準面, Bezugsebene 女, 類 Grundfläche 女, datum plane, basal plane or surface 機械 操業 設備 建設

きじゅんようりょう 基準用量(リファレンス線量), RfD = Referenzdosis = reference dose 医薬 放射線

きじゅんラック 基準ラック, Bezugsprofil 中, 類 Grundgestell 中, reference profile, basic rack 機械

きじょう 軌条, Schienenstrang 男, railway truck 交通 機械

きしょうがくの 気象学の，meteorologisch，㊓ meteorological 物理 気象

きしょうきんぞく 希少金属(47種あり)，seltenes Metall 中，rare metal 物理 地学 鉄鋼 非鉄 材料

きしょうじょうけん 気象条件，WE = Witterungseinflüsse = weather conditions 気象 物理 バイオ 医薬

きしょうじょうほうサービス 気象情報サービス，WIS = ㊓ weather information service = Wetterinformationsdienst 気象 物理 バイオ 電気

きじりょく 起磁力，magnetomotorische Kraft 女，magnetomotive force 電気

キシレン (ベンゼンのジメチル置換体，$C_6H_4(CH_3)_2$，三種の異性体がある，各種の合成樹脂などの製造原料として用いられる)，Xylol 中，xylene 化学

キシレンホルムアルデヒド XF = Xylolformaldehyd = xylene formaldehyde 化学

キシローズリシンデオキシコレートかんてん キシローズリシンデオキシコレート寒天(バクテリア培地用寒天)，XLD-Agar = Xylose-Lysin-Desoxycholat -Agar = xylose lysine desoxycholate agar バイオ

きすい 汽水(河口などの塩気のある水)，Brackwasser 中 化学 バイオ 地学

きすう 奇数，ungerade Zahl 女，an odd number 数学 統計

ぎせいけっしょうばんげんしょうしょう 偽性血小板減少症，PTC = Pseudothrombocytopenie = pseudothrombocytopenia 医薬

ぎせいコリンエステラーゼ 偽性コリンエステラーゼ(コリンエステラーゼはアルブミンと同様に肝臓だけで産生されているので，両者の値はほぼ平行して変動する．また，プロトロンビン時間とも一致する．コリンエステラーゼは，ほかの肝機能検査に比べていち早く異常値を示すので，これらの検査値とあわせてみることによって，肝臓の障害されている程度がわかる．出典：病院の検査の基礎知識ホームページ)，PCE = PChE = Pseudocholinesterase = pseudocholine esterase 医薬

きせいはんしゃこうせんのよくせい 寄生反射光線の抑制，Unterdrückung eines parasitären Teils 女，suppresion of a parasitic reflection 光学 機械

ぎせいようきょく 犠牲陽極，Operanode 女，sacrificical anode 化学 材料 機械 電気

ぎせいリンパしゅ 偽性リンパ腫(偽リンパ腫)，PSL = Pseudolymphom = Pseudo-Lymphoma 医薬

きせん 基線，Bezugslinie 女，base line 機械

きそ 基礎，Fundament 中，類 Basis 女，Gründung 女，Boden 男，basis，basement，foundations 建設 地学 機械 化学 バイオ

ぎぞう 偽造，Nachbildung 女；imitieren(模造する) 法制度 電気

きそうかん 気送管，Rohrpost 女，pneumatic dispatch tube，pneumatic carrier 化学 電気 材料 設備 鉄鋼 非鉄

ぎぞうぼうしせい 偽造防止性，Fälschungssicherheit 女 光学 電気 機械 法制度

きそえん (歯車の)基礎円，Grundkreis 男，base circle，pitch circle 機械

きそく 規則，Vorschrift 女 規格 法制度 経営 社会

きそくのこうふ 規則の公布，Regelwerk 中，rulebook，code，publication of rules 特許 規格 経営 社会 法制度

きそごうせい 基礎剛性，Grundsteifigkeit 女 機械 建設

きそじょうけん 基礎条件，Rahmenbedingungen 複，basic conditions，general conditions，general frame work 経営 操業 設備 電気 全般

きそたいしゃ 基礎代謝，Basalstoffwechsel 男，類 der basale Metabolismus 男，der matabolische Grundumsatz 男，Basalmetabolismus 男，Grundstoffwechsel 男，basal metabolism バイオ 医薬

きそになっている （〜の）基礎になっている，unterliegen etwas[3]〜，英 be subject to，succumb 全般 経営 社会 特許 規格 機械 法制度

きそボルト 基礎ボルト，Fundamentschraube 女，foundation bolt 機械 設備 建設

きたい 基体，Grundkörper 男，foundation，basic body 機械 設備 建設 化学

きたいせきずいぞうえい 気体脊髄造影，PMG = Pneumomyelografie = pneumomyelography 医薬 光学

キチンごうせいこうそ キチン合成酵素，Chitinsynthetase 女，英 Chitin synthetase 化学 バイオ

きちんとかかる （締め金などがきちんとかかる），einrasten，英 catch，英 lock in position，英 snap in 機械

キックオフバルブ Ausschlagventil 中，kick-off valve，flow valve 機械

きっこうやく 拮抗薬，Antagonist 男，antagonist バイオ 医薬

きっそうさん 吉草酸，Valeriansäure 女，valeric acid 化学 バイオ 医薬

キットジョイント Kitfuge 女，kit-joint，cemented joint 機械 建設

きてい 規定，Verordnung 女，類 Vorschrift 女，regulation，provision 法制度 経営 社会

きていえき 規定液（規定度の知られている溶液），Normallösung 女，normal solution 化学 バイオ 医薬

きていこきゅうかっせい 基底呼吸活性，Baselatmungsaktivität 女，basal respiration activity，basal respiratory property 化学 バイオ 医薬

きていじょうたい 基底状態，Grundzustand 男，関 Anfangszustand 男，ground state 光学 物理

ぎていじょうの 擬定常の（準定常の），quasistationär，英 quasistationary 化学 機械 物理 精錬 材料

きていする 規定する（設定する），festlegen，determine，specify 機械 化学 電気 全般

きていど 規定度（濃度単位の一つ．溶液

1リットル中に物質何グラム当量が含まれているかを表した濃度．記号N，非SI単位），Normalität 女，normality 化学 バイオ 単位

きてんげんご 起点言語，QS = Quellensprache = SL = source language 電気

きでんりょく 起電力，elektromotorische Kraft 女，electromotive force，EMK，EMF 機械 電気

きど 輝度，Leuchtdichte 女，luminance 電気 光学

きどう 気道，Atemweg 男，respiratory tract，air duct 医薬

きどう 軌道，Gleis 中，rails，line，platform 交通

きどうないの 気道内の，TB = 独 英 tracheobronchial 医薬

きどうの 軌道の，独 orbital，英 orbital 医薬 光学 物理

きどうりん （ころがり軸受の）軌道輪（ベアリングディスク），Lagerscheibe 女，類 Lagerring 男，Laufring 男，bearing disc，race 機械

きどうをあけるためのふひつようなこうがいとこうくういんとうそしきのげかてきせつじょ 気道を開けるための不必要な口蓋と口腔咽頭組織の外科的切除，PPP = Palatopharyngoplastik = palatopharyngoplasty = surgical resection of unnecessary palatal and oropharyngeal tissue to open the airway 医薬

きどしんごう 輝度信号，Luminanzsignal 中，類 Leuchtdichtesignal 中，luminance signal 電気 光学

きどるいげんそ 希土類元素（レアメタル47種中17種をいう），Seltenerdelement 中，rare earth element，REM 物理 地学 鉄鋼 非鉄 材料

キナーゼ （リン酸エステル化を触媒する酵素），Kinase 女，kinase 化学 バイオ 医薬

きないで （に），**せんないで** （に），**しゃないで** （に） 機内で（に），船内で（に），車内で（に），OB = on board = an Bord 交通 航空 船舶

きぬうんも 絹雲母, Serizit 男, sericite 地学 非金属 鋳造 機械

きぬねんしき 絹撚糸機, Seidenzwirnerei 女, silk throwing plant 繊維 機械

きのうさつえい 気脳撮影, PEG = Pneumenzephalografie = pneumencephalography 医薬 電気

きのうしょうがい 機能障害, Dysfunktion 女, dysfunction 医薬

きのうせい 機能性, Funktionalität 女, 類 Funktionsfähigkeit 女, functionality 機械 化学 バイオ 医薬

きのうせいしっかん 機能性疾患, funktionelle Krankheit 女, functional disease 医薬

きのうせいしょうかふりょう 機能性消化不良, funktionelle Verdauungsstörung 女, 類 funktionelle Dyspepsie 女, functional dyspepsia 医薬

きのうせいディスペプシア 機能性ディスペプシア, funktionelle Verdauungsstörung 女, 類 funktionelle Dyspepsie 女, functional dyspepsia 医薬

きのうちゅうりつの 機能中立の, funktionsneutral, 英 neurtal to function 化学

きのうていげんかデバイス 機能低減化デバイス, RFD = 英 reduced function device = Komponente mit eingeschränkter Funktionalität 電気 機械

きのうてきにさようしている 機能的に作用している, operativ, 英 operative 医薬 機械 操業 設備

きのうはつげんする 機能発現する(表現する), exprimieren, express バイオ

きのうふぜん 機能不全, Funktionsuntüchtigkeit 女, 類 Unterfunktion 女, hypofunction, under-function 機械 医薬

きのうユニット 機能ユニット, FE = Funktionseinheit = functional unit = function unit 機械

きのこべん きのこ弁, Ringventil 中, 類 Rohrventil 中, Tellerventil 中, mushroom-type valve, annular valve, ring valve, poppet valve 機械

キノリン Chinolin 中, chinoline, quinoline 化学

きはくえきの 希薄液の, dünnflüssig, 英 thin-fluid, low viscosity 化学 機械

きはくこんごうき 希薄混合気, mageres Gemisch 中, lean mixture 機械

きはくねんしょううんてん 希薄燃焼運転, Magerbetrieb 男, lean-burn operation, lean fuel operation 機械 エネ

きはつせい 揮発性, Volatilität 女, volatility 化学 経営

きはつせいふしょくよくせいざい 揮発性腐食抑制剤(気化性さび止め剤), VCI = 英 volatile corrosion inhibitor = flüchtige Korrosionsschutzwirkstoffe 化学 材料 機械

きはつせいぶん 揮発成分, flüchtige Bestandteile 男 複, volatile matter 化学 機械

きはつせいゆうきかごうぶつ 揮発性有機化合物, VOC = 英 volatile organic compound = flüchtige organische Verbindung 化学 バイオ 環境

きばんでんりゅう 基板電流, Substratstrom 男, substrate current 電気

きび きび, Hirse 女, millet バイオ

きびんな 機敏な, flink；der flinke Richtungswechsel 男 (すばやい方向転換), swift 機械

きふく 起伏, Unebenheit 女, 類 Bondhügel 男, Beule 女, Stoß 男, unevenness, bump, lack of flatness 地学 材料 機械 電気

きぶんじょうたいとくせいしゃくど 気分状態特性尺度(環境汚染物質影響調査などで用いる), POMS = 英 profile of mood states 環境 化学 バイオ 医薬

きほう 気泡(ピンホール), Gasblase 女, gas bubble, blowhole, pin hole 電気 化学 精錬 連鋳 鋳造

きほう 気泡, Lunker 男, blow hole, shirinkage cavity 精錬 連鋳 操業 設備 材料 電気 化学

きほうざい 起泡剤, Schaummittel 中,

foaming agent 化学 材料

きほうのおおいこと 気泡の多いこと，Blasigkeit 女, blistering 化学 精錬

きほんえんざん 基本演算（基本操作），EO = Elementaroperation = elementary operation 電気 数学 統計

きほんこうさ 基本公差，Grundtoleranz 女, basic or standard tolerance 規格 材料

きほんじょうけん 基本条件，Rahmenbedingungen 複 女, basic conditions, general conditions, general frame work 経営 操業 設備 電気 全般

きほんしんどう 基本振動，Grundschwingung 女, fundamental oscillation 物理 電気 音響

きほんすいじゅんせん 基本水準線，Profilbezugslinie 女, datum line, profile reference line 機械 溶接

きほんそうさ 基本操作（基本演算），EO = Elementaroperation = elementary operation 電気 数学 統計

きほんそしき 基本組織，Grundgefüge 中, base structure, base matrix 材料 溶接 機械

きほんやまがた 基本山形，Bezugsprofil 中, 類 Grundgestell 中, reference profile, basic rack 機械

きみつの 気密の，hermetisch，類 dicht, 英 hermetical 機械 化学

ぎむのふりこう 義務の不履行，Unterlassung 女, failure, discontinuance 特許 法制度 経営 社会

キメラ Chimäre 女, chimaera 化学

キモトリプシン（セリンプロテアーゼの一つ，E.C.3.4.21.1)，Chymotrypsin 中, chymotrypsin 化学 バイオ 医薬

ギヤー Satz 男, 類 関 Gang 男, gear 機械

ギヤーケース（歯車箱），Radkasten 男, gear housing, wheel housing 機械

ギヤーシステム Gangschaltung 女, gear system 機械 電気

ギヤーシフト Gangschaltung 女, gear system 機械 電気

ギヤーシフトパターン Gangart 女, 類

Schaltschema 中, connection diagram 機械

ギヤーシフトレバー Schalthebel 男, clutch lever, gearshift lever 機械

ギヤーシフトレベル Schaltebene 女, switching level, gearshift plane 機械

ギヤーしんこうせんず ギヤー進行線図，Säge-Zahn-Diagramm 中, gear progression diagram 機械

ギヤースイッチレベル Schaltebene 女, switching level, gearshift plane 機械

ギヤーすう ギヤー数，Gangzahl 女, number of threads, number of gears 機械

ギヤーせいぎょちょうせいべん ギヤー制御調整弁，Gangstellventil 中, gear control valve 機械

ギヤーセレクターレバー Gangwahlhebel 男, 類 Wählhebel 男, gear selector lever 機械

ギヤーだんかい ギヤー段階，Gangabstufung 女, gear spacing, gear ratio, gear select, gear increment 機械

ギヤートランスミッション Übersetzungsgetriebe 中, gear transmission, reducing gear, speed-increasing gear 機械

ギヤートランスミッションひ ギヤートランスミッション比，Übersetzungsverhältnis 中, gear transmission ratio 機械

ギヤーボックス（トランスミッション），Schaltgetriebe 中, 類 関 Getriebegehäuse 中, gear box, transmission, transmission case 機械

ギヤーボックススプロケット Getrieberitzel 中, transmission gear-box sprocket 機械

ぎゃくかほうわきゅうしゅう 逆可飽和吸収，RSA = 英 reverse saturable absorption = umgekehrte sättigbare Absorption 光学 物理 化学 電気

ぎゃくこうか 偽薬効果，PE = Placebo-Effekt = placebo-effect 医薬

ぎゃくサイクル 逆サイクル，umgekehrter Prozess 男, reverse cycle 機械 エネ

化学 バイオ

ぎゃくしべん 逆止弁(チェック弁, 遮断弁), Sperrventil 中, 類 Rückschlagventil 中, Klappe 女, Klappenventil 中, check valve, non-reture valve, shut-off valve 機械 化学

ぎゃくじゅどうてきせっけっきゅうぎょうしゅうはんのう(けんさ) 逆受動的赤血球凝集反応(検査), RPHA = reverse passive Hämagglutination(test) = reverse passive hemagglutination(test) 化学 バイオ 医薬

ぎゃくしんとうあつ 逆浸透圧, Umkehrosmose 女, reverse osmosis, RO, reverse penetration 化学 バイオ 医薬 物理

ぎゃくすうち 逆数値, Kehrwert 男, 類 Reziprokwert 男, reciprocal value 数学 統計

ぎゃくせんフィルター 逆洗フィルター, Rückspülfilter 男, backflush filter 化学 バイオ 機械

ぎゃくそうクロマトグラフィー 逆相クロマトグラフィー, RPC = 英 reversed phase chromatography = Reversed-Phase-Chromatographie 化学 バイオ

ぎゃくそうこうそくえきたいクロマトグラフィー 逆相高速液体クロマトグラフィー, RP-HPLC = 英 reversed phase high performance liquid chromatography = Umkehrphasen-Hochleistungs-flüssigkeits-Chromatographie 化学 バイオ 医薬

きゃくちょう 脚長, Schenkelhöhe 女, 関 Schweißnahthöhe 女, leg length 溶接 機械 設備

ぎゃくてんしゃポリメラーゼれんさはんのう 逆転写ポリメラーゼ連鎖反応, RT-PCR = 英 reverse transcription PCR 化学 バイオ

ぎゃくの 逆の, inversiv, 類 invers, 英 inversive, 英 inverse 機械 化学 物理

ぎゃくふうあつ 逆風圧, Druck des Luftstrahles 男, down draft 機械 操業 設備 エネ

ぎゃくへんけいりさんコサインへんかん 逆変形離散コサイン変換, IMDCT = 英 inversed modified discrete cosine transform 数学 電気

ぎゃくミセル 逆ミセル, reverse Mizelle 女, reversed micelle 化学

ぎゃくりゅう 逆流, Rückfließen 中, 類 Gegenstrom 男, contraflow, regurgitation, reflux, reverse flow 機械 エネ 化学

ぎゃくりゅうせいしょくどうえん 逆流性食道炎, Refluxösophagitis 女, reflux esophagitis 医薬

キャスター Lenkrolle 女, castor, steering castor, guide roller 機械

キャスタートレール Nachlauf 男, positive caster, caster angle, caster trail, hunting 機械

キャスタブルたいかざいりょう キャスタブル耐火材料, vergießbares feuerfestes Material 中, castable refractory material 精錬 材料 非金属 化学 操業 設備 鉄鋼 非鉄

キャタピラートラクター Rp.Fz = Raupenfahrzeug = Gleiskettenschlepper = Raupe = caterpillar = tracked vehicle = caterpillar toractor 機械 建設

ぎゃっか 逆火, Flammenrückschlag 男, 類 Rückschlagen der Zündung 中 (着火の際の逆火), backfiring 機械

ぎゃっこうせいじんうぞうえい(ほう) 逆行性腎盂造影(法), RP = retrograde Pyelographie = retrograde pyelography 医薬 放射線

キャッチ Raste 女, latch, catch, notch 機械

キャッチャーウイング Rastflügel 男, catcher wing 機械

ギャップ [農場管理の基準, 農業生産工程管理手法の1つ, 適正農業規範, 農産物の安全認証基準(欧州：グローバルGAP, 日本：JGAP, 米国：SQF などがある)], GAP = 英 Good Agricultural Practice 化学 バイオ 食品 規格 環境 組織

ギャップ (空隙, ボイド, 不足), Lücke 女, vacancy, gap, void 材料 機械

ギャップ（裂け目のニュアンスも含む）, Spalt 男, clearance, gap, split, slot, crevice 機械 設備 地学

キャップドナット Überwurfmutter 女, union nut, cap nut 機械

キャパシティー Kapazität 女, capacitance, capacity 電気 機械

キャプスタンローラー（再生装置に使用）, Gangspillrolle 女, capstan roller 電気

キャプスロックキー Feststelltaste 女, capslock key 電気

キャブレター Vergaser 男, carburetor 機械 化学

キャブレターかいへいダンパー キャブレター開閉ダンパー, Schließdämpfer beim Vergaser 男, throttle dush pot 機械

キャブレターフロート Schwimmer 男, float, floater 機械

キャリアー Trägerelement 中, carrier, support element 機械 建設 化学 医薬 物理

キャリアーボルト Mitnehmer 男, carrier bolt 機械

キャリアーボルトブッシュ Mitnehmerhülse 女, carrier bolt bushing, coupling sleeve 機械

キャリアーりゅうたい キャリアー流体, Trägerflüssigkeit 女, carrier fluid, carrier solution 機械 化学 物理

キャリッジテープマーク LBKZ = Lochbandkennzeichen = carriage tape mark 電気

キャリパー 英 calliper, Sattel 男, 類 関 Messschieber 男, Messlehre 女 機械

キャリパーゲージ Messschieber 男, calliper gauge 機械

キャリパはたけ キャリパ歯たけ, Kopfhöhe von der Sehne des Rollkreisabschnitts 女, 類 korrigierte Kopfhöhe 女, chordal addendum 機械

キャンドーモーター Spaltrohrmotor 男, canned motor 機械

キャンバー Überhöhung 女, 関 Wölbung 女, Quergefälle 中, Balligkeit 女, Sturz 男, camber, cant, superelevation, banking 交通 建設 機械 材料 航空

キャンバーかく キャンバー角, Sturzwinkel 男, camber angle 機械

きゆ 基油, Grundöl 中, base oil 機械 化学

きゅうかくてんい 求核転位, R_N = 英 nucleophilic rearrangement = nukleophile Umlagerung 化学

きゅうかくの 求核の, nukleophil, 関 elektrophil（求電子の）, 英 nucleophlic 化学 バイオ 医薬

きゅうき 給気, Frischladung 女, fresh air 機械

きゅうきかんふんしゃそうち 吸気管噴射装置, Saugrohreinspritzung 女, intake manifold fuel injection, manifold injection, multi point injection（MPI） 機械

きゅうきこうてい 吸気行程, Saughub 男, suction stroke, suction cycle, intake stroke 機械

きゅうきとうおんしき 吸気等温式, Adsorptionsisotherme 女, adsorption isotherm 機械

きゅうきひ 給気比, Luftaufwand 男, scavenging ratio, delivery ratio, air efficiency 機械

きゅうきファン 吸気ファン, Vorsatzläufer 男, intake fan, inlet fan 機械 エネ 化学

きゅうきべん 吸気弁, Einlassventil 中, 類 関 Saugventil 中, intake valve, suction valve 機械 化学

きゅうきべん 給気弁, Speiseventil 中, supply valve, charging valve 機械 化学

きゅうきマニホールド 吸気マニホールド, Einlasskrümmer 男, intake manifold 機械

きゅうきゅうりょうほう 救急療法, Notbehandlung 女, emergency medical treatment, emergency care 医薬

きゅうきれいきゃくき 給気冷却器, LLK = Ladeluft/Luft-Kühler = charge air/air cooler 機械 エネ

きゅうけつ 球欠, Kalotte 女, calotte 数学 医薬 機械

ぎゅうけっせいアルブミン 牛血清アルブミン, BSA = bovines Serumalbumin = Rinderserumalbumin = bovine serum albumin 化学 バイオ 医薬

きゅうこう 吸光, Extinktion 女, extinction 化学 バイオ 光学

きゅうこうち 休耕地, Brachland 中, fallow, idle land バイオ 地学

きゅうこん 球根, Knolle 女, tuber, bulb バイオ

きゅうしじかん 休止時間, Stillstandzeit 女, 類 Nebenzeit 女, down time 操業 設備 機械 経営

きゅうしつせいの 吸湿性の, hygroskopisch, 英 hygroscopic 化学 バイオ

きゅうしゅう 吸収, Absorption 女, 関 Resorption 女, absorption 精錬 化学 バイオ 環境

きゅうしゅうしきれいとうき 吸収式冷凍機, Sorptions-Kältemaschine 女, absorption-refrigerator 機械 電気 化学

きゅうじょうせんしゅ 球状船首(喫水線下の船首の球状突起部), 英 Balbous bow 船舶 機械

きゅうすい 給水, Speisung 女, water supply エネ 電気 機械 環境

きゅうすいじょうかせつび 給水浄化設備, Speisewasseraufbereitungsanlage 女, feed water treatment plant 機械 化学 バイオ 環境 エネ 設備

きゅうすいポンプ 給水ポンプ, Speisepumpe 女, 類 Speisewasserpumpe 女, feeding pump, feed water pump 機械

きゅうせいさんざいせいのうせきずいえん 急性散在性脳脊髄炎, ADEM = akute disseminierte Enzephalomyelitis = acute disseminated encephalomyelitis 医薬

きゅうせいすいえん 急性膵炎, akute Pankreatitis 女, acute pancreatitis 医薬

きゅうそくかいへいべん 急速開閉弁, QO = 英 quick open(valve) = schnell öffnendes(Ventil) 機械 電気

きゅうそくかねつアニーリング 急速加熱アニーリング(半導体熱処理などの), RTA = 英 rapid thermal annealing = Verfahrensschritt bei integrierten Halbleitern 電気

きゅうそくけっしょうレアギンしけん 急速血漿レアギン試験, RPR = 英 rapid plasma reagin(test) 化学 バイオ 医薬

きゅうそくしんこうせいしきゅうたいじんえん 急速進行性糸球体腎炎, RPGN = rapid progressive Glomerulonephritis = rapidly progressive glomerulonephritis 医薬

きゅうちゃく 吸着, Adsorption 女, adsorption 化学 バイオ

きゅうちゃくざい 吸着剤, Adsorbens 中, adsorbent 化学 バイオ

きゅうちゃくサイト 吸着サイト, Austauschplatz 男, exchange place 化学 バイオ

きゅうちゃくせいゆうきハロゲンかごうぶつ 吸着性有機ハロゲン化合物, AOX = absorbierbare organishe Halogenverbindung 化学 バイオ 医薬

きゅうでん 給電, Stromversorgung 女, 類 Speisung 女, power(current)supply, power feeing 電気 機械 エネ

きゅうでんしちかん 求電子置換, S_E = elektrophile Substitution = electrophilic substitution 化学 物理

きゅうでんしてんい 求電子転位, R_E = 英 electrophilic rearrangement = elektrophile Umlagerung 化学 物理

きゅうでんどうはかん 給電導波管, Speisehohlleiter 男, feeding wave guide 電気 光学

きゅうにゅう 吸入, Inhalation 女, inhalation バイオ 医薬

きゅうにゅうさいしゅ 吸入採取, inhalative Aufnahme 女, inhalative exposure, inhalative intake 化学 バイオ 医薬

きゅうにゅうそくど 吸入速度 Respirationsrate 女, respiration rate 化学 バイオ 医薬 環境

きゅうねつの 吸熱の, wärmeverbrauchend,

関endotherm, heat consuming, endothermal, endothermic 機械 材料 化学 エネ 物理

きゅうのうち 休農地, Brachland 中, fallow, idle land バイオ 地学

きゅうめいてい 救命艇, Rettungsboot 中, lifeboat 船舶

きゅうめんころじくうけ 球面ころ軸受け, Tonnenlager 中, spherical roller bearing 機械

きゅうめんじくうけ 球面軸受, Kugellager 中, spherical bearing, ball bearing 機械

きゅうめんしゅうさ 球面収差, sphärische Aberration 女, 類Kugelgestaltsfehler 男, Öffnungsfehler 男, spherical aberration 光学 機械 物理

きゅうゆ 給油, Betanken 中, refueling, oil supply 機械

きゅうゆかんせいそうきフィーダー 給油管清掃器フィーダー, Molchschleuse 女, go-devil feeder 機械 化学

きょういきたいむせんつうしん 狭域帯無線通信, die kurzreichweitige drahtlose Sendung 女, short range communication 電気 機械

きょうえんきか 強塩基価, SBN = 英 strong base number = Menge der starkenBase (in 1g Substanz) 化学

きょうおしだしだい 共押し出し台, Breitschlitzdüse 女, flat film die, wide slit nozzle 機械

きょうか 強化, Verstärkung 女, reinforcing, amplification, gain 材料 バイオ 医薬 電気 光学

きょうかいじゅんかつ 境界潤滑, Grenzschmierung 女, boundary lubrication 機械

きょうかいじょうけん 境界条件, Randbedingung 女, boundary condition 化学 物理 数学

きょうかいちもんだい 境界値問題, Randwertaufgabe 女, 関Anfangswertproblem 中, (初期値問題), boundary value problem, BVP 数学 物理

ぎょうがいていけつあつしょうこうぐん 仰臥位低血圧症候群, ShS = supines hypotensives Syndrom = supine hypotensive Syndrome 医薬

きょうかく 胸郭, Brustkorb 男, chest 医薬

きょうかくちょうせつればー きょう角調節レバー, Winkelhebel 男, gang control lever, angled lever, toggle lever, bell crank 機械

きょうかくないガスようりょう 胸郭内ガス容量, TGV = thorakales Gasvolumen = thoracic gas volume 医薬

きょうき 狭軌 (1,435mm 以下の軌道またはその幅), NG = 英 narrow gauge = Schmalspur (bahn) 交通

きょうきゃく 橋脚, Pfeiler 男, bridge pier 建設

きょうきゅう 供給 (採掘), Förderung 女, promotion, dischage, deliverry, mining, transfer 機械 設備 操業 地学

きょうきゅう 供給, Zuführung 女, 類Einlass 男, Einströmung 女, Speisung 女, Zulauf 男, Zuleitung 女, feed line, feed, supply, 操業 設備 機械 化学 エネ 電気

きょうきゅうげん 供給源, Reservoir 中, resource 機械 エネ 電気 リサイクル 地学

きょうきゅうシステム 供給システム, Zuführsystem 中, 類Aufgeber 男, Förderer 男, Zubringer 男, feeding system 操業 設備 機械

きょうきゅうでんあつ 供給電圧, Speisespannung 女, supply voltage, feed voltage 電気 機械

きょうきゅうパイプ 供給パイプ, Zuleitung 女, 類Zuführleitung 女, feed line, feed pipe, supply line 機械 電気

きょうぎゅうびょう 狂牛病, BSE = 英 bovine spongiform encephalopathy = 英 CJD = Creuz-feld-Jacob desease バイオ 医薬

きょうきゅうぶ 供給部, Zuführung 女, 類Einströmung 女, Einlass 男, Zulauf 男, Zuleitung 女, feed line, feed, supply 操業 設備 機械 化学

きょうきゅうべん 供給弁, Speiseventil 中, supply valve, charging valve 機械 化学

きょうきゅうユニット 供給ユニット, Versorgungsaggregat 中, supply unit 機械

きょうきゅうライン 供給ライン, Zuleitung 女, 類 Zuführleitung 女, Zuführung 女, feed line, feed pipe, supply line 機械 電気

きょうきゅうレート 供給レート, Zufuhrrate 女, feed rate 操業 設備 機械 製銑 精錬 化学 バイオ 溶接

きょうきゅうロール 供給ロール, Vorratsrolle 女, supply roll, supply reel, feed roller 材料 機械

ぎょうけつ 凝結, Kondensation 女, condensation 機械 エネ 化学 バイオ

ぎょうこ 凝固, Koagulation 女, coagulation, curdling 化学 バイオ 操業 設備

ぎょうこする (血液・液体・牛乳などが) 凝固する, gerinnen, 英 coagulate 化学 バイオ 医薬

ぎょうこぜんめん 凝固前面, Erstarrungsfront 女, solidification front site 精錬 連鋳 鋳造 材料

ぎょうしゅう 凝集, Koagulation 女, 類 関 Aggregation 女, Flockung 女, Kohäsion 女, coagulation, curdling 化学 バイオ 機械 操業 設備

きょうじゅうごう 共重合, Mischpolymerisation 女, 類 Copolymerisation 女, copolymerization 化学

きょうじゅうごうたい 共重合体, Copolymer 中, copolymer 化学

ぎょうしゅうじょうたい 凝集状態, Aggregatzustand 男 機械 化学 バイオ

ぎょうしゅうたい 凝集体, Aggregat 中 機械 化学 バイオ

ぎょうしゅうりょくのある 凝集力のある, kohäsiv, 類 haftfähig 機械 化学 バイオ

ぎょうしゅくき 凝縮器, Kondensator 男, condenser 機械 化学 バイオ エネ

きょうじゅしかくしゅとくしがんしゃ 教

授資格取得志願者, Habilitand 男 社会

きょうしょう 共晶, Eutektikum 中, eutectic 材料 精錬 物理

きょうしょうてんの 共焦点の, konfokal, confocal 光学 機械

きょうしょうてんレーザーそうさけんび きょう 共焦点レーザー走査顕微鏡, CLSM = 英 confocal laser scanning microscope = die konfokale Lasermikroskopie 化学 電気

きょうしんかいろ 共振回路, Resonanzschaltung 女, resonant circuit 電気

きょうしんこうどうはろ (はいれつ) 共振光導波路 (配列), ROW = 英 resonant-optical-waveguide (array) = Resonanzlichtwellenleiter 光学 電気

きょうしんし 共振子, Resonator 男, resonator 電気 音響 機械

きょうしんしゅうきりとくこうぞう (垂直共振器表面発光レーザーの) 共振周期利得構造, RPG = 英 resonant-periodic-gain structure = resonantperiodische Verstärkungsstruktur 光学 電気

きょうしんしょう 狭心症, Angina pectoris 女, 類 Herzbräune 女, angina pectoris 医薬

きょうしんしんどうすう 共振振動数, Resonanzfrequenz 女, resonant frequency 電気 音響

ぎょうしんせい 暁新世 (新生代第三紀最古の地質時代), Paläozän 中, 英 the Paleocene 地学 物理 バイオ

きょうせい 共生, Symbiose 女, symbiosis バイオ

きょうせいき 矯正機, Richtmaschine 女, straightening machine 連鋳 材料 操業 設備

きょうせいじゅんかつ 強制潤滑, Pressschmierung 女, 類 Druckschmierung 女, forced feed oiling, forced feed lubrication 機械

きょうせいしんどう 強制振動, erzwungene Schwingung 女, forced oscillation, forced vibration 物理 機械

きょうせいする 矯正する, richten, 英

きょうせいする｜きょうやくにじゅうけつごう

levelling, 英 straighten 連鋳 材料 操業 設備 非鉄

きょうせいてん 矯正点, Biegepunkt 男, 類 Tangentpunkt 男, straightening point, bending point 連鋳 材料 操業 設備

きょうせいの 強制の, desmodromisch, 類 positiv, fremdbetätigt, zwangsläufigbewegend, forced, desmodromic 機械 電気

ぎょうせいめいれい 行政命令, Verordnung 女 法制度 社会 経営

きょうせき 共析, Eutektoid 中, eutectoid 材料 精錬 物理

きょうせん 胸腺, Thymus 男, thymus 医薬

きょうせんいんし 胸腺因子, TF = Thymus-Faktor = thymus factor 医薬

きょうぞういせいたい 鏡像異性体, Enantiomer 中, enantiomer 化学

きょうぞういせいたいせんたくせいの 鏡像異性体選択性の, enantioselektiv, 英 enantioselective 化学

きょうぞうたいかじょうりつ 鏡像体過剰率, Enantiomerüberschuss 男, enantiomer excess, e.e 化学

きょうだい 橋台, Widerlager 中, abutment, counter flange, skewback 建設 機械

きょうたいいき 狭帯域, Schmalband 中, 類 enge Bandbreite 女, narrow band 電気 音響

きょうど 強度, Stärke 女, strength 機械 材料 化学 バイオ

きょうとう 橋頭, Brückenkopf 男, bridge head 建設

きょうどうかいさい 共同開催, Gemeinschaftsveranstaltung 女, event organized mutually 経営 全般

きょうどうけいさんにする 共同計算にする, poolen, 英 pool 数学 統計

きょうどへんちょうほうしゃせんちりょう 強度変調放射線治療, IMRT = 英 intensity modulated radiotherapy = Strahlentherapie mit wechselnder Intensität 医薬 電気 放射線

きょうはっこう 共発酵, Kofermentation 女, 類 Mitgärung 女, cofermentation 化学 バイオ

きょうふつこんごうぶつ 共沸混合物, Azeotrop 中, azeotrope, azeotropic mixture 化学

きょうふつざい 共沸剤, Entrainer 男, 類 Schleppmittel 中, entrainer, azeotropic agent 化学

きょうぶんさん 共分散, Kovarianz 女, covariance 数学 統計

きょうめいイオンかぶんこうほう 共鳴イオン化分光法, RIS = Resonanzionisations-Spektroskopie = resonance ionization spectroscopy 化学 物理 光学 数学

きょうめいし 共鳴子, Resonator 男, resonator 電気 音響 機械

きょうめいたい 共鳴体(共鳴胴), Korpus 中, resonance body, corpus 機械 音響

きょうめいにこうしイオンか 共鳴二光子イオン化, R2PI = resonanter Zweiphotonenionisation = resonant-two-photon ionization 化学 物理 光学

きょうめいゆうどうラマンさんらん 共鳴誘導ラマン散乱(非線型光散乱), RSTRS = resonant-stimulierte Raman-Streuung = resonant stimulated Raman scattering 光学 物理

きょうめいラマン(こう)さんらん 共鳴ラマン(光)散乱, RRS = resonante Raman-Streuung = resonant Raman scattering 光学 物理 化学

きょうめんしあげめん 鏡面仕上げ面, Spiegelschliffffläche 女, mirror finished surface 材料 機械

きょうやく 共役, Konjugation 女, conjugation 化学

きょうやくてん 共役点, konjugierte Punkte 男 複, conjygated points 光学 電気 数学 統計

きょうやくにじゅうけつごう 共役二重結合, konjugierte Doppelbindung 女,

conjugated double band 化学

きょうゆうけつごう　共有結合, kovalente Bindung 女, covalent binding, covalent bonding, covalent bond 化学

きょうりょうししょう　橋梁支承, Brückenlager 中, bridge bearing, bridge support 建設

きょうりょく　協力, Zusammenwirken 中；Zusammenwirken der Fachrichtungen Chemie, Biologie und Verfahrenstechnik(化学, バイオおよびプロセス工学という専門分野の協力), interaction, cooperation 全般

ぎょうれつしき　行列式, Determinante 女, 類 Bestimmungsgröße 女, determinant, value to be determined 数学 統計 材料 化学 バイオ 医薬 物理

きょかく(さいぼう)　巨核(細胞), MaN = Makronukleus = macronucleus バイオ 医薬

きょくかんしきボイラー　曲管式ボイラー, Steilrohrkessel 男, steeping-tube boiler, vertical-tubc boiler エネ 機械

きょくげんでんりょく　極限電力(パワーピーク), Leistungsgrenze 女, power limit 電気

きょくげんひっぱりつよさ　極限引張り強さ, UTS =英 ultimate tensile strength 材料 機械 非鉄 建設

きょくしょげんてい　局所限定, Lokalisierung 女, localization 機械 電気 化学 バイオ

きょくしょ(きょくぶ)**ますい**(ほう)　局所(局部)麻酔(法), Lokalanästhesie 女, local anesthesia, local anaesthesia 医薬

きょくすうきりかえ(へんかん)**モータ**　極数切替(変換)モータ, Polwechselmotor 男, polchange motor 電気 機械

きょくせんていこう　曲線抵抗, Krümmungswiderstand 男, 類 Kurvenwiderstand 男, curve resistance 交通 機械

きょくだいち　極大値, UE =英 upper extremities = obere Extremitäten 医薬 数学 統計

きょくぶ　局部(ロット, バッチ), Partie 女, part, lot, batch 機械 医薬 経営 製品

きょくぶちぢみ(しゅうしゅく)　局部縮み(収縮), Lokalzusammenziehung 女, local contraction 材料 物理

きょくぶやきいれ　局部焼き入れ, Lokalhärtung 女, local hardening 材料 機械

きょくりつちゅうしん　曲率中心, Krümmungsmittelpunkt 男, center of curvature 交通 機械 数学 統計

きょけつせいしんしっかん　虚血性心疾患, IHD = 英 ischemic heart disease = IHK = ischämische Herzkrankheit = ischämischer Herzfehler 医薬

きょじゅうせい　居住性, Geräumigkeit 女, roominess, spaciousness, comfortability 建設

きょぜつはんのう　拒絶反応, Abstoßungsreaktion 女, rejection reaction バイオ 医薬

きょぞう　虚像, virtuelles Bild 中, virtual image 光学 機械 電気

きょどう　挙動, Verhalten 中, behavior 精錬 材料 電気 化学 物理

きょようおうりょく　許容応力, zulässige Beanspruchung 女, allowable stress, permissible stress 機械 材料 設備 建設

きょようクリープひずみ　許容クリープ歪み, zulässige Kriechdehnung 女, permissible creep strain 機械 材料 設備 建設

きょようごさ　許容誤差, Tolerierung 女, tolerance, toleration 機械

きょようばくろげんかい　許容暴露限界, PEL =英 permissible exposure limit = TLV = 英 threshold limit values 放射線 医薬

きょようほうしゃせんきゅうしゅうりょう　許容放射線吸収量, TRD = tolerierbare resorbierte Dosis = tolerable resorbed dose 医薬 放射線 法制度

きょり　距離, Entfernung 女, rejection, spacing 数学 統計 機械 化学 バイオ

きょり 距離, Weg 男, travel, distance 機械 全般

ぎよんげんけい 擬四元系, QQS = quasi-quaternäres System = quasi-quaternary system 化学 物理 材料

キラルこていそう キラル固定相, chirale stationäre Phase 女, chiral stationary phase 化学

きりあげきのう 切り上げ機能, Rundung 女, curve, rounding 機械 数学 統計

きりかえコック 切換コック, Hahn 男, cock, tap, fau cet 機械 設備

きりかえ(needようする)じかん 切替(に要する)時間, Schaltzeit 女, circuit time, switching time 電気 機械

きりかえべん 切替弁, Luftumschaltventil 中, air select valve, air switching valve 機械

きりかきしょうげきしけん 切欠衝撃試験, Kerbschlagprüfung 女, noched bar impact test 材料

きりかきしょうげきしけんち 切欠衝撃試験値(切欠衝撃仕事当量, 切欠衝撃吸収エネルギー), Kerbschlagarbeitswert 男, noched bar impact test value 材料

きりかぶ 切り株, Stummel 男, stump, stub バイオ

きりくず 切屑(切り粉), Verschnitt 男, 類 Span 男, cuttings, wastage, blend, chip 機械 化学

きりこみ (フライス盤などの) 切り込み, Frästiefe 女, 類 Spantiefe 女, 関 Einschnitt 男, Hinterschneidung 女, cutting depth, depth of cut, cut rate 機械 材料

きりこみかくど 切り込み角度, Einstellwinkel 男, adjustable rake angle, angle of adjustment 機械

きりこみちょっけい 切り込み直径, Einstichdurchmesser 男 機械

きりこんだ 切り込んだ, hinterschnitten, 英 under cut 機械

きりさげ 切り下げ, Unterschnitt 男, under cut 機械

きりとりエッジ 切り取りエッジ, Abreißkante 女, tear off edge, separation edge 機械

キレート (錯体), Komlex 男, complex, chelate 化学 数学 統計

キレートかんけいせい キレート環形成, Chelatbildung 女, chelate formation, chelation 化学

キレートてきてい キレート滴定, Chelat Titration 女, chelatometric titration 化学

きれは 切れ刃, Schneidkante 女, 類 Schnittkante 女, Schneide 女, cutting edge 機械

きれはかく 切れ刃角, Schneidenwinkel 男, 類 関 Schnittwinkel 男, Schneidwinkel 男, cutting edge angle 機械

きれめ 切れ目, Schnitt 男, cut, section, cut (distillation), fraction 機械 化学 数学

きろく 記録, Registrierung 女, recording, registering 機械 印刷

きろくさくせい 記録作成, Protokollierung 女, protocoling 法制度 全般

きろくばいたい 記録媒体, Wechselspeicherkarte 女, memory card 電気 機械

きろくぶんりきごう 記録分離記号[アスキー(ASCII, データ通信用符号) コードは 1EH], RS = 英 record separastor 電気

キロダルトン kD(分子サイズ単位), 英 kilodalton 化学 バイオ 物理 環境 単位

きわだった 際立った, hervorragend, 類 hervorstehend, herausragend, sich abzeichnend, 英 marked, outstanding 全般

きん 菌, Myzet 男, mycete 化学 バイオ 医薬

きんアデノシンりんさん 筋アデノシン燐酸, MAP = Muskeladenosinphosphorsäure = muscle adenosine phosphoric acid 化学 バイオ 医薬

きんいいぶぶんせつじょ 近位胃部分切除, PSG = 英 proximal subtotal gastrectomy = Proximale Zwischensumme-

Gastrektomie 医薬

きんいじかんへいそく 近位耳管閉塞, PTO = proximaleTubenobstruktion = proximal tubal obstruction 医薬

きんいしゅくせいそくさくこうかしょう 筋萎縮性側索硬化症, ALS = Amyotrophische Lateralsklerose = amyotrophic lateral sclerosis = Lou Gehrig's disease バイオ 医薬

きんいせんたくてきめいそうしんけいせつだん(じゅつ) 近位選択的迷走神経切断(術)(十二指腸潰瘍に対して胃酸分泌の抑制, 同時に前庭部の運動機能を残そうという考えで行なわれる), PSV = proximale selektive Vagotomie = proximal selektive vagotomy 医薬

きんいつしょくばい 均一触媒, Homogenkatalyse 女, homogeneous catalysis 化学 バイオ

きんいつりょうろんきゅうき 均一量論給気, FSI = 英 fuel stratified injection = Direkteinspritzung, anfänglich mit Schichtladung bei VW und Audi = fuel straight injection 機械

きんかつどうでんい 筋活動電位, MAP = Muskel-Aktionspotential = muscle action potential 医薬 電気

きんき 禁忌, Kontraindikation 女, contraindication 医薬

きんきゅうしゅつどうしゃりょう 緊急出動車輌, Einsatzfahrzeug 中, emergency vehicle 機械 交通

きんきゅうていしそうさ 緊急停止操作, Nothaltemanöver 中, emergency stop operation 機械 電気 操業 設備

きんきょりこうつう 近距離交通, Personennahverkehr 男, local public transport 交通 電気 機械

きんきょり(えいぞう)**ちりょう** 距離(映像)治療, 英 plesioradiotherapy 医薬 放射線 電気

きんきょりつうしんきかく 近距離通信規格[ISO/IEC 18092(NFC IP-1)], NFC = 英 Near Field Communication 電気 規格

キングピン Führungszapfen 男, guide pin 機械

キングピンオフセット Lenkrollradius 男, kingpin offset 機械

キングピンけいかく キングピン傾角, Radspreizungswinkel 男, kingpin inclination 機械

きんこうこうきょうこうつう 近郊公共交通(近距離交通), PNV = Personennahverkehr = local public transport 交通 社会

きんこん 菌根, Mykorrhiza 女, mycorrhiza バイオ

きんさいせんい 筋細線維, MF = Myofibrille = myofibrilla 医薬

きんし 菌糸, Hyphe 女, hypha バイオ

きんジストロフィー 筋ジストロフィー, Muskeldystrophie 女, muscular dystrophy, MD 医薬

きんしたい 菌糸体, Myzelium 中, 類 Myzel 中, mycelium バイオ 医薬

きんしつきはくこんごうき(よこんごう)**スパークてんかねんしょうほうしき** 均質希薄混合気(予混合)スパーク点火燃焼方式(ホンダによる点火プラグを用いた燃焼制御方式), HLSI = 英 homogeneous lean charge spark ignition 機械 エネ

きんしつ(きんとう)**きゅうき** 均質(均等)給気, gleichmäßige Dosierung der Einspritzmenge 女, homogeneous intake 機械

きんしつせい 均質性, Homogenität 女, 関 Heterogenität 女, heterogeneity(不均質性), homogeneity 精錬 連鋳 材料 化学

きんせきがい(ききぶんせきほう) 近赤外(機器分析法), NIR = Nahinfrarot = near infrared 化学 電気 材料

きんせつエックスせんしょうしゃちりょう(ほう) 近接X線照射治療(法), Kontakt-Strahlungstherapie 女, contact radiotherapy 医薬 放射線

きんせつセンサー 近接センサー, Näherungssensor 男, proximity sensor 電気 機械

きんせつちりょう 近接治療, Kontakttherapie 女, 類 Brachytherapie 女, contact therapy 医薬 放射線

ぎんせんしょくほう 銀染色法（ポリアクリルアミドゲル電気泳動などで分離したタンパク質を高感度に検出する染色法. 出典：コスモ・バイオ（株）ホームページ）, Silberfärbung 女, silver staining 電気 化学 バイオ

きんぞく・プラスチック・ふくごうざい 金属・プラスチック・複合材, MKV = Metall-Kunststoff-Verbund 化学 機械 材料

きんぞくアークせつだん 金属アーク切断, Lichtbogen-Metall-Schneiden 中, metal arc cutting 溶接 材料 電気 機械

きんぞくアークようせつぼう 金属アーク溶接棒, metallische Elektrode 女, metal electrode 溶接 電気 機械

きんぞくイオンふうさざい 金属イオン封鎖剤, Sequestiermittel 中, sequestering agent 化学

きんぞくけつごうの 金属結合の, stoffschlüssig, metallurgically bonding, bonding together, firmly bonded 材料 機械 化学

きんぞくこていき 金属固定基, metallfixierende Gruppe 女, metal fixed group 化学

きんぞくさんかぶつはんどうたいでんか

いこうかトランジスタ 金属酸化物半導体電界効果トランジスタ（金属酸化膜半導体電界効果トランジスタ）, MOSFET = 英 metal oxide semiconductor field effect transistor = Metall-Oxid-Halbleiter-Feldeffekttransistor 電気 非金属

きんぞくすいさんかぶつ 金属水酸化物, Metallhydroxid 中, metal hydrooxide 化学

きんぞくすいそかぶつ 金属水素化物, Metallhydrid 中, metal hydride 化学

きんぞくゆうきこうぞうたい 金属有機構造体（ガス貯蔵用などの多孔性物質）, MOF = 英 metal-organic framework = poröses Material（z.B.zur Gasspeicherung） 材料 化学 物理

ぎんてん （溶着金属である）銀点〔（溶着金属である）フィッシュアイ〕, Fischauge 女, silver point, fish eye 溶接 材料 機械

きんでんずけんさほう 筋電図検査法, EMG = Elektromyographie = electromyography 医薬 電気

きんむちゅうの 勤務中の, diensthabend, 英 on duty 経営

ぎんろうづけ 銀ろう付け, Silberlötung 女, silber soldering 材料 機械 電気

く

くいうちかん 杭打ち管, Rammrohr 中, pilling pipe, ramming pipe 材料 鉄鋼 建設

くいうちクレーン 杭打ちクレーン, Rammekran 男, pile driver crane 機械 建設

くいき 区域, Revier 中, district 経営 社会

くいきしんきんけつりゅう （心臓の）区域心筋血流, RMBF = 英 regional myocardial blood flow = regionale myokardiale Durchblutung 医薬

くいこうぞう 杭構造, Pfahlrost 男, pile structure 建設 鉄鋼 材料

くいつきかく 食付き角, Steigungswinkel 男, lead angle, inclination angle, pitch angle 材料 機械

くいつきぶ （タップの）食付き部, Einführungs-Abschrägung 女, 類 関 Abfasungs-Anschluss 男, bevel lead 材料 機械

クイックテスト QT = Quicktest = quicktest 化学 バイオ 医薬 機械 設備

クイル Hohlwelle 女, 類 Hülse 女, Pinole 女, quill 機械

クイルギヤードライブ Federachsantrieb 男, 類 Federtopfantrieb 男, quillgear drive 機械

クイルくどうモータ　クイル駆動モータ, Motor mit Hohlwelle 男, engine with quill 機械 電気

クイルしきどうりょくでんたつそうち　クイル式動力伝達装置, Hohlwellengetriebe 中, hollow shaft drive, hollow shaft gearbox 機械

クイルベアリング　Hohlwellenlager 中, quill bearing 機械

くうかんぐん　空間群(結晶構造の対称性を記述するのに用いられる群, 230種の空間群がある), Raumgruppe 女, space group 化学 バイオ 材料 物理

くうきカーマ　空気カーマ, 英 air kerma 原子力 放射線

くうきかしめハンマー　空気かしめハンマー, Druckluftverstemhammer 男, pneumatic caulker 機械

くうきクッション　空気クッション, Luftkissen 中, air cushion, air buffer 機械

くうきしゃだんべん　空気遮断弁, Luftumleitventil 中, air shutoff valve 機械

くうきじゅんかん　空気循環, Umluft 女, air circulation 機械 エネ 建設

くうきダクト　空気ダクト, Lutte 女, air duct 地学

くうきちゅうのさんそをしゃだんしたじょうたいで　空気中の酸素を遮断した状態で, unter Ausschluss von Luftsauerstoff, 類 unter Sauerstoffausschluss, 関 独 anaerob, 英 under exclusion of oxygen, 英 in an oxygen-free environment, 英 under anaerobic conditions 化学 バイオ 精錬 材料 物理

くうきちょうせつ　空気調節, Klimaanlage 女, air conditioning, AC 環境 エネ

くうきていこうけいすう　空気抵抗係数, Luftwiderstandkoeffizient 男, 類 Luftwiderstandsbeiwert 男, coefficient of drag(= CD), coefficient of air resistance 機械 航空 交通

くうきばねべん　空気ばね弁, Luftfe-

derventil 中, air spring valve, leveling valve, suspension valve 機械 交通

くうきふんしゃしきバーナー　空気噴射式バーナー, Drucklufteinspritzbrenner 男, air injection burner 機械

くうきぶんりき　空気分離機, Luftabscheider 男, air separator 機械 エネ

くうげき　空隙(ボイド, 空所, 不足), Leere 女, 類 関 Lücke 女, emptiness, void, gap 船舶 連鋳 鋳造 材料 化学 バイオ 機械 電気

くうげき　空隙, Luftspalt 男, air gap 機械 エネ

くうじしゅうりつ　空時収率, RZA = Raum-Zeit-Ausbeute = STY = space-time-yield 化学 操業 設備

くうしょ　空所(死腔), Totraum 男, dead space, viod space 機械 船舶 医薬

グースアスファルト　Gussasphalt 男, mastic asphalt, poured asphalt 建設 化学

ぐうすう　偶数, gerade Zahl 女, even number 数学

くうでん　空電, X's = 英 atmospheric interference = atmosphärische Störungen 気象 電気 物理

くうふくじけっとう　空腹時血糖, NBZ = Nüchternblutzucker = fasting blood glucose = FBS = fasting blood sugar バイオ 医薬

ぐうふつりあい　偶不釣り合い, Unwuchtpaar 中, couple unbalance 機械

くうほう　空胞, Vakuole 女, vacuole, cavity in cytoplasm, V バイオ 医薬

くうれい　空冷, Luftabkülung 女, air cooling 材料

くうれいシリンダー　空冷シリンダー, luftgekühlter Zylinder 男, air-cooled cylinder 機械

クェーサー　QSO = quasistellares Objekt = quasistellar object, 類 QSR = Quasar = quasar 物理 航空

クエンさんえん　クエン酸塩, Citrat 中, citrate 化学 バイオ

クエンさんかいろ　クエン酸回路, Citronensäurezyklus 男, citric acid cycle, Tricarbonsäurezyklus 男, tricarboxylic acid cycle, TCA-cycle 化学 バイオ

クエンチャー Quencher 男, 類 関 Löscher 男, quencher, extinguisher, deactivating agent 機械 化学 光学 電気 機械

クオークグルーオンプラズマ QGP = Quark-Gluon-Plasma = quak gluon plasma 物理 航空

クォンティフェロンけんさ クォンティフェロン(TB-2G)検査, QFT-TEST = Quantiferon-Test バイオ 医薬

くかく 区画, Kompartiment 中, 関 Fahrgastraum 男, compartment 機械 航空 交通 バイオ

くかんへんりょう 区間変量, erfasster Bereich 男, 類 Erfassung 女, coverage 数学 統計 電気

くさびいし くさび石, Schlussstein 中, keystone, closing stone 機械 建設 全般

くさびさよう くさび作用, Keilwirkung 女, wedge effect 材料 設備 建設

くしがたでんきょく 櫛形電極, IDT = 英 interdigital transducer = Elektrode von Interdigitalwandern 電気 光学

くじょ 駆除, Bekämpfung 女, extermination 化学 バイオ

くちがね 口金, Zwinge 女, 類 Klemme 女, Seilkausche 女, clamp, thimble, mouthpiece 機械

くちび 口火, Zündflämmchen 中, pilot burner, pilot flame 機械 化学 エネ

くちびる 唇, Lippe 女, 関 Mitnehmer 男, Zunge 女, lip 機械 医薬

くっさくき 掘削機, Exkavator 男, 類 Baggermaschine 女, excavator 地学 建設

くっせつ 屈折(偏向, 偏光), Auslenkung 女, deflection, deviation 機械 光学

くっせつ 屈折, Refraktion 女, 類 Brechung 女, refraction 機械 光学

くっせつかく 屈折角, Brechungswinkel 男, 類 Refraktionswinkel 男, angle

of refraction 光学 電気 機械

くっせつりつ 屈折率, Brechungsverhältnis 中, refractive index 光学 電気

くっせつりょく 屈折力, Brechkraft 女, refractive power 光学 電気

くどうそうち 駆動装置, Antrieb 男, 類 Stellantrieb 男, drive unit, actuator 機械

くどうばん 駆動板, Mitnehmerscheibe 女, entrainer disc, driving plate, flange coupling, clutch disc 機械

くどうぶい 駆動部位, Antrieb 男, 類 Stellantrieb 男, drive unit, actuator 機械

くどうベルト 駆動ベルト, Treibriemen 男, driving belt 機械

くにべつおせんぶっしつはいしゅつシーリング 国別汚染物質排出シーリング (EU), NEC = 英 National Emission Ceilings 環境 組織 規格 化学 バイオ 医薬

クヌーセンかくさんけいすう クヌーセン拡散係数, Knudsen-Koeffizient 男, Knudsen-coefficient 物理 材料 化学

くびふりかくど 首振り角度, Schwenkwinkel 男, 類 関 Schwingwinkel 男, Pendelwinkel 男, swing angle, oscillating angle 機械 医薬

くべつされる 区別される, unterscheiden sich 再, distinguished 全般

くぼみ 窪み, Vertiefung 女, 関 Aussparung 女, Hölung 女, recess, sinking, depression, hollow, cavity 機械 地学 医薬 気象

くぼみさき くぼみ先, Kegelkuppe 女, screw with flat end 機械

くぼんだルートゆうごうぶ 窪んだルート融合部, Wurzelrückfall 男, hollow root fusion, lack of root fusion, root concavity 溶接 材料 機械

くまでがたれいきゃくしょう くま手型冷却床, Rechenkühlbett 中, rake type cooling bed 材料 操業 設備

くみあわせ 組み合わせ, Kombinatorik 女, combinatorics 数学 統計

くみあわせおうりょく 組み合わせ応力,

zusammengesetzte Beanspruchung 囡, combined stress 機械 設備 建設

くみかえけっしょうばんいんし 組換え血小板因子, rPF = 英 recombinant platelet factor = rekombinanter Blutplättchenfaktor 化学 バイオ 医薬

くみかえたんさウロキナーゼ 組換え単鎖ウロキナーゼ, rscu =英 recombinant single-chain urokinase 化学 バイオ 医薬

くみかえディーエヌエーぎじゅつファージこうたいシステム 組換え DNA 技術ファージ抗体システム(抗体産生システム), RPAS = rekombinantes Phage-Antikörpersystem = recombinant phage antibody system バイオ 医薬

くみこみいち・じょうたい 組み込み位置・状態, Einbaulage 囡, installation position 機械

くみこみすんぽう 組み込み寸法, Einbauverhältnis 串, installation dimension 機械

くみタップ 組タップ, Satzgewindebohrer 男, set tap 機械

くみたてきょり (傘歯車などの)組立距離(傘歯車の基準直角平面と円錐頂点間の距離), axialer Abstand von der Bezugsstirnfläche 男, 類 Einbaumaß 串, Abstand zwischen Teilkegelspitze und Bezugsstirnfläche des Kegelrades, mounting distance, installation dimension 機械

くみたてしゃりん 組み立て車輪, zusammengesetztes Rad 串, built-up wheel 交通 機械

くみたてず 組立図, Zusammenstellungszeichnung 囡, assembly drawing, overall drawing 機械

くみたてすんぽう・かんかく 組み立て寸法・間隔, Einbaumaß 串, assembly dimension, installation dimension 機械 設備

くみたてブラケット 組立ブラケット, Montagebügel 男, assembly bracket, erection yoke 機械 建設

くみはんどう 組版胴(版胴), Formzy-

linder 男, forme cylinder, plate cylinder 印刷 機械

クメン Cumen 男, cumene, isopropylbenzene 化学

クモノスカビ (クモノスカビ属のさまざまな腐敗菌の総称), Rhizopus 串, 英 Rhizopus バイオ

くもまくかしゅっけつ くも膜下出血, Subarachnoidalblutung 囡, subarachnoid hemorrhage, subarachnoidal hemorrhage, subarachnoidal bleeding, SAH 医薬

クライアントアプリケーション Klientanwendung 囡, client application 電気

クライアントとくていの クライアント特定の, klientspezifisch, 英 client specific 電気 光学 機械 製品 全般 経営

くらいのあたい 位の値(地位・立場による価値), Stellenwert 男 数学 統計 操業 設備 品質 社会 経営

クラウンレンズ (クラウン, アッベ数が 55 以上のレンズ), Kronglaslinse 囡, 関 Flintglaslinse 囡, crown lens 光学

クラスターか クラスター化, Verklumpung 囡, 類 Agglomeration 囡, 関 gemolcht (塊形成を防止した), clumping, agglutination 化学 バイオ 精錬 物理

クラッシャー Brecher 男 機械

クラッチ Kupplung 囡, 類 Kuppelteil 串, coupling, clutch 機械

クラッチディスク Kupplungsscheibe 囡, clutch disc 機械

クラッチライニング Kupplungsbelag 男, clutch lining 機械

クラッチレバー Schalthebel 男, clutch lever, gearshift lever 機械

ぐらっとうごく ぐらっと動く, rucken 機械

クラッドぶ クラッド部, Ummantelung 囡, cladding 光学

グラニュレーション Körnung 囡, grading range, granulation 機械 化学 バイオ 建設 製銑 鋳造

グラビアいんさつ グラビア印刷, Tiefdruck 男, gravure printing 印刷 機械

グラフトじゅうごう グラフト重合, Pfropfpolymerisation 女, graft polymerization 化学

グラムようせいの グラム陽性の, grammpositiv, 英 gramm-positive バイオ

クランク Hubzapfen 男, 類 Kurbel 女 機械

クランクアーム Kurbelarm 男, crank arm 機械

クランクウエブ Kurbelwange 女, web of crank 機械

クランクうでかいへいりょう クランク腕開閉量, Wangenspreizung 女, crank arm angle/inclination 機械

クランクケース Kurbelgehäuse 中, crank case 機械

クランクじくモニター クランク軸モニター, KWG = Kurbelwellengeber 男 機械 電気

クランクジャーナル Kurbelzapfen 男, crank pin, crank journal 機械

クランクピン Winkelhebelachse 女, 類 関 Kurbelzapfen 男, crankpin 機械

クランピングジョー Greifbacke 女, clamping jaw 機械

クランプ Bügel 男, 類 Klemme 女, Schäckel 中, Schelle 女, Spannung 女, Zwinge 女, clamp, terminal 機械

クランプスリーブ Spannhülse 女, clamping sleeve 機械

クランプだい クランプ台, Spannbock 男, 類 Spannkörper 男, poppet, stretching block 機械

クランプディスク Spannscheibe 女, clamping disc, spring washer 機械

クランプトング Klemmzange 女, clamping tongs, vice-grip wrench, clamping claw 機械

クランプナット Spannmutter 女, clamping nut 機械

クランプバー Klemmleiste 女, terminal strip, clamping bar 機械 電気

クランプバイト eingespannter Meißel 男 機械

クランプふかさ(はば) クランプ深さ(幅), Spanntiefe 女, clamping depth,

chucking depth 機械

クランプヘッド Klemmkopf 男, clamp head 機械

クランプボルト Halteschraube 女, clamping bolt, holding screw 機械

クランプユニット Spanneinheit 女, SE, clamp unit 機械 設備

クランプリング Klemmring 男, clamp ring 機械

グリア(しんけいこう)げんせんいさんせいタンパク グリア(神経膠)原せんい酸性タンパク(グリア細胞線維性酸性タンパク質), GFAP = 英 glial fibrillary acidic protein = gliales fibrilläres azidisches Protein 化学 バイオ 医薬

クリアランス Spalt 男, clearance, gap, split, slot, crevice 機械 材料 設備 地学

グリース Schmierfett 中, grease 機械 化学

グリースカップ Schmierbüchse 女, oil cup, grease cup 機械

グリースじゅんかつ グリース潤滑, Fettschmierung 女, grease lubrication 機械 化学

クリープきょくせん クリープ曲線, Kriechkurve 女, 類 Zeit-Dehnungs-Kurve 女, creep curve 材料 機械 化学

クリープつよさ クリープ強さ, Kriechgrenze 女, limiting creep stress 材料 機械 化学

クリープはだんきょうど クリープ破断強度, Zeitstandfestigkeit 女, 類 Dauerstandfestigkeit 女, Kriechbruchfestigkeit 女, creep rupture strength 材料 機械 化学 建設

クリープひずみ クリープ歪み, Kriechdehnung 女, creep strain 材料 機械 化学

グリーンあっしゅくつよさ グリーン圧縮強さ(湿態圧縮強さ), Gründruckfestigkeit 女, green tensile steength 鋳造 機械 材料 化学 非金属

くりかえしじかん 繰り返し時間, Zykluszeit 女, cycle time 機械 エネ 化学 バイオ

くりかえ ししゅうはすう 繰返し周波数,

Wiederholfrequenz 女, repetition frequency 電気

くりかえしテスト 繰り返しテスト, Wiederholungsprüfung 女, repeat inspection, repeat testing, repeat test, repetition test 材料 数学 統計

くりかえしバッチきょうきゅうほう 繰り返しバッチ供給法, repetitives Zulaufverfahren 中, repeated fed-batch-process 化学 バイオ 精錬

グリコシルか グリコシル化(糖鎖形成), Glycosylierung 女, glycosylation 化学 バイオ

グリセロリンさんジエステル グリセロリン酸ジエステル, Glycerophosphatdiester 男 化学 バイオ

クリックかん クリック感, Klick-Gefühl 中, click feeling 電気

グリッド ［網目スクリーン, (テレビの) 走査パターン］, Raster 男 中, 類 Flächenraster 中, grid 電気 光学 機械

グリット (まき砂), Streustoff 男, grit agent 機械 化学 環境 建設

グリッドワイヤー Gitterdraht 男, grid wire, fence wire 機械 建設

グリップ Greifer 男, 類 関 Griff 男, grip, gripping device 機械

グリップする (取り囲むように) グリップする, umgreifen, encompass 機械

グリップドライブ Umschlingungstrieb 男, grip drive 機械

クリップボード Zwischenablage 女, clipboard 電気

くりぬいた 刳り貫いた, hinterschnitten, 英 under cut 機械

くりぬき 刳り貫き, Hinterschneidung 女, 英 under-cut 機械

グルーブ Fuge 女, groove, gap, seam, joint 溶接 機械

グループないデータてんそう・そうしん グループ内データ転送・送信, Gruppenübertragung 女, group data transmission 電気

グルーブピン Kerbnagel 男, groove pin, notched nail 機械

グルーブようせつ グルーブ溶接, Nutenschweißung 女, 類 Fugenschweißung 女, groove weld 溶接 機械

クルクミン (ホウ素の検出・比色定量に用いる), Curcumin 中, curcumin, turmeric yellow 化学

グルコース GLc = Glucose, glucose 化学 バイオ

グルタチオンエスてんいこうそ グルタチオン S 転移酵素(GST タグ融合タンパク質は通常の条件でグルタチオン樹脂に選択的に結合するため, 全細胞抽出物から特定の目的タンパク質を迅速かつ効率的に分離することが可能である. 出典：タカラバイオ(株)ホームページ), GST = die Glutathion-S-Transferase 化学 バイオ

くるまのこうぶ(ざせき) 車の後部(座席), Fond 男, rear, rear seat, rear compartment 機械

グレアせいぎょ グレア制御, Entblendung 女, glare control 光学 電気 機械

グレアムのほうそく グレアムの法則(気体の分離などに用いる), Grahamsches Gesetz 中, 英 Graham's law 化学 物理

クレータ (溶接ビード終点に生じるくぼみ), Krater 男, crater 溶接 材料 機械

グレーブスがんしょう グレーブス眼症, endokrine Orbitopathie 女, 英 Graves' ophthalmopathy 医薬

クレーンのうごき・うんてん クレーンの動き・運転, Kranspiel 中, crane cycle, crane moving operation 操業 設備

クレーンフック Kranhaken 男, 類 Lasthaken 男, crane hook 機械 設備

クレーンラグ Kranöse 女, crane lug 機械 操業

クロージングそうち クロージング装置, Verschluss 男, 独 Verschl., 英 closing device, shutter, fasner, sealing 機械

クローズした verschloss, 英 closed 機械

グローブボックス Handschuhfach 中, glove box, glove compartment 機械

グローほうでん グロー放電, Glimmlichtentladung 女, glow discharge 電気 物理

クローラー Raupenfahrzeug 中, caterpillar, crawler 機械

クローンか クローン化, Klonierung 女, cloning バイオ 医薬

クロスオーバーする überfahren, cross over 機械 数学 統計

クロスコントロールアーム Querlenker 男, transverse control arm, wishbone 機械 建設

クロスコンパウンドがたタービン クロスコンパウンド型タービン, Kreuzverbundschaltung-Gasturbine 女, cross-compound turbine エネ 機械

クロスストリームベンチレータ Querströmventilator 男, cross stream ventilator 機械

クロスチェック Gegenprobe 女, duplicate test, cross check 機械 化学 バイオ 数学 統計 品質

クロスプライタイヤ Diagonalreifen 男, cross ply tyre 機械

クロスフロータービン (直交流タービン), Durchströmungsturbine 女, cross flow turbine 機械 エネ

クロスヘッドエンジン Kreuzkopfmotor 男, cross head engine 機械

クロスヘッドシュー Kreuzkopfschuh 男, cross head shoe 機械

クロスメンバー (クロスバー, クロスビーム), Querträger 男, cross member, cross bar, QT 機械 建設

クロスリンクじざいつぎて クロスリンク自在継ぎ手, Kreuzgelenkkupplung 女, cross link universal coupling, universal joint 機械

クロスロックバー Querriegel 男, cross bar 機械

クロック Takt 男, clock, cycle 機械 光学 音響 電気

クロックしゅうはすう クロック周波数, Taktfrequenz 女, clock frequency, clock speed 電気 光学 音響 機械

クロックはっせいき クロック発生器, Taktgeber 男, clock generator 電気 光学 音響 機械

クロックパルスきかん クロックパルス期間, Taktperiode 女, clock pulse period 電気 光学 音響 機械

クロップシャー Schopfschere 女, cropping shear 材料 機械

くろみかけ 黒みかけ, Schwärze 女, black wash, blacking, slip 鋳造 材料 機械

クロムメッキしょり クロムメッキ処理, Verchromung 女, chrome-plating 材料 機械

クロラムフェニコル (抗生物質), Chloramphenicol 中, chloramphenicol 化学 バイオ 医薬

クロロスルホンさんポリエチレン クロロスルホン酸ポリエチレン, Chlorosulfonilpolyäthylen 中, chlorosulfonic acid polyethrene 化学

クロロフォルム Chloroform 中, chloroform 化学

クロロプレンゴム CR = 英 chloroprenerubber = Chloropren-Kautschuk 化学 材料

くわりバー 区割りバー, Trennbalken 男, separation bar, divider bar 電気

ぐんしゅう (植物の)群集, Assoziation 女, association 化学 バイオ 医薬

け

けいか 経過, Ablauf 男, 類 関 Auslass 男, Abführung 女, Ablass 男, Verlauf 男, process 操業 設備 機械 化学

けいかくだんかい 計画段階, Konzeptphase 女, 類 関 Projektierungsphase 女, design phase, concept phase 印刷 操業

設備 経営 全般

けいかした 経過した, abgelaufen, 類 verlaufend, expired, passed 機械 経営

けいかすいそ 珪化水素(シラン), 英 hydrogen siliside 化学

ケイがたかいさきつぎて K形開先継ぎ手,

K-Naht 女, 英 K-welding seam 溶接 機械

けいきばん 計器盤, Instrumentenbrett 中, 類 Armaturenbrett 中, instrument panel 機械

けいきんぞく 軽金属, Leichtmetall 中, light metal 非鉄

けいこう (薬剤の)経口(投与), PO = ラ per os = 独 peroral = 英 peroral 医薬

けいこうかん 蛍光管, Leuchtstoffröhre 女, fluorescent tube, luminescent tube 電気 機械

けいこうきゅうにゅう 経口吸入, die orale Zufuhr 女, oral intake 医薬

けいこうけんしゅつき 蛍光検出器, Fluoreszenzdetektor 男, fluorescence detector 化学 バイオ 電気 機械

けいこうしじしきさいぼうぶんしゅき 蛍光指示式細胞分取器, FACS = 英 fluorescence activated cell sorter = Fluoreszenzakutivierter Zellsorter 化学 バイオ 電気

けいこうしじやくきゅうしゅうぶんせきけい 蛍光指示薬吸収分析計, FIA = Fluorszenz-Indikator-Absorptions-methode 化学 バイオ 電気

けいこうたい 蛍光体, Fluorophor 男, fluorophore, fluorogen 化学 バイオ 電気

けいこうてきたんすいかんないしきょうけんさ 経口的胆膵管内視鏡検査, PCPS = perorale Cholangiopankreatoskopie = peroral cholangiopankreatoskopy 医薬 光学 電気

けいこうはっこうする 蛍光発光する, fluoreszieren, 英 fluoresce 化学 バイオ 電気

けいこうひにんやく 経口避妊薬, OC = 英 oral contraceptive = orales Kontrazeptivum 医薬

けいさん 珪酸, Kieselsäure 女, silicic acid 化学 精錬 材料 製銑

けいさんえん 珪酸塩(シリケート), Silikat 中, silicate 化学 精錬 材料 製銑

けいさんじかんをおおくひつようとする 計算時間を多く必要とする, rechenzeitintensiv, 英 calculating time consuming 電気

けいじぜつえんはかい 経時絶縁破壊, TDDB = 英 time dependent dielectric breakdown = zeitabhängiger dielektrischer Durchschlag 電気 材料

けいしつさいぼうこうげん 形質細胞抗原, PC-antigen = 英 plasma cell antigen = Plasmazell-Antigen 化学 バイオ 医薬

けいしつてんかんさいぼう 形質転換細胞, Transformante 女, transformant バイオ 医薬

けいしつてんかんする 形質転換する, transformieren, 英 transform バイオ 医薬 数学 電気 機械

けいしつどうにゅう 形質導入, Transduktion 女, transduction バイオ 医薬

けいじどうしゃ 軽自動車, Kleinwagen 男, small car 機械

けいしゃかく 傾斜角, たわみ角, Böschungswinkel 男, 類 Neigungswinkel 男, angle of slope 機械

けいしゃかんようど 傾斜寛容度, Schräglagenfreiheit 女, banking freedom 機械

けいしゃすい 傾斜水, Hangwasser 中, slope water 地学 環境 バイオ

けいしゃはっしんかく 傾斜発進角, Hanganfahrwinkel 男, slope starting angle 機械

けいしゃろ 傾斜路, Rampe 女, ramp, platform, slope 建設 航空 交通

けいじょう 形状, Profil 中, profile 機械 建設

けいじょうごさ 形状誤差, Formfehler 男, formal error, form defect 機械 溶接

けいじょうていこうけいすう 形状抵抗係数, Formwiderstandskoeffizient 男, body resistance coefficient, streamline resistance coefficient of a ship 化学 機械

けいじょうのいっちした 形状の一致した, formkongruent, 英 shape congruent 機械

けいじょうのさいげん・いじせい 形状の再現・維持性，Formtreue 囡，form-sensitiveness，keeping its shape 機械 材料

けいじょうみゃくしんないまくしんきんせいけん 経静脈心内膜心筋生検，TEB = transvenöse Endomyokardbiopsie = transvenous endomyocardial biopsy 医薬

けいじょうみゃくは 頚静脈波，JVP = Jugularvenenpuls = jugular venous pulse 医薬

けいしん 傾心，Metazentrum 中，metacenter 船舶 機械

けいすうき 計数器，Zähler 男，counter，meter 機械 電気 化学 設備

けいせいげか 形成外科，die plastische Chirurgie 囡，plastic surgery，PS 医薬

けいせきれんが 珪石煉瓦，Silikaziegel 男，silica brick 地学 製銑 精錬 材料 鉄鋼 非鉄 鋳造 非金属

けいそう 計装，Instrumentausrüstung 囡，instrumentation 電気 機械

けいそうど 珪藻土，Kieselgur 囡，kieselguhr 化学 精錬 製銑 非金属

けいそうるい 珪藻類，Kieselalge 囡，類 Diatomee 囡，diatom バイオ

けいぞくほいくしつ 継続保育室，GCU =英 growing care unit 医薬 設備

けいそこう 珪素鋼，Siliziumstahl 男，silicon steel 材料 鉄鋼 電気 物理

けいちがいつぎて 径違い継ぎ手，Reduzierung 囡，reducer 機械 化学

けいちょうの 経腸の，enteral，英 enteral 医薬

けいちょくちょうで 径直腸で，p.r. = ラ per rectum = durch den Mastdarm = transrektal = rectally 医薬

けいちょくちょうてきちょうおんぱけんさ（ほう） 経直腸的超音波検査（法），TRUS = transrektale Ultraschalluntersuchung = transrectal ultrasonography 医薬 電気 音響 光学

けいてんバケット 傾転バケット，Kipp-

kübel 男，skip car 製銑 操業 設備

けいとうてきリスクぶんせきのためのそしきかほう 系統的リスク分析のための組織化法，MOSAR = 英 method organisation for a systemic analysis of risks 数学 統計 操業 品質

けいにょうどうせつじょ（じゅつ） 経尿道切除（術），TE = transurethrale Ektomie = transurethral excision 医薬

けいねんへんか 経年変化，Säkularschwankung 囡，secular trend of fluctuation 材料 化学 設備 建設

けいひきゅうしゅう 経皮吸収，perkutane Absorption 囡，percutaneous absorption 医薬

けいひけいかんけっせきようかいほう 経皮経肝結石溶解法，PTL = perkutane transhepatische Litholyse = percutaneous transhepatic litholysis 医薬

けいひけいかんじょうみゃくりゅうそくせんじゅつ 経皮経肝静脈瘤塞栓術，PTO = 英 percutaneous transhepatic obliteration of varices = Perkutane transhepatische Varix（Venenknoten）- Verödungsbehandlung 医薬

けいひけいかんじんどうみゃくかくだいじゅつ 経皮経管腎動脈拡大術，PTRD =英 percutaneous transluminal renal（artery）dilatation 医薬

けいひけいかんたんどうぞうえいほう 経皮経肝胆道造影法，PTC = perkutane transhepatische Cholangiografie = percutaneous transhepatic cholangiography 医薬 光学 放射線 電気

けいひけいかんたんどうドレナージ 経皮経肝胆道ドレナージ，PTBD = 英 percutaneous transhepatic biliary drainage = PTCD = perkutane transhepatische Cholangiodrainage = percutaneous transhepatic cholangiodrainage 医薬

けいひけいかんたんのうきょうかさいせきじゅつ 経皮経肝胆嚢鏡下砕石術，PTCCSL = 英 percutaneous transhepatic cholecystoscopic lithotomy 医薬 放射線 電気

けいひけいかんてきどうみゃくないけっせんようかい（りょうよう）　経皮経管的動脈内血栓溶解（療法），PTR = perkutane transluminale Rekanalisation = percutaneous transluminal recanalization 医薬

けいひけいかんドレナージ　経皮経肝ドレナージ，PTD = perkutane transhepatische Drainage = percutaneous transhepatic drainage 医薬

けいひけいかんもんみゃくぞうえいほう　経皮経肝門脈造影法，PTP = perkutane transhepatische Portografie = percutaneous transhepatic portography 医薬 放射線 電気

けいひけいけいじょうみゃくたんかんぞうえいほう　経皮経頸静脈胆管造影法，PTJC = perkutane transjugulare (transvenöse)Cholangiografie = percutaneous transjugular(transvenöse) cholangiography 医薬 光学 放射線 電気

けいひてきエタノールちゅうにゅうりょうほう　経皮的エタノール注入療法[エタノール注入療法(幹細胞癌治療法)]，PEI = Perkutane Ethanol-Injektionstherapie = percutaneous ethanol injection therapy 化学 バイオ 医薬

けいひてきかんどうみゃくけいせいじゅつ　経皮的冠動脈形成術，PCI = 英 percutaneous coronary intervention，類 PTCA = Perkutane transluminale coronare Angioplastie = percutaneous transluminal coronary angioplasty 化学 バイオ 医薬 電気

けいひてきかんどうみゃくぞうえいほう　経皮的冠動脈造影法，perkutane Koronarangiographie 女，percutaneous coronary angiography 化学 バイオ 医薬 電気

けいひてきしんけいでんきしげきほう　経皮的神経電気刺激法，PENS = perkutane elektrische Nervenstimulation = percutaneous electrical nerve stim-

ulation = TENS = transkutane elektrische Nervenstimulation = transcutaneous electrical nerve stimulation 電気 医薬

けいひてきじんソノグラフィー　経皮的腎ソノグラフィー，PN = 英 percutaneous nephrosonography 医薬 音響 電気

けいひてきじんろうぞうせつじゅつ　経皮的腎瘻造設術，PNS = perkutane Nephrostomie = percutaneous nephrostomy 医薬

けいひないしきょうてきいろうぞうせつじゅつ　経皮内視鏡的胃瘻造設術，PEG = perkutane endoskopishe Gastrostomie = percutaneous endoscopic gastrostomy 医薬 光学 電気

けいりょうしながらきょうきゅうする　計量しながら供給する，dosieren，英 gage，meter，dose 機械 化学 バイオ 医薬

けいりょうポンプ　計量ポンプ，Dosierpumpe 女，metering pump 機械

けいれん　痙攣，Krampf 男，convulsion(体全体の痙攣)，twitch，tic（緊張などで起こる一部の筋肉の痙攣）医薬

ケージ　Käfig 男，cage 機械

ゲージ　（カリパス，キャリパー），Messlehre 女，calliper，gauge 機械

ケージインダクションモーター　Käfigläuferinduktionsmotor 男，cage induction motor 機械 電気

ケーシング　（ハウジング），Gehäuse 中，casing，housing 機械

ケーシングチューブ　Hüllrohr 中，casing tube，jacket tube 建設 材料 鉄鋼

ケース　（コンテナー，容器），Gefäß 中，vessel，container，case 機械 バイオ

ゲートロック　Klappenschloss 男，gate lock 機械

ケーブルウインチ　Seilwinde 女，wire rope winch，cable winch 機械

ケーブルクランプ　Kabelschelle 女，cable clamp 電気 機械

ケーブルせつぞくようたんしばこ　ケーブル接続用端子函，KEV = Kabelendverschluss = cable terminal box 電気

ケーブルトロリー LT = Leitungsträger = lead holder = cable trolley = pipe bracket 交通 機械 設備

ケーブルのひきこみ ケーブルの引き込み, Kabeleingänge 男 複, cable entries 電気 設備

げか 外科, Chirurgie 女, chirurgia, surgery, department of surgery 医薬

げざい 下剤, Abführmittel 中, purgative 医薬

けしょうばんそう 化粧板層(ベニヤ層), Funierschicht 女, veneer layer 機械 建設

げすい 下水, Abwasser 中, foul water, sewage, waste water 環境 リサイクル 化学 バイオ 環境

げすいガス (メタンなどの)下水ガス, Faulgas 中, digester gas 化学 バイオ 環境

げすいかんがいりようこうち 下水灌漑利用耕地, Rieselfeld 中, sewage irrigation cultivated plowed land, sewage irrigation cultivated field バイオ

けずりかく 削り角, Schneidwinkel 男, 類 Schnittwinkel 男, cutting angle 機械

けずりくず 削りくず, Span 男, chip 機械

けた 桁, Träger 男, beam, girder, carrier, supporter 建設 材料

けたばし 桁橋, Balkenbrücke 女, girder bridge, beam bridge 建設

けつあつそくてい 血圧測定, Blutdruckmessung 女, blood pressure measurement, sphygmomanometry 医薬

けつえき・さんそかいりきょくせん 血液・酸素解離曲線, ODC = 英 oxyhemoglobin dissociation curve = Oxygendissoziationskurve 化学 バイオ 医薬

けつえきがたふてきごう 血液型不適合, Blutgruppen-Unverträglichkeit 女, blood group incompatibility 医薬 化学 バイオ

けつえきぎょうこじゅういちいんし 血液凝固X1因子(血漿トロンボ前駆物質), PTA = 英 plasma thromboplastin antecedent = Blutgerinnungsfaktor X1 バイオ 医薬

けつえきけんさ 血液検査, Blutuntersuchung 女, blood examination, blood test 化学 バイオ 医薬

けつえきせいざい 血液製剤, 独 Blutpräparate 中 複, blood preparations/products 化学 バイオ 医薬

けつえきとうせき 血液透析, Blutwäsche 女, 類 Hämodialyse 女, hemodialysis, haemodialysis 医薬

けっかく 結核, Tuberkulose 女, tuberculosis 医薬

けっかくせいずいまくえん 結核性髄膜炎, TBM = tuberkulöse Meningitis = tuberculosis meningitis 医薬

けつがん 頁岩, Schieferstein 男, shale 地学 化学

けっかんがある 欠陥がある, versagen, 英 fail, malfunction 品質 操業 設備

けっかんかいんし 血管化因子, VF = Vaskulisierungsfaktor = vascularisation factor 医薬

けっかんかくちょうしんけいちゅうしん 血管拡張神経中心, VDC = 英 vasodilator center = Vasodilatator-Zentrum 医薬

けっかんしゅうしゅくさようぶっしつ 血管収縮作用物質, VCS = 英 vasoconstrictor substance = Substanz mit vasokonstriktorischen Effekten バイオ 医薬

けっかんちょうせつせいむりょくしょう 血管調節性無力症, VA = vasoregulatorische Asthenie = vasoregulatory asthenia 医薬

けっかんないせっけっきゅうぎょうしゅう 血管内赤血球凝集, IEA = intravasale Erythrozytenaggregation = intravascular erythrocyte aggregation バイオ 医薬

けっかんぶい 欠陥部位, Störstelle 女, point of disturbance 材料 電気 機械

けっかんみつど 欠陥密度, Störstellendichte 女, impurity content 電気 材料

けっかんわりあい　欠陥割合，Fehler-quote 女，error rate 材料 機械 電気

けっきゅう　血球，Blutkörperchen 複，blood cell バイオ 医薬

けっきゅうきゅうちゃく　血球吸着，Hämadsorption，hemadsorption，HAD バイオ 医薬

げっけいつう　月経痛，Menstruationsschmerzen 男 複，menstrual pain 医薬

けつごう　結合，Verknoten 中，knot 機械

けつごうかいりじょうすう　結合解離定数，kd ＝英 binding dissociation constant ＝ Bindungs-Dissoziationskonstante ＝ Bindungs-Parameter 化学 バイオ 物理

けつごうかいれつ　結合開裂，Bindungsbruch 男，bond cleavage/breakge 化学 バイオ

けつごうこうりつ　(光ファイバーへの)結合効率，Einkopplungseffizienz 女，coupling efficiency 光学 電気

けつごうサイト　結合サイト，Bindungstelle 女，binding site 化学 バイオ

けつごうざいのしんしゅつ　結合剤の浸出，Bindemittelauslaugung 女，reaching of binding 化学 地学 建設

けっこうしょうがい　血行障害，Durchblutungsstörung 女，disturbance (blockage)of blood flow，hematogenous disorder 医薬

けつごうタンパク　結合タンパク，Bindungsprotein 中，binding protein 化学 バイオ 医薬

けつごうてん　結合点，Knoten 男，knot，tuberculation，node，wave node 機械 医薬 物理 電気

けつごうノード　結合ノード，Anschaltelement 中，connecting node 電気

けっしょう　血漿，Blutplasma 中，類 Plasma 中，blood plasma バイオ 医薬

けっしょうカリウム　血漿カリウム，PK ＝ Plasmakalium ＝ plasma kalium バイオ 医薬

けっしょうクリアランスひ　血漿クリアランス 比，PCR ＝英 plasma clearance rate 血漿クリアランス比 医薬

けっしょうけっとう　血漿血糖，PBZ ＝ Plasma-Blutzucker ＝ plasma-blood sugar 医薬

けっしょうこうぞう　結晶構造，Kristallstruktur 女，cristall structure 材料 物理 化学 鉄鋼 非鉄

けっしょうしんとうあつ　血漿浸透圧，POP ＝ 英 plasma osmotic pressure ＝ osmotischer Druck von Plasma バイオ 医薬

けっしょうタンパクしつがんゆうようえき　血漿タンパク質含有溶液，PPL ＝ Plasma-Protein-Lösung ＝ plasma protein solution バイオ 医薬

けっしょうてつクリアランス　血漿鉄クリアランス，PEC ＝ Plasma-Eisen-Clearance ＝ plasma-iron-clearance 化学 バイオ 医薬

けっしょうトロンボプラスチンいんし　血漿トロンボプラスチン因子(第 X 血液凝固因子)，PTF ＝ Plasmathromboplastinfaktor ＝ plasma thromboplastin factor 医薬

けっしょうトロンボプラスチンせいぶん　血漿トロンボプラスチン成分(第 IX 血液凝固因子)，PTC ＝英 plasma thromboplastin component ＝ Plasma-Thromboplastin-Komponente バイオ 医薬

けっしょうトロンボプラスチンぜんくぶっしつ　血漿トロンボプラスチン前駆物質(第 X1 血液凝固因子)，PTA ＝英 plasma thromboplastin antecedent ＝ Blutgerinnungsfaktor X1 化学 バイオ 医薬

けっしょうノルアドレナリン　血漿ノルアドレナリン，PNA ＝ Plasmanoradrenalin ＝ plasma noradrenaline 医薬

けっしょうばん　血小板，Blutplättchen 中，類 Thrombozyte 女，TBZ，thrombocyte，platelet バイオ 医薬

けっしょうばんぎょうしゅういんし　血小板凝集因子，TAF ＝ thrombozytenagglutinierender Faktor ＝ thrombocyte agglutinating factor バイオ 医薬

けっしょうばんゆちゅう　血小板輸注，PT ＝ Plättchentransfusion ＝ platelet transfusion 医薬

けっしょうプロトロンビンてんかいんし 血漿プロトロンビン転化因子，PPCF = 英 plasma prothrombin conversion factor = Plasmaprothrombin-Umwandlungs-faktor バイオ 医薬

けっしょうぶんかくせいざい 英 血漿分画製剤，英 plasma partitions preparations 化学 バイオ 医薬

けっしょうゆけつはんのう 血漿輸血反応，PTR = Plasma-Transfusionsreaktion = plasma transfusion reaction 医薬

けっしょうりょう 血漿量，PV = Plasmavolumen = plasma volume 医薬

けっしょうレニンかっせい 血漿レニン活性(レニン分泌の指標)，PRA = Plasmareninaktivität = plasma renin activity バイオ 医薬

けっせい 血清，Blutserum 中，serum バイオ 医薬

けっせいアルドラーゼ 血清アルドラーゼ，SALD = Serum-Aldolase = serum aldolase バイオ 医薬

けっせいアルブミン 血清アルブミン(血清アルブミン値)，SA = Serumalbumin = serum albumin 化学 バイオ 医薬

けっせいインスリン 血清インスリン，SI = Seruminsulin = serum insulin バイオ 医薬

けっせいがくてきしんだん 血清学的診断，Serodiagnose 女，serological diagnosis バイオ 医薬

けっせいがくてきにけっていした 血清学的に決定した，SD = serologisch determiniert = serologically determined バイオ 医薬

けっせいカリクレイン 血清カリクレイン，SK = Serumkallikrein = serum kallikrein バイオ 医薬

けっせいかんえん 血清肝炎，Serumhepatitis 女，SH, homologous serum hepatitis, serum hepatitis バイオ 医薬

けっせいこうリンパきゅう 血清抗リンパ球，SAL = Serumantilymphozyten = serum antilymphocytes バイオ 医薬

けっせいコリンエステラーゼ 血清コリンエステラーゼ，SChE = Serum-Cholinesterase = serum-cholinesterase バイオ 医薬

けっせいさっきんりょく 血清殺菌力，SBA = 英 serum bactericidal activity = bakterizide Aktivität im Serum バイオ 医薬

けっせいビリルビン 血清ビリルビン，SB = Serumbilirubin = serum bilirubin 血清ビリルビン バイオ 医薬

けっせきはさいりょうほう 結石破砕療法，Lithotripsie 女，lithotripsy 医薬 音響

けっせつ 結節，Knoten 男，knot, tuberculation, node, wave node 医薬 機械 物理 電気

けっせん 血栓，Blutgerinnsel 中，類 Thrombus 男，thrombus；gegen Blutgerinnsel(抗血栓性の) バイオ 医薬

けっせん 結線，Verbindung 女，composition, compound, connection 電気 化学 機械

けっせんした 結線した，festverdrahtet, 英 hard wired, fixed wired 電気

けっせんしゅっけつせいげんしょう 血栓出血性現象，THP = thrombohämorrhagisches Phänomen = thrombohemorrhagic phenomen バイオ 医薬

けっせんしょう 血栓症，Thrombose 女，thronbosis バイオ 医薬

けっせんそくせんしょう 血栓塞栓症，Te = Thromboembolismus = thromboembolism = TED = thromboembolic disease = thromboembolische Erkrankung バイオ 医薬

けっせんそくせんせいがっぺいしょう 血栓塞栓性合併症，TEK = thromboembolische Komplikation = thromboembolic complication 医薬

けっせんだんせいびょうしゃほう 血栓弾性描写法，TEG = Thromboelastografie = thromboelastography 医薬 電気 光学

けっせんないまくてきしゅつじゅつ 血栓内膜摘出術，TEA = Thromboendarteriektomie = thromboendarterectomy 医薬

けっそくポイント 結束ポイント，Zurrpunkt 男，lock point 機械

けっそんいでんし 欠損遺伝子，defektes Gen 中，defective gene バイオ 医薬

けっていすうち 決定数値，Bestimmungsgröße 女，determinant，value to be determined バイオ 医薬 数学 統計 材料 物理 化学 全般

けっていてきな 決定的な，ausschlaggebend，英 decisive 機械

けっていのてだすけ 決定の手助け，Entscheidungshilfe 女，decision support 特許

けっとうしょにとうろくされていない 血統書（種畜の）に登録されていない，NHB = Nicht-Herdbuch = not listed in the herdbook バイオ

けつにょう 血尿，Hämaturie 女，類 Blutharn 男，hematuria 医薬

けつまくえん 結膜炎，Konjunktivitis 女，類 Bindehautentzündung 女，conjunctivitis 医薬

けつゆうびょう 血友病，Hämophilie 女，類 Bluterkrankheit 女，haemophilia 医薬

けつりゅうおんびょうがほう 血流音描画法，PAG = Phonoangiografie = phonoangiography 音響 電気 医薬

けつりゅうりゅうろ 血流流路，Weg für den Blutfluss 男，類 Gefäß für den Blutfluss 中，blood flow path 医薬

けつろん 結論，Schluss 男，conclusion 機械 電気

げどく 解毒，Detoxifikation 女，類 Entgiftung 女，detoxication，detoxification，decontamination 化学 バイオ 医薬 原子力 放射線

ケトグルタルさん ケトグルタル酸，KG = Ketoglutarat = ketoglutarate 化学 バイオ 医薬

ケトさん ケト酸，Ketosäure 女，keto acid 化学 バイオ 医薬

けば Schraffur 女，hatching，diago-

nal stripe，shading 機械 光学

ケムキャド ［米国 Chemstations 社が独自開発した化学工学プロセスシミュレータ（商品名）]，CHEMCAD 化学 バイオ 電気 操業 設備

ケモスタット Chemostat 男，chemostat 化学 バイオ

げり 下痢，Durchfall 男，類 Diarrhöe 女，diarrhea，scours，loose bowel 医薬

ゲルか ゲル化，Gelieren 中，gelatinizing 化学 バイオ

ゲルでんきえいどうほう ゲル電気泳動法，Gelelektrophorese 女，gel electrophoresis 化学 電気

ゲルバーきょう ゲルバー橋，Freivorbaubrücke 女，類 Gerbersche Brrücke 女，Auslegerbrücke 女，cantilever bridge，Gerber bridge 建設

ゲルバーヒンジ Gerbergelenk 中，Gerber hinge 建設 機械

げんあつふんいきプラズマようしゃほう 減圧雰囲気プラズマ溶射法，LPPS = 英 low pressure plasma spray 電気 操業 設備 機械

げんあつべん 減圧弁，Druckminderungsventil 中，類 Druckabbauventil 中，pressure reduction valve 機械 化学

けんいん 牽引，Durchzug 男，draught，passage，master beam 機械 建設

けんいんケーブル 牽引ケーブル，Schleppkabel 中，trailing cable 機械

けんいんしゃ 牽引車，Zugfahrzeug 中，towing vehicle，drawing vehicle 機械

げんいんふめいねつ 原因不明熱，PUO = 英 pyrexia of unknown origin = Fieber unbekannten Ursprungs 医薬

けんいんりょくせんず 牽引力線図，Zugkraftdiagramm 中，pull-force diagram 材料 機械 設備 建設

けんえき（しょ） 検疫（所），Quar. = Quarantäne = quarantine バイオ 医薬 法制度

けんか 鹸化，Verseifung 女，saponification 化学

げんかい・きょうかいをせっていする
限界・境界を設定する，umgrenzen，
英 define，frame，border 電気 操業
機械 数学 統計

げんかいかじゅう 限界荷重，kritische
Belastung 女，critical load 機械 材料
建設

げんかいゲージ 限界ゲージ，Grenzleh-
re 女，fixed gauge，limit gauge 機械

げんかいゲージ 限界ゲージ(口径)，
Kaliber 中，caliber，diameter of bore
機械

げんかいそくていしゃ 限界測定車，
Lichtraumprofilprüfwagen 男， 類 Si-
cherheitsabstandwagen，clearance car
交通 機械

げんかいふか 限界負荷(座屈荷重)，
Gesamttraglast 男，overall maximum
capacity load 材料 建設

げんかいフロキュレーション 限界フロ
キュレーション，Lf＝ラ limes floccula-
tionis＝Limes-Flockungswert＝
Limes-Flockungseinheit＝limes floc-
culation 化学 バイオ 医薬

げんがいろか 限外濾過(15~300kD の
濾過能力)，Ultrafiltration 女，UF，ul-
tra filtration 化学 バイオ

げんかかんり 原価管理，Kostenkon-
trolle 女，cost control 経営

げんかくしょう 幻覚症，Halluzinose 女，
hallucinosis 医薬

げんかけいさん 原価計算，Kostenver-
folgung 女， 類 Selbstkostenrech-
nung 女，costing，cost recording，
cost accounting 経営

けんがん 検眼，Sehkraftbestimmung
女， 類 Optometrie 女，eye examina-
tion，optometry 医薬 光学

げんがんいでんし 原癌遺伝子(癌原遺伝
子)，Proto-Onkogen 中，proto-oncogene
バイオ 医薬

けんきせいの 嫌気性の，anaerob， 関
aerob，(好気性の) 化学 バイオ

けんきゅう 研究，Untersuchung 女，
investigation，research 全般

けんきゅうかいはつ 研究開発，F&E＝
Forschung und Entwicklung＝re-
search and development 全般

**けんきゅうかんとくかんちょうーきかいこ
うがく** 研究監督官庁―機械工学(機械
設計)，FKM＝Forshungskuratorium
Maschinenbau 機械 全般 組織

けんきゅうしつきぼ 研究室規模，
Labormaßstab 男， 関 halbtechnischer
Maßstab 男，Technikumsmaßstab 男，
Nullserienproduktion 女，großtech-
nischer Maßstab 男，industrieller
Maßstab 男，laboratory scale 操業 設備
化学 鉄鋼 非鉄 全般

けんきゅうじょせいきん 研究助成金，
Stipendium 中，scholarship，
grant 全般 法制度

けんきゅうちょうさけっか 研究調査結果
(テスト結果，所見)，Befund 男，find-
ing，result 機械 化学 バイオ 医薬

けんきゅうほうこく 研究報告，Refer-
at 中，presentation，report 全般 組織

げんきょくせいかいちょうえん 限局性
回腸炎，Crohn-Krankheit 女，Crohn's
disease 医薬

げんけい 原型，Prototyp 男，prototype
化学 バイオ 印刷

げんけいしつ 原形質，Plasma 中，pro-
toplasm 化学 バイオ 医薬

げんけいしつぶんりしけん 原形質分離
試験(プラスモリーシス試験)，PT＝
Plasmolysetest＝plasmolysis test
バイオ 医薬

げんけつごうていこう 減結合抵抗，
Entkopplungswiderstand 男，decoupling
resistance 電気

げんこう 減光，Schwächung 女， 類
Dämpfung 女，attenuation，extinction，
weakening 機械 電気 光学

けんこうし 検光子，Analysator 男，
analyser 光学 電気

けんこうしんだんしょ 健康診断書，Ge-
sundheitszeugnis 中，health certifi-
cate 医薬

けんこうほけんしょう 健康保険証，

けんこうほけんしょう

Krankenschein 男, health insurance certificate, health insurance voucher 医薬 法制度

げんこく 原告, Kläger 男, (Klägerin 女), 関 Beklagte 男,〔Beklagter 女(被告)〕 特許 法制度

げんごはったつちたい 言語発達遅滞, SEV = Sprachentwicklungsverzögerung = delay of the language development 医薬

けんさ 検査, Untersuchung 女, investigation, research 全般 化学 バイオ 医薬 物理

けんさくエンジン 検索エンジン, Suchmaschine 女, search engine 電気

けんさくくず 研削屑, Schleifspäne 男 複, griding chips, griding dust 機械 材料

けんさくばん 研削盤, Schleifmaschine 女, grinder 機械

けんさくプログラム 検索プログラム, Rechercheprogramm 中, search engine, recerch programme 電気

けんさようじぐ 検査用治具, Inspektions-Führungslehre 女, 類 Inspektions-Schablohne 女, jig for inspection 鋳造 機械

けんざん 検算, Probe 女, test, verification 数学 統計

げんさんパルス 減算パルス, Subtrahierimpuls 男, 類 Subtraktionsimpuls 男, subtract pulse 電気

げんしか 原子価, Wertigkeit 女, 類 Valenz 女, valence, valency 化学 バイオ 物理 材料

げんしかく 原子核, Kern 男, centre, nucleus, core 機械 原子力 鋳造

げんしかく 原子殻, Atomhülle 女, 類 Schale 女, atomic envelope, atomic shell 物理 原子力

げんしかんりょくけんびきょう 原子間力顕微鏡〔走査型プローブ顕微鏡(SPM)の一種〕, AFM = 英 atomic force microscope 電気 光学 材料 物理

げんししつりょうたんい 原子質量単位,

げんしろえんかくかんしシステム

Kernmasseneinheit 女, 類 ME, Masseneinheit, atomic mass unit 原子力 物理 化学 単位

げんしはっこうぶんこう(ほう) 原子発光分光(法), AES = Atomemissionsspektrometrie = atomic emission spectrometry 化学 電気

げんしばんごう 原子番号, Ordnungszahl der Atome 女, atomic number 物理 材料

げんしゃく 現尺, natürliche Größe 女, actual size 機械 電気

けんしゃスクリーンなつせんほう 絹紗スクリーン捺染法, Siebdruckverfahren 中, silk screen printing process 印刷 機械

けんしゅうきかん 研修期間, Einarbeitungszeit 女, training period 経営 社会 全般

げんじゅうじんこう 現住人口, Wohnbevölkerung 女, resident population 社会

けんしゅつ 検出, Detektion 女, detection 化学 バイオ 医薬 機械 電気

けんしゅつかくりつ 検出確率, POD 英 probability of detection = Nachweiswahrscheinlichkeit = Erfassungswahrscheinlichkeit 電気 機械 化学 バイオ 医薬 数学 統計

けんしゅつげんかい 検出限界, NWG = Nachweisgrenze = detection limit 電気 機械 化学 バイオ 医薬 数学 統計

けんしゅつぶい 検出部位, Messwerk 中, measuring element 機械 電気

けんしょうする 検証する, verifizieren, 英 verify 機械 材料 化学 バイオ 医薬 規格

げんしりょくはつでんしょ 原子力発電所, Kernkraftwerk 中, nuclear power station, KKW, NPP 原子力 電気 エネ 環境 設備

げんしろあつりょくようき 原子炉圧力容器, RPV = 英 reactor pressure vessel = Reaktordruckbehälter 原子力 設備

げんしろえんかくかんしシステム 原子炉遠隔監視システム, KFÜ = Kernreaktor-Fernüberwachungssystem =

げんしろえんかくかんしシステム／げんどうき

nuclear reactor remote monitoring system 原子力 電気

げんしろかくのうようき 原子炉格納容器, Reaktor-Behälter 男, containment shell, containment vessel 原子力 電気 エネ 環境 設備

げんすい 減衰, Schwächung 女, 類 Dämpfung 女, attenuation, extinction, weakening, damping, dampening 機械 電気 光学 音響

げんすいこゆうしんどうすう 減衰固有振動数, gedämpfte Eigenfrequenz 女, damped natural frequency 機械 電気 光学 音響

げんすいひ 減衰比, Dekrement 中, fraction of critical damping, damping ratio 機械 電気 光学 音響

げんすうぶんれつ 減数分裂［精子や卵など生殖細胞には，染色体数がふつうの体細胞(2n)の半数(n)しか含まれていない．これは生殖細胞が形成される過程で，染色体数の半減が起こるからである．この特別な細胞分裂のことを減数分裂という．出典：啓林館ホームページ］, Reduktionsteilung 女, meiosis, meioses, reduction devision バイオ

けんせつ 建設, Errichtung 女, erection 建設 設備

けんせつけいかく(都市計画による) 建設計画, Bebauungsplan 男 建設 社会

けんせつとほしゅ 建設と保守(設備の設置と保守), I&M = 英 installation and maintenance = Installation und Wartung 操業 設備

けんぜんなエンジニアリングのじっせん 健全なエンジニアリングの実践(欧州圧力指令で用いられている言葉), SEP = 英 sound engineering practice = bewährte, ingenieurmässige Bearbeitung 規格 機械 全般

げんそ 元素, Element 中, element 化学

げんぞう 現像, Entwicklung 女, development 光学 化学

けんぞうぶつ 建造物, Bauwerk 中, bilding, structure 建設

げんそくギヤー 減速ギヤー, Untersetzungsgetriebe 中, reduction gear 機械

げんそくざい 減速材, Moderator 男, moderator 原子力 放射線

げんそくはつどうき 減速発動機, Motor mit Untersetzungsgetriebe 男, motor with reduction gears 機械

げんそじょうすず 元素状すず, elementares Zinn 中, elementary tin, elemental tin 化学 電気

げんそぶんせき 元素分析, Elementaranalyse 女, ultimate analysis, elementary analysis 化学 電気 物理

げんたいしすう 減退指数(音の透過損失), RI = Reduktionsindex = reduction index バイオ 医薬 音響

けんだくたいゆうきたんそ 懸濁態有機炭素, POC = 英 particulate organic carbon = dispergierter organischer Kohlenstoff 化学 バイオ 環境 エネ

けんだくぶっしつ 懸濁物質, Schwebestoffe 男 複, suspended matter, suspended solid 化学 機械 精錬 環境

けんちくげんかい(はば) 建築限界(幅)(建物の側から見たとき), Lichtraumbreite 女, 類 nutzbarer Durchfahrtsraum, construction gage, track-clearance 交通 機械

けんちくはいざい 建築廃材, Bauschutt 男, construction waste 建設 環境 リサイクル

けんちする 検知する, aufspüren, 英 trace, find out 電気 機械 操業 設備

げんちで 現地で(現場で), vor Ort, 英 on-site 操業 設備 建設

けんちほごせつび 検知保護設備, SPE = 英 sensitive protective equipment = berührungslos wirkende Schutzeinrichtung 電気 機械

けんつう 肩痛, Schulterschmerzen 複, omalgia 医薬

げんていする 限定する, umgrenzen, 英 define, frame, border 電気 操業 機械 数学 統計

げんどうき 原動機, Kraftmaschine 女,

engine 機械

げんねんせいの 減粘性の, strukturvis-kos, 英 shear thinning 化学 物理

げんはあつ 弦歯厚, Zahndicke im Seh-nennmaß 女, chordal tooth thickness 機械

けんバクテリアの 嫌バクテリアの, bak-teriophob, 英 bacteriohob 化学 バイオ

げんぱつせいアルドステロンしょう 原発性アルドステロン症(副腎皮質ステロイドホルモンのひとつ, アルドステロンの分泌が過剰になるために起こる病気, 高血圧などの原因となる. 出典：goo ヘルスケア ホームページ), PH = primärer Hy-peraldosteronismus = primary hyper-aldosteronism バイオ 医薬

げんぱつせいいけいはいえん 原発性異型肺炎, PAP = primär atypische Pneu-monie = primary atypical pneumo-nia 医薬

げんぱつせいいリンパしゅ 原発性胃リンパ腫, PGL =英 primary gastric lympho-ma = primäres Magenlymphom 医薬

げんぱつせいこつずいせんいしょう 原発性骨髄線維症, PMF = primäre My-elofibrose = primary myelofibrosis 医薬

げんぱつせいしんしつさいどう 原発性心室細動, PVF =英 primary ventric-ular fibrillation = primäres Kammer-flimmern 医薬

げんぱつせいぞうしょくがたせっけっきゅうぞうかしょう 原発性増殖型赤血球増加症, PPP = primäre prolifera-tive Polyzythämie = primary prolifer-ative polycythaemia バイオ 医薬

げんぱつせいはいせいこうけつあつ 原発性肺性高血圧, PVPH = primäre vaskuläre pulmonale Hypertonie = primary vascular pulmonary hyper-tension 医薬

げんぱつせいマクログロブリンけっしょう 原発性マクログロブリン血症, PMG = primäre Makroglobulinämie = pri-mary macroglobulinemia 医薬

けんびきょうしゃしん 顕微鏡写真, Mikrofotographie 女, microphotograph, photomicrograph, photomicrogra-phy 材料 鉄鋼 非鉄

げんぶがん 玄武岩, Basalt 男, basalt 地学 物理

けんべん 検便, Kotuntersuchung 女, examination of feces, stool examination 医薬

けんま 研磨, Polieren 中, polishing 材料 機械

けんまざい 研磨剤, Schleifmittel 中, abrasive 機械

けんまディスク 研磨ディスク, Schleifteller 男, griding disc 機械

けんまめん 研磨面, Schliff-fläche 女, cutting, microsection 機械

げんゆ 原油, Rohöl 中, crude oil 化学 エネ 地学

げんゆかんざん 原油換算, RÖÄ = Rohöläquivalent = RÖE = Rohöleinheit = crude oil equivalent 化学 単位

こ

コア (中子, インサート), Einsatz 男, 類 関 GieBkern 男, core, insert 鋳造

コアこうそ コア酵素, Kernenzym 中, 類 Core-Enzym 中, core-enzyme 化学 バイオ

コアドリルは コアドリル刃, Kern-bohrkrone 女, core drill bit 機械

コアプラーほう コアプラー法(ガスインジェクション鋳造法の一種), Kernzug-Vefahren 中, core pulling process, core-puller process 鋳造 機械

こいに 故意に, absichtlich, 英 inten-tional, 英 purposeful 全般

コイラー Aufwickelhaspel 女, 類 Wickelmaschine 女, coiler 材料 機械 設備

コイル Spule 女, coil, winding, bobbin, spool, reel 材料 操業 設備 繊維

コイルがたないせいきんこん コイル型内性菌根（リゾクトニア属），Rhizoctonia 中, 英 Rhizoctonia バイオ

コイルじゅうりょう コイル重量，Bundgewicht 中, coil weight 材料 機械

コイルすう コイル数，Windungszahl 女, number of turns, number of windings, number of coils 材料 電気 機械

コイルのとりちがえ コイルの取り違え，Coilverwechserung 女, confusion of coil, mix-up of coil 材料 機械

コイルばね Schraubenfeder 女, coil spring, torsion spring 機械

コイルほごせっしょく コイル保護接触，Wicklungsschutzkontakt 男, coil earthing contact, protective winding contact, thermal motor protection switch 材料 電気

コイルボックス Spulenkasten 男, coil box 材料 機械

コイルれいきゃくき コイル冷却器，Rohrschlangekühler 男, coil cooler, tube bandle cooler 機械 エネ 材料

こうあつしきじょうきだんぼうそうち 高圧式蒸気暖房装置，Hochdruckdampfheizungsvorrichtung 女, high pressure steam heating 機械 エネ 環境

こうあつじょうきめっきんほう 高圧蒸気滅菌法（重力加圧脱気式高圧蒸気滅菌器と真空脱気プリバキューム式高圧蒸気滅菌器がある．出典：ヨシダ製薬ホームページ），VDV = Vakuum-Dampf-Verfahren 医薬

こうあつダイカスト 高圧ダイカスト，Druckguss 男, comoression casting, high pressure die casting 鋳造 機械

こうあつだん 高圧段，Hochdruckstufe 女, high-pressure stage 機械 化学 エネ 設備

こうあつボイラー 高圧ボイラー，Hochdruckdampfkessel 男, high pressure boiler 機械 エネ

こうあつほうていみつどポリエチレン 高圧法低密度ポリエチレン，LDPE = 英 low density polyethylene = PE-ND = Polyethylen niedriger Dichte 化学 材料

こういきエックスせんきゅうしゅうびさいこうぞうかいせきほう・ぶんこうほう 広域 X 線吸収微細構造解析法・分光法（エグザフス），EXAFS = 英 extended X-ray absorption fine structure 物理 化学 バイオ 材料 光学 電気

こういきこうせいぶっしつ 広域抗生物質（テトラサイクリン系抗生物質など），Breitband-Antibiotika 複, broad spectrum antibiotics 化学 バイオ 医薬

こういちせいぎょの 後位置制御の，nachgeschaltet, 英 downstream switched 電気 機械 操業 設備

こうえん 後縁，Hinterkante 女, rear edge 機械 エネ

こうえんきん 好塩菌，Halobakterien 複, 類 Salz-liebende Bakterien, halophile, halobacteria 化学 バイオ

ごうおうりょく 合応力，resultierende Spannung 女, resultant stress 機械 材料 建設

こうおんさんかまくけいせい 高温酸化膜形成，Verzunderung（in höcher Temperatur）女, high temperature oxidation, scale built-up, scaling 材料 エネ 物理

こうおんそうつきすいしょうはっしんき 恒温槽付き水晶発振器，OCXO = 英 oven controlled xtal oscillator = quarzofen-gesteuerter Oszillator = durch Beheizung hochstabiler Oszillator 電気 設備

こうおんふしょく 高温腐食，Heißkorrosion 女, high temperature corrosion 材料 機械 化学

こうか 硬化，Verhärtung 女, hardening 材料 機械 化学

こうか 硬化，Verkalkung 女, calcification 化学 バイオ 医薬

こうがくかっせいアミノさん 光学活性アミノ酸，optisch aktive Aminosäure 女, optical active amino acid 化学

こうがくかっせいアミノさん　　　　　　　　　　　　　　こうぎょうしょゆうけん

|バイオ|

こうがくかっせいざいりょう　光学活性材料, optisch aktives Material |中|, optical active material |光学| |化学| |材料|

こうがくけい　光学系, optisches System |中|, |類| Optik |女|, optischer Apparat |男|, optical system |光学| |医薬| |機械|

こうがくしきもじよみとり(にんしき)**そうち**　光学式文字読み取り(認識)装置, OCR = |英| optical character reader = optisches Zeichenerkennungsgerät |電気|

こうがくしょうめいフィルム　光学照明フィルム, OLF = |英| opticallightingfilm = reflektierende Folie für Leuchtenanwendungen |光学| |機械| |化学|

こうがくだい　光学台, optische Bank |女|, optical bench |光学| |機械|

こうがくてきのうど　光学的濃度(光学濃度), OD = optische Dichte = optical density |光学| |物理| |電気|

こうかくの　抗核の, antinucleär, |英| antinuclear |化学| |バイオ| |医薬|

こうがくファインダー　光学ファインダー, optischer Sucher |男|, optical finder |機械|

こうがくみつど　光学密度(光学濃度), OD = optische Dichte = optical density |光学| |物理| |電気|

こうかてきな　効果的な, erfolgreich, successful, effective |全般|

こうかてつどう　高架鉄道, Hochbahn |女|, elevated railroad, overhead railway |交通|

こうかな　高価な, kostenträchtig, costly |操業| |製品| |経営|

こうかん　鋼管, Stahlrohr |中|, steel pipe, steel tube |材料| |鉄鋼| |化学| |機械|

こうかんサイト　交換サイト, Austauschplatz |男|, exchange place |化学| |バイオ|

こうかんしょりのうりょく　(スイッチの)交換処理能力, Schaltleistung |女|, breaking capacity, switching capacity |電気| |機械|

こうかんど　光感度, Fotoempfindlichkeit |女|, |類| Lichtempfindlichkeit |女|, sensitiveness to light, light sensitivity, photosensitivity |光学| |電気| |機械|

こうかんどじかんちょうせい　高感度時間調整, STC = |英| sensitivity time control |電気| |航空| |船舶|

こうきカーボンせいせいたい　光輝カーボン生成体, Glanzkohlenstoffbildner |男|, lustrous carbon producer |物理| |化学| |鋳造|

こうきせいの　好気性の, aerob, |英| aerobic |化学| |バイオ|

こうきど　高輝度, UHB = |英| ultra high brightness = sehr hohe Lichtleistung = sehr hohe Intensität |光学| |電気|

こうきねつしょり　光輝熱処理, Blankwärmebehandlung |女|, bright heat treatment |材料| |機械|

こうきはつせいの　高揮発性の, hochflüchtig, |類| leichtflüchtig, high volatile |化学| |地学| |製銑|

こうきゅうしょくりょうひんてん　高級食料品店, Feinkostgeschäft |中|, delicatessen shop |食品| |化学| |バイオ| |医薬|

こうきゅうすいせいじゅし　高吸水性樹脂, SAP = |英| super absorbent-polymer |化学| |バイオ| |医薬| |材料|

こうぎょうかきょうどうけんきゅうかいはつ　工業化共同研究開発, IGF = industrielle Gemeinschaftsforschung und -entwicklung = cooperative industrial research |全般|

こうきょうかコンクリートけた　鋼強化コンクリート桁, Stahlbetonbalken |男|, reinforced concrete beam |建設|

こうぎょうきぼ　工業規模, industrieller Maßstab |男|, |関| Labormaßstab |男|, halbtechnischer Maßstab |男|, Technikumsmaßstab |男|, Nullserienproduktion |女|, großtechnischer Maßstab |男|, industrial scale |操業| |設備| |化学| |鉄鋼| |非鉄| |全般|

こうぎょうしょゆうけん　工業所有権, gewerbliches Eigentum |中|, industrial property (right) 特許

こうぎょうしょゆうけんおよびちょさくけんほごきょうかい　工業所有権および著作権保護協会, GRUR = Deutsche Vereinigung für gewerblichen Rechtsschutz und Urheberrecht e.V.(Sitz in Köln) 特許 組織

こうぎょうしょゆうけんのほごにかんするパリじょうやく　工業所有権の保護に関するパリ条約, PVÜ = Pariser Verbandsübereinkunft zum Schutz des gewerblichen Eigentums = the Paris Convention for the Protection of Industrial Property 特許 法制度

こうぎょう(たんか)だいがく　工業(単科)大学, TH = Technische Hochschule 全般

こうきょうどの　高強度の, hochfest, 英 high strength 材料 機械

こうぎょうはいすい　工業廃水, Industrieabwässer 中 複 操業 設備 環境 化学 バイオ

こうぎょうようさんそ　工業用酸素, der technische Sauerstoff 男, industrial oxygen 機械 化学

ごうきんげんそてんか(りょう)　合金元素添加(量), Legierungszusatz 男, alloying addition 材料 精錬 鉄鋼 非鉄

ごうきんこう　合金鋼, legierter Stahl 男, alloy steel 材料 精錬 鉄鋼 機械 化学 原子力

こうきんスペクトル　抗菌スペクトル, antibakterielles Spektrum 中, antibacterial spectrum 化学 バイオ 医薬

ごうきんてつ　合金鉄, Ferrolegierung 女, ferro alloy；Ferrolegierungbedarf 男(合金鉄必要量, requirement of ferro alloy) 精錬 材料 化学 地学

こうきんぶっしつかんじゅせい　抗菌物質感受性(薬剤の抗菌活性, 微生物の薬剤感受性)テスト, antimikrobielle Empfindlichkeitsprüfung 女, 類 Untersuchung auf Antibiotikaempfindlichkeit, antimicrobial susceptibility test 化学 バイオ 医薬

こうきんぶっしつかんじゅせいテストにかんするおうしゅういいんかい　抗菌物質

感受性テストに関する欧州委員会, EU-CAST = 英 European Commitee on Antimicrobial Susceptibility Testing = der Europäische Ausschuss für die Untersuchung auf Antibiotikaempfindlichkeit 化学 バイオ 医薬 規格 組織

こうぐあつりょくかく　(歯車創成などの)工具圧力角(工具係合角), Werkzeugeingriffwinkel 男, angle of tool engagement 機械

こうくうきいちしじき　航空機位置指示器, PPI = 英 plane position indicator = Positionsanzeiger in Flugzeugen 航空 電気 機械

こうくうないほうかい　口腔内崩壊, OD = 英 oral dispersing；OD 錠(口腔内崩壊錠), oral dispersing tablet 医薬

こうぐかんり　工具管理, Betriebsführung in der Werkzeugausgabe 女, supply management of jigs and tools 機械 操業 設備

こうぐけいごう(かんごう)かく　工具係合(嵌合)角(工具圧力角), Werkzeugeingriffwinkel 男, angle of tool engagement 機械

こうぐこう　工具鋼, Werkzeugstahl 男, tool steel 材料 鉄鋼 機械

こうぐこうかんそうち　工具交換装置, Werkzeugwechselvorrichtung 女, tool changer, mould changing device 機械 鋳造 化学 電気

こうぐせいさく　工具製作, Werkzeugbau 男, tool making, tool manufacturing, tool manufacture 機械

こうぐせっけい　工具設計, Werkzeugbau 男, tool making, tool manufacturing, tool manufacture 機械

こうぐせんばん　工具旋盤, Werkzeugmacherdrehbank 女, tool room lathe 機械

こうぐそうこにおけるこうぐのにゅうしゅっこ　工具倉庫における工具の入出庫, Zu- und Abführen von Werkzeugen in ein /aus einem Werkzeugmagazin, supplying and receiving at tool magazine 機械 物流

こうぐチップ　工具チップ, Spitze 女,
crest, head, peak, tip, point 機械

こうぐのそくめん　工具の側面, Wange
女, cheeks, jaw 機械

こうけつあつ（しょう）　高血圧（症）, Blut-
hochdruck 男, 類 Hypertonie 女, 関
Hypotonie 女, Blutdruckerniedri-
gung 女, high blood pressure, hyper-
tonia, HBP, hypertension, Hyp‐T,
HT 医薬

こうけっせんせいの　抗血栓性の, anti-
thrombotisch, 類 gegen Blutgerinnsel,
antithrombotic バイオ 医薬

こうけっせんタンパク　抗血栓タンパク,
Blutgerinnsel-lösendes Protein 中,
clot-dissolving protein 化学 バイオ 医薬

こうけっとう（しょう）　高血糖（症）, Hy-
perglykämie 女, 関 Hypoglykämie 女,
hyperglycemia 医薬

こうけねんぶっしつ（欧州 REACH 規則
などの）高懸念物質, SVHC = 英 Sub-
stances of Very High Concern = Als
besonders gefährlich eingestufte Stoffe
化学 バイオ 医薬 環境 規格 法制度

こうげん　抗原, Antigen 中, antigen
化学 バイオ 医薬

こうげんこうたいふくごうぶつ　抗原抗
体複合物, IC = 英 immune complex =
Immunkomplex 化学 バイオ 医薬

こうげんユニット　光源ユニット, Leuch-
teneinsatz 男, light insert, light unit
機械 電気

こうごうせい　光合成, Photosynthese
女, photosynthesis 化学 バイオ

こうごうせいの　光合成の, phototroph,
英 phototrophic 化学 バイオ 光学

こうごうせいゆうこうほうしゃ　光合成
有効放射〔緑色植物の光合成に有効な波
長 400〜700nm の成分を指す. これは,
地上に到達する太陽放射（波長 3 μm 以
下の短波放射より成る）の約 45％にあたる.
太陽高度が高い晴天時, 光合成有効放
射は 450Wm-2 程度である. 出典：光合
成事典, 日本光合成学会〕, PhAR = 英

photosynthetically active radiation =
PHAS = Photosynthetisch aktive
Strahlung バイオ 気象

こうさ　公差, Tolerierung 女, tolerance,
toleration 機械

こうさ　交差, Schnitt 男, 類 関 Über-
schneidung 女, Überlappung 女, over-
lapping, cut 機械 化学 数学

こうさいせき　鉱滓堰, Schlackenüber-
lauf 男, 関 Abstreifer 男, skimmer,
slag overflow 製銑 精錬 鉄鋼 非鉄

こうさかく　交差角, Überschneidungs-
winkel 男, 関 Verschränkungswinkel
男, crossing angle 機械

こうさくきかい　工作機械, Werkzeug-
maschine 女, WZM, Wema, WM,
machine tool 機械

こうさくちゅう　耕作中, unter Acker-
nutzung, under agriculture use バイオ

こうさくぶつ　工作物, Werkstück 中,
working part, workpiece 機械

こうさくぶつキャリアー　工作物キャリアー
（工作物搬送台）, Werkstückträger 男,
workpiece carrier 機械

こうさコイル　交差コイル, Kreuzspule 女,
cross coil 電気 材料

こうさしゅうきょく　交差褶曲, Querfal-
tung 女, cross fold, cross folding 機械
材料 電気

こうさする　交差する, verschneiden, 英
cut, 英 intersect 機械 化学 バイオ

こうさてんけん　交差点検, Gegenprobe
女, duplicate test, cross check 機械
化学 バイオ 数学 統計 品質

こうさへんぱマジックかくスピン　交差偏
波マジック角スピン, CPMAS = 英 cross
polarization magic angle spinning 物理
化学 材料 電気

**こうさへんぱマジックかくスピンかくじき
きょうめいぶんこうほう**　交差偏波マジッ
ク角スピン核磁気共鳴分光法, CPMAS
NMR-Spectroscopy = 英 cross polariza-
tion magic angle spinning nuclear mag-
netic resonance spectoscopy 電気 化学
バイオ 光学 物理

こうさんきゅうぞうかしょう　好酸球増加症，Eosinophilie 女，eosinophilia 医薬

こうざんしゅうらく　鉱山集落，Zechensiedlung 女，mine residential estate 地学

コウジ　英 Aspergillus oryzae バイオ

こうし　光子，Photon 中，photon 光学 物理

こうしかんかく　格子間隔，Rastermaß 中，grid spacing，modular dimension 電気 光学 材料 物理

こうしかんの　格子間の，interstitiell，英 interstitial 材料 物理 電気

こうしきゅうしゅうのうどけい　光子吸収濃度計（光子吸収デンシトメータ），PAD = Photonenabsorptionsdensitometer = photon absorption densitometer 光学 電気

こうじく　光軸，optische Achse 女，optic axis 光学 機械

こうしげた　格子げた，Gitterträger 男，lattice girder，lattice gland 建設 設備

こうじこうぞう　高次構造，Konformation 女，conformation，conformatial structure 建設 化学 バイオ

こうしつ　鋼質，Stahlqualität 女，steel quality 材料 鉄鋼

こうしつがいこつくう　後膝蓋骨腔，RPR = Retropatellarraum = bihind the patella room 医薬

こうしつコーティングじょきょ　硬質コーティング除去，Härteablagerungsentfernung 女，hard coating rejection 機械 化学

こうしゃじく　後車軸，Hinterachse 女，back axle，rear axle 機械

こうしゃじくすいへいそうち　後車軸水平装置，Nivellierventil der Hinterachse 中，valve of rear axle 交通 機械

こうしゅ　鋼種，Stahlsorte 女，steelgrade 材料 鉄鋼

こうしゅうにりようかのうとされためいさいしょ　公衆に利用可能とされた明細書，PAS = 英 Publicly Available Specifications = öffentlich verfügbare Spezifika-

tionen 特許 法制度

こうしゅうはゆうどうけつごうプラズマはっこうぶんこうぶんせきほう　高周波誘導結合プラズマ発光分光分析法，ICP-OES = 英 inductively coppled excitation plasma optical emission spectromety = induktiv gekoppelte Plasmaanregung optische Emissionsspektroskopie = 化学 光学 電気

こうしゅうはゆうどうようせつ　高周波誘導溶接，Hochfrequenz-(HF-)Schweißen 中，high frequency welding 溶接 材料 電気 化学

こうしゅっけつじかん　後出血時間（手術後の経過中に起こる術野からの出血時間），NBZ = Nachblutungszeit = after-bleeding hour = postoperative bleeding 医薬

こうじゅんど　高純度，pueiss. = ラ purissmus = ganz od sehr rein = very pure 化学 バイオ 医薬 鉄鋼 非鉄

こうじょうせん　甲状腺，Schilddrüse 女，thyroid，thyroid gland，SD 医薬

こうじょうせんがん　甲状腺癌，SDC = Schilddrüsencarcinom = thyroid carcinoma 医薬

こうじょうせんきのうこうしんしょう　甲状腺機能亢進症，Schilddrüseüberfunktion 女，hyperthyroidism，over-active thyroid 医薬

こうじょうせんしげきホルモンレセプター　甲状腺刺激ホルモンレセプター，TSH-Rezeptor = Rezeptor des Thyroid stimmlierenden Hormons = thyroid-stimulating hormone receptor = TSH receptor バイオ 医薬

こうじょうせんホルモン　甲状腺ホルモン，SDH = Schilddrüsenhormon = thyroid hormone バイオ 医薬

こうじょうせんホルモンけつごうタンパク（しつ）　甲状腺ホルモン結合タンパク（質），THBP = Thyroidhormonbindungsprotein = thyroid hormone-binding protein バイオ 医薬

こうじょうそうぎょうあんぜんかんり　工場操業安全管理，Industriebetriebssicherheit 囡, industrial plant operational safty management 操業 設備 安全

こうしょうち 公称値, Nennwert 男, 関 Bemessungswert 男, nominal value 機械 規格 製品 設備

こうじょうないの 工場内の, werksintern, 英 in-plant 操業 設備 機械 化学

こうしょうひそうしゅつりょく 公称皮相出力, Nennscheinleistung 囡, nominal apparent capacity, nominal apparent output 機械 規格

こうしょうひそうようりょう 公称皮相容量, Nennscheinleistung 囡, nominal apparent capacity, nominal apparent output 機械 規格

こうしょく 孔食, Lochfraß 男, pitting 材料

こうしんけいせい 向神経性, Neutrotropie 囡, neutropy 医薬

こうしんせい(とう) (新生代第四紀の) 更新世(統), Pleistozän 田, 英the Pleistocene 地学 物理 バイオ

こうしんようせつ 後進溶接, Rückwärtsschweißung 囡, back-hand welding 溶接 材料 建設 機械

こうすい 硬水, hartes Wasser 田, hard water 化学 環境 地学

こうすいしょうたいせんいぞうしょくしょう 後水晶体線維増殖症, RLF = retrolentale Fibroplasie = retrolental fibroplasia 医薬

こうすいそがんゆうりょうの 高水素含有量の, hochwasserstoffhaltig, 英 with high hydrogen content 精錬 材料 化学

こうすいとうウイルスワクチンせっしゅ 抗水痘ウイルスワクチン接種, WI = Windpocken-Impfung = chickenpox vaccination バイオ 医薬

こうせい 構成, Konfiguration 囡, arrangement, configuration, structure, molecular configuration 機械 化学 バイオ 電気

こうせいきょくせん 較正曲線, Eichkurve 囡, calibrating plot, calibration curve 化学 バイオ 電気 機械 数学 統計

ごうせいこうそ 合成酵素(リガーゼ), Ligase 囡, 類Synthetase 囡, ligase, synthetase 化学 バイオ

ごうせいゴム 合成ゴム, SK = Synthesekautschuk = synthetic rubber 化学 材料

こうせいじょうてんたい 恒星状天体, QSG = quasistellare Galaxie = quasi - stellar galaxy 航空 物理

こうせいスタイレット 鋼製スタイレット, Stahlmandrin 男, steel stylet, steel mandrin 医薬 電気

ごうせいせんい 合成繊維, Kunstfaser 囡, artificial fibre, synthetic fibre 繊維 化学

こうせいちょくせん 較正直線, Kalibriergerade 囡, calibration straight line 化学 バイオ 電気 機械 数学 統計

ごうせいふたしかさ 合成不確かさ, kombinierte Unsicherheit 囡, combined uncertainty 数学

こうせいふとうへんアングル 鋼製不等辺アングル, ungleichschenkliger Winkelstahl 男, unequal leg steel angle 材料 鉄鋼 建設

こうせいぶんばいようそう 恒成分培養槽(培養器の成分を一定に保つ), Chemostat 男, chemostat 化学 バイオ

ごうせいほう 合成法, Verfahren zur Herstellung 田, synthetic method 化学 操業 設備

こうせいようそ 構成要素, Baustein 男, moodule, chip, segment, component, DNA-factor 機械 電気 操業 設備 バイオ 医薬

ごうせいローター 剛性ローター, starrer Rotor 男, rigid rotor 機械 エネ

こうせき 航跡, Nachstrom 男, slip stream, wake, back wash, following wake 機械 航空 船舶 エネ

こうせきげんざいりょうそうにゅうぶつのわりあい 鉱石原材料装入物(鉱石, ペレットなどの) の割合, Möllerzusammensetzung 囡, burden composition 製銑 電気 操業 地学

こうせきげんざいりょうそうにゅうぶつ

ぶんぷ 鉱石原材料装入物分布, Möllerverteilung 女, ore burden distribution 製銑 電気 操業 地学

こうせきげんざいりょうそうにゅうぶつよびしょり 鉱石原材料装入物予備処理, Möllervorbereitung 女, ore burden preparation 製銑 電気 操業 設備 地学

こうせきげんざいりょうそうにゅうぶつレベルセンサー 鉱石原材料装入物レベルセンサー, Möllersonde 女, charge level indicator 製銑 電気 操業 設備 地学

こうせきしゅうかい 鉱石集塊, Erzagglomeration 女, ore agglomeration 製銑 地学

こうせきの 洪積の, diluvial, 英 diluvial 地学

こうせん 光線, Strahl 男, jet, stream, flow, beam, ray 光学 機械 材料 エネ 航空

こうそイオンかんのうがたでんかいこうかトランジスタ 酵素イオン感応型電界効果トランジスタ, ENFET = 英 enzyme field effect transistor 電気 化学

こうぞう 構造, Textur 女, 関 Gewebe 中, Konformation 女, texture, fiber, structure 繊維 化学 医薬

こうぞう・けいじょうによりへんかする 構造・形状により変化する, konstruktionsbedingt, depending on construction 機械 化学 建設

こうぞういでんしのじょうりゅうに 構造遺伝子の上流に, stromaufwärts des Strukturgens, 英 upstream of structural gene バイオ 医薬

こうぞうかぶんせきせっけいぎほう 構造化分析設計技法(ソフトウエア工学方法論の一つ), SADT = 英 structured analysis and design technique = strukturierte Systemanalyse- und Entwurfstechnik 電気 機械

こうぞうせいぶつがく 構造生物学, Strukturbiologie 女, structural biology バイオ

こうぞうせんず 構造線図, Skelettezeichnung 女, skeleton diagram, skeleton drawing 機械

こうそうだんかい 構想段階, Ideephase 女, idea stage, concept phase 操業 設備 経営 全般

こうぞうとうだい 構造等大, Konstruktionsisometrie 女, construction isometry 全般 機械

こうぞうねんど 構造粘度, Strukturviskosität 女, structurall viscosity 化学 バイオ 物理 機械

こうぞうぶつ 構造物, Gebilde 中, structure, construction 設備 建設

こうそかっせい(こうそのしょくばいのう) 酵素活性(酵素の触媒能), Enzymaktivität 女, 類 関 die katalytische Eigenschaften der Enzymproteine 女, enzyme activity 化学 バイオ 医薬

こうそく 光束, Bündel 中, bundle, pack, beam 光学 電気 機械

こうそく(ふとい) 光束(太い), Strahlenbündel 中, bundle of rays 光学

こうそく(ほそい) 光束(細い), Büschel 中, pencil of light 光学

こうそくじょうたい 拘束状態, Zwangslage 女, constraint condition, plight, predicament 機械 材料 建設

こうそくぞうしょくろ 高速増殖炉, der schnelle Brutreaktor 男, fast breeder reactor, SBR, FBR 原子力 設備 電気 物理

こうそくちゅうせいし 高速中性子, schnelles Neutron 中, fast neutron 物理 原子力

こうそくどこう 高速度鋼, Schnellarbeitsstahl 男, high speed steel 材料 鉄鋼 機械

こうそくはいしょうよう 後側肺小葉, PPL = posterior pulmonary loble (leaflet)= hinter Lungenläppchen 医薬

こうそくフーリエーへんかん 高速フーリエー変換, FFT = 英 fast-fourier-transformation = Verfahren bei Analog-Digital-Umsetzern 数学 統計 物理 電気

こうそくフライスじく 高速フライス軸, Schnellläufer-Frässpindel 女, high-speed milling spindle 機械

こうそくりゅうたいクロマトグラフィー
高速流体クロマトグラフィー，HPLC =
英 high-performance liquid chromatography = Hochleistungs-Flüssigkeitschromatographie 物理 化学 バイオ 材料 光学
電気

こうそけつごうめんえききゅうちゃくほう
酵素結合免疫吸着法(抗原または抗体の
濃度の検出・定量法)，ELISA = 英 enzyme-linked immuno sorbent assay =
Testverfahren für Infektionskrankheiten 化学 バイオ 医薬 電気

こうそしんとうまくリアクター　酵素浸
透膜リアクター(酵素薄膜型リアクター)，
Enzym-Membran-Reaktor 男，enzyme-membrane reactor 化学 バイオ

こうその　酵素の，enzymatisch，英
enzymatic 化学 バイオ 医薬

こうそのしょくばいのう　酵素の触媒能，
die katalytische Eigenschaften der Enzymproteine 女，類 関 Enzymaktivität
女，enzyme activity 化学 バイオ 医薬

こうそめんえきこうたいほう　酵素免疫
抗体法(抗原抗体反応において，酵素の
発色を利用して，物質を定量する方法，
免疫化学的定量法の総称)，EIA = 英
enzyme immuno assay 化学 バイオ 医薬

こうたい(車の) 構体，Karosseriestruktur 女，car body structure 機械

こうたい　鋼帯，Stahlband 中，類 Bandstahl 男，steel strip，steel hoop 材料
鉄鋼

こうたいいいきしゅうはすうへんちょう
広帯域周波数変調，WBFM = 英 wideband frequency modulation = Breitbandfrequenzmodulation 電気

**こうたいいいきゅうでんかんわぶんこうほ
う**　広帯域誘電緩和分光法，die breitbandige dielektrische Relaxationsspektroskopie，broadband dielectric relaxation spectroscopy 化学 電気

こうたいかく　後退角，Pfeilwinkel 男，
angle of sweepback 機械

こうたいする　後退する，rücksetzen，英
reset，back-space 電気 機械

こうたいようせつ　後退溶接，Pilgerschrittschweißung 女，back-step welding 溶接 材料 機械 建設

こうち　耕地，Ackerfläche 女，cultivated field(area)，plowland バイオ

こうちせいよく　後置静翼，nächstehende Statorschaufel 女，back-end stator blade 機械 エネ

こうちゅうきゅう　好中球，Neutrophil
男，neutrophile，neutrophic leucocyte バイオ 医薬

こうちゅうせいししそくがたげんしろ　高中
性子束型原子炉，HFR = Hochflussreaktor = high flux reactor 原子力 設備

こうちょうりょくこう　高張力鋼，
Hochspannungsstahl 男，high tensile
strength steel 材料 鉄鋼 機械

こうちょくてんかんき　交直転換器，
Wechselstrom-Gleichstrom-Umschalter 男，AC-DC changeover switch
電気 交通 機械

こうちょくりゅうでんききかんしゃ　交直流
電気機関車，Wechselstrom-Gleichstrom
Doppellokomotive 女，AC-DC dual current electric locomotive，AC-DC dual
system electric locomotive 電気 交通
機械

こうつうかんりセンター　交通管理センター，
TMC = 英 traffic management center =
Verkehrsleitstelle 交通 機械 電気

こうてい　工程，Verlauf 男，course, process，
run，flow 操業 設備

こうてい　行程(工程)，Weg 男，way, path，
travel 機械 全般

こうていえき　口蹄疫，Maul-und Klauenseuche 女，foot-and-mouth disease
バイオ 医薬

こうていかんり　工程管理，Fertigungsüberwachung 女，manufacturing inspection 操業 材料 機械 化学

こうていないけいひ　行程内径比，
Hub-Bohrungsverhältnis 中，strokebore ratio 機械

こうていようせき　行程容積，Hubraum
男，類 Hubvolumen 中，piston displace-

ment, stroke volume 機械

こうでんあつせんはんそうしゅうはすうそうしん 高電圧線搬送周波数送信, TFH = Trägerfrequenzübertragung auf Hochspannungsleitungen = carrier frequencies transmission on high-voltage power lines 電気 設備

こうでんいの 高電位の, potentialträchtig, high potential 電気 全般

こうでんエアロゾルセンサー 光電エアロゾルセンサー(排出ガス中の微小粒子の表面積などの測定に用いられる), PAS = 英 photoelectric aerosol sensor = Lichtschranke zur Detektion der aerosolförmigenLuftverunreinigungen wie Feinstaub = photoelektrischer Aerosolsensor 機械 化学 バイオ 電気 光学 環境

こうでんがくてきがんしんきろくほう 光電学的眼振記録法, PENG = Photoelektronystagmografie = photoelectric nystagmography 光学 電気 医薬

こうてんきょり 交点距離, Schnittweite 女, distance to cross point 光学 数学 統計

こうでんしきようせきみゃくはきろくほう 光電式容積脈波記録法, PPG = Photoplethysmografie = photoplethysmography 光学 電気 医薬

こうでんしけんびきょう 光電子顕微鏡, PEM = Photoelektronenemissionsmikroskopie = photoelectron emission microscopy 光学 化学 バイオ 医薬 電気

こうでんじこうか 光電磁効果, PEM-Effekt = Photoelektromagnetischer Effekt = photoelectrromagnetic effect 電気 物理 光学 機械

こうでんしぶんこうほう 光電子分光法, PES = Photoelektronenspektroskopie = photoelectron spectroskopy 光学 化学 物理

こうてんせい 後天性, Erwerb 男, acqisition バイオ 医薬

こうてんせいそいん 後天性素因, erworbene Disposition 女, acquired dis-

position バイオ 医薬

こうてんせいめんえきふぜんしょうこうぐん 後天性免疫不全症候群(エイズ), AIDS = 英 acquired immune deficiency syndrome = erworbene Immundefektsyndrom 医薬

こうでんち 光電池(光電セル), PC = 英 photoelectric cell = Fotozelle 光学 電気

こうでんデバイス 光電デバイス(反射時間を計測して, 物体までの距離を求める), PMD = 英 photomic mixer device 電気 光学 機械

こうど 光度, Lichtstärke 女, 類 Leuchtstärke 女, luminous intensity, brightness, light intensity 電気 光学

こうど(おうど) 黄土, Ocker 男, 類 Löss 男, ocher, loess 地学

こうとう 喉頭, Kehlkopf 男, larynx 医薬

こうどう 坑道, Mine 女, 類 関 Stollen 男, mining gallery, vene of ore, space lead 地学 環境

こうとうがん 喉頭癌, Tumor des Kehlkopfes 男, cancer of larynx, laryngeal cancer 医薬

ごうどうの 合同の, deckungsgleich, 類 kongruent, congruent 機械 数学

こうどこんごうひせいぎょそうち 高度混合比制御装置, Höhengemischregler 男, altitude mixture control 航空 機械 電気

こうどつうしんシステム 高度通信システム, INS = 英 integrated network system 電気

こうどにようきゅうされる 高度に要求される(要求の厳しい), hochbeansprucht, 英 highly stressed 機械 材料 全般

こうどほしょうそうち 高度補償装置, Höhenausgleichsvorrichtung 女, height compensation, altitude compensation 機械 航空

こうどめんえきけっせい 高度免疫血清, HIS = Hyperimmunserum = hyperimmune serum 化学 バイオ 医薬

こうにゅうスクラップ 購入スクラップ,

こうにゅうスクラップ

Zukaufschrott 男, external scrap 製鉄
精錬

こうねつへんこう　光熱偏向, PTD = photothermal deflection = photothermischeUmlenkung 光学 電気

こうねんどの　高粘度の, zähfließend, 英 slow-moving, high viscously 化学 バイオ 材料 機械

こうばい　勾配, Gefälle 中, 類 Gradient 男, Schräglage 女, Konizität 女, gradient, slope, decrease 機械 建設 設備

こうばいきょくせん　勾配曲線, Gradiente 女, gradient curve 数学 統計 電気 機械

こうはいごうせい　交配合成, Kreuzhybridisierung 女, cross-hybridization バイオ

こうはいしゅ　交配種, Mischling 男, hybrid バイオ

こうはいそうせいぎょそうち　光波位相制御装置, PAO = 英 phased array optics = Einrichtung zur Steuerung der Phasenlage von Licht 光学 電気

こうばいていこう　勾配抵抗, Steigungswiderstand 男, gradient resistance 機械

こうはん　紅斑, Stigma 中, 類 関 Narbe 女, Erythem 中, stigma, erythema, scar 化学 バイオ 医薬 建設 光学

こうはん　鋼板(薄鋼板, 薄板, 厚鋼板, 厚板), Stahlblech 中, 類 関 Blech 中, Feinblech 中, Grobblech 中, steel sheet, sheet, steel plate, plate 材料 鉄鋼 非鉄

ごうはん　合板, Speerholz 中, plywood 建設

こうばんあつりょく　交番圧力, Wechseldruck 男, alternating pressure, pulsating load pressure, fluctuating pressure 機械 化学 操業 設備

こうはんいの　広範囲の, breitgefächert, 類 ausdehnend, umfangreich, weit, 英 wide range of~ 全般

こうばんかじゅうテスト　交番荷重テスト, Wechselbelastungsdauerversuch 男, altenating load test, endurance test of

variation in stress 材料 機械

こうばんじかい　交番磁界, Wechselfeld 中, alternating field, AC magnetic field 機械 電気

こうはんしきいちりょう　紅斑閾値量(皮膚が赤くなる最小照射量), TED = 英 threshold erythema dose = Erythemschwellendosis 医薬 放射線

こうはんパネル　鋼板パネル, Stahlblechpaneele 女, steel plate panel, steel sheet panel 材料 鉄鋼 建設

こうびぶ　後尾部, Heckbürzel 男, tail piece 機械

こうぶきかん　後部機関, Heckmotor 男, rear engine 機械

こうふくつよさ　降伏強さ, Formänderungsfestigkeit 女, yield stress, deformation strength 材料 化学

こうふくてん　降伏点, Fließgrenze 女, 類 Streckgrenze 女, yield point, yielding point 材料 機械

こうふくまくけっしゅ　後腹膜血腫, RPH = retroperitoneales Hämatom = retroperitoneal h(a)ematoma 医薬

こうふくまくせんいしょう　後腹膜線維症, RPF = Retroperitonealfibrose = retroperitoneal fibrosis 医薬

こうふくまくふくじんてきしゅつ(じゅつ)　後腹膜副腎摘出(術), RPA = retroperitoneale Adrenalektomie = retroperitoneal adrenalectomy 医薬

こうふする　交付する, ausgeben, 英 output 法制度 組織 電気

こうぶつがく　鉱物学, Mineralogie 女, 類 Mineralkunde 女, mineralogy 地学 製鉄 鋳造

こうふつせいぶん　高沸成分, Schwersieder 男, 関 Leichtsieder 男, (低沸成分), high-boiling component 化学 バイオ

こうぶつそう　鉱物層, Flöz 中, stratum, layer 地学 化学

こうぶぶい　後部部位, hinterer Abschnitt 男, rear portion 機械

こうぶんかいのうでんしけんびきょうほう　高分解能電子顕微鏡法, HREM = 英

high-resolution electron microscopy = hochauflösende Transmissions-Elektronenmikroskopie 化学 バイオ 電気 光学

こうふんさせる 興奮させる，anregen，英 stimulate バイオ 医薬

こうぼ 酵母，Hefe 女，yeast 化学 バイオ

こうほたいせいの 抗補体性の，antikomplementär，英 anticomplementary バイオ 医薬

こうポテンシャルの 高ポテンシャルの，potentialträchtig，英 high potential 電気 全般

こうま 黄麻，Kenaf 男，関 Flachs 男，Hanf 男，Lein 男 化学 バイオ

こうまくかけっしゅ 硬膜下血腫，SDH = subdurales Hämatom = subdural hematoma 医薬

こうまくしゅういますいほう 硬膜周囲麻酔法，PA = Periduralanästhesie = peridural anaesthesi 化学 医薬

こうみつどファイバープレート 高密度ファイバープレート，HDF-Platte = hochdichte Faser-Platte = high density fiber-plate 材料 化学

こうみつどポリエチレン 高密度ポリエチレン［ほかのポリエチレン（PE）と比較し硬い性質から硬質ポリエチレン，製法から中低圧法ポリエチレンとも呼ばれる］，PE-HD = Polyethylen hoher Dichte = HDPE = high-density polyethylne 化学 材料

こうみゃく 鉱脈，Mine 女，mining gallery，vene of ore，space lead 地学 環境

こうやきつきざい 抗焼付き剤，Anti-Seize-Mittel 中，anti-seize 機械 化学

こうゆ 鉱油，Mineralöl 中，mineral oil 地学 化学 機械

こうようすいじゅんてん 公用水準点，OBM = 英 ordnance bench mark = Höhenmarke 地学 建設

こうようそしき 膠様組織，Gallertgewebe 中，jelly-like tissue 医薬

こうらん 高欄，Geländer 中，類 Treppengeländer 中，Balustrade 女，handrail，railing，guard rail 建設 機械

ごうりかする 合理化する，rationalisieren，英 rationalize 操業 設備 経営

こうりつ 効率，WG = Wirkungsgrad = efficiencyk 機械 電気 化学 物理

こうりゅう 交流，Wechselstrom 男，alternating current 電気 機械

こうりゅう 後流，Nachstrom 男，slip stream，wake，back wash，following wake 機械 航空 船舶 エネ

こうりゅうアークようせつ 交流アーク溶接，Wechselstrom-Lichtbogenschweißung 女，A.C.arc welding 溶接 電気 材料

こうりゅうじかい 交流磁界，Wechselfeld 中，alternating field，AC magnetic field 機械 電気

こうりゅうだんとう 向流段塔，Gegenstromkolonne 女，countercurrent column 化学 設備

ごうりゅうてん 合流点，Mündung 女，estuary，mouth 地学 機械 設備

こうりょう 光量，Lichtmenge 女，quantity of light 光学

こうりょう 香料，Gewürz 中，spice 化学 バイオ 医薬 食品

こうりん 光輪，Hof 男，areola，aureole 化学 バイオ 医薬 光学

こうりん 後輪，Hinterrad 中，back wheel，rear wheel 機械

こうレベルほうしゃせいはいきぶつ 高レベル放射性廃棄物，HLW = 英 high-level radioactive waste = hochradioaktive Abfälle 原子力 放射線 電気 環境 医薬

こうろうづけ 硬ろう付け，英 brazing，Löten 中 材料 機械 電気

こうろガス 高炉ガス，Hochofengas 中，blast furnace gas 製銑 エネ 化学 操業

こうろさ 光路差，optische Dickendifferenz 女，類 optische Wegdifferenz 女，optical path difference 光学

こうろスラグセメント 高炉スラグセメント，Hüttenzement 男，blast-furnace slag cement 製銑 リサイクル 環境 建設

こうろのベル 高炉のベル，Ziehtrichter 男，blast furnace bell 製銑 操業 設備

こうわんのヘドロ 港湾のヘドロ, Hafenschlick 男, harbour sludge, harbour mud 環境 化学 バイオ 地学

ごえんせいはいえん 誤嚥性肺炎, Schluckpneumonie 女, 類 Aspirationspneumonie 女, asoiration pneumonia 医薬

コーキング Verstemmung 女, caulking 機械

コークスいそうき コークス移送機, Koksüberleitmaschine 女 製銑 設備

コークスかんしきれいきゃくほう コークス乾式冷却法, Kokstrockenkühlung 女, coke dry cooling(quenching)process 製銑

コークスひ コークス比, Kokssatz 男, coke rate 製銑

コークスようたん コークス用炭, Kokskohle 女, 類 bitminöse Kohle 女, coking coal, bituminous coal 製銑 地学

コークスれいきゃくとう コークス冷却塔, Koksöschturm 男, coke quench tower 製銑

コークスろ コークス炉, Kokerei 女, 類 Koksofen 男, coke oven plant, coking plant 製銑

コークスろガス コークス炉ガス, Kokereigas 中, 類 Koksofengas 中, coke oven gas 製銑

コージェライト (2MgO・Al$_2$O$_3$・5-SiO$_2$, 自動車の排ガス触媒ハニカム担体に用いられる), Cordierit 男, cordierite 機械 環境 化学 非金属

コーティング Belag 男, film, coating, covering, pavement 化学 バイオ 機械 建設

コーディング Schnürung 女, cording, tying-up, reduction of area 繊維 船舶 材料 機械

コーティングせい コーティング性, Lackeigenschaft 女, lacqering property 材料

コーティングふちゃく(せい) コーティング付着(性), Lackhaftung 女, adhesion of lacqering 材料 化学

コード Gewebe 中, code, cloth, fabric 機械

コード Regelwerk 中, rulebook, code, publication of rules 特許 規格 法制度 経営 社会

コードか コード化, Verschlüsselung 女, coding, encryption 電気

コードさ コード鎖(DNAの相補的二本鎖のうち, タンパク質をコードしているmRNAと同一の配列を持つ鎖をいう), Sinnstrang 男, sense strand バイオ 医薬

コードする codieren, kodieren, encodieren, verschlüsseln, 英 encode バイオ 医薬 電気

コードようダクト コード用ダクト, Lenkerkanal 男, handlebars conduit 機械 電気

コールド・クランキング・シュミレータねんど コールド・クランキング・シュミレータ粘度, CCS = 英 cold cranking simulator viscosity 機械 化学

コールドボックスほう コールドボックス法(有機粘結剤と硬化ガスを用いた硬化造型法), Cold-Box-Verfahren 中, cold box process 鋳造 機械 化学

コールフィーダー Kohlenaufgabevorrichtung 女, coal feeder 製銑 機械 設備

コールベッドメタン CBM = 英 coalbed methane = Kohleflöz-Methan 地学 化学 エネ

コールヤード Kohlenlager 中, storage, coal yard 製銑 地学 設備

コールユニット SKE = Steinkohleneinheit = coal unit(1t SKE = 29.3GJ) エネ 地学 化学 機械 単位

コーンけいしゃめん コーン傾斜面, Trichterschräge 女, cone inclination, hopper angle 機械 化学 バイオ 設備

こがたえんけいこうぞうウイルス 小型円形構造ウイルス, SRSV = 英 small round structured virus バイオ 医薬

こがたかたこうミルライン 小形形鋼ミルライン, Feinstraße 女, small section mill 材料 機械 設備

こきゃくマスターデータ 顧客マスターデータ, Kundenstammdaten 複, customer master data 電気 経営

こきゃくまんぞくど 顧客満足度, Begeisterungsgrad der Kunden 男, customer satisfaction 経営 製品 品質

こきゅう 呼吸, Respiration 女, 類 Atmung 女, resoiration バイオ 医薬

こきゅうきしっかん 呼吸器疾患, Respirationstrakterkrankung 女, respiratory tract disease 医薬

こきゅうきシンシチウムぶっしつ 呼吸器シンシチウム物質, RSA = 英 respiratory syncytial agents = Respiratorischer Synzytial-Wirkstoff 医薬

こきゅうきのうふぜんしょうこうぐん 呼吸機能不全症候群, RIS = respiratorisches Insuffizienz-Syndrom = respiratory insufficiency syndrome 医薬

こきゅうきりゅうけい 呼吸気流計, PT = Pneumotachograf = pneumotachograph 医薬

こきゅうきろくほう 呼吸記録法, PG = Pneumografie = pneumography 医薬 放射線

こきゅうこんなん 呼吸困難, Atemnot 女, 類 Dyspnoe 女, dyspnea, difficulty of breathing, respiratory distress, dyspnoea 医薬

こきゅうさ 呼吸鎖(末端電子伝達), Atmungskette 女, respiratory chain, electron transport chain バイオ

こきゅうしょう 呼吸商(CO_2/O_2；吸入または消費酸素に対する呼気二酸化炭素の割合；ヒトでは約 0.85), RQ = respiratorischer Quotient = respiratory quotient 化学 バイオ 医薬

こきゅうせいどうせいふせいみゃく 呼吸性洞性不整脈, RSA = respiratorische Sinusarrhythmie = respiratory sinus arrhythmia 医薬

こきゅうていこうたんい(そくていきぐ) 呼吸抵抗単位(測定器具), RRU = 英 respiratory resistance unit = Atemwiderstandseinheit 医薬

こきゅうゆうきたいせきへんどうきろくほう 呼吸誘起体積変動記録法, RIP

= respiratorisch induktive Plethysmografie = respiratory inductive plethysmography 医薬

こくえきねんしょうボイラー (パルプの製造工程で, 木材チップから繊維を取り出すときに出る)黒液燃焼ボイラー, Schwarzlangenkessel 男, black liquor fired boiler エネ 機械 設備

こくえん 黒鉛, Graphit 男, graphite 材料 精錬 化学

こくえんかぎょうこ 黒鉛化凝固(片状の), Grauerstarrung 女, grey solidification 鋳造 材料

こくさいかいじきかん 国際海事機関, IMO = 英 International Maritime Organisation = UN － Seeschifffahrtsorganisation 材料 機械 溶接 船舶 組織

こくさいかがくぶっしつあんぜんせいカード 国際化学物質安全性カード, ICSC = 英 International Chemical Safety Cards 化学 バイオ 医薬 環境

こくさいかんきょうけいかく 国際環境計画, UNEP = 英 United Nations Environment Program = Umweltprogramm der Vereinten Nationen 環境 組織

こくさいげんしりょくじしょうひょうかしゃくど 国際原子力事象評価尺度, INES = 英 International Nuclear Event Scale = Internationale Klassifizierung nuklearer Vorfälle 原子力 放射線

こくさいしっぺいしょうびょうしいんぶんるい 国際疾病傷病死因分類, ICD = 英 international classification of diseases, injuries and causes of death = IKK = Internationale Statistische Klassifikation der Krankheiten, Verletzungen und Todesursachen(der WHO) 医薬 統計

こくさいじゅっしんぶんるいほう (図書の) 国際十進分類法, UDC = 英 Universal Decimal Classification = Dezimal-Klassifizierungssystem(JIS X 0307-1989) 全般

こくさいじゅんせい・おうようかがくれんごう 国際純正・応用化学連合(アイユーパッ

ク），IUPAC ＝英 International Union of Pure and Applied Chemistry ＝ Internationaler Verband zur Festlegung der chemischen Nomenklatur ＝ Internationale Union für Reine und Angewandte Chemie 化学 バイオ 規格 組織

こくさいじゅんせい・おうようぶつりがくれんごう　国際純正・応用物理学連合（アイユーパップ），IUPAP ＝ UIPPA ＝英 International Union of Pure and Applied Physics ＝ Internationaler Verband zur Festlegung der physikalischen Nomenklatur ＝ Internationale Union für Reine und Angewandte Physik 物理 規格 組織

こくさいしょくひんあんぜんイニシアチブ　国際食品安全イニシアチブ，GFSI ＝英 Global Food Safety Initiative ＝ Stiftung für Lebensmittelsicherheit 規格 化学 バイオ 医薬 食品 安全 組織

こくさいしょくひんあんぜんきかく　国際食品安全規格，IFS ＝英 International Food Standard（ドイツ小売業協会 HDF が発案し，TÜF が行っている）規格 化学 バイオ 医薬 食品

こくさいしんぜんツーリング　国際親善ツーリング，Freundschaftsfahrt 女，amity riding 社会 機械

こくさいすうがくれんごう　国際数学連合（世界最大の数学者団体），IMU ＝ International Mathematical Union ＝ Internationaler Verband der Mathematiker 数学 統計 組織

こくさいたんいけい　国際単位系，internationales Einheitensystem 中，international system of units，仏 Système International d'Unités 単位 規格

こくさいちがくがっかい　国際地学学会，IBG ＝ Internationale Bodenkundliche Gesellschaft ＝ International Society of Soil Science 地学 組織

こくさいてきとういつきじゅんによるりんしょうしけんのじっしきじゅん　国際的統一基準による臨床試験の実施基準，GCP ＝英 good clinical practice 医薬 規格

こくさいてきなりゅうつうひょうじゅんかきかん　国際的な流通標準化機関（本部ベルギー，複数の地域にまたがるサプライチェーンの効率と透明性を高めるため，国際規格を設計・策定する国際組織），GS1 ＝ Global Standards One ＝ Organisation für globale Standards zur Verbesserung von Wertschöpfungsketten 規格 物流 経営

こくさいでんきつうしんれんごう　国際電気通信連合，ITU ＝ UIT ＝英 International Telecommunication Union ＝ Internationale Fernmeldeunion 電気 規格 組織

こくさいでんきひょうじゅんようご　国際電気標準用語，IEV ＝英 International-Electrotechnical Vocabular-y 電気 規格

こくさいでんぱかがくれんごう　国際電波科学連合，URSI ＝仏 UnionRadio-ScientifiqueInternationale ＝ Union der Radio-Wissenschaften 電気 組織

こくさいどりょうこういいんかい　国際度量衡委員会，CIPM ＝仏 Comite International des Poids et Mesures ＝ Internationaler Ausschuss für Maß und Gewicht 規格 電気 物理 機械 組織 全般

こくさいどりょうこうきょく　国際度量衡局（CIPM の管理下にある），BIPM ＝仏 Bureau International des Poids et Mesures ＝ Internationales Amt für Gewichte und Masse，Paris 光学 電気 物理 数学 統計 機械 規格 組織

こくさいはいろけんきゅうかいはつきこう　国際廃炉研究開発機構（技術研究組合）（アイリッド），IRID ＝英 International Research Institute for Nuclear Decommissioning 原子力 放射線 設備 組織

こくさいばんごうふよたいけい　国際番号付与体系（コーデックス委員会が食品添加物に付与する番号），INS ＝英 International Numbering System 化学 バイオ 医薬 食品

こくさいひょうじゅんかきこう　国際標準化機構，ISO ＝ Internationale Organisation für Normung ＝ International

Organization for Standardization（仏，英，独語の略語は，共に異なる略語になるため，ギリシャ語の isos の ISO を採用したという）規格 特許 組織

こくさいほうしゃせんぼうごいいんかい　国際放射線防護委員会，ICRP ＝英 International Commission on Radiological Protection 原子力 放射線 医薬 組織

こくさいやっきょくほう　国際薬局方（薬局方は，医薬品に関する品質規格書），PI ＝ Pharmacopoeia Internationalis ＝ Internationale Pharmakopöe ＝ The International Pharmacopoeia 医薬 規格

こくさいリニアコライダー　国際リニアコライダー（次世代直線状加速器），ILC ＝英 International Linear Collider ＝ Linearbeschleuniger für Elementarteilchen 物理 設備 全般

こくさいりんしょうかがくれんごう　国際臨床化学連合，IFCC ＝英 International Federation of Clinical Chemistry and Laboratory Medicine 化学 バイオ 医薬 組織

こくしんかたんちゅうてつ　黒心可鍛鋳鉄，schwarzer Temperguss 男，black heart malleable cast iron 鋳造 材料 機械

ごくちょうたんぱ　極超短波（300MHz～3GHz），UHF ＝英 ultra-high frequency ＝ ultrahohe Frequenz 電気

ごくていおんでんどう　極低温伝導，Supraleitung 女，cryogenic conduction，superconductivity 電気

ごくていおんの　極低温の，kryogen，類 tiefkalt，英 cryogenic 化学 物理 材料

こくど　黒土（チェルノーゼム），Chernozem，類 Schwarzerde 女，Tschernosem 男，chernozem，tschernosem，black earth 地学

こくないでのはっせい　（スクラップなどの）国内での発生，Inlandsaufkommen 中，domestic supply 製銑 精錬 材料 リサイクル

こくぼうぐんそうびきかく　国防軍装備規格，VG-Norm ＝ Verteidigungsgerätenorm 規格 軍事 組織

こくもつロット　穀物ロット，Getreide-

partie 女，cereal lot 機械 バイオ

コクランけんてい　コクラン検定（分散の外れ値の確認），Cockran-Test 男，英 Cockran-test 数学 統計

こくりつバイオぎじゅつけんきゅうじょうほうセンター　米国国立バイオ技術研究情報センター，NCBI ＝英 National Center for Biotechnology Information ＝ Amerikanisches Zentrum für molekularbiologische Forschung 化学 バイオ 組織

こけいがたでんかいしつ　固形型電解質，Festelektrolyt 男，solid electrolyte 電気 化学

こけいふんにょう　固形糞尿，Festmist 男，solid dung バイオ 電気 環境 リサイクル

こけいりゅうし　固形粒子，Feststoffpartikel 女，solid particle 化学 環境 機械

こさいきん　古細菌，Archaebakterien 複，archaeobacteria バイオ

ごさぎゃくでんぱほう　誤差逆伝播法［バックプロパゲーション法（ニューラルネットワークにおける教師あり学習アルゴリズムの一つ）］，Backpropagation-Modus 男，英 Backpropagation-mode 電気

こしせいの　枯死性の，phytotoxisch，英 phytotoxic 化学 バイオ

こしょう　故障（操業中止），Ausfall 男，failure，deposit 操業 設備 機械

こしょうじかんちゅうおうち　故障時間中央値，MTF ＝ median time to failure ＝ mittlere Zeit bis zum Versagen 物理 数学 統計 機械 操業 設備 光学

こしょうすんぽう　呼称寸法，NM ＝ Nennmaß ＝ nominal dimension 単位 機械

こしょうち　呼称値，Nennwert 男，nominal value，関 Bemessungswert 男 機械 規格

こしょうモードえいきょうどかいせき　故障モード影響度解析，FMEA ＝英 failure mode and effect analysis ＝ Fehler-Möglichkeits- und -Einfluss-Analyse für komplexe Anlagen und Systeme ＝ Fehlerart- und Effektanalyse für komplexe Anlagen und Systeme 数学 統計

こしょうをぜんていとしたほぜん 故障を前提とした保全, ausfallbedingte Instandhaltung 女, cost of failure minimized maintenance 操業 設備 機械 化学

こす 濾す, auslaugen, 関 extrahieren, leach, extract 化学 バイオ 機械

コストめんでこうつごうな コスト面で好都合な, kostengünstig, 英 cost-efficient 操業 製品 経営

こたい 固体, fester Körper 男, solid 材料 精錬 化学 物理

こたいぐん 個体群, Population 女, population バイオ 医薬 数学 統計

こたいこうぶんしがたねんりょうでんち 固体高分子型燃料電池, PEFC = 英 polymer electrolyte fuel cell 化学 機械 エネ 環境 電気; = (従前の表現) PEMFC = 英 polymer exchange electrolyte membrane fuel cell = Polymer-Elektrolyt-Membran Brennstoffzelle 陽子交換膜型(高分子電解質膜)燃料電池 電気 化学 機械 エネ 環境

こたいしきべつ 個体識別, Identifizierung 女, identification バイオ 電気 機械 光学

こたいしきべつそうち 個体識別装置, PID = 英 personal identification device = persönliches Identifikationsmittel = persönliches Authentifizierungsgerät バイオ 電気 機械 光学

こたいしきべつばんごう 個体識別番号, PIN = 英 personal identification number = persönliche Kennzahl = persönliche Identifikations-Nummer 光学 電気 機械

こたいでんかいしつがたねんりょうでんち 固体電解質型燃料電池, SOFC = 英 solid oxide fuel cell = Oxidkeramische Brennstoffzelle = Festoxidbrennstoffzelle 電気 機械 化学

こたいねんりょう 固体燃料, fester Brennstoff 男, solid fuel 機械 エネ 航空

こだま (レンズの) 小玉, Abschnitt 男, small lens 医薬 光学

ごだん・ごそくトランスミッション 五段・五速トランスミッション, Fünfganggetriebe 中, five-speed gearbox, five-speed transmission 機械

こちゃくスケール 固着スケール, Klebezunder 男, sticking scale 材料 エネ

こっかくきんしかんざい 骨格筋弛緩剤, Skeletal Muskelrelaxans, skeletal muscle relaxant 医薬

こつかんせつえん 骨関節炎, OA = Osteoarthritis = osteoarthritis 医薬

こつざい 骨材, Aggregat 中, aggregate 建設 機械 化学

こつずい 骨髄, Knochenmark 中, bone marrow 医薬

こつずいいしょく 骨髄移植, Knochenmarktransplantation 女, marrow transplant 医薬

こつずいしゅ 骨髄腫, Myelom 中, myeloma 医薬

こつずいせんいしょう 骨髄線維症, MF = Myelofibrose = myelofibrosis 医薬

こっせつ 骨折, Bruch 男, 類 関 Fraktur 女, fractures, fracture of the bone 医薬

こつそしょうしょう 骨粗鬆症, Osteoporose 女, osteoporosis 医薬

コッター Querkeil 男, cotter, cross-key, cross-wedge 機械

コッター Splint 男, cotter 機械

コッターピン Kerbstift 男, cotter pin, groove pin 機械

コットレルしゅうじんそうち コットレル集塵装置, Cottrell-Staubsammler 男, 英 Cottrell-dust collector 製銑 精錬 環境 機械 操業 設備

こつ(えん)みつど 骨(塩)密度, BMD = 英 bone mineral density = Knochenmineraldichte 医薬

こていかした 固定化した, immobilisiert, 英 immobilized 化学 バイオ

こていかじゅう 固定荷重, ruhende Beanspruchung 女, fixed load 機械 設備 建設

こていかマトリックス 固定化マトリック

ス, Immobilisierungsmatrizes 女 複, immobilizing matrices 化学 バイオ

こていキャスター 固定キャスター, Bockrolle 女, fixed caster 機械

こていし 固定子, Ständer 男, 関 Säule 女, Pfeiler 男, Stütze 女, Stator 男, stator, stand, post, column 電気 機械 設備

こていじくきょ 固定軸距, fester Achsstand 男, 類 starrer Achsstand 男, fixed wheel base 機械

こていしシートスタック 固定子シートスタック, Statorblechpaket 中, stator lamination package 電気 機械

こていジブクレーン 固定ジブクレーン, Festauslegerkran 男, fixed jib crane 操業 設備 機械

こていしょうはんのうき 固定床反応器, Festbettreaktor 男, fixed bed reactor 化学 バイオ

こていせっしょく・せってんそうち 固定接触・接点装置, BKE = Befestigungs- und Kontaktiereinrichtung = fixed contacted equipment 電気

こていせんじょうせつび 固定洗浄設備, CIP = 英 cleaning in place = stationäre Reinigungsanlage 機械 設備

こていたん 固定端, eingespanntes Ende 中, fixed end 機械 操業 設備

こていねじ 固定ねじ, Klemmschraube 女, clamping screw 機械

こていばねそとぐるま 固定羽根外車, Radialschaufelrad 中, radial paddle wheel エネ 機械

こていひごうし 固定火格子, feststehender Rost 男, fixed grate 機械 エネ

こていフランジ 固定フランジ, Klemmflansch 男, fixed flange 機械

こていふれどめ 固定振れ止め, Lünette 女, 類 Spannmittel in Drehmaschine, steady rest, bezel, clamping device inside lathe 機械

こていモーメント 固定モーメント, Einspannungsmoment 中, fixed moment 機械 建設

こていりん 固定輪, Gehäusescheibe 女, fixed wheel 機械

ごニトロにピリジルプロリノール (5-ニトロ -2- ピリジル) プロリノール(非線形型光学有機化学材料), PNP = 2-(prolinol)-5-nitropyridine 化学 光学 物理

コネクション Stutzen 男, 類 Düse 女, nozzle, connection 機械

コネクター Steckverbinder 男, connector 電気 機械

コネクタースリーブ Steckerhülse 女, plug sleeve, connector sleeve 電気

コネクティング・ロッド・アイ Pleuelauge 中, connecting rod eye 機械

こねじ 小ねじ(キャップナット), Überwurfmutter 女, union nut, cap nut 機械

こねまぜき 捏ね混ぜ機, Knetmaschine 女, kneading machine 機械

このましくは 好ましくは, vorzugsweise, 関 üblicherweise, bevorzugt, besonders, insbesondere 特許 全般

コハクさん コハク酸, Bernsteinsäure 女, succinic acid 化学 バイオ

こびりつくこと Verkrustung 女, 類 Fouling 男, encrustation 化学 バイオ 機械 設備

ごブロモデオキシウリジン 5-ブロモデオキシウリジン(チミジンの代わりにDNA に取込まれるヌクレオチドの免疫学的検出や, DNA 合成の in vivo 研究に使用される. 出典：ロシュ・ダイアグノスティックス(株) ホームページ), BrdUrd = BrUrd = Bromdesoxyuridin = 5-bromodeoxyuridine 化学 バイオ

こべつきかんげんていきょだく 個別期間限定許諾(著作権関係), TRS = 英 transactional reporting service 特許 法制度

ごへんいせいたい 互変異性体, Tautomer 中, tautomer 化学

コマーシャルきぼ コマーシャル規模, großtechnischer Maßstab 男, commercial scale 操業 設備 化学 鉄鋼 非鉄 全般

コマおくり コマ送り, Bildwiedergabe 女,

frame-by-frame playback, film drive 光学 電気

こまかくぶんさんした 細かく（均一に）分散した, feinverteilt, homogeneously distributed 材料 化学 バイオ

コマンド Befehl 男, command 電気

ゴミしょうきゃくこうじょう ゴミ焼却工場, MVA = Müllverbrennungsanlage = Abfallverbrennungsanlage = waste incineration plant = refuse incineration plant 環境 リサイクル バイオ 設備

ゴミしょうきゃくろ ゴミ燃焼炉, Müllverbrennungsofen 男, garbage furnace, refuse furnace 機械 環境 エネ バイオ

ゴミぬぐいとりき ゴミ拭い取り機, Schmutzabstreifer 男, dirt stripper, dirt scraper 機械

ゴミばこ ゴミ箱, Papierkorb 男, trash 電気

こむぎのプチパンのえいようか 小麦のプチパンの栄養価（1個当たりの発熱量, 炭水化物などの値）, WBW = Weizenbrötchenwert = wheat roll figure バイオ 医薬

ゴムざがね ゴム座金, Gummiunterlage 女, insulating rubber mat, rubber washer 機械

ゴムせいコンクリート・トランジションスラブ ゴム製コンクリート・トランジションスラブ, Gummibeton-Schleppplatte 女, elastic band concrete- transition slab 建設 化学 材料

ごメチルにヘキサノン 5 - メチル - 2 - ヘキサノン（メチルイソアミルケトン, 溶剤で, 低粘度, 低密度）, MIAK = Methylisoamylketon = methylisoamylketone 化学 機械 建設

コメットアッセイテスト ［変異原性（遺伝毒性）の調査に用いられる, 単細胞ゲル電気泳動法とも呼ばれる］, Comet Assay-Test 中, 英 Comet Assay-test 化学 バイオ 医薬

こゆうしんどう 固有振動, Eigenschwingung 女, individual vibration 電気 機械

こよう 固溶, Auflösung 女, dissolution 材料 化学 電気 光学 鉄鋼 非鉄

こようレベル 雇用レベル, Beschäftigungsgrad 男, level of employment 操業 設備 機械

コラプシブルステアリングコラム zusammenklappbare Lenksäule 女, 関 Sicherheitslenksäule 女, collapsible steering column 機械

コラム Säule 女, support, column, post, pillar 機械 建設

コリスミさん コリスミ酸, Chorismat 中, chorismate 化学 バイオ 医薬

コリスミさんムターゼ コリスミ酸ムターゼ, E.C.5.4.99.5（芳香族アミノ酸生合成経路に働く）, Chorismat-Mutase 女, chorismate mutase 化学 バイオ 医薬

コリメーター （放射線立体角の測定）, Kollimator 男, collimator 光学 電気 放射線 医薬 機械

ゴルジそうち ゴルジ装置, Golgi-Apparat 男, golgi apparatus バイオ

ゴルジたい ゴルジ体（ゴルジ装置）, Golgi-Apparat 男, golgi apparatus バイオ

コルニスプロフィール Gesimsprofil 中, cornice prifile 建設

コルモゴロフほう コルモゴロフ法（正規分布関連）, Kolmogorov-Test 中, 英 Kolmogorov-test 数学 統計 電気

コレクティングパイプ Sammelrohr 中, collecting pipe, manifold 機械

コレット Klemmbuchse 女, 類 Klemmhülse 女, Spannpatrone 女, Spannzange 女, collet 機械

コレットチャック Spannpatronenfutter 中, collet chuck 機械

コロイド（せい）の コロイド（性）の, kolloidal, 英 colloidal 化学 バイオ

ころがりえん ころがり円, Wälzkreis 男, pitch circle, rolling circle 機械

ころがりせっしょく ころがり接触, Rollkontakt 男, roller contact 機械

ころがりていこう 転がり抵抗, Fahrwiderstand 男, resistance to forward motion, road resistance 機械

ころがりベアリング（ローラーベアリング，すべりベアリング），Wälzlager 中，anti-friction bearing 機械

ころじくうけ　ころ軸受，Rollenlager 中，roller-bearing 機械

コロニー　Kolonie 女，類 Besatz 男，colony 化学 バイオ 医薬

こわけ　小分け，Unterteilung 女，sectionalization, subdivision 機械 数学 統計 化学 バイオ

こん　根，Wurzel 女，root 数学 統計 バイオ 溶接 材料

こんあつタービン　混圧タービン，gemischtbeaufschlagte Turbine 女，mixed-pressure turbine 機械 エネ

コンクリート　Beton 男，concrete 建設

コンクリートきそ　コンクリート基礎，Betonfundament 中，concrete foundation 建設

コンクリートクリープ　Betonkriechen 中，concrete creep 建設 材料

コンクリートせこう　コンクリート施工，Massivbau 男，concrete construction, solid construction 建設

コンクリートづくりの　コンクリート造りの，betoniert，英 concreted 建設

コンクリートのせつり　コンクリートの切離，Betonabsprengung 女，concrete removing, breaking off concrete 建設

コンクリートミキサー　Betonmischungsapparat 男，concrete 建設 機械

こんけん　根圏，Rhizosphäre 女，関 Phyllosphäre 女，rhizosphere バイオ

こんけんにとくゆうの　根圏に特有の，rhizospärenspezifisch，英 rhizosphere-specific バイオ

こんごうえいようの　混合栄養の，mixotroph，英 mixotrophic バイオ

こんごうき　混合気，Kraftstoff-Luft-Gemisch 中，fuel-air mixture 機械

こんごうきをあっしゅくした　混合気を圧縮した，gemischverdichtend，英 injection boost, mixture compressed 機械 エネ

こんごうしつ　混合室，Mischkammer 女，mixing chamber 機械

こんごうぶつ　混合物，Gemenge 中，類 Gemisch 中，blend, heterogeneous mixture 化学 バイオ 機械

こんせきげんそ　痕跡元素（動植物に不可欠とされる元素），Spurenelement 中，trace element 化学 バイオ 電気 精錬 製銑 材料 機械

こんせんせいこつようかいしょう　根尖性骨溶解症，PO = periapikale Osteolyse = periapical osteolysis 医薬

コンセント　Dose 女，socket, can 電気 機械

コンセントベース　Steckdosensockel 男，socket outlet base 電気

コンソール　Konsole 女，console, bracket 電気 機械 建設

コンタクター　Kontaktor 男，contactor, solvent extractor 電気 化学 バイオ

コンダクタンス　Leitwert 男，conductance 電気

こんちてきえいんしきぜんりつせんてきじょじゅつ　根治的会陰式前立腺摘除術，RPP = radikale perineale Prostatektomie = radical perineal prostatectomy 医薬

こんちてきぜんりつせんせいのうせっかい（じゅつ）　根治的前立腺精嚢切開（術），RPV = radikale Prostata-Vesikulektomie = radical prostatevesiculoectomy 医薬

こんちてきぜんりつせんてきしゅつじゅつ　根治的前立腺摘出術，RP = RPE = radikale Prostatektomie = radical prostatectomy 医薬

こんちてきにゅうぼうせつだんしゅじゅつ　根治的乳房切断手術，RM = radikale Mastektomie = radical mastectomy 医薬

コンデンサー　Kondensator 男，類 Verflüssiger 男，condenser 機械 化学 エネ

コンデンサー（キャパシター）**ほうでんてんかそうち**　コンデンサー（キャパシター）放電点火装置，CDI = 英 condenser discharge ignition = HKZ-Hochspannungskondensatorzündung 機械 電気

こんどう　混同，Verwechselung 女，complication，confusion 機械 材料 製品 品質

コントロールアーム　Führung 女，control arm 機械 電気

コントロールキー　Steuertaste 女，英 Ctrl（＝ control）key 電気

コントロールノブ　Drehknopf 男，control knob，switch knob 機械

コントロールパネル　Systemsteuerung 女，類 Control Panel 中，control panel 電気 機械

コントロールパネルくみこみ　コントロールパネル組み込み，Schalttafeleinbau 男，control panel installation，switch panel mounting 電気 操業 設備

こんにゅう　混入（混入物），Beimengung 女，addition，impurity 機械 操業 化学 バイオ 食品 安全

コンバータ　Stromrichter 男，converter，rectifier 電気 機械

コンバーチブルがたじどうしゃ　コンバーチブル型自動車，Cabriolett-Fahrzeug 中，convertible type car 機械

コンバーティングキット　Knickgelenk 男，converting kit 機械

コンバートする　コンバートする，konvertieren，英 convert 電気

コンパートメント　（二重薄膜で仕切られた細胞部，細胞グループ，仕切り部位），Kompartiment 中，compartment 化学 バイオ 機械

コンパイルする　コンパイルする，kompilieren，英 compile 電気

コンバインナイフ　Kammmesser 中 複，combing knives 機械

コンピュータ・とうごう・せいさんシステム　コンピュータ・統合・生産システム，CIM ＝ computer integrated manufacturing ＝ computerintegritierte Fertigung 電気 操業 機械

コンピュータしえんの　コンピュータ支援の，rechnerunterstützt，英 computer aided

電気 操業 設備

コンピュータだんそうさつえい　コンピュータ断層撮影，CT ＝英 computed tomography ＝ 独 Computertomographie 電気 医薬

コンピュータによりじつげんされた　コンピュータにより実現された，computerimplementiert，英 computer-implemented 電気

コンピュータによるシリンダーさいてきかシステム　コンピュータによるシリンダー最適化システム，CACOS ＝英 computer aided cylinder optimization system 機械 電気

コンピュータプログラミングなどをおこなった　コンピュータプログラミングなどを行なった，computerimplementiert，英 computer-implemented 電気

コンピュータユニット　Rechnereinheit 女，computer unit，processor unit 電気

コンフォメーション　Konformation 女，conformation，conformatial structure 建設 化学 バイオ

コンプレッサー　Verdichter 男，compressor 機械

コンベヤーベルト　Förderband 中，belt conveyor，conveyor belt 機械

コンポジットしゃしゅつせいけい　コンポジット射出成形，Verbund-Spritzgießen 中，composite injection moulding 化学 鋳造 材料 機械

コンポジットパネル（コンポジットボード），Verbundplatte 女，composite board，composite panel，sandwitch panel 機械 建設

コンポスティング　Kompostierung 女，composting 化学 バイオ 地学

こんぽんげんいんかいせきほう　根本原因解析法，RCA ＝英 root cause analysis 数学 統計 操業 設備 製品 品質 全般

こんりゅうきん　根粒菌，Wurzelknöllchenbakterien 中 複，類 Rhizobium 中，root nodule bacteria，rhizobium，leguminous bacteria バイオ

こんりゅうタービン 混流タービン，Ge-mischtströmungsturbine 囡，類 vereinigte Axial- und Radialturbine 囡，mixed flow turbine 機械 エネ

コンロッド Pleuelstange 囡，connecting rod 機械

コンロッド・アイ Pleuelauge 中，connecting rod eye 機械

さ

サーキュラーミル (ロータリーテーブル型フライス盤)，Rundfräsmaschine 囡，circular mill, rotary table type milling machine 機械

サージたいおうチップていこうき サージ対応チップ抵抗器，SCR ＝ 英 surge protection chip resistor ＝ Überspannungsschutz-Chip-Widerstand 電気

サージタンク (圧力調整槽)，Druckausgleichsbehälter 男，類 Schwalltopf 男，Windkessel 男，surge tank, pressure compensation vessel 操業 設備 化学 機械

サージでんりゅうはんそう(きゅうしゅう)**のう** サージ電流搬送(吸収)能［衝撃電流搬送(吸収)能］，Stoßstromtragfähigkeit 囡，peak short circuit carring capacity, impulse current carring capacity 電気

サージホッパー Ausgleichstrichter 男，balance hopper 操業 設備 化学 機械

さあつ 差圧，Differenzdruck 男，differencial pressure 機械 化学 精錬

さあつべん 差圧弁，Differentialdruckklappe 囡，differencial pressure control valve 機械

サーバー Server 男，server 電気

サービスけいたい・りんかく サービス形態・輪郭(作業輪郭・形態)，Leistungsprofil 中，profile on performance, service profile 操業 品質 製品 経営

サービスこうい サービス行為(作業実施)，Dienstleistung 囡，service offering 操業 品質

サービスのはばひろいせんたくのはば サービスの幅広い選択の幅，Leistungsspektrum 中，range of services 全般 経営

サーボきこう サーボ機構，Servomechanismus 男，survo-machanism 機械

サーマルリアクター(熱中性子炉)，thermischer Reaktor 男，thermal reactor 物理 原子力 放射線 設備

サーミスタ Thermistor 男，thermistor 電気 機械

サーモカップル (熱電対，熱電対列)，Thermosäule 囡，類 Thermoelement 中，thermocouple, thrmopile エネ 化学 物理 電気 操業 設備 機械

サーモフォアせっしょくぶんかいほう (石油の)サーモフォア接触分解法，TCC ＝ 英 thermofor catalytic cracking 化学

さいか 滓化(スラグ化，スラグ生成)，Verschlackung 囡，to slag 製銑 精錬 環境 鉄鋼 非鉄 非金属 建設

さいかっせいか 再活性化，Revitalisierung 囡，revitalization 化学 バイオ

さいかねつじかん 再加熱時間(再保温時間)，WEZ ＝ Wiedererwärmungszeit ＝ re-warming time ＝ reheating time 材料 医薬

さいかねつによるクラック (溶接ラインに沿った)再加熱によるクラック，Nebennahtriss 男，reheating crack next to welding line 溶接 材料 機械

さいかねつろ 再加熱炉，Wiederwärmeofen 男，reheating furnace 材料 操業 設備

さいかんりゅうはいすいしゅ 再灌流肺水腫(血流再開肺水腫)，RPE ＝ 英 reperfusion pulmonary edema ＝ Reperfusions- Lungenödem 医薬

さいきどうする 再起動する，neustaten，類 関 rebooten 電気 機械

さいきゅうしゅう 再吸収，Resorption 囡，関 Absorption 囡，resorption 化学

バイオ 機械

さいくつ 採掘，Förderung 女，mining 機械 設備 操業 地学

サイクリックべん サイクリック弁（フラップ弁，シーケンスロック），Taktschleuse 女，flap valve, sequenced lock 機械

サイクル （循環プロセス），Kreisprozess 男，cycle, cycle process エネ 環境 機械 化学 バイオ 医薬

サイクル （ストローク，クロック），Takt 男，clock, cycle 機械 光学 音響

サイクルシーケンスじかん サイクルシーケンス時間，Taktfolgezeit 女，clock sequence time, cycle sequence time 電気 光学 音響 機械 化学 バイオ

サイクルじかん サイクル時間，Taktzeit 女，類 Zykluszeit 女，cycle time 電気 機械 エネ 化学 バイオ

サイクロイドはぐるま サイクロイド歯車，Zykloidenrad 中，cycloidal gear 機械

サイクロンしきしゅうじんき サイクロン式集塵機（スワラー，攪拌機），Wirbler 男，agitator, swirler, cyclone dust catcher 機械 環境

さいけいさん 再計算，Rückrechnung 女，back calculation, recalculation 電気 機械

さいけつ 採血，Blutabnahme 女，blood collection 医薬

さいけんさ （別な方法による）再検査（クロスチェック，交差点検，二重反復試験），Gegenprobe 女，duplicate test, cross check 機械 化学 バイオ 数学 統計 品質

さいけんさかのうな 再検査可能な（立証できる），überprüfbar，英 verifitable, testable 材料 機械

さいげんせいのある 再現性のある（再生産可能な），reproduzierbar，類 関 rückführbar, rückverfolgbar，英 reproducible 機械 化学 エネ 環境 リサイクル

ざいこ 在庫（予備，バッファー），Reserve 女，reserve 機械 操業 製品 経営

さいこうすい 細孔水，Porenwasser 中，narrow pores water 化学 バイオ

さいこうそくどしけん 最高速度試験，Höchstgeschwindigkeitsversuch 男，top speed test 機械 交通

さいごからさんばんめの 最後から3番目の，drittletzt, third to last 全般

さいごからにばんめの 最後から2番目の，vorletzt, second last, penultimate 全般

サイコゆうきしょうこうぐん サイコ有機症候群，POS＝Psychoorganisches Syndrom＝psychoorganic syndrome 医薬

さいしどうロックそうち 再始動ロック装置，Wiederanlaufsperre 女，restart lock 機械

さいしゅうせいぎょようそ 最終制御要素（最終制御部位），Stellglied 中，actuator, final control device 機械 電気

さいじゅうてんプロジェクト 最重点プロジェクト，Leuchtturmprojekt 中，flagship project 全般 経営

さいしようがたフレキシブルばらにコンテナー 再使用型フレキシブル散荷コンテナー，FIBC＝英 reusable and flexible intermediate bulk containers＝flexible wiederverwendbare Schüttgutcontainer 機械 物流

さいしようがたようき 再使用型容器（再使用可能容器），Mehrwegverpackung 女，reusable packaging リサイクル 環境

さいしようかちょうおんあつ 最小可聴音圧，MAP＝英 minimum audible pressure＝minimaler Hördruck 化学 バイオ 医薬 音響

さいしようかんせんりょう 最少感染量，MID＝minimale Infektionsdosis＝minimum infective dose 化学 バイオ 医薬

さいしょうクリープひずみそくど 最小クリープひずみ速度，untere Kriechdehnungsgeschwindigkeit 女，minimum creep strain rate 材料 物理

さいしょうげんかいち 最小限界値（閾値[しきいち，いきち]），Schwelle 女，threshold 機械 交通 数学 統計 化学 バイオ 電気

さいしょうげんかいはんい 最小限界範囲（閾値[しきいち，いきち]範囲），Schwellenbereich 男，threshold range 機械

さいしょうげんかいはんい　　　　　　　　　　　　　　　さいせいそうち

化学 バイオ 医薬 電気 数学 統計
さいしょうこうばいすう　最小公倍数,
kleinstes gemeinsames Vielfaches 中, k.g.v,
least common multiple, L.C.M. 数学
さいしょうさっきんのうど　最小殺菌濃度,
MBC = 英 minimal bactericidal con-
centration = MBK = minimale bakte-
rizide Konzentration 化学 バイオ 医薬
さいしょうじったいすんぽう　最小実体
寸法(製図用語), LMS = 英 least ma-
terial size = Minimum-Material-Maß
機械
さいしょうそしのうど　最小阻止濃度(抗
菌物質感受性テストにおける；最小発育
阻止濃度), MHK = minimale Hemm-
stoffkonzentration = MIK = minimale
Inhibitorenkonzentration = MIC　　=
minimum inhibitory concentration 化学
バイオ 医薬
さいしょうばいち　最少培地, Minimalme-
dium 中, minimal medium 化学 バイオ
さいしょうはんしゃりつさ　最小反射率
差(スペースの最小反射率 RL min から
バーの最大反射率 RD max を差し引い
たシンボルの最小反射率差,　バーコード
のコントラスト), MRD = 英 minimum
reflectance difference = Minimum-Re-
flexionsdifferenz 電気 光学
さいしょうへいきんとうよりょう(医薬
の) 最小平均投与量, MAD = 英 mini-
mum average dose = minimale Durch-
schnittsdosis 化学 バイオ 医薬
さいしょうゆういさ　最小有意差, LSD
= 英 least significant difference =
kleinste gesicherte Differenz 化学 バイオ
医薬 機械 材料 数学 統計
さいしょうゆうこうりょう　最小有効量,
MED = minimale effektive Dosis =
minimum effective dose 医薬 放射線
さいしょうようけつりょう　最小溶血量
〔(薬物の) 最小溶血投与量〕, MHD =
英 minimum hemolytic dose 医薬
さいしょうりゅうどうかてん　最小流動化
点, Lockerungspunkt 男, minimal flu-
idizing point, loosening point 化学 バイオ

物理
さいしょうりょうじゅんかつ(かこう)　最少
量潤滑(加工), MQL = 英 minimum
quantity of lubrication, 類 NDM = 英
near dry machining(セミドライ加工)
機械
さいしょのつかいならしきかん　最初の
使い慣らし期間, Einlaufphase 女, ini-
tial break-in phase 操業 設備
さいしょりせつび(核燃料) 再処理設備,
WAA = Wieder-Aufbereitungs-Anlage
= reprocessing facility 原子力 操業 設備
リサイクル
さいしん　再診, WV = Wiedervorstellung
= inspection = reexamination 化学 バイオ
医薬
サイズくぶんされた　サイズ区分された,
korngestuft, graded 材料 機械 化学
さいスタート(コンピュータの) 再スタート
(命令), RST = 英 restart = Neustart
電気
サイズぶんぷ　サイズ分布(粒度範囲),
Kornband 中, size distribution, grain
size range 材料 機械 化学
さいせい　再生, Regeneration 女, re-
generation 化学 バイオ 医薬 環境
さいせいいでんし　再生遺伝子, Rege-
nerationsgen 中, regeneration gene
化学 バイオ 医薬
さいせいかのうエネルギーほう　再生可
能エネルギー法, EEG = Erneuerbares
Energie Gesetz 環境 エネ 法制度
さいせいけおりじ　再生毛織地(物)(再
生羊毛, 再生毛糸), Reißwolle 女, shod-
dy, regenerated wool 繊維
さいせいサイクル　再生サイクル, rege-
nerativer Kreisprozess 男, regenerative
prosess 化学 バイオ 環境 エネ リサイクル
さいせいさん　再生酸, Regeneriersäure
女, regenerating acid 化学 バイオ 環境
さいせいさんかのうな　再生産可能な(再
現性のある), reproduzierbar,　英 re-
producible 機械 化学 エネ 環境 リサイクル
さいせいそうち　再生装置(蓄熱室), Re-
generator 男, regenerator 機械 エネ 化学

バイオ

さいせいモード　再生モード，Wiedergabe-modus 男，playback mode 光学 音響 電気

さいせいようもう　再生羊毛（再生毛糸，再生毛織地・物），Reißwolle 女，shoddy，regenerated wool 繊維

さいせいりようかのうな　再生利用可能な，wiederverwendbar，英 recyclable リサイクル 環境 機械 エネ

さいせいりようかのうなげんりょう　再生利用可能な原料（資源ゴミ），Wertstoff 男，recyclable material，recyclable waste リサイクル 環境 製銑 精錬 化学

さいせき　砕石，Splitt 男，split，stone chippings 地学 機械 建設

さいだいかじゅう　最大荷重（定格荷重），Höchstlast 女，maximum load，rated load 機械

さいだいきゅうきりょう　最大吸気量（深吸気量，深呼吸量），IK = inspiratorische Kapazität = inspiratory capacity 医薬

さいだいきょようせんりょう　最大許容線量（最大許容投与量），MAD = 英 maximum allowable dose = maximal zulässige Dosis 化学 バイオ 医薬 放射線

さいだいきょようのうど　（有害毒性産業廃棄物などの）最大許容濃度，MAC = 英 maximum allowable or permissible concentration = maximal zulässige Konzentration 化学 バイオ 医薬 環境

さいたいけつ　臍帯血，Nabelschnur-blut 中，cord blood，umbilical blood 医薬

さいだいこうやくすう　最大公約数，größter gemeinsamer Teiler 男，g.g.T，greatest common diviser，greatest common measure，GCD，GCM 数学

さいだいこきフロー　最大呼気フロー（最大呼気流量），MEF = maximale expiratorische Flussgeschwindigkeit = maximal expiratory flow 医薬

さいだいこじんせんりょう　最大個人線量，MED = 英 maximum individual dose = maximale Einzeldosis 化学 バイオ 医薬 放射線

さいだいさんぶんぴのう　（胃の）最大酸分泌能，MAO = 英 maximum acid out-put = maximale Säuresekretion des Magens 医薬

さいだいじったいすんぽう　最大実体寸法，MMS = 英 maximum material size 機械 電気

さいだいしゅうしゅくきあつ　最大収縮期圧，PSP = 英 peak systolic pressure = systolischer Blutspitzendruck 医薬

さいだいしゅおうりょく　最大主応力，größte Normalspannung 女 機械 建設

さいだいしゅつりょく　最大出力（限度出力），Höchstleistung 女，maximum power，peak load，high performance 機械 電気

さいだいすんぽう　最大寸法（全寸法），OAD = 英 overall dimensions = Gesamtabmessungen = Ausmaße 機械

さいだいそうじゅうりょう　最大総重量，MGW = 英 maximum gross weight = maximales Bruttogewicht 最大総重量 単位

さいだいどくぶつつきょようのうど　最大毒物許容濃度，MATC = 英 maximum acceptable toxicant concentration = maximal zulässige toxische oder Gift-stoffkonzentration 化学 バイオ 医薬 環境

さいだいの　最大の，größtmöglich，maximum，greatest possible 全般

さいだいまいふんかんきりょう　最大毎分換気量（最大呼吸分時量），MAMV = maximales Atemminutenvolumen = maximum respiratory minute volume 医薬

さいだいようすいりょう　最大容水量（最大保水量），MWHC = 英 maximum water holding capacity = größtes Wasserhaltevermögen，größte Wasserspeicherfähigkeit，größtes Wasserrück-haltevermögen 地学 環境 バイオ

さいだいれんぞくしゅつりょく　最大連続出力，höchste Dauerleistung 女，maximum continuous rating 機械 電気 エネ

ざいだん　財団（基金），Stiftung 女，foundation 経営 全般 社会

さいちょうせいする 再調整する(リセットする), nachstellen, 英 readjust, 英 reset 機械 電気

さいていじじょうだか (オートバイなどの)最低地上高, Bodenfreiheit 女, ground clearance 機械

サイト Stelle 女, site 化学 機械 バイオ 環境

サイドウォール (タイヤなどのサイドウォール), Seitenwand 女, 類 Reifenflanke 女, side wall 機械

サイトカイン (炎症反応の制御作用などの細胞間相互作用を媒介するタンパク性因子の総称), Zytokine 複, cytokines 化学 バイオ 医薬

サイドカット (蒸留塔の塔頂以外の途中の段から, 液または, 蒸気を取り出すこと, 取り出されたもの), Seitenabzug 男, side cut 化学 操業 設備

サイドカバー Seitendeckel 男, side cover 機械

サイドクロスビーム (サイドポスト), Seitenholm 男, side post, side cross beam 機械 建設

サイトケラチン (上皮細胞にある中間径フィラメントの一種で, ケラチンとも呼ばれる), Zytokeratin 中, cytokeratin 化学 バイオ 医薬

サイドシル (側ばり), Türschweller 男, side sill 機械 交通

サイドバー Oberschenkel 男, side bar 機械

サイドメンバ (側ばり, 縦けた), Längsträger 男, frame side member, longitudinal beam 機械 建設 設備

サイドモールディング (三方向繋ぎ板), Deckleiste 女, cover bar, cover molding, butt strap 機械

さいはいぶん (ちょうせい) 再配分(調整), Umverteilung 女, redistribution 機械 電気 数学 統計

さいはっしょうれい (病変の)再発症例, rec = 英 recurrent case of a desease 医薬

さいはつせい (はんぷくせい)**たんきよくつしょうがい** 再発性(反復性)短期抑

うつ障害, RKD = rezidivierende kurze depressive Störung = recurrent short depressive disorder 医薬

さいふう 再封, Wiederverschluss 男, reclosure 機械

さいぶん 細分(小分け), Unterteilung 女, sectionalization, subdivision 機械 数学 化学 バイオ

さいぶんきょくしょうがい 再分極障害, RPS = Repolarisationsstörung = repolarization disturbances 医薬

さいぶんぱい (ちょうせい) 再分配(調整), Umverteilung 女, redistribution 機械 電気 数学 統計

さいぼうかいしゅう 細胞回収(細胞採取, 細胞分離), Zellgewinnung 女, harvesting cells, cell isolation 化学 バイオ 医薬

さいぼうがいじゅうごうぶっしつ 細胞外重合物質, EPS = 英 extracellular polymeric substances 化学 バイオ 医薬

さいぼうがいの 細胞外の, extrazellulär, 英 extracellular 化学 バイオ 医薬

さいぼうかくじゅようたい 細胞核受容体, RN = Rezeptor in dem Zell-Nukleus = receptor in the cell nucleus 化学 バイオ 医薬

さいぼうけい 細胞系, Zelllinie 女, cell linage, cell line 化学 バイオ 医薬

さいぼうけつごうせいめんえきおうとう 細胞結合性免疫応答, ZIR = zellgebundene Immunitätsreaktion = cell-bound immune response バイオ 医薬

さいぼうさいしゅ 細胞採取, Zellgewinnung 女, harvesting cells, cell isolation 化学 バイオ 医薬

さいぼうし 細胞死, Apotose 女, apoptosis 化学 バイオ 医薬

さいぼうしつ 細胞質, Zytoplasma 中, cytoplasm 化学 バイオ

さいぼうしつたい 細胞質体(サイトソーム), Cytosom 中, cytosome 化学 バイオ

さいぼうしつの 細胞質の, cytoplasmatisch, 英 cytoplasmic 化学 バイオ

さいぼうしゅうき 細胞周期($G_1 \rightarrow S \rightarrow G_2 \rightarrow M$の4期に分けられる), Zellzyklus 男,

cell cycle 化学 バイオ

さいぼうしゅうだん 細胞集団(細胞量, 細胞総重量, 細胞現存量), Zellmasse 女, cell mass 化学 バイオ 医薬

さいぼうしゅうらく 細胞集落(コロニー), Kolonie 女, colony 化学 バイオ

さいぼうしょうがいこうたい 細胞傷害抗体(細胞毒素；細胞が細菌の場合には溶菌素, 赤血球の場合には溶血素という), Zellgift 中, cytotoxin, cellular toxin 化学 バイオ 医薬

さいぼうしょうきかん 細胞小器官(オルガネラ), Organelle 女, organelle 化学 バイオ

さいぼうすう 細胞数, ZZ = Zellzahl = cell number = cell count 化学 バイオ 医薬

さいぼうせいしさよう 細胞静止作用(細胞増殖抑制剤, 細胞増殖抑制性, 細胞静止作用, 抗腫瘍薬), Zytostatikum 中, cytostatic 化学 バイオ 医薬

さいぼうぞうしょくよくせいざい 細胞増殖抑制剤(細胞増殖抑制性, 細胞静止作用, 抗腫瘍薬), Zytostatikum 中, cytostatic 化学 バイオ 医薬

さいぼうたい 細胞体, Zytosom 中, cytosome 化学 バイオ

さいぼうどくそ 細胞毒素(細胞傷害抗体: 細胞が細菌の場合には溶菌素, 赤血球の場合には溶血素という), Zellgift 中, cytotoxin, cellular toxin 化学 バイオ 医薬

さいぼうないこうそかっせいのたかまり 細胞内酵素活性の高まり, Verstärkung 女, reinforcing, amplification バイオ

さいぼうないの 細胞内の(セル内の), intrazellulär, 英 intracellular, 英 endocellular 化学 バイオ 医薬

さいぼうの 臍傍の, PU = paraumbilikal = paraumbilical 医薬

さいぼうりょう 細胞量(細胞総重量, 細胞現存量, 細胞集団), Zellmasse 女, cell mass 化学 バイオ 医薬

サイホン Saugheber 男, siphon 機械

ザイモモナスモビリス (アルコールエタノール発酵用バクテリア), Zymomonas mobilis 中, 英 Zymomonas mobilis バイオ

さいゆうかいいき 再融解域(再溶融域),

Wiederaufschmelzbereich 男, remelting range 材料 溶接

さいりゅう 砕粒(グリット, まき砂), Streustoff 男, grit agent 機械 化学 環境 建設

さいりゅうふんじん 細粒粉塵, Feinstaub 男, fine dust 機械 環境

ざいりょうエスエヌカーブ 材料SNカーブ(材料ヴェーラーカーブ), Werkstoff-Wöhlerlinie 女, marerial stress umber curve 材料 機械 建設

さいりようかのうかしょり 再利用可能化処理(再生処理), Wiedernutzbarmachung 女, rehabilitation 化学 バイオ 環境 リサイクル

さいりようかのうな 再利用可能な, wiederverwendbar, 英 recycable リサイクル 環境 機械 エネ

ざいりょうしけんき 材料試験機, Materialprüfmaschine 女, material testing machine 材料 機械

ざいりょうシリーズ 材料シリーズ(材料の選択の幅), Werkstoffpalette 女, range of materials, choice of materials, palette of materials 材料 製品 経営

ざいりょうせつごうれんけつの 材料接合連結の(材料接合連結的に, 金属結合の, 融接の), stoffschlüssig, 英 metallurgically bonding, 英 bonding together, 英 firmly bonded 材料 機械 化学

ざいりょうデータバンク 材料データバンク, WD = Werkstoffdatenbank = material database 材料 電気

ざいりょうのせいしつ 材料の性質, Werkstoffeigenschaft 女, material property 材料

ざいりょうのせんたくのはば 材料の選択の幅(材料シリーズ), Werkstoffpalette 女, range of materials, choice of materials, palette of materials 材料 製品 経営

ざいりょうのついせき 材料の追跡(材料のトラッキング), Materialverfolgung 女, material tracking 操業 環境 経営

ざいりょうのトラッキング 材料のトラッキング(材料の追跡), Materialverfolgung 女, material tracking 操業 環境 経営

ざいりょうフロー 材料フロー, Stofffluss

男, material flow 材料 操業 設備

ざいりょうヴェーラーカーブ 材料ヴェーラーカーブ(材料 SN カーブ), Werkstoff-Wöhlerlinie **女**, marerial stress number curve 材料 機械 建設

ざいりょうりきがく 材料力学, Festigkeitslehre **女**, theoretical mechanics, science of the strength of materials 材料 機械 設備 建設

サイロキシンけつごうのう サイロキシン結合能, TBK = Thyroxinbindungskapazität = thyroxine-binding capacity バイオ 医薬

サイログロブリン (甲状腺が刺激されると Tg は細胞内に取り込まれ, タンパク分解酵素の働きで分子がこわれ, 甲状腺ホルモン(T4, T3)として分泌され, 腫瘍マーカーとして用いられる. 出典:(株)シー・アール・シー ホームページ), TG = Tg = Thyreoglobulin = thyroglobulin バイオ 医薬

サイロにいれてちょぞうする サイロに入れて貯蔵する, silieren, **英** ensile 機械 化学

サインバー Sinuslineal **中**, sine bar 数学 統計

さいぼうどくせいの 細胞毒性の(細胞傷害性の), zytotoxisch, **英** cytotoxic, CT 化学 バイオ 医薬

さがんじょうがんけん 左眼上眼瞼, ULLE = **英** upper lid left eye = Oberlid am linken Auge 医薬 光学

さきいれさきだしほう 先入れ先出し法, FIFO-Methode = First-In-First-Out-Methode, **関** LIFO-Methode **女**, (後入れ先出し) 機械 物流

さきがほそる 先が細る(先細りになる), sich verjüngen **再**, taper 機械 化学 設備

さきぼそノズル 先細ノズル, konvergente Düse **女**, **類** verengte Düse **女**, nichterweiterte Düse **女**, convergent nozzle 機械

さきぼそやすり 先細やすり, Spitzfeile **女**, tapered file, pointed file 機械

さきゅう 砂丘, Düne **女**, sand dunes 地学

さぎょうくうかんにおけるかがくぶっしつなどのさいだいきょうようのうど 作業空間

における化学物質などの最大許容濃度(空気清浄度の指標), TLV = **英** threshold limit value = Höchstzulässige Konzentration = MAK = Maximale Arbeitsplatz-Konzentration 化学 バイオ 医薬 環境 法制度

さぎょうけんきゅう 作業研究, Bewegungs-und Zeitstudie **女**, movement and time study 操業 設備 品質

さぎょうじっし 作業実施(サービス行為), Dienstleistung **女**, service 操業 品質

さぎょうしどうひょう 作業指導票, Betriebsanleitung **女**, operating instruction 操業 設備 品質

さぎょうはんけい (クレーンの)作業半径, Ausladung **女**, working radius 操業 設備 機械

さくいんず 索引図(インデックスマップ, 標定図), Übersichtskarte **女**, index map 地学 全般

さくさんウラニルしけん 酢酸ウラニル試験[ASR(アルカリシリカ反応)判定, 亜鉛の容量分析などに用いられる], UAT = Uranylacetattest = uranyl acetate test 化学 バイオ 医薬

さくさんエチル 酢酸エチル(エチルアセテート), Ethylacetat **中**, **類** Essigsäureethylester **男**, ethyl acetate 化学

さくさんビニル 酢酸ビニル(ビニルアセテート), VA = Vinylacetat = vinyl acetate 化学

さくさんビニルエチレン 酢酸ビニルエチレン, VAE = Vinylacetat-ethylen = vinyl acetate-ethylene 化学

さくさんビニルモノマー 酢酸ビニルモノマー, VAM = Vinylacetatmonomer = vinylacetate monomer 化学

さくさんポリえんかビニル 酢酸ポリ塩化ビニル, PVCA = PVCAC = Polyvinylchrorid-acetat = polyvinylchroride acetate 化学

サクシニルジコリン (骨格筋弛緩剤), SDC = Succinyldicholin = succinyl dicholine 医薬

サクションジェットポンプ (エゼクターポ

ンプ，ジェットストリームポンプ），Saug-strahlpumpe 女，ejector pump，suction jet pump，jet stream pump 機械 化学

サクションパイプ（オイルポンプ用）［インテークーマニフォールド，インテークーパイプ（エンジン用）］，Saugrohr 中，intake pipe，intake manifold，suction pipe 機械

さく（たい）せいせい 錯（体）生成，Komplexbildung 女，comlex forming 化学

さくたい 錯体（複合体，キレート），Komlex 男，complex，chelate 化学 建設

ざくつ 挫屈（崩壊），Knick 男，buckling 材料 鉄鋼 非鉄 機械 建設

ざくつおうりょく 挫屈応力，Knickbeanspruchung 女，buckling stress 材料 鉄鋼 非鉄 機械 建設

ざくつかじゅう 座屈荷重（限界負荷），Gesamttraglast 女，maximum capacity load 材料 鉄鋼 非鉄 機械 建設

さくやく 炸薬（装薬，一度に点火される爆発物の量），Sprengladung 女，explosive charge，quantity of explosive to be set off at one time 化学 機械 地学

ざぐり 座ぐり，Plansenken 中，spot facing 機械

さけている 裂けている，klaffend，英 gaping，yawning 機械

さけめ 裂け目（割れ目，クリアランス，ギャップ，間隔），Spalt 男，類 関 Durchbruch 男，clearance，gap，split，slot，crevice 機械 材料 設備 地学

さげる 下げる（減少させる），herabsetzen，英 reduce 全般

さこつちゅうおうせん 鎖骨中央線，MCL ＝ 英 midclavicular line ＝ Medioklavikularlinie 医薬

ささえる 支える，lagern，英 support 機械

さし 刺し［縫い（ステッチ）］，Stich 男，stab，stitch 繊維

さしこみ 差し込み（コア，ユニット，エレメント，インサート仕切り），Einsatz 男，insert 機械

さしこみいんさつ 差し込み印刷，Serienbrief 男，mail merge，print with insertion 印刷 電気 機械

さしこみかいてんつぎてそうち 差し込み回転継ぎ手装置，Steck-/Drehverbindungseinrichtung 女，plug-/rotating connecting equipment 機械

さしこみキャッチ 差し込みキャッチ（差し込みジョイント），Bajonettverschluss 男，bajonet catch，bajonet joint 機械

さしこみしきパワーパック 差し込み式パワーパック，Steckernetzteil 中，connector power pack，plug power pack 電気 機械

さしこみつぎて 差し込み継ぎ手 Bajonettverbindung 女，bajonet joint 機械

さしこみねじ 差し込みねじ，Gewindeeinsatz 男，thread insert 機械

さしこみパス 差し込みパス（穴あけ），Einstich 男，pass，insertion，puncture 材料 機械

さしこみプラグ 差し込みプラグ（相手側プラグ），Gegenstecker 男，mating plug 電気

さしこみようとっき 差し込み用突起，Bajonettvorsprung 男，bajonett edge 機械

さしこむ 刺し込む，einstechen，類 関 einlegen，英 pierce 機械

さしこむ 差し込む，einstecken，類 関 einsetzen，einlegen，einbauen，insertieren，英 plug in 機械 電気

さじょうかきょうか 鎖状架橋化，Kettenverzweigung 女，chain branching 化学

さしんぼうこうへき 左心房後壁，PWLA ＝ 英 posterior wall of left atrium ＝ Hinterwand des linken Vorhofs 医薬

さしんぼうひだい 左心房肥大，LAH ＝ linksatriale Hypertrophie ＝ left atrial hypertrophy 医薬

さスペクトル 差スペクトル，Differenzspektrum 中，difference spectrum 化学 バイオ 光学 物理

サスペンションシステム Radaufhängung 女，suspention 機械

サスペンションストラット (伸縮アーム, スプリングストラット), Federbein 中, suspention strut 機械

さだめられている (〜に)定められている, unterliegen, etwas(3)〜, 英 be subject to〜 機械 全般 経営 特許 規格

サチュレーター (飽和槽, 飽和器), Sättiger 男, saturator 化学 バイオ 機械

さつ 冊(部), Exemplar 中, copy, specimen 印刷 材料

ざつおんけいすう 雑音係数(雑音指数), NF = 英 noise factor = Rauschfaktor 電気

ざっか 雑貨, Diverse 中 社会 全般

さっかしょう 擦過傷, Schürfung 女, 類 Aushub 男, trench, abrasion, scratch 医薬

サッカリン Saccharin 中, saccharin 化学

サッカロミセス [酵母の代表的な属, 有胞子酵母菌属(Saccharomyces)の総称], Sacchromyces 男, 英 Sacchromyces 化学 バイオ

さっきんざい 殺菌剤, Fungizid 中, fungicide 化学 バイオ 医薬

さっきんさよう 殺菌作用, bakteriozide Aktion 女, bactericidal action 化学 バイオ 医薬

ざっしゅ 雑種(交配種), Mischling 男, hybrid バイオ

ざっしゅきょうせい 雑種強勢, Heterosis 女, heterosis バイオ

ざっしゅけいせい 雑種形成(ハイブリダイゼーション), Hybridisierung 女, hybridization バイオ

ざっしゅだいいちだい 雑種第一代, F_1-Hybride 女, first filial generation-hybrid バイオ

ざっそう 雑草, Unkraut 中, weed バイオ

さつぞうそし 撮像素子, Bilderfassungsvorrichtung 女, image pick up device 電気 光学

さっちゅうざい 殺虫剤(害虫駆除剤), Schädlingsbekämpfungsmittel 中, 類 Insektizid 中, pesticide, insecticide pesticide 化学 バイオ

ざっぴ 雑費(附随費用), NK = Nebenkosten = incidental costs 経営 操業

ざつようポンプ 雑用ポンプ, Generaldienstpumpe 女, general service pump 機械

さどうかんげき 作動間隙, Betätigungsspalt 男, actuating gap 機械 電気

さどうさせる 作動させる, aktivieren, 英 activate 電気

さどうち 作動値(動作値, 作業値), Arbeitswert 男, 類 der funktionierte Wert 男, Arbetsleistung 女, working value 機械

さどうばいたい 作動媒体(作動流体), Arbeitsmedium 中, 関 Wirkmedium 中, working fluid, working medium 機械 化学 エネ

さどうはぐるま 差動歯車, Differentialgetriebe 中, differenctial gear 機械

さどうはんい 作動範囲(移動経路, 走行距離), Verfahrweg 男, movement range, travel path, travel distance 機械

さどうピストン 差動ピストン(ガイドピストン), Stufenkolben 男, 類 Differenzialkolben 男, differential piston, stepped piston 機械

さどうプランジャーポンプ 差動プランジャーポンプ, Differentialtauchkolbenpumpe 女, differential plunger pump 機械

さどうブレーキ 差動ブレーキ Differenzialbremse 女, differential brake 機械

さどうりゅうたい 作動流体(作動媒体), Arbeitsmedium 中, working fluid, workinf medium 機械 化学 エネ

さどく 査読, Peer-Review 女, peer-review 全般

サドル (キャリパー), Sattel 男, saddle, caliper 機械

サナトリウム (療養所), Kuranstalt 女, sanatorium, convalescent home 医薬 設備

さび 錆, Rost 男, rust, grate；Rost sich ansetzen(錆が出る) 材料 設備 エネ

さびのしょうこん 錆の傷痕, Rostnarbe

さびのしょうこん

女, rust scars 材料 建設 設備

ざひょう 座標, Koordinate 女, coordinate 機械 数学 電気

ざひょうせっぺん 座標切片, Ordinatenabschnitt 男, ordinate intercept 数学 統計

ざひょうラスター 座標ラスター, RC＝英 raster coordinate＝Rasterkoordinate für Grafikgeräte 電気

サブシステム Teilsystem 中, sub-system 機械 電気

サブチリシン (キモトリプシン, トロンビンと並ぶセリンプロテアーゼの一つ, E. C.3.4.21.14), Subtilisin 中, subtilisin 化学 バイオ 医薬

サブマージアークようせつ サブマージアーク溶接, Unterpulverschweißen 中, submerged arc welding, SAW 溶接 材料

ザブランガラス ZBLANガラス(赤外ファイバー用のガラス名, 赤外光ファイバーの材料), ZBLAN-glass＝$53ZrF_4$-$20BaF_2$-$5LaF_3$-$3AlF_3$-$20NaF$-Glass 光学 電気 材料

サプレッサー・ティー・さいぼう サプレッサーＴ細胞(抑制Ｔ細胞), Suppressor-T-zelle 女, suppressor T cell 化学 バイオ 医薬

サポート (ランナー, フットブリッジ, ウエブ), Steg 男, web, oot-bridge, runner, support 機械 鋳造 建設

サポートきばん サポート基板(サポートチップ), Trägersubstrat 中, support chip 電気

サポートじく サポート軸, Lagerachse 女, suport shaft 機械

サポートチップ (サポート基板), Trägersubstrat 中, support chip 電気

サポートぶざい サポート部材, Trägerelement 中, support membre, TE 操業 設備

サポートプレート (キャリアープレート), Tragplatte 女, support plate, carrier plate 機械

サポートフレーム Tragrahmen 男, support frame, supporting frame, carrying frame 機械 電気

サムホイール (ローレットホイール), Rändelrad 中, knurled wheel, thumb wheel 機械

ざめん 座面, Lagerschale 女, 類 Anlagefläche 女, Auflagefläche 女, Lagerfläche 女, Sitzauflage 女, bearing surface 機械

さようきょうど 作用強度, WI＝Wirkungsintensität＝impact intensity 化学 バイオ 医薬 社会

さようけいろ 作用経路(影響経路), Wirkungspfad 男, influencing pathways, impact pathways, path of effect, paths of action 化学 バイオ 医薬

さようせんりょう 作用線量, WD＝Wirkungsdosis＝impact dose 医薬 放射線

さようちょうりょく 作用張力(使用応力), Betriebsspannung 女, working tension 操業 設備 機械

さようつぎて 作用継手(有効継手), Wirkfuge 女, working joint 機械 溶接 材料

さようぶっしつ 作用物質(有効成分, 活性成分, 活性物質), Wirkstoff 男, active substance, active ingredient 機械 化学 バイオ 医薬

さようめん 作用面, Eingriffsebene 女, working place 機械

さらあたまねじ 皿頭ねじ, Senkschraube 女, 類 Flachkopfschraube 女, flat countersunk head screw 機械

さらあたまのふかさ 皿頭の深さ[(六角穴などの)深さ], Senktiefe 女, sinking depth, countersinking depth 機械

さらあたまリベット 皿頭リベット(沈頭[とう]リベット), Senkniet 男, 類 Senkkopfniet 男, countersunk head rivet, flush rivet 機械

さらばね 皿ばね(ディスクスプリング), Tellerfeder 女, cap spring, disc spring 機械

サラマンダー (べこ, 炉底滞積物), Ofensau 女, salamander, furnace sow 材料 エネ 鉄鋼 非鉄 化学

さらもみ さらもみ, Spitzsenken 中, countersinking 材料 機械

サリチルアゾスルファピリジン（潰瘍性大腸炎，慢性関節リウマチに対する治療用医薬），SASP = Salicylazosulfapyridin = salicylazosulfapyridine 医薬

さるせん　猿線（猿様しわ），VFF = Vierfingerfurche = simian crease 医薬

サルファープリント　Schwefel-Abdruck 男，sulphur print 精錬 連鋳 材料

されき　砂礫（砕石），Kiesgrus 男，pebble，grits，graval 製銑 建設

さんえんきじょうたい　酸塩基状態，SBS = Säure-Basen-Status = acid-base status 化学 バイオ 医薬

さんえんきへいこう　酸塩基平衡（酸塩基バランス），SBB = Säure-Basen-Balance = acid/base balance，関 SBH = Säuren-Basen-Haushalt 化学 バイオ 医薬

さんか　産科，Geburtshilfe 女，obstetrics，the obstetrical department 医薬

さんか　酸化（土壌の），Versauerung 女，acidification，agric souring of soils 化学 バイオ 環境 物理 気象 地学

さんか　酸価（油脂や石油製品中の酸性成分の量，試料1gの酸性成分を中和するのに要する水酸化カリウムの量をmg単位で表わした数），Säurezahl 女，acid number，acid value，AV 化学 単位

さんかかんげんでんい　酸化還元電位値（酸化還元ポテンシャル，酸化還元電位），Redoxpotential 中，redox potential 化学 材料 物理 電気

さんかかんげんポテンシャル　酸化還元ポテンシャル（酸化還元電位値，酸化還元電位），Redoxpotential 中，redox potential 化学 材料 物理 電気

さんかくフラスコ　三角フラスコ，Erlenmeyerkolben 男，英 Erlenmeyerflask 化学

さんかくもうさくせい　（三角測量の）三角網作成，Triangulation 女，triangulation 機械 建設

さんか（しがん）けんきゅうしつのぶっしつ　参加（志願）研究室の物質［参加（志願）研究室に割り当てられた物質］，Kandidat-

material 中 統計 化学 バイオ 材料

さんかの　三価の，独 trivalent，類 dreiwertig，英 trivalent 化学

さんかメシチル　酸化メシチル，Mesityloxyd 中，mesityl oxide，4-methyl-3-penten-2-one 化学

さんぎょうのくうどううか　産業の空洞化，Deindustrialisierung 女，deindustrialization 操業 経営

さんぎょうはいきぶつねんしょうそうち　産業廃棄物燃焼装置，RVA = Rückstandsverbrennungsanlage = industrial waste incineration facility 機械 環境 エネ

さんけいか（じょ）　散形花（序），Dolde 女，umbel バイオ

さんけつごうのう　酸結合能，SBV = Säurebindungsvermögen = acid binding capacity 化学

さんげんじゅうごうたい　三元重合体（ターポリマー），Terpolymer 中，terpolymer 化学

さんげんの　三元の，ternär，関 binär，quaternär，ternary；ternäres Gleichgewichtsschaubild 中（三元系平衡状態図）製銑 精錬 材料 化学 物理

さんこうか　酸硬化 Säurehärtung 女，acid curing 化学 鋳造 機械

さんこうしょ　参考書（便覧，事典），Nachschlagewerk 中，類 Lexikon 中，Handbuch 中，Wörterbuch 中，handbook，reference document 全般

ざんさ　残渣，Rückstand 男，residue 化学 バイオ 機械

さんざいした　散在した（散在性の，播性の），disseminiert，英 disseminated 化学 バイオ 医薬

さんさんかいおう　三酸化硫黄（無水硫酸），Schwefeltrioxid 中，sulphur trioxide，SO_3 化学

さんさんかにちっそ　三酸化二窒素，Distickstofftrioxid 中，N_2O_3，dinitrogen trioxide 化学

さんざんき　酸残基，Säurerest 男，acid residue 化学 バイオ

さんじげんながれ 三次元流れ，dreidimensionale Strömung 囡，three-dimensional flow 機械 エネ 化学

さんしゅうかサリチルアニリド 三臭化サリチルアニリド，TBS = Tribromsalizylanilid = tribromsalicylanilide 化学

さんしゅつする 算出する(確認する，確定する)，ermitteln，英 calculate，confirm 全般 電気

さんじゅつの 算術の，arithmetisch，英 arithmetical 数学

さんじょうき 三畳紀，Trias 囡，英 the Trias 地学 物理 バイオ 数学 音響

さんしょうモデル 参照モデル(データ処理標準化モデル)，RM = Referenzmodell = reference model 電気

さんすうほう 三数法(三の法則)，Regeldetri = ⑦ regula de tribus numeris notis = Dreisatzrechnung = the rule of three 数学

さんせいかする 酸性化する，ansäuren，英 acidify 化学 バイオ

さんせいぎょうこしょうがい 産生凝固障害，PKP = Produktionskoagulopathie = production coagulopathy 医薬

さんせいど 酸性度(アルカリ消費量)，Säuregrad 男，acidity 化学

さんせいれんが 酸性煉瓦，sauer Ziegel 男，acid brick 製銑 精錬 連鋳 鋳造 非鉄 鉄鋼 材料 化学 地学 非金属

さんせん 酸洗，säure Aufbereitung 囡，pickling 材料 機械 化学

さんせんしょくたい 三染色体，Trisomie 囡，trisome 化学 バイオ 医薬

さんせんべんへいさふぜん(しょう) 三尖弁閉鎖不全(症)，TI = Trikuspidal(klappen)insuffizienz = tricuspid insufficiency 医薬

さんそアークせつだん 酸素アーク切断，Sauerstoff-Lichtbogen-Schneidverfahren 中，oxygen-arc cutting 材料 機械

さんそあつ 酸素圧，SD = Sauerstoffdruck = oxygen pressure 化学 バイオ 医薬 精錬 材料

さんそいどうそくど (系の)酸素移動速度，OTR = 英 (system)oxygen transfer rate = Sauerstofftransportrate 化学 バイオ

さんそうわぶきほう 酸素上吹き法，Sauerstoffaufblasverfahren 中，oxgen top blowing process 精錬 操業 設備

さんそきゅうにゅう 酸素吸入，Sauerstoffinhalation 囡，oxygen inhalation 医薬

さんそきゅうにゅうポータブルセット 酸素吸入ポータブルセット，SIK = Sauerstoffinhalations-Koffergerät = oxygen inhalation portable set 医薬

さんそきょうきゅう 酸素供給，Sauerstoffangebot 中，oxygen supply 精錬 操業 設備

さんそけつぼうじょうけん 酸素欠乏条件(低酸素濃度条件)，Sauerstoffmangelbedingung 囡；unter Sauerstoffmangelbedingung(酸素の欠乏した条件下で) 化学 バイオ

さんそこかつ 酸素枯渇(酸素消耗，酸素消費，酸素消費量，酸素ロス，酸素減少)，Sauerstoffzehrung 囡，consuming oxygen，oxygen consumption，oxygen loss，oxygen depletion 化学 バイオ 医薬 操業 設備

さんそしゅ 酸素種，Sauerstoffspezies 囡，oxygen species 化学 バイオ

さんそしょうひ 酸素消費(酸素消費量，酸素消耗，酸素ロス，酸素減少，酸素枯渇)，Sauerstoffzehrung 囡，阃 Sauerstoffverbrauch 男，consuming oxygen，oxygen consumption，oxygen loss，oxygen depletion 化学 バイオ 医薬 精錬 操業 設備

さんそしょうもう 酸素消耗(酸素消費，酸素消費量，酸素ロス，酸素減少，酸素枯渇)，Sauerstoffzehrung 囡，consuming oxygen，oxygen consumption，oxygen loss，oxygen depletion 化学 バイオ 医薬 操業 設備

さんそとうかまく 酸素透過膜(酸素移送膜)，Sauerstofftransfermembran 囡，oxygen transfer membrane 化学 バイオ

さんそとうかまく　　　　　　　　　　　　　　　　　　　　　　　ざんりゅうでんい

[医薬]

さんそのけつぼうしたじょうたいで　酸素の欠乏した状態で（低酸素濃度の状態で），unter Sauerstoffmangelbedingungen, [類] bei niedriger Sauerstoffkonzentration, under conditions of oxygen deficiency (i.e. low oxygen concentration) [化学] [バイオ] [精錬] [材料] [物理]

ざんぞくうかん　（生存を可能とする）残存空間，Überlebensraum [男]，residual space [機械]

ざんぞんけっきゅう　残存血球，RK = Residualkörperchen = residual corpuscle [化学] [バイオ] [医薬]

さんだんあつえんきライン　三段圧延機ライン，Triostraße [女]，[類] [関] Triowalzwerk [中]，three-high train [材料] [機械] [設備]

さんちちょくそうぎょうしゃ　産地直送業者，direktvermarktende Betriebe [男] [複]，direct maketing farm [バイオ] [製品] [物流] [経営]

さんてんせっしょくたまじくうけ　三点接触玉軸受，Dreipunkt-Kugellager [中]，three-point ball bearing [機械]

サンドイッチパネル　（コンポジットパネル，コンポジットボード），Verbundplatte [女]，composite board, composite panel, sandwitch panel [機械] [建設]

さんどうやく　散瞳薬，Mydriatika [女]，mydriatic eye drops, mydriatics [医薬] [光学]

サンドホッパー　Sandtrichter [男]，sand hopper [鋳造] [機械]

さんにさんかぶつ　三二酸化物（Al_2O_3, Fe_2O_3などの酸化物，セスキ酸化物ともいう），Sesquioxid [中]，sesquioxide [化学] [材料] [鉄鋼] [非鉄] [地学] [製銑] [精錬]

サンバイザー　Sonnenblende [女]，sun screen, sun visor, sun shield [機械] [光学]

さんぱつせいの　散発性の，sporadisch, [英] sporadic [バイオ] [医薬]

さんばんタップ　三番タップ，Grundlochgewindebohler [男]，third hand tap, bottoming tap [機械]

さんヒンジアーチ　3ヒンジアーチ，Drei-

gelenkbogen [男]，three-hinged arch [建設] [機械]

サンプリングきじつ　サンプリング期日，Probenahmetermin [男]，sampling dates [材料] [鉄鋼] [非鉄] [化学]

サンプリングレート（走査割合），Abtastrate [女]，sampling rate [電気]

サンプル（商品見本，意匠，ひな型），Muster [中]，pattern, sample, specimen [製品] [品質] [経営]

さんほうこうつなぎいた　三方向繋ぎ板（サイドモールディング），Deckleiste [女]，cover bar, cover molding, butt strap [機械]

さんぽうコック　三方コック，Dreiwegehahn [男]，three- way cock or tap [機械]

さんぽうべん　三方弁，Dreiwegeventil [中]，three-way valve [機械]

さんホスホノプロピオンさん　3-ホスホノプロピオン酸［3-（ジヒドロキシホスフィニル）プロピオン酸］，PGS = Phosphoglycerinsäure = 2-hydroxy-3-phosphono propanoic acid [化学]

ざんよぶつ　残余物（残余分，濃縮水），Retentat [中]，[関] Permeat [中]，retentate [化学] [バイオ] [機械]

さんらん　産卵，Eiablage [女]，egg-laying, egg-deposition [バイオ]

さんらんさせる　散乱させる，diffundieren, [英] diffuse [機械] [光学] [数学] [統計] [物理] [電気]

ざんりゅう　残留（滞留，保水，保持），Retention [女]，retention [化学] [バイオ] [医薬] [機械] [建設] [原子力]

ざんりゅうおうりょく　残留応力，Restspannung [女]，[関] Restdehnung [女]，residual stress [機械] [材料] [建設]

ざんりゅうさせる　残留させる（阻止する，保持する，保留する），zurückhalten, retained [機械] [電気] [設備] [化学] [バイオ]

ざんりゅうそくたいはへんちょう　残留側帯波変調，RM = Restseitenband-Modulation = vestigial sideband modulation [電気]

ざんりゅうでんい　残留電位（自然電位，レストポテンシアル），RP = Ruhepotential = rest potential 医薬 電気

ざんりゅうひずみ 残留ひずみ, Restdehnung 女, 関 Restspannung 女, residual strain 機械 材料 建設

ざんりゅうぶつ 残留物, Überrest 男, remains 機械 化学 バイオ

さんりょうたい 三量体, Trimer 中, trimer 化学

さんりんほごいくせいぎじゅつ 山林保護育成技術, Hegetechnik 女, technique for protection and growth of forests バイオ 環境 地学

さんれんとうの(工場などの)三連棟の(三つの連絡通路のある), dreischiffig, three-aisled 建設 設備 操業

さんわおん 三和音, Trias 女, 英 Triassic, triad 音響

さんわんの 三腕の, dreiarmig, 英 three-armed 機械

し

じあえんそさんえん 次亜塩素酸塩, Hypochlorit 中, 類 unterchlorige Säure 女, hypochlorite 化学

じあえんそさんナトリウム 次亜塩素酸ナトリウム(ノロウイルスの不活化に有効な薬剤として最も常用されている. 出典:高杉製薬(株)ホームページ), Natriumhypochlorit 中, sodium hypochlorite, NAClO 化学 バイオ 医薬

しあげ 仕上げ, Fertigbearbeitung 女, 類 Beschaffenheit 女, finish working 材料 機械

しあげきごう 仕上げ記号, Oberflächenzeichen 中, finish mark 材料 鉄鋼 非鉄 化学

しあげけずり 仕上げ削り, Fertigschneiden 中, 類 関 Schlichten 中, finishing 材料 機械

しあげこうぐ 仕上げ工具, Finierwerkzeug 中, finishing tool 機械

しあげしろ 仕上げ代(取り代), Schlichtzugabe 女, 関 Zuschlag 男, finishing allowance, machining allowance, stock allowance 機械

しあげする 仕上げする(食刻する, 補修する, 修整する), tuschieren, 英 spotting, 英 finishing, 英 touching up 材料 機械

しあげタップ 仕上げタップ, Fertigschneider des Gewindebohrers 男, finishing tap 材料 機械

しあげミルライン 仕上げミルライン, Fertigstraße 女, finishing mill line, finishing mill train 材料 機械

しあげロール 仕上げロール(リール工程), Glattwalzen 中, reeling, finish rolling 材料

シアヌルさん シアヌル酸[シアヌル酸はそのままで使用されることはほとんどなく, 大半が塩素と反応させて塩素化シアヌル(トリクロロイソシアヌル酸)として使用される. 塩素化シアヌルはプールなどの殺菌剤として使用される. 出典:ウイキペディア], Cyanursäure 女, cyanuric acid 化学 バイオ

シアヌルさんトリアリル シアヌル酸トリアリル[2,4,6 - トリス(アリルオキシ)-1,3,5 - トリアジン], TAC = Triallylcyanurat = triallyl cyanurate 化学 材料

シアノバクテリア(藍藻), Cyanobakterien 女 複, cyanobacteria, blue-green algae バイオ

ジアルキルジチオリンさんあえん ジアルキルジチオリン酸亜鉛(多機能添加剤;耐酸化, 耐磨耗, 耐荷重, 耐腐食能などがあり, 同じタイプに属する ZnDTP でも, アルキル基の炭素数や構造の違いにより性能が変わる. 出典:ジュンツウネット21 ホームページ), ZnDTP = 英 Zinc.dialkyl.dithio.phosphate 機械 化学 環境

シアルさん シアル酸(通常糖鎖の非還元末端に存在し, 細胞の認識など重要な機能を担っている), Sialinsäure 女, sialic acid 化学 バイオ

シー・アイ・エム CIM(シャシー・インテグレーション・モジュール, BMW 社), CIM = 英 chassis integration module 機械

ジー・アイ・エム・ピーエス GIMPS[グレート・インターネット・メルセンヌ素数探索プロジェクト(cpu ネットワークで巨大素数を探索する)], GIMPS = 英 great internet mersenne prime search = ein gemeinschaftes Projekt zur computergestützten Suche nach Mersenne-Primzahlen 数学 電気

シー・エス・アール CSR(企業の社会的責任), CSR = 英 coporate social responsibility = Gemeinsame Soziale Verantwortung 経営 社会

ジー・エム・ピーにそった GMP に沿った[米国食品医薬品局(FDA)の医薬品等の製造品質管理基準 GMP に沿った], GMP-gerecht, 英 GMP compliant, 英 according to GMP, 英 satisfying GMP requirement 化学 バイオ 医薬 食品 規格

シーオーツーのかいしゅう・ちょりゅう CO_2 の回収・貯留(炭素地中隔離技術), CCS = 英 carbon dioxide capture and storage 地学 エネ 環境

シーがたかんえんウイルス C 型肝炎ウイルス, HCV = Hepatitis C-Virus バイオ 医薬

シーケンスかいろ シーケンス回路, Folgeschaltung 女, sequence follow up circuit 電気

シーケンスロック (サイクリック弁, フラップ弁), Taktschleuse 女, flap valve, sequenced lock 機械 電気

シーさんしょくぶつ C_3 植物, C_3-Pflanze, C_3-plant 化学 バイオ

シーそうい C 層位(母岩より成る最下層の鉱物含有土壌層位), C-Horizont 男, 英 C-horizon;Wörterbuch der Bodenkunde, Enke 1997 より) 地学 物理 化学 バイオ

シー・ディー・アール・ダブリュドライブ CD-RW ドライブ(CD に複数回書き込み可能なドライブ), CD-Brenner 男, 英 CD-RW drive 電気

シー・ティーせんりょうしすう CT 線量指数, CTDI = 英 computed tomography dose index = Computertomographie-Dosisindex = Strahlungsbelastung 放射線 医薬

シートクロスメンバー Sitzquerträger 男, seat cross member 機械 建設

シートスタック Blechpaket 中, sheet stuck 材料 電気

シートちゅうぞうふくごうざい シート鋳造複合材, SMC = 英 sheet moulding compound 材料 化学

シートパイル Spurwandprofil 中, sheet pile section 材料 建設 鉄鋼

シートパン (シートシェル), Sitzschale 女, seat pan, seating shell 機械

シーピーユー CPU, Zentraleinheit 女, 英 CPU 電気

シーム Fuge 女, seam 溶接 機械

ジー・ユー・アイ GUI(グラフィックスを利用したユーザーインターフェース), GUI = 英 graphical user interface = graphische Benutzeroberfläche 電気

シーよんジカルボンさんかいろ C_4 ジカルボン酸回路, C_4-Dicarbonsäureweg 男, C_4-dicalboxylic acid cycle 化学 バイオ

シーよんしょくぶつ C_4 植物, C_4-Pflanze 女, C_4-plant 化学 バイオ

シーリング (シール, かしめ, コーキング), Abdichtung 女, 類 Stemmung 女, Verschluss 男, sealing, caulking 材料 操業 設備

シーリングせっちゃくざい シーリング接着剤, Siegelkleber 男, sealing adhesive 機械 化学

シールシステム (ロックシステム), Sperrsystem 中, sealing system, closure system, lock system 設備 操業 化学 精錬 機械

シールドアークようせつ シールドアーク溶接(イナートガスアーク溶接), Schutzgasschweißung 女, inert gas shielded welding 溶接 材料 機械 電気

シールドアークようせつでんきょくぼう シールドアーク溶接電極棒, Elektrode

mit gasumhülltem Lichtbogen 女, shielded inert gas metal arc welding electrode 溶接 機械

シールドイナートガスきんぞくアークようせつ シールドイナートガス金属アーク溶接, SIGMA-Schweißen = 英 shielded inert gas metal arc welding 溶接 材料

シールドケース Hermetikgehäuse 中, shielded case 機械

シールドケーブル Schirmkabel 中, shield cable 機械 電気

シールドすいしんこうほう シールド推進工法, Schildvortriebsmethode 女, shield propulsion method 地学 機械 建設

シールドたまじくうけ シールド玉軸受, Kugellager mit Deckscheibe 中, shield-ball bearing 機械

シールドたんしコネクター シールド端子コネクター, abgedichtete Anschluss-steckverbindung 女, shield terminal connector 電気

シールドちょっけい シールド直径, Schilddurchmesser 男, shield diameter 地学 機械

シールのかんぜんさ シールの完全さ(熱拡散抵抗性, 拡散抵抗性, 不透過性), Diffusionsdichtigkeit 女, diffusion density, impermeability, seal integrity 機械 エネ 物理 化学

シールヘッド Dichtkopf 男, shield head 機械

シールめん シール面, Dichtfläche 女, 類 Dichtleiste 女, shield face 機械

しいれだか 仕入高, Einkaufsumsatz 男, procurement volume 経営

シーワンかごうぶつしかせいの C_1 化合物資化性の(メチロトローフ:炭素数1個の化合物や, 分子内にC-C結合をもたない化合物を唯一のエネルギー源として利用することのできる微生物の総称), methylotroph, 英 methylotrophic 化学 バイオ

シェアウエアー Shareware 女, shareware 電気

シェール (頁岩), Schieferstein 男, shale 地学 化学 エネ

シェールガス Schiefergas 中, shale gas 地学 化学 エネ

ジエチルアミノエチルセファローズ (陰イオン交換ゲル濾過用担体), DEAE-Sepharose = Diethylaminoethyl-Sepharose = diethyl aminoethyl-sepharose 化学 バイオ 医薬

ジエチルジチオカルバミドさんあえん ジエチルジチオカルバミド酸亜鉛, ZDC = Zinkdiethyldithiocarbamat = zinc diethyldithiocarbamate 化学

ジエチルジチオカルバミンさんナトリウム ジエチルジチオカルバミン酸ナトリウム(ナトリウムジエチルジチオカルバメート, 遷移金属元素イオンのキレート剤などに用いられる), NaDDTC = Natriumdiethyldithiocarbamat = sodium diethyldithiocarbamate 化学

ジェットすいしん ジェット推進, Strahlantrieb 男, jet propulsion 航空 エネ 機械

ジェットりゅう ジェット流(噴流), Strahl 男, jet, stream, flow, beam, ray 機械 エネ 材料 航空

ジェトすいしんガスタービン ジェット推進ガスタービン, Gasturbine zum Strahlantrieb 女, jet gasturbine 機械 エネ 航空

ジェトプレート Strahlplatte 女, jet plate 機械

ジェネリック (特許の切れた後発品), 独 generisches Produkt 中, 類 Generikum 中, generic 医薬

シェルエンドミル Walzenstirnfräser 男, shell end mill 機械

じえん 耳炎, Ohrenentzündung 女, 類 Otitis 女, otitis, inflammation of the ear 医薬

ジエン Dien 中, dien 化学

しおのかんまんのさ・ストローク 潮の干満の差・ストローク, Tidenhub 男, 類 関 Gezeiten 複, tidal range 電気 エネ 物理 気象

ジオフェンス Geofence 中, geofence 電気

しかい 視界, Gesichtfeld 中, 類 Sehfeld 中, Sichtweite 女, angular field, field of view, visibility 光学 電気 医薬

しがいかしぶんこうほう 紫外可視分光法, UV-VIS = 英 ultraviolet visible spectroscopy = Ultraviolet-Spektroskopie im sichtbaren Strahlungsbereich 化学 光学 電気

しがいこうでんしぶんこうほう 紫外光電子分光法, UPS = 英 ultraviolet photoelectron spectroscopy 物理 化学 材料 光学 電気

しがいブルーかしりょういき 紫外ブルー可視領域, UBV-System = 英 ultraviolett-blue visual = ultravioletter, blauer und visueller Spektralbereich 光学 物理 医薬

しがいろめんてつどう 市街路面鉄道（路面電車）, Straßenbahn 女, streetcar 交通 機械

しかかりひん 仕掛り品（被削材, 工作物）, Werkstück 中, working part, workpiece 機械

しかく 視角, Sehwinkel 男, visual angle, angle of sight 光学 電気 医薬

しかく・けんげんのはくだつ 資格・権限の剥奪, Dequalifizierung 女, dequalification 経営 社会 操業 材料

じかくてきうんどうきょうど 自覚的運動強度, RPE = 英 rate of perceived exertion = subjektive Beurteilung der Belastungsstufe 医薬

しかくナット 四角ナット, Vierkantmutter 女, square nut 機械

しかくひしつ （大脳皮質の）視覚皮質, VC = visueller Cortex = visual cortex 医薬

しかくゆうはつでんい 視覚誘発電位（視覚誘起大脳皮質電位）, VECP = 英 visual evoked cortical potential = visuell evoziertes kortikales Potential 医薬 電気

しかくゆうはつはんのう 視覚誘発反応（視覚誘起反応）, VER = visuelle evozierte Reaktion = visual evoked reaction 医薬 光学

しかくをあたえること 資格を与えること（能力をつけること）, Qualifizierung 女,

qualification 経営 社会 操業 材料

じかじゅせい 自家受精, Autogamie 女, 類 Selbstbefruchtung 女, 関 Allogamie 女, Fremdbefruchtung 女, self-fertilization, autogamy バイオ

じかじゅふん 自家受粉, Selbstbestäubung 女, self-pollination, autophily バイオ

しかちりょう 歯科治療, Zahnbehandlung 女, odontotherapy, dental care, dental treatment 医薬

しがどくそさんせいだいちょうきん 志賀毒素産生大腸菌, STEC = Shiga-Toxin produzierende E.coli（Escherichia coli） = Shiga toxin producing E.coli バイオ 医薬

じかとりひき 直取引き（現金取引き）, Tagesgeschäft 中, direct transaction 経営

じかはっせいスクラップ・くず 自家発生スクラップ・屑, Eigenentfall 男, in-house scrap（waste） 精錬 製銑 材料 エネ 環境 リサイクル

じかはつでんせつび 自家発電設備, private Kraftanlage 女, non-utility generation facility 電気 エネ 環境 機械 医薬

じかふわごうせいじゅようたいキナーゼ 自家不和合性受容体キナーゼ, SRK = Selbstinkompatibilität-Rezeptor-Kinase = self-incompatibility-receptor-kinase 化学 バイオ 医薬

じかみちべん 直道弁（玉形弁）, Durchgangsventil 中, 類 Durchgangsschieber 男, gate valve, straight through valve, through-way valve 機械

じかみちボア 直道ボア, Durchgangsbohrung 女, through bore-hole 機械

じかりつ 磁化率（感受率）, Suszeptibilität 女, susceptibility 電気 材料 物理

しかんえき 師管液, Phloemsaft 男, phloemsap, sieve-tube sap バイオ

しかんかいろ 弛緩回路, Relaxationsstromkreis 男, relaxation circuit 電気 機械

じかんじくほせいかいろ 時間軸補正回路

（画面ゆれ・ジッタ防止補正装置），TBC = 英 time base correcter 機械 エネ 電気

じかんしゃえいチャンバー 時間射影チャンバー（タイムプロジェクションチェンバー），TPC = 英 time projection chamber = Zeitprojektionskammer 放射線 電気 物理 医薬

じかんしんちょうサンプルち 時間伸長サンプル値，zeitgedehnte Abtastwerte 男 複，time-expanded sampling value 機械 電気

じかんちえん 時間遅延，TD = 英 time delay = Zeitverzug 操業 設備 全般

じかんてきりきりょうきろくけい 時間的力量記録計，TDG = Temporalis-Dynamografie = temporal dynamography 物理 医薬

じかんりょういきはんしゃりつけい 時間領域反射率計（測定対象の誘電率の違いによるマイクロパルスの反射により各種レベルを計測するもの），TDR = 英 time-domain reflectometer = Zeitbereichsreflektometer 電気 機械 化学 設備

じき 時期，Abschnitt 男，period，stage 全般

しきい 敷居，Schwelle 女，sill 建設

しきいち 閾値［別の読み方：いきち］（最小限界値），Schwelle 女，threshold 機械 交通 数学 統計 化学 医薬 建設

しきいちはんい 閾値範囲（最小限界範囲），Schwellenbereich 男，threshold range 機械 化学 バイオ 医薬 電気 数学 統計 建設

じきえんにしょくせい 磁気円二色性，MCD = 英 magnetic circular dichroism = magnetischer Zirkulardichroismus 物理 光学 化学

じきカード 磁気カード，Magnetkarte 女，magnetic card 電気 機械

じききょうめいだんそうさつえい（ほう）磁気共鳴断層撮影（法），Kernspinresonanztomographie 女，magnetic resonance imaging，MRI 医薬 電気 物理

じきコア 磁気コア，Magnetkern 男，magnetic core 電気 機械

じきさいぼうせんべつ 磁気細胞選別［磁

気細胞分離（高速で高純度の細胞分取法）］，MACS = 英 magnetic cell sorting バイオ 医薬 電気 物理

じきさどうアーク 磁気作動アーク，MBL = magnetisch bewegter Lichtbogen = MIA = magnetically impelled arc 溶接 材料 電気

しきそ 色素（染料），Farbstoff 男，類 Pigment 中，dye，cplouring agent 印刷 光学 繊維

しきそう 色相，Buntton 男，hue，coloured tone 電気 光学

しきそせいかんびしょう 色素性乾皮症，XP = ラ Xeroderma pigmentosa = xeroderma pigmentosum バイオ 医薬

しきそぞうかんがたたいようこうでんち 色素増感型太陽光電池，DSSC = 英 dye sensitized solar cell = Sensibilisierte Farbstoffsolarzelle 電気 機械 光学

じきていこう 磁気抵抗，Reluktanz 女，reluctance 電気

じきていこうメモリ 磁気抵抗メモリ（磁性体を使った不揮発メモリの一種），MRAM = 英 magnetoresistive random access memory 電気

じきディスク 磁気ディスク，Magnetplatte 女，magnetic disc 電気 機械

じきテープ 磁気テープ，Magnetband 中，magnetic tape 電気 機械

じきテープせいぎょユニット 磁気テープ制御ユニット，MBSE = Magnetbandsteuereinheit = magnetic tape control unit 電気

じきどうでんせいさ 磁気導電性鎖，magnetisch leitende Kette 女，magnetic conductive chain 電気 機械

じきビデオろくが 磁気ビデオ録画，MAZ = magnetische Bildaufzeichnung = magnetic video recording 電気

しきべつし 識別子，Identifizierer 男，類 関 Bezeichner 男，Kennzeichner 男，identifier 電気

しきべつしトークン 識別子トークン（IDトークン），ID-Token，英 identifier-token 電気

しきべつもじ 識別文字（応答コード，目印），

Kennung 女, identification character, answerback code 電気

シキミさんけいろ シキミ酸経路(ホスホエ ノールピルビン酸→コリスミ酸→チロシン, ト リプトファン), Shikimisäure-Stoffwechsel-weg 男, 類 Shikimisäure-Weg 男, shi-kimic acid pathway バイオ

しきゅうがん 子宮癌, Uteruskrebs 男, 類 Uteruskarzinom 中, uterine cancer, carcinoma of uterus 医薬

しきゅうきんしゅ 子宮筋腫, Uterusmy-om 中, myoma of the uterus 医薬

しきゅうけいがん 子宮頸癌, Zervixkar-zinom 中, cancer of the uterine cervix 医薬

しきゅうたいがん 子宮体癌, Korpuskrebs 男, cancer of the uterine body 医薬

しきゅうたいきんせつの 糸球体近接の (傍糸球体の), JG = juxtaglomerulär = juxtaglomerular 医薬

しきりくうかん 仕切り空間, Gefach 中, compartments 設備 機械

しきりべん 仕切弁, Schleusenventil 中, 類 Absperrschieber 男, sluice valve, gate valve 機械

しきりぼう 仕切り棒(仕切り柱, 止め棒), Runge 女, stanchion 交通 機械

じきりゅうたいりきがく 磁気流体力学, MHD = Magnetohydrodynamik = mag-netic hydrodynamics 機械 電気 物理

じきレイノルズすう 磁気レイノルズ数, Rm = magnetische Reynols-Zahl = magnetic Reynolds number 電気 物理

じく 軸, WE = Welle = axis = spindle = shaft 機械

じぐ 治具(ひな型, ならい, 模型, 型板, 寸法板), Führungslehre 女, 類 Schablohne 女, jig 機械 鋳造

しくう (肺の)死腔, Totraum 男, dead space 医薬

しくうかん 死空間(死にスペース, すきま容積, 空所), Totraum 男, dead space 機械 船舶

じくうけ 軸受, Lager 中, 類 Lagerung 女, bearing, support 機械 製品 設備

じくうけきんぞく 軸受金属, Lg = La-germetall = bearing metal 機械 材料 鉄鋼 非鉄

じくうけすきま 軸受隙間, Lagerluft 女, bearing clearance 機械

じくうけだい 軸受台, Lagerbock 男, 類 Lagersockel 男, bearing support, bear-ing bracket, bearing pedestal 機械 建設

じくうけにとりつける 軸受に取り付ける, lagern, bear, support 機械

じくうけブッシュ 軸受ブッシュ, Lager-schale 女, 類 Sitzauflage 女, Anlage-fläche 女, Auflagefläche 女, bearing shell, bearing sheet, bearing box 機械

じくうけめん 軸受面, Lagerschale 女, 類 Sitzauflage 女, Anlagefläche 女, Auflagefläche 女, bearing shell, bear-ing sheet, bearing box 機械

じくえんちょうぶ 軸延長部, Wellenende 中, shaft extension, shaft end 機械

じくかいこうぶ 軸開口部, Wellendurch-gang 男, shaft passage, shaft opening 機械

じくしん 軸芯, WA = Wellenachse = shaft axis 機械

じくたんぶ 軸端部, Wellenende 中, shaft extension, shaft end 機械

じくちゅうしんせん 軸中心線, WA = Wellenachse = shaft axis, 機械

じくちょっかくたんめん 軸直角端面, Stirnseite 女, end face, face side 操業 設備 機械

じくちょっかくへいめん 軸直角平面, Stirnfläche 女, front surface 操業 設備 機械

しくつ 試掘, Schürfung 女, 類 Aushub 男, prospecting 地学 建設

ジグなかぐりばん ジグ中ぐり盤, Koordi-natenbohrmaschine 女, 類 Lehrenbohr-maschine 女, jig borer, jig boring ma-chine 機械 電気

じくにまきつける 軸に巻き付ける, wel-len, 英 wind around the shaft 機械

じくのふれまわり 軸の振れ回り, Kreisschwin-gung der Welle 女, 類 Schwungswirbelung des Schaftes, centrifugal whirling of shaft 機械

じくはつでんき　軸発電機，WG = Wellengenerator = shaft generator 電気

じくふうそうち　軸封装置，Spaltanordnung 女, shaft seal 機械

じくふうリング　軸封リング，Wellendichtring 男, WDR, shaft seal ring 機械

シグマいんし　シグマ因子(必須タンパク質因子)，Sigma-Faktor 男, 英 Sigma-factor 化学 バイオ 医薬

じくりゅうしきターボジェットエンジン　軸流式ターボジェットエンジン，Turbinendüsentriebwerk mit Axialverdichter 中, axial turbo jet engine 航空 機械

じくりゅうしきターボロップ　軸流式ターボロップ，Propellerturbine mit Axialverdichter 女, axial turboprop, axial propeller type turbine 機械 エネ

じくりゅうタービン　軸流タービン，Radialturbine 女, radial turbine エネ 機械

じくりゅうはねぐるましきりゅうりょうけい　軸流羽根車式流量計，Fliehkraftdurchflussmesser 男, centrifugal vane wheel type flowmeter 機械

じくろ　軸路，Wellendurchgang 男, shaft passage, shaft opening 機械

シクロヘキシルアミドスルホンさんナトリウム　シクロヘキシルアミドスルホン酸ナトリウム，Natriumcyclohexylamidosulfonat 中, natriumcyclohexylamido sulfonate 化学 バイオ

シクロヘキセン　Cyclohexen 中, cyclohexene 化学 バイオ

しげきのていど　刺激の程度，Reizungsstadium 中, degree of stimulation 医薬

じげつに　次月に，prox. = proximo = im nächsten Monat 医薬

しげん　資源(供給源，リソース)，Reservoir 中, 類 関 Ressource 女, resource 機械 エネ 電気 リサイクル 地学 経営

しけんけんきゅうはんのうそうち　試験研究反応装置(試験研究原子炉)，RR =

英 reserch reactor = Forschungareaktor 原子力 化学 バイオ 全般

しげんゴミ　資源ゴミ(再生利用可能な原料)，Wertstoff 男, recyclable material, recyclable waste リサイクル 環境 製鋼 精錬 化学

しけんし　試験紙，Reagenzpapier 中, test paper 化学 バイオ

しけんとひょうか　試験と評価，T&E = 英 test and evaluation = Test und Auswertung 全般

じこインダクタンス　自己インダクタンス，SI = Selbstindukutivität = self-inductance 電気

しこうけいでんき　指向継電器(方向継電器)，RR = Richtungsrelais = directional relay 電気

しこうさくご　試行錯誤，T&E = 英 trial and error = Versuch und Irrtum 全般

じこかいふくかてい　自己回復過程，Selbstheilungsprozess 男, self-healing process 医薬

じこかいり　自己解離，Eigendissoziation 女, intrinsic dissociation, self-ionization 化学

じこかくさんけいすう　自己拡散係数，Selbstdiffusionskoeffizient 男, self-diffusion coefficient 化学 精錬 材料 物理

ジゴキシゲニン　Digoxigenin 中, digoxigenin 化学 バイオ

じこきゅういんの　自己吸引の，selbstansaugend, 英 self-priming, 英 self-suctioning 機械

じここちゃくさよう　(ウォームギヤーの)自己固着作用，Selbsthemmung 女, self-locking(-gear-unit), automative interlock 機械 電気

じこしじがたの　自己支持形の(モノコックの)，selbsttragend, 英 self-supporting, 仏 monocoque 機械 交通 建設

じこしょうか　自己消化，Autolyse 女, autolysis, autolytic decomposition 化学 バイオ

じこしょくばい　自己触媒，Autokatalyse 女, autocatalysis, self-catalysis 化学

バイオ

じこしょくばいはんのう 自己触媒反応, Autokatalyse 女, autocatalysis, self-catalysis 化学 バイオ

じこそしきかしゃぞう 自己組織化写像, SOM = 英 self-organizing map 電気 数学 統計 バイオ 医薬

じこそしきかたんぶんしまく 自己組織化単分子膜(金基板上のチオールやジスルフィドの形成する SAM は, バイオセンサーなどさまざまな電子材料などに使用されている. 出典：(株)同仁化学研究所ホームページ), SAM = 英 self assembled monolayer = selbst-anordnende Monolage = selbst organisierte Monolage 電気 バイオ 材料

じこちゃっか 自己着火(自己点火), Selbstentzündung 女, 類 Selbstzündung 女, self ignition, spontaneous combustion 機械 化学

じこデータレコーダー(メモリー) (車装備の)事故データレコーダー(メモリー), UDS = Unfalldatenspeicher in Fahrzeugen = event data recorder 機械 電気

じこてんか 自己点火(自己着火), Selbstentzündung 女, 類 Selbstzündung 女, self ignition, spontaneous combustion 機械 化学

しごとかんすう 仕事関数(1個の電子を金属や半導体の表面から取り出すために必要な最少エネルギー), Austrittarbeit 女, work function 化学 物理

じこふくげんせいの 自己復元性の, selbstzentrierend, 英 self-aligning, 英 self-centering 機械 船舶

じこぶんかい 自己分解, Autolyse 女, autolysis, autolytic decomposition 化学 バイオ

じこぼうしきそく 事故防止規則, Unfallverhütungsvorschrift 女, UVV 安全 操業 設備 規格 法制度

じこほせい 自己補正, Selbsteinigung 女, self-proving, self-compensation 電気 機械

じこめんえきの 自己免疫の, autoimmun,

英 autoimmune バイオ 医薬

じこゆうどうの 自己誘導の, selbstinduziert, 英 self-induced 機械 電気 物理

じさ 時差, TD = 英 time difference = Zeitunterschied 化学 物理 気象 医薬

じざいじくつぎて 自在軸継ぎ手, Kreuzgelenkkupplung 女, cross link universal coupling, universal joint 機械

じざいスパナ 自在スパナ, Rollgabelschlüssel 男, 類 Universalschraubenschlüssel 男, Universalschlüssel 男, adjustable spanner, adjustable wrench, monkey wrench 機械

しさくしゃ 試作車, Musterautomobil 中, prototype vehicle, experimental cars 機械

しさくっせつりつけんしゅつけい 示差屈折率検出計, Differential-Refraktometer 中, differential refractometer 光学 医薬

しさそうさねつりょうそくていほう 示差走査熱量測定法(示差熱分析法), DDK = Dynamische Differenzkalorimetrie = DSC = differencial scanning calorimetry = DTA = Differenzialthermoanalyse = differential thermal analysis 化学 材料 物理 電気 機械 エネ

しさてきな 示差的(差動的)な, differenzial, 英 differential 機械 電気

しさんかにちっそ 四酸化二窒素, Distickstofftetroxid 中, N_2O_4, dinitrogen tetraoxide 化学

ししつヒドロペルオキシド 脂質ヒドロペルオキシド(LOOH, 脂質過酸化反応の一次生成物), LHPO = Lipidhydroxyperoxid = lipid hydroperoxide 化学 バイオ 医薬

しじのように 指示のように(処方に従って), u.d. = ㋭ ut dictum = wie angegeben = nach Vorschrift 医薬

しじめんせき 支持面積(支承面積, 翼面, 空中翼, エーロフォイル), Tragfläche 女, bearing area, aerofoil 機械 航空 建設

じしゃかいはつの 自社開発の, selbstentwickelt, self-developed 全般 経営

しじやく 指示薬(指針, インディケータ,

指標物質）, Indikator 男, indicator, tracer 化学 バイオ 医薬 光学 放射線 機械 電気

じしゃによるほぜん 自社による保全, Eigeninstandhaltung 女, incompany maintenance 操業 設備

ししゅうえんきけんいんし 歯周炎危険因子, PRF = Parodontitisrisikofaktor = periodontitis risk factor 医薬

しじゅうきょくしつりょうぶんせきけい 四重極質量分析計(四極子型質量分析計), QMS = Quadrupol-Massenspektrometer = QMA = quadrupole mass analyzer 化学 物理

ししゅうしっかんしすう 歯周疾患指数, PDI = 英 periodontal disease index = Parodontose-Index = PI = Parodonpathie-Index = parodonpathy index 医薬

しじゅんき 視準器(コリメータ), Kollimator 男, collimator 光学 電気 機械

じじょう 二乗(正方形), Quadrat 中, square 数学

しじょうきん 糸状菌(カビ), Schimmelpilz 男, mould, mould fungus バイオ

じじょうする 二乗する, quadrieren, 英 square 数学

しじょうそうさ 市場調査, Marktübersicht 女, market survey, marketing research 経営 製品

しじょうの 糸状の(繊維状の), filamentös, 英 filamentous 化学 バイオ

じじょうへいきんこん 二乗平均根(実効値), RMS = 英 root mean square = quadratischer Mittelwert 数学 電気

ししょうめんせき 支承面積(支持面積, 翼面, 空中翼, エーロフォイル), Tragfläche 女, bearing area, aerofoil 機械 航空 建設

じじょうわへいほうこん (誤差の)二乗和平方根[根二乗和, 二乗和根(標準偏差に同じ)], RSS = 英 root-sum squared 数学 統計 電気

じしょくばいさよう 自触媒作用, Autokatalyse 女, autocatalysis, self-catalysis 化学 バイオ

ししん 指針(指示薬, インディケータ, 指標物質), Indikator 男, indicator, tracer 化学 バイオ 医薬 光学 放射線 機械 電気

じしんがく 地震学, Seismologie 女, 類 Erdbebenkunde 女, seismology 地学 建設 設備

ししんせい (第三紀下層の) 始新世, Eozän 中, 英 the Eocene 地学 物理 バイオ

じしんの 地震の, seismisch, 英 seismic 地学 建設 設備

じしんのだいいっぱ 地震の第一波, die erste Erdbebenwelle 女, the first seismic wave 地学 建設

じしんは 地震波, Erdbebenwelle 女, seismic wave, earthquake wave 地学 建設

しずいぐん 雌蕊群, Gynoeceum 中, 類 関 Pistill 中, gynoecium バイオ

しすうかんすう 指数関数, Exponentialfunktion 女, exponential function 数学 統計

システィン (含硫アミノ酸の一種), Cystein 中, Cys, cysteine 化学 バイオ 医薬

システム (アジャストメント, 装置), Anordnung 女, system, adjustment 機械

システムにないざいする システムに内在する, システムで経験できる範囲内の, systemimmanent, 英 inherent in the system 電気 機械

システムのしゅうりょう システムの終了, Herunterfahren 中, shut down 電気

しぜんかんき 自然換気, natürliche Lüftung 女, natural ventilation, natural draft 機械 建設

じせんき 磁選機, Magnetscheider 男, magnetic separator 地学 機械

しぜんきゅうきエンジン 自然吸気エンジン, NA-Motor = 英 natural aspiration engine 機械

しぜんしょくひん 自然食品, Naturkost 女, 類 関 naturbelassene Nahrung 女, natural food バイオ 食品

しぜんちゆかてい 自然治癒過程(自己回復過程), Selbstheilungsprozess 男, self-healing process 医薬

しぜんはいえんはいねつそうち 自然排煙排熱装置, NRWG = Natürliche Rauch-

und Wärmeabzugsgeräte 機械 設備 エネ

しそうとっき 歯槽突起, Alveolarfortsatz 男, alveolar process 医薬

しそうにゅうとうへんえんせいしにくえん しすう 歯槽乳頭辺縁性歯肉炎指数(視診による歯肉の炎症を部位の広がりで評価する判定方法. 出典:Oral Studio ホームページ), PMA-Index = papillärer, marginaler, alveolärer [Gingiva-] Index 医薬

じそく 磁束, Magnetfluss 男, 類 magnetischer Fluss 男, magnetic flux 電気 機械 物理

じぞく 持続, Persistenz 女, 類 Konstanz 女, constancy 機械 材料 化学 物理

じぞくおんきょうしんごう 持続音響信号, Dauersignal 中, sustained audio signal, continuous sound 電気 音響 機械

じぞくがいど 磁束ガイド, Flussführung 女, magnetic flux guide 機械 電気

じぞくかのうな 持続可能な, nachhaltig, 英 sustainable 機械 環境 リサイクル

じぞくせいきどうようあつほう 持続性気道陽圧法, CPAP = 英 continuous positive airway pressure = kontinuierlicher positiver Atemwegsdruck 医薬

じぞくせいこうじょうせんしげきぶっしつ 持続性甲状腺刺激物質(長時間作用型甲状腺刺激物質), LATS = 英 long-acting thyroid stimulator = langwirkender Schilddrüsenstimulator バイオ 医薬

じぞくたんらく 持続短絡, Dauerkurzschaltung 女, sustained short-circuit 電気 機械

じぞくみつど 磁束密度, magnetische Flussdichte 女, magnet flux density 電気 機械

しだいにはっきりさせる 次第にはっきりさせる[フェードインする(場面などを), はめ込む], einblenden, 英 insert, 英 overlay 電気 光学 機械

したかこう 下加工(準備, 用意, 段取り替え), Vorbereitung 女, premachining, set-up change, tooling change;stehen in Vorbereitung(準備中である) 操業 設備 機械

したつぎちゅうぞう 下注ぎ鋳造, Steigendgießen 中, 類 aufsteigendes Gießverfahren 中, Unterguss 男, bottom casting, bottom pouring 鋳造 精錬 材料

したにおく 下に置く, ablegen 機械

したにつきでている 下に突き出ている, abragend 機械 全般

したぬり 下塗り(プライマー, 粗面塗料), Grundierung 女, undercoating, primer 機械 設備 建設 化学 鋳造

したばん 下盤(断層, 鉱層または岩脈, 鉱脈の下側の境界面あるいは岩盤をいう), Liegendes 中, floor, foot wall 地学

したへのくみこみ 下への組み込み(下への取り付け・差し込み), Unteneinbau 男, 関 Obeneinbau 男, insertion downwards 機械 建設

したほうこうへのゆがんだアーチのけいせい 下方向への歪んだアーチの形成(曲降, 下方向へ歪んでアーチが形成されること), Einwölbung 女, down warping, downward overarching 航空 建設 地学

したむきけずり 下向き削り, Gleichlauffräsen 中, down cut milling 機械

したむきつうふうボイラー 下向き通風ボイラー, Kesselfeuerung mit umgekehrter Flamme 女, down-draft boiler エネ 機械 設備

したむきようせつ 下向き溶接, Schweißen von oben 中, flat welding, downhand welding 溶接 材料 機械

したむきようせついち・しせい 下向き溶接位置・姿勢, Wannenlage 女, 類 waagerechte Schweißlage 女, downhand welding position, flat position 溶接 機械

ジチオリンさんあえん ジチオリン酸亜鉛, ZDP = Zinkdithiophosphat = zinc dithiophosphate 化学 機械

しちゅう 支柱(台, コラム, 脇柱, 支え台, ポール), Stütze 女, 類 関 Säule 女, Pfosten 男, support, pillar, column, door post, pole, upright 建設 機械

しちゅう 支柱(ストラット, 腹起し, タイロッド), Strebe 女, tierod, strut, post 機械 建設

しつおん 室温(周辺温度), RT = Raumtemperatur = room temperature 化学 バイオ 医薬 材料 機械 エネ

しつがいけんはんしゃ 膝蓋腱反射, PSR = Patellarsehnenreflex = Kniesehnenreflex = PTR = patellar tendon reflex = knee jerk 医薬

しっかつ 失活(ビールスなどの), Deaktivierung 女, 類 Inaktivierung 女, deactivation, devitalization, depletion バイオ

しっかつざい 失活剤(消光剤, クエンチャー), Quencher 男, 類 関 Löscher 男, quencher, extinguisher, deactivating agent 機械 化学 バイオ 光学 電気

シックスハイスタンド Sextogerüst 中, six-high stand 材料 操業 設備 機械

シックナー Absetzbehälter 男, 類 Ansatzbehälter 男, Eindicker 男, Krählwerk 中, thickener 操業 設備 機械 化学 バイオ 環境 リサイクル

しっけつ 失血, Blutverlust 男, blood loss, loss of blood, exsanguination 医薬

じっけんによる 実験による, experimentell, 英 experimental 全般

じっこうかのうな 実行可能な(実用的な), praktikabel, 英practicable, 英practical 機械 電気 化学 設備

じっこうかのうなアプリケーションプロセスソースコード 実行可能なアプリケーションプロセスソースコード, der ausführbare Anwendungsprozessquellcode 男, executable application process source code 電気

じっこうぞうばいりつ 実効増倍率, effektiver Vermehrungsfaktor 男, effective increase factor 機械

じっさいすんぽう 実際寸法(実寸), natürliche Größe 女, actual size 機械 電気

じっさいのしよう・てきようにあった 実際の使用・適用に合った, praxisgerecht, suitable for practical application 機械 電気 化学 設備

じっさいのしよう・てきようにちかい 実際の使用・適用に近い, praxisnah, practical 機械 電気 化学 設備

じつじかんストレージオシロスコープ 実時間ストレージオシロスコープ(実時間蓄積型オシロスコープ), RSO = 英 real-time & storage oscilloscope 電気

しっしきくうきポンプ 湿式空気ポンプ, Nassluftpumpe 女, wet air pump 機械

しっしきじゅんかつ 湿式潤滑(ウエットサンプ潤滑), Nasssumpfschmierung 女, wet-sump lubrication 機械

しっしきたばんディスクブレーキ 湿式多板ディスクブレーキ, nasslaufende Lamellenbremse 女 機械 電気

しっしきはいえんだつりゅう 湿式排煙脱硫, wet-FGD = 英 wet type flue gas desulfurizing = nasse Rauchgasentschwefelung 環境 化学 医薬 操業 設備

しっしきモーター 湿式モーター, Nasslaufmotor 男, wet running motor 電気 機械

しっしきラックコーティング 湿式ラックコーティング, Nasslackbeschichtung 女, wet coating 機械 化学 材料

じつしよう 実使用, Praxiseinsatz 男 全般

じっしょうじっけん 実証実験, POC = 英 proof of concept 化学 エネ 原子力 全般

しっしん 湿疹, Ekzem 中, eczema 医薬

じっすん 実寸(実際寸法), natürliche Größe 女, actual size 機械 電気

じっすんぽう 実寸法(設定寸法との対語として), Ist-Maß 中, actual dimension/size 機械 設備

じっせん 実線 durchgezogene Linie 女, 類 ausgezogene Linie 女, solid line, full line 数学 統計

じつぞう 実像, reelles Bild 中, real image 光学

しっそく 失速, Überziehen 中, stall 航空 機械

じっそくしたろおんど 実測した炉温度, Ist-Ofentemperatur 女, actual furnace temperature 材料 機械 エネ 設備

ジッタ（再生むら，光度むら，ぐらつき），Flattern 中, jitterung, flutterung, wobbling 電気 機械 光学

しつど 湿度，Feuchtigkeit 女, humidity 化学 エネ 環境

しつないくうきえいせい 室内空気衛生，Raumlufthygiene 女, indoor air hygiene 機械 医薬 安全 操業 経営

ジッパー Reißverschluss 男 機械 繊維

しっぴつ 執筆，Niederschrift 女, write 印刷 全般 社会

シッピングコンテナー（パッキングドラム，トラス），Gebinde 中, 関 Tragwerk 中, Unterzug 男, shipping container 機械 建設 船舶

シッフえんき シッフ塩基，Schiff'sche Base 女, 英 Schiff base 化学 バイオ

じつメートルばりき 実メートル馬力，PSe = effektive Pferdestärke = effective horsepower 機械 エネ 単位

じつようめんでのじゅうようせい 実用面での重要性，Praxisrelevanz 女, practical relevance 全般

じつりょうき 実量器，Maßverkörperung 女, material measure, dimensional scale 電気 機械

しつりょうきゅうしゅうけいすう 質量吸収係数，MAC = 英 mass absorption coefficient = Massenabsorptionskoeffizient 物理 化学

していていやくこく（特許の）指定締約国，Benannte Vertragsstaaten 複, signatory countries 特許

じてん 事典，Nachschlagewerk 中, 類 Lexikon 中, Handbuch 中, Wörterbuch 中, handbook 全般

しどうカーブ 始動カーブ，Anlaufkurve 女, start-up curve 機械 数学

じどうしゃぎじゅつきょうどうけんきゅうとうろくきょうかい 自動車技術共同研究登録協会[VDA（ドイツ自動車工業連盟）の一部門]，FAT = Forschungseinigung Automobiltechnik e.V 機械 組織

じどうしゃぎそうぶひん 自動車艤装部品，Fahrzeugausstattungsteil 中, au-

tomobile equipment parts 機械

じどうシャッターボタン 自動シャッターボタン（セルフタイマー），Selbstauslöser 男, self-timer 電気 光学

じどうしゃのごうせい 自動車の剛性，Festigkeit der Automobilkonstruktion 女, automobile construction strength 材料 機械

じどうしょっきせんじょうき 自動食器洗浄機，Geschirrspüler 男, dishwasher 機械

じどうせつぞく 自動接続，SA = Selbstanschluss = self-connection 自動接続 電気

じどうせんばん 自動旋盤，selbsttätige Drehmaschine 女, automatic lathe 機械

じどうそうちゃくきかい 自動装着機械，Bestückautomat 男, automatic mounting machine 操業 設備 機械

じどうたいがいしきじょさいどうき 自動体外式除細動器，AED = Automatischer Externer Defibrillator = automated external defibrillator 医薬 電気 機械

じどうちょうしんじくうけ 自動調心軸受，selbst adjustierendes Lager 中, 類 automatisch sebsteinstellendes Lager 中, Pendellager 中, self-aligning bearing 機械

じどうちょうしんたまじくうけ 自動調心玉軸受，Pendelkugellager 中, 類 automatisch selbsteinstellendes Kugellager 中, self-aligning ball bearing 機械

じどうちょうせいべん 自動調整弁，Selbstregelungsventil 中, automatic regulating valve 機械

じどうねんしょうせいぎょ 自動燃焼制御，selbsttätige Feuerregelung 女, automatic combustion control, AC エネ 機械 環境

じどうハイフネーション 自動ハイフネーション，automatische Silbentrennung 女, automatic hyphenation 電気 印刷

じどうフライスばん 自動フライス盤，Fräsautomat 男, automatic milling machine 機械

じどうへんそくき 自動変速機(オートマチックトランスミッション), AMT = 英 automated mechanical transmission = automatisches Schaltgetriebe 機械

じどうルートえいせいつうしんほうしき 自動ルート衛星通信方式, STAR = 英 satellite telecommunication with automatic routing 電気

じどうれいだんぼうそうち 自動冷暖房装置, IHKA = Integrierte Heiz-und Klima-Automatik 機械 エネ

シトクロム Cytochrom 中, cytochrome バイオ

シトルリン (尿素回路におけるアルギニン生合成の中間体として重要である), Citrullin 中, citrullin バイオ 医薬

しなぞろえ 品揃え, Sortiment 中, range of products or goods, assortment, line 操業 製品

シナプスこうでんい (神経の)シナプス後電位, PSP = postsynaptisches Potenzial = postsynaptic potential バイオ 医薬

シナプスぜんよくせい シナプス前抑制, PSH = presynaptische Hemmung = presynaptic inhibition バイオ 医薬

じならし 地ならし, Planieren 中, grading, levelling, planing 建設 機械

しにスペース 死にスペース(すきま容積, 空所, 死空間), Totraum 男, dead space 機械 船舶

しにんせいの 視認性の(理解しやすい), leichtverständlich, visibility 光学

りかいしやすい 理解しやすい(視認性の), leichtverständlich, easily understandable 光学 全般

じば 磁場, Magnetfeld 中, magnetic field 機械 電気

しばいたいの 四倍体[別の読み方：よんばいたい]の, tetraploid, 英 tetraploid 化学 バイオ

しばりつけ しばり付け(畝織[うねおり], コーディング), Schnürung 女, cording, tying-up, reduction of area 繊維 船舶 材料 機械

しはん(やく) 市販(薬), OTC = 英 over the counter 医薬

じびいんこうか 耳鼻咽喉科, Hals-Nasen-Ohren-Heilkunde 女, 類 HNO-Heilkunde 女, ear nose and throat, otolaryngology, ENT 医薬

ジヒドロピリミジナーゼ (ヒダントイン誘導体を加水分解して, N-Carbamoyl-D-アミノ酸を生成するのでヒダントイナーゼと呼ばれる), Dihydropyrimidinase 女 化学 バイオ

しひょう 指標(係数, 索引番号), Kenziffer 女, code number, index, coefficient 数学 統計 全般 経営

しひょうついせきけんさ 視標追跡検査, ETT = 英 eye tracking test = Eyetrackingtest 医薬 光学 電気

しひょうぶっしつ 指標物質(指針, 指示薬, インディケータ), Indikator 男, indicator, tracer 化学 バイオ 医薬 放射線 機械 電気

シフト Schicht 女, shift 操業 経営

シフトイン (バックスペーシング), Rückschaltung 女, shift-inn, back spacing 電気 機械

シフトキー Umschalttaste 女, shift key 電気

シフトそうぎょう シフト操業(シフト運転), Schichtbetrieb 男, shift operation 操業 設備

シフトダウン Zurückschalten 中, shift down 機械

シフトフォーク Schaltgabel 女, shift fork 機械

しぶんいすうはんい 四分位数範囲, Interquartilbereich 男, inter-quartile range 数学 統計

じぶんかつたげんせつぞく 時分割多元接続(マイクロ波通信や衛星通信などで, 送受信可能な時間をそれぞれの受信局に割り当てる方式), TDMA = 英 time division multiple access = Zeitmultiplexzugriff 電気

ジベンジルスズジクロリド (ジベンジルジクロロスタンナン), Dibenzylzinndichlorid 中, dibenzyltindichloride 化学

しぼうさん 脂肪酸, FS = Fettsäure =

しほうさん　　　　　　　　　　　　　　　　　　　　　　　　　しゃさいユニット

FA = fatty acid 化学 バイオ 医薬

しぼうさんけつごうタンパク　脂肪酸結合タンパク, FABP = 英 fatty aicd-binding protein = Fettsäurebindingprotein 化学 バイオ 医薬

しぼうぞくの　脂肪族の, aliphatisch, 英 aliphatic 化学 バイオ 医薬

しぼうぶんかいせいの　脂肪分解性の(脂肪分解の), lipolytisch, 英 lipolytic = fat-splitting 化学 バイオ 医薬

しほこう　支保工, Verbau 男, 類 Zimmerung 女, timberng, timber support, sheathing 建設

しぼり　絞り(閉塞, スロットル), Drossel 女, choke, throttle 機械

しぼり　絞り(F値), Blende 女, 類 Diaphragma 中, stop, diaphram 機械 光学

しぼりかす　(特に果実酒醸造の)絞りかす, Trester 複, pomace 化学 バイオ

しぼりがたすきま　(金型などの)絞り型隙間, Ziehspalt 男, drawing gap, drawing clearance 材料 機械

しぼりせい　絞り性(絞り部位), Einschnürung 女, 類 Bedüsungszone 女, reduction of area 材料 機械

しぼりべん　絞り弁(バタフライバルブ), Drosselventil 中, 類 Quetschventil 中, throttle valve, butterfly valve 機械

しぼりべん　絞り弁(メータリングバルブ, 加減針弁), Messventil 中, metering valve 機械 電気

しぼる　絞る(圧搾する, 押しつぶす), quetschen, 英 crush, 英 squash, 英 squeeze, 英 wring 機械

しまこうはん　縞鋼板, kariertes Blech 中, 類 Riffelblech 中, checkered steel sheet 材料 鉄鋼 建設

しまもよう　縞模様, Streifenmuster 男, fringe pattern, stripe pattern 光学 機械 繊維

しまりぐあい　閉まり具合, Schluss 男 機械

しまりばね　締りばめ, Festsitz 男, 類 Schrumpfsitz 男, interference fit, tight fit, close fit 機械

しみ　Flecken 男, spots バイオ 繊維

シミュレーション　Sim. = Simulation = simulation 電気

シム　(詰め金), Klemmstück 中, 関 Beilageleiste 女, Beilagescheibe 女, clamping collar, shim 機械

シムプレート　[(ブローチ盤の)シム], Beilageleiste 女, 類 Beilagescheibe 女, shim plate 機械

じむぶんしょこうかんようしき　事務文書交換様式, ODIF = 英 office document interchange format = Dokumentenaustauschformat 電気

しめしそうち　湿し装置, Feuchtwerk 中, dampening unit 印刷 機械

しめしろ　締め代 Übermaß 中, interference, oversize, plus allowance 機械

ジメチルピペリジン・エヌ・ジチオカルバミンさんあえん　ジメチルピペリジン-N-ジチオカルバミン酸亜鉛, Dimethylpiperidine-N-Zinkdithiocarbamat 中, dimethylpiperidine-N-dithiocarbamic acid zinc salt 化学

しめんたい　四面体, Tetraeder 中, tetrahedron 数学

しや　視野, VF = 英 field of vision = Blickfeld 医薬 光学

シャーリング　Schere 女, 類 Zuschneiden 中, Gleitlinie 女, re-shering 機械 材料 操業 設備

シャーリングライン(すべり線), Gleitlinie 女, shering line, line of slide 連鋳 材料 機械 操業 設備

ジャイロサイト(鉄明礬[みょうばん]石), Jarosit 中, KFe$_3$(SO$_4$)$_2$(OH)$_6$, jarosite 地学

ジャイロスコープ　Gyroskop 中, gyroscope 機械 物理

しやく　試薬(反応力), Reagens 中, reagent 化学

しゃくほう(遮断機などの)釈放(解除, 解放), Auslösen 中, 類 関 Freigabe 女, release, triggering 機械 電気

しゃこうの　斜交の, schiefwinkelig, 類 schiefliegend, 英 askew 機械 数学 統計

しゃさいユニット　車載ユニット, OBUs =

しゃさいユニット　　　　　　　　　　　　　　　　　　　　　　　　　　　　　しゃないきかく

(英)onboard-units [機械] [電気]

シャシー (脚部), Fahrwerk [中], [類] Fahrgestell [中], Chassis [中], chassis [機械]

シャシーちょうせい　シャシー調整, Fahrwerkabstimmung [女], chassis adjustment [機械]

シャシーどうりょくけい　シャシー動力計, Kraftwagenprüfstand [男], chassis dynamometer [機械]

しゃじくはいち　車軸配置, Radanordnung [女], wheel layout, wheel alignment, wheel arrangement [機械]

しゃしつ　車室, Fahrgastraum [男], [類] Kompartiment [中], passenger compartment [機械]

しゃしつないぎそう　車室内艤装, Polsterung [女], [類] Ausstattung [女], upholstering [機械]

しゃしつないのうちばりそうしょく　車室内の内張り装飾(トリム), Karosserieverzierung [女], vehicle body decoration [機械]

しやしぼり　視野絞り, Gesichtsfeldblende [女], field-of view stop [光学] [電気]

しゃしゅつ　射出, Schuss [男], shot [機械]

しゃしゅつざい　射出材, Spritzgut [中], injected material [鋳造] [化学] [機械]

しゃしゅつする　射出する(遠心分離機にかける), schleudern, (英)centrifuge, (英)sling [機械] [化学] [バイオ]

しゃしゅつせいけい　射出成形, Spritzguss [男], injection molding [化学] [機械] [鋳造]

しゃせん　車線, Fahrstreifen [男], traffic line [機械]

しゃぞう　写像(模写, 図表), Abbildung [女], image, map；replizieren(模写する) [機械] [光学]

しゃたい　車体, Wagenkasten [男], vehicle body [機械]

しゃたいうちがわぶい　車体内側部位, Karosserieinnenteile [中] [複], non-exposed automotive parts [機械]

しゃたいがいそうぶ　車体外装部(外装ボデーパネル), Karosserieaußenhautteile

[中] [複], body outer skin parts [機械]

しゃたいだいわく　車体台枠(台枠), Untergestell [中], underframe [機械] [交通]

しゃたいたんめんのかべ　車体端面の壁(隔壁, ダッシュボード, カウル), Stirnwand [女], bulkhead, cowl, end wall, front wall [機械]

しゃだん　遮断(切断), Ausschalten [中], switching-off, turn off, elimination [化学] [バイオ] [数学] [統計] [電気]

しゃだんべん　遮断弁(チェック弁, 逆止弁), Sperrventil [中], [類] Rückschlagventil [中], Klappe [女], Klappenventil [中], check valve, non-reture valve, shut-off valve [機械] [化学]

しゃだんようりょう　(スイッチの)遮断容量[(スイッチの)スイッチング能力, (スイッチの)交換処理能力, (スイッチの)動作過電圧], Schaltleistung [女], breaking capacity, switching capacity [電気] [機械]

しゃちょうきょう　斜張橋, Schrägseilbrücke [女], cable-stayed bridge [建設]

しゃちょうせき　斜長石, Plagioklas [男], plagioclase [地学] [非金属] [鋳造] [機械]

ジャッキシャッター　Klinkenverschluss [男], jack shutter [機械]

ジャッキング・すべりきこう　ジャッキング・滑り機構, Gleit-Rutsch-System [中], jacking and skidding system [機械] [設備]

シャックル　(クランプ, 掛け金), Schäkel [男], [類] [関] Ansatz [男], Handschelle [女], Lasche [女], Riegel [男], shackle [機械]

シャッター　(クロージング装置), Verschluss [男], closing device, shutter, fasner, sealing [機械]

シャッターきょうど　シャッター強度(落下強度), Shatter-Index [男], (英)Shatter-index [鋳造] [機械] [材料] [製銑] [非金属]

シャッタースピード　Verschlusszeit [女] [光学] [電気]

しゃどうようスラブ　車道用スラブ(デッキ), Fahrbahnplatte [女], deck, carrageway slab [建設]

しゃないきかく　社内規格(社内標準), Kompanienorm [女], [類] Gesellschaftsnorm

女, company standard 規格 材料 品質

しゃないできょようされるざせきすうから さんしゅつされるきょり 車内で許容され る座席数から算出される距離(km), Plkm = <u>Platzkilometer</u> = kilometers in rela- tion to number of seats in the car 交通 法制度

しゃないひょうじゅん 社内標準(社内規 格), Gesellschaftsnorm 女, 類 Kompa- nienorm 女, company standard 規格 材料 品質

じゃのめべん 蛇の目弁(きのこ弁, リン グ弁), Ringventil 中, mushroom-type valve, annular valve, ring valve 機械

しゃばんきかん 斜板機関, Treibplatte- motor 男, swash plate engine 機械

しゃふくとう 車幅燈, Seitenmakierungs- leuchte 女, SML, 類 Spurhalteleuchte 女, width indicator, side marker lamp, sidelight 機械

シャフト (高炉のシャフト, 炉胸), Hochofenschacht 男, blastfurnace shaft 製鉄 設備 非鉄

シャフト (シャンク, 柄, 取っ手), Schaft 男, 類 関 Ansatz 男, Besatz 男, Henkel 男, Lasche 女, Vorsprung zum Halten 男, Haltevorrichtung 女, Zapfen 男, shaft, shank 機械

シャフト (トラニオン, ネック, ピン), Zapfen 男, trunnion, neck, shaft, pin 機械

シャフト (トレーラーシャフト), Deichsel 女, pole, shaft 機械

シャフトカラー Wellenbund 男, shaft collar 機械

シャフトかんそうき シャフト乾燥機(屋根 コラム乾燥機), Dächerschachttrockner 男, shaft drier 機械

シャフトシール (パッキン押さえ, パッキン箱), Stopfbüchse 女, stuffing box, gland seal, shaft seal 機械

しゃめん 斜面(勾配, ベベル), Schräge 女, slope 機械

しゃめんすい 斜面水(傾斜水), Hang- wasser 中, slope water, water comin- ning off slopes 地学 環境 化学 バイオ

しゃめんみぞ (時計の)斜面溝, Blende 女, 類 Lünette 女, bezel 機械

じゃりこうじょう 砂利工場, Kieswerk 中, gravel plant 建設

じゃりじき 砂利敷き, Aufschüttung 女, graveled, gravel-covered 交通 建設 機械

しゃりゅうあっしゅくき 斜流圧縮機, Di- agonalverdichter 男, diagonal compac- tor 機械

しゃりょう 車両, Gefährt 中, vehicle 交通 機械

しゃりょうしきべつばんごう 車輛識別番 号, VIN = 英 <u>v</u>ehicle <u>i</u>dentification number = Fahrzeugnummer 機械 法制度

しゃりょうせんたんぶ 車両先端部(ノー ズ), Vorbau 男, nose, forepart, fore- building 機械

しゃりんのましじめ 車輪の増し締め, Nachspannen des Rades 中, re-tension- ing(retightening)of the wheel 機械

しゅ 種, Spezies 女, 類 Art 女, species バイオ

じゅうい 獣医, Veterinär 男, 類 Tier- arzt 男, veterinarian バイオ 医薬

じゅういオンシンクロトロンせつび 重イ オンシンクロトロン設備, SIS = Schwer- ionensynchrtron = heavy ion synchro- tron 物理 電気 機械 設備

しゅういおんど (電気などで)周囲温度, Umgebungstemperatur 女, ambient temperature, environmental tempera- ture 電気 機械 環境

しゅういせい 雌雄異性, Zweihäusigkeit 女, 類 Diözie 女, dioecy バイオ

しゅうえんさいぼうしつ 周縁細胞質, Periplasma 中, periplasm バイオ 医薬

じゅうエンタルピー 自由エンタルピー, freie Enthalpie 女, free enthalpy 機械 エネ 化学 物理

しゅうえんぶへのそうにゅう 周縁部へ の装入(周縁部に行き届くような装入法), randgängiges Begichten 中, burden along the walls 製鉄 精錬 機械 非鉄

しゅうえんほうこうおうりょく 周縁方 向応力, Umfangsspannung 女, circumferential direction stress 機械

じゅうおうひ 縦横比, Bildkantenver-hältnis 中, 類 Seitenverhältnis 中, aspect ratio, slenderness ratio 機械

じゅうおくぶんのいち 十億分の一(1ppb $= 10^{-9}$), ppb = 英 parts per billion = Milliardstel 単位 数学 統計 物理 化学

しゅうかいか 集塊化(塊状集積, 集塊), Agglomeration 女, 関 Verklumpung 女, agglomeration 機械 化学

しゅうかくにんしき 嗅覚認識(嗅覚知覚), Geruchswahrnehmung 女, sense of smell 医薬

しゅうかテトラエチルアンモニウム 臭化テトラエチルアンモニウム, TEAB = Tetraethylammoniumbromid = tetraethyl ammonium bromide 化学

しゅうかぶつ 臭化物, Bromid 中, bromide 化学

しゅうき 周期(周波, 循環), Periode 女, 類 Umlaufzeit 女, cycle, phase, period 電気 機械

しゅうきばんごう 周期番号, Ordnungszahl 女, periodic number 電気 化学

じゅうけつ 充血, Blutandrang 男, 類 Hyperämie 女, Blutfülle 女, hyperemia, engorgement, injection, congestion 医薬

じゅうけんさく 重研削, Hochleistungs-schleifen 中, high-performance grinding, heavy duty sanding 材料 機械

じゅうげんそくひ 終減速比, Endunter-setzungsverhältnis 中, final reduction ratio 機械

しゅうごう 集合, Kollektiv 中, collective 数学 統計

じゅうごう 重合, Polymerisation 女, polymerization 化学

しゅう(きんりん)こうがいぼうしいいんかい 州(近隣)公害(放出)防止委員会(臭気・騒音などによる公害に関する), LAI = Länderausschuss für Immissions-schutz 環境 組織 社会

じゅうごうかのうな 重合可能な, polymeri-sationsfähig, 英 polymerizable 化学

じゅうごうした 重合した, polym. = polymerisiert = polymerized 化学

じゅうごうせいのある 重合性のある, polymerisationsfähig, polymerizable 化学

じゅうごうど 重合度, DP = 英 degree of polymerization = Polymerisations-grad 男 化学

しゅうこうレンズ 集光レンズ, Konden-sorlinse 女, 類 Beleuchtungslinse 女, condensing lens 光学

しゅうさん 蓚酸, Oxalsäure 女, oxalic acid 化学

しゅうさんかく 集散角, Vergenzwinkel 男, vergence angle 光学

しゅうさんきしぼうりつ 周産期死亡率, PMR = perinatale Mortalitätsrate = perinatal mortality rate 医薬

じゅうじかんつぎて 十字管継手, Kreuz-stück 中, cross piece, four-way connector 機械

しゅうしゅく (筋肉の)収縮, Kontraktion 女, 類 Schrumpfung 女, contraction, shrinkage 材料 機械 医薬

しゅうしゅくきけつあつ 収縮期血圧(収縮期圧, 収縮血圧, 最高血圧), SBD = systolischer Blutdruck = SBP = systolic blood pressure 医薬

しゅうしゅくきはいどうみゃくあつ 収縮期肺動脈圧, P_{SPA} = 英 systolic pulmonary artery pressure = systolischer Pulmonalarteriendruck 医薬

じゅうしゅくごう 重縮合, Polykondensa-tion 女, polycondensation 化学

しゅうしゅくす 収縮巣(気泡, ブローホール), Lunker 男, blow hole, shirinkage cavity 精錬 連鋳 鋳造 操業 設備 材料 電気 化学

じゅうじょう 十乗, Zehnerpotenz 女, decimal power 数学 統計

じゅうじょうせきぶんせんけいそういんボルタンメトリー 重畳積分線形掃引ボルタンメトリー(電解分析法), Faltungs-integral-Voltammetrie mit linearem Spannungsanstieg 女, convolution-in-

じゅうじょうせきぶんせんけいそういんボルタンメトリー tegral linear-sweep voltammetry 化学

しゅうしょく 修飾(一時変異), Modifikation 女, modification バイオ

しゅうしょくざい 修飾剤(調整剤, 改良剤), Modifikator 男, modifier 化学 バイオ

しゅうしょくし 修飾子, Kennzeichner 男, 関 Identifizierer 男, Bezeichner 男, qualified name, qualifier 電気

じゅうしんかいろ 重心回路, Viererleitung 女, phantom-circuit 電気

じゅうすい 重水, Schwerwasser 中, heavy water 原子力 化学

しゅうすいいき 集水域, WEG = Wassereinzugsgebiet = water catchment area 地学 交通 物理 バイオ

しゅうすいタンク 集水タンク(ストレージタンク), Sammelgefäß 中, collecting vessel 機械 化学

しゅうせいしんごう 修正信号, KS = Korrektursignal = correction signal 電気 機械

しゅうせき 集積, Anhäufung 女, 類 関 Akkumulation 女, accumulation 機械 化学 バイオ 環境

しゅうせきかいろ 集積回路, IC = 英 integrated circuit = Integrierter Schaltkreis 電気

しゅうせきてん 集積点, Einbringstelle 女, collecting point 機械 化学

しゅうせきの 集積の, illuvial, 英 illuvial 地学

しゅうそく 収束, Konvergenz 女, convergence 数学 統計 物理

しゅうそく 集束(ビーミング), Bündelung 女, beam, beaming 電気 物理

じゅうぞくえいようの 従属栄養の, heterotroph, 関 独 autotroph, 英 heterotrophic, 英 heterotroph 化学 バイオ

しゅうそくど 周速度, Periferiegeschwindigkeit 女, 類 Umfangsgeschwindigkeit 女, peripheral velocity, circumferential speed 機械

しゅうだん 集団(母集団, 個体群), Population 女, pop, population バイオ 数学 統計

しゅうたんせつぞくぶい 終端接続部位, Endstück 中, end connection piece 機械 設備

じゅうたんぞう 自由鍛造, Freiformschmieden 中, smith hammer forging, open die-forging 材料 機械

しゅうちゃく 収着(活性炭などの多孔性物質に対する気体分子や溶質の吸着現象をいう), Sorption 女, sorption 化学 バイオ 物理

しゅうちゅうちりょうしつ 集中治療室, ICU = 英 intensive care unit = Intensivpflegestation 医薬 設備

しゅうデータとうけいきょく 州データ統計局, LDS = Landesamt für Datenverarbeitung und Statistik 組織 電気

しゅうデータほごほう 州データ(情報)保護法, DSG = Landesdatenschutzgesetz der einzelnen Bundesländer 電気 法制度

じゅうてんコネクション 充填コネクション, Einfüllstuzen 男, filler connection, inlet pipe 機械

じゅうてんしょう 充填床, Schüttung 女, packed bed 地学 製銑 化学 バイオ

じゅうでんする 充電する, laden, 英 charge 電気 機械 製銑 精錬 物流

じゅうてんど 充填度, Füllgrad 男, filling grade 機械 化学

じゅうてんとう 充填塔, Füllkörpersäule 女, 類 Füllkörperkolonne 女, packed column, packed tower 化学 機械 設備

じゅうてんぶつ 充填物, Füllstoff 男, 類 Füllstück 中, Füllköroer 男, filler, filling material, bulking agent 機械 化学 交通

じゅうでんようりょう 充電容量, Stromaufnahme 女, chaging capacity 電気

じゅうてんりゅうげんり 充填流原理, Pfropfenstromprinzip 中, plug flow procedure 化学 バイオ 機械

じゅうてんレベル 充填レベル, Füllstand 男, filling level, level in a bin 機械 化学

じゅうど 自由度, Freiheitsgrad 男, degree of flexibility, degree of freedom エネ 機械 建設

じゅうどうじく 従動軸(アウトプット軸, カ

ウンター軸）, Abtriebswelle 女, driven shaft 機械

しゆうどうしゆの 雌雄同株の（植物）［雌雄同体の（動物）］, einhäusig, 英 monoecious バイオ

じゆうどうシリンダー 従動シリンダー, Nehmerzylinder 男, slave cylinder 機械

しゆうどうたい 雌雄同体, Zwitter 男, 類 Hermaphrodit 男, hermaphrodite バイオ

しゆうとくのかのうせい 習得の可能性, Erlernbarkeit 女, learnability 電気

じゆうにしちよう 十二指腸, Duodenum 中, 類 Zwölffingerdarm 男, duodenum 医薬

じゆうにしちようかいよう 十二指腸潰瘍, Geschwür am Zwölffingerdarm 中, 類 Duodenalgeschwür 中, U.d. = ラ Ulcus duodeni = Zwölffingerdarmgeschwür, duodenal ulcer 医薬

しゆうは 周波（周期, 循環）, Periode 女, cycle, phase, period 電気 機械 化学

じゆうばいにした 10倍にした, verzehnfacht, 英 increased tenfold 機械 数学 統計

しゆうはすうのしぼりこみ 周波数の絞り込み（割り込ませての分散記録, 入れ子, 割り込ませての多重処理）, Verschachtelung 女, interleaving 電気 光学

しゆうはすうへんかんき 周波数変換器（コンバータ, 電流変換器, データ形式変換器, 整流器）, Stromrichter 男, converter, rectifier 電気 機械

じゆうバリウムフリントレンズ 重バリウムフリントレンズ, BaSFL = Barium Schwere Flintlinse = dense barium flint lens 光学

じゆうハンマーたんぞう 自由ハンマー鍛造, Freiformschmieden 中, smith hammer forging, open die-forging 材料 機械

しゆうふうき 集風器, Luftleiteinrichtung 女, cowl system, fan ducting installation 機械 エネ 建設 設備

しゆうふく （遺伝子などの）修復, Instandsetzung 女, 類 関 Reparatur 女, repair-

ing バイオ

じゆうふくげた 充腹桁（ソリッドウエブガーダー）, Vollwandträger 男, solid web girder, plate girder 建設

しゆうふくタンパクしつ 修復タンパク質, Reparaturprotein 中, repair protein バイオ 医薬

しゆうふくほう 修復法, Sanierungsverfahren 中, rehabilitation procedure, renovation procedure バイオ 環境

じゆうぶんなりようを 十分な量を, q.s. = ラ quantum satis = ラ quantum sufficit = reichlich = genügend = sufficient quantity 化学 バイオ 医薬

じゆうぶんのいちちぜんぷく 1/10値全幅, FWTM = 英 full width at tenth maximum = Zehntel der Peakweite 数学 統計 光学 物理 材料

しゆうへんおうりよく 周辺応力（縁応力）, Randspannung 女, edge stress, extreme fiber stress 機械

しゆうへんカム 周辺カム, Umfangskurvenscheibe 女, priphery cam, peripherical cam 機械

しゆうへんきき 周辺機器, Peripheriegerät 中, peripheral device 電気 機械

しゆうへんききインターフェースアダプター 周辺機器インタフェースアダプター（周辺インターフェースアダプター, 非同期通信用インタフェースアダプター）, PIA = 英 peripheral interface adapter = periphere Schnittstellenadapter 電気

しゆうほうこうおうりよく 周方向応力（円周応力, フープ応力）, Ringspannung 女, 類 Umfangsspannung 女, hoop stress, ring tension, circumferential stress 機械

しゆうまつゆうどうきどうだんとう 終末誘導機動弾頭（機動式核弾頭, 複数機動型個別誘導弾頭）, MaRV = 英 maneuverable re-entry vehicle = Selbststeuernder Raketen-Sprengkopf = steuerbarer nuklearer Mehrfachsprengkopf 軍事 航空

じゆうゆ 重油, Schweröl 中, heavy oil 化学 機械

じゆうらっかはいすい 自由落下排水, Freifallentwässerung 囡, free fall drainage 建設

しゅうり 修理, Instandsetzung 囡, repairing 操業 設備

しゅうりょう 終了(結論), Schluss 男, closing, conclusion 機械 電気

しゅうりょうアップ 収量アップ, Ertragbildng 囡, yield up 化学 バイオ

じゅうりょうざいあつえんライン 重量材圧延ライン, Grobstraße 囡, rolling train for heavy products 材料 操業 設備

しゅうりょうする (プログラムなどを)終了する, beenden, 英 quit 電気

じゅうりょうパーセント 重量%, Gewichtsprozent 中, percent by weight 化学 バイオ 材料

じゅうりょうほしょう 重量保証, w.g. = 英 weight guaranteed = Gewicht garantiert 製品 経営

じゅうりょうロス 重量ロス(質量ロス), Masseverlust 男, weight loss 化学 バイオ

じゅうりょくあたりしゅつりょく 重量当たり出力(自動車などの動力性能のうち, 主に加速能力を表す指標として用いられる比率である), Leistungsgewicht 中, power to weight ratio 機械 電気 エネ

じゅうりょくおくり 重力送り, Fallspeisung 囡, 類 Zuführung durch Gefälle 囡, gravity feed 機械 化学 エネ 設備

じゅうりょくたんい 重力単位, gravitationale Einheit 囡, gravitational unit 機械 物理 単位

じゅうりょくひしゅつりょく 重量比出力(自動車などの動力性能のうち, 主に加速能力を表す指標として用いられる比率である), Leistungsgewicht 中, power to weight ratio 機械 電気 エネ

じゅうれつはんぷくはいれつ 縦列反復配列, die wiederholte aufeinanderfolgende Sequenz 囡, tandemly repetitive sequence, tandem repeat sequence 化学 バイオ

しゅうろく (単語に関する情報の辞書への)収録[(解説のある)見出し], Verzeich-niseintrag 男, the entry in a dictionary of information about a word 印刷

しゅおうりょくじく 主応力軸, Hauptspannungsachse 囡, principal axis of stress 機械

しゅおうりょくちょっこうせっせん 主応力直交切線(主応力定角軌道), Hauptspannungstrajektorie 囡, trajectory of principal stress 材料 機械 設備 建設

しゅおうりょくめん 主応力面, Hauptspannungsebene 囡, principal plane of stress 材料 機械 設備 建設

しゅが 主芽(主新芽), Hauptsproß 男, main bud 化学 バイオ

しゅくかん 縮環 Anellierung 囡, anellation 化学

しゅくごう 縮合(凝結, 凝縮, 濃縮, 復水), Kondensation 囡, condensation 機械 エネ 化学

しゅくじゅう 縮充(縮充機), Walke 囡, fulling machine, milling machine 繊維 機械

しゅくしょうじんしゅりゅう 縮小腎腫瘤, RRM = 英 reduced renal mass = reduzierter Nierentumor 医薬

しゅくしょうめいれいセットコンピュータ 縮小命令セットコンピュータ, RISC = 英 reduced instruction set computer = Computer mit überschaubarem Befehlssatz = Rechner mit reduziertem Befehlsvorrat 電気

しゅくへいせん 縮閉線, abgewickelte Linie 囡, evolute 数学 統計 機械

じゅこうかく 受光角, Auffangwinkel 男, acceptance angle, light receiving angle 光学

じゅこうきいったいかチップぎじゅつ (光ファイバーファイバー通信用の)受光器一体化チップ技術, ROC = 英 receiver on-a-chip technology = Empfangseinheit auf einem Chip 電気 光学

じゅこうそし 受光素子, Photoempfänger 男, 類 fotoelektrischer Strahlungsempfänger, photodetector, light receivingelement 光学

じゅこうろかいろ 受光路回路, PRC =英 photo-receiver circuit = Photo-Empfangsschaltung 電気 機械

しゅさんご 出産後, PP =ラ post partum = nach Geburt = after birth 医薬

じゅしがんしんしんしほう 樹脂含浸浸漬法, RTM =英 resin transfer moulding 鋳造 機械 化学 電気

じゅしがんしんせいけいかいせきソフトウエアー 樹脂含浸成形解析ソフトウエアー(日本イーエスアイ(株)の商品名), PAM-RTM 電気 鋳造 機械 化学

じゅしきょうかコンクリート 樹脂強化コンクリート, Polymerbeton-Verbundwerkstoff 男, concrete-polymer composite, CPC 建設 材料 化学

しゅじく 主軸, Hauptspindel 女, main spindle 機械

しゅじくだい 主軸台, Spindelkasten 男, 類 Spindelstock 男, fast head stock, spindle stock 機械

しゅじくとう 主軸頭(カッターヘッド), Fräskopf 男, cutterhead 機械

しゅじゅつの 手術の, operativ, 英 operative 医薬

じゅしんき 受信機, Empfänger 男, 関 RX =英 receiver cross = Empfänger-Anschluss, receiver 電気

じゅしんコイル 受信コイル, Empfangsspule 女, receiving coil 機械 電気

じゅしんしゃどうさとくせい 受信者動作特性, ROC =英 receiver operating characteristics = Empfänger-Betriebscharakteristik 医薬 電気 光学 機械

じゅしんしょりそうち (航空機の計器着陸システムのデータ)受信処理装置, RPU =英 receiver processor unit = Empfänger-Prozessoreinheit 電気 航空

じゅしんしんごうきょうど(たいすう)ひょうじき (受信機の)受信信号強度(対数)表示器, RSSI =英 (logarithmic)received signal strength indicator 電気

じゅしんポート 受信ポート, Empfangsport 男, receiving port 電気

しゅすいせん 取水栓(取水コック), Zulaufhahn 男, inlet valve, feed valve 操業 設備 機械

じゅせい 受精, Besamung 女, insemination;künstliche Besamung 女(人工授精) バイオ 医薬

じゅせいらんさいぼうせいせいき 受精卵細胞生成期, Zygotenbildung 女, zygote formation;auf der Ebene der Zygotenbildung[受精卵細胞生成期に(接合糸期に)] バイオ 医薬

しゅせきさんえん 酒石酸塩(酒石酸エステル, 酒石酸), Tartrat 中, tartrate 化学 バイオ

しゅせんだんおうりょくせん 主せん断応力線, Hauptschubspannungstrajektorie 女, trajectory of principal stress 材料 機械 設備 建設

じゅたいりょくのある 受胎力のある(肥沃な), fertil, 英fertile, 英reproductive バイオ 医薬

しゅちく 種畜(繁殖用家畜), Zuchtvieh 中, breeding livestock 化学 バイオ 医薬

しゅつがんしんさせいきゅう 出願審査請求, Prüfungsantrag 男, request for examination 特許 規格

しゅっけつ 出血, Hämorrhagie 女, 類 Blutung 女, bleeding 医薬

しゅっけついんし 出血因子, HF = hämorrhagischer Faktor = hemorrhagic factor バイオ 医薬

しゅつげんでんあつぶんこうほう 出現電圧分光法, APS =英 appearance potential spectroscopy 化学 電気 材料

しゅっこう 出鋼, Abstich 男, tapping 精錬 鋳造 操業 設備 鉄鋼

しゅっこうぐち 出鋼口(タップホール, 出湯口), Abstichloch 中, tapping hole 精錬 鋳造 操業 設備 鉄鋼 非鉄

しゅっこうほうしき 出鋼方式(出湯方式), Abstichverfahren 中 精錬 鉄鋼 非鉄 操業 設備

しゅっこうりょう 出鋼量(チャージ量, 出湯量), Abstichgewicht 中, tapping weight 精錬 鉄鋼 非鉄 操業 設備

じゅつごがっぺいしょう　術後合併症, postoperative Komplikation 女, postoperative complication 医薬

じゅつごの　(手)術後の, PO = postoperativ = 英 postoperative 医薬

しゅっさいこう　出滓口, Schlackenabstichloch 中, slag hole, slag notch 製鉄 精錬 鉄鋼 非鉄

しゅっしゃこうそく　出射光束(出射光, 出射線束), Ausgangsstrahl 女, outgoing beam 光学 電気

しゅっしゃたん　出射端, Austrittsende 中, light-radiating end, exting end 光学 電気

しゅっしゃめん　出射面, Lichtaustrittsfläche 女, light-emitting surface 光学 電気

しゅっせんぐち　出銑口(タップホール, 出湯口), Abstichloch 中, tapping hole 製鉄 操業 設備 非鉄

じゅつぜんしんだん　(手)術前診断, PODx = 英 preoperative diagnosis = präoperative Diagnose 医薬

じゅつぜんちょうおんぱ　(手)術前超音波, PUS = präoperativer Ultraschall = preoperative ultrasound 医薬 音響 電気

しゅつトランク(しゅっせん)　出トランク(出線), Verbindungsleitung 女, connecting line 電気

しゅつりょく　出力, Leistungsausbeute 女, power output 機械 エネ 電気

しゅつりょくする　出力する(交付する), ausgeben, 英 output 法制度 組織 電気

しゅつりょくぶんぱいシステム　出力分配システム(配電系統, 電力供給システム), PDS = 英 power distribution system = Stromversorgungssystem = Energieverteilungssystem 電気 設備

しゅつりょくみつど　出力密度(電力密度), Leistungsdichte 女, power density 電気 機械 エネ

しゅてん　主点(幾何光学において焦点距離などを定義する基準), Hauptpunkte 男 複, principal points 光学 数学

じゅてんそう　充填層, Schüttung 女,

packed bed 地学 製鉄 化学 バイオ

しゅとう　種痘, PSI = Pockenschutzimpfstoff = smallpox vaccination バイオ 医薬

しゅどうようりょうせいぎょ　手動容量制御, MGC = MVC = 英 manual gain or volume control = manuele Verstärkungsregelung 電気

しゅとくナンバー　取得 No.(受け入れ No.), 英 accession No. バイオ

じゅにゅうしょうみエネルギー　授乳正味エネルギー, NEL = Nettoenergie-Laktation = net energy lactation バイオ 医薬 エネ

しゅのざいこ・もくろく　種の在庫・目録(種の残存高), Arteninventar 中, species inventory, species live stock バイオ

しゅはすうじゅしん　周波数受信, Frequenzempfang 男, frequency reception 電気 機械

じゅひ　樹皮, Rinde 女, bark, cortex バイオ

しゅひずみ　主ひずみ, Hauptdehnung 女, principal strain 機械 材料

じゅひやねなどをほごするためにねもとのじめんにひろげるこのは・どろなどのこんごうぶつ　樹皮や根などを保護するために根元の地面に広げる木の葉・泥などの混合物, Rindenmulch 男, bark mulch バイオ

じゅみょう　寿命, Lebensdauer 女, 関 Standzeit 女, durability, fatigue life, operating life, lifetime, service life, stability time, holding time 機械 製品 医薬 操業 設備

じゅもくねんだいがく　樹木年代学, Dendrochronologie 女 バイオ

しゅよう　腫瘍(腫瘤), Geschwulst 女, tumor, growth 医薬

じゅよう　需要, Nachfrage 女, 類 Bedarf 男, demand 経営 製品

しゅよういでんし　腫瘍遺伝子(発癌遺伝子), Onkogen 中, oncogene バイオ 医薬

しゅようさいぼう　腫瘍細胞, Tumorzelle 女, tumour cell バイオ 医薬

じゅようしゃかぶ　受容者株, Rezipientenstamm 男, recipient strain バイオ

しゅようせいひん　主要製品(主力製品), Hauptprodukt 中, main product 操業

設備 製品

しゅようそしきてきごういでんしふくごうたい 主要組織適合遺伝子複合体, MHC = 英 mager histocompatibility complex = Haupthistokompatibilitätskomplex バイオ 医薬

じゅようたいがたタンパクチロシンリンさんかこうそ 受容体型タンパクチロシンリン酸化酵素, RPTP = Rezeptor-Protein-Tyrosin-Phosphatase = receptor proteintyrosine phosphatase 化学 バイオ 医薬

じゅようたいとくいせいタンパク 受容体特異性タンパク, RSP = rezeptorspezifisches Protein = receptor-specific protein 化学 バイオ 医薬

シュラウドリング Ummantelungsring 男, shrouding ring 機械 化学

ジュラき ジュラ紀, Jura 男, 英 the Jurassic 地学 物理 バイオ

しゅりゅう 腫瘤(腫瘍), Geschwulst 女, tumor, growth, mass 医薬

シュレッダー (粉砕機, グライディング装置), Zerkleinerungsmaschine 女, crushing machine, shredder, griding machine 機械 材料 設備

シュレッダーけいりょうフラクション(へん, わりあい) シュレッダー軽量フラクション (片, 割合), SLF = Schredderleichtfraktion = shredder light fraction 環境 リサイクル

シュレッダーざんざい シュレッダー残材, RESH = Reststoffe aus Shredderanlagen = residual material from the shredder 環境 リサイクル

じゅんあんていじょうたい 準安定状態, metastabiler Zustand 男, metastable state 精錬 材料 化学 バイオ 鉄鋼 非鉄

じゅんいそうせいごう (非線形光学過程での)準位相整合, QPM = 英 quasi phase matching = Quasi-Phasenanpassung 光学 物理

じゅんいっかいのそくどそく 準一階の速度則, Geschwindigkeitsgesetz pseudo-erster Ordnung 中, the rate law of the pseudo-first order 化学 バイオ 機械 物理 数学

じゅんかくねんしゅうきへんどう (オゾン減少の)準隔年周期変動, QBO = 英 quasi-biennial oscillation = Quasi-zweijährige Schwingung 環境 物理 化学 気象 光学

じゅんかつ 潤滑, Ölung 女, 類 Schmierung 女, lubrication 機械

じゅんかつざい 潤滑剤, Schmiermittel 中, lubricant 機械 化学

じゅんかつざいきょうきゅうき 潤滑剤供給機, Schmierstoffgeber 男, lubricant feeder 機械

じゅんかつフィルム 潤滑フィルム, Schmierfilm 男, lubrication film 機械 化学

じゅんかつベアリング 潤滑ベアリング, Wälzlager 中, antifriction bearing 機械

じゅんかつベアリングがついている 潤滑ベアリングがついている, wälzgelagert, 英 mounted in anti-friction bearing 機械

じゅんかつみぞ 潤滑溝, Schmiernute 女, lubrication groove, oil groove 機械

じゅんかつゆ 潤滑油, Schmieröl 中, lubricating oil, lubricant 機械 化学

しゅんかん 瞬間, Moment 男 全般

じゅんかんけつえきりょう 循環血液量, ZBM = zirkulierende Blutmenge = amount of circulating blood 医薬

しゅんかんじくせん 瞬間軸線, momentane Achse 女, instantaneous axis 機械

じゅんかんしょうがい 循環障害, Zirkulationsstörung 女, circulatory disturbance, circulatory failure, circulatory disorder 医薬

じゅんかんする (形容詞, 副詞)循環する, turnusmäßig, 英 regular 機械 経営

じゅんかんちゅうゆ 循環注油, Umlaufschmierung 女, circulating oiling, circulatory lubrication 機械

じゅんかんプロセス 循環プロセス, Kreisprozess 男, cycle, cycle process エネ 環境 機械 化学 バイオ

じゅんかんポンプ 循環ポンプ, Umwälzpumpe 女, circulation pump 機械

じゅんこうがくてきジャイロトロン　準光学的ジャイロトロン，QOG = quasi optisches Gyrotron = quasi-optical gyrotron 物理 光学

じゅんこうしゅつりりょく　巡航出力，Reiseleistung 女，cruising power 機械 船舶 海洋 航空

しゅんじとくべつひじょうでんげん　瞬時特別非常電源(停電後，0.5秒以内に作動)，momentane besondere Notstromversorgung 女，類 sofortige besondere Notstromversorgung 女，instantaneous special emergency power supply 医薬 電気 操業 設備

じゅんじょすう　順序数，Ordnungszahl 女，modal numbers，ordinal number，電気 数学 化学 建設

じゅんせい　準星，QSR = quasistellare Radioquelle = QSS = quasi-stellar radio source 物理 航空

しゅんせつせん　浚渫船，Baggerschiff 中，dredger 船舶 建設 機械

じゅんだんせいたんいつ(ひかり)さんらん　準弾性単一(光)散乱，QELS = 英 quasielastic single scattering = quasielastische einzelne Streuung 光学 物理 数学

じゅんちょうわの　準調和の，quasiharmonisch，英 quasi-harmonic 化学 バイオ 機械 物理 精錬 材料

じゅんていじょうの　準定常の，quasistationär，英 quasistationary 化学 バイオ 機械 物理 精錬 材料

じゅんてんちょうえいせい　準天頂衛星(準天頂軌道をとる衛星)，quasi-zenitaler Satellit 男，英 quasi-zenith satellite，英 quasi-zenithal satellite，QZS 航空 物理

じゅんどうかりつ　純同化率[乾物生産の担い手が葉であるとして生長速度を葉面積で除した量であり，単位葉面積，単位時間当たりの乾物増加量を意味する(g・m^{-2}・d^{-1})，出典:山口大学農学部ホームページ]，NAR = Netoassimilationsrate = unit leaf rate = net assimilation rate バイオ

じゅうどうせつ　(カムの)従動節，Nachfolger 男，follower 機械

じゅんどうはろがたはくまく(レーザー)　準導波路型薄膜(レーザー)，QWTF = 英 quasi-waveguide thin-film(laser) = quasi-Wellenleiter- Dünnschicht(laser) 光学

じゅんトンすう　純トン数，NT(貨客の搭載に利用できる容積をトン単位で表すもの．出典:デジタル大辞泉，小学館)，NRZ = Nettoraumzahl = net tonnage 船舶 機械 単位

じゅんび　準備，Vorbereitung 女，premachining，set-up change，tooling change；stehen in Vorbereitung(準備中である) 操業 設備 機械

じゅんびじかん　準備時間，Rüstzeit 女，preparation time 材料 操業 設備

じゅんびちゅうである　準備中である，stehen in Vorbereitung，under set-up changing 操業 設備

じゅんぶんり　純分離，Reindarstellung 女，preparation in a pure state，isolation in a pure state，raffination，purification 化学 バイオ

じゅんほうこうコンダクタンス　順方向コンダクタンス，Flussleitwert 男，forward conductance 電気 機械

じゅんりんかいの　準臨界の，nahkritisch，英 quasicritical 化学 原子力 物理

じゅんれつ　順列，Permutation 女，permutation 数学 統計

ジョイント　Fuge 女，groove，gap，seam，joint 溶接 機械

ジョイント　Gelenk 中，hinge，joint，link 機械

ジョイントけつごうの　ジョイント結合の(ヒンジの，柔軟な，フレキシブルの)，gelenkig，英 agile，英 lithe，英 hinged 機械

ジョイントプロジェクト　Gemeinschaftsprojekt 中，joint project 経営

ジョイントベアリング　Gelenklager 中，joint bearing，pivoting bearing 機械

しよう　子葉(胚葉，地上子葉，胚盤分葉)，Keimblatt 中，類 関 Keimschicht 女，Kotyledon 女，germ layer，embryonic layer，cotyledon バイオ

しよう　仕様(仕様書，明細書，スペック)，

Lastenheft 中, performance specification 機械 設備 規格 経営

しよう 飼養(養育, 飼料を与えること), Fütterung 女, feeding バイオ

しょう 章, Abschnitt 男, chapter 印刷

しよう 商, Quotient 男, qotient 数学 統計

しよういでんし 使用遺伝子, das gegebene Gen 中, the given gene バイオ 医薬

しょうえき 漿液(血清), Serum 中, 類 Blutserum 中, serum バイオ 医薬

しょうエネルギーほう 省エネルギー法, EEG = Energie-Einsparungs-Gesetz 環境 エネ 電気 法制度 経営 社会

しょうエネルギーモード 省エネルギーモード, PSM = 英 power saving mode = Energiesparmodus 電気 エネ

しょうえんたんぶ 消炎端部(隙間が小さくなる端部), Quetschkante 女, squeezed edge, quench edge(area) 機械

じょうおん 上音, Oberschwingung 女, harmonic oscillation, hamonic wave, overtone 光学 音響 電気

しょうおんかんげんほう 昇温還元法, TPR = Temperatur-Programmierte Reduktion = temperature programmed reduction 化学 物理 材料

しょうおんき 消音器(マフラー), Schalldämpfer 男, silencer 機械 環境 音響

じょうおんきん 常温菌, mesophile Bakterien 女 複, mesophilic bacteria, mesophile バイオ 医薬

しょうおんせいぎょだつり 昇温制御脱離, TPD = die temperaturprogrammierte Desorption = temperature programmed desorption 物理 化学

しょうおんだつりガスぶんせきほう 昇温脱離ガス分析法, TDS = thermische Desorptionsspektrometrie = thermal desorption spectrometry 化学 物理

しょうおんの 消音の(吸音の), schallabsorbierend 機械 音響

しょうか 昇華, Sublimation 女, sublimation 化学

しょうか 消化, Verdauung 女, diges-tion 医薬

しょうか 硝化(硝酸化成, 硝化作用, 硝酸化作用, 硝酸化成作用), Nitrifikation 女, nitrification 化学 バイオ

しょうがい 障害, Läsion 女, lesion 医薬

しょうかい(ふんたい)**ぎじゅつ** 小塊(粉体)技術, Nusstechnik 女, nut technology 機械 化学

しょうがいしんごう 障害信号(障害音), Störungssignal 中, fault-detection signal, interference signal, disturbance signal, trable-back signal 電気 操業 設備

しょうかいばんごう 照会番号, Diktatzeichen 中, reference number 電気

しょうかおでい 消化汚泥(腐敗スラジ, 浄化汚泥), Faulschlamm 男, digested sludge, septic sludge, sapropel 化学 バイオ 機械 環境

じょうかおでい 浄化汚泥(消化汚泥, 腐敗スラジ), Faulschlamm 男, digested sludge, septic sludge, sapropel 化学 バイオ 機械 環境

しょうかかん 消化管, Verdauungskanal 男, 類 Magen-Darm-Kanal 男, intestinal tract, gastrointestinal tract 医薬

しょうかき 消火器, Feuerlöscher 男, fire extinguisher 機械 化学 操業 設備

しょうかきかん 消化器官, Verdauungsorgan 中, digestive organ 医薬

しょうかきしっかん 消化器疾患, Verdauungskrankheit 女, digestive system disease, gastrointestinal disorder 医薬

じょうかした 浄化した, dekontaminiert, 英 decontaminated 化学 バイオ リサイクル 環境

しょうかせいかいようせいしっかん 消化性潰瘍性疾患, PUD = 英 peptic ulcer disease = Magengeschwür 医薬

じょうかそうち 浄化装置, Entgiftungssystem 男, decontamination system, detoxification system 機械

しようかのうな 使用可能な(実行可能な), praktikabel, 英 practicable, 英 practical 機械 電気 化学 設備

しようかんきょう 使用環境(ボックス,

フィールド），Feld 中，類 Kästchen 中，field 電気 物理

じょうかんぱん 上甲板，UD = 英 upper deck = Oberdeck 船舶

しょうき 笑気（一酸化二窒素，亜酸化窒素），Stickstoffoxydul 中，類 Distickstoffmonoxid 中，N_2O, dinitrogen monoxide, nitrous oxide 化学 バイオ 医薬

じょうぎ 定規，Lineal 中，ruler, straight edge 数学 統計 機械

じょうきアキュムレーター 蒸気アキュムレーター，Dampfsammler 男，steam chamber, steam collector 機械

じょうきあつ 蒸気圧，Dampfdruck 男，vapour pressure 化学 精錬

じょうきあつオスモーメータ 蒸気圧オスモメータ，VPO = 英 vapor pressure osmometer = Dampfdruck-Osmometer 化学 バイオ 物理

じょうきあっしゅくき 蒸気圧縮機，Brüdenverdichter 男，steam compressor 機械 化学

じょうきあつりょくけい 蒸気圧力計，Dampfdruckmesser 男 化学 精錬

じょうきガスふくごうタービン 蒸気ガス複合タービン，GuD-Turbine = Gas-und Dampf-Turbine 女，combined steam and gas turbine 機械 エネ

じょうきタービン 蒸気タービン，Dampfturbine 女，steam turbine 機械 エネ

じょうきドラム 蒸気ドラム，Dampftrommel 女，steam drum 機械 化学

じょうきとりいれぐち 蒸気取り入れ口，Drosselbohrung 女，throttling port 機械

じょうきはっせいき 蒸気発生器，Dampferzeuger 男，steam generator 化学 精錬 機械

じょうきボイラーきせいぎじゅつきそく 蒸気ボイラー規制技術規則，TRD = Technischen Regeln für Dampfkessel = The Technical Rules for Steam Boilers 機械 化学 材料 法制度

しょうきほう 小気泡，Luftbläschen 中，air bubbles 物理 精錬 化学

しょうきょ 消去（遮断，切断・矯正），Ausschalten 中，switching-off, turn off, elimination 化学 バイオ 医薬 機械 数学 統計

じょうきょうしょうこ 状況証拠，Indizien 中 複，indications, circumstantial evidence 環境 社会

じょうげおくりねじ 上下送りねじ，Hebespindel 女，vertical feed screw 機械

しょうげき 衝撃（強い揺り動かし），Schütterung 女，類 関 Erschütterung 女，chatter, shock, vibration 機械 地学 建設 船舶

しょうげきおうりょく 衝撃応力，Schlagbeanspruchung 女，類 Schlagbelastung 女，stoßartige Belastung 女，Stoßbelastung 女，impact stress 材料 機械 建設

しょうげきおん 衝撃音，Körperschall 男，impact sound 音響 機械 電気

しょうげきおんきゅうしゅう 衝撃音吸収，Körperschalldämmung 女，structure-borne sound insulation 機械 電気

しょうげききゅうしゅうざい 衝撃吸収材（衝撃ダンパー），Pralldämpfer 男，impact absorber, impact damper 機械

しょうげきダンパー 衝撃ダンパー（衝撃吸収材），Pralldämpfer 男，impact absorber, impact damper 機械

しょうげきでんりゅうはんそう（きゅうしゅう）**のう** 衝撃電流搬送（吸収）能［サージ電流搬送（吸収）能］，Stoßstromtragfähigkeit 女，peak short circuit carring capacity, impulse current carring capacity 電気

しょうげきほうこう 衝撃方向，Schlagrichtung 女，impact direction 材料 建設 機械

しょうげきモード 衝撃モード，Stoßart 女，shock mode 溶接 機械

しょうけつアルミナふんまつ 焼結アルミナ粉末，SAP = Sinter-Alumina-Pulver = sintered alumina powder 焼結アルミナ粉末 材料 非金属

しょうけつせつび 焼結設備，Sinteranlage 女，sintering plant 製銑 設備

しょうけつパレット 焼結パレット，Sinterpfanne 囡，sintering pallet，sintering pan 製銑 設備

じょうげん 上限，UL＝英 upper limit＝obere od. Obergrenze 機械 電気

じょうご 漏斗（ロート，押湯），Trichter 男，hopper，funnel，feeder，riser 化学 製銑 鋳造 精錬

しょうこうぐちのステップ （バスなどの）昇降口のステップ，Trittbrett 囲，running foot board 機械 交通

じょうこうぐちミラー 乗降口ミラー，Einstiegsspiegel 男 機械

しょうこうけい 昇降計（バリオメータ），Variometer 囲，rate of climb indicator，statoscope 機械 航空

しょうこうざい 消光剤（失活剤，クエンチャー），Quencher 男，類 関 Löscher 男，quencher，extinguisher，deactivating agent 機械 化学 バイオ 光学 電気

じょうこうふくてん 上降伏点，obere Streckgrenze 囡，upper yield point 材料 機械

しょうこん 傷痕，Narbe 囡，scar バイオ 医薬

じょうざいきん 常在菌，die normale Bakterienflora 囡，類 die normale Darmflora 囡，die bakterielle Normalflora 囡，normal bacterial flora，indigenous bacteria バイオ 医薬

しょうさいず 詳細図，Detailzeichnung 囡，detail drawing 機械

じょうざいびせいぶつそう 常在微生物叢，physiologische Flora 囡，indigeneous microbial flora バイオ 医薬

しようざいりょうのさくげん 使用材料の削減（非物質化），Entmaterialisierung 囡，dematerialisation，material reduction 機械 材料 建設 環境 経営

しょうさん 硝酸，Salpetersäure 囡，nitric acid 化学 バイオ

しょうさんアンモニウム（しょうあん） 硝酸アンモニウム（硝安），Ammoniumnitrat 囲，ammonium nitrate 化学 バイオ

しょうさんえん 硝酸塩（硝酸エステル），

Nitrat 囲，nitrate 化学 バイオ

しょうさんかさよう 硝酸化作用（硝化，硝酸化成，硝化作用，硝酸化成作用），Nitrifikation 囡，nitrification 化学 バイオ

しょうさんペルオキシアセチル 硝酸ペルオキシアセチル（オキシダントの成分，光化学スモッグで生成する強酸化物質），PAN＝Peroxyacetylnitrat＝peroxyacetyl nitrate 化学 バイオ 医薬 光学 環境

しょうさんペルオキシプロピオニル 硝酸ペルオキシプロピオニル，PPN＝Peroxypropionylnitrat＝peroxypropionyl nitrate 化学

じょうじせいきょうめいきゅうしゅう 常磁性共鳴吸収，PMR＝PR＝paramagnetische Resonanz＝paramagnetic resonance 電気 音響 物理 化学

じょうじせいの 常磁性の，paramagnetisch，英 paramagnetic 電気 機械

しょうしつ 消失（光合成における化学エネルギーの熱エネルギーへの遷移で生じる），Dissipation 囡，dissipation 化学 バイオ

じょうしてん 上死点，oberer Totpunkt 男，類 höchster Totpunkt，top dead point (center)，TDC 機械

しょうしゅつ 晶出，Kristallisation 囡，crystallization 材料 化学 鉄鋼 非鉄 物理

しょうじゅん 焼準（焼きならし），Normalglühen 囲，normalization 材料

しょうじゅんちょうせいねじ 照準調整ねじ（調整ピッチプロペラ），Einstellschraube 囡，adjust-pitch propeller，adjust bolt 機械

しようしょ 仕様書（仕様，明細書，スペック），Lastenheft 囲，performance specification 機械 設備 規格 経営

じょうしょうかん 上昇管，Steigrohr 囲，rising pipe 機械

しょうスペースの 省スペースの，platzsparend，英 space-saving 機械

しようせい 使用性（有用性，操作性，使い勝手），Verwendbarkeit 囡，関 Brauchbarkeit 囡，usability 機械 電気 環境 リサイクル

しょうせいの 漿性の（水性の，水分を含

む，水様の），wässerig．㊤watery 化学
バイオ 医薬

しようせいのうしけん 使用性能試験，
Brauchbarkeitsprüfung 女，usability
test 機械 電気 材料

じょうぞうののこりかす（しりょう） 醸造
の残りかす（飼料），Schlempe 女，slip，
stillage 化学 バイオ

しょうそん 焼損（断線），Durchbrennen
中，burn-out 電気

じょうたい 状態，Beschaffenheit 女，類
関 Zustand 男，Lage 女，Verhältnisse
中複，state，quality，composition 材料
機械 化学

じょうたいにあわせた 状態に合わせた，
zustandsorientiert，㊤stateful，㊤con-
dition-based 操業 設備 機械 化学

じょうたいほうていしき 状態方程式，
Zustandsgleichung 女，state equation，
equation of state，EOS エネ 化学 物理
精錬 材料

しようつよさ 使用強さBetriebsfes-
tigkeit 女，operational stability，struc-
tural durability 機械 材料

しょうてん（透視画法の）消点，Flucht-
punkt 男，vanishing point 光学 電気

しょうてん 焦点，Brennpunkt 男，focus
光学 音響

しょうてんきょり 焦点距離，Brennweite
女，focal length 光学 電気

しょうでんセンサー 焦電センサー，Py-
ro-elektro-Sensor 男，pyro-electric sen-
sor 電気 機械

しょうてんをあわせること 焦点を合わせる
こと（合焦，焦点調整装置），Fokussierung
女，focussing 光学 電気

しょうど 照度，Beleuchtungsstärke 女，
intensity of illumination 電気 光学

しょうどうじょうきタービン 衝動蒸気
タービン，Gleichdruckdampfturbine 女，
impulse steam turbine 機械 エネ

しょうどうタービン 衝動タービン，Im-
pulsturbine 女，類 Gleichdruckturbine
女，Aktionsturbine 女，impulse turbine
機械

しょうどくざい 消毒剤，Desinfektions-
mittel 中複，disinfectants 化学 バイオ
医薬

しょうとつパルスモード 衝突パルスモー
ド，CPM ＝㊤colliding pulse mode
電気

しょうどん 焼鈍（焼きなまし），Glühen
中，annealing 材料

しょうにか 小児科，Kinderheilkunde
女，類 Pädiatrie 女，pediatrics 化学
バイオ 医薬

しょうにまひ 小児麻痺，Kinderlehmung
女，infantile paralysis 化学 バイオ 医薬

しょうのう 小脳，Kleinhirn 中，関
Großhirn 中，cerebellum，cerebellar
化学 バイオ

しょうのうきょうかく（ぶ） 小脳橋角（部），
Kleinhirnbrückenwinkel 男，cerebello-
pontine angle 化学 バイオ 医薬

じょうはつ 蒸発，Verdunstung 女，evap-
oration，vaporization 化学

じょうはつかん 蒸発缶，Verdampfer 男，
evaporator 化学 操業 設備

じょうはつさせてのうしゅくする 蒸発さ
せて濃縮する，eindampfen，類 eindün-
sten，evaporate，vaporize 化学

じょうはつねつ 蒸発熱，Verdampfungs-
wärme 女，heat of vaporization，heat
of evaporation 機械 物理 化学

じょうはつロス 蒸発ロス，Verdunstungsver-
lust 男，evaporation loss 化学

しょうばん 床版，Bodenplatte 女，類 Auf-
lagerplatte 女，floor slab，floor system
建設 材料 鉄鋼

じょうばん 定盤，Tuschierplatte 女，類
Anreißplatte 女，Richtplatte 女，sur-
face plate 精錬 材料 機械

しょうひざいフォーラム 消費財フォーラム，
CGF ＝㊤The Consumer Goods Fo-
rum 規格 バイオ 製品 食品 経営

じょうひさいぼう 上皮細胞，Epithel-
zelle 女，epithelial cell 医薬

じょうひさいぼうせっちゃくぶんし 上
皮細胞接着分子，EpCAM ＝㊤epithe-
rial cell adhesion molecule バイオ 医薬

じょうひぞうしょくいんし 上皮増殖因子，EGF = 英 epidermal growth factor = der Epidermale Wachstumsfaktor バイオ 医薬

じょうひの 上皮の（表皮の），epidermal，類 関 epithelial，英 epidermal 医薬

しょうひんしきべつコード 商品識別コード（現在国際的に広く使 われている各種の商品に関する国際標準の識別コードを包括した総称，GS 標準に準拠，JAN，EAN，UPC，ITF などが GTIN である），GTIN = 英 Global Trade Item Number = Globale Artikelnummer gem. GS1-Standard 規格 製品 経営 電気

しょうひんみほん 商品見本（意匠，ひな型，サンプル），Muster 中，pattern，sample，specimen 製品 品質 経営

じょうぶどじょうそうい （有機堆積物を含む，鉱物を含有する）上部土壌層位，A-Horizont 男，A-horizon（Wörterbuch der Bodenkunde，Enke 1997 より） 地学 物理 バイオ

じょうへん （きんぞく） 条片（金属），Strcifen 男，strip 機械 材料

しょうほう 小胞（濾胞［ろほう］），Follikel 男，follicle 医薬

しょうぼうじどうしゃ 消防自動車，Löschfahrzeug 中，fire-fighting vehicle 機械

しょうほうたい 小胞体，endoplasmatisches Retikulum 中，類 関 Kompartiment 中，endoplasmic reticulum バイオ 医薬

じょうほうつうしんぎじゅつ 情報通信技術，IuK-Technik = IKT = Informations-und Kommunikationstechnik = information and communications technology，IT 機械 電気

しょうみしゅっしゃこうせんぶぶん 正味出射光線部分，Nutzteil des Lichtstrahles 中（男），light beam net part 光学 電気 機械

しようみつど 飼養密度，Besatzdichte 女，stocking density バイオ

じょうみゃく 静脈，Blutader 女，類 Vene 女，関 Arterie 女，Schlagader 女，vein 医薬

じょうみゃくしっかんぶんるいほう 静脈疾患分類法［臨床徴候・分類（Clinical sign，klinisches Anzeichen，klinische Klassifizierung），病因分類（Etiologic classification，ätiologische Klassifizierung），解剖学的分布（Anatomicaldistribution，anatomische Verteilung／Klassifizierung），病態生理的分類（Pathophysiologic dysfunction／classification，pathophysiologische Dysfunktion／Klassifizierung）の 4 項目からなる国際的臨床分類．出典：日本脈管学会ホームページ］，CEAP = 英 Clinical condition，Etiology Lokalisation，Anatomic location and "Pathophysiologie" Pathophysiology 医薬

じょうみゃくぞうえい 静脈造影，PG = Phlebografie = phlebography 医薬 電気 放射線

じょうみゃくちゅうしゃ（よう）の 静脈注射（用）の，intravenös，英 intravenous，英 intravenously 医薬

じょうみゃくてきとうふかしけん 静脈的糖負荷試験，vGTT = venöser Glukosetoleranztest = venous glucose tolerance test バイオ 医薬

じょうみゃくどちょう 静脈怒張，VD = venöse Dilatation = venous dilatation 医薬

じょうみゃくないの 静脈内の，intravenös，英 intravenous，英 intravenously 医薬

じょうみゃくはいえき 静脈排液，VD = Venendrainage = venous drainage 医薬

じょうみゃくばっきょじゅつ 静脈抜去術，Strippen 中，類 Strippung 女，stripping 医薬

じょうみゃくぶんきけっせんしょう 静脈分岐血栓症，VATh = Venenast-Thrombose = vein branch thrombosis バイオ 医薬

じょうみゃくりゅう 静脈瘤，Aderknoten 男，類 Varix 女，varicose vein，varicosis，varicosity 医薬

しょうめいデバイス 照明デバイス(照明手), Leuchtmittel 中, lighting device 電気 機械 建設

しょうめんくみあわせ 正面組み合わせ, DF = 英 face to face duplex 機械 電気

しょうめんせんばん 正面旋盤, Plandrehmaschine 女, face lathe 機械

しょうめんめんせき 正面面積(軸直角平面), Stirnfläche 女, front surface 操業 設備 機械

しょうめんモジュール 正面モジュール, Stirnmodul 男, transverse module 機械

しょうもうひん 消耗品, Verbrauchsmaterialien 複, consumable stores, consumables 材料 機械 経営

じょうよう (肺)上葉(この UL については英語の略語なのか, ドイツ語の略語なのかについては要注意である. ドイツ語では独 UL = 独 Unterlappen で下葉を指す), 英 UL = 英 upper lobe(of the lung) = Oberlappen 医薬

しょうようしゃ 商用車(商品輸送車), Nkw = NKW = Nutzkraftwagen = commercial vehicle 経営 機械 製品

じょうようしゃ 乗用車, Personenkraftwagen 男, PKW, passenger vechicles 機械

じょうようしゅつりょく 常用出力, Dauerleistung 女, cruising power, normal output 電気 機械

じょうようたいすう 常用対数($\lg x \equiv^{10} \log x$), lg = Logarithmus zur Basis 10 = Zehnerlogarithmus = common logarithm 数学 統計

じょうようはめあい 常用嵌め合い, empfohlene Passung 女, recommended fits, common fits 機械

じょうようふか 常用負荷, Normalbelastung 女, 類 Regelbelastung 女, normal load 機械

じょうりゅう 蒸留, Destillation 女, distillation 化学

じょうりゅうかのうな 蒸留可能な, destillierbar, 英 distillable 化学

じょうりゅうする 蒸留する, abdestillieren, 英 distill 化学

じょうりゅうとう 蒸留塔, Destillationskolonne 女, distillation column 化学

じょうりゅうぶんり 蒸留分離, die destillative Trennung 女, distilling and separating 化学

じょうりゅうぶんりする 蒸留分離する, destillativ trennen, 英 distill and separate 化学

じょうれい 条例, Verordnung 女, ordinance, regulation 法制度 経営 社会

しょうロットせいひん 小ロット製品, Kleinserienprodukt 中, small size of lot product 機械 操業 製品 経営

ショート Schluss 男, short circuit 機械 電気

ショートスタブエンド (溶接用カラー, 溶接ネック, スタブフランジ), Vorschweißbund 男, welding neck, welding collar, short stub end, stub flange 機械 溶接

ジョーバイス Schraubstock 男, jaw vice 機械

じょがい 除外, RO = 英 rule out = Ausschließen 医薬

しょきかする 初期化する, initiasieren, 英 initialize 電気

しょきせってい 初期設定, Standardeinstellung 女, default setting 電気 機械

しょきち 初期値, Anfangswert 男, intial value 機械 化学 物理

しょきちもんだい 初期値問題, Anfangswertproblem 中, 関 Randwertaufgabe 女(境界値問題), initial-value problem 数学 物理

しょきとうよりょうのりきかそくてい (医薬の)初期投与量の力価測定, TID = titrierte Initialdosis = titrated initial dose 医薬

しょきのじかくしょうじょう 初期の自覚症状, erkennbare Symptome im frühen Stadium 中 複, 類 auffällige Symptome im frühen Stadium 中 複, early noticeable symptoms 医薬

じょきょ 除去, Entfernung 女, rejection, spacing 数学 統計 化学 バイオ 機械

しょくえいようの 食栄養の, phagotroph, ⑧ phagotrophic バイオ

しょくご 食後(夕食後), PP = ⑦ post prandium = nach der Mahlzeit = after supper 医薬

しょくしん 触診, Palpation 女, palpation, touch 医薬

しょくしん・だしん・ちょうしん 触診, 打診, 聴診, PPA = Palpation-Perkussion- Auskultation = palpation, percussion and auscultation 医薬

しょくちゅうしょくぶつ 食虫植物, fleischfressende Pflanze 女, insectivorous plant バイオ

しょくちゅうどく 食中毒, Nahrungsmittelvergiftung 女, alimentary intoxication, food poisoning 医薬 食品

しょくどう 食道, Ösophagus 男, 類 Speiseröhre 女, esophagus 医薬

しょくどういじゅうにしちょうないしきょう(けんさ) 食道胃十二指腸内視鏡(検査)(上部消化管内視鏡検査), OGD = oesophagogastroduodenoscopy = Ösophagogastroduodenoskopie 医薬 電気 光学

しょくどうえん 食道炎, Ösophagitis 女, esophagitis 医薬

しょくどうがん 食道癌, Ösophaguskarzinom 中, 類Speiseröhrenkrebs 男, carcinoma of esophagus, esophageal cancer 医薬

しょくばい 触媒(触媒コンバータ), Katalysator 男, catalyst catalytic converter 化学

しょくばいだっしょうほう 触媒脱硝法(選択触媒還元脱硝法), KNR = die katalytische Nitratreduktion = catalytic nitrate reduction, 関 ⑧SCR, selective catalytic reduction 化学 機械 環境

しょくばいちゅうしん (酵素の)触媒中心, das katalytische Zentrum 中, catalytic center 化学 バイオ

しょくばいひどく 触媒被毒, Katalysatorrvergiftung 女, poisoning of the catalyst 化学 バイオ

しょくばいようき 触媒容器, Katalysatorbehälter 男, catalytic converter vessel 化学 バイオ

しょくひんあんぜんにかんするぜんていじょうけんプログラム 食品安全に関する前提条件プログラム,(BSI)PAS220:2008 = ⑧ Prerequisite program on food safty for food manufacturing, Publicity Available Specification 規格 バイオ 化学 食品 安全

しょくひんあんぜんにんしょうざいだん 食品安全認証財団(オランダ), FFSC = ⑧ Foundation for Food Safety Certification 規格 バイオ 化学 食品

しょくひんこうぎょう 食品工業,Ernährungsindutrie 女, nutrition industry, foodstuffs industry バイオ 化学 食品 安全 組織

しょくぶつ (ある地域・面を覆う)植物, Bewuchs 男, vegetation バイオ

しょくぶつがりようかのうなどじょうすいりょう 植物が利用可能な土壌水量, FK = Feld-Kapazität = Wasserhaltungsvermögen von Bödn = plant available water capacity 化学 バイオ 地学 気象

しょくぶつしんひんしゅほごこくさいどうめい 植物新品種保護国際同盟, UPOV = ⑭ Union international pour la protection des obtentions végétales = Internationaler Verein zum Schutz von Pflanzenzüchtungen = International Union for the Protection of New Varieties of Plants, 関PVPA バイオ 環境 特許 法制度 組織

しょくぶつせいちょうよくせいざい 植物成長抑制剤, PGR = ⑧ plant growth retardant = Pflanzenwachstum-Verzögerungsmittel 化学 バイオ

しょくぶつそう 植物相, Flora 女, flora バイオ

しょくぶつどくせいの 植物毒性の(植物に害を与える, 枯死性の, 植物毒素の), phytotoxisch, ⑧ phytotoxic 化学 バイオ

しょくぶつにがいをあたえる 植物に害を与える(枯死性の, 植物毒素の, 植物毒性の), phytotoxisch, ⑧ phytotoxic

しょくぶつにがいをあたえる　　　　　　　　　　　　　　　　　　　じりつしんけいしっちょうしょう

化学 **バイオ**
しょくぶつぼうえきほう　植物防疫法，
PflSchG = Pflanzenschutzgesetz =
Plant Protection Act **バイオ** **法制度**

しょくぶつほごせいひん　植物保護製品，
PSM = Pflanzenschutzmittel = plant
protection product **バイオ** **医薬**

しょくもつ　食物（飼料），Nahrung **女**，
food **バイオ**

しょくもつせっしゅ　食物摂取，Nahrungs-
aufnahme **女**，**関** Ingestion **女**，Nutri-
tion **女**，ingestion，nutrition **バイオ**
医薬 **環境**

しょくもつやくりはんのう　食物薬理反応，
PRF = **英** pharmacologic reactions to
foods = pharmakologische Reaktionen
auf Lebensmittel **バイオ** **医薬**

しょくもつれんささいしゅうこうせいいん
食物連鎖最終構成員（食物連鎖の終端環），
Endglieder der Nahrungskette **中** **複**，
end of the food chain，terminal link of
the food chain，end members of the
food chain **バイオ** **環境**

しょけんりょういき　（診断画像中の）所見
領域（検査対象領域，注目画像領域），
ROI = **英** region of interest = Region
von Interesse **医薬** **放射線** **電気**

じょしつき　除湿器，Entfeuchter **男**，de-
humidifier **機械** **環境**

じょそうざい　除草剤，Herbizid **中**，her-
bicide **化学** **バイオ**

しょそうようせつぶ　初層溶接部，Wurzel-
lagenbereich **男**，**類** erste Schweißraupe
女，root running area，root pass portion
材料 **機械** **溶接**

しょそく　初速 Anfangsgeschwindigkeit
女，inital velocity **物理** **操業** **設備** **機械**

しょぞくリンパせつ　所属リンパ節，RLN
= **英** regional lymph node = regionale
Lymphknoten **医薬**

しょっかくの　触覚の，haptisch，**英** haptic
バイオ **機械** **電気**

ショックアブソーバ　ショックアブソーバ（緩
衝器，ダンパー），Stoßdämpfer **男**，shock
absorber **機械**

しょっこくする　食刻する（補修する，修整
する，仕上げする），tuschieren，**英** spot-
ting，**英** finishing，**英** touching up **材料**
機械 **設備**

ショットブラストりゅう　ショットブラスト粒，
Strahlkorn **中**，blasting grain **材料** **機械**
化学

ショッピングカート　[マーケットバスケット
（方式）]，Warenkorb **男**，shopping cart/
basket **経営** **社会**

しょていの　所定の[（製造者などが）指
定した]，angegeben，**英** specified **機械**

しょほう　処方（処方箋），Ps = **英** pre-
scription = Rezept = Verschreibung
医薬

しょようりょう　所要量（推奨摂取量），RI
= **英** recommended intake = die emp-
fohlene Einnahmemenge **バイオ** **医薬**

しょりこうせきそうにゅうそうかざい　処
理鉱石装入装荷材，Erzmöllerstoff **男**，
homogenized ore burden，prepared ore
burden **製鉄** **地学**

ショルダー　（ねじの）ショルダー[（タイヤの）
リム]，Kranz **男**，shoulder，rim **機械**

シラカバ　Birke **女**，birch-tree **バイオ**

シラン　（水素化珪素），Silan **中**，silane
化学

シランか　シラン化，Silanisierung **女**，si-
lanization **化学**

シリカ　Kieselerde **中**，SiO_2，silica **化学**
精錬 **材料** **製鉄**

シリカゲル　Kieselgel **中**，silica gel **化学**

シリコンアルミマンガンけいごうきん
Si-Al-Mn 系 合 金，SAM = Silizium-A-
luminium-Mangan-Legierung = silicon-
aluminium-manganese-alloy **非鉄** **材料**

シリコンウエハー　Siliziumscheibe **女**，
silicon disk，silicon wafer，silicon
plate **電気**

**シリコンけいちゅうぞうようアルミニウム
ごうきん**　シリコン系鋳造用アルミニウム合
金，Silumin = siliziumhaltige Alumini-
umgusslegierung ＝ Si-Aluminum cast
alloy **非鉄** **材料** **鋳造**

じりつしんけいしっちょうしょう　自律神

経失調症, v.D. = vegetative Dystonie = vegetative dystonia 医薬

じりつてきインターフェース　自律的インターフェース, autarke Schnittstelle 囡, autonomous interface 電気

しりょう　試料(見本), Exemplar 田, copy. specimen 印刷 材料

しりょう　飼料(餌), Futtermittel 田, feedingstuff バイオ

しりょう・サンプルぶんしゅ　試料・サンプル分取, Probenteilung 囡, sample splitting 化学 バイオ

しりょうをあたえること　飼料を与えること(飼養, 養育), Fütterung 囡, feeding バイオ

しりょく(のするどさ)　視力(の鋭さ), Sehschärfe 囡, 類 Visus 男, visual acuity, vision, V 医薬 光学

しりょくしょうがい　視力障害, Sehstörung 囡, paropsis, visual disturbance 医薬 電気

じりょくせん　磁力線, Magnetfeldlinie 囡, magnetic field line 電気 機械 物理

じりょくせんこう　磁力選鉱, magnetische Scheidung 囡, magnetic concentration, magnetic separation 地学 製銑

シリルか　シリル化, Silylierung 囡, silylation 化学

シリンダーあっしゅくしけん　シリンダー圧縮試験, Zylinderdruckversuch 男, cylinder pressure test 材料 機械

シリンダーシャットオフ（シリンダーシャットダウン）, Zylinder-Abschaltung 囡, shutdown of cylinder, shut off cylinder 機械

シリンダーシャットダウン（シリンダーシャットオフ）, Zylinder-Abschaltung 囡, shutdown of cylinder, shut off cylinder 機械

シリンダーぞこガスケット　シリンダー底ガスケット, Zylinderfußdichtung 囡, cylinder base gasket, cylinder foot gasket 機械

シリンダーないけい　シリンダー内径, Zylinderbohrung 囡, cylinder bore 機械

シリンダーブロック　Zylinderblock 男, cylinder block 機械

シリンダーヘッド　Zylinderdeckel 男, 類 Zylinderkopf 男, cylinder head 機械

シリンダーヘッドガスケット　Zylinderkopfdichtung 囡, cylinder head gasket 機械

シリンダーライナー　Zylinderbüchse 囡, cylinder liner 機械

シリンダーれつ　シリンダー列, Zylinderreihe 囡, row of cylinders, cylinder bank 機械

シルルき　シルル紀(シルリア紀), Silurn, 英 Silurian 地学 物理 バイオ

じれいしんどう　自励振動, selbsterregende Schwingung 囡, 類 selbsterregte Schwingung 囡, self-induced vibration, self-excited oscillation 音響 機械 電気 物理

じろう　痔瘻, Analfistel 囡, 類 Afterfistel 囡, anal fistula 医薬

シロツメグサ　Klee 男, clover バイオ

しんあわせ　心合わせ, Fluchtlinie 囡, alignment line, vanishing line 機械

しんあわせじくうけ　心合せ軸受(振り子支承, 自動調心軸受, 調心軸受), Pendellager 田, pendulum bearing, self-aligning bearing 機械

じんうじんえん　腎盂腎炎(腎う腎炎), PN = Pyelonephritis = pyelonephritis 医薬

じんうぞうえい　腎盂造影, Py = Pyelographie = pyelography 医薬 放射線 電気

しんエコーず　心エコー図, UKG = Ultraschallkardiogramm = ultrasound cardiogram 医薬 音響 電気

しんえんど　真円度, Rundheitsabweichung 囡, roundness, circularity 数学 統計

しんおしじく　心押し軸, Reitstockpinole 囡, tail spindle 機械

しんおしだい　心押し台, Reitstock 男, headstock of lathe 機械

しんおんずけんさ(ほう)　心音図検査(法), PKG = Phonokardiografie = PCG = phonocardiografy 医薬 電気 音響

しんかくせいぶつ　真核生物, 英 Eucaryote バイオ

じんかんしつえき 腎間質液，RIF = renale interstitielle Flüssigkeit = renal interstitiel fluid バイオ 医薬

じんかんりゅうあつ 腎潅流圧，RPP =英 renal perfusion pressure = Nierenperfusionsdruck 医薬

しんきじこう 新規事項，neue Materie 女，new matter 特許 規格

しんきせい 新規性，Neuerung 女，類 Neuheit 女，innovation，novelty（patentability requirement）特許 規格

じんきのうけんさシンチグラフィー 腎機能検査シンチグラフィー（腎動態シンチグラフィー；腎臓の血流や糸球体での濾過能力など，腎臓の機能をみる腎動態シンチグラフィーと，腎臓の位置や大きさ，病変部位を調べるなど，腎臓の形態をみる腎静態シンチグラフィーの二つのタイプがある．出典：病院の検査の基礎知識ホームページ），NFS = Nierenfunktionsszintigrafie = renal function scintigraphy 医薬 放射線 電気

しんきょ 心距（距離），Entfernung 女，spacing 機械 化学 バイオ 数学 統計

しんきんこうそく 心筋梗塞，Herzinfarkt 男，類 Myokardinfarkt 男，cardiac infarction，myocardial infarction 医薬

しんきんどく 真菌毒，Pilztoxin 中，mycotoxin，fungal toxin バイオ 医薬

しんきんよくせいいんし 心筋抑制因子，MDF =英 myocardial depressant factor バイオ 医薬

しんきんるい 真菌類，英 Eumycetes バイオ

しんくうあつりょくへんどうしきゅうちゃく 真空圧力変動式吸着，Vakuum-Druckwechsel-Adsorption 女，vacuum pressure swing adsorption，VPSA 化学 操業 設備

しんくうキャブレター 真空キャブレター，Gleichdruckvergaser 男，constant vacuum（pressure）caburetor 機械

しんくうスイングきゅうちゃく 真空スイン

グ吸着，Vakuumwechseladsorption 女，vacuum swing adsorption，VSA 化学 操業 設備

しんくうパネル 真空パネル，Vakuumpanel 中，vacuum panel 電気 機械

しんくうプラズマようしゃほう 真空プラズマ溶射法，VPS =英 vacuum pressure plasma spray 操業 設備 機械 電気

シンクフロートぶんりほう （母岩から，石炭を分離する）シンクフロート分離法，Schwertrübesortierung 女，method to separate coal from the host rock using heavy media concentration with the turbinate fraction 地学 機械

じんクリアランスそくど 腎クリアランス速度，RCR = renale Clearancerate = renal clearance rate 医薬

シングルピストンキャリパー Einkolbensattel 男，single piston caliper 機械

シングルリンク Einzelgelenk 中，single link 機械

シンクロナイザー Synchroneinheit 女，synchronizer 機械

シンクロナイジングコーン Kegelsynchronisierung 女，synchronizing cone 機械

シンクロリラクタンスでんどうき シンクロリラクタンス電動機，Synchron-Reluktanzmaschine 女，synchronous reluctance machine 電気

しんけい 神経，Nerv 男，nerve 医薬

しんけいえいようの 神経栄養の，neurotroph，英 neurotrophic バイオ 医薬

しんけいか 神経科，Nervenheilkunde 女，the department of neurology，psychiatry，psychopathy 医薬

しんけいかつどうでんい 神経活動電位，NAP = Nervenaktionspotenzial = nerve action potential 医薬 電気

しんけいきんの 神経筋の，NM = neuromuskulär = neuromuscular バイオ 医薬

しんけいしかんせいますいじょうたい 神経弛緩性麻酔状態，NLA = Neuroleptanästhesie = Neuroleptanalgesie = neuroleptanesthesia = neuroleptanalgesia 医薬

しんけいしつな 神経質な(神経の), nervös, 英 nervous 医薬

しんけいしゃだんやく 神経遮断薬(神経遮断剤, 神経弛緩薬), NL = Neuroleptikum = 仏 neuroleptique = neuroleptic 医薬

しんけいせんい 神経線維, NF = Nervenfaser = Faden = nerve fibre 医薬

しんけいつう 神経痛, Nervenschmerzen 複, neuralgia 医薬

しんけいでんたつそくど 神経伝達速度, NLG = Nervenleit(ungs) geschwindigkeit = nerve transmission rate = nerve conduction velocity 医薬

しんけいの 神経の(神経質な), nervös, 英 nervous 医薬

じんけっしょうりゅうりょう 腎血漿流量, RPF = renaler Plasmafluss = renal plasma flow 医薬

しんげんち 震源地, Erdbebenherd 男, seismic focus, seismic centre, epicenter 地学 物理 気象 建設

しんこう 進行, Freigabe 女, opning, release 電気 機械

しんごう・ノイズ・ひずみ(ひずみりつ) 信号, ノイズ, 歪み(歪み率), SINAD = 英 signal, noise and distortion (harmonic distortion, distortion factor) = Signal, Rauschen und Verzerrungen(Klirrfaktor) 音響 電気

じんこうえいせい 人工衛星, künstlicher Satellit 男, artificial satellite 航空 電気

じんこうきこうしつ 人工気候室, Klimakammer 女, climatic chamber バイオ 気象

しんこうこうぎょうこく 新興工業国, NIC = 英 newly industrializing countries = neue Industriestaaten = Schwellenländer 経営 社会

じんこうこかんせつぜんちかん 人工股関節全置換, THR = 英 total hip replacement = Hüft-Totalendoprothese 医薬

しんごうしゅ (鉄道の)信号手(踏切番),

Sipo = Sicherungsposten = flagman = posting person 交通 電気

じんこうじゅせい 人工授精, Samenübertragung 女, artificial insemination, artificial fertilization バイオ 医薬

しんごうしょり 信号処理, Signalaufbereitung 女, signal processing, signal conditioning 電気 機械

しんごうしんごう 進行信号(使用可能化信号), Freigabesignal 中, enable signal, release signal 電気 交通 機械

しんこうせいがいがんきんまひ 進行性外眼筋麻痺(進行性外眼筋麻痺症候群), PEO = 英 progressive external ophthalmoplegia = progressive Ophthalmoplegie 医薬

しんこうせいかいじょうせんいしょう 進行性塊状線維症, PMF = progressive massive Fibrose = progressive massive fibrosis 進行性塊状線維症 医薬

しんこうせいせきずいせいきんいしゅく 進行性脊髄性筋萎縮(進行性脊髄性筋萎縮症, 進行性脊髄筋ジストロフィー), PSMA = progressive spinale muskuläre Atrophie = progressive spinal muscular atrophy 医薬

しんこうせいぜんしんまひ(しょう) 進行性全身麻痺(症), PGP = progressive generelle Paralyse = ラ Paralysis generalisata progressiva = progressive generalparalysis 医薬

しんこうせいまひ 進行性麻痺, PP = 英 progressive paralysis = fortschreitende Lähmung = progressive Paralyse 医薬

しんこうせいもうまくすいたいジストロフィー 進行性網膜錐体ジストロフィー, PZD = progressive Zapfendystrophie = progressive dystrophy of the retinal cones 医薬

じんこうちのう 人工知能, AI = 英 artificial intellegence = künstliche Intelligenz 電気 機械 数学 統計 機械

じんこうニューラルネットワーク 人工ニューラルネットワーク, KNN = künstliche neuronale Netzen = ANN = artificial neural networks 電気 機械 医薬 数学

しんごうリードせん 信号リード線, Signalleitung 女, signal line, signal lead 電気 機械

しんさかん 審査官(検査官), Prüfer 男, patent examiner, inspector, tester 特許 規格 全般 法制度

しんさつ 診察(検査, テスト, テスト方法, 検査法, 検査値), Untersuchung 女, investigation, research 化学 バイオ 医薬

しんさつじかん 診察時間, Sprechstunde 女, consultation hour 化学 バイオ 医薬

しんし 浸漬(含浸), Imprägnierung 女, 関 Infiltrierung 女, Perkolation 女, Permiabilität 女, Tauchen 中, Tränkung 女, Mazeration 女, dipping, immersing 化学 バイオ 医薬 機械 物理

じんじかんり 人事管理, Personalleitung 女, personal management 経営 操業

しんしきゅうゆ 浸漬給油(はねかけ潤滑, 飛沫潤滑), Tauchbadschmierung 女, immersion lubrication, splash lubrication 機械

しんしけいりょう 浸漬計量(浸漬測定), Tauchwägung 女, immersion weighing, immersion measuring 化学 バイオ 医薬 機械 物理

しんしせいの 親脂性の[脂質溶解(吸収)促進の], lipophil, 英 lipophilic 化学 バイオ 医薬 材料

しんしつ 心室, Herzkammer 女, 関 Vorhof 男, ventricle of the heart, chamber バイオ 医薬

しんしつかくちょうきようせき 心室拡張期容積, VDV = ventrikuläres diastolisches Volumen = ventricular diastolic volume 医薬

しんしつさいどう 心室細動, KF = Kammerflimmern = VF = ventrikuläres Flimmern = ventricular fibrillation 医薬

しんしつせいがいしゅうしゅく 心室性期外収縮, VES = ventrikuläre Extrasystole = ventricular extrasystole 医薬

しんしつほじゅうりつどう 心室補充律動,

VER = ventrikulärer Ersatzrhythmus = ventricular escape rhythm 医薬

しんしつりゅう 心室瘤, VA = Ventrikelaneurysma = ventricular aneurysm 医薬

しんしゅくアーム 伸縮アーム(サスペンションストラット, スプリングストラット), Federbein 中, suspension strut, spring strut 機械

しんしゅくじざいの 伸縮自在の(望遠鏡などの), teleskopisch, 英 telescopical, 英 slidably 機械 光学

しんしゅくつぎて 伸縮継ぎ手, FÜK = Fahrbahnübergänge-Konstruktion = expansion joint, 類 Dehnfuge 女, Kompensator 男, 機械 建設

しんしゅくボルト 伸縮ボルト, Dehnschraube 女, expansion bolt 機械

しんしゅつ 浸出(溶脱), Auslaugen 中, 類 Exsudation 女, Perkolation 女, leaching 化学 地学

しんしゅつする 浸出する, exsudieren, 関 auslaugen, 英 exude, 英 leach バイオ 化学 地学

しんしゅつぶつ 滲出物(浸出物), Exsudat 中, exsudate バイオ 化学 地学

しんじゅん 浸潤, Infiltration 女, infiltration, impregnation, permeation 化学 バイオ 医薬

じんしょうあつぶっしつ 腎昇圧物質, RPS = 英 renal pressor substance = renale Kompressorsubstanz 化学 バイオ 医薬

しんしょく 侵食(溶離, エリューション, ウオッシュアウト), Auswaschung 女, wash out, washing attack, cavitation, leaching 材料 化学 機械 建設 地学

しんすいせいの 親水性の, hydrophil, 英 hydrophilic 化学 バイオ

しんずな 新砂, Neusand 男, new sand 鋳造 機械

じんせい 靭性, Zähigkeit 女, 類 Viskosität 女, Konsistenz 女, toughness, viscosity 物理 連鋳 鋳造 材料 化学

しんせいじかんえん 新生児肝炎, NH =

neonatale Hepatitis = neonatal hepatitis （医）

しんせいじしゅうちゅうちりょうしつ 新生児集中治療室, NICU = （英）neonatal intensive care unit = （英）neorological intensive care unit = Sonderstation für Zufrühgeborene （化学）（バイオ）（医薬）

しんせいしゃ 申請者, Antragsteller （男）, applicant （経営）（社会）（全般）

しんせいだい 新生代, Känozoikum （中）, （英）Cenozoic （地学）（物理）（化学）（バイオ）

しんせきノズル 浸漬ノズル, Tauchausguss （男）, submerged nozzle （材料）（連鋳）（操業）（設備）

しんせきランスほう 浸漬ランス法, Tauchlanzenverfahlen （中）, submerged lance process （製銑）（精錬）（連鋳）

しんせんな 新鮮な（新しい）, rec. = （ラ）recens = frisch （医薬）

しんぞういしょく 心臓移植, Herztransplantation （女）, （類）Herzpflanzung （女）, cardiac transplantation, heart transplantation （医薬）

しんぞうけっかんしょう 心臓血管症, VDH = （英）vascular disease of the heart = Herz- und Gefäßkrankheit （医薬）

しんそうしゅつエネルギー 新創出エネルギー（再生エネルギー）, erneuerbare Energie （女）, renewable energy （エネ）（環境）

しんぞうでんどうけい 心臓伝導系, RLS = Reizleitungssystem = cardiac conduction system （医薬）

しんぞうでんどうしょうがい 心臓伝導障害, RLS = Reizleitungsstörung = conduction disorders （医薬）

しんぞうべんまくしょう 心臓弁膜症, Herzkappenfehler （男）, （類）Herzklappenerkrankung （女）, valvular disease of the heart, heart valve disease, VDH （医薬）

じんぞうろうじゅつ 腎造瘻術, Nephrostomie （女）, nephrostomy （医薬）

しんそうろか 深層濾過, Tiefenfiltration （女）, deep bed filtration （機械）（化学）（バイオ）

じんそくこうかん 迅速交換, QC = （英）quick -change = Schnellwechsel （電気）（機械）

じんそくじょうみゃくせいじんうぞうえい （ず） 迅速静脈性腎盂造影（図）, RSIVP = （英）rapid sequence intravenous pyelogram = kurz aufeinander folgendes intravenöses Pyelogramm （医薬）（放射線）

じんだいたいりょうほう 腎代替療法, RRT = （英）renal replacement therapy = Nierenersatztherapie （医薬）

しんだし 心出し［中央揃え（テキストレイアウトなどの）］, Zentrierung （女）, centering （機械）（電気）

しんだんぐんぶんるい 診断群分類（DPC に基づいて包括医療費支払い制度がなされている）, DPC = （英）diagnostic procedure combinations （医薬）

しんたんはだやき 浸炭肌焼き（表面硬化）, Einsatzhärtung （女）, case hardening, carburisation （材料）（機械）

シンチグラフィー （放射線核種の分布測定による癌転移などの診断などに用いる, 骨シンチグラフィーなど）, Szintigraphie （女）, scintigraphy （医薬）（放射線）

しんちょう 伸長（延長, 伸び）, Verlängerung （女）; Verlängerung am 5'-Ende, 核酸の 5' 末端での伸長 （バイオ）（材料）

しんちょうぶ 伸長部（延長部, 突出部, 付属物）, Fortsatz （男）, extension, prolongation （操業）（設備）（機械）（医薬）

しんちょくど 真直度, Geradheitsabweichung （女）, （類）Geradlinigkeit （女）, straightness （数学）（機械）

シンチレーションけいすうかん シンチレーション計数管, Szintillationszähler （男）, scintillation counter （電気）（機械）（医薬）（放射線）

しんてきがいしょうごストレスしょうがい 心的外傷後ストレス障害, PTSD = （英）posttraumatic stress disorder = posttraumatische Belastungsreaktion （医薬）

しんでんず 心電図, EKG = Elektrokardiogramm = electrocardiogram, ECG （医薬）（電気）

しんどう 振動（オシレーション, 振幅）, Schwingung （女）, oscillation （機械）（電気）（光学）（音響）

しんとう 浸透(浸潤), Infiltrierung 囡, 類 Imprägnierung 囡, Tauchen 囲, Perkolation 囡, Permiabilität 囡, Transmission 囡, infiltration 化学 バイオ 機械

しんとう・かくさんけいすう 浸透・拡散係数, Eindringungskoeffizient 男, penetration coefficient 機械 化学 バイオ 物理 材料

しんどうがたウオーターカラム 振動型ウオーターカラム(波動エネルギーの利用), OWC= 英 oscillating water column エネ 電気 海洋 環境

しんどうかんわじかん 振動緩和時間, Schwingungsrelaxationszeit 囡, vibrational relaxation time 機械 音響

しんとうきか 浸透気化(浸透蒸発, パーベーパレーション, 膜を通して液体を気化させる膜分離法), Pervaporation 囡, pervaporation 化学 物理

しんどうけい 振動系, Schwingungssystem 囲, vibration system, oscillatory system 機械 音響 交通

しんとうけい 浸透計(浸透圧計), Osmometer 囲, osmometer 化学 バイオ 機械

しんどうコンベヤー 振動コンベヤー, Schwingförderer 囡, oscillating conveyor 機械

しんどうし 振動子(発振器, オシレータ, トランスデューサ), Schwinger 男, 類 Oszillator 男, oscillator, transducer 電気 物理 光学 音響 機械

しんどうしじほう 振動指示法, Vibrometrie 囡, vibrometry 物理 材料 電気 光学

しんとうじょうはつ 浸透蒸発(浸透気化, パーベーパレーション；膜を通して液体を気化させる膜分離法), Pervaporation 囡, 英 pervaporation 化学 物理

しんとうせい 浸透性(透過性), Permeabilität 囡, permeability, magnetic inductivity；magnetische Permeabilität (磁気浸透性) 電気 化学 物理

しんどうテーブル 振動テーブル, erschütternde Tafel 囡, vibration table 機械

しんどうばん 振動板(隔膜, 薄膜, ダイアフラム), Membran 囡, 関 Diaphragma 囲, diaphragm 機械 電気 医薬

しんとうぶつ 浸透物, Permeat 囲, 関 Retentat 囲, permeate 化学 バイオ 機械 環境

しんどうふるい 振動ふるい, Schwingsieb 囲, 類 Schüttelsieb 囲, vibrating screen, oscillating screen 機械

しんなしけんさくばん 心なし研削盤, spitzenlose Schleifmaschine 囡, centerless griding machine 機械

しんにゅうくうきりょう 侵入空気量, Falschluftmenge 囡, infiltrated air 機械 エネ

しんにゅうこうがい (隣人などからの水, 煙, 音響などの)侵入公害(放散公害), Immission 囡, immission 環境 化学 音響 社会

しんにゅうたいきしんごう 進入待機信号, WEZ= Warteeinflugszeichen = waitsignal for approaching 航空 電気 機械

しんのずれ 心のずれ(相対変位, オフセット, ずれ, 非整列, ミスアライメント), Versatz 男, offset, displacement, misalignment 機械

しんのへいきんち 真の平均値, Mittelwert der Grundgesamtheit 男, 類 wares Mittel 囲, true mean 数学 統計

しんぱいそせいほう 心肺蘇生法, CPR = 英 cardiopulmonary resuscitation = kardiopulmonale Wiederbelebungsverfahren = Herz-Lungen-Wiederbelebungsverfahren 医薬

しんぱいていし 心肺停止, kardiopulmonaler Arrest 男, cardio-pulmonary arrest 医薬

しんはだんおうりょく 真破断応力, wahre Bruchspannung 囡, true stress of fracture 材料 機械 建設

しんぴ 真皮(表皮と皮下組織の間の乳頭層と真皮網状層から構成される皮膚の層), Corium 囲, 類 Lederhaut 囡, corium 医薬

しん(ぞう)ひだい 心(臓)肥大, Herzhypertrophie 囡, 類 Kardiomegalie 囡,

Herzvergrößerung 女, cardiomegaly 医薬

しんぷく 振幅(たわみ), Ausschlag 男, vibration amplitude 操業 設備 機械 電気

しんぷくオフセット 振幅オフセット Amplitudenoffset 中, amplitude offset 電気 光学

しんふぜん 心不全, Herzkreislaufinsuffizienz 女, 類 Herzinsuffizienz 女, cardiac insufficiency, cardiac failure, heart insufficiency 医薬

じんふぜん 腎不全, Niereninsuffizienz 女, NI, kidney failure, RF, renal failure, renal insufficiency 医薬

しんぶせんりょう 深部線量, TD = Tiefendosis = depth dose 放射線 医薬

しんぶせんりょうひゃくぶんりつ 深部線量百分率(深部量百分率), PTD = prozentuale Tiefendosis = percentage depth dose 医薬 放射線

シンブル Seilkausche 女, 類 Zwinge 女, thimble 機械

しんぶれとじくぶれ 心ぶれと軸ぶれ, Rundlauf und Planlauf 男, radial run-out and axial run-out 機械

しんぼう 心房, Vorhof 男, 類 Vorkammer 女, 関 Kammer 女, atrium 医薬

しんぼう 心棒, Dorn 男, 類 Spindel 女, arbor 機械

しんぼうかんちゅうかくけっそん 心房間中隔欠損(心房中隔欠損症), IASD = interatrialer Septumdefekt = interatrial septal defect 医薬

しんぼうさいどう 心房細動, Vorhofflimmern 中, VFl, atrial fibrillation 医薬

しんホルダー 芯ホルダー(ケーブルトロリー, パイプブラケット), LT = Leitungsträger, lead holder, cable trolley, pipe bracket 交通 機械 設備

じんましん 蕁麻疹, Quaddelsucht 女, 類 Urtikaria 女, urticaria 医薬

しんまでさびること 芯まで錆びること(すっかり錆びること), Durchrostung 女, rost through 材料 化学 機械

しんゆせいの 親油性の, oleophil, 類 関

lipophil, 英 oleophillic, 英 lipophilic 機械 材料 化学

しんヨーロッパうんてんサイクルひょうじゅん (燃費と排ガスを算出するための)新ヨーロッパ運転サイクル標準, NEFZ = Neuer Europäischer Fahrzyklus zur Ermittlung des Kraftverbrauches und der Abgasemission 規格 機械 環境 化学

しんらいくかん 信頼区間, CI = 英 confidence interval = Vertrauensbereich = Konfidenzinterval 数学 統計

しんらいせい 信頼性(信頼度), Zuverlässigkeit 女, reliability 数学 統計

しんらいど 信頼度, Vertrauensniveau 中, 類 Sicherheitsschwelle, Zuverlässigkeit, confidence level 数学 統計

しんりぶんせき 心理分析, PSAn = Psychoanalyse = psychoanalysis 医薬

しんりょうないか 心療内科, Abteilung Psychosomatische Medizin, 類 Abteilung Psychosomatik 女, department of psychosomatic medicine 化学 バイオ 医薬

しんりんのしたのこううりょう 森林の下の降雨量, Bestandsdeposition 女, 関 Freilanddeposition 女 バイオ 環境 気象

しんりんめんせき 森林面積[森林立木数, 林分(りんぶん):樹木の種類・樹齢・生育状態などがほぼ一様で, 隣接する森林とは明らかに区別がつく, ひとまとまりの森林をいう]. Waldbestand 男, forest stand バイオ 環境

しんりんりつぼくすう 森林立木数(森林面積, 林分)[⇒しんりんめんせき(森林面積)参照], Waldbestand 男, forest stand バイオ 環境

しんれいの 深冷の(極低温の), kryogen, 類 tiefkalt, 英 cryogenic 化学 物理 材料

しんろうけい 浸漏計, Lysimeter 中, lysimeter 機械 化学 バイオ

じんろうじゅつ 腎瘻術, Nephrostomie 女, nephrostomy 医薬

しんわせいの 親和性の(同属の, 同系の), verwandt, 英 consanguineous, 英 affine 化学 バイオ

しんわりょく　親和力, Affinität 女, affinity；chemische Affinität（化学親和力）化学 バイオ 物理

すいあげしゅんせつせん　吸い上げ浚渫船, Saugbagger 男, hopper suction dredger 船舶 建設 機械

すいあげポンプ　吸い上げポンプ, Heberpumpe 女, 類 Saugpumpe 女, siphon pump, suction pump 機械

すいい　水位, Wasserstand 男, 関 Wasserspiegel 男, water level エネ 機械 電気

すいいけい　水位計（水面計）, WG = 英 water gauge = Wassersäule 機械 化学 操業 設備

すいいしょく　膵移植（膵臓移植）, PTx = Pankreastransplantation = pancreas transplantation 医薬

ずいえきろう　髄液瘻, LF = Liquorfistel = cerebrospinal fluid fistula 医薬

すいかいぶつ　水解物, Hydrolysate 中, hydrolyzate 化学 バイオ

すいかせい（ぎ）のうほう　膵仮性（偽）嚢胞, PZ = Pankreaszyste = pancreatic pseudocyst 医薬

すいきのうふぜん　膵機能不全（膵機能不全症, 膵不全）, PI = Pankreasinsuffizienz = pancreatic insufficiency 医薬

すいぎんあつりょくけい　水銀圧力計, Quecksilberdruckmesser 男, mercury pressure gauge, mercury manometer 物理

すいぎんちゅう　水銀柱, QS = Quecksilbersäule = mercury column 物理 気象 化学

すいけいによる　推計による（推計学的な, 確率論的な）, stochastisch, 英 stohastisch 数学 統計 物理 化学

すいこうセメント　水硬セメント, hydraulischer Zement 男, 類 Wassetkitt 男, hydraulic cement 建設 機械

すいこみあつりょくせいぎょ　吸い込み圧力制御（ブースト制御）, Saugdruckregelung 女, suction pressure regulation 機械

すいこみぐち　吸い込み口（取り入れ口, 注入口, 浣腸）, Einlauf 男, 類 Zulauf 男, Zuführung 女, inlet, intake, enema, clyster 操業 設備 機械 化学 バイオ 医薬

すいこみファン　吸い込みファン（吸気ファン）, Vorsatzläufer 男, intake fan, inlet fan 機械 エネ 化学

すいさんかエチルでんぷん　水酸化エチル澱粉（ヒドロキシエチル澱粉, ヒトの血漿の代用品）, HES = Hydroxyethylstärke = hydroxyethyl starch 化学 バイオ 医薬

すいさんかカリウム　水酸化カリウム, Kaliumhydroxyd 中, potassium hydroxide, KOH 化学

すいさんかナトリウム　水酸化ナトリウム, Natriumhydroxid 中, sodium hydroxide 化学

すいさんかぶつ　水酸化物, Hydroxid 中, hydroxide 化学 バイオ

すいしつおせん・きけんぶっしつのくぶんにかんするドイツかんきょうきょくきそく　水質汚染・危険物質の区分に関するドイツ環境局規則, VwVwS = Verwaltungsvorschrift über die Einstufung wassergefährdender Stoffe = the Administrative Regulation on the Classification of Substances Hazardous to Waters 化学 バイオ 医薬 環境 法制度

すいしつほぜんかんりほごくいき　水質保全管理保護区域, Wasserschutzgebiet 中, water protection area 化学 バイオ 環境 法制度

すいじゃく　（急激な）衰弱, Kollaps 男, collapse バイオ 医薬

すいじゅん　水準（水平面）, Niv. = Niveau = level 機械 化学 バイオ 医薬

すいじゅんか 水準化(水平化)，Nivellierung 女，levelling 機械 数学 統計

すいじゅんき 水準器，Richtwaage 女，level，track level 機械 地学 建設

すいじゅんせいぎょき 水準制御器，PR = Pegelregler = level control 電気 機械

すいしょう 水晶(石英)，Quarz 男，quartz 地学 材料 電気 機械

すいじょうき 水蒸気，Brüden 男，vapors 機械 化学

すいしょうきかく ［EIA(米国電子機械工業会)の］推奨規格，RS = 英 recommended standard = empfohlener Standard 規格 電気

すいしょうけっしょう 水晶結晶，QC = 英 quartz crystal = Quarzkristall 物理 地学 電気

すいしょうたい 水晶体(レンズ)，Linse 女，lens 医薬 光学

すいしょうはっしんき 水晶発振器，XO = 英 crystal oscillator = Quarzoszillator 電気 機械

すいしん 推進(搬出，供給，採掘)，Förderung 女，promotion，dischage，deliverry，transfer，mining 機械 設備 操業 地学

すいしん 推進(ヘッディング，導抗)，Vortrieb 男，heading，advance 地学 機械

すいしんけいすう 推進係数，Vortriebswirkungsgrad 男，propulsion efficiency，propulsive efficiency 地学 機械 建設

すいしんこうりつ 推進効率，Fortbewegungswirkungsgrad 男，locomotion effectiveness 機械 エネ 航空 交通

すいしんやく 推進薬(膨張剤，発泡剤)，Treibmittel 中，blowing agent，propellant 化学 機械 エネ

スイスこうしきクロノメーターけんさきょうかい スイス公式クロノメーター検査協会，COSC = 仏 de Controle Officiel Swisse de Chronometers = Nicht-kommerzieller Verband der Schweizer Uhrenindustrie 機械 物理

すいせいがん 水成岩(堆積岩，沈積岩)，Sedimentgestein 中，sedimentary rock，aqueous rock 地学 バイオ 物理

すいせいくっさくりゅうたい 水性掘削流体(水性掘削液)，WBM = 英 water based mud = water based drilling fluid = wasserbasierte Bohrspülung 機械 地学

すいせいとりょう 水性塗料，wässrige Beschichtung 女，類 関 Dispersionslackierung 女，Wasseranstrichfarbe 女，aqueous coating，water-based paint 機械 材料 化学

すいせいの 水性の(水分を含む，漿性 [しょうせい]の，水様の)，wässerig，英 watery 化学 バイオ 医薬

すいせん 水栓，Wasserhahn 女，water faucet，water tap 機械

すいぞう 膵臓，Pankreas 中，類 Bauchspeicheldrüse 女，pancreas 医薬

すいぞうがん 膵臓癌(膵癌)，PK = Pankreaskarzinom = Bauchspeicheldrüsenkrebs = PC = pancreatic carcinoma = pancreatic cancer 医薬

すいぞうけっせきタンパク 膵臓結石タンパク，PSP = Pankreasstein-Protein = pancreatic stone (calculus) protein 化学 バイオ 医薬

すいぞうポリペプチド 膵臓ポリペプチド，PP = Pankreatisches Polypeptid = pancreatic polypeptide バイオ 医薬

すいそえんイオンかがたぶんせきけい 水素炎イオン化型分析計，FID = Flammenionisationsdetektor = flame ionization detector 化学 電気

すいそかぶつ 水素化物(ハイドライド)，Hydrid 中，hydride 化学

すいそかぶんかい 水素化分解(ハイドロクラッキング，分解水素添加)，Hydrospalten 中，類 Hydrospaltung 女，hydrocracking 化学 操業 設備

すいそけつごう 水素結合(一つの水素原子が，F，N，O などの電気陰性度の高い原子二つと弱く結びつく X-H---Y 型の結合をいう)，Wasserstoffbrückenbindung 女，hydrogen bridge bond 化学

すいそぜんぽうさんらんぶんせきほう

水素前方散乱分析法, HFS = 英 hydrogen forward scattering spectrometry 物理 化学 材料 光学 電気

すいそゆうきわれ 水素誘起割れ, HIC = 英 hydogen induced cracking = Wasserstoffinduzierte Rissbildung 材料 連鋳 原子力 化学

すいたんかんぞうえいほう 膵胆管造影法, PCG = Pankreatikocholangiografie = pancreatico-cholangiography 医薬 電気 光学 放射線

すいちゅうたいくうミサイル 水中対空ミサイル, Unterwasser-Luft Raketengeschoss 中, underwater-to-air missile, UAM 航空 船舶 海洋 軍事

すいちょくおうりょく 垂直応力, Normalkraft 女, normal strss 機械 建設

すいちょくがたパッケージモジュール 垂直型パッケージモジュール(垂直にして薄型化を図ったLSI), VPM = 英 vertical package module 電気

すいちょくきょうしんきめんはっこうレーザー 垂直共振器面発光レーザー(共振器が半導体の基板面に対して垂直方向に形成されていることにより, レーザー光は基板面に垂直に射出される. 出典:Optipedia ホームページ), VCSEL = 英 vertical cavity surface emitting laser 電気 光学 物理

すいちょくへんい 垂直偏位(眼科), VD = Vertikaldeviation = vertical deviation 医薬 光学

すいちょくりちゃくりくき 垂直離着陸機, vertical Start und Landung Flugzeug 中, 類 Senkrecht-Start und-Landung Flugzeug 中, vertical take-off and landing aircraft, VTOL 航空 機械

スイッチいでんし スイッチ遺伝子, Genschalter 男, genetic switches バイオ 医薬

スイッチオフ (活性または濃度の減少状態), Abschwächung 女, switch-off, diminution, relaxation 化学 バイオ

スイッチオフしんごう スイッチオフ信号, Abschaltsignal 中, switch-off signal 機械 電気

スイッチキャビネット (配電盤格納庫), Schaltschrank 男, switch cabinet 電気 機械

スイッチじかん スイッチ(に要する)時間[切替え(に要する)時間], Schaltzeit 女, circuit time, switching time 電気 機械

スイッチのていていこうでんあつけんさほう スイッチの低抵抗電圧検査法, LRM = 英 low resistance modified(system)= Spannungsprüfsystem für Schaltanlagen 電気

スイッチブレード (転轍軌条の先端), Weichenzunge 女, switch blade, tongue 交通 機械

スイッチングのうりょく (スイッチの)スイッチング能力[(スイッチの)交換処理能力, (スイッチの)遮断容量, (スイッチの)動作過電圧], Schaltleistung 女, breaking capacity, switching capacity 電気 機械

スイッチングひんど スイッチング頻度(スタート頻度), Schalthäufigkeit 女, switching frequency, starting frequency 電気 機械

すいていりょう 推定量, Schätzer 男, estimator 数学 統計

すいとう 水痘(水疱瘡[みずぼうそう]), V = Varizellen = varicella バイオ 医薬

すいとりし 吸い取り紙, Fließpapier 中, absorbent paper, blotting paper 化学 バイオ

すいのうほうせいせんいしょう 膵嚢胞性線維症(嚢胞性線維症), Mukoviszidose 女, 類 Zystische Fibrose 女, cystic fibrosis 医薬

すいひをほどこした 水肥を施した, begüllt, 英 liquid manure-fed 化学 バイオ

すいひ(スラリー)かくはんそうち 水肥(スラリー)攪拌装置, Güllerührwerk 中, liquid manure agitator バイオ 機械 設備

すいぶんがんゆうりょう 水分含有量, WG = Wassergehalt = water content 化学 バイオ 医薬

すいぶんしんとう 水分浸透(完全に湿らせること), Durchfeuchtung 女, moisture penetration 機械 化学

すいぶんたいしゃ 水分代謝, Wasserhaushalt 男, balance of water, water metabolism, biological water balance バイオ 医薬

すいぶんほじりょく 水分保持力(保水量, 保水, 水分保持, 水分貯留, 水貯留), Wasserretention 女, 類 Wasserrückhaltung 女, water retention バイオ 地学 環境

すいぶんをふくむ 水分を含む(水性の, 漿性[しょうせい]の, 水様の), wässerig, 英 watery 化学 バイオ 医薬

すいへいか 水平化(水準化), Nivellierung 女, levelling 機械 数学 統計

すいへいじく 水平軸(スライド旋回軸), Kippachse 女, horizontal axis, slide tilting axis 機械

すいへいじょうちょうけんさ 水平(長手方向)冗長検査, LRC = 英 longitudinal redundancy check = Längsparität 電気

すいへいすみにくようせつ 水平すみ肉溶接, liegende Kehlschweißung 女, 類 waagerechtes Kehlnahtschweißen 中, horizontales Kehlnahtschweißen 中, Horizontalkehlnaht 女, horizontal fillet weld 溶接 機械

すいへいたいりゅう 水平対流, Advektion 女, advection エネ 物理

すいへいでんぱ 水平伝播, horizontale Transmission 女, horizontal transmission 電気 音響

すいへいでんぱいでんしいにゅう 水平伝播遺伝子移入(遺伝子の水平伝播は母細胞から娘細胞への遺伝ではなく, 個体間や他生物間において起こる遺伝子の取り込みを指す. 出典:Weblio 生物学辞典), horizontaler Gentransfer 男, 類 horizontale Genübertragung 女, gene horizontal transfer, horizontal gene transfer, lateral gene transfer 化学 バイオ

すいへいどうきしゅうはすう 水平同期周波数(線周波数, 電源周波数, ライン周波数), Zeilenfrequenz 女, line frequency, horizontal frequency 電気

すいへいの 水平の, waagrecht, 類 horizontal, 関 senkrecht, 英 horizontal 機械

すいへいようせつ 水平溶接(横向き溶接), waagerechte Schweißung 女, horizontal welding, horizontal position of welding 溶接 機械 建設

スイベルしきギヤーくどうそうち スイベル式ギヤー駆動装置(ノートン型ギヤーボックス), Nortongetriebe 中, Norton-type gear box, swivel gear drive 機械

すいポリペプチド 膵ポリペプチド(膵臓ポリペプチド), PPP = pankreatisches Polypeptid = pankreatic polypeptide バイオ 医薬

ずいまくえん 髄膜炎, Meningitis 女, meningitis 医薬

すいみつ 水密, Wasserdichtigkeit 女, waterright, water proofing 機械 化学 設備

すいみんじむこきゅうしょうこうぐん 睡眠時無呼吸症候群, SAS = Schlafapnoe-Syndrom = sleep apnea syndrome 医薬

すいみんポリグラフけんさ 睡眠ポリグラフ検査, Polysomnogramm 中, polysomnogram 医薬 電気

すいめん 錐面, Kegelmantel 男, envelope of cone 化学 機械 数学

すいようせいげり 水様性下痢(水様下痢), WD = wässrige Diarrhö = water diarrhea 医薬

すいようせいの 水溶性の, wasserlöslich, 英 water-soluble 化学 バイオ 医薬

すいようそうち 水揚装置, Wasserhebeeinrichtung 女, water raising equipment, water supply equipment 電気 機械 エネ

すいりょくはつでんせつび 水力発電設備, WA = Wasserkraftanlage = hydroelectric power plant 電気 エネ 設備

すいれいきゃくげんしろ 水冷却原子炉, WCR = 英 water-cooled reactor = Wassergekühlter Reaktor 原子力 電気 エネ 設備

すいれいしきれいきゃくき 水冷式冷却器(閉回路式冷却装置), Rückkühler 男, closed-circuit cooler, cooling tower 機械 エネ

すいれいジャケット　水冷ジャケット，Wassermantel 男，water jacket 製銑 精錬 機械 エネ 化学 操業 設備

スイングアーム（オートバイなどの），Schwinghebel 男，swing arm，rocker arm 機械

スイングアーム（フローティングレバー），Schwinge 女，類 関 Schwinghebel 男，floatng lever，swing arm 機械

スイングアクスル　Schwingachse 女，swing axle 機械

スイングホースステム　Schwenkschlauchnippel 中，swing hose stem 機械

すうちせいぎょ　数値制御，NC = 英 numeric control = numerische Steuerung 電気 機械 材料

スーパーサルフェートセメント（高炉スラグにカルシウムサルフェートほかを混合したもの），SHZ = Sulfathüttenzement = supersulfated cement 建設 製銑 リサイクル

スーパーチャージング（過給），Aufladung 女，super charging 機械

スーパーヘテロダイン　Überlagerung 女，superimposition，superheterodyning 電気 地学

スーパーヘテロダインじゅしん　スーパーヘテロダイン受信（スーパーヘテロダイン受信器によって受信波を中間周波数に変換し，それからこれを検波するような受信過程，選択度・感度の向上が容易である），Überlagerungsempfang 男，superheterodyne reception 電気

ズーム　Zoom 男，zoom 光学 電気

すえおきあつりょく　据え置き圧力，Aufsetzkraft 女，contact force 機械 材料

すえこみ　据え込み（アップセッティング），Gesenkdrücken 中，類 Stauchung 女，upsetting 機械 操業 設備

すえひろノズル　末広ノズル，divergierende Düse 女，類 Diffsordüse 女，divergent nozzle 機械

スカーフィング（デスケーリング），Entzunderung 女，descaling，scouring 材料 機械 設備

スカラップ　［扇形（にすること），フェストゥーン，花采］，bogenförmiger Ausschnitt 男，類 Feston 中，curved festoon，scallop 材料 機械 溶接

すぎさったじゅうごふんかん　過ぎ去った15分間，vergangene Viertelstunde 女，past quarter-hour 電気 機械 物理 操業 全般

スキッド　Schlitten 男，skid 機械

スキップカー（傾転バケット），Kippkübel 男，skip car 製銑 操業 設備

スキマー（鉱滓堰），Schlackenüberlauf 男，関 Abstreifer 男，skimmer，slag overflow 製銑 精錬 鉄鋼 非鉄

すきまがちいさくなるたんぶ　隙間が小さくなる端部（消炎端部），Quetschkante 女，squeezed edge，quench edge(area) 機械

すきまゲージ　隙間ゲージ，Dickenmesser 男，類 Fühlerlehre 女，thickness gauge，slip gauge，feeler gauge 機械

すきまのせまいつぎて　隙間の狭い継ぎ手，Engspaltfuge 女，narrow-gap joint 溶接 機械

すきまばめ（動きばめ），Laufsitz 男，類 Spielsitz 男，Spielpassung 女，clearnace fit，movable fit，loose fit，running fit 機械

すきまフラップ　隙間フラップ，Spaltklappe 女，split flap 機械

すきまようせき　すきま容積，Kompressionsvolumen 中，類 関 Totraum 男，clearance volume，compression space 機械

スキャンする　スキャンする（走査する，検知する），abtasten，類 aufspüren，scan 電気

スキンパス　Glätten 中，skin pass 材料 操業 設備

スキンパスミルスタンド　Dressiergerüst 中，類 Nachwalzgerüst 中，Glätten 中，skin pass mill stand 材料 操業 設備

スキンプレート　Blechhaut 女，skin plate 機械 材料

すくいかく　すくい角，Spanwinkel 男，rake angle 機械

すぐうんてんできる　すぐ運転できる（出来合いの，すぐ入居できる），schlüsselfertig，英 turn-key ready，英 ready to use

すぐばかさはぐるま ［操業］［設備］［機械］［製品］［建設］
直歯かさ歯車，Kegelstirnrad ［中］，bevel spur gear ［機械］

スクラップ Schrott ［男］，scrap ［精錬］［機械］

スクラップとう スクラップ棟，Schrotthalle ［女］，scrap bay（hall）［精錬］［操業］［設備］

スクラップとうにゅう（りょう・りつ） スクラップ投入（量，率），Schrottsatz ［男］，scrap ratio ［精錬］［製銑］［操業］［設備］

スクラップようかい スクラップ溶解，Schrottaufschmelzen ［中］，scrap melting ［精錬］

スクラップよねつ（ほう） スクラップ予熱（法），Schrottvorwärmen ［中］，scrap preheating ［精錬］［エネ］［リサイクル］［操業］［設備］

スクリーン （画面），Bildschirm ［男］，display，display screen ［電気］

スクリーンサイズ Sieböffnung ［女］，screen size ［機械］［化学］［バイオ］

スクリーンセーバー Bildschirmschoner ［男］，screen saver ［電気］

スクリーンバスケット Siebkorb ［男］，screen basket，sieve basket ［機械］

スクリューアンカー （ねじクランプ，ねじ込み端子），Schraubklemme ［女］，screw terminal，screw clamp ［電気］［機械］

スクリューがたミキサー スクリュー型ミキサー，Schraubbandmischwerk ［中］，screw mixer ［機械］

スクリューキャップ （まわし蓋，ねじ込み口金），Schraubdeckel ［男］，screw-down cover，screw cap，screw-type closure ［機械］

スクリュークランプ Schraubzwinge ［女］，screw clamp ［機械］

スクリューねじ （ねじ山），Einschraubgewinde ［女］，integral thread，screw thread ［機械］

スクリューフィーダー （スクリュー給炭機，スクリュー給鉱機），Schneckenaufgeber ［男］，［類］Schneckenförderer ［男］，screw feeder ［機械］［製銑］［地学］

スクリュープレス （ねじプレス），Schneckenpresse ［女］，screw press ［機械］

スクリューポンプ （ねじポンプ），Schraubenpumpe ［女］，screw pump ［機械］

スクレイパー （配管試験検知器），Molch ［男］，detector pig，scraper ［機械］［化学］［バイオ］

スクレイパーシート Kratzblech ［中］，scraper sheet ［機械］［材料］

スクレイパーチェーンコンベヤー Kettenkratzerförderer ［男］，scraper chain conveyor ［機械］

スクレイパーをつかったせんじょう スクレイパーを使った洗浄，Molchreinigung ［女］，pig cleaning ［機械］［化学］［バイオ］

スクロールバー Bildlaufleiste ［女］，［類］Rollbalken ［男］，scroll bar ［電気］

すくわれ Ansatz ［男］，［類］Schülpe ［女］，scab，crater，pockmark ［材料］［鋳造］［機械］

ずけいベース 図形ベース，Grafikunterstützung ［女］，graphic sup-port ［電気］

スケール Zunder ［男］，scale ［材料］［化学］［操業］［設備］

スケールアップ （寸法拡大），Maßstabsvergrößerung ［女］，［関］Maßstabsverkleinerung ［女］（寸法縮小），scale up ［機械］［設備］［操業］

スケールせいせい スケール生成（スケール付着，高温酸化），Verzunderung ［女］，high temperature oxidation，scale built-up，scaling ［材料］［エネ］［物理］

スケールダウン （寸法縮小），Maßstabsverkleinerung ［女］，［関］Maßstabsvergrößerung ［女］（寸法拡大），scale down ［機械］［設備］［操業］

スケールふちゃく スケール付着（高温酸化，スケール生成），Verzunderung ［女］，high temperature oxidation，scale built-up，scaling ［材料］［エネ］［物理］

スケールブレーカーせつび スケールブレーカー設備，Zunderbrechgerüst ［中］，［関］Entzunderung ［女］，scale-breaker-stand ［材料］［化学］［操業］［設備］

スケールをけいせいする スケールを形成する（スケールがとれる，片々と散る，鱗を形成する，鱗がとれる），schuppen，［英］flake，［英］scale ［溶接］［材料］［機械］

スコーリング （引き裂き），Fressen ［中］，scoring ［材料］

すじかい 筋交（ブレイシング），Aussteifung 女, 類 Kreuzstrebe 女, Verschwertung 女, bracing, stiffening, cross brace, cross stud 建設

ずししゅつりょく 図示出力(図示馬力), Innenleistung 女, 類 indizierte Leistung, indicated horse power 機械 エネ

ずしねつこうりつ 図示熱効率, indizierter thermischer Wirkungsgrad 男, indicated thermal efficiency 機械 エネ

すす Ruß 男, soot, carbon black 機械 化学 エネ 環境

すずめっき 錫めっき, Verzinnung 女, tinning 材料

すすめにしたがって 勧めに従って, empfohlenermaßen, as recommended 全般

スタートざい スタート材(ストック材料), Ausgangsmaterial 中, starting material 材料 機械 製銑 精錬 化学 バイオ

スタートひんど スタート頻度(スイッチング頻度), Schalthäufigkeit 女, switching frequency, stating frequency 電気 機械

スターリングプロセス(表面仕上げ法の一種) Sterlingprozess 男, sterling process 機械 エネ 電気

スタッカー(トレイ, スタッキング受け台, 積み重ね受け台), Ablage 女, 類 Stapeler 男, stacking, storage place, tray, stacker, filing system 機械 電気 印刷

スタッカークレーン Stapelkran 男, stacking crane, stacker crane 機械 操業 設備

スタッキングうけだい スタッキング受け台(積み重ね受け台, トレイ, スタッカー), Ablage 女, stacking, storage place, tray, stacker, filing system 機械 電気 印刷

スタッキングほんたい スタッキング本体(スタッキングボデー), Ablagekörper 男, stacking body 機械

スタッドボルト(植込みボルト), Schaftschraube 女, stud bolt 機械

スタビライザー(安定化装置), Stabilisator 男, stabiliser 機械

スタンド(固定子, ピラー), Ständer 男, 関 Säule 女, Pfeiler 男, Stütze 女, Stator 男, stand, stator, post, column

電気 機械 設備 建設

スタンドタイプ Gerüsttyp 男, type of the stand 機械 操業 設備

スタンドポジション Gerüstanstellung 女, stand position 材料 設備

スタンパブルシート(プレス成形のできるシート, 射出成形品と金属プレスの間を埋める材料), stanzbare Platte, stampable sheet 材料 機械 化学

スタンピングリベット(パンチングリベット, プレスリベット), Stanzniet 男, stamping revet 機械

スタンプ(ラム, ダイ, パンチ, パンチングツール, ストラット), Stempel 男, stamp 機械

スタンフォード・ビネーちのうけんさ スタンフォード・ビネー知能検査, SB = 英 Stanford-Binet (-Test) 医薬

スタンプりょく スタンプ力, Prägekraft 女, stamping force 機械

スチルカメラ Fotokamera 中, 類 Stehbildkamera 女, still camera 光学

スチレン・ブタジエン SB = Styrol-Butadien = styrene-butadiene 化学 材料

スチレン・ブタジエンゴム SBK = Stylol-Butadien-Kautschuk = styrene butadiene rubber 化学 材料

スチレン・ブタジエンスチレン(スチレン・ブタジエンブロック共重合体), SBS = Styrol-Butadien-Styrol = styrene butadiene styrene 化学 材料

ステアリング(転向, そらせ, 案内, リバース), Umlenken 中, deflection, steering, reversing 光学 音響 エネ 機械

ステアリングカラム(ハンドルポスト), Lenksäure 女, steering-column 機械

ステアリングギヤーアーム(舵取り腕)(ドロップアーム, ピットマンアーム), Lenkstockhebel 男, 類 Lenkhebel 男, drop arm, steering-gear arm, pitman arm 機械

ステアリングナックル Lenkschenkel 男, steering knuckle 機械

ステアリングバー(カップリングロッド), Koppelstange 女, steering-bar, coupling rod 機械

ステアリングヘッドかく ステアリングヘッド
角, Lenkkopfwinkel 男, steering head
angle 機械

ステアリングリンク (ドラッグリンク), Lenk-
schubstange 女, steering link, drag
link 機械

ステアリングロール Steuerrolle 女, steer-
ing roll 機械

ステアリングロック Ausschlag 男, steer-
ing lock 操業 設備 機械

ステアリングロックかくど ステアリング
ロック角度(ふれの角度), Ausschlagwin-
kel 男, angle of stearing lock, deflec-
tion angle 機械

ステアリングロッド (ハンドルバー, 舵柄
[だへい]), Lenkstange 女, handle bar,
tiller, steering rod 機械

スティックスリップげんしょう スティック
スリップ現象(摩擦振動現象), Stick-
Slip-Effekt 男, 英 Stick-Slip-effect 機械

ステータスよみこみ(めいれい) (データ通
信の)ステータス読み込み(命令), RSR =
英request status read＝Anforderungssta-
tus lesen 電気

ステップ STEP(設計データの表現と交
換に関する国際標準, コンピュータが解
読可能な工業製品データの表現および交
換の規格), STEP ＝ 英 Standard for
Exchange of Product Model Data =
Standard für den Austausch von Pro-
dukt-Modell-Daten(ISO-Norm 10303)
規格 電気 機械

ステップきょりじかんほごかいろ ステッ
プ距離時間保護回路, Staffelschutzschal-
tung 女, stepped-curve distance-time
protection circuit 電気

ステップモーター (ステッピングモータ),
STM = 英 stepping motor = Schrittmo-
tor 電気 機械

ステファンボルツマンのほうそく ステファ
ンボルツマンの法則, Stefan-Bolzmann-
sches Gesetz 中, 英 Stefan-Bolzmann
law 電気 物理 光学

ストック Bevorratung 女, storage 機械

バイオ

ストックヤード Lagerfläche 女, storage
yard 製銑 機械 設備 製品

ストックレベル (貯蔵レベル, 容器内貯蔵
報告), Lagerspiegel 男, bin status report,
storage level 機械

ストッパー Anschlag 男, stopper 機械
経営

ストップする anhalten, 英 stop 機械

ストップリミットバー Anschlagleiste 女,
stop limit bar 機械

ストラット (腹起し, タイロッド, 支柱), Stre-
be 女, 関 Stempel 男, tie rod, strut, post
機械 建設

ストラップ (リボン, 光干渉縞, テープ),
Streifen 男, 類関 Tragriemen 男, strap
機械 材料 光学

ストラップする [(帯金で)結びつける],
umreifen, 関 umschlingen, umgreifen,
英 strap 機械

ストランド Strang 男, strand, bar 連鋳
材料 操業 設備

ストリームちょうせいフォーマー ストリー
ム調整フォーマー(分流部材, フロー体),
Strömungskörper 男, flow body 機械
エネ

ストリームれんけつはいガスはいかん ス
トリーム連結排ガス配管, strömungsver-
bundene Abgasleitung 女, flow-related
exhaust gas line 機械 エネ 設備

ストリッパークレーン Blockabstreifkran
男, ingot stripper crane 精錬 操業 設備
材料

ストリッピング (液体中に溶解している気
体または揮発成分を気相中へ追い出す
操作, 放散ともいう), Strippung 女, 類
Strippen 中, stripping 化学 操業 設備

ストリップクラウン Balligkeit(Band) 女,
strip crown 材料 操業 設備

ストリップとう ストリップ塔(回収塔), Stripp-
kolonne 女, stripping column 化学 操業
設備

ストレージタンク Lagerbehälter 男, stor-
age tank 機械

ストレートビードようせつをほどこした ス

トレートビード溶接を施した, längsnaht-geschweißt, 英 longitudinal bead welded 溶接 材料 機械

ストレーナー Schmutzfänger 男, strainer, dirt trap 機械 化学 バイオ

ストレッチャー Krankentrage 女, stretcher 医薬

ストレプトマイシン・イソニコチンさんヒドラジド ストレプトマイシン・イソニコチン酸ヒドラジド(抗結核薬), SINH = Streptomycin-Isonikotinsäurehydrazid = streptomycin isonicotinic acid hydrazide 医薬

ストローク (サイクル, クロック), Takt 男, stroke, clock, cycle 機械 光学 音響

ストロークエンド Festanschlag 男, end of stroke 機械

ストロークおさえ ストローク押え, Hubbegrenzung 女, stroke limitation 機械 材料 操業 設備

ストロークこべつせいぎょ ストローク個別制御, Einzelhubsteuerung 女, single stroke control 機械

ストロークすう ストローク数, Hubzahl 女, number of strokes 機械

ストロボさつえいきょり ストロボ撮影距離, Blitzreichweite 女, flash didtance, flash range 光学 電気

すなおとしとくせい 砂落とし特性(型ばらし特性), Auspackverhalten 中, characteristics of shaking out 鋳造 機械

すながた 砂型, Sandform 女, sand mould 鋳造 機械

すながたじどうせいさんせつび 砂型自動生産設備(商品名), Disamatic-Formanlage 女, 英 Disamatic-moulding plant 鋳造 設備 機械

すながたぞうけいき 砂型造型機, Sandformmaschine 女, sand moulding machine 鋳造 機械

すなふるいき 砂ふるい機, Sandsiebmaschine 女, sand sieving machine 鋳造 機械

スノーチェーン Schneekette 女, snow chain 機械

スパイス (砒鉛[ひかわ], 金属砒化物やア

ンチモン化合物など), Speise 女, speiss 製銑 精錬 非鉄

スパイラルじょうの スパイラル状の, wendelartig, 英 spirally 機械 電気

スパナ Schraubenschlüssel 男, spanner, wrench 機械

すばやい 素早い(機敏な), flink, 英 agile, 英 light；der flinke Richtungswechsel 男 (素早い方向転換) 機械

スパン Stützweite 女, 関 Spannweite 女, span, span length 建設

スパンガス (スパン調整用ガス, 所定の測定レンジの最大目盛値付近の較正に用いる標準ガス), 類 Kalibriergas 中, Referenzüberprüfunggas 中, Gas für Spanneneinstellung 中, span gas 化学 電気 機械

スピーカーフレーム (スピーカーメッシュ, スピーカーカバー), Lautsprechergitter 中, loudspeaker grille, loudspeaker cover, loudspeaker frame 音響 機械

スピーカーメッシュ (スピーカーカバー, スピーカーフレーム), Lautsprechergitter 中, loudspeaker grille, loudspeaker cover, loudspeaker frame 音響 機械

スピノーダルぶんかい スピノーダル分解(均一相からスピノーダル曲線を超えて不安定領域に入ると濃度ゆらぎが増幅し相分離を生じることをいう, 高分子混合系などの構造制御に用いられる), die spinodale Entmischung 女, spinodal decomposition 化学

ずひょう 図表(模写), Abbildung 女；replizieren(模写する) 全般

スピンドルドライブ Spindeltrieb 男, spindle drive 機械

スプラインじくつぎて スプライン軸継ぎ手, Keilwellenverbindung 女, spline connection, toothed shaft connection 機械

スプリアスはっしん スプリアス発信, Störaussendung 女, spurious transmission 電気

スプリッター Spaltkeil 男, 類 Spalter 男, splitter 機械

スプリングいどうりょう スプリング移動量

（スプリング動程），Federweg 男，spring travel, pitch of spring 機械

スプリングシート　［ばね座（スプリングブッシュ，スプリングバーボックス］，Federbüchse 女，spring seat, spring bar box 機械

スプリングストラット（サスペンションストラット，伸縮アーム），Federbein 中，spring strut 機械

スプリングピン　Federnadel 女，類 Spannstift 男，spring pin 機械

スプリングブレーキシステム　Federspeicher-Bremsanlage 女，spring breaking system 機械

スプリングユニット（クランプユニット），Spanneinheit 女，SE, spring unit 機械 設備

スプリングリング　Spannring 男，spring ring 機械

スプリングロードシリンダー（ばね形シリンダー），Federspeicherzylinder 男，spring load cylinder 機械

スプリングロック　Schnappverschluss 男，spring lock, snap closure, latch buckle 機械

スプリングワッシャー（クランプディスク），Spannscheibe 女，類 関 federnde Unterlagscheibe 女，clamping disc, spring washer 機械

スプレーすい　スプレー水，Spritzwassser 中，類 Sprühwasser 中，spray water 材料 連鋳 機械

スプレーする　aufsprühen，類 aufspritzen，英 spray 連鋳 材料 化学 機械

スプレーりゅうそくみつど　スプレー流束密度（与圧水密度），Wasserbeaufschlagungsdichte 女，water pressurization density 連鋳 材料 鉄鋼 非鉄 操業 設備

スプレーれいきゃくすいりょう　スプレー冷却水量，Spritzwassermenge 女，the amount of spray cooling water, spray cooling water ratio 連鋳 材料 鉄鋼 非鉄 操業 設備

スプロケット（歯車列），Kettenräder 中，複，類 Räderkette 女，Rädersatz 男，sprocket 機械

スプロケットチェーン　Gelenkkette 女，sprocket chain 機械

スペアータイヤ　Ersatzreifen 男，spare tyre 機械

スペーサー　Distanzhalter 男，類 Distanzscheibe 女，spacer, washer 機械

スペーサーウエブ　Distanzsteg 男，spacer web 機械 設備

スペーサーブッシュ（ディスタンスピース，アダプター），Zwischenstück 中，distance piece, adapter, spacer bush 機械

スペースキー　Leertaste 女，space key 電気

スペック（仕様書），Pflichtenheft 中，類 Spezifikation 女，Lastheft 中，Angabe 女，specification 機械

すべり（せん断ひずみ），Gleitung 女，shearing strain, sliding 機械 材料

すべりキー　Gleitfeder 女，sliding feather key 機械

すべりこ　滑り子［すべり枕，スライダー，滑りブロック（スライドする）溝案内・溝ブロック］，Nutenstein 男，類 Kulissenstein 男，Gleitstein 男，sliding block, slider, guide block 機械

すべりじくうけ　滑り軸受，Gleitlager 中，sliding bearing 機械

すべりせっしょく　すべり接触（すり接触），Schleifkontakt 男，sliding contact 機械

すべりせん　すべり線（シャーリングライン），Gleitlinie 女，line of slide, shering line 連鋳 材料 機械 操業 設備

すべりたいぐう　すべり対偶，Gleitpaarung 女，sliding pair 機械

すべりどめタイヤ　すべり止めタイヤ，Gleitschutzreifen 男，steel-studded tire, nonskid tire 機械

すべりはぐるま　すべり歯車（すべり装置），Schieberad 中，sliding gear 機械

すべりばめ　Gleitsitz 男，類 関 Schiebesitz 男，sliding seat 機械

すべりブロック　［スライダー，すべり枕，すべり子（スライドする）溝案内・溝ブロック］，Nutenstein 男，類 Kulissenstein 男，Gleitstein 男，sliding block, slider, guide block 機械

すべりべん すべり弁, Schieberventil 中, slide valve 機械

すべりまくら すべり枕[すべり子, スライダー, すべりブロック(スライドする)溝案内・溝ブロック], Nutenstein 男, 類 Kulissenstein 男, Gleitstein 男, sliding block, slider, guide block 機械

すべりまさつ すべり摩擦, Schlüpfungsreibung 女, sliding friction 機械 材料

すべりめん すべり面(劈[へき]開面), Gleitfläche 女, 類 Gleitebene 女, gliding plane, sliding surface, cleavage plane 機械 材料 物理

すべりりつ すべり率, spezifische Gleitung 女, slip ratio 機械

すべりリングシール Gleitringdichtung 女, sliding ring seal 機械

スペルチェッカー Rechtsschreibhilfe 女, spell checker 電気 印刷

スペルトドイツこむぎ スペルトドイツ小麦, Dinkel 男, spelt バイオ

スポークしゃりん スポーク車輪, Speichenrad 中, spoke wheel 機械

スポーリング (剥離), Ablösung 女, 類 Abblättern 中, Absplittern 中, Abplatzen 中;Netzhautablösung 女(網膜剥離), spalling 機械 材料 化学 医薬

スポットようせつき スポット溶接機(点溶接機), Punktschweißmaschine 女, spot welding machine 溶接 機械

スポットライト (ヘッドライト), Scheinwerferlicht 中, spot light, headlights 機械

すみにくつぎてきゃくちょう すみ肉継ぎ手脚長, Kehlnaht-Schenkelhöhe 女, fillet-weld leg height, fillet-weld flank height 溶接 機械

スメクタイト Smektit 男, smectite 地学 鋳造 機械 非金属

ずめんレイヤー 図面レイヤー, Zeichnungsschicht 女, drawing layer 電気 機械 建設

スライダー [すべり枕, 滑り子, 滑りブロック(スライドする)溝案内・溝ブロック], Nutenstein 男, 類 関 Kulissenstein 男, Gleit-

stein 男, Gleitstück 中, sliding block, slider, guide block 機械

スライディングカラー (スライディングスリーブ, スライディングブッシュ), Schiebehülse 女, sliding sleeve 機械

スライディングゲート (スライディングロック), Schieberverschluss 男, sliding gate, sliding lock 精錬 連鋳 機械 設備

スライディングシート (押し込みばめ, すべりばめ), Schiebesitz 男, 類 関 Gleitsitz 男, sliding fit, push fit, sliding seat 機械

スライディングスリーブ (スライディングブッシュ, スライディングカラー), Schiebehülse 女, sliding sleeve 機械

スライディングディスク Gleitscheibe 女, sliding disc 機械

スライディングブロックアブソーバー Kulissenschalldämpfer 男, sliding block absorber 機械 電気

スライドガイドレバー Rutschführungsheber 男, sliding guide lever 機械 設備

スラグそせい スラグ組成, Schlackenzusammensetzung 女, slag composition 製銑 精錬 操業 設備 環境 エネ 非金属

スラグのすくない スラグの少ない, schlackenarm, 英 with few slag 製銑 精錬 鉄鋼 非鉄

スラグのせいしつ スラグの性質, Schlackeneigenschaft 女, slag property 製銑 精錬 鉄鋼 非鉄

スラグのほうしゃねつ・ふくしゃねつ スラグの放射熱・輻射熱, Strahlungswärme der Schlacke 女, slag radiation heat エネ 精錬 環境 リサイクル

スラグはいねつかいしゅう・りよう スラグ廃熱回収・利用, Schlackenabwärmenutzung 女, slag waste heat recovery utilization 製銑 精錬 操業 設備 環境 エネ リサイクル

スラグピット Schlackenkippe 女, slag pit 製銑 精錬 操業 設備 環境 エネ

スラグフォーマー Schlackenträger 男, slag foamer 製銑 精錬 連鋳 鋳造 鉄鋼 非鉄

スラグボリューム Schlackenvolumen 中, quantity of slags 製鉄 精錬 操業 設備 環境 エネ

ずらしていれる ずらして入れる(差し込む), einschieben, 英 slide in, 英 insert 機械

スラジポンプ (スラリーポンプ), Schlammpumpe 女, slurry pump, sludge pump 機械

ずらす (取り替える, 混ぜる), versetzen, 関 verschieben, vermischen, 英 displace, 英 mix 機械 精錬 材料 化学

スラストエンジン (モーターボートなどの), Schubmotor 男, thrust engine 機械 船舶

スラストパッド (ベアリングパッド), Gleitschuh 男, thrust pad, bearing pad 機械

スラストベアリング Drucklager 中, 類 Schublager 中, thrust bearing 機械

スラッシュ Schrägstrich 男, slash 印刷 機械 数学 統計

スラリー (沈泥), Schlicker 男, 類 関 Schlamm 男, slurry, silt 機械 材料 精錬 環境 リサイクル

すりあわせうんてん すり合わせ運転(助走), Einlaufen 中, breaking-in 機械 操業 設備

スリーブ (ソケット, ブッシュ, カップリング), Muffe 女, sleeve, socket, bush, coupling 機械 電気

スリーブ (ロールなどのスリーブ, シース), Mantel 男, 類 Hülse 女, Hülle 女, sleeve 機械 医薬

スリーブつぎて スリーブ継手(抱き締め軸継ぎ手), Schalenkupplung 女, sleeve coupling, box coupling, clamp coupling, keyed coupling 機械

すりせっしょく すり接触(すべり接触), Schleifkontakt 男, sliding contact 機械

すりそんじし 刷り損じ紙, Makulatur 女, spoilage, waste paper 印刷 機械

スリット (長手軸方向スリット, スリッティング, スリットライン), Längsteilung 女, 類 Spaltlinie 女, Zerteilen 中, axial-slitting 連鋳 材料 操業 設備

スリップ (スライディング, グライディング), Rutschen 中, slip 機械

スリップする stürzen, 類 rutschen, 英 slip 機械

スリップひ スリップ比, Schlupfverhältnis 中, slip ratio 機械

スリーブじくつぎて スリーブ軸継ぎ手, Muffenkupplung 女, sleeve coupling, butt coupling 機械

ずりりゅうどうかの ずり流動化の(減粘性の, ずり減粘の, ずれ流動化の, 揺変の), strukturviskos, 英 shear thinning 化学 物理 機械

すりわりフライスばん すり割りフライス盤, Schraubenschlitzfräsmaschine 女, screw slotting cutting machine 機械

ずれ (変位, 偏位, オフセット, 相対変位, 心のずれ, 非整列, ミスアライメント, 相違, 偏差, 偏向), Verschiebung 女, 類 関 Abweichung 女, Schwankung 女, Versatz 男, Streuung 女, displacement, offset, misalignment 機械 物理 光学 電気 数学 統計 音響

スレーブシリンダー (従動シリンダー, 追従シリンダー), Nehmerzylinder 男, slave cylinder 機械

スレーブでんりょくきょうきゅう スレーブ電力供給(追従・従動電力供給), geführte Stromversorgung 女, slave power supply 電気

スレオニン (トレオニン), Thr = Threonin = threonine 化学 バイオ 医薬

ずれかく ずれ角(変位角, 遅れ角), Verschiebungswinkel 男, displacement angle, rotation angle 機械 電気 物理 数学 統計

ずれてはみだす ずれてはみ出す, herausrutschen, slip out 機械

スローアウェイチップ (ターニングカッティングチップ), Wendeschneidplatte 女, indexable insert, throw away chip 機械

スロート (炉口), Ausladung 女, throut 製鉄 精錬 材料 操業 設備 機械

スロープスタートアップかく スロープスタートアップ角(傾斜発進角), Hanganfahrwinkel 男, slope start-up angle

[機械]

スロットル （オリフィス，チョーク，インデューサー），Drosselelement [中]，orifice, throttle, choke, inducer [機械]

スロットルコントロールケーブル （アクセルケーブル），Gaszug [男]，throttle control cable, accelerator cable [機械] [電気]

スロットルコントロールレバー Drosselklappenhebel [男]，throttle control lever [機械]

スロットルスリーブ Drosselhülse [女]，throttlr sleeve [機械]

スロットルダッシュポット （キャブレター開閉ダンパー），Schließdämpfer beim Vergaser [男]，throttle dush pot [機械]

スロットルバルブ （バタフライバルブ），Drosselklappe [女]，throttle valve, butterfly valve [機械]

スロッピング （噴出），Auswurf [男]，slopping, discharge [操業] [設備] [精錬]

スロッピングオーバー （オーバーフロー），Überschwappen [中]，over flow, slopping over [精錬] [操業] [設備]

スワラー （攪拌機，サイクロン式集塵機），Wirbler [男]，agitator, swirler, cyclone dust catcher [機械] [環境] [操業] [設備]

すんぽう 寸法（寸法範囲，寸法程度，ディメンジョンオーダー），Größenordnung [女]，dimension, dimension extent, magmitude [機械]

すんぽうあんていせい 寸法安定性（寸法精度，寸法再現性），Maßhaltigkeit [女]，dimensional stability, dimensional accuracy, dimensional reproducibility [材料] [電気] [化学]

すんぽういた 寸法板（型板，ならい，治具，ひな型，模型），Führungslehre [女]，[類] Schablohne [女]，jig, contour gauge, templete [機械] [鋳造]

すんぽうかくだい 寸法拡大（スケールアップ），Maßstabsvergrößerung [女]，[関] Maßstabsverkleinerung [女]（寸法縮小），scale-up [機械] [設備] [操業]

すんぽうけいれつ 寸法系列，Maßreihe [女]，dimension series [機械]

すんぽうしゅくしょう 寸法縮小（スケールダウン），Maßstabsverkleinerung [女]，[関] Maßstabsvergrößerung [女]（寸法拡大），scale-down [機械] [設備] [操業]

すんぽうせん 寸法線，Massenlinie [女]，mass line [機械]

せ

せいあつ 静圧，statischer Druck [男]，static pressure [機械] [化学]

せいいんせい 正陰性，RN = richtig negativ = right negative [医薬]

せいおうげんしりょくきせいきかんきょうかい 西欧原子力規制機関協会，WENRA = [英] Western European Nuclear Regulators Association = Zusammenschluss europäischer Atomaufsichts-Behörden [原子力] [組織]

せいおんどとくせい 正温度特性，PTC = [英] positive temperature coefficient [電気]

せいかあつりょく 静加圧力，Fügekraft [女]，static joining force [音響] [電気] [機械]

せいかじゅう 静荷重，statische Belastung [女]，static load, dead weight [機械] [物理] [建設]

せいかつかんきょう 生活環境，Milieu [中]，living environment [環境] [化学] [バイオ]

せいかつないようのしつ （癌患者などの）生活内容の質，QOL = [英] quality of life = Lebensqualität [医薬] [社会]

せいかのおおい 成果の多い（効果的な，効果のある，成功した），erfolgreich, successful, effective [経営] [全般]

せいきざひょう 正規座標，Normalkoordination [女]，normal coordination [数学] [統計]

せいきじゅんエミッタけつごうろんり 正

基準エミッタ結合論理, PECL = 英 positive-referenced emitter-coupled logic 電気

せいきぶんぷ 正規分布, Normalverteilung 女, normal distribution 数学 統計

せいぎょ 制御(運転, 案内, 操縦, コントロールアーム, 管理), Führung 女, controlling 機械 電気

せいきようせき 正規容積(標準容, 標準体積), Normalvolumen 中, normal volume 化学 バイオ 機械

せいぎょかいろ 制御回路(制御ループ), Regelkreis 男, control loop, control circuit 電気 機械

せいぎょカム 制御カム, Steurkurve 女, control cam 機械

せいぎょきおくそうち 制御記憶装置(制御メモリー), Steuerspeicher 男, control memory 電気 機械

せいぎょキャビネット 制御キャビネット(制御盤), Steuerschrank 男, control cabinet 電気 機械

せいぎょしつ 制御室(測定ステーション), Messwarte 女, measuring station, control room 機械 電気 操業 設備

せいぎょしゅつりょくぶい 制御出力部位, Stellausgang 男, control output 電気

せいぎょだいのさぎょういん 制御台(コントロールスタンド)の作業員, Leitstandpersonal 中, worker at the control stand 操業 設備

せいぎょちゃんねる 制御チャネル, 制御通信路, Steuerkanal 男, control channel 機械 電気

せいぎょちょうせいべん 制御調整弁, Stellventil 中, control valve 機械

せいぎょでんげん 制御電源(駆動力, 定格馬力), Steuerleistung 女, cotrol power, driving power, rated horsepower 機械 電気

せいぎょばん 制御盤(制御キャビネット), Steuerschrank 男, control cabinet 電気 機械

せいぎょぶい 制御部位(操作部位), Bedienelement 中, controlled element,

operating element 電気 機械

せいぎょべん 制御弁(調整弁), Regelventil 中, 類 関 Steuerventil 中, regulating valve, control valve 機械 化学

せいぎょへんすう 制御変数, Steuergröße 女, controlled variable, control parameter 機械 電気

せいぎょぼう 制御棒, Regelstab 男, contrl rod 機械 電気 原子力 放射線

せいぎょメモリー 制御メモリー(制御記憶装置), Steuerspeicher 男, control memory 電気 機械

せいぎょユニット 制御ユニット(コントロールユニット), Regeleinheit 女, controll unit 機械 電気

せいぎょりょう 制御量, Regelgröße 女, controlled variable 電気 機械

せいぎょループ 制御ループ(制御回路, 制御系, 制御ライン), Regelkreis 男, 類 関 Regelstrecke 女, control loop, control circuit 電気 機械

せいぎょレベル 制御レベル, Leitebene 女, control level 機械 電気

せいきんさよう 静菌作用, Bakteriostase 女, bacteriostasis 化学 バイオ 医薬

せいけい 成形(加工), Umformung 女, forming 機械 化学 材料

せいけい 成形(成型, 形削り), Formgebung 女, 類 Ausform 女, design, forming, moulding, shaping 鋳造 材料 機械

せいけいき 整経機(製織・経編機の準備工程の一つ), Schärmaschine 女, warping machine 繊維 機械

せいけいきょどう 成形挙動, Umformverhalten 中, deformability behavior 機械 材料

せいけいげかの 整形外科の, orthpädisch, 英 orthopaedic, orthopedic 化学 バイオ 医薬

せいけいざい 成型材, Formstoff 男, 類 Formmasse 女, molding batch, dry sand 鋳造 機械 材料

せいけいそう 成形層, Formungslage 女 機械 化学

せいけいぼうごパッキン (リップを有する)

成形防護パッキン（リップ），Schutzlippe 囡，protective lip 操業 設備 機械

せいげんいそうこうし 正弦位相格子，Sinusphasengitter 囲，sinusoidal phase grating 光学 電気

せいげんしやかいせき 制限視野回析（特定の場所の格子定数，格子型，結晶方位を知ることが可能），SAD = 英 selected area diffraction = Beugung im ausgewählten Bereich 光学 材料

せいけんそしきさいしゅ（せつじょ） 生検組織採取（切除）［生検標本採取（切除）］，PE = Probeexzision = taking biopsy samples バイオ 医薬

せいげん（こうそ）**ちず** 制限（酵素）地図，Restriktionskarte 囡，restriction map 化学 バイオ

せいこう 精鉱（濃縮物，コンセントレート），Konzentrat 囲，concentrate 製銑 地学 化学

せいこう 製鋼，Stahlerzeugung 囡，steel-making 精錬 材料 鉄鋼 操業 設備

せいごうかいろ 整合回路，Anpass-schaltung 囡，maching circuit 電気

せいこうこうじょう 製鋼工場，Stahlwerk 囲，steelmaking plant, steel melting shop 精錬 連鋳 材料 鉄鋼 操業 設備

せいこうこうじょうサイドの 製鋼工場サイドの，stahlwerksseitig, steelmaking shop-side 精錬 連鋳 材料 鉄鋼 操業 設備

せいごうさせる 整合させる（etwas$^{(3)}$に）（適合させる），nachführen，英 match，英 make consistent 機械 操業

せいごうせい 生合成，Biosynthese 囡，biosynthesis 化学 バイオ

せいさんエンジン 生産エンジン，Serien-motor 囲，serial engine, production engine 機械

せいさんかんり 生産管理，Betriebswirtschaftsführung 囡，production control 操業 設備 電気 経営

せいさんけいかく 生産計画，Produktionsplanung 囡，production plan 操業 設備 経営

せいさんこうていのコンピュータかによる

じどうか 生産工程のコンピュータ化による自動化，FA = 英 factory automation = Produktionsautomatisierung 電気 機械 操業 設備

せいさんこうりつ 生産効率（生産性），Produktivität 囡，関 Wirkungsgrad 男，productivity, production efficiency 操業 設備 経営

せいさんせい 生産性（生産効率），Produktivität 囡，関 Wirkungsgrad 男，productivity, production efficiency 操業 設備 経営

せいさんせいぎょうんてんせつび 生産制御運転設備，PKLA = Produktionskontroll-und -lenkungsanlage = production control and steering equipment 操業 設備 電気 機械

せいさんだか 生産高（生産量），Produktionsausbeute 囡，output 操業 設備 製品 経営

せいさんりれきのついせきかのうなこと 生産履歴の追跡可能なこと（追跡可能度，トレーサビリティ，復元可能なこと），Rückführbarkeit 囡，類 Rückverfolgbarkeit 囡，traceability, restorablity 機械 材料

せいさんをこうりょしたかんきょうほご 生産を考慮した環境保護，PIUS = produktionsintegrieter Umweltschutz = production-integrated environmental protection 環境 操業 設備 全般 社会 経営

せいじいうど 清浄度，Reinheitsgrad 男，cleanlines 材料

せいしつ 性質（状態，仕上げ），Beschaffenheit 囡，state, quality, composition 材料 機械 化学 バイオ

せいじゅくティーさいぼうとくいこうげん 成熟T細胞特異抗原，PTSA = post - thymic T - lymphocyte specific antigen 化学 バイオ 医薬

せいじゅんほうていしき 正準方程式，kanonische Gleichung 囡，canonical equation 数学 統計

せいじょうどうちょうりつ 正常洞調律，RSR = regulärer Sinusrhythmus = regular sinus rhythm 医薬

せいじょうなほうこう(じょうたい)へもどす　正常な方向(状態)へ戻す(水平に戻す)，abfangen，return to its normal state　機械 航空

せいじょうヒトけっせい　正常ヒト血清，NHS = 英 normal human serum = normales menschliches Serum　化学 バイオ 医薬

せいしょくけいれつ　生殖系列(生殖細胞系，生殖細胞，生殖細胞系列)，Keimbahn 女，germ line　バイオ 医薬

せいしょくさいぼう　生殖細胞(胚細胞，胚芽細胞，発芽細胞)，Keimzelle 女，germinal cell，gamate　バイオ 医薬

せいしょくさいぼうけい　生殖細胞系(生殖細胞，生殖系列，生殖細胞系列)，Keimbahn 女，germ line　バイオ 医薬

せいしょくせいぶつがくしゃ　生殖生物学者，Fortpflanzungsbiologe 男，reproductive biologist　バイオ 医薬

せいじょされる　整除される，aliquot，英 aliquot　数学 統計

せいじょすう　整除数，Aliquote 女，aliquot　数学 統計

せいじょする　整除する，aliquotieren，英 aliquot　数学 統計

せいしんうんどうてんかん　精神運動てんかん，PE = psychomotorische Epilepsie = psychomotor epilepsy　医薬

せいしんか　精神科，Psychiatrie 女，the psychiatry department，psychiatry　医薬

せいしんかびょういん　(昔の)精神科病院，Irrenanstalt 女，psychiatric hospital，mental hospital　医薬

せいしんき　制振器，Schwingungsdämpfer 男，damper，vibration compensator　機械 音響 交通

せいしんしんけいがく　精神神経学，PN = Psychiatrie / Neurologie = psychiatrie and neurology　医薬

せいじんティーさいぼうはっけつびょう　成人T細胞白血病，ATL = 英 adult T-cell leukemia　医薬

せいしんてきがいしょう　精神的外傷(トラ

ウマ)，Trauma 中，英 trauma　医薬

せいしんでんりゅうはんしゃ　精神電流反射(精神電流皮膚反射，心理電気反応測定器，うそ発見器)，PGR = psychogalvanischer Reflex = psychogalvanic reflex　医薬 電気

せいしん(しんり)りょうほう　精神(心理)療法，Psychotherapie 女，psychotherapy，Pth　医薬

せいすいあつ　静水圧，hydrostatischer Druck 男，hydrostatic pressure　機械

せいずばん　製図板，Reißbrett 中，drawing board，drafting board　機械

せいせいガス　生成ガス(製品ガス，発生炉ガス)，Produktgas 中，product gas，producer gas　化学 バイオ 製銑 精錬

せいせいタンパクゆうどうたいひょうじゅん　(結核菌の)精製タンパク誘導体標準(精製蛋白ツベルクリン標準)，PPDS = 英 purified protein derivative standard = gereinigtes Protein-Derivativ-Standard　医薬 規格

せいせいねつ　生成熱，Bildungswärme 女，enthalpy　精錬 化学 機械

ぜいせいはかいせんいおんど　脆性破壊遷移温度，Sprödbruch-Übergangstemperatur 女，brittle fracture transition temperature　材料 連鋳 船舶 化学 建設

せいせいぶつてきていりょう　生成物滴定量[生成物力価，生成物タイター(薬物または抗体・抗原の活性の単位，滴定に用いられる標準液の濃度)]，Produkttiter 男，product titer　バイオ 医薬 単位

せいせいぶつりきか　生成物力価(生成物滴定量，生成物タイター，薬物または抗体・抗原の活性の単位，滴定に用いられる標準液の濃度)，Produkttiter 男，product titer　バイオ 医薬 単位

せいせつの　正接の(接線の，接する)，tangential，英 tangential　数学 統計 機械 物理 建設

せいそう　成層，Lagerung 女，storage bedding　機械 地学 物流

せいぞうこうりつ　製造効率(生産可能性)，Herstellbarkeit 女，manufacturability，

せいそうこうりつ

producibility 操業 設備

せいそうしゅよう 精巣腫瘍（睾丸腫瘍），Hodentumor 男，類 Hodenkrebs 男，testicular cancer 医薬

せいそうストレージ 成層ストレージ，Schichtenspeicher 男，stratified storage 機械 バイオ

せいそうする 製造する（発生させる，合成する），erzeugen，英generate，英produce 機械 化学 バイオ 医薬

せいそうてっしん 成層鉄心，Blechkern 男，laminated core 材料 電気

せいぞう（せいひん）ながさ 製造・製品長さ，Herstelllänge 女，manufacturing length 機械 操業 設備 製品

せいぞうぶつせきにん 製造物責任，Produkthaftung 女，類 Produktverantwortung 女，products liability，PL 経営 製品 操業

せいぞうほう 製造法（合成法），Verfahren zur Herstellung 中，production process 操業 設備 化学 バイオ

せいぞうまえとどけで 製造前届出［米国内の製造業者，輸入業者，流通業者および事業者は，新規化学物質の製造または輸入開始の少なくとも90日前に「製造前届出」（Pre-Manufacturing Notice：PMN）をEPA（環境保護庁）に提出する必要がある］，PMN＝英Pre-Manufacturing Notice 化学 バイオ 環境 規格 法制度 組織

せいそくこたいすう 生息個体数，Abundanz 女，abundance バイオ

せいそくち 生息地，Habitat 中，類 Lebensraum 男，habitat バイオ

せいたいいぶつ 生体異物，Xenobiotikum 中，xenobiotic substance，xenobiotic バイオ 医薬

せいたいかんきょう 生態環境（生態空間），Ökotop 中，ecotop，patch バイオ 環境

せいたいかんきょうのかんさつ 生態環境の観察，ÖUB＝Ökologische Umweltbeobachtung＝ecological observation and monitoring 環境 バイオ

せいたいけい 生態系，Ökosystem 中，ecosystem，ecological system バイオ

環境

せいたいしきそ 生体色素（色素，顔料），Pigment 中，類 Farbstoff 男，endogenous pigment，pigment 化学 バイオ 医薬 光学 印刷

せいたいしょくばい 生体触媒，Biokatalysator 男，biocatalyst バイオ 医薬

せいたいそしききんじもけい 生体組織近似模型（ファントム），英 phantom 化学 バイオ 医薬 電気

せいたいそしきけんさ 生体組織検査（生検，バイオプシー），Biopsie 女，類 Geweprobeentnehme 女，biopsy バイオ 医薬

せいたんプラグ 成端プラグ（接続端子，接続端末，端末接続），Anschlussklemme 女，connection terminal，terminating plug 電気

せいちきかい 整地機械，Bodeneinrichtungsmachine 女，land grading machine 建設 操業 設備

せいちょうき （植物の）成長期，Vegetationsperiode 女，growing season，vegetation period 化学 バイオ

せいていじかん 整定時間，Dauer des Regelvorganges 女，類 Ausregelzeit 女，Regeldauer 女，setting time，recovery time 機械 電気 光学

せいてきあんていど 静的安定度（定態安定度），Standsicherheit 女，stability，static stability 建設 設備 操業

せいてきぜつえんきょうちょう 静的絶縁協調，SIK＝statische Isolationskoordination＝static insulation coordination 電気

せいでんか 静電荷，statische Aufladung 女，static charge 電気 化学 機械

せいでんきほうでん 静電気放電，ESD＝英electro static discharge＝Elektrostatische Entladung 電気

せいでんようりょう 静電容量（キャパシティー，容量，能力），Kapazität 女，capacitance，capacity 電気 機械

せいでんようりょうセンサー 静電容量センサー，kapazitiver Sensor 男，capacitive sensor 電気 機械

せいど 精度, Genauigkeit 囡, 類 Präzision 囡, precision 機械 電気

せいどうきょり 制動距離(停止距離), Bremsweg 男, braking distance 機械

せいどか 制度化, Institutionalisierung 囡, institutionalisation 経営 法制度 規格

せいどかんり 精度管理, PK = Präzisionskontrolle = precision controll 機械

せいとくせいサーミスタ 正特性サーミスタ (PTCサーミスタ), Kaltleiter 男, KL, 英 PTC resistor, 英 PTC thermistor 電気

せいねつぜいせい 青熱脆性, Blausprödigkeit 囡, blue brittleness 精錬 材料

せいのうきょくせん 性能曲線, Leistungskurve 囡, 類 Kennlinie 囡, performance curve 材料 機械 化学 バイオ 物理 数学 統計

せいのゆうどひ 正の尤度比(正の優度比), PWV = positives Wahrscheinlichkeitsverhältnis = positive likelihood ratio 数学 統計

せいばくき 精麦機, Gerstereinigungsmaschine 囡, barley pearling mill 機械 バイオ

せいびょうの 性病の, ven. = venerisch = venereal 医薬

せいひんうけいれようかいこうぶ 製品受入用開口部(サンプル受入採取用開口部), Produktanschlussöffnung 囡, product port opening 機械 化学 操業 設備

せいひんガス 製品ガス(生成ガス, 発生炉ガス), Produktgas 中, product gas, producer gas 化学 バイオ 精錬

せいひんじゅみょう 製品寿命, Produktlebensdauer 囡, product service life 経営 操業 製品

せいひんしようシート 製品仕様シート (データシート), Merkblatt 中, data sheet, product specification sheet 製品 品質 機械 経営

せいひんシリーズ 製品シリーズ, Produktfolge 囡, product series 製品 経営

せいひんついせきかんりシステム 製品追跡管理システム, PTS = 英 product tracking system = Produktverfolgungssystem 製品 品質 操業 電気

せいひんとかんきょうとのかんけいのかんさつ・こうりょ (環境マネジメントなどにおける)製品と環境との関係の観察・考慮, Produkt-Umwelt-Betrachtung 囡, PUB, product-environment-consideration, product-environment-view 環境 製品 経営

せいひんながさ 製品長さ(製造長さ), Herstelllänge 囡, manufacturing length 機械 操業 設備 製品

せいひんにせっしょくした 製品に接触した (製品との接触のある), produktberührt, 英 product contacted 操業 設備 電気

せいひんのかいかえじき 製品の買い替え時期(製品の保持使用時間), Beibehaltungszeit von Produkten 囡, product retention term(time) 製品 経営 操業 設備

せいひんのはんい 製品の範囲, Produktpallete 囡, product range 操業 製品 経営

せいひんはっぴょう 製品発表, Produktankündigung 囡, product announcement 経営 製品

せいふ 正負, p-n = positiv-negativ = positive-negative 電気 物理

せいふあつこうごごきゅう 正負圧交互呼吸, WDB = Wechseldruckbeatmung = APNB = alternating positive-negative pressure breathing 医薬

せいぶつかがくてきさんそようきゅうりょう 生物化学的酸素要求量(20℃5日間での), BSB₅ = biochemischer Sauerstoffbedarf in 5 Tagen = BOD5, biochemical oxygen demand in 5 days, 化学 バイオ

せいぶつがくてきあんぜんちゅうおういいんかい (ドイツ医薬品局の)生物学的安全中央委員会[BGA(ドイツ医薬品局)の部局. 2004年に, 遺伝子研究と遺伝子操作の二つの委員会に分割された. 出典:ウィキペディア], ZKBS = Zentralkommision für Biologische Sicherheit = Committee for Biological Safety バイオ 医薬 組織

せいぶつがくてきぎようせい(はんのう) 生物学的偽陽性(反応), BFP = biolo-

せいぶつがくてきぎようせい　gisch falsch -positive Reaktion = biological false positive reaction 化学 バイオ 医薬

せいぶつがくてきどうとうせい　生物学的同等性, Bioäquivalenz 女, bioequivalence 化学 バイオ

せいぶつがくてきりようのう　生物学的利用能 (生体有効性), Bioverfügbarkeit 女, BA, bioavailability バイオ

せいぶつかんぶつりょう　生物乾物量, BTM = Biotrockenmasse = bio dry matter 化学 バイオ

せいぶつけんほごく　生物圏保護区 (生物保護区域), Biosphärenreservat 中, biosphere reserve バイオ 環境 地学 法制度

せいぶつしゃかい　生物社会, Biozönose 女, biocoenosis, life and/or biotic community 化学 バイオ

せいふんき　製粉機, Getreidemühle 女, flour mill 機械 バイオ

せいぼうき　精紡機, Spinnstuhl 男, 関 Ringspinnmaschine 女, spinning frame 繊維 機械

せいほうけい　正方形 (二乗), Quadrat 中, square 数学

せいほうしょうけいジルコニアたけっしょうたい　正方晶系ジルコニア多結晶体, TZP = tetragonaler Zirkonoxidpolykristall = tetragonal zirconia polycrystal 非金属 材料 地学 電気

せいまいき　精米機, Reisreinigungsmaschine 女, rice sweep mill バイオ 機械

せいみついちそくていえいせいシステム　精密位置測定衛星システム, PPS = Präzisionspositionier- system = precision positioning system 航空 電気

せいみつしあげやすり　精密仕上げやすり, Feinschlichtfeile 女, superfine file 材料 機械

せいみつちゅうぞうほう　精密鋳造法 (精密鋳造鋳物), Präzisionsguss 男, precision casting 鋳造 材料

せいみつろか　精密濾過 ($\leq 10 \mu$ m), Präzisionsfiltration 女, precision filtration 化学 バイオ 機械 物理

せいめいのない　生命のない, abiotisch, 英 abiotic 化学 バイオ

せいやくどうきたじゅうパラメータビットりゅう　制約同期多重パラメータビット流, CSPS = 英 constrained sysytem parameter stream 電気

せいゆしょ　製油所 (精油所, 石油精製工場, 石油精製), Ölrafinerie 女, oil refinery 化学 操業 設備

せいようせい　正陽性, RP = richtig positiv = right positive 医薬

せいよく　静翼 (案内羽根), Leitschaufel 女, 関 Laufschaufel 女, stationary blade 機械 エネ

せいりしょくえんすい　生理食塩水, PSS = 英 physiological saline solution = physiologische Kochsalzlösung = physiologische Natriumchloridlösung 化学 バイオ 医薬

せいりしょくえんすいちゅうにゅう　(皮下または静脈内への) 生理食塩水注入 (生食水注入), SI = 英 saline infusion = Kochsalzinfusion 医薬

せいりつレンズ　正立レンズ, Umkehrlinse 女, electing lens 光学

せいりゅうき　整流器, Gleichrichter 男, 類 関 Stromrichter 男, rectifier, converter 電気 機械

せいりゅうしモーター　整流子モーター, Kommutatormotor 男, commutator motor 電気 機械

せいりゅうとう　精留塔, Rektifizierkolonne 女, rectifying column 化学 バイオ 設備

せいりゅうへき　整流壁 (阻流壁, 偏向板), Prallfläche 女, deflector plate, baffle wall 機械 光学

せいりんしのはば　制輪子の幅, lichter Abstand der Gleisbremsenbacken 男, the width of brake-shoe 交通 機械

せいれつ　整列 (アラインメント, 調心), Fluchtung 女, alignment 機械

ゼーガーリング　Seegerring 男, Seeger ring, spring ring 機械

ゼーゲルすい　ゼーゲル錐 [ゼーゲルコー

ン：カオリン，ケイ，長石，炭酸カルシウム等を種々に配合，成形し三角錐（高さ約6cm）に焼成した耐火物で，組成を変えることにより軟化温度が少しずつ異なり，ゼーゲル番号（SK）で耐火度を示す．出典：百科事典マイペディア]，PK = Pyrometer-kegel = pyrometric cones 物理 非金属

せかいしぜんききん 世界自然基金，GNF = 英 Global Nature Fund = Weltweit agierende Umweltorganisation 環境 化学 バイオ 組織

せかいしょくりょうけいかく 世界食糧計画，WFP = 英 World Food Programme = Welternährungsprogramm バイオ 組織

せかいちてきしょゆうけんきかん 世界知的所有権機関，OMPI = 仏 Organisation mondiale de la propriete = WIPO = World Intellectual Property Organisation = UN-Weltorganisation für geistiges Eigentum 特許 組織

せかいてききぼ 世界的規模（世界基準），Weltmaßstab 男，world scale, world level 経営 全般

せかいてききぼで 世界的規模で，im Weltmaßstab, on a world-wide scale 経営 全般

せかいほけんきかん 世界保健機関，WHO = 英 World Health Organisation = Welt-Gesundheits-Organisation der Vereinten Nationen 化学 バイオ 医薬 組織

セカンド （二速），Sekundärübersetzung 女，secondary transmission, secondary ratio 機械

セカンドオピニオン （副診断），ND = Nebendiagnose = secondary diagnosis 医薬

せき 堰（頭首工，ダム），Stauwerk 中，類 関 Anschnitt 男，headworks, ingate, down gate 建設 鋳造

せき 席，Sitz 男，seat 機械 経営

せきえい 石英（水晶），Quarz 男，quartz 地学 材料 電気 機械

せきがいきゅうしゅうぶんこうけいそくほう 赤外吸収分光計測法，URAS = 英 ultrared absorption spectrometry = Infrarot Absorption Spektrometrie 化学

光学 電気 物理

せきがいふくしゃしんだん 赤外輻射診断，UED = Ultrarotemissionsdiagnostik = ultrared emission diagnosis 医薬 精錬 材料 建設 電気 機械 光学

せきかじゅうりょうトンすう 積貨重量トン数，Frachtraum 男，freight capacity 機械

せきがふさがっていること 席（または，その部位・場所）が塞がっていること，Sitzbelegung 女，occupation of seat 機械

せきくうブレーキそうち 積空ブレーキ装置，lastabhängige Bremse 女，load depending brake 交通 機械

せきさいじゅうりょう 積載重量，Lg = Ladegewicht = load weight 交通

せきさいぶつ 積載物（充填物），Füllstoff 男，filler, filling material, bulking agent 機械 化学 交通

せきさんかいてんけい 積算回転計，Umdrehungszäher 男，revolution counter 機械 電気

せきさんけいき 積算計器，Integralzähler 男，類 integrierendes Messgerät 中，integrating meter 機械 電気

せきじゅうじしゃ 赤十字社，RKD = Rotkreuzdienst = Red Cross service 医薬 社会 組織

せきしゅつ 析出，Ausscheidung 女，separation, precipitation, excretion 材料 化学 鉄鋼 非鉄

せきしゅつこうか 析出硬化，Ausscheidungshärten 中，precipitation hardening 材料 化学 鉄鋼 非鉄

せきずい 脊髄，Rm. = Rückenmark = spinal cord 医薬

せきずいえん 脊髄炎，Myelitis 女，類 Rückenmarkentzündung 女，myelitis 医薬

せきずいせいしょうにまひ 脊髄性小児麻痺（ポリオ），Poliomyelitis 女，英 Polio, poliomyelitis anterior acuta, spinal infantile paralysis 医薬

せきずいますい 脊椎麻酔，Rückenmarksnarkose 女, 類 Spinalanästhesie 女, spinal anesthesia, rachianesthesia 医薬

せきずいまひ 脊髄麻痺, Rückenmarklämung 女, 類 Spinalparalyse 女, myeloplegia, spinal paralysis, rachioplegia, rachioparalysis, myeloparalysis 医薬

せきそうがたの 積層形の schichtförmig, 英 layered 機械 材料

せきそうセラミックコンデンサー 積層セラミックコンデンサー, MLCC = 英 multi-layer ceramic capacitor = Vielschicht-Keramikkondensatoren 電気

せきそうばん 積層板, verpresste Schitstoffplatte 女, laminate, laminated plate, laminated sheet 材料 化学 鉄鋼 非鉄 電気

せきたんガス 石炭ガス, Steinkohlengas 中, coal gas 化学 エネ 地学 機械

せきたんガスかねんりょうでんちふくごうはつでんサイクル 石炭ガス化燃料電池複合発電サイクル, IGFC = 英 integrated coal gasification fuel cell combined cycle 電気 機械 エネ

せきたんガスかふくごうはつでんサイクル 石炭ガス化複合発電サイクル, IGCC = 英 integrated gasification combined cycle 電気 機械 エネ

せきたんき 石炭紀, Karbon 中, 英 Carboniferous 地学 物理 化学 バイオ

せきたんケーキ 石炭ケーキ, Kohlekuchen 男, coal cake 製銑 化学

せきたんそう 石炭層(鉱物層), Flöz 中, stratum, layer 地学 化学

せきたんそうにゅうしゃ 石炭装入車, Kohlenfüllwagen 中, coal charging car 製銑 交通

せきたんふゆうせんこうほう 石炭浮遊選鉱法, Steinkohlenflotationsverfahren 中, coal flotation process 地学 製銑

せきちゅかんきょうさくしょう 脊柱管狭窄症, Stenose des Wirbelkanals 女, spinal canal stenosis 医薬

せきついこつ 脊椎骨, Wirbel 男, vertebra 機械 医薬

せきついどうみゃくけっかんぞうえいほう 脊椎動脈血管造影法(脊椎動脈血管撮影), VAG = Vertebralisangiografie = vertebral artery angiography 医薬 光学 電気

せきついますい 脊椎麻酔, Rückenmarksnarkose 女, 類 Spinalanästhesie 女, spinal anesthesia, rachianesthesia 医薬

せきてっこう 赤鉄鉱(ヘマタイト), Hämatit 男, 類 Roteisenstein 男, hematite 製銑 製銑 地学

せきにんいでんし (～に対する)責任遺伝子(疾患遺伝子, 疾患原因遺伝子), das verantwortliches Gen dafür, responsible gene, gene responsible for ~, disease gene バイオ 医薬

せきぶんたいすう 積分対数, Integral-logarithmus 男, integral-logarithm, logarithmic integral 数学 統計

せきゆ, ゆるい, じゅんかつゆをそうしょうしたがいねん(そうしょう) 石油・油類・潤滑油を包括した概念(総称), POL = 英 Petroleum, Oil and Lubricants = Sammelbegriff; Petroleum, Öl und Schmiermittel 化学 機械

せきゆ 石油, Erdöl 中, petroleum, crude oil 化学 エネ 機械

せきゆかがく 石油化学, Petrochemie 女, petrochemistry 化学 設備

せきゆさいくつ 石油採掘, Erdölförderung 女, oil production 化学 地学

せきゆせいせいこうじょう 石油精製工場(石油精製, 製油所, 精油所), Ölrafinerie 女, oil refinery 化学 操業 設備

せきゆぞうしんかいしゅうほう 石油増進回収法(ガスやケミカルを油層中に注入し, 原油と高圧下で混合させ, 油層内の原油の流動性を改善し, 残存原油回収を容易にする技術), EOR = 英 enhanced oil recovery = Verfahren um weiteres Öl aus bereits erschöpften Ölfeldern zu gewinnen 化学 地学 設備

セキュリティーアクセスモジュール SAM = 英 secure access module 電気

セキュリティーかんきょう セキュリティー環境, Sicherheitsumfeld 中, security

セキュリティーかんきょう　　　　　　　　　　　　　　　　　　　　　　　　　　　　　　　　せつごうぶ

environment, SE 電気

セキュリティーソリューション（セキュリティー解決策），Sicherheitslösung 女，security solution 機械 電気 操業 設備 経営

セキュリティーようそ　セキュリティー要素，Sicherhetselement 中，security element 電気 機械

セクター（扇形），Ausschnittform 女，類 関 Ausschnitt 男，sector 電気 光学 材料 機械 溶接

セグメント（構成要素，チップ，モジュール），Baustein 男，類 Segment 中，segment，chip, module 機械 電気 操業 設備 バイオ

セグメント　Abschnitt 男，類 Segment 中，segment；Zeitabschnitt（時期）機械 操業 設備

せこう　施工，Durchführung 女，performance 機械 化学 設備

せこうず　施工図，Konstruktionszeichnung 女，design drawing 建設 機械 設備

ぜつえんゲートがたバイポーラトランジスター　絶縁ゲート型バイポーラートランジスター，IGBT = 英 insulated gate bipolar transistor 電気

ぜつえんたいりょく　絶縁耐力，Spannungsfestigkeit 女，dielectric strength（rigidity），voltage sustaining capability 電気

ぜつえんはかいつよさ　絶縁破壊強さ，Durchschlagfestigkeit 女，dielectric breakdown strength 電気

せっかいか　石灰化（硬化），Verkalkung 女，calcification 化学 バイオ 医薬

せっかいさんぶ　石灰散布（石灰の投与，ライミング），Kalkung 女，liming 化学 バイオ 地学

せっかいにゅう　石灰乳（ライムミルク），Kalkmilch 女，milk of lime, aqueous slurry of calcium hydroxide 化学 バイオ

せっかいのとうよ　石灰の投与（石灰散布，ライミング），Kalkung 女，liming 化学 バイオ 地学

せっかん（植物の）節間［（動物の）節間板］，Internodium 中，internode バイオ

ぜつがん　舌癌，Zungenkrebs 男，can-

cer of the tongue, carcinoma linguae 医薬

せつがんレンズ　接眼レンズ，Okular 中，関 Objektiv 中，ocular 光学 機械

せっけい　設計（デザイン），Entwurf 男，design, draft 機械 設備

せっけいする　設計する（組み立てる），konstruieren，英 design，英 construct 全般 機械 化学 建設

せっけいせこうじむしょ　設計施工事務所，PKB = Planungs-und Konstruktions-büro = design and construction office 建設 設備 機械 電気

せっけいのうりょく　設計能力（設計容量），Auslegekapazität 女，designed capacity 操業 設備 機械

せっけいようりょう　設計容量（設計能力），Auslegekapazität 女，designed capacity 操業 設備 機械

せっけっきゅう　赤血球，Erythrozyten 女（男）複 類 rotes Blut 中，rotes Blutkörperchen 中，erythrocyte バイオ 医薬

せっけっきゅうぎょうしゅうはんのうよくせいてすと　赤血球凝集反応抑制テスト，Hämagglutinationshemmtest, hemagglutination inhibition test, HAH バイオ 医薬

せっけっきゅうげんしょうしょう　赤血球減少症，Oligozythämie 女，erythrocytopenia, hypoglobulia, erythro-penia バイオ 医薬

せつごう　接合（複合，共役），Konjugation 女，conjugation 化学 バイオ

せつごうしき　接合糸期（受精卵細胞生成期），Zygotenbildung 女，zygote formation；auf der Ebene der Zygotenbildung［受精卵細胞生成期に（接合糸期に）］バイオ 医薬

せつごうだん　接合団（補欠分子族），prosthetische Gruppe 女，prosthetic group 化学 バイオ

せつごうぶ　接合部，Ansatz 男，fixing, touch, hub 機械

せつごうぶ　接合部［カウンターフランジ，橋台，せり元石（アーチの端を受ける斜

面のある元石)〕, Widerlager 中, 類 関 Ansatz 男, counter flange, abutment, skewback 機械 建設

せっさくかく 切削角(削り角), Schneidwinkel 男, 類 Schnittwinkel 男, cutting angle 機械

せっさくこうぐはいち 切削工具配置, 英 cutter location, CL 機械

せっさくこうてい 切削工程, der zerspanhebende Prozess 男, cutting process 材料 機械

せっさくそくど 切削速度, Schnittgeschwindigkeit 女, cutting speed 機械

せっさくの 切削の, spanabhebend, 英 cutting, 英 machining 材料 機械

せっさくゆ 切削油, Schneidöl 中, cutting oil, cutting fluid 機械

せっしている 〜に接している(と突合せになっている), anliegen, 英 fit, 英 fit closely 機械

せっしゃ 接写(クローズアップ撮影), Nahaufnahme 女, close-up photograph 光学

せっしゅ 接種, Animpfen 中, 類 Impfung 女, seeding, inoculation 機械 精錬 鋳造 医薬

せっしゅけいろ 摂取経路(摂取ルート), Aufnahmeweg 男, route of entry, route of exposure, up-take route バイオ 医薬 環境

せっしゅする 摂取する(服用する), einnehmen, 英 take 医薬

せっしゅルート 摂取ルート(摂取経路), Aufnahmeweg 男, route of entry, route of exposure, up-take route バイオ 医薬 環境

せっしょくかいしつガソリン 接触改質ガソリン, 英 catalytically reformed gasoline 機械 化学

せっしょくかく 接触角, Kontaktwinkel 男, 類 Randwinkel 男, Greifwinkel 男, contact angle 機械 化学 数学 統計

せっしょくかんせん 接触感染, Kontaktinfektion 女, contagion, contact infection, infection, contagious infection,

infection through contact 医薬

せっしょくし 接触子(接触反応器, コンタクタ, 接触片, 接触槽, 溶媒抽出器), Kontaktor 男, contactor, solvent extractor 化学 電気

せっしょくはんのうき 接触反応器(接触子, コンタクター, 接触片, 接触槽, 溶媒抽出器), Kontaktor 男, contactor, solvent extractor 化学 電気

せっしょくぶんかいガソリン 接触分解ガソリン, 英 catalytically cracked gasoline, katalytisch geknacktes Benzin 機械 化学

セッションキー Sitzungsschlüssel 男, shared session key 電気

せっする 接する(接線の, 正接の), tangential, 英 tangential 数学 統計 機械 物理 建設

せっせんおうりょく 接線応力, Tangentialspannung 女, tangential stress 機械 建設

せっせんおくり (心なし研削などの)接線送り, Tangentialvorschub 男, tangential feed 機械

せっせんざひょう 接線座標, Tangentkoordinate 女, tangent coordinate 数学 統計 機械

せっせんの 接線の(接する, 正接の), tangential, 英 tangential 数学 統計 機械 物理 建設

せつぞく 接続(結線), Verbindung 女, composition, compound, connection 電気 機械 材料

せつぞくケーブル 接続ケーブル, Verbindungskabel 中, VK, connecting cable 機械 電気

せつぞくたんし 接続端子(成端プラグ, 接続端末, 端末接続), Anschlussklemme 女, connection terminal, terminating plug 電気

せつぞくたんまつ 接続端末(接続端子, 成端プラグ, 端末接続), Anschlussklemme 女, connection terminal, terminating plug 電気

せつぞくぶ 接続部(カップリング), Kopp-

せつぞくぶ

lung 女, connection, coupling 機械

せつぞくぶい 接続部位(接着部位), Fügeteil 中, 類 Anschluss 男, connection 機械 化学

せつぞくブロック 接続ブロック, Schaltleiste 女, connecting block 電気

せつぞくへん 接続片(ターミナルストリップ, クランプバー), Klemmleiste 女, terminal strip, clamping bar 機械 電気

ぜったい 舌苔, Zungenbelag 男, coating of tongue, fur coating of the tongue, fur 医薬

ぜったいしつど 絶対湿度, Feuchtigkeitsgehalt 男, percentage of moisture, absolute humidity 化学 物理 エネ 環境

ぜったいひつような 絶対必要な, unumgänglich, 類unabdingbar, unweigerlich, 英 indispensable 全般

せつだん 切断, Ausschalten 中, switching-off, turn off バイオ 数学 統計 電気

せつだんされた 切断された, abgeschaltet, 英 switched off バイオ 電気

せつだんといし 切断砥石, Trennscheibe 女, cutting-off wheel 機械

せつだんトーチ 切断トーチ, Schneidbrenner 男, cutting torch, cutting pipe 溶接 機械 設備

せっち・そうび・せつびする 設置・装備・設備する(インストールする), installieren, 英 install 操業 設備 電気

せっちめん 接地面(踏み面), Reifenaufstandsfläche 女, tyre contact area, tread contact 機械

せっちゃくぶんし 接着分子 Adhäsionsmolekühl 中, adhesive molecule, adhesion molecule 化学 バイオ

せっていあつさ 設定厚さ, Solldicke 女, target thickness 操業 設備 機械 電気

せっていじかん 設定時間(目標時間, 標準時間), Vorgabezeit 女, taget time, specified time, standard time 機械 電気

せっていする 設定する(規定する, 行なう), festlegen, 英 set, 英 determine 操業 設備 電気

せっていちょうせいばね 設定調整ばね,

Stellfeder 女, set point spring, adjusting spring 機械

せっていどうてい 設定動程, Stellweg 男, setting travel, setting life performance 機械 電気 光学

せっていもくひょうち 設定目標値, Sollvorgabe 女, target setting, setting point 機械 電気 操業

せってん 接点(端子), Kontaktstelle 女, contact point 電気

せってん 節点, Knotenpunkt 男, nodal point 光学 電気

セット(ユニット, アセンブリー), Aggregat 中, 類 Satz 男, set, unit 機械 設備

セットアップ Justage 女, setting up 操業 設備

せつどうへんすう 摂動変数, perturbierte Variable 女 機械 電気 数学 統計

セットハンマー (止めダイ), Setzstempel 男, set hammer 機械

セットポイントきのう セットポイント機能, Sollwertfunktion 女, set point function 電気 機械

セットポイントフォーマー Sollwertformer 男, set point former 電気 機械

せつび 設備, Einrichtung 女, equipment, installation 操業 設備

せつびだいちょう 設備台帳, Anlagenkataster 男, plant register, plant cadastre 操業 設備 経営

せっぺん 切片, Abschnitt 男, intercept, section 数学

ぜっぺん 舌片(凸部, つまみ, タン), Zunge 女, 関 Mitnehmer 男, Lippe 女, tongue 機械

せつめいぶん (図表などの)説明文(記号説明, 凡例), Legende 女, legend, key 全般

ゼナーダイオード (Zenerダイオード, ツェナーダイオード；サージ電流や静電気からICなどを守る保護デバイスで, 逆方向の電圧を加えたときに定電圧を発生する. 出典：ローム(株)ホームページ), Z-Diode = ZD = Zener-Diode = zener-diode 電気

セバシンさん セバシン酸, Sebasinsäure 囡, sebasic acid, decanedioic acid 化学 バイオ

セパレータ Distanzierungsmittel 中, separator 機械

せひ 施肥, Düngung 囡, fertilization 化学 バイオ

せひざいりょう (スラグなどの)施肥材料(肥料), Düngemittel 中, fertilizer 精錬 化学 バイオ

セミコロン Strichpunkt 男, 関 Kolon 中, semicolon 印刷

セミチューブラーリベット Halbhohlniet 男, semi-tublar rivet 機械

セミトレーラー Sattelanhänger 男, 関 Sattelauflieger 男 (ロードセミトレーラー), semi-trailer 機械

セメントペースト Zementleim 男, cement paste 建設

せもたれ 背もたれ, Rückenlehne 囡, back rest 機械

セラーつぎて セラー継手, Sellersche Kupplung 囡, 類 Seller-Kupplung 囡, Seller's coupling 機械

セラーねじ (米国管用ねじ), Sellergewinde 中, Seller's screw thread, American standard pipe thread 機械 規格

セラミックねつシールド セラミック熱シールド, CHS = 英 ceramic heat shields 機械 材料 電気

セラミックはくまく セラミック薄膜(セラミックダイアフラム), Keramikmembran 囡, ceramic menbrane 化学 バイオ 機械

せりだしてん 迫り出し点(押し出し点), ausgefahrene Position 囡, 関 Zurückgezogene Position 囡, pushing-out position 機械

せりもといし せり元石(アーチの端を受ける斜面のある元石), Widerlager 中, skewback, counter flange, abutment 機械 建設

セル (バッテリー), Element 中, element 操業 設備 機械 化学 電気

セルフセンタリングの (自己復元性の), selbstzentrierend, self-aligning,

self-centering 機械 船舶

セルフタイマー (自動シャッターリリース), Selbstauslöser 男, self-timer 電気 光学

セルフタッピングさしこみねじ セルフタッピング差し込みねじ, selbstschneidender Gewindeeinsatz 男, self-cutting threaded insert 操業 設備 機械

セルフロック [(ウォームギヤーの)自己固着作用], Selbsthemmung 囡, self-locking(-gear-unit), automative interlock 機械 電気

セルフロックの selbstarretierend, 英 self locking 操業 設備 機械

セレーションじくつぎて セレーション軸継ぎ手, Zahnwellenverbindung 囡, serrated shaft connection, tooth shaft connection 機械

セレクター Wähler 男, selecter 機械

セレクトレバーふちかざりいた セレクトレバー縁飾り板, Kulissse des Wählhebels 囡, selecter lever escutcheon 機械

ゼロールベベルギヤー (ねじれ角がゼロの曲がり歯傘歯車), 英 zerol bevel gear 機械

ゼロガス (最小目盛値の較正に用いる), Nullgas 中, 関 Kalibriergas 中, zero gas 化学 バイオ 電気 機械

ゼロクロス (ゼロ通過, ゼロ交差), Nulldurchgang 男, zero passage, zero crossing 電気

ゼロこうさ ゼロ交差(ゼロクロス, ゼロ通過), Nulldurchgang 男, zero passage, zero crossing 電気

ゼロじかいていおん ゼロ磁界低温(直流透磁率測定:超伝導体の臨界温度測定法), ZFC = 英 zero-field-cooled(dc-magnetic susceptibility measurement) 物理 電気

ゼロせきぶんでんかいでんきえいどうほう ゼロ積分電界電気泳動法, ZIFE = 英 zero-integrated field electrophoresis 化学 バイオ 医薬 電気

ゼロつうか ゼロ通過(ゼロクロス, ゼロ交差), Nulldurchgang 男, zero passage, zero crossing 電気

ゼロはいしゅつガスしゃとしてぶんかん

ざんされるせんしんぎじゅつとうさいしゃ ゼロ排出ガス車として部分換算される先進技術搭載車，PZEV ＝ 英 partial zero emission vehicle ＝ Schadstoffreies Auto mit Dieselhybridmotor 機械 電気 法制度 環境

ゼロラジオグラフィー（乾式 X 線撮影，乾式 X 線撮影法），XR ＝ Xeroradiografie ＝ xeroradiography 医薬 放射線 電気

ぜんアルデヒド 全アルデヒド，Gesamtaldehyd 男，total aldehyde 化学 バイオ 環境

せんい 遷移（移行，変化），Übergang 男，transition，transfer 材料 鉄鋼 非鉄 物理 化学 バイオ 機械 建設

ぜんイオンきょうど 全イオン強度，TII ＝ Totalionenintensität ＝ total ionic strength 化学 電気

せんいきんぞく 遷移金属，Übergangsmetall 中，transition metal 材料 非鉄 非金属

せんいじょうの 繊維状の（糸状の），filamentös，英 filamentous 化学 バイオ

せんいへのこうたくのふよ 繊維への光沢の付与，Schlichten 中，finishing，smoothing 機械 繊維

せんえき 染液，Flotte 女 繊維 機械

せんエネルギーふよ 線エネルギー付与（線型エネルギー移行），LET ＝ 英 linear energy transfer ＝ lineare Energieübertragung 物理 原子力 エネ 放射線 化学 バイオ 医薬

ぜんえん 前縁［（翼，プロペラの）先端，導入端部，入口端部］，Flügeleintrittskante 女，類 Vorderkante 女，leading edge，entering edge，first transition 航空 エネ 機械 設備

ぜんえんすい 前円錐，Innenkegel 男，inside cone，internal cone 機械

せんえんせいしょくぶつじょうたい 遷延性植物状態（持続的植物状態；意識のない植物人間の状態），PVS ＝ persistierender vegetativer Status ＝ persistant vegetative state 医薬 社会

せんえんせいはいこうけつあつ 遷延性肺高血圧（遷延性肺高血圧症），PPH ＝ persistent pulmonary hypertension 医薬

ぜんエンドプロテーゼ 全エンドプロテーゼ（プロテーゼは，人工器官，人工補助具，義歯などを指す），TEP ＝ Totalendoprothese ＝ total endoprosthesis 医薬

ぜんオーバーハングかく 前オーバーハング角，vorderer Überhangwinkel 男，front overhang angle，approach angle 機械

せんおんそくりゅう 遷音速流，schallnahe Strömung 女，transonic flow 電気 光学 音響 物理

せんかい 旋回（回転，方向転換），Schwenkung 女，類 関 Drehen 中，Drall 男，Gyration 女，turn，turning，revolution，gyrating 機械

せんかいえんテーブル 旋回円テーブル（旋回型工作物搬送装置），Rundtisch 男，rotating workpeace carrier，rotary table 機械

せんがいき 船外機，Außenbordmotor 男，outboard motor 機械 船舶

せんがいの（に） 船外の（に）［船外に取り付けた，翼端に近い方の（に）］，OB ＝ 英 out board ＝ Außenbord 交通 航空 船舶

せんかいばね 旋回羽根，Drallblech 中，swirl vane 機械

せんかいぶい 旋回部位（旋回台），Drehteil 中，turned part 設備 機械 連鋳

せんかいよこげた 旋回横桁，Schwenktraverse 女，swivel-joist 建設

ぜんきこうようせき 全気孔容積，GPV ＝ Gesamtporenvolumen，total pore volume 化学 材料 物理

せんきゅう 船級，Klasse 女，ship's classification，class 船舶

せんきゅうひかりファイバー 先球光ファイバー，英 point sphere optical fiber 光学

ぜんきんの 漸近の，asymptotisch，英 asymptotic 機械

せんくしゃ 先駆者（前駆症状，前駆物質），Vorläufer 男，pioneer，prodromal symptom，prodrome，precusor 化学 バイオ 医薬

ぜんくしゅつき 前駆出期(駆出前期，前駆出時間)，PEP = Präejektionsperiode = preejection period 医薬

ぜんくしょうじょう 前駆症状(前駆物質)，Vorläufer 男, prodromal symptom, prodrome, precursor 化学 バイオ 医薬

ぜんくふかつたいプラスミノーゲン 前駆賦活体プラスミノーゲン，PP = 英 proactivator plasminogen バイオ 医薬

ぜんくぶっしつ 前駆物質(前駆症状，先駆者)，Vorläufer 男, antecedent, pioneer, prodromal symptom, prodrome, precusor 化学 バイオ 医薬

せんけい 扇形(にすること)(スカラップ)，Feston 中, 類 関 Ausschnittform 女, curved festoon, scallop 材料 機械 溶接 電気 光学

せんけいかほう 線形化法(リニアライズ，線形近似)，Linearisierung 女, linearization 電気 機械 数学 統計

せんけいきんじ 線形近似(線形化法，リニアライズ)，Linearisierung 女, linearization 電気 機械 数学 統計

ぜんけいこつきんしょうこうぐん 前脛骨筋症候群，TaS = Tibialis-anterior-Syndrom = tibialis-anterior syndrome 医薬

せんけいほうていしき 線形方程式(一次方程式)，Geradegleichung 女, linear equation 数学 統計

ぜんけつえきりょう 全血液量，TBV = totales Blutvolumen = total blood volume 医薬

ぜんこう 全高，Höhe über Alles 女, overall lowered height 建設 機械

ぜんこけいぶつ 全固形物，TS = 英 total solid = Gesamtfeststoffgehalt 全固形物 化学 バイオ 医薬

ぜんゴナドトロピンかっせい 全ゴナドトロピン活性(全性腺刺激ホルモン活性)，TGA = totale Gonadotropinaktivität = total gonadotropin activity バイオ 医薬

センサーしょうしゃや センサー照射野，Sensorstrahlungsfeld 中, sensor radiation field 電気

せんざいせいしんしつさいどう 潜在性心

室細動，VFl = 英 ventricular fibrillation latency = Latenz-Kammerflimmern 医薬

せんざいてきこしょうモードえいきょうどかいせき 潜在的故障モード影響度解析，FMEA = 英 failure mode and effect analysis = Fehler-Möglichkeits- und -Einfluss-Analyse für komplexe Anlagen und Systheme = Fehlerart- und Effektanalyse für komplexe Anlagen und Systheme 機械 化学 操業 設備 電気 数学 統計

せんざいてきてつけつごうのう 潜在的鉄結合能，LEBK = latente Eisenbindungskapazität = LIBC = latent iron binding capacity バイオ 医薬

ぜんさんそ 全酸素(トータル酸素)，Gesamtsauerstoff 男, total oxygen 精錬 連鋳 材料 操業 設備

ぜんじくきょ 全軸距，Gesamtachsstand 男, total wheel base 機械

せんしつけいすう (放射線の)線質係数[生体が受けた吸収線量が同一の場合であっても，放射線の種類やエネルギー(線質)により，生体に及ぼす影響が異なることがある．この影響の違いをある程度数量的に表示するのに用いる．出典：(一財)高度情報科学技術研究機構ホームページ]，QF = Qualitätsfaktor = quality factor 放射線 医薬

せんしほう 穿刺法，Punktion 女, puncture method, pricking 医薬

ぜんしぼうさん 全脂肪酸，TFA = 英 total fatty acid = Gesamtfettsäure 化学 バイオ 医薬 食品

せんしゃじく 先車軸，Leitachse 女, leading axle 機械

ぜんしゃじく 前車軸(フロントアクスル)，Vorderachse 女, front axle 機械

ぜんしゅうたんかくちょうきちょっけい (心臓の)全終端拡張期直径，TEDD = totaler enddiastolischer Durchmesser = total enddiastolic diameter 医薬

せんしゅうはすう 線周波数(水平同期周波数，電源周波数，ライン周波数)，

Zeilenfrequenz 女, line frequency, horizontal frequency 電気

ぜんしゅつりょく 全出力, volle Leistung 女, full power 機械 電気

せんしゅバルブ 船首バルブ(球状船首；喫水線下の船首の球状突起部), 英 Balbous bow 船舶 機械

せんじょう 洗浄(攪拌), Spülen 中, 関 Rühren 中, bubbling, flushing, rinsing 精錬 化学 機械

ぜんしようエネルギー 全使用エネルギー, TE = 英 total energy = Gesamtenergie エネ 操業 設備 経営

せんじょうかっせいぶっしつ 洗浄活性物質, WAS = waschaktive Substanz = washing-active substances バイオ 医薬

せんじょうざい 洗浄剤(洗剤), Detergenz 女, detergent 化学 バイオ

せんじょうせんえき 洗浄染液, Reinigungsflotte 女, cleaning dye liquor 繊維 機械

せんじょうどうかん 洗浄導管(パージライン), Spülleitung 女, flushing supply 機械

せんじょうの 扇状の(扇状に), fächerförmig, 英 fan-shaped 機械

ぜんじょうはつガスさいしゅほう 全蒸発ガス採取法, SHED = 英 sealed housing for evaporative emission determination 機械 化学 環境

ぜんじょうひたいせき 全上皮体積, TEV = 英 total epithelial volume = Gesamtepithelvolumen 医薬

せんしょうびょう 戦傷病(軍務公傷), WDB = Wehrdienstbeschädigung = military service damage 医薬 軍事

せんじょうべん 洗浄弁, Reinigungsventil 中, 類 Spülventil 中, rinsing valve, flushing valve, cleaning valve 機械

せんじょうほう 線状法(ライントランセクト法), Linientransekt 男, line transect method バイオ 地学

せんじょうようスタイレット 洗浄用スタイレット, Reinigungsdraht 男, cleaning stylet 医薬

せんしょく 染色 Anfärbung 女, staining 繊維

せんしょくする 染色する(着色する, 染まる), färben, 英 stain 繊維 光学 印刷 機械

せんしょくたい 染色体, Chromosom 中, chromosome バイオ 医薬

ぜんしんおんねつ 全身温熱, WBW = 英 whole body warming = Ganzkörper-Erwärmung 医薬

ぜんしんかく 前進角, Fortschrittswinkel 男, sweepforward angle, angle of advance 機械

ぜんしんすいぶんりょう 全身水分量, WBW = 英 whole body water = Ganzkörperwasser 医薬

せんしんせい (新生代第三紀の)鮮新世, Pilozän 中, 英 Pilocene 地学 物理 バイオ

ぜんしんせい (新生代第三紀中期の)漸新世, Oligozän 中, 英 Oligocene 地学 物理 バイオ

ぜんしんせいしんこうせいこうかしょう 全身性進行性硬化(症)[全身性進行性強(硬)皮症], PSS = progressive systemische Sklerodermie = progressive systemic sclerosis 医薬

ぜんしんせいの 全身性の, systemisch, 類 generell, generaliziert, 英 systemic バイオ 医薬

ぜんしんそうさ (CT などによる)全身走査(全身スキャニング), WBS = 英 whole body scan = Ganzkörperscan 医薬 電気 放射線

ぜんしんタービン 前進タービン, Vorwärtsturbine 女, ahead turbine(AHD, TURB) エネ 機械

せんしんちょうちょうりんかいはつでん 先進超々臨界発電, A-USC-Power-Generation = 英 advanced-ultra-super-critical-power-generation 電気 エネ 機械 設備

ぜんしんますい 全身麻酔, Allgemeinbetäubung 女, 類 Allgemeinnarkose 女, 関 örtliche Betäubung 女, 局所麻酔, general anesthesia, general anaesthesia 医薬

せんず 線図, Diagramm 中, diagram

機械

ぜんすいとう 全水頭，Gesamtbetraghöhe 女，total head 機械

センスさ センス鎖(コード鎖；DNAの相補的二本鎖のうち，タンパク質をコードしているmRNAと同一の配列を持つ鎖をいう)，Sinnstrang 男，sense strand バイオ 医薬

センスへんいたいかぶ センス変異体株，Sinnmutante 女，sense mutant バイオ 医薬

センター (旋盤のセンター)，Körnerspitze 女，lathe centre 機械

センターあな センター穴，Mittelloch 中 機械

センターゲージ Mittelpunktlehre 女，center gauge 電気 機械

センターけんさくばん センター研削盤，Körnerspitzenschleifmaschine 女，center grinder 機械

せんたい 船体，Schiffsrumpf 男，ship's hull 船舶

せんたくしきしょくばいかんげんだっしょうほう 選択式触媒還元脱硝法，SCR = 英 selective catalytic reduction = selective katalytische Reduktion 女，関 KNR 化学 環境

せんたくしきべつひょうしき 選択識別標識(選別味方識別装置，選択識別特徴)，SIF = 英 selektive identification feature = selektives Kennungsmerkmal 電気 安全 軍事

せんたくしきへんそくそうち 選択式変速装置，Kulissenschaltung 女，gate shift 機械

せんたくしきむしょくばいかんげんだっしょうほう 選択式無触媒還元脱硝法，SNCR-DeNOx = 英 selective non-catalytic reduction = selektive nicht-katalytische Reduktion 化学 機械 環境

せんたくばいち 選択培地(微生物や培養細胞の集団の中から，ある特定の性質を示す細胞を選択的に増殖させる培地をいう)，Selektionsmedium 中，selective medium，selection medium バイオ

せんたくバスケットちゅうのパンチホール (サイズ) 洗濯バスケット中のパンチホール(サイズ)，Waschkorblochung 女，clothes basket punched hole 機械 電気

せんたくものかんそうき 洗濯物乾燥機，Wäschetrockner 男，tumble drier，laundry drier 機械 電気

センタリングピン Zentrierstift 男，centering pin 機械

せんたん (翼，プロペラの)先端(前縁，導入端部，入口端部)，Eintrittskante 女，類 Vorderkante 女，Anströmkante 女，Flügeleintrittskante 女，leading edge，entering edge 航空 エネ 機械 設備

せんだんおうりょく 剪断応力(せん断応力)，Schubspannung 女，shear stress 機械 材料 化学 建設

ぜんたんかすいそ (水中)全炭化水素，Gesamtkohlenwasserstoff 男，total hydrocarbon，THC 化学 環境

せんだんかとうせいの 剪断可撓性の，schubweich，英 shearing flexible 材料 鉄鋼 非鉄

せんだんだんせいけいすう 剪断弾性係数(せん断弾性係数，横弾性係数)，Schubelastizitätsmodul 男，類 Schubmodul 男，elastic shear modulus，modulus of transverse elasticity 機械 材料 設備 建設

せんだんひずみ 剪断ひずみ(せん断歪)，Scherbeanspruchung 女，shearing strain 機械 材料 化学 建設

せんだんひずみ 剪断ひずみ(せん断歪，すべり)，Gleitung 女，shearing strain，sliding 機械 材料 化学 建設

せんたんふくごうざいりょう 先端複合材料，ACM = 英 advanced compsite material = Hochleistungsverbundwerkstoff 材料 電気 機械 化学

せんだんほうこう 剪断方向(せん断方向，推力方向)，Schubrichtung 女，shear direction，thrust direction，SR 機械 材料 化学 建設

せんだんボルト 剪断ボルト(せん断ボルト，シャーボルト)，Abscherschraube 女，類 Abreißschraube 女，shear bolt 機械

せんたんめんとりぶ 先端面取り部[(タッ

プの）食付き部，食いつき部］，Einführungs-Abschrägung 女，類 関 Abfasungs-Anschluss 男，bevel lead 材料 機械

せんだんりょくず 剪断力図（せん断力図），Schubkraftdiagramm 中，shearing force diagram 機械 材料 化学 建設

センチストークス（世界で最も一般的に使用されている粘度の単位），cSt 機械 化学 物理 単位

ぜんちせいよく 前置静翼，Vorleitschaufel 女，initial guide blade，initial stationary blade エネ 機械

ぜんちタービン 前置タービン，Vorschaltturbine 女，topping turbine エネ 電気 機械

ぜんちつうしんせいぎょしょりそうち 前置通信制御処理装置（エフ・イー・ピー），FEP = 英 front-end processor 電気 機械

ぜんちっそ（がんゆうりょう） 全窒素（含有量）［トータル窒素（含有量）］，Gesamtstickstoff 男，類 der insgesamt vorhandene Stickstoff 男，the total amount of nitrogen 精錬 連鋳 材料 操業 設備

センチポアーズ（cSt を密度で割った粘度の単位），CP = 英 centi poise 機械 化学 物理 単位

せんちゅう 線虫（蟯虫），Fadenwurm 男，rematode，roundworm，pinworm バイオ

ぜんちょう 全長，Gesamtlänge über alles 女，entire length，overall length 機械 設備

せんちょうこつかんせつ 仙腸骨関節（腰仙連結，仙腸関節），SIG = Sakroiliakalgelenk = sacroiliac joint 医薬

ぜんてい（耳の）前庭，Vorhof 男，vestible of ear 医薬

ぜんていじょうけんプログラム 前提条件プログラム，PRP = 英 Prerequisite Program 規格

せんてつ 銑鉄，Roheisen 中，類 関 flüssiges Roheisen 中（溶銑），pig iron，hot metal 製銑 精錬 操業 設備

せんてんたいしゃいじょう 先天代謝異常，IME = 英 inborn metabolic error = angeborener Stoffwechseldefekt バイオ 医薬

せんど 尖度，Kurtosis 女，類 Wörbung 女，kurtosis 数学 統計

ぜんどうプンプ 蠕動ポンプ，Peristaltikpumpe 女，類 Schlauchpump 女，peristaltic pump 機械

ぜんとうよう 前頭葉，Frontallappen 男，frontal cortex，frontal lobe バイオ 医薬

ぜんとうりょう 全当量，TEW = 英 total equivalent weight = Gesamtäquivalentgewicht 化学 物理

セントラルヒーティング ZH = Zentralheizung = central heating エネ 建設 設備 機械

ぜんにんしゃ 前任者，Vorgänger 男，one's predecessor 経営 社会

せんのふとさ 線の太さ，Strichstärke 女，line width，line thickness 機械 数学 統計 印刷

ぜんはいきりょう 全肺気量，TLC = 英 total lung capacity = die gesamte Lungenkapazität 医薬

ぜんはくしゅつりょう（心臓の）全拍出量（全駆出量），TEV = totales Ejektionsvolumen = total ejected volume 医薬

ぜんはたけ 全歯たけ，Zahnhöhe 女，whole depth 機械

せんばんあらせっさくすんぽう 旋盤荒切削寸法（端空き，端あき，はしあき），Vormaß 中，end distance（of fillet weld），lathe roughing cut dimension 溶接 機械 建設

ぜんはんしゃ 全反射，Totalreflexion 女，total reflection 光学 電気 機械

せんびきき 線引機，Drahtziehbank 女，wire-drawing bench 機械

せんびに（へ） 船尾に（へ）（翼後縁部に），独 achteraus，英 aft 船舶 海洋 航空 機械

せんひろがりかんすう 線広がり関数（画像技術用語），LSF = 英 line spread function = Linie oder Kantenbildverwaschungsfunktion 光学 電気 放射線

ぜんぷく 全幅，OAW = 英 overall width = Gesamtbreite 機械 航空 物流

ぜんフッそちかんゴム 全フッ素置換ゴム

（パーフルオロエラストマー），Perfluorkau-tschuk 男，perfluorinated ruber 化学 材料

せんぶん 線分（切片），Abschnitt 男，line segment 数学

ぜんヘモグロビン 全ヘモグロビン，THb = 英 total hemoglobin = Gesamthämo-globin バイオ 医薬

ぜんぼう 前房，vordere Augenkammer 女，anterior eye chamber 医薬 光学

ぜんぽうさいきじかんのりょうしこうけんしゅつかてい 前方再帰時間の量子光検出過程，QPF = 英 quantum photode-tection process of forward recurrence time 光学 物理 数学 電気

ぜんぽうたんぶ 前方端部（軸直角端面），Stirnseite 女，front side 操業 設備 機械

せんぼうちょうけいすう 線膨張係数，Längenausdehnungszahl 女，類 linea-rer Ausdehnungskoeffizient 男，coeffi-cient of linear expansion 材料 機械 エネ 物理 化学

ぜんぽうへずらした （あらかじめ）前方へずらした，vorverlagert，英 upstreamed 機械

ぜんめんかく （前円錐の）前面角，inneres Ergänzungswinkel 中，front angle 機械

ぜんめんかくのよかく （傘歯車の）前面角の余角，Komplementwinkel des inneren Ergänzungswinkels 男，complement angle of front angle 機械

せんもんにまたがる 専門にまたがる（学科にまたがる），transdisziplinär，英 transdis-ciplinary 全般

せんもんようご 専門用語，Fachwort 中，類 Nomenklatur 女，Benennung 女，technical term 全般

ぜんゆうきせいたんそ 全有機性炭素（全有機炭素成分，全有機炭素），TOC = to-tal organic carbon = total organically bound carbon = gesamter organisch gebundener Kohlenstoff 化学 バイオ 環境

せんようきょういきたいつうしん 専用狭域帯通信，DSRC = 英 dedicated short range communication 電気

ぜんようぞんぶっしつ 全溶存物質（完全溶解固体物質；濾過後の溶解成分を煮詰めたもの．出典：EIC ネットホームページ），TDS = 英 total dissolved solids = Filt-rattrockenrückstand = Mass für die Salzbelastung von Gewässern 化学 バイオ 環境

せんようファイル 専用ファイル，DF = dedizierte Datei = dedicated file 電気

せんようへんしゅうけん 専用編集権，Bearbeitungsrecht 中，editing right 電気 印刷

せんようボイラー 船用ボイラー，Schiffs-kessel 男，ship boiler 船舶 エネ 機械

ぜんりつせん 前立腺，Vorsteherdrüse 女，類 Prostata 女，prostate 医薬

ぜんりつせんがん 前立腺癌，Prostata-karzinom 中，類 Vorsteherdrüsenkrebs 男，prostatic carcinoma，prostatic can-cer 医薬

ぜんりつせんとくいこうげん 前立腺特異抗原，PSA = Prostata-spezifisches An-tigen = prostate-specific antigen バイオ 医薬

ぜんりつせんひだい 前立腺肥大，Hy-pertrophie Prostata 女，prostate hy-pertrophy 医薬

ぜんりょう 全量，Gesamtmenge 女，to-tal quantity 化学 バイオ 医薬 機械

せんりょうしすう 線量指数，DI = Do-sisindex = dose index 放射線 医薬 物理

ぜんりん 前輪，Vorderrad 中，front wheel 機械

ぜんりんくどうしゃ 前輪駆動車，front-getriebenes Fahrzeug 中，FWD（front-wheel drive），front wheel drive car 機械

ぜんりんれんせつぼう 前輪連接棒（トラックロッド），Spurstange 女，track rod，steering linkage 機械

せんをする 栓をする，zusetzen，英 blind，英 clog，英 plug 機械 化学 バイオ 精錬 操業

そ

そあつえんライン 粗圧延ライン（分塊ライン），Vorstraße 囡, blooming train, breakdown train, roughing-line 連鋳 材料 操業 設備

そあつスラブ 粗圧スラブ, Vorbramme 囡, roughed slab 連鋳 材料 操業 設備

そいがく 層位学（層序学，層序），Stratigraphie 囡, stratigraphy 地学 物理 バイオ

そう 層, Schicht 囡, layer バイオ 地学

そう 叢, Geflecht 匣, fabric, net 化学 バイオ 医薬 繊維

そうい 相違, Abweichung 囡, offset, displacement 数学 統計 機械

そうい 層位, Horizont 男, horizon, stratigraph 地学 物理 バイオ

そううつびょうの 躁鬱病の, MD = manisch-depressiv = manic-depressive 医薬

ぞうえいざい 造影剤, Kontrastmittel 匣, contrast agent, radiocontrast agent, contrast medium 化学 バイオ 医薬 電気 光学

ぞうえいざいふか 造影剤富化（コントラスト改善）, KMA = Kontrastmittelanreicherung = contrast enhancement 化学 バイオ 医薬 光学 電気

そうおんふか 騒音負荷, Lärmbelastung 囡, noise level, noise exposure, noise impact 環境 音響

そうおんをへらす 騒音を減らす, geräuschreduzierend, 英 noise decreasing 機械 音響 電気

そうがたバイト 総形バイト（荒削りバイト）, Formwerkzeug 匣, 類 Formstahl 男, Schruppwerkzeug 匣, Schruppstahl 男, forming tool, roughing tool 化学 機械 鋳造

そうがたフライス 総形フライス（荒削りフライス）, Formfräser 男, 類 Schruppfräser 男, 関 Schlichtfräser 男, formed cutter, roughing cutter 機械

ぞうかの 増加の, inkrementell, incre-mental 全般

そうかん 挿管, Intubation 囡, 類 Einführung eines Schlauches 囡, intubation 医薬

そうかんかごうぶつ 層間化合物, Interkalationsverbindung 囡, intercalation compound 化学 バイオ

そうがんきょう 双眼鏡, Doppelfernrohr 匣, binocular glasses 光学 電気

そうがんけんびきょう 双眼顕微鏡, binokulares Mikroskop 匣, binocular microscope 化学 電気 光学

そうかんせい 相関性, Korrelation 囡, correlatrion 数学 統計

そうかんはくり 層間剥離（薄片に裂けること）, Delamination 囡, delamination 材料 化学

ぞうきいしょく 臓器移植, Organtransplantation 囡, organ transplantation 医薬

そうきしんしつはくどう 早期心室拍動, PVB = 英 premature ventricular beat = vorzeitiger ventrikulärer Schlag 医薬

そうきしんだん 早期診断（早期発見）, Früherkennung 囡, early diagnosis 医薬 操業 設備

そうきべん 掃気弁（洗浄弁）, Spülventil 匣, rinsingvalve, flushing valve 機械 化学

そうぎょうテスト 操業テスト, Betriebsversuch 男, operational test 操業 設備

そうぎょうぶんせき 操業分析 Beschäftigungsstudie 囡, employment study 操業 設備 機械

そうきょくせんせいせつ 双曲線正接（双曲正接）, tanh = Hyperbeltangens = hyperbolic tangent 数学 統計

そうきライン 掃気ライン（除去ライン）, Rückführleitung 囡, 類 Rückspülleitung 囡, scavenge line 機械 エネ リサイクル

ぞうけいき 造型機, Formmaschine 囡, molding machine 鋳造 材料 機械

ぞうけいざい 造型材（成型材，鋳型材料），Formstoff 男，moulding material 鋳造 機械 非金属

ぞうけいざいなかご （鋳型の）造型材中子，Formstoffkern 中，mouding core 鋳造 機械 非金属

ぞうけいチャンバー 造型チャンバー，Formkammer 女，shaping chamber，forming chamber 鋳造 材料 機械

そうこ 倉庫，Lager 中，warehouse，機械 設備 製品 物流

そうこうきょり 走行距離（作動範囲，移動経路），Verfahrweg 男，movement range，travel path，travel distance 機械

そうこうきょりせいげん 走行距離制限，Kilometerbegrenzung 女，mileage limit 機械

そうこうしゃ 装甲車，Panzerwagen 男，armored car 機械 軍事

そうこうしようかのうはんい 走行使用可能範囲（車の側から見た場合），建築限界（建物の側から見た場合），Lichtraumbreite 女，類 関 Nutzbarer Durchfahrtsraum über einem Verkehrsweg 男，construction gage，clearance limit，track‐clearance 交通 機械 建設

そうこうせいのう 走行性能，Fahrleistung 女，mileage，performance 機械

そうこうていこう 走行抵抗（転がり抵抗），Fahrwiderstand 男，類 Bewegungswiderstand 男，Rollwiderstand 男，Laufwiderstand 男，resistance to forward motion，resistance to rolling 交通 機械

そうこうていようせき 総行程容積，Gesamthubvolumen 中，total piston displacement，total stroke volume 機械

そうごうてきひんしつかんり 総合的品質管理，gesamte Qualitäskontrolle 女，TQC，total quality control 操業 機械 品質 製品

そうこうとくせい 走行特性，Fahrverhalten 中，travelling behaviour 機械 交通

そうこうレール 走行レール，Fahrschiene 女，rail 交通 機械

そうごさよう 相互作用，Wechselwirkung 女，類 Wechselspiel 中，interaction 化学 バイオ 医薬

そうごしょうにんきょうてい 相互承認協定，MRA ＝ 英 mutual recognition agreement ＝ Abkommen über die gegenseitige Anerkennung 法制度 規格

そうごにかみあってさようしている 相互に噛み合って作用している（被噛合の），vermascht，英 intermeshed，英 meshed 機械

そうこわたし 倉庫渡し，ab Lager，ex-store，ex warehouse 製品 経営

そうさがたオージェでんしけんびきょう （ほう）走査型オージェ電子顕微鏡（法），SAM ＝ 英 scanning Auger microscopy 化学 電気 材料 光学 物理

そうさがたきんせつばひかりけんびきょう 走査型近接場光顕微鏡，NSOM ＝ 英 near field scanning optical microscopy ＝ Nahfeldabtast—optische Mikroskopie ＝ SNOM 光学 材料 物理

そうさがたせいでんようりょうけんびきょう （ほう）走査型静電容量顕微鏡（法），SCM ＝ 英 scanning capacitance microscopy 化学 電気 材料 光学 物理

そうさがたちょうおんぱけんびきょう 走査型超音波顕微鏡，SAM ＝ 英 scanning acoustic microscopy ＝ akustische Mikroskopie 化学 音響

そうさがたていエネルギーでんしけんびきょう 走査型低エネルギー電子顕微鏡，SLEEM ＝ 英 scanning low energy electron microscope 化学 電気 材料 光学 物理

そうさがたでんしけんびきょう（ほう）走査型電子顕微鏡（法），SEM ＝ 英 scanning electron microscopy ＝ Rasterelektronenmikroskopie 化学 電気 材料 光学 物理

そうさがたトンネルけんびきょう（ほう）走査型トンネル顕微鏡（法），STM ＝ 英 scanning tunneling microscopy 化学 電気 材料 光学 物理

そうさがたプローブけんびきょう 走査型プローブ顕微鏡，SPM ＝ 英 scanning probe

microscope 化学 電気 材料 光学 物理

そうさがたレーザーでんかいけんびきょう 走査型レーザー電解顕微鏡, SLEEM = 英 scanning laser enhanced electrochemical microscope 化学 電気 材料 光学 物理

そうさする 走査する(スキャンする, 検知する), abtasten, 類 aufspüren, 英 scan 電気

そうさせい 操作性(有用性, 使用性, 使い勝手), Verwendbarkeit 女, 関 Brauchbarkeit 女, usability 機械 電気 環境 リサイクル

そうさパターン (テレビの)走査パターン(網目スクリーン, グリッド), Raster 男, grid, pattern, screen 電気

そうさばん 操作盤, Steuerpult 中, operating panel 操業 設備 電気

そうさフォースけんびきょう 走査フォース顕微鏡, Raster-Kraft-Mikroskop 中, scanning force microscope, RKM 電気 光学 材料 物理

そうさりきりょう 操作力量, Betätigungskraft 女, operating force, actuation force 機械 電気

そうさりょう 操作量(操作変数), Stellgröße 女, controlling variable 機械 電気

そうさわりあい 走査割合(サンプリングレート), Abtastrate 女, scanning rate 電気

そうじぐち 掃除口, Reinigungsöffnung 女, cleaning hole, access hole 機械

そうじゅうせい 操縦性, Steuerfähigkeit 女, maneuverability, controllability 航空 電気 機械

そうじゅしんへんちょうそうち 送受信変調装置, RTM = 英 receiver transmitter modulator = Empfänger- Sender-Modulator 電気

そうじょうきゅうきそうち 層状給気装置, Schichtladevorrichtung 女, stratified charge equipment 機械

そうじょうこうか 相乗効果(共働効果), Synergieeffekt 男, 類 Multiplikatoreffekt 男, synergitic effect, multiplier effect 電気 機械 物理

そうじょうこうし 層状格子, Schichtgitter

中, layer lattice 材料 物理

そうじょうそしき 層状組織, Lamellargefüge 中, laminated structure 材料 鉄鋼 非鉄 化学

そうしょうゆうきそせい 双晶誘起塑性(誘起双晶変形), 英 twinning induced plasticity, TWIP 材料 鉄鋼 非鉄

そうじょがく 層序学(層位学, 層序), Stratigraphie 女, stratigraphy 地学 物理 バイオ

そうしょく 装飾, Verziehrung 女, decoration 機械 交通 建設

そうしょくじゅう 草食獣, Herbivore 男, 類 Pflanzenfresser 男, 関 Karnivore 男, Fleischfresser 男, herbivore, grazer バイオ

ぞうしょくせいえしせいはいえん 増殖性壊死性肺炎, PNP = proliferative nekrotisierende Pneumonie = proliferative necrotizing pneumonia バイオ 医薬

ぞうしょくりとく 増殖利得, Brutgewinn 男, breeding gain 原子力

ぞうしょくろ 増殖炉, Brutreaktor 男, breeder reactor 原子力

そうしんき 送信機, 英 transmitter, TX, 関 RX 電気

そうしんする 送信する(伝達する), übermitteln, 英 transmit 電気

そうしんする 送信する(転送する), übertragen, 英 carry, 英 transmit 電気

そうしんポート 送信ポート, Sendeport 男, send port 電気

そうしんようきゅう(しんごう) 送信要求(信号)(JIS のデータ通信モデム制御装置信号名), RS = 英 request to send 電気

そうせいはぐるま 創成歯車, Erzeugungsrad 中, gear generating 機械

そうそう 層相, Fazies 女, facies 地学 バイオ 物理

そうたいかんどようそ 相対感度要素(相対感度係数), RSF = 英 relative sensitivity factor = relativer Empfindlichkeitsfaktor 電気 化学

そうたいけいこうきょうど 相対蛍光強度, RFI = relative Fluoreszenzintensität =

そうたいけいこうきょうど relative fluorescence intensity 電気 化学 バイオ 光学

そうたいしつど 相対湿度, relative Feuchtigkeit 女, relative humidity 機械 環境 物理 気象

そうたいたいひかんど 相対対比感度(相対コントラスト感度), RCS = 英 relative contrast sensitivity = relative Kontrastempfindlichkeit 医薬 光学 電気

そうたいてきくしゅつりょう (心臓の)相対的駆出量, RSV = relatives Schlagvolumen = relative stroke volume 医薬

そうたいてきリンパそしきかけいせい 相対的リンパ組織過形成, RLH = relative lymphoide Hyperplasie = relative lymphoid hyperplasia 医薬

そうたいパワースペクトルみつど 相対パワースペクトル密度, RPSD = 英 relative power spectral density = relative spektrale Leistungsdichte 光学 物理 電気

そうたいひほうしゃのう 相対比放射能(放射性核種の単位質量当たりの放射能の強さ), RSA = relative spezifische Radio-aktivität = relative specific radioactivity 放射線 化学 バイオ 医薬

そうたいひょうじゅんへんさ 相対標準偏差, RSD = 英 relative standard deviation = relative Standardabweichung 数学 統計

そうたいへんい 相対変位, relative Verschiebung 女, 類 関 Versatz 男, relative offset, relative displacement 機械 物理 数学 統計

そうたいリスク (病気発症の)相対リスク, RR = relatives Risiko = relative risk 医薬 統計

そうたいろんてきひかりでんし 相対論的光電子, RPE = relativistische Photoelektronen = relativistic photoelectron 光学 物理

そうだしつ 操舵室(ホイールハウス), Radhaus 中, wheel house 船舶 機械

そうち 装置(器具, 設備), Vorrichtung 女, apparatus 操業 設備 機械

そうちの 装置の(器具の), apparativ, 英 instrumental 全般

そうちゃくコンポーネント 装着コンポーネント, Einbauten 男 複, installed components 機械 化学 設備

そうちをかいぞうする 装置を改造する(後付けする, 追加装備する, 規模を拡大する), nachrüsten, 英 install additionally, 英 expand, 英 retrofit, 英 upgrade 機械 操業 設備

そうてつけつごうのう 総鉄結合能, TEBK = totale Eisenbindungskapazität = total iron-binding capacity バイオ 医薬

そうてん 装填(装入), Begichtung 女, 類 Beschickung 女, burdening 製銑 精錬 機械 化学 設備

ぞうてん 像点(ピクセル), Bildpunkt 男, image point, pixel(= picture element) 光学 電気

そうでんようりょう 送電容量, Strombelastbarkeit 女, transmission capacity 電気

そうどうきかん 相同器官(同族体), Homolog 中, homologue 化学 バイオ

そうとうじょうはつりょう 相当蒸発量, gleichwertige Verdampfungsleistung 女, equivalent evaporation 機械 物理

そうとうだんせいけいすう 相当弾性係数, reduzierter Elastizätmodul 男, reduced modulus 機械 材料 化学 物理

そうどうてきくみかえ 相同的組み換え, homologe Rekombination 女, HR, homologous recombination 化学 バイオ

そうとうひらはぐるまピッチえん 相当平歯車ピッチ円(仮想ピッチ円), virtueller Teilkreis 男, virtual pitch circle 機械

そうとうろくトンすう 総登録トン数(船内の密閉空間の容積, 1982年以降 "総トン数, BRZ" = Bruttraumzahl = gross tonnage を採用), BRT = Bruttoregistertonne = gross register ton 船舶 機械 単位

そうにゅう 挿入(すり合わせ運転, 使い慣らし, 助走), Einlaufen 中, break in, run in 機械

そうにゅう 挿入(挿抜, 貼り付け, 合わせること), Einfügen 中, insertion 電気 機械

そうにゅう　装入(装填)，Begichtung 囡，
類 Beschickung 囡，burdening 製銑 精錬
機械 化学 設備

そうにゅうクレーン　装入クレーン，Ein-
satzkran 男，burdening crane 精錬 操業
設備 材料 機械

そうにゅうこうげん　挿入光源(光源ユニッ
ト)，Leuchteneinsatz 男，light insert,
light unit 機械 電気

そうにゅうじゅうりょう　装入重量(荷重，
耐荷力)，Besatzgewicht 中，loading ca-
pacity 製銑 精錬 機械

そうにゅうする　挿入する(差し込む，取り
付ける)，einlegen，類 einbauen，inser-
tieren，einstecken，einsetzen，英 in-
sert，英 plug in 機械 化学 バイオ 電気

そうにゅうする　装入する，besetzen，類
beschicken，begichten，einbauen，laden，
英 burden 製銑 精錬 操業 設備 機械 化学

そうにゅうたい　挿入体，Insert 中，insert
化学 バイオ 医薬

そうにゅうぶつ　装入物(装入量)，Gicht 囡，
burden chage 製銑 非鉄

そうにゅうホルダー　挿入ホルダー(ユニッ
トホルダー，ハンドル)，Einsatzhalter 男，
insert holder 機械

そうにゅうようスタイレット　挿入用スタイ
レット，Einführungsstillett 中，insertion
stylet 医薬 電気

ぞうばいけいすう　増倍係数(倍率，増倍率)，
Vermehrungsfaktor 男，increase factor
機械 物理 原子力 放射線

ぞうばいりつ　増倍率(増倍係数，倍率)，
Vermehrungsfaktor 男，increase factor
機械 物理 原子力 放射線

そうばつ　挿抜(貼り付け，挿入，合わせる
こと)，Einfügen 中，insertion-extraction;
add-remove 電気 機械

ぞうはていこう　造波抵抗，Wellenwider-
stand 男，waveresistance，wave drag
船舶 航空 機械

そうはんていり　相反定理，Reziprozitäts-
satz 男，reciprocity theorem 機械 化学
エネ 物理

そうふうする　送風する，anblasen，英 blow

製銑 機械 非鉄

ぞうふく　増幅(細胞内酵素活性の高まり，
強化，利得)，Verstärkung 囡，reinforc-
ing，amplification，gain 電気 バイオ 材料
光学

ぞうふくき　増幅器，Verstärker 男，am-
plifier 電気

ぞうふくせいげん　増幅制限，Ampli-
tudenbegrenzung 囡，amplitude peak
limiting 電気 光学

そうぼうべん　僧帽弁[僧房弁(左心室と左
心房の間の弁)]，MV = 英 mitral valve
= Mitralklappe 医薬

そうほせいきんぞくさんかまくはんどうた
い　相補性金属酸化膜半導体，CMOS
= 英 complementary metal-oxide
semi-conductor 電気 材料

そうほせいけっていりょういき　相補性決
定領域，CDR = 英 complementary-de-
terming region = komplementaritäts-
bestimmende Region バイオ 医薬

そうほてきディーエヌエー　相補的 DNA，
cDNA = 英 complimentary DNA =
komplementäre DNA バイオ 医薬

そうほんそう　草本層，Krautschicht 囡，
herbaceous layer バイオ 地学

ぞうめんのそり　像面のそり，Bildwölbung
囡，image arch 光学 電気

そうやく　装薬(炸薬；一度に点火される
爆発物の量)，Sprengladung 囡，explo-
sive charge，quantity of explosive to be
set off at one time 化学 機械 地学 軍事

そうりゅう　層流，Laminarströmung 囡，
laminar flow 機械 物理 エネ

そうわせん　送話線，ÜL = Überweisungs-
leitung = transmitting line 電気 設備

ソースターム　Quellterm 男，source term
数学 統計

ソースプログラム　Quellenprogramm 中，
source program 数学 統計 電気

ソーター　(セパレーター)，Vereinzelungs-
einrichtung 囡，separating unit，sort-
ing unit，singling station 機械 操業 設備

ソートする　sortieren，英 sort 電気 印刷

ソーホー　(スモールオフィス・ホームオフィス)，

SoHo = 英 small office / home office = Büro-Kategorien = kleine und Heimbüros 経営 社会 電気

ソーラーコレクター（太陽光コレクター）, Sonnenkollektor 男, solar collector エネ 環境 機械

ソーラーモジュール Solarmodul 中, solar module, SM エネ 電気 設備

ゾーングラフィー（狭角断層撮影法）, Zonographie 女, zonography 医薬 電気

ゾーンメルティング（ゾーン溶融, 帯域融解, ゾーン融解, 帯域精製, 帯域溶融法）, Zonenschmelzen 中, zone melting, zone refining 精錬 材料 化学 物理

ゾーンようゆう　ゾーン溶融（帯域融解, ゾーン融解, 帯域精製, 帯域溶融法, ゾーンメルティング）, Zonenschmelzen 中, zone melting, zone refining 精錬 材料 化学 物理

そく（計算の）則, Spezies 女, species 数学

ぞく　属, Gattung 女 関 Familie 女, Art 女, genus バイオ

そくさ　側鎖（鎖式化合物で, 主鎖から枝分かれしている炭素鎖, また環式化合物で, 環に結合している炭素鎖, 出典:コトバンク）, Seitenkette 女, side chain 化学 バイオ

ソクスレーちゅうしゅつほう　ソクスレー抽出法（固体中の不揮発性物質を一定量の揮発性溶媒を用いて抽出する方法. 食品・飼料の分析でしばしば使われる）, Soxhletextraktionsverfahren 中, 英 the Soxhlet extraction procedure 化学 バイオ

ぞくせい　属性, Attribut 中, attribute 電気

そくせいさいばいしつ　促成栽培室（温室）, Treibhaus 中, 類 関 Gewächshaus 中, greenhouse バイオ

そくてい・うんてんせいぎょ・ちょうせい（標語などで）測定・運転制御・調整, MSR = Messen-Steuern-Regeln = measure-control-regulate 機械 電気

そくてい・けんしゅつぶい　測定・検出部位, Messwerk 中, measuring element 機械 電気

そくていかのうな　測定可能な（検定可能な）, eichfähig, calibratable 電気 機械

そくていステーション　測定ステーション（制御室）, Messwarte 女, measuring station, control room 機械 電気 操業 設備

そくていはんいのせってい　測定範囲の設定, Messbereichauslegung 女, setting of measuring range 電気 機械

そくていほうしゃ　測定放射, Messstrahlung 女, mesuring radiaion 電気 光学

そくど　速度, V = ラ velocitas = Geschwindigkeit = velocity 全般

そくどあつりょくふくしきタービン　速度圧力複式タービン, Druck-und Geschwindigkeitsturbine 女, pressure and velocity turbine 機械 エネ 電気

そくどおうとうしきしんぞうペースメーカー　速度応答型心臓ペースメーカー, RR = rate-responsive pacemaker = rateansprechbarer Herzschrittmacher 医薬 電気

そくどせんず　速度線図, Geschwindigkeitsdiagramm 中, velocity diagram 機械

そくどひ　速度比, Schnelllaufzahl 女, speed ratio 機械

そくはたい　側波帯（サイドバンド, 側帯）, SB = Seitenband = sideband 電気

そくばり　側ばり（サイドメンバ, 縦けた）, Längsträger 男, frame side member, longitudinal beam 機械 建設 設備

そくフライス　側フライス, Scheibenfräser 男, side milling cutter 機械

そくめん　側面（フランク）, Flanke 女, flank, tooth side 機械

そくめん　側面, Profil 中, profile 建設 鉄鋼 非鉄

そくめん（頬に似た機械などの）側面（工具の側面）, Wange 女, cheeks, jaw 機械

そくめんず　側面図, Seitenansicht 女, side view 機械

そくめんすみにくようせつ　側面すみ肉溶接, Flankenkehlnahtschweißung 女, fillet weld in parallel shear, side fillet weld 溶接 機械

ソケット（スリーブ, ブッシュ, カップリング）, Muffe 女, sleeve, socket, bush, coupling

ソケット

機械 電気

ソケット（タンブラー，捻心，停動装置），Nuss 女, wrench socket, bolt of a lock, latch of a lock 機械 電気

ソケット（ホルダー，フィッティング），Fassung 女, socket, holder, fitting 機械 電気

ソケットコンセント Steckdosentopf 男, socket pan 電気

ソケットピン Einsteckzapfen 男, socket pin 機械

ソケットレンチ Steckschlüssel 男, socket wrench 機械

そこつち 底土，Substrat 中, substrate, base 地学 化学 バイオ

そこぶき 底吹き，Bodeneinblasen 中, 関 Bodenspülen 中, bottom blowing 精錬 操業 設備

そこフライス 底フライス（エンドミル），Schaftfräser 男, end mill 機械

そこわく 底枠，Fundamentkranz 男, foundations wreath 建設

そざい 素材（ブランク材，未加工材），Rohling 男, blank 材料 電気 鉄鋼 非鉄

そし 阻止（抑制），Repression 女, 類 Unterdrückung 女, repression 化学 バイオ 医薬 機械 物理

そしき 組織（織り方，織物，構造），Textur 女, 関 Gewebe 中, texture, fiber, structure 繊維 バイオ 医薬

そしきか 組織化［テクスチャライジング：（CGなどで）質を整える，質感を加える］，Texturierung 女, texturizing, texturing 繊維 電気 化学 製品

そしきてきごう 組織適合，Histokompatibilität 女, 類 Gewebeverträglichkeit 女, histocompatibility 医薬

そしきてきごういでんし 組織適合遺伝子（組織適合性遺伝子），H-Gen = Histokompatibilitätsgen = histocompatibility gene バイオ 医薬

そしきとうかこつ 組織等価骨，TEB = 英 tissue equivalent bone = gewebeäquivalenter Knochen 医薬 放射線

そしきとうかぶっしつ 組織等価物質，gewebeäquivalentes Material 中, tissue equivalent material バイオ 医薬

そしきプラスミノーゲンアクチベータ 組織プラスミノーゲンアクチベータ（血栓溶解薬），t-PA = 英 tissue (type) plasminogen activator = Gewebeplasminogenaktivator 医薬

そしする 阻止する（保持する，保留する，残留させる），zurückhalten, 英 retention 機械 電気 設備 化学 バイオ

そしゃく 咀嚼，Kauen 中, 類 Mastikation 女, chewing, mastication 医薬

そしょう 訴訟，Klage 女, 類 Rechtsstreit 男, lawsuit 特許 法制度

そすいせいの 疎水性の，hydrophob, 英 hydrophobic 化学 バイオ

そすう 素数，Primzahl 女, prime number 数学 統計

そせい 組成，Zusammensetzung 女, composition；chemische Zusammensetzung（化学組成），chemical composition 製銑 精錬 材料 化学

そせい 塑性，Plastizität 女, plasticity 化学 材料

そせいヒステリシス 塑性ヒステリシス，plastische Hysteresis 女, plastic hysteresis 材料 機械

そせん 素線，Faden 男, wire, strand 機械 電気 光学

そそぎこむ 注ぎ込む（流れ込む，通じている），einmünden, 英 discharge into 機械 化学

そだんせい 塑弾性，Plasto-elastizität 女, plasto-elasticity 材料 機械

そっきょレーダー 測距レーダー，ROR = 英 range-only radar = Entfernungsmessrader 電気 航空 軍事

そっちゅうびょうてきじょうたい 卒中病的状態，SAM = Schlaganfall-Morbidität = stroke morbidity 医薬

そとがわフレーム 外側フレーム，Außenzarge 女, outside frame 機械

そとだかきょくせんそうろ 外高曲線走路（カントを付けた曲線），überhöhte Kurve 女, superelevated curve 交通 建設

そとにつきでている 外に突き出ている，

hinausragend, overhanging 機械

そとにむかってつばのついている 外に向かってつばの付いている(外に向かって突き出た), auskragend, 英 projecting 機械

そとヒレつきチューブ 外ヒレ付きチューブ, außenberippte Röhre 女, tube with outside rib 材料 機械 エネ 鉄鋼 化学

そとむきながれタービン 外向き流れタービン, Zentrifugalturbine 女, 類 außendurchströmte Turbine 女, outward-flow turbine エネ 機械 設備

そとむきはんけいりゅうタービン 外向き半径流タービン, radial nach außen durchströmte Turbine 女, radial outward flow turbine エネ 機械 設備

そとむけけいしばん 外向係止板(止め座金), Schlossscheibe 女, lock washer, outside locking plate 機械

そなえつける 備え付ける(装備する), (sich) mit etwas(3)versehen, 英 to install 操業 設備

ソノトロード Sonotrode 女, sonotrode 溶接 音響 材料 機械

そのほかてきようかのうなきかく そのほか適用可能な規格(関係規格), mitgeltende Norm 女, applicable standard 規格 特許

そのほかのはいきぶつ そのほかの廃棄物, Sonstigeabfall 男, other waste material 環境

そのままになっていること [(車が)エンコしていること, 横になったままであること], Liegenbleiben 中, 類 関 Liegenbleiben eines Fahrzeuges, remain, immobilization, conk out 機械 化学 バイオ

ソフトトップケースカバー Verdeckkastendeckel 男, soft-top case cover 機械

そぼうき 粗紡機, Flügelvorspinnmaschine 女, fly frame, flyer spinning 機械 繊維

そめんとりょう 粗面塗料(プライマー, 下塗り), Grundierung 女, undercoating, primer 機械 設備 建設 化学 鋳造

そもう 梳毛, gekämmte Wolle 女, 関 Streichwolle 女, combed wool 繊維

そらせ そらせ(偏向), Auslenkung 女, deflection, deviation 機械 光学

そらせ そらせ(転向), Umlenken 中, deflection, steering, reversing 光学 音響 エネ 機械

そらせばん そらせ板(ディフレクター), Schikane 女, baffle 機械

ソラマメ Ackerbohne 女, broad bean バイオ

そり 反り, Verwerfung 女, distortion；Verwerfung des Bandes[ストリップ(鋼帯, 条片)の反り] 材料 鉄鋼 非鉄

ソリッドウエブガーダー (充腹桁), Vollwandträger 男, solid web girder, plate girder 建設

ソリューションとなる(がくもんてき)**アプローチ** ソリューションとなる(学問的)アプローチ, Lösungsansatz 男, solution approach 全般

そりゅうへき 阻流壁(偏向板, 整流壁), Prallfläche 女, deflector plate, baffle wall 機械 光学

ゾリンジャー・エリソンしょうこうぐん ゾリンジャー・エリソン症候群(Zollinger‐Ellison 症候群, ガストリノーマ), ZES-Syndrom = ZES = Zollinger-Ellison-Syndrom = Zollinger-Ellison syndrome 医薬

ソレノイドコイル Magnetspule 女, solenoid coil 電気 機械

そんしつ 損失, Einbuße 女, 類 Verlust 男, loss, damage エネ 操業 設備

そんしょう 損傷, Schädigung 女, 関 Beeinträchtigung 女, damage, breakage 機械 材料 化学 建設

そんしょうひん 損傷品(廃棄品, スクラップ), Ausschuss 男, damage item, scrap, waste 操業 機械 製品 品質

た

ターニングセンター Wendemaschine 女, turning center 機械

タービンいりぐちおんど タービン入口温度, Turbineneintrittstemperatur 女, turbine inlet temperature, TIT 機械 エネ 操業

ターボジェットエンジンのしょうみすいりょく ターボジェットエンジンの正味推力, Turbinendüsentriebwerks 男, net thrust of turbojet engine 機械 航空

ターボジェットエンジンのせいのう ターボジェットエンジンの性能, Leistung des Turbinendüsentriebswerkes 女, performance of turbojet engine 機械 エネ 航空

ターボジェットのせいしすいりょく ターボジェットの静止推力, Standschub des Turbinendüsentriebwerks 男, static thrust of turbojet 機械 航空

ターボチャージャー Turbolader 男, turbo-charger 機械

ターボプロップエンジン PTL = Propeller-Turbinenluftstrahltriebwerk = Turboproptriebwerk = propeller turbine atmospheric jet engine 航空 機械

ターミナル (クランプ), Klemme 女, 関 Schelle 女, Einspannung 女, Bügel 男, Schäckel 男, Zwinge 女, clamp, terminal 機械 電気

ターミナル (端末, 端子), Terminal 中, terminal 電気；ターミナル(空港などの) Terminal 男, terminal 航空 交通 設備

ターミナルクランプ Klemmbügel 男, terminal clamp 電気 機械

ターミナルストリップ (接続片, クランプバー), Klemmleiste 女, terminal strip, clamping bar 電気 機械

ターミナルボックス Klemmkasten 男, terminal box 電気 機械

タールぶんりき タール分離器, Teerabscheider 男, tar-separator 化学 設備

ターンアップアセンブルぶい ターンアップアセンブル部位, Aufrichtbauteil 中, turn assemble part 機械

ターンオーバーひんど ターンオーバー頻度(触媒活性点で, 単位時間に分子が化学反応する回数), TF = 英 turnover frequency = Umschlagshäufigkeit = Umsetzungshäufigkeit 化学

ターンバックル (ねじ締め金具), Spannschloss 中, 類 関 Vorreiber 男, Spannschraube 女, tension lock, tightener, turnbuckle 機械

ダイ Stempel 男, die 機械

たいアークせい 耐アーク性, LBF = Lichtbogenfestigkeit = arc resistance 溶接 材料 電気 機械

たいあつぼうばくこうぞう 耐圧防爆構造, EX-d(規格), explosionsgeschützte und druckfeste Sicherheitsstruktur 女, pressure-resistance and explosion-proof structure 電気 規格

ダイアフラム Diaphragma 中, 関 Membran 女, diaphragm 機械 操業 設備 化学 建設

ダイアフラム Membran 女, 関 Diaphragma 中, diaphragm 機械 電気 化学 バイオ 医薬 建設

ダイアルゲージ Messuhr 女, dial gauge 機械 電気

ダイアログボックス Dialogfenster 中, dialog box 電気

たいいきじょきょフィルター 帯域除去フィルター(帯域阻止フィルター), Sperrfilter 男, 類 Bandsperre 女, band elimination filter, BEF 電気

たいいきせいせい 帯域精製(ゾーンメルティング, ゾーン溶融, 帯域融解, ゾーン融解, 帯域溶融法), Zonenschmelzen 中, zone melting, zone refining 精錬 材料 化学 物理

たいいきはば 帯域幅(スリット), Bandbreite 女, bandwidth 電気 機械 操業 設備

だいいちだんげんそくそうち 第一段減速装置, Vorgelege 中, intermediate gear, countershaft lay shaft, primary reduction gear 機械

たいいん 退院, die Entlassung aus dem Krankenhaus 女, leaving hospital, discharge from hospital 医薬

たいおうしきれない 対応しきれない(うまく機能しない, 欠陥がある, 役に立たない), versagen, fail 全般

たいおうするもの 対応するもの(相応するもの), Entsprechendes 中, accordance, correspondence 全般

ダイオードアレイけんしゅつき ダイオードアレイ検出器, Dioden-Aray-Detektor 男, diode-aray-detector 電気 機械

たいか 退化(変性), Degeneration 女, degeneration 化学 バイオ

たいがいしょうげきはけっせきはさいほう 体外衝撃波結石破砕法, extrakorporale Stoßwellenlithotripsie 女, ESWL, extracorporeal shock wave lithotripsy 医薬 音響 物理

たいがいとうせきようけつえきかいろ 体外透析用血液回路, extrakorporaler Blutkreislauf 男, extracorporeal blood circuit 医薬

たいがいぶっしつ 体外物質, körperfremde Substanzen 女 複, exogenous substances, foreign substances 化学 バイオ 医薬

たいかく 対角, gegenüberliegender Winkel 男, opposite angle 機械 数学 統計

だいがくがいの 大学外の, außeruniversitär, 英 extra-university 全般 組織

たいかくきょり (ねじの) 対角距離, Gewindegrundlöcher 中 複, width-across corners 機械

たいかくせんの 対角線の, diagonal, 英 diagonal 数学 機械

たいかざい 耐火材(耐火物, 耐火材料), feuerfeste Materialien 中 複, refractory materials 非金属 製銑 精錬 材料 エネ 建設

たいかざいりょう 耐火材料(耐火物, 耐火材), feuerfeste Materialien 中 複, refractory materials 非金属 製銑 精錬 材料 エネ

たいかしけん 耐火試験, Prüfung auf Widerstandsfähigkeit gegen Feuer 女, fire resistance test 機械 化学 材料 建設 非金属

ダイカストかながた ダイカスト金型(ダイキャスト金型), Druckgusswerkzeug 中, die 鋳造 機械

たいかせい 耐火性(耐火度), Feuerfestigkeit 女, fire resistant quality, refractoriness 非金属 製銑 精錬 材料 エネ

たいかど 耐火度(耐火性), Feuerfestigkeit 女, fire resistant quality, refractoriness 製銑 精錬 材料 エネ 非金属

たいかねつざい 耐過熱剤(耐加圧剤, 抗焼付き剤), Anti-Seize-Mittel 中, anti-seize 機械 化学

たいかぶつ 耐火物(耐火材料, 耐火材), feuerfeste Materialien 中 複, refractory materials 製銑 精錬 材料 エネ 非金属

たいかりょく 耐荷力(装入重量, 荷重), Besatzgewicht 中, loading capacity 製銑 精錬 機械

たいかれんが 耐火煉瓦, feuerfester Ziegel 男, 類 Schamotteziegel 男, Schamottenstein 男, refractories, firebrick 非金属 製銑 精錬 連鋳 材料 鋳造 エネ 鉄鋼 非鉄 化学 設備 操業

たいかんかくせいゆうはつでんい 体感覚性誘発電位(体性感覚誘発電位, 体性知覚誘発電位), SEP = somatosensorisch evoziertes Potenzial = somatosensory evoked potential 医薬 電気

たいきおせんぼうしにかんするぎじゅつししん 大気汚染防止に関する技術指針, TA-Luft = Technische Anleitung zur Reinhaltung der Luft = The Technical Instructions on Air Quality Control = Technical Guideline for Air Pollution Control 環境 法制度 特許 規格

たいきしている 待機している(スタンバイしている), stehen in Betriebsbereitshaft，英 in stand-by 操業 設備

たいきちゅうプラズマようしゃほう　大気中プラズマ溶射法(雰囲気プラズマ溶射法)，APS ＝ atmosphärisches Plasmaspritzen ＝ atmospheric plasma spraying 操業 設備 機械 電気 材料

だいきぼ　大規模，großtechnischer Maßstab 男，関 Labormaßstab 男，halbtechnischer Maßstab 男，Technikumsmaßstab 男，Nullserienproduktion 女，industrieller Maßstab 男，commercial sccale 操業 設備 化学 鉄鋼 非鉄 全般

ダイキャスティング　Kokillenguss 男，die casting 鋳造 機械

ダイキャストかながた　ダイキャスト金型，Druckgusswerkzeug 中，die 鋳造 機械

たいきゅうげんど　耐久限度(疲労限度)，Dauerfestigkeit 女，fatigue limit，endurance limit 材料 建設

たいきゅうせい　耐久性(安定性)，Dauerhaftigkeit 女，類 関 Beständigkeit 女，durability，constancy，stability 材料 建設 機械 化学 全般

だいぎょうしゅうアルブミン　大凝集アルブミン[99mTc-大凝集アルブミン(MAA)は，ヒト血清アルブミンというタンパク質を凝集して微細な粒状にしたものを99mTcで標識した薬剤．出典：(株)アスカコーポレーション ホームページ)，MAA ＝ Makroalbuminaggregat ＝ macroaggregated albumin 化学 バイオ 医薬

たいぐう　対偶，Elementenpaar 中，pair of element，contraposition 機械 数学 設備

だいけい　台形，Stumpf 男，stub 数学 機械 溶接

だいけいねじ　台形ねじ，Trapezgewinde 中，trapezoidal screw thread 機械

だいけっかんてんいしょう　大血管転位症(大動脈転位)，TgA ＝ TGA ＝ Transposition der großen Arterien ＝ transposition of great arteries ＝ TgG ＝ Transposition der großen Gefäße ＝ transposition of larger vessels ＝ TGV ＝ 英 transposition of great vessels

医薬

たいこうシリンダーがたきかん　対向シリンダー型機関，Boxer-Motor 男，horizontally opposed engine 機械

たいこうの　対向の(二重反転の)，gegenläufig，英 reverse travel，英 counter-rotating，英 oppositely directed 機械

たいこうバーナー　対向バーナー，entgegengesetzte Brenner 女，counter burner 機械 エネ

たいこうゆそう　対向輸送，Antiport 男，antiport 化学 バイオ

だいこん　大根，Rettich 男，radish バイオ

たいさく　対策(防止策)，Gegenmaßnahme 女，countermeasure 操業 設備 機械 化学 全般

たいざくつせいのある　耐挫屈性のある，knickstabil，英 buckling resistant 材料 鉄鋼 非鉄 機械 建設

だいさんき　(新生代の)第三紀，Tertiär 中，英 Tertiary 地学 物理 バイオ

だいさんきじょう　第三軌条，Stromschiene 女，conductor rail，power rail，third rail 交通 電気 機械

だいさんきゅうブタノール　第三級ブタノール，tertiär-Butanol 中，tertiary butanol 化学

だいさんじの　第三次の(三元の，三進の)，ternär，関 binär，quaternär，英 ternary；ternäres Gleichgewichtsschaubild 中(三元系平衡状態図) 製銑 精錬 材料 化学 数学

だいさんしゃしきんによるプロジェクト　第三者資金によるプロジェクト，Drittmittelprojekt 中，third party funded project 経営 操業 設備

だいさんブチルさくさん　第三ブチル酢酸，TBA ＝ tertiäres Butylazetat ＝ tertiary butylacetate 化学

たいじこうあんていせい　耐時効安定性，Alterungsbeständigkeit 女，aging resistance 材料 機械 化学

たいじの　胎児の，fötal，英 fetal 医薬

たいじのこうしのけっせい　胎児の子牛の血清，Kälberserum 中，calf serum

たいじのこうしのけっせい　　　　　　　　　　　　　だいすうモデリングげんご

バイオ 医薬

たいしゃ　代謝, Umwandlung 女, transformation, conversion, trasition, transmutation 化学 バイオ 医薬

たいしゃエネルギー　代謝エネルギー, ME = metabolische Energie = metabolic energy 化学 バイオ 医薬

たいしゃきっこうぶっしつ　代謝拮抗物質, Antimetabolit 男, antimetabolite 化学 バイオ 医薬

たいしゃクリアランスりつ　代謝クリアランス率, MCR = metabolische Clearance-rate = metabolic clearance rate 化学 バイオ 医薬

たいしゃけいろ　代謝経路, Stoffwechselweg 男, metabolic pathway 化学 バイオ 医薬

たいしゃとうりょう　代謝当量(運動や作業時にどのぐらいのエネルギー消費がされるのか, 基礎代謝を基準に定めたもの), MET = 英 metabolic equivalent = Stoffwechsel-Äquivalent 化学 バイオ 医薬

たいしゃぶっしつ　代謝物質, Metabolit 男, metabolite 化学 バイオ

だいしゃわく　台車枠, Drehgestellrahmen 男, bogie frame 交通 機械

たいじゅう・いちにちあたり　体重・1日当たり, pro Körpergewicht und Tag, 英 per bodyweight and day 医薬 環境 放射線

たいしゅうしょうひでんしせいひん　大衆消費電子製品, UE = Unterhaltungselektronik = CE = consumer electronics 電気 製品

たいしょう　対象(物体, 物), Objekt 中, object 光学 音響

たいしょうがたほうこうせいけつごうき　対称型方向性結合器, SDC = 英 symmetric directional coupler = symmetrischer Richtungskoppler 光学 電気 機械

たいしょうグループ　対象グループ(標的グループ), Zielgruppe 女, target group 化学 バイオ 医薬

たいじようけつしょう　胎児溶血症(胎児血液疾患), M.h.f. = ⑦ Morbus hae-

molyticus fetalisis = hämolytische Erkrankung des Fetus = hemolytic disease of fetus バイオ 医薬

たいしょうしきよくはいれつ　対称式翼配列, symmetrisches Schaufelgitter 中, 類 symmetrische Beschaufelung 女, symmetrical blading エネ 機械

たいしょうにあった　対象に合った(対象に合わせた, 対象の方向を向いた), objektorientiert, 英 object-oriented 機械 光学 音響

たいじょうほう　帯状法(ベルトトランセクト法), 英 belt transect method バイオ 地学

たいじょうほうしん　帯状疱疹, Herpes Zoster 男, 類 Gürtelrose 女, cingulum, herpes zoster, shingles バイオ 医薬

たいじょうほうしんめんえきグロブリン　帯状疱疹免疫グロブリン, ZIG = 英 zoster immune globulin バイオ 医薬

たいじょうほうしんめんえきけっしょう　帯状疱疹免疫血漿, ZIP = 英 zoster immune plasma バイオ 医薬

たいしょくせい　耐食性, KF = Korrosionsfestigkeit = corrosion resistance 材料 化学

たいしんりっぽうこうし　体心立方格子, BCC = 英 body-centered cubic lattice = kubisch-raumzentriertes Kristallgitter (KRZ) 材料 機械 鉄鋼 非鉄 物理 化学

ダイス　Gesenk 中, 類 Stahleisen 中, die 機械

だいすうがくの　代数学の, algebraisch, 英 algebraic 数学

たいすうげんすいりつ　対数減衰率, logarithmisches Dekrement 中, logarithmic decrement 数学 統計 物理 電気 光学

たいすうひずみ　対数歪, logarithmische bezogene Dehnung 女, logarithmic strain 数学 統計 機械

たいすうめもり　対数目盛, logarithmische Skala 女, 類 logarithmischer Maßstab 男, logarithmic scale 数学 統計 物理 電気 光学

だいすうモデリングげんご　(数理計画問

題に対する）代数モデリング言語，AMPL = 英 A Mathematical Programming Language 電気 数学

ダイストック Kluppe 女, 関 Schneideisenhalter 男, die stock, thread-cutting stock 機械

たいせいばいよう 耐性培養（耐性栽培），Resistenzzucht 女, resistance culture 化学 バイオ

たいせき 体積, Volumen 中, 関 Rauminhalt 男, volume 機械

たいせき 堆積, Ablagerung 女, 類 Ansammlung 女, Sedimentation 女, deposition, sedimentation, accumulation バイオ 地学

たいせきがん 堆積岩（水成岩，沈積岩），Sedimentgestein 中, sedimentary rock, aqueous rock 地学 バイオ 物理

たいせきだいち 堆積台地, Moränenplatte 女, moraine plate 地学

たいせきぶつ 堆積物（充填層，充填床），Schüttung 女, packed bed 地学 製銑 バイオ

たいせきぼうちょうけいすう 体積膨張係数, Raumausdehnungskoeffizient 男, coefficient of cubical expansio 機械 エネ 化学

たいせきりゅうりょうひ 体積流量比, Volumenstrom 男, 関 Volumendurchfluss 男, volumetric flow rate 機械 エネ 化学

ダイセッター Werkzeugeinrichter 男, tool (die) setter 機械

ダイセット Säulenführungsgestell 男, die set 機械

たいせんしゃてきだん （ソ連，ロシアの）対戦車擲弾, RPG = 英 rocket propelled grenade = Raketengetriebene Granate 軍事

だいたい 代替（交換），Ersatz 男, replace; Ersatz der alten Drahtstraße（古い線材ラインのリプレース）; als Ersatznafür（その代替として）操業 設備 全般

だいたいの 代替の, vertretbar, 英 alternative 操業 設備 全般

だいちょう 大腸, Dickdarm 男, colon

医薬

だいちょうえん 大腸炎,Dickdarmentzündung 女, colitis 医薬

タイドアーチきょう タイドアーチ橋, Stabbogenbrücke 女, tied arch bridge, suspended deck arch bridge, bowstring bridge 建設

だいどうみゃくこんこうへき 大動脈根後壁, PWAR = 英 posterior wall of the aortic root = Hinterwand der Aortenwurzel 医薬

だいどうみゃくべんかきょうさくしょう 大動脈弁下狭窄症（大動脈弁下部狭窄），SAS = Subaortenstenose = subaortic stenosis 医薬

だいどうみゃくりゅう 大動脈瘤, Aortenaneurysma 中, aortic aneurysm 医薬

タイトルブロック （図面のタイトルブロック），Schriftfeld 中, drawing title block 機械

たいないりゅうちょうカテーテル 体内留置用カテーテル, interner Verweilkatheter 男, 類 interner Dauerkatheter 男, internal indwelling catheter, retaining catheter 医薬 化学 バイオ

ダイナミックさんらんがたのディスプレイ ダイナミック散乱型のディスプレイ, die dynamisch streuenden Anzeigen 女 複 電気 光学

ダイナモ （点灯装置），Lichtmaschine 女, dynamo 電気 機械

だいにこつばんい 第2骨盤位（胎位：仙骨右横位），RST = 英 right sacrotransverse (position) 医薬

たいねつこう 耐熱鋼, hitzebeständiger Stahl 男, heatresistant steel 材料 鉄鋼

たいねつざい 耐熱材, Wärmedämmstoff 男, thermal insulation material エネ 材料 化学 機械

たいねつせいモス 耐熱性 MOS（耐熱性金属酸化物半導体），RMOS = 英 refractory metal-oxide semiconductor = hitzebeständiger Metalloxydhalbleiter 電気

だいのう 大脳, Großhirn 中, 関 Kleinhirn 中, cerebrum 医薬

だいパネルこうぞう 大パネル構造（大パネルセット）, Plattenbauweise 女, large-panel construction, large-panel set 機械 建設

だいばん 台板, Unterlageplatte 女, bed plate, sole plate 機械 建設

たいばんちょうおんぱがぞう 胎盤超音波画像, PUS = Plazenta-Ultraschallbild = placenta ultrasonogram 医薬 音響 電気

たいひ 堆肥（糞尿）, Mist 男, manure バイオ 地学

たいひか 堆肥化（コンポスティング）, Kompostierung 女, composting 化学 バイオ 地学

タイプうちしょるい タイプ打ち書類（タイプ印書）, Maschienenschrift 女, typing document 印刷

たいふしょくせい 耐腐食性, Korosionsbeständigkeit 女, corrosion resistance 材料 鉄鋼 非鉄 化学

たいぶつレンズ 対物レンズ, Objektiv 中, 関 Okular 中, objective, objective lens 光学 機械

タイプのたようせい タイプの多様性（多様なタイプ）, Typenvielfalt 女, variety of types 経営 全般

だいぶぶん 大部分, größtenteils, 英 mostly 全般

ダイプレート Matrize 女, matrix, counter die, die plate, lower die 機械 鋳造

だいへんきょくっさく 大偏距掘削, ERD = 英 extended reach drilling 地学 エネ

ダイホルダー Schneideisenhalter 男, die holder, die stock 機械

たいま 大麻, Hanf 男, 関 Flachs 男, Kenaf 男, Lein 男, hemp 化学 バイオ 繊維

たいまもうせい 耐摩耗性, Verschleißfestigkeit 女, 関 Tribologie 女（摩擦学）, Abrieb 男（摩耗）, wear resistance 材料 化学 機械

タイミングギヤー Ventilsteuerräder 中

複, timing gear 機械

タイミングベルト Steuerriemen 男, timing belt 機械

タイムスロットほう タイムスロット法, Zeitschlitzverfahren 中, time slot method 電気 機械

タイヤくうきべん タイヤ空気弁, Reifenventil 中, tyre valve 機械

タイヤサイドウオール Reifenflanke 女, tyre side wall 機械

タイヤだんめん タイヤ断面, Reifenquerschnitt 男, tyre cross-section 機械

タイヤトレッドみぞ タイヤトレッド溝, Profil 中, profile 機械 建設

タイヤのスピン Durchrutschen der Reifen 中, wheel spinning 機械

タイヤのパンク Reifenpanne 女, puncture 機械

タイヤビード Reifenwulst 男, bead of tyre 機械

ダイヤメトラルピッチ Durchmesserteilung 女, diametral pitch 機械

たいよういちにちせっしゅりょう 耐用1日摂取量, TDI = 英 tolerable daily intake = die annehmbare tägliche Aufnahme = die tolerierbare tägliche Aufnahmemenge 環境 化学 バイオ 医薬 法制度

たいようこうコレクター 太陽光コレクター（ソーラーコレクター）, Sonnenkollektor 男, solar collector エネ 環境 機械

たいようこうはつでんかいはつそくしんとうろくきょうかい 太陽光発電開発促進登録協会, SFV = Solarenergie-Förderverein Deutschland e.V. = German Association for the Promotion of Solar Power エネ 環境 電気 組織

たいようこうはつでんそうち 太陽光発電装置, Photovoltaik-Anlage 女, photovoltaic facility, photovoltaic system 電気 エネ 環境 設備

たいようどうききどう 太陽同期軌道（地球を周回する人工衛星の軌道のうち, 太陽光線と衛星の軌道面とのなす角が常に一定となる軌道）, SSO = sonnensynchroner Orbit = sun-synchronous earth orbit 電気 物理 航空

だいようりょうデータようがいぶディスクインターフェース 大容量データ用外部ディスクインターフェース, ESA-TA-Schnittstelle = 英 external serial advanced technology attachment interface 電気

だいよんき 第四紀, Quartär 中, the Quaternary 地学 物理 バイオ

だいよんきの 第四紀の, quartär, 英 quaternary 地学 物理 バイオ

たいりついでんし 対立遺伝子, Allel 中, allele バイオ 医薬

たいりゅう 対流, Konvektion 女, convection エネ 機械 物理

たいりゅう 滞留(残留, 保水, 保持), Retention 女, retention 化学 バイオ 医薬 機械 建設 原子力

たいりゅうじかん 滞留時間, Verweilzeit 女, dwell time 精錬 化学 バイオ 操業 設備

たいりゅうりょう 滞留量(ホールドアップ, 分散相容積), 英 hold-up 化学 バイオ 操業 設備

たいりょうせいさん 大量生産, Großserienfertigung 女, 類 Massenproduktion 女, mass production 操業 設備 機械 製品

たいりょうせいさんしゃ 大量生産者, Massenhersteller 男, mass producer, mass manufacture 操業 設備 機械 製品

ダイレクトマーケティング Direktvermarktung 女, direct marketing 製品 物流 経営

タイロッド (トラックロッド), Lenkspurstange 女, 関 Strebe 女, Zugstrebe 女, track rod, tie rod 機械

タイロッドソケット Kugelgelenkkopf 男, tie rod socket 機械

たいわがたの 対話型の, interaktiv, 英 interactive 電気

だいわく 台枠, Untergestell 中, underframe 機械 交通

ダウエルピン Spannstift 男, spring pin, dowel pin, rollpin 機械

ダウンタイム Nebenzeit 女, 類 Stillstandszeit 女, idle time, down time 操業 設備 機械 化学

ダウンロード Herunterladen 中, download 電気

だえんきどう 楕円軌道, Ellipsenbahn 女, elliotical orbit 数学 機械 光学

だえんシールリング 楕円シールリング, ellipsenförmiger Dichtring 男, elliptical seal ring 機械

だえん(けい)の 楕円(形)の, elliptisch, 英 elliptical 数学 機械 光学

たかくけい 多角形, Polygon 中, polygon 機械 数学 統計

たかさけいれつ (ころがり軸受の)高さ系列, Höhenreihe 女, height series 機械

たかさほうこうじく 高さ方向軸, Hochachse 女, vertical axis 機械

たかしおのへいきんたかさ 高潮の平均高さ, MHW = mittleres Hochwasser = mean high water = the average of all the high water heights 気象 海洋 物理

たかじゅせい 他家受精, Allogamie 女, 類 Fremdbefruchtung 女, 関 Autogamie 女, Selbstbefruchtung 女(自家受精), allogamy, xenogamous, cross-pollinating 化学 バイオ

たかの 多価の, mehrwertig, 英 polybasic, 英 polyhydric 化学

たかふほうわしぼうさん 多価不飽和脂肪酸(ポリ不飽和脂肪酸, 高度不飽和脂肪酸, 多不飽和脂肪酸, 高分子不飽和脂肪酸), PUFA = 英 polyunsaturated fatty acid = mehrfach-ungesättigte Fettsäure 化学 バイオ 医薬

たかんほうこうぞくたんかすいそ 多環芳香族炭化水素, PAK = polyzyklische aromatische Kohlenwasserstoffe = PAH = polycyclic aromatic hydrocarbons 化学 バイオ

たきょくせつぞくかいせんながさ 多極接続回線長さ, Stichleitungslänge 女, spur line length 電気

たきょくちゃくじほう　多極着磁法，mehrere Magnetisierungsmethode 囡，multiple megnetizing method 電気 機械

たくじょうボールばん　卓上ボール盤，Tischbohrmaschine 囡，bench drilling machine 機械

ダクト（管路，ブッシュ，施工），Durchführung 囡，類 Gang 男，Kanal 男，bushing，lead through，duct 機械 電気

ダクトあつりょくそんしつ　ダクト圧力損失，Druckverlust in Luftkanal 男 機械 エネ

だくどたんい　濁度単位，TE = Trübungseinheit = turbidity unit 単位 化学 バイオ

たけいかくはっけっきゅう　多形核白血球（多形核球），PME = polymorphkernig eosinophil (Leukozyt) = polymorphonuclear eosinophilic (leukocyte) バイオ 医薬

たけいせいの　多形性の(多型の)，polym. = polymorph = polymorphic 機械 化学

たけっしょうばんけっしょう　多血小板血漿(血小板浮遊血漿，血小板多血漿，血小板強化血漿)，PRP = 英 platelet-rich plasma バイオ 医薬

だこううんてんモード　惰行運転モード，Schubbetrieb 男，coasting mode 機械 交通

たこうしき　多項式，Polynom 中，polynomial 数学 統計

たこうしつシリコン　多孔質シリコン，PSi = poröses Silizium = porous silicon 光学 材料

たこくかんきょうやく　多国間協約(多国間協定，多角協定，多角契約，多辺的協定)，MLA = multilateral agreement = multilaterales Übereinkommen = multilaterales Abkommen 規格 組織 法制度

たコッターじく　多コッター軸，Mehrkeilwelle 囡，multi-cotter shaft 機械

タコメーター（回転速度計），Tachometer 中，tachometer 機械

たじげんはっこうそくてい　多次元発光測定，MLM = Multidimensionale Lumineszenz-Messung = multidimensional luminescence measurements 光学 化学 バイオ 物理 電気

たじゅうえんこよく　多重円弧翼，MCA = 英 multi-circular-arc airfoil (for turbine engine) エネ 機械

たじゅうかアナログぶひん　多重化アナログ部品（ヨーロッパ高品位テレビ用規格），MAC = 英 multiplexed analogue components = Sateliten-Fernübertragungsverfahren 電気 規格

たじゅうパルスかさなりのりょうしこうけんしゅつかてい　多重パルス重なりの量子光検出過程，QPM = 英 quantum photodetection process of multicoincidence 光学 物理 数学 電気

たじゅうレベルせいぎょ　多重レベル制御，MES = Mehrebensteurung = multilevel control 電気

たしょうてんがんきょうレンズ　多焦点眼鏡レンズ，Mehrstärkenglas 中，類 Multifokalglas 中，multifocal lense 医薬 光学

たじょうねじ　多条ねじ，mehrgängige Schraube 囡，multiple thread screw 機械

たじんせんばん　多刃旋盤，Vielstahldrehbank 囡，類 Vielschnittdrehbank 囡，Vielmeißeldrehbank 囡，multicut lathe，multitool lathe 機械

ダスティーガスモデル（土壌ガス中固気二相流の解析などに用いる），Dusty-Gas-Modell 中，dusty-gas-model 化学 バイオ 地学 物理 数学

たスパンばり　多スパンばり，mehrfach gelagerter Balken 男，multiple-span beam (girder) 機械 建設 設備

たせつぞくでんさんきシステム　多接続電算機システム，MAC = 英 multiple access computing 電気

たたみこみ　畳み込み（折り目をつけること），Faltung 囡，folding，convolution 印刷 機械 材料

ただんあっしゅくき　多段圧縮機，vielstufiger Verdichter 男，multi-stage compressor 機械

ただんせっしょくみぞ 多段接触溝（多領域接触溝），Mehrbereichsnut 囡，multi-zone groove，multi-range notch 機械

ただんはんどうタービン 多段反動タービン，mehrstufige Überdruckturbine 囡，multistage reaction turbine 機械 エネ

ただんぼうちょうきかん 多段膨張機関，mehrstufige Ausdehnungsmaschine 囡，multi-stage expansion engine 機械

ただんロールカレンダー （艶出しロール機械などの）多段ロールカレンダー，Mehrwalzenkalender 男，multi-stage rolling calender 機械 印刷 繊維

ただんロケット 多段ロケット，Mehrstufenrakete 囡，multi-stage rocket 航空 機械

たちあがりじかん （パルスの）立ち上がり時間，Anstiegzeit 囡，rise time 電気

たちあがりパイプ 立ち上りパイプ（上昇管，昇水管，立ち管），Steigrohr 中，rising pipe 機械

たちばによるかち 立ち場による価値（桁の値，位の値），Stellenwert 男，importance 数学 統計 操業 設備 品質 経営

だつアセチルかした 脱アセチル化した（脱アセチル化の；誘起化合物に結合しているアセチル基を脱離させる反応），deacetyliert，英 deacetylated，英 deacetylized 化学 バイオ

だつアミノはんのう 脱アミノ反応（アミノ基の脱離によりアンモニアを生成する過程），Deamination 囡，deamination 化学 バイオ

だつアルカリ 脱アルカリ，Entkarbonisierung 囡，decarbonization，dealkalization 化学 バイオ

だつイオンすい 脱イオン水，Deionat 中，deionized water 化学 バイオ

だつえん 脱塩（溶液中の塩類を除く操作，イオン交換法ほかが用いられる），Entsalzung 囡，desalinization，desalting 化学

だっきゅう 脱臼，Verrenkung 囡，類 Luxation 囡，dislocation，luxation，

LX 医薬

だつこうぎょうか 脱工業化，Postindustrialisierung 囡，postindustrialization 経営 社会

だつこうぎょうかの 脱工業化の，postindustriell，postindustrial 経営 社会

だつこんごう 脱混合，Entmischung 囡，demixing 化学 機械

だっさん 脱酸，Desoxydation 囡，deoxidation；Desoxidationsmittel 中（脱酸剤），deoxidiser 精錬 材料 化学

だっしにゅう 脱脂乳，Magermilch 囡，skimmed milk バイオ 医薬

ダッシュ （一），Gedankenstrich 男，dash 数学

だっすい 脱水，Dehydratisierung 囡，類 Entwässerung 囡，英 dehydration 化学 バイオ

だっすい(しょう) 脱水(症)，Wasserverlust 男，dehydration バイオ 医薬

だっすいそ 脱水素［① 鋼中含有水素の除去．② 有機化合物分子内の隣接位炭素原子に結合する水素1原子ずつが脱離して，C＝C二重結合を生成する反応］，Dehydrierung 囡，英 dehydrogenation 精錬 材料 化学

だったん 脱炭，Entkohlung 囡，decarburization 精錬 材料

だつたんさんえんか 脱炭酸塩化，Entkarbonisierung 囡，decarbonization，dealkalization 化学 バイオ

だっちゃくする 脱着する，desorbieren，英 desorb 化学 バイオ

タップホール （出銑口，出鋼口，出湯口），Abstichloch 中，tapping hole 製銑 精錬 鋳造 操業 設備 鉄鋼 非鉄

だつり 脱離（次の三つの意味がある，すなわち，① 置換されることなく離れる elimination，② 固体から離れる desorption，③ イオン交換して中性化する detachment），Desorption 囡 化学 バイオ

だつりこうそ 脱離酵素（リアーゼ：基質から加水分解や酸化によらず，ある基を脱離して二重結合を生じさせる反応または逆反応を触媒する酵素の総称），

Lyasen 女 複, lyases 化学 バイオ

たていと 縦糸, Kette 女, 関 Schuss 男, warp, chain 繊維 機械

たておうりょく 縦応力, Längsspannung 女, axial stress, longitudinal stress 機械 設備 建設

たておくり 縦送り, Längsvorschub 男, longitudinal feed 機械

たてがたせつごうがたでんかいこうかトランジスタ 縦型接合型電界効果トランジスタ, VFET = Vertikal-Feldeffekttransistor = vertical junction type field-effect transistor 電気

たてがたボールばん 縦型ボール盤, Säulenbohrmaschine 女, column drilling machine 機械

たてかまち 縦框, LH = Leiterholm = stile 建設

たてけずりばん 立て削り盤(キー溝盤), Nutenstoßmaschine 女, 類 Senkrechtstoßmaschine 女, slotting machine, vertical shaper 機械

たてけた 縦けた(側ばり, サイドメンバー), Längsträger 男, frame side member, longitudinal beam 機械 建設 設備

たてすいかんボイラー 立て水管ボイラー(曲管式ボイラー), Steilrohrkessel 男, steeping-tube boiler, vertical-tube boiler エネ 機械

たてだんせいけいすう 縦弾性係数(ヤング率, ヤング係数), Elastizitätsmodul 男, 類 Elastizitätskoeffizient 男, Längenelastizitätsmodul 男, modulus of longitudinal elasticity, Young's modulus 材料 機械 建設

たてながの 縦長の(長めの), länglich, elongated 全般

たてフライスばん 縦フライス盤(立てフライス盤), Senkrechtfräsmaschine 女, vertical milling machine 機械

たてゆれかく 縦ゆれ角(迎え角, 入射角), Anstellwinkel 男, 関 Erhöhungswinkel 男, Erhebungswinkel 男, elevation angle, angle of attack (AOA), apporch angle, angle of incidence, angle of incli-

nation 機械 光学 エネ 電気

たてんしきねんしょうふんしゃそうち 多点式燃料噴射装置(吸気管噴射装置), Saugrohreinspritzung 女, intake manifold fuel injection, manifold injection, multi point injection (MPI) 機械

たとえば 例えば, v.g. = ㋣ verbi gratia = zum Beispiel = for example 全般

たなつり 棚つり, Ansatz 男, 類 Hängen 中, scaffold 製鉄 物流

ダニのうえんウイルス ダニ脳炎ウイルス, TBE = Tick-Borne-Enzephalitis- (Virus) = tick borne encephalitis (virus) バイオ 医薬

たね 種, Saatgut 中, seed 化学 バイオ

たば 束(光束, ビーム), Bündel 中, bundle, pack, beam 光学 電気 機械

たはつしんけいせいかいよう 多発神経性潰瘍, PNU = polyneuropathisches Ulkus = polyneuropathic ulcer 医薬

たはつせいきんえん 多発性筋炎(多発筋炎), PM = Polymyositis = polymyositis 医薬

たはつせいこうかしょう 多発性硬化症, Multiple-Sklerose 女, multiple sclerosis, MS バイオ 医薬

たはつせいないぶんぴつしゅようしょう 多発性内分泌腫瘍症(多発性内分泌腺腫症), MEN = multiple endokrine Neoplasie = multiple endocrine neoplasia バイオ 医薬

たばんクラッチ 多板クラッチ, Mehrscheibenkupplung 女, multi-disc clutch, multiplate clutch 機械

ダビング Synchronisation 女, dubbing, copy 電気 機械

タブ Karteikarte 女, 類 Tabulator 男, tab 電気

タブキー Tabulatortaste 女, tab key 電気

タフベルトショットブラストそうち タフベルトショットブラスト装置, Muldenband-Strahlanlage 女, toughed belt shot blast machine, tumble belt machine 材料 機械

ダブリュ・ディー・エイチ・エーしょうこ

うぐん WDHA症候群(膵性コレラ), WDHA-Syndrom = <u>w</u>ässrige <u>D</u>iarrhö, <u>H</u>ypokaliämie und <u>A</u>nazidität (Achlorhydrie)-Syndrom = <u>w</u>atery <u>d</u>iarrhea, <u>h</u>ypokalemia and achlorhydria syndrome 医薬

ダブルクリック Doppelklick 男, double click 電気

ダブルコーンせんかいバーナー ダブルコーン旋回バーナー, Doppelkonus-Drallbrenner 男, double corn-swirl burner 電気 エネ

ダブルストローク Doppelhub 男, double stroke 機械

ダブルスペース doppelter Zeilenabstand 男, double space 電気 印刷

ダブルブイベルト ダブルVベルト, Doppelkeilriemen 男, double V-belt 機械

ダブルルーメンカテーテル [脱血用と送血用の二つ(double)の内腔(lumen)を持ったカテーテル], DLC = 英 double lumen catheter 医薬

タペット (カム), Daumen 男, 関 Mitnehmer 男, Stößel 男, cam, tappet 機械

たへんすうの 多変数の(多変量の), multivariabl, 英 multivariable 数学 統計

たへんりょうの 多変量の(多変数の), multivariabl, 英 multivariable 数学 統計

ダボ Dübel 男, dowel, pin 電気

だぼピン Zylinderstift 男, dowel pin, parallel pin, straight pin, cylindrical pin 電気 機械

たまがたべん 玉形弁, Kugelventil 中, 類 Durchgangsventil 中, globe valve 機械

たまがたほきょうニップル 玉形補強ニップル, Kugelwulstschmierkopf 男, globe nipple 機械

たまごのふか 卵の孵化, Brut 女, breeding バイオ

たまじくうけ 玉軸受(球面軸受, ボールベアリング), Kugellager 中, spherical bearing, ball bearing 機械

たまつぎて 玉継手(球形自在継手, ボールジョイント, ボールピボット), Kugelgelenk 中, ball joint, ball pivot 機械

ダミーバーそうにゅう ダミーバー挿入, Kaltstrangeinführung 女, dummy bar insertion 連鋳 操業 機械 設備

ダミーバーヘッド Kaltstrangkopf 男, dummy bar head 連鋳 材料 操業 設備

ためる anlagern, 英 accumulate, 英 add, 英 settle down 機械 化学 バイオ

たもうるい 多毛類, Polychaet 女, polychaete worms バイオ

たようせい 多様性(変種), Varietät 女, variety 化学 バイオ 数学 統計

たようなタイプ 多様なタイプ(タイプの多様性), Typenvielfalt 女, valuable type 製品 経営

タラップ Laufsteg 男, catwalk 機械 操業 設備

たりょういきせっしょくみぞ 多領域接触溝(多段接触溝), Mehrbereichsnut 女, multi-zone groove, multi-range notch 機械

ダルシーのほうそく ダルシーの法則, Gesetz nach DARCY 中, Darcy's law 化学 機械 建設

タレット (タレット刃物台), Revolverkopf 男, turret 機械

たわみ (ゆがみ), Auslenkung 女, 類 関 Ausschlag 男, deflection, deviation 機械 光学

たわみかく たわみ角, Durchbiegungswinkel 男, angle of deflection 機械 建設

たわみつぎて たわみ軸継ぎ手(弾性継ぎ手), nachgiebige Kupplung 女, 類 bewegliche Kupplung 女, elastische Kupplung 女, flexible coupling, elastic joint 機械

タン (つまみ, 凸部, 舌片), Zunge 女, 類 Mitnehmer 男, Lippe 女, tongue 機械

だん・そく 段・速, Gang 男, gear, speed 機械

だんあつりょくじょうしょう 段圧力上昇, Stufendruckaufsteigung 女, rising of stage pressure エネ 化学 機械

たんいしゅつりょく 単位出力, Leistungseinheit 女, unit output 電気 機械 エネ

たんいそくど 単位速度, Einheitsgeschwindigkeit 女, unit speed 機械

たんいつのてん 単一の点(特異点), der singuläre Punkt 男, single-point 数学 統計

たんいつピッチごさ 単一ピッチ誤差, Einzelteilungsfehler 男, single pitch error 機械

たんいながさあたりのとうにゅうねつりょう 単位長さ当たりの投入熱量(KJ/cm), eingesetzte Streckenenergie 女, applied linear energy 溶接 材料 機械 エネ

たんいりゅうりょう 単位流量, Durchströmungseinheit 女, flow unit 機械

だんかい 段階, Etappe 女, stage 全般

たんかすいそ 炭化水素, Kohlenwasserstoff 男, hydrocarbon 化学

たんかする 炭化する, aufkohlen, carburize 製銑 材料 化学 機械

たんかど 炭化度, Kohlungsgrad 男, 類 Durchkohlungsgrad 男, coal rank, degree of coalification, degree of carbonization 地学 製銑 化学

たんかぶつきょうかい 炭化物境界(炭化物縁部), Karbidsaum 男, carbide border 材料

たんきゅう 探求, Exploration 女, exploration 全般

たんきゅうする 探求する, eruieren, 類 nachgehen 全般

タングステンカーバイド WC = Wolframcarbid = tungsten carbide = wolfram carbide 材料 非鉄 非金属 機械 電気

タングステンこう タングステン鋼, Wolframstahl 男, tungsten steel 材料 鉄鋼 非鉄 非金属 機械

タングステンプラズマようせつ タングステンプラズマ溶接, WP = Wolfram-Plasmaschweißen = tungsten plasma welding 溶接 材料

たんけいとうの 単系統の, monophy-letisch, 英 monophyletic 化学 バイオ

たんこう (関係設備を含めての)炭鉱, SKB = Steinkohlenbergwerk = colliery = coal mine 地学 設備

だんこうりつ 段効率, Wirkungsgrad der Arbeitsstufen 男, 類 Stufenleistung 女, stage efficiency エネ 機械 電気 化学 操業

たんさ 探査, Exploration 女, exploration 地学

たんさいぼうどうぶつ 単細胞動物, Einzeller 男, unicellular animal, cytozoon バイオ

たんさん 炭酸, Kohlensäure 女, carbonic acid 化学

たんさんえんこうど 炭酸塩硬度, Karbonathärte 女, KH, carbonate hardness (alkalinity) 化学

たんし 端子(接点), Kontaktstelle 女, 類 Terminal 中, contact point 電気

タンジェント (正接), tan = Tangens = tangent 数学 統計

たんじした 担持した, codotiert, 英 supported；Ruthenium(II)- tris- bipyridin / TiO_2 codotierte Photokatalysator[トリスビピリジンールテニウム(II)錯体 TiO_2 担持光触媒] 化学 光学

たんじしょくばい 担持触媒(担体触媒), Trägerkatalysator 男, supported high area catalyst 機械 化学 バイオ

たんしばん 端子板, Anschlussklemmleiste 女, terminal strip 電気

たんじゅう 単重, Stückgewicht 中, single weight 機械 製品 材料

たんじゅんおうりょく 単純応力, einfache Spannung 女, simple stress 機械

たんじゅんせんだん 単純剪断(単純せん断), reiner Schub 男, pure shere, simple-shear 機械 材料 建設

たんしょくけい 単色計(モノクロメーター, 単色光器), Monochromator 男, monochromator 光学 電気 機械

たんしょくこう 単色光, monochromatisches Licht 中, monochromatic light 光学 電気 機械

たんしん 探針(プローブ), Prüfkopf 男, probe, scanning head 電気 機械

たんじん 炭塵(微粉炭), Kohlenstaub 男, coal dust, pulverized coal 製銑 電気 地学

たんすいかぶつ 炭水化物, KH = Kohlenhydrat, carbohydrate バイオ 医薬

たんすいかぶつかんさんち 炭水化物換算値[CU, ブレッドユニット；炭水化物換算値, 1BE = 1CU = 12g(炭水化物), 12gの炭水化物を含む食物重量(g)], BE = Broteinheit = bread unit = CU = carbohydrate exchange = carbohydrate unit, 類 KE, KHE 化学 バイオ 医薬 規格

たんスパンけた 単スパン桁, Einfeldträger 男, single span beam, single span girder 建設

たんスパンばり 単スパンばり, einfachgelagerter Balken 男 機械 設備 建設

だんせい 弾性, Elastizität 女, 類 Resilienz 女, Nachgiebigkeit 女, elasticity, resilience, springiness 材料 機械 化学

だんせいしょうとつ 弾性衝突, elastischer Stoß 男, elastic bump 材料 機械

だんせいつぎて 弾性継ぎ手(たわみ軸継ぎ手), nachgiebige Kupplung 女, 類 bewegliche Kupplung 女, elastische Kupplung 女, flexible coupling, elastic joint 機械

たんせいの 単性の, eingeschlechtlich, 英 unisexual バイオ

だんせいヒステリシス 弾性ヒステリシス, elastische Hysteresis 女, elastic hysteresis 材料 機械

だんせいへんけい 弾性変形, elastische Verformung 女, elastic deformation 材料 機械

だんせいりゅうたいじゅんかつ 弾性流体潤滑, EHL = 英 elastohydrodynamic lubrication 操業 設備 機械

たんせきしょう 胆石症, Gallensteinkrankheit 女, cholelithiasis, gallstone

disease バイオ 医薬

だんせん 断線(焼損), Durchbrennen 中, burn-out 電気

たんそう 炭層, Kohlenflöz 中, 類 関 Lager 中, coal measures, coal bed, coal seam 製銑 地学

たんぞううちかた 鍛造打型, Schlagmatrize 女, 類 Stanzmatrize 女, stamping die 材料 機械

だんそうさつえいがたにはちょうこうどほう 断層撮影型二波長光度法, Zweiwellenlängenphtometrie 女, dual wavelength photometry 化学 バイオ 光学

たんそうたいの 単相体の(一倍体の), haploid, 英 haploid 化学

たんぞうハンマー 鍛造ハンマー, Schmiedehammer 男, forging hammer 材料 機械

たんぞうプレス 鍛造プレス, Schmiedepresse 女, forging press 材料 機械 設備

たんそうメタン 炭層メタン(コールベッドメタン), CBM = 英 coalbed methane = Kohleflöz-Methan 地学 化学 エネ

たんそきん 炭疽菌, Anthracis 中, 類 Milzbrand bazillus 男, anthrax bacillus, bacillus anthracis バイオ 医薬

だんぞくじぞくは 断続持続波, ICW = 英 interrupted continuous wave = ungedämpfte untebrochene Welle 電気

だんぞくすみにくようせつ 断続隅肉溶接, unterbrochene Kehlnahte 女, discontinous fillet welding, intermittent fillet welding 溶接 材料 機械

だんぞくてきな・に 断続的な・に, intermittierend, 英 intermittent, 英 intermittently 全般 電気 機械

だんぞくようせつ 断続溶接, Kettennaht 女, 類 unterbrochene Schweißnaht 女, chain seam, discontinous welding, intermittent welding 溶接 材料 機械

たんそこっかく 炭素骨格, Kohlenstoffgerüst 中, carbon skeleton 化学

たんそせんいきょうかプラスチック 炭素繊維強化プラスチック, CFK = Carbonfaser verstärkter Kunststoff 材料 化学

たんそちちゅうかくりぎじゅつ　炭素地中隔離技術(CO_2 の回収・貯留)，CCS ＝ 英 carbon dioxide capture and storage 地学 エネ 環境

たんそてんかんりつ　炭素転換率(炭素置換，炭素ターンオーバー)，Kohlenstoffumsatz 男，carbon conversion，carbon exchange，carbon turnover 化学

たんたい　担体，Trägerelement 中，support element 機械

たんたいしょくばい　担体触媒(担持触媒)，Trägerkatalysator 男，supported high area catalyst 機械 化学 バイオ

だんつきドリル　段付きドリル，Stufenbohrung 女 類 abgesetzte Bohrung 女，step drilling，stepped hole，stepped bore 機械

だんつきピン　段付きピン，Stufenbolzen 男，step pin，step-mounting pin 機械

だんつきボア　段付きボア，Stufenbohrung 女 類 abgesetzte Bohrung 女，step drilling，stepped hole，stepped bore 機械

だんつきボルト　段付きボルト(フィットねじ)，Passschraube 女，shoulder bolt，dowel screw，tight fitting screw 機械

タンディッシュカー　Verteilerrinnenwagen 男，tundish car 連鋳 材料 操業 設備

タンディッシュそくへき　タンディッシュ側壁，Rinnenseitenwände 女，tundish side walls 連鋳 設備 非金属

タンデムきょくいりセレクター　タンデム局入りセレクター，KEW ＝ Knotenamtseingangswähler ＝ tandem central office incoming selector 電気

タンデムくどう　タンデム駆動，Reihenbetrieb 男，類 Tandembetrieb 男，operation in series 機械 材料 操業 設備

タンデムじく　タンデム軸，Tandemachse 女，tandem axle 機械

たんでん　炭田，Kohlenbecken 中，類

Kohlenfeld 中，Kohlerevier 中，coal basin，coal field 製銑 地学

たんとう　単糖，Monosaccharid 中，monosaccharide，$C_n(H_2O)n$ 化学 バイオ

たんどう　胆道，Gallengang 男，bile duct，biliary tract 医薬

だんとう　段塔，Bodenkolonne 女，plate column，tray column 化学 操業 設備

たんどうがたボイラー　単胴形ボイラー，Eintrommelkessel 男，single drum boiler 機械 エネ

たんどうきかん　単動機関，einfachwirkende Maschine 女，single acting engine 機械

だんどりがえ　段取り替え，Vorbereitung 女，premachining，set-up change，tooling change；stehen in Vorbereitung (準備中である) 操業 設備 機械

だんねつ・しゃねつコーティング　断熱・遮熱コーティング，TBC ＝ 英 thermal barrer coating ＝ Wärmedämmschicht 材料 設備 エネ

だんねつカバー　断熱カバー，Isolierhaube 女，insulating hood 機械 エネ

だんねつざいりょう　断熱材料，Isoliermaterial 中，isolated material エネ 化学

だんねつの　断熱の，adiabatisch，英 adiabatic 化学 機械 精錬 材料

たんのう　胆嚢，Gallenblase 女，gallbladder 医薬

たんのうえん　胆嚢炎，Gallenblasenentzündung 女，類 Cholecystitis 女，cholecystitis 医薬

ダンパー　(緩衝装置)，Dämpfer 男，damper 機械

ダンパー(ゴミなどの投棄装置)　Abladeanlage 女，dumper 機械 設備

タンパクエネルギーひ　タンパクエネルギー比(タンンパク質エネルギー比：＝タンパク質量×4／総エネルギー比×100)，PEQ ＝ Protein-Energie-Quotient ＝ protein-energy-quotient (ratio) バイオ 医薬

タンパクしつエネルギーえいようしょうがい　タンパク質エネルギー栄養障害(タン

パクエネルギー代謝障害）, PEM = Protein-Energie-Mangelernährung = protein energy malnutrition バイオ 医薬

タンパクしつエネルギーけつぼう　タンパク質エネルギー欠乏, PKM = Proteinkalorienmangelernährung = protein calorie malnutrition バイオ 医薬

タンパクしつフィンガープリントほう　タンパク質フィンガープリント法, Protein-fingerprinting 中, protein finger printing 化学 バイオ 医薬

タンパクしつをこうせいする（タンパク新生の）タンパク質を構成する, proteinogen, 英 proteinogenic 化学 バイオ 医薬

タンパクちっそ　タンパク窒素, PN = Protein-Nitrogen = protein-nitrogen 医薬

タンパクちっそたんい　タンパク窒素単位, PNU = 英 protein nitrogen unit = Protein-Stickstoff-Einheit 化学 バイオ 医薬 単位

たんぶ　端部, 断片, Trumm 中, end, end of rope, fragment 機械

ダンプカー（転倒車）, Kipper 男, 類 Abwurfwagen 男, dump truck, tipping wagon 機械 交通

ダンプトラック　Muldenkipper 男, dump truck 機械

たんふほうわしぼうさん　単不飽和脂肪酸, MUFA = 英 monounsaturated fatty acids = einfach ungesättigte Fettsäuren 化学 バイオ 医薬

タンブラー（捻心, ソケット, 停動装置）, Nuss 女, wrench socket, bolt of a lock, latch of a lock 機械 電気

タンブラー（送り変換レバー）, Schwerfass 中, tumbler 機械

タンブラー［ガードロック（錠の）元締め装置］, Zuhaltung 女, guard locking, tumbler 機械

タンブラーギヤー　radialausschwenktes Zahnrad 中, tumbler gear 機械

タンブラースイッチ（トグルスイッチ）, Knebelkippschalter 男, 類 Kipphebelschalter 男, toggle switch, tumbler switch 電気

タンブラースクリュー（タンブラーピン）, Hahnschraube 女, tumbler pin, tumbler screw 機械

タンブラーピン（タンブラースクリュー）, Hahnschraube 女, tumbler pin, tumbler screw 機械

タンブラープランジャーポンプ　Taumelkolbenpumpe 女, tumbler plunger pump 機械

タンブラーヨーク（タンブラーレバー）, Nortonschwinge 女, tumbler lever 機械

タンブラーレバー（タンブラーヨーク）, Nortonschwinge 女, tumbler yoke 機械

ダンプローム（方下粘土）, Kipplehm 男, dumped clay 地学

だんぺんか　断片化（無糸分裂）, Fragmentierung 女, fragmentation, amitosis バイオ 化学

だんぼうそうち　暖房装置, Heizvorrichtung 女, heating apparatus 機械 エネ 電気

たんまつ　端末（端子, ターミナル）, Terminal 中, terminal 電気

たんまつじょうけん　端末条件, Randbedingungen 女 複, terminal conditions, end conditions 電気 機械

だんめん　断面, XS = 英 cross section = Querschnitt 機械

だんめんいちじモーメント　断面一次モーメント, geometrisches Moment der Fläche 中, geometrical moment of area；Flächenträgheitsmoment 中（断面二次モーメント）機械 建設

だんめんかんせいしゅじく　断面慣性主軸, Hauptträgheitsachse der Fläche 女, pricipal axes of inertia of area 材料 機械

だんめんけいすう　断面係数(cm^3), Widerstandsmoment 中, section modulus, moment of resistance 機械 建設

だんめんず　断面図, Schnitt 男, cut, section 機械 化学 数学

だんめんにじ（かんせい）**モーメント**　断面二次（慣性）モーメント(cm^4), Flächenträgheitsmoment 中, planer moment of inertia, second moment of area; geometrisches Moment der Fläche 中 (断面一次モーメント), geometrical moment of area 機械 建設

だんめんれっか 断面劣化, Querschnittsschwächung 女, weakning of cross section 材料 建設 機械

たんり 単離(析出,抽出),Darstellung 女, preparation, isolation 機械 電気 化学 バイオ

たんりそうさ 単離操作, Abscheidung 女, preparation, isolation 機械 電気 化学 バイオ

たんりゅうせん 鍛流線, Faserverlauf 男, fibre course, fibber flow, grain flow 材料

たんれつころがりじくうけ 単列ころがり軸受, einreihiges Wälzlager 中, single low riged-ball journal bearing 機械

ち

チアベンダゾール TBZ = Thiabendazol = thiabendazole 化学 バイオ 医薬 食品

チアミン Thi = Thiamin = thiamine バイオ 医薬

チアミンジスルファイド TDS = Thiamindisulfid = thiamine disulfide バイオ 医薬

チアンフェニコル（抗菌剤）, TAP = Thiamphenicol = thiamphenicol バイオ 医薬

ちいきだんぼう 地域暖房, Fernheizung 女, regional heating エネ 設備

ちいきだんぼうはつでんしょ 地域暖房発電所, BHKW = Blockheizkraftwerk 中, regional cogeneration plant 電気 設備

チェーファー（リムずれを防ぐ非通気性のゴムシート）, Wulstumlage 女, 類 Wulstband 中, chafer 機械

チェーン Kette 女, warp, chain 機械 繊維

チェーンギヤーほうしきの チェーンギヤー方式の, kettengetrieben, 英 track chained 機械

チェーンサイドバー Kettenlasche 女, chain side bar 機械

チェーンブロック Kettenblock 男, chainblock 機械

チェーンリンク Kettenglied 中, chain-link 機械

チェーンワイヤー Querdraht 男, chain wire 機械

チェックべん チェック弁, Sperrventil 中, 類 Rückschlagventil 中, Klappe 女, Klappenventil 中, check valve, clapper valve, flap valve, non-return valve, shut-off valve, stop valve 機械 化学

チェックボタン Makierfeld 中, 関 Häckchen 中 (チェックマーク), check button 電気

チェックマーク Häckchen 中, check mark 電気

チェルノーゼム（黒土）, Chernozem 男, 類 Schwarzerde 女, Tschernosem 男, chernozem, tschernosem, black earth 地学

ちえんちょうかくフィードバック 遅延聴覚フィードバック(吃音を軽減させる機械. 出典：吃音データベース), VAR = verzögerte akustische Rückkopplung = DAF = delayed acoustic feedback 医薬 音響 電気 機械

ちえんポテンシャルかいせきき 遅延ポテンシャル解析器, RPA = 英 retarding potential analyzer 化学 電気 物理

チオグアニン ［急性リンパ球性白血病（寛解維持）などに標準治療として適用される. 出典: がん情報サイト], 6-TG = 6-Thioguanin = 6-thioguanine バイオ 医薬

チオシアンさんアンモニウム チオシア

ン酸アンモニウム（試薬，除草剤，酸化・老化防止剤，肥料などに用いられる．出典：昭和化学(株)，SDS），Ammoniumthiocyanat 中，ammonium thiocyanate 化学 バイオ

チオシアンすう　チオシアン数（不飽和油脂の割合を示す），RhZ = Rhodanzahl = thiocyanogen number（value）化学 バイオ 医薬

チオバルビツールさん　チオバルビツール酸，TBA = 英 thiobarbituric acid = Thiobarbitur-Säure 化学 バイオ 医薬

ちかく　地殻，Erdkruste 女，earth crust 地学

ちかこうじ　地下工事，Tiefbau 男，underground work 建設

ちかしきちょぞうそうち　地下式貯蔵装置，UBA = Unterbetankungsanlage = underground storage facility 機械 設備

ちかはいすい　地下排水，Untergrundentwässerung 女，subsurface drainage 環境 機械 化学

ちからのモーメント　力のモーメント，Kraftmoment 中，moment of force 機械

ちかん　置換，Austausch 男，類 関 Umsatz 男，Substitution 女，exchange，substitution 化学 バイオ 医薬

ちかんき　置換基，Substituent 男，substituent 化学

ちかんサイト　置換サイト，Austauschplatz 男，exchange place 化学

ちきゅうおんだんか　地球温暖化，Erderwärmung 女，global warming エネ 環境

ちきゅうきかんダブルファントムかいろ　地球帰還ダブルファントム回路，Vierersimultantelegraphie mit Erdrückleitung，earth return double phantom circuit 電気 航空

ちきゅうぶつりかんそくえいせい　地球物理観測衛星，OGO = 英 orbiting geophysical observatory = Erdsatellit für geophysikalische Untersuchungen 航空 物理 電気

ちくじじゅしんユニット　逐次受信ユニッ

ト，SEE = serielle Empfangseinheit = serial receiving unit 電気

ちくせき　蓄積 Akkumulation 女，類 Anhäufung 女，accumulation 化学 バイオ 医薬 環境 機械

ちくせき　蓄積，Ressource 女，resources，stock 機械 地学 電気 経営

ちくせきしょう　蓄積症，Speicherkrankheit 女，storage disease 医薬

チクソトロピー　（外力による等温可逆的ゲル・ゾル変化をいう），Thixotropie 女，thixotropy，thixotropic property 化学 バイオ 物理 電気

ちくねつき　蓄熱器，Regenerator 男，類 Wärmeakkumulator 男，regenerator 機械 エネ 化学

ちくねつしつ　蓄熱室（蓄熱装置），Regenerator 男，類 Wärmeakkumulator 男，regenerator 機械 エネ 化学

ちけいがく　地形学，Geomorphologie 女，geomorphology 地学

ちけん　治験（臨床試験），klinische Forschung 女，clinical research 医薬

ちけんしせつえんきかん　治験施設支援機関，SMO = 英 site management organization 医薬 組織

ちけんしんさいいんかい　治験審査委員会 IRB = 英 institutional review board 医薬

ちこつこうぜんりつせんてきしゅつ（じゅつ）　恥骨後前立腺摘出（術），RPP = retropubische Prostektomie = retropubic prostatectomy 医薬

ちしせっしゅりょう　致死摂取量，LD = letale Dosis = tödliche Dosis = lethal intake 化学 バイオ 医薬

ちしつ　地質，Bodenbeschaffenheit 女，soil condition 地学 バイオ 環境

ちしつじだい　地質時代，Erdzeitalter 中，geological ages 地学 物理 バイオ

ちしの　致死の，letal，英 lethal バイオ 医薬

ちしのうど　致死濃度，letale Konzentration，lethal concentration，lethal dose，LC 化学 バイオ 医薬

ちじみしろ 縮み代(縮みしろ),Schwind-maß 中, 類 Schwindungszulässigkeit 女, shrincage value, shrincage allowance, contraction allowance, degree of shirincage 材料 鋳造 連鋳 化学 機械

ちじみわれ 縮み割れ, Schwindungsriss 男, shrinkage crack, contraction breach, contraction crack 材料 鋳造 連鋳 化学 機械

ちずコンテンツ 地図コンテンツ, Karteninhalt 男, map content 機械 電気

ちずじょうほう 地図情報, Karteninformation 女, map information, cartographic information 機械 電気

ちたいくうミサイル 地対空ミサイル, Land-Luft-Raketengeschoss 中, surface-to-air missile, SAM 軍事 航空

チタンさんジルコンさんえん チタン酸ジルコン酸鉛(圧電セラミックス材料の一つ), PZT = 英 plumb-zirconate-titanate = lead zirconate titanate = Blei-Zirkonat-Titana = Bleizirkonattitanat = piezokeramisches Material 非金属 材料 電気

チタンさんジルコンさんランタンえん チタン酸ジルコン酸ランタン鉛, PLZT = 英 lead lanthanum zirconium titanate = Blei-Lanthan-Zirkonium-Titanat 非金属 電気

ちっか 窒化, Aufstickung 女, 類 Nitrieren 中, nitriding 材料 化学

ちっかぶつ 窒化物, Nitrid 中, nitride 化学 材料 環境

ちつから 膣から, p.v. = ラ per vaginam = via the vagina = durch die Scheide 医薬

ちっそガスによるパージ 窒素ガス(N_2)によるパージ, Stickstoffbegasung 女, nitrogen flushing, nitrogen gassing 精錬 材料 機械 化学

ちっそようきゅうりょうぶんせきシステム 窒素要求量分析システム, SBA = Stickstoff-Bedarfs-Analysesystem = analytical system for the requirements in nitrogen 化学 バイオ 地学

チップ (切り粉, 削りくず), Span 男, chip 機械

チップ Baustein 男, chip 機械 電気 操業 設備

チップ Substrat 中, 英 substrate, 英 base 電気

チップはいしゅつ チップ排出, Spanabtragung 女, chipping removal 材料 機械

チップボード (木片または削り片を樹脂で貼り合わせ堅いシートに圧縮した壁板), PB = 英 particle board = Spanplatte = Holzspanplatte 建設

チップリムーバー Spanabtragung 女, chipping remover 材料 機械

ちどめの 血止めの, blutstillend, 英 haemostatic, 英 blood-stanching 医薬

チフス・パラチフスエービーシーワクチン チフス・パラチフス A／B／C ワクチン, TABC = Typhus / Paratyphus A / B / C –Impfstoff = typhoid-paratyphoid A, B und C vaccine バイオ 医薬

チミジン Thd = Thymidin = thymidin 化学 バイオ 医薬

チミジンこうぞうるいじたい チミジン構造類似体(BrdUrd など), das Tymidin-Analoge 中, tymidin analogue 化学 バイオ

チミジンにリンさん チミジン二リン酸, TDP = Thymidindiphosphat = thymidine diphosphate 化学 バイオ

チミン Thy = Thymin = thymine 化学 バイオ 医薬

チミンデオキシリボシド (慣用名) [チミン(IUPAC 名), 5- メチル -2'- デオキシウリジン(体系名), $C_{10}H_{14}N_2O_5$(DNA を構成するピリミジン塩基の一つ)], TDR = Thymindesoxyribosid = Thymidine = thymine deoxyriboside 化学 バイオ 医薬

チモーゲンかりゅう チモーゲン顆粒(酵素の不活性前駆体), ZG = Zymogengranula = zymogenic granula バイオ 医薬

チャイニーズハムスターらんそう チャイニーズハムスター卵巣, CHO = 英 Chinese Hamster Ovary 化学 バイオ

ちゃくしゅする 着手する, angreifen, 英 srart 全般

ちゃくしょくした 着色した, gefärbt, 英 colored 繊維 化学 バイオ

ちゃさじ 茶さじ, Teel = Teelöffel = teaspoon 医薬

チャタリング Klappern 中, chattering 機械

ちゃっかざい 着火材, Anzündhilfe 女, starter, firelighter 機械

チャックさぎょう チャック作業, Spannfutterarbeit 女, chucking 機械

チャックまわし Futterschlüssel 男, chuck key 機械

チャックリーマ Maschinenreibahle 女, machine reamer, chucking reamer 機械

チャット Chat 中, 英 chat 電気

チャデモ ［電気自動車の急速充電規格の普及団体(の規格)(商品名)］, CHAdeMO 規格 電気 機械 組織

チャンネル (ダクト, ポート, 回廊, バッフル), Kanal 男, channel 電気 機械

チャンバー (心室), Kammer 女, 関 Vorhof 男, chamber, ventricle of the heart 化学 医薬 機械 連鋳 操業 設備

チャンバー Zylinderraum 男, chamber 機械

ちゅうおういち 中央位置, Nullstellung 女, neutral position 機械

ちゅうおうぞろえ (テキストレイアウトの)中央揃え(心出し), Zentrierung 女, centering 機械 電気

ちゅうおうだんめん 中央断面(横断面), Mittelschnitt 男, center cut, cross section 機械

ちゅうかいする 仲介する, vermitteln, 英 mediate；vermittelnde Proteine (仲介タンパク質) 化学 バイオ 医薬

ちゅうかんかごうぶつ 中間化合物, Intermediärverbindung 女, intermediate compound 化学 バイオ 医薬

ちゅうかんキャリアー 中間キャリヤー, Zwischenträger 男, 類 Hilfsträger,

sub-carrier, substrate, intermediary carrier, intermediary support 電気 建設 機械 化学

ちゅうかんこうぞう 中間構造, Zwischenstufengefüge 中, 類 関 Bainit 中, bainite, intermediate stage structure 材料 物理 化学

ちゅうかんサポート 中間サポート, Zwischenträger 男, 類 Hilfsträger 男, sub-carrier, substrate, intermediary carrier, intermediary support 電気 建設 機械 化学

ちゅうかんしゅうはすう 中間周波数, ZF = Zwischenfrequnz = intermediate frequency 電気

ちゅうかんしゅうはすうはんそうは 中間周波数搬送波, ZF-Träger = Zwischenfrequnz-Träger = intermediate frequency carrier 電気

ちゅうかんしゅうはすうフィルター 中間周波数フィルター, IF-Filter = 英 intermediate Frequency-Filter = Zwischenfrequenz-Filter 電気 光学 音響

ちゅうかんせいせいぶつ 中間生成物, Intermediat 中, 類 Zwischenprodukt 中, intermediate product, intermediate substance 化学 バイオ 医薬 機械 物理 交通

ちゅうかんたい 中間体, Intermediat 中, 類 Zwischenprodukt 中, intermediate product, intermediate substance 化学 バイオ 医薬 機械 物理

ちゅうかんはいきフラップ 中間排気フラップ, Zwischenbauklappe 女, wafer type butterfly valve, inter-flange damper, intermediate exhaust flap 機械 化学 設備

ちゅうかんはぐるま 中間歯車, Vorgelege 中, intermediate gear, countershaft gear, layshaft, primary reduction gear 機械

ちゅうかんはっこうそ 中間発酵素, ZF = Zwischenferment = intermediate ferment バイオ

ちゅうかんホルダー 中間ホルダー,

Zwischenhalter 男, intermediate keeper, intermediate bracket, intermediate holder 機械 化学 設備

ちゅうかんメンバ 中間メンバ, Zwischenträger 男, 類 Hilfsträger 男, sub-carrier, substrate, intermediary carrier, intermediary support 電気 建設 機械 化学

ちゅうかんリンク 中間リンク, Zwischenglied 中, intermediate link, connecting member 機械 建設

ちゅうかんれいきゃくライン 中間冷却ライン, Zwischenkühlstrecke 女, intermediate cooling line 連鋳 材料 操業 設備

ちゅうきどう 中軌道[低軌道(平均高度約1,400km以下)と対地同期軌道(平均高度約36,000km)の中間に位置する人工衛星の軌道の総称], MEO = 英 medium earth orbit = mittlere Erdumlaufbahn 航空 物理 電気

ちゅうくうえんとう 中空円筒, Hohlzylinder 男, hollow cylinder 機械 印刷

ちゅうくうし 中空糸, Hohlfaser 女, hollow fiber 化学 バイオ 繊維

ちゅうくうじく 中空軸, Hohlwelle 女, hollow shaft, tubular guiding sleeve 機械

ちゅうざんえき 抽残液, Raffinat 中, raffinate 化学 バイオ

ちゅうし 中止, Fortfall 男, 類 Wegfall 男, stop, withdrawal 操業 設備 機械

ちゅうしつせんいばん 中質繊維板, MDF = Mitteldichte Faserplatte = medium density fiberboard 材料 化学

ちゅうしゃ 注射, Injektion 女, injection 医薬

ちゅうしゃスペースへくるまをいれる 駐車スペースに車を入れる, einparken, park in 機械 交通

ちゅうしゅつ 抽出, Abscheidung 女, 関 Auslaugen 中, extraction 化学 バイオ

ちゅうしゅつざいそう 抽出剤相 Aufnehmerphase 女, 関 Abgeberphase 女, (抽出対象物相), extracting agent phase 化学 バイオ 機械

ちゅうしゅつたいしょうぶつそう 抽出対象物相, Abgeberphase 女, phase to extract 化学 バイオ

ちゅうしゅつぶつ 抽出物, Edukt 中, 類 Extrakt 男 化学 バイオ

ちゅうしん 中心, Kern 男, centre, nucleus, core 機械 原子力 鋳造

ちゅうしんえんよう 中心遠用(レンズ), CD = 英 center distance 光学 物理 医薬

ちゅうしんきんよう 中心近用(レンズ), CN = 英 center-near 光学 物理 医薬

ちゅうしんじょうみゃくの 中心静脈の, zentralvenös, central venous 医薬

ちゅうしんせい (新生代第三紀の)中新世, Miozän 中, 英 Miocene 地学

ちゅうしんてん 中心点, Mittellage 女, central position 機械 電気 化学 物理

ちゅうしんピン 中心ピン, Drehzapfen 男, pivot, trunnion 機械

ちゅうしんピン 中心ピン(ガイドピン), Führungszapfen 男, guide pin 機械

ちゅうしんぶのおんど 中心部の温度, Kerntemperatur 女, core temperatur 材料 連鋳 鋳造 エネ

ちゅうすい 虫垂, Fortsatz 男, 類 関 Wurmfortsatz 男, 虫垂, 虫様突起, process, projection, appendix 医薬

ちゅうすいえん 虫垂炎, Blinddarmentzündung 女, 類 Appendizitis 女, appendicitis 医薬

ちゅうすいしんけいけい 中枢神経系, Zentralnervensystem 中, central nervous system, CNS 医薬

ちゅうすいしんけいの 中枢神経の, zentralnervös, 英 central nervous 医薬

ちゅうすいせいきょうちょうしょうがい 中枢性強調障害, ZKS = zentrale Koordination Störung = central coordination disorder バイオ 医薬

ちゅうせいしそく 中性子束, Neutronenfluss 男, neutron flux 物理

ちゅうせいしほかくガンマぶんこうほう 中性子捕獲ガンマ分光法, NEG = Neutroneneinfang-Gammaspektroskopie =

neutron capture gamma spectroscopy 物理 放射線 光学

ちゅうせいしゅうはつガンマほうしゃのう 中性子誘発ガンマ放射能, NIGA = neutroneninduzierte Gammaaktivität = neutron-induced gamma activity 放射線 物理 医薬

ちゅうせいしれいきオートラジオグラフィー 中性子励起オートラジオグラフィー, NIAR = neutroninduzierte Autoradiographie = neutron induced autoradiography 物理 化学 材料

ちゅうせいしんわ 中性親和(好中球), Neutrophile 男, neutrophile, neutrophic leucocyte 化学 バイオ 医薬

ちゅうせいせん 中性線, Nullleiter 男, neutral conductor, neutral wire 電気 機械

ちゅうせいだい 中生代, Erdmittelalter 中, 類 Mesozoikum 中, 英 Mesozoic Era 地学 物理 バイオ

ちゅうせきがいレーザー 中赤外レーザー. MIL = mittlerer Infrarot-Laser = mid-infrared laser 電気 光学

ちゅうせきそうの 沖積層の, alluvial, 英 alluvial 地学 バイオ

ちゅうせきち 沖積地, Schwemmland 中, alluvial land 地学

ちゅうせんき 鋳銑機, Masselgießmaschine 女, 類 Masselformmaschine 女, pig casting machine, pig moulding machine 製銑 精錬 鋳造

ちゅうぞうおんど 鋳造温度, Gießtemperatur 女, casting temperature 連鋳 材料 鋳造 操業 設備

ちゅうぞうぎょう 鋳造業, Gießerei 女, foundry industry 鋳造 機械 経営

ちゅうぞうこうじょう 鋳造工場, Gießerei 女, foundry plant 鋳造 設備

ちゅうぞうそくど 鋳造速度, Gießgeschwindigkeit 女, casting speed 精錬 連鋳 鋳造 材料 操業 設備

ちゅうぞうのうりょく 鋳造能力, Gießleistung 女, casting capacity 連鋳 材料 鋳造 操業 設備

ちゅうぞうパラメータ 鋳造パラメータ,

Gießparameter 男, casting prameter 連鋳 材料 鋳造 操業 設備

ちゅうぞうひん (製品, プロダクトとして) 鋳造品, Abguss 男, cast, casting 鋳造 機械 操業 製品

ちゅうぞうプロセス 鋳造プロセス(鋳造工程), Gießprozess 男, casting process 鋳造 機械 操業

ちゅうぞうほう 鋳造法, Gießverfahren 中, casting process 連鋳 材料 鋳造 操業 設備

ちゅうぞうほうあん 鋳造方案, Gusskonstruktion 女, 類 Gussgestaltung 女, Konstruktion des Gussstückes 女, casting design 鋳造 機械 操業

ちゅうぞうようとり(な)べ 鋳造用取鍋, Gießpfanne 女, pouring ladle 連鋳 材料 鋳造 操業 設備

ちゅうそくでんしせんかいせつ 中速電子線回折(約1～10keV, 出典：滋賀県総合教育センターホームページ), MEED = 英 medium energy electron diffraction 化学 バイオ 電気

ちゅうだんする 中断する, abbrechen, 類 関 abstellen, interrupt 機械 操業 設備 バイオ 電気

ちゅうとう 柱頭, Stigma 中, 類 Narbe 女, stigma 化学 バイオ 医薬 光学

ちゅうどく 中毒, Intoxikation 女, intoxication 化学 バイオ 医薬

ちゅうにゅうがたろんりしゅうせきかいろ 注入型論理集積回路, IIL = 英 integrated injection logic = integrierte Injektionslogik 電気

ちゅうにゅうぐち 注入口, Einlauf 男, inlet, intake, enema, clyster 機械 化学 バイオ 医薬

ちゅうねつ 抽熱, Wärmeauskopplung 女, heat extraction, heat decoupling エネ 機械

ちゅうは(たい) 中波(帯), MF = Mittelfrequenz = medium frequency 電気

チューブ Hülse 女, sleeve, tube 機械

チューブ (タイヤのチューブ), Luftschlauch 男, inner tube 機械

チューブバンドルがたねつこうかんき

チューブバンドルがたねつこうかんき　チューブバンドル型熱交換器, Rohrbündel-Wärmetausher 男, tube bundle heat exchanger, bank-type heat exchanger 機械 エネ 材料 操業 設備 化学

チューブレスタイヤ　schlauchloser Reifen 男, tubeless tyre 機械

ちゅうみつどポリエチレン　中密度ポリエチレン, MDPE = 英 middle density polyethylene = Polyethylen mittler Dichte 化学 材料

ちゅうみつりゅう　稠密流, Dichtstrom 男, dense flow 機械 エネ

ちゅうみつろっぽう　稠密六方, hcp = 英 hexagonal close packed 材料 機械 鉄鋼 非鉄 物理 化学

ちゅうりついち　中立位置 (ニュートラルポジション), Leerlaufposition 女, 類 Leerlaufstellung 女, neutral position 機械

ちゅうりつじく　中立軸, neutrale Achse 女, 類 Nullienie 女, neutral axis 機械 数学 統計

ちゅうりつてん　中立点(中心点), Mittellage 女, central position 機械 電気 化学 物理 数学

ちゅうりつめん　中立面, Nullebene 女, neutral surface, neutral plane 機械 数学 統計

ちゅうわ　中和, Neutralisation 女, neutralization 化学 バイオ 電気

ちゅうわしすう　中和指数, NI = Neutralisationsindex = neutralization index 化学

ちゅくうたい　中空体, Hohlkörper 男, hollow body 機械

ちゅそくはねぐるま　中速羽根車, Normalläufer 男, normal runner 機械

チュブラーリベット　Rohrniet 男, tubular rivet 機械

ちょうえん　腸炎, Darmentzündung 女, 類 Darmkatarrh 男, enteritis, enteric catarrh, enterocatarrh, intestinal catarrh 医薬

ちょうおおがたタンカー　超大型タンカー(30万重量トン以上の超大型タンカー), ULCC = 英 ultra large crude carrier = sehr großer Rohöltanker 船舶 化学

ちょうおんそくりょきゃくき　超音速旅客機, Überschallgeschwindigkeitstransporter 男, 類 Überschallverkehrsflugzeug 中, supersonic transport, SST 航空 音響

ちょうおんぱエコーのうぞうえいほう　超音波エコー脳造影法, UEG = Ultraschallechoenzephalografie = ultrasound echoencephalography 医薬 音響 電気

ちょうおんぱかがく　超音波化学(超音波の化学作用の利用に関する研究分野), Sonochemie 女, sono-chemistry 化学 音響 物理

ちょうおんぱがんじくそくていそうち　超音波眼軸測定装置, 英 ultrasound ophthalmic measuring system for the axial length 光学 医薬

ちょうおんぱけんさほう　超音波検査法, Sonographie 女, sonography 医薬 電気 音響

ちょうおんぱしんどう　超音波振動, Ultraschallschwingung 女, ultrasonic vibration, ultrasonic oscillation 音響 機械 医薬

ちょうおんぱしんとうしょり　超音波振盪処理, Urtraschallschwingung 女, ultrasonic vibration, ultrasonic oscillation 音響 機械 医薬

ちょうおんぱせつごう　超音波接合, Ultraschallverbinden 中, ultrasonic junction, ultrasonic joining, ultrasonic bonding 音響 機械 材料

ちょうおんぱテスト　超音波テスト, Ultraschallprüfung 女, ultra sonic inspection 材料 機械 電気 音響 医薬

ちょうおんぱのうさつえいず　超音波脳撮影図, SEG = Sonoenzephalogramm = sonoencephalogram 音響 電気 機械 医薬

ちょうかいする　潮解する, zerfließen, 英 melt away, 英 deliquesce 化学 バイオ

ちょうかくの　張殻の(構体全体で重量を支える. もしくは外皮が強度部材を兼

ねる, モノコックの), selbsttragend, 英
self-supporting, 仏 monocoque 機械
交通 建設

ちょうかへんぶ 超可変部, hypervari-
able Region 女, hypervariable region
バイオ 医薬

ちょうかん 腸管, Darmtrakt 男, intes-
tinal tract 医薬

**ちょうかんしゅっけつせいだいちょうき
ん** 腸管出血性大腸菌, EHEC = en-
terohämorrhagische Escherichia Coli
= enterohemorrhagic Escherichia Coli
バイオ 医薬

ちょうきかんひばく 長期間被爆, Lang-
zeitexposition 女, long-term exposure
原子力 放射線 医薬

ちょうげき (歯車の) 頂隙, Kopfspiel 中,
tip clearance 機械

ちょうげんフィラメント 張原フィラメント,
TF = Tonofilament = tonofilament
医薬

ちょうこう 徴候, Andeutung 女, indi-
cation, suggestion 医薬

ちょうこうおんしょり 超高温処理,
UHT = Ultrahohe Temperatur-Behand-
lung = ultra high temperature treat-
ment 化学 バイオ 医薬 食品

ちょうこうしんくう 超高真空, UV =
Ultrahochvakuum = ultra-high vacu-
um = XHV = extrem hohes Vakuum
= extreme high vacuum 物理

ちょうこうそくぶんこう (ほう) 超高速
分光(法), UKS = Ultrakurzzeitspek-
troskopie = ultrafast spectrosco-
py 化学 光学

ちょうこうの 調光の, photochrom, 類
photochromatisch, 英 photochromatic
電気 光学

ちょうこうバイパスひ (エンジンファンの)
超高バイパス比, UHB = 英 ultra high-by-
pass (of engine fan) 機械 航空 エネ

ちょうさ (公的な)調査, Erhebung 女,
機械 特許

ちょうさ 調査, Untersuchung 女, investi-
gation, research 全般 化学 バイオ 医薬

物理

ちょうさする 調査する, etwas [3] nachge-
hen, 英 investigate, 英 research
全般

ちょうさの 長鎖の, langkettig, 英
long- chain 化学 バイオ

ちょうしあげ 超仕上げ, Endbearbei-
tung 女, finishing process 機械

ちょうしがいせん 超紫外線, XUV =
英 extreme ultraviolet = EUV = ext-
remes Ultraviolett 光学 物理

ちょうじゅみょうれいきゃくざい 長寿
命冷却剤, LLC = 英 long life coolant
= Kühlmittel des langen Lebens 機械

ちょうしん 調心, Fluchtung 女, align-
ment 機械

ちょうしんした 調心した, bündig, 英
aligned, 英 flush 機械 建設

ちょうせい 調製, Darstellung 女, prepa-
ration, isolation, representation 機械
電気 化学 バイオ 医薬

ちょうせいアーム 調整アーム, Verstell-
arm 男, adjusting arm 機械

ちょうせいいちぎめそうち 調整位置決
め装置(調整サポート装置, 調整取り付
け装置), Einstellanlage 女, adjusting
device 機械

ちょうせいかくど 調整角度, Einstell-
winkel 男, adjustable rake angle, an-
gle of adjustment 機械

ちょうせいかっしゃ 調整滑車, Re-
gelscheibe 女, regulating wheel 機械

ちょうせいかんかく 調整間隔, Kalib-
rierintervall 中, adjusting interval 機械

ちょうせいき 調整器, Regler 男, reg-
ulator, controller 機械 電気

ちょうせいぐるま (心なし研削盤などの)
調整車, Regulierungsscheibe 女, reg-
ulating wheel 機械

ちょうせいサポートそうち 調整サポ
ート装置, Einstellanlage 女, adjusting
device 機械

ちょうせいじょうこう 超清浄鋼, Ultra-
reiner Stahl 男, ultra clean steel 材料
鉄鋼 非鉄 精錬

ちょうせいじょうたん 超洗浄炭，UCC = 英 ultra clean coal = hoch-saubere Kohle 電気 地学

ちょうせいダイアル 調整ダイアル，Einstellscheibe 女，adjusting dial 機械

ちょうせいとりつけそうち 調整取り付け装置，Einstellanlage 女，adjusting device 機械

ちょうせいねじ 調整ねじ，Stellschraube 女，adjusting screw 機械

ちょうせいばね 調整ばね，Passfeder 女，fitting key，spring key 機械

ちょうせいばりべん 調整針弁，Dosierventil 中，metering valve，proportioning valve 機械

ちょうせいピッチプロペラ 調整ピッチプロペラ，Einstellschraube 女，adjust-pitch propeller，adjust bolt 機械

ちょうせいプーリー 調整プーリー，Regelscheibe 女，regulating pulley 機械

ちょうせいべん 調整弁(制御弁)，Regelventil 中，regulating valve 機械 化学 バイオ 設備

ちょうせいようゲージ 調整用ゲージ，Einstelllehre 女，feeler gauge 機械

ちょうせいリーマ 調整リーマ，nachstellbare Reibahle 女，adjustable reamer 機械

ちょうせき 長石(カリウム，ナトリウム，カルシウムまたはバリウムの珪酸アルミニウムから成る固い結晶性鉱物のグループの総称)，Feldspat 男，feldspar 地学 非金属 鋳造 機械 建設

ちょうせついでんし 調節遺伝子，Regulationsgen 中，controlling gene バイオ 医薬

ちょうせつざい 調節剤，Regler 男，modifier 電気 化学 バイオ

ちょうそせいかこう・へんけい 超塑性加工・変形 superplastische Umformung 女，superplastic forming 材料

ちょうたんぱ 超短波(10-1/30-300MHz)，UKW = Ultrakurzwelle = ultra-short wave 電気 音響

ちょうたんぱ・たんぱ・ちゅうは・ちょう
は 超短波・短波・中波と長波，UKML = Ultrakurz-，Kurz-，Mittel-und Langenwelle 電気

ちょうたんぱじゅしんき 超短波受信器，UKWE = Ultrakurzwellenempfänger = ultra- short-wave receiver 電気

ちょうたんぱはっしんき 超短波発信器，UKWS = Ultrakurzwellensender = ultra- short-wave transmitter 電気

ちょうちょうこうあつ(そうでん) 超々高圧(送電)，UHV = 英 ultra-high voltage (transmission) 電気

ちょうつがい 蝶番(ヒンジ)，Scharnier 中，hinge 機械

ちょうていしゅうはすう 超低周波数(20Hz 以下)，ULF = 英 ultra-low frequncy 電気 音響

ちょうてん 頂点，Scheitelpunkt 男，peak，verteex 機械

ちょうでんどうケーブル 超伝導ケーブル，das suplaleitfähige Kabel 中，superconducting cable 電気 機械

ちょうでんどうじしゃく 超電導磁石，SCM = 英 super conducting magnet = supraleitender Magnet 電気 機械

ちょうでんどうせい 超伝導性，Supraleitung 女，cryogenic conduction，superconductivity 電気 材料

ちょうないさいきんか 腸内細菌科，Familie Enterobacteriaceae 女，英 Enterobacteriacae，英 Enterobacteriaceae バイオ 医薬

ちょうナット Flügelmutter 女，butterfly nut，thumb nut 機械

ちょうねじ Flügelschraube 女，butterfly bolt，thumb screw 機械

ちょうは 調波，Oberschwingung 女，harmonic oscillation，hamonic wave，overtone 光学 音響 電気

ちょうはしんどう 調波振動，Oberschwingung 女，harmonic oscillation，hamonic wave，overtone 光学 音響 電気

ちょうはの 長波の，langwellig，英 long-wave 電気 エネ

ちょうぶんしの 超分子の，supramolekular, 〓 supramolecular 化学 物理

ちょうへいそく 腸閉塞, Darmverschluss 男, intestinal obstruction, ileus 医薬

ちょうヘルニア 腸ヘルニア, Darmbruch 男, enterocele 医薬

ちょうほうけい 長方形, Rechteck 中, rectangle 数学

ちょうやくとめいた 跳躍止め板(リバウンドストラップ), Ausschlagbegrenzung 女, rebound strap 機械

ちょうりょく 張力, Spannung 女, tension, voltage 機械 電気 建設 材料

ちょうりょくはつでんしょ 潮力発電所, Gezeitenkraftwerk 中, tidal power station, tidal power plant 電気 海洋 操業 設備

ちょうりんかいあつタービン 超臨界圧タービン, Überkritischerdruckturbine 女, supercritical pressure turbine エネ 機械 電気

ちょうりんかいあつはつでんしょ 超臨界圧発電所, Kraftwerk für überkritischen Betriebedruck 中, supercritical pressure power plant エネ 電気

ちょうりんかいすい 超臨界水〔気液共存線の終点が臨界点(374℃, 22.1MPa)であり, この温度・圧力以上の状態の水を超臨界水と呼び, 無極性の有機化合物を溶解したり, 加水分解したりするなど, 普通の水にはない性質を持つ. 出典：神奈川大学堀久男研究室ホームページ〕, überkritisches Wasser 中, supercritical water, SCW 化学 物理 エネ 環境

ちょくさじょうじゅうごうたい 直鎖状重合体, Linearpolymer 中, linear polymer 化学

ちょくさじょうていみつどポリエチレン (低圧法の)直鎖状低密度ポリエチレン, LLDPE = 〓 linear low density polyethylene = lineares Polyethylen niedriger Dichte 化学 材料

ちょくしんそうこう(せい) 直進走行(性), Geradeauslauf 男, directional stability 機械

ちょくせつふんしゃ 直接噴射, Direkteinspritzung 女, direct injection 機械

ちょくせつふんしゃせいそうきゅうき 直接噴射成層給気, FSI = 〓 fuel stratified injection = Direkteinspritzung, anfänglich mit Schichtladung bei VW und Audi = 〓 fuel straight injection 機械

ちょくせん 直線, gerade Linie 女, straight line 数学 機械

ちょくせんせい 直線性, Geradheit 女, straightness 数学 統計 機械 全般

ちょくちょう 直腸, Rektum 中, 類 Mastdarm 男, rectum 医薬

ちょくちょうエスじけっちょうないしきょうけんさ(ほう) 直腸S字結腸内視鏡検査(法), PRS = Prokto-Rekto-Sigmoidoskopie = procto-recto-sigmoidoscopy 医薬 光学 電気

ちょくちょうがん 直腸癌, Rektumkarzinom 中, 類 Mastdarmkrebs 男, cancer of the rectum, rectal cancer 医薬

ちょくちょうだつ 直腸脱, Rp = Rektumprolaps = rectum prolapse 医薬

ちょくつうかん 直通管, Hauptluftleitung 女, main brake pipe 材料 機械

ちょくどうカム 直動カム(伝動カム), Übertragungsdaumen 男, transmission cam 機械

ちょくばリーマ 直刃リーマ, geradegenutete Reibahle 女, straight fluted reamer 機械

ちょくほうたい 直方体, Quader 男, rectangular parallelepiped 数学 地学 非金属

ちょくりゅう 直流, Gleichstrom 男, direct current 電気 機械

ちょくりゅうインターフェースのでんりゅうはふくてん 直流インターフェースの電流波腹点(波腹点；入射波と反射波が合成されて最大となる点), Stromschleife 女, current loop of a serial interface 電気

ちょくりゅうインターフェースのでんりゅうループ 直流インターフェースの電流

ちょくりゅうインターフェースのでんりゅうループ

ループ，Stromschleife 囡，current loop of a serial interface 電気

ちょくりゅうガソリン 直留ガソリン，Straight-Run-Benzin 囲，類 Roh-benzin 囲，Destillatbenzin 囲，straight-run-gasoline 化学 機械

ちょくりゅうてきにけつごうされていない 直流的に結合されていない，galvanisch getrennt，英 electrically isolated 電気

ちょくれつスパークギャップ 直列スパークギャップ，Vorschaltfunkenstrecke 囡，series spark gap 電気 機械

ちょくれつにゅうりょくへいれつしゅつりょく（かいろ） 直列入力並列出力（回路），SIPO = 英 serial in parallel out (circuit) 電気

ちょくれつの 直列の，reihengeschaltet，英 series-connected 電気

ちょくろくめんたい 直六面体，Quader 囲，rectangular parallelepiped 数学 地学 非金属

ちょさくけん 著作権，Urheberrecht 囲，literary property, copyright 特許 法制度

ちょさくけん・とっきょけん・しょうひょうけんほごほう 著作権・特許権・商標権保護法，Schutzrecht 囲，property right, protective right 特許 法制度 経営

ちょぞう 貯蔵，Bevorratung 囡，類 Einlagerung 囡，storage 機械 バイオ 化学 設備 物流

ちょぞうこ 貯蔵庫，Speicher 囲，storage, accumulator, memory, battery, SP 機械 電気 化学 バイオ 物流

ちょぞうしつ 貯蔵室，Vorratsraum 囲，store room, storage chamber, stock space 機械 エネ 化学 設備

ちょぞうする 貯蔵する，lagern，英 bear，英 stock，英 store 機械 化学 バイオ 物流

ちょぞうレベル 貯蔵レベル，Lagerspiegel 囲，bin status report, storage level, bearing bottom plate 機械

ちょたんじょう 貯炭場（コールヤード），Kohlenlager 囲，storage, coal yard 製鉄 地学

ちょっかくかけベルトうんてん 直角掛けベルト運転，halbgeschränkter Riemenbetrieb 囲，quarter turn belt drive, half crossed belt drive 機械

ちょっかくど 直角度，Rechtwinkligkeitsabweichung 囡，perpendicularity, squareness 機械 数学 材料

ちょっかくへり 直角へり，Steilflanke 囡，steep flank 機械

ちょっけいきごう （転がり軸受の）直径記号，Kennziffer für Durchmesserreihe 囡，symbol for diameter 機械

ちょっけつタービン 直結タービン direktgekuppelte Turbine 囡，direct-coupled turbine 機械

ちょっこういほうせい 直交異方性，Orthotropie 囡，orthotropy 材料 電気 物理 建設

ちょっこうしんぷくへんちょう 直交振幅変調（音声声域の中で 9600bps 程度までの通信が可能），QAM = Quadratur Amplituden Modulation = quadrature amplitude modulation 電気 音響

ちょっこうでんじば 直交電磁場（導波モード），TEM = 英 transverse electromagnetic mode 電気 光学

ちょっこうの 直交の，orthogonal，英 orthogonal 機械 数学

ちょっこうへんちょう 直交変調，QM = Quadraturmodulation = quadrature modulation 電気

ちょっこうりゅうがたねつこうかんき 直交流型熱交換器，Kreuzstrom-Wärmeaustauscher 囲，cross-flow heat exchanger 機械 エネ 電気

チョッパー （フロントがリフトアップしたバイクの車体），英 chopper 機械

ちりょう 治療，Behandlung 囡，treatment, handling, medical treatment, cure 医薬

ちりょうていこうせい 治療抵抗性，ThR = Therapieresistenz = therapeutic resistance 医薬

チルドいもの チルド鋳物，Schalenhartguss 囲，chilled casting 鋳造 材料 機械

チルロール　Hartgusswalze 女, chilled roll 材料 鋳造 設備

チロキシン　(甲状腺ホルモンの一種. 沃素[ようそ]を含み, 物質代謝を盛んにし成長を促す. 過剰になるとバセドー病, 欠乏すると甲状腺腫になる. 出典：デジタル大辞泉・コトバンク), Thyroxin 中, thyroxine バイオ 医薬

チロシン　(タンパク質を構成するアミノ酸の一種. 残基の略記号は Tyr, Y), Tyrosin 中, tyrosine 化学 バイオ 医薬

チロシンアミノてんいこうそ　チロシンアミノ転移酵素, TAT = Tyrosinaminotransferase = tyrosine amininotransferase バイオ 医薬

チロシンヒドロキシラーゼ　(チロシン水酸化酵素；神経伝達物質であるド-パミンなどのカテコールアミンの合成に必須の酵素である. 出典：難病情報センターホームページ), TH = Thyrosinhydroxylase = thyrosine hydroxylase 化学 バイオ 医薬

ちんこう　沈降, Sedimentation 女, sedimentation 地学 化学 バイオ 環境

ちんせきがん　沈積岩, Sedimentgestein 中, sedimentary rock, aqueous rock 地学 バイオ 物理

ちんちゃく　沈着, Ansatz 男, deposition 化学 バイオ 機械 環境

ちんちゃくそう　沈着槽, Ansatzbehälter 男, deposition vessel 操業 設備

機械 化学 バイオ 環境

ちんでい　沈泥, Schlicker 男, slurry, silt 機械 材料 精錬 バイオ 環境 リサイクル

ちんでいせき　沈泥石, Siltstein 男, silt stone 地学

ちんでん　沈殿, Präzipitation 女, 類 Ablagerung 女, Ansatz 男, Ausfall 男, Ausfällung 女, precipitation 化学 バイオ 機械 環境

ちんでんざい　沈殿剤, Fällungsmittel 中, precipitating agent 化学 バイオ

ちんでんさせる　沈殿させる, anlagern, 類 ausfällen, 英 precipitate, 英 accumulate, 英 add, 英 settle down 機械 化学 バイオ

ちんでんする　沈殿する, ausfallen, 英 precipitate 化学 バイオ 機械 環境

ちんでんそう　沈殿槽, Ansatzbehälter 男, precipitation tank 操業 設備 機械 化学 バイオ 環境

ちんでんタンク　沈殿タンク, Klärtank 男, precipitation tank 操業 設備 機械 化学 バイオ 環境

ちんでんぶつ　沈殿物, Ppt = 英 precipitate = ラ praecipitatus = Niederschlag = Ablagerung = Präzipitat = Fällungsprodukt = Abscheidungsstoff 化学 バイオ

ちんとうリベット　沈頭リベット(皿頭リベット), Senkniet 男, countersunk head rivet, flush rivet 機械

ついかする　追加する, zusetzen, add 機械 化学 精錬 操業

ついかそうびする　追加装備する(後付けする, 装置を改造する, 規模を拡大する), nachrüsten, 英 install additionally, 英 expand, 英 retrofit, 英 upgrade 機械 操業 設備

ついかつみに　追加積荷, Zuladung 女, additional loading 機械 航空

ついかめんえきこうか　追加免疫効果 Auffrischungseffekt 男, booster effect 化学 バイオ 医薬

ついじゅうシリンダー　追従シリンダー(従動シリンダー), Nehmerzylinder 男, slave cylinder 機械

ついじゅうせいぎょ　追従制御(追値制御), Folgeregelung 女, 類 Folgesteuerung 女, follow-up control, variable value control 機械 電気

ついじゅう(じゅうどう)でんりょくきょ

うきゅう 追従(従動)電力供給(スレーブ電力供給), geführte Stromversorgung 囲, slave power supply 電気

ツイストドリル (ねじれ刃ドリル), Spiralbohren 中, twist drilling 機械

ツイストドリルフライスばん ツイストドリルフライス盤, Spiralbohrerfräsmaschine 囲, twist drill milling machine 機械

ついせきかのうど 追跡可能度(トレーサビリティ, 生産履歴の追跡可能なこと, 復元可能なこと), Rückführbarkeit 囲, 類 Rückverfolgbarkeit 囲, traceability, restorablity 機械 材料 製品 品質 経営

ついちせいぎょ 追値制御(追従制御), Folgeregelung 囲, 類 Folgesteuerung 囲, follow-up control, variable value control 機械 電気

ツインじく ツイン軸, Doppelachse 囲, twin axle 機械

つうかじかん 通過時間(経過時間), PZ = Passagezeit = passage times = transit times 医薬

つうガスせいぎょ 通ガス制御, Durchgasungssteuerung 囲 機械 化学

つうきこう 通気孔(換気孔), Luftloch 中, 類 Luftablassöffnung 囲, Luftkanal 男, air hole, air vent 機械 建設 設備

つうきせい 通気性, Luftdurchlässigkeit 囲, air permeability 機械 物理 化学 建設

つうじょうがたかんしつせいはいえん 通常型間質性肺炎, UIP = 英 usual interstitial pneumonia = übliche interstitielle Pneumonie 医薬

つうじょうがたかんしつせいはいえんせんいしょう 通常型間質性肺炎線維症, UIPF = 英 usual interstitial pulmonary fibrosis = übliche interstitielle Lungenfibrose 医薬

つうじょうしじ 通常指示, RO = 英 routine order = regelmäßige Anweisung 医薬

つうじょうしょうしゃりょう 通常照射量, ND = Normaldosis = normal dose 放射線 医薬

つうじょうはいせん 通常配線, NL = Normalleitung = normal supply line 電気

つうでんしている 通電している[活きである(電圧が印加されている), 電流が通過している], stromführend, 英 current-carrying, 英 live 電気 機械

ツーハイスタンド Duo-Gerüst 中, two-high stand 材料 操業 設備

つうふう 痛風, Gicht 囲, gout 医薬

つうふうき 通風機(ファン), Lüfter 男, ventilator 機械

つうふうそうち 通風装置, Ventilationsanlage 囲, ventilating device 機械 エネ 建設

つうりゅうする 通流する, durchströmen, flow through, pass through 機械 化学

ツーリング Werkzeugbereitstellung 囲, tooling 機械

ツーリングぞく ツーリング族, tourensportliche Motorräder 中 複, touring group 機械 社会

ツールキャリアー (ツールホルダー, ダイキャリアー), Werkzeugträger 男, tool carrier, tool holder, dies carrier, head, rail head of planer, platen 機械

ツールジョイント Vorschweißverbinder 男, tool joint 機械 溶接

ツールバー Werkzeugleiste 囲, tool bar 電気

ツールホルダー Werkzeughalter 男, 関 Werkzeugträger 男, tool holder 機械

ツエントナー (重さの単位, ドイツでは100Pfund = 50kg, 記号 Ztr.) Zentner 男, hundredweight 全般 単位

つかいがって 使い勝手(操作性, 有用性, 使用性), Verwendbarkeit 囲, 関 Brauchbarkeit 囲, Bedienungskomfort 男, usability 機械 電気 環境 リサイクル 製品

つかいならし 使い慣らし(すり合わせ運転, 助走), Einlaufen 中, run in, break in 機械

つきあたる ～に突き当たる, auftreffen auf etwas～, run against 機械 光学

エネ

つきあわせ 突き合わせ（短い端部,台形）, Stumpf 男, stub 機械 溶接 数学

つきあわせいた 突き合わせ板, voreinanderstoßende Bleche 女, jointing sheet 機械 溶接

つきあわせけいしき 突合せ形式（継手形式）, Stoßart 女, type of joint 溶接 機械

つきあわせつぎて 突合せ継手, Stoßverbindung 女, 類 関 Stumpfnaht 女, butt joint, butt jointing 機械 溶接 材料 建設

つきあわせになっている （〜と）突合せになっている（〜に接している）, anliegen, 英 fit closely 機械

つきあわせようせつ 突合せ溶接（突合せ継手）, Stumpfnaht 女, butt-joint, butt weld 機械 溶接 材料

つきあわせようせつしきフランジ 突合せ溶接式フランジ（重ね継ぎ手形フランジ）, Vorschweißflansch 男, welding neck (WN) flange 機械 溶接 化学

つきかためコンクリート 突き固めコンクリート（押し込みコンクリート）, Stampfbeton 男, rammed concrete, compressed concrete 材料 建設

つきかためたばしょ 突き固めた場所（ハードコート）, Tennenplatz 男, hard court, tamped are 地学 建設

つきかためる 突き固める, stampfen, 英 stamp, 英 compress 機械 精錬 鋳造 化学 建設

つきだしかく 突き出し角, Überhangwinkel 男, overhang angle 機械

つぎて 継ぎ手（接続, 結線）, Verbindung 女, connection 電気 機械 材料

つぎてけいしき 継手形式（突合せ形式）, Stoßart 女, type of joint, shock mode 溶接 機械 材料

つぎてビードたんぶ 継ぎ手ビード端部, Nahtraupenkante 女, joint bead end 溶接 機械 材料

つぎめいた 継ぎ目板（当て金継ぎ手, 帯, コネクター, ラグ）, Lasche 女, connec-

tor, plate, eye, shackle 機械

つぎめなしこうかん 継目無し鋼管, nahtloses Stahlrohr 中, seamless steel tube 材料 鉄鋼 化学 機械 地学

つけこみきゅうり 漬け込みきゅうり, Einlegegurke 女, pickling cucumber, pickled gherkin バイオ

つけねせっちゃくふりょう 付け根接着不良,Wurzelbindefehler 男, lack of root fusion 材料 溶接

つけねのおうぶ 付け根の凹部（付け根陥没部位）, Wurzelkerbe 女, root concavity, incomplete joint penetration 溶接 材料

つちオーガー 土オーガー, Erdbohrer 男, earth auger, drill 機械 地学

つつがたショックアブソーバ 筒形ショックアブソーバ, Teleskopstoßfänger 男, telescopic shock-absorber 機械

つっきり 突っ切り（研削切断）, Trennschleifen 中, cutting-off grinding 機械

つづみがたウオームギヤー 鼓形ウオームギヤー, Globoidschneckengetriebe 中, globoidal worm gear 材料 機械

つば （カラー）, Kragen 男, collar 機械

つばじくうけ つば軸受, Halslager 中, collar bearing, neckjournal 機械

つばじゅんかつ つば潤滑（つば注油）, Scheibenschmierung 女, collar oiling 機械

つばちゅうゆ つば注油（つば潤滑）, Scheibenschmierung 女, collar oiling 機械

つばつきナット つば付きナット Bundmutter 女, collar nut, flange nut 機械

つぶ 粒［顆粒（状のもの）］, Granulat 中, granular material, granylated material 化学 バイオ 医薬 機械

つぶしべん 潰し弁（ピンチ弁, 絞り弁）, Quetschventil 中, squeezing valve, pinch valve, lockable valve 機械

ツベルクリンろかせいぶん ツベルクリン濾過成分, TF = Tuberkulinfiltrat 中, tuberculin filtrate 医薬

つまさき つま先, 英 toe 医薬

つまみ (タン, 凸部, 舌片), Zunge 女, 類 関 Mitnehmer 男, Lippe 女, tongue 機械

つまること (付着して)詰まること (かさぶたができること, こびりつくこと), Verkrustung 女, 類 Fouling 男, Verschlammung 女, encrustation, silting-up, accumulation of mud or sludge 化学 バイオ 機械 設備

つみおろしぐち 積み下ろし口(積み下ろし開口部), Ladeöffnung 女 機械 航空 船舶

つみかさね 積み重ね(スタック), Stapel 男, stack, pile 機械

つみかさねうけだい 積み重ね受け台(スタッキング受け台, トレイ), Ablage 女, stacking position 機械

つみかさねる 積み重ねる, anlagern, 英 accumulate, 英 add, 英 settle down 機械

つみに 積荷(保管・貯蔵), Lagerung 女, storage 機械 物流

つむ 積む, laden, 英 load 機械

つむぎいと 紡ぎ糸, Kettgarne 女, spun silk thread 繊維

つめかえポンプ 詰め替えポンプ, Umfüllpumpe 女, transfer pump 機械

つめがね 詰め金(シム), Klemmstück 中, clamping collar, shim 機械

つめつきジャッキ つめ付きジャッキ, Einsteckheber 男, bumper jack 機械

つめもの (歯)詰め物(中へ入れたもの, インレー), Einlage 女, inlay 医薬 機械

建設

つやだし (バフ研磨, 研磨), Polieren 中, polishing 材料 機械

つよいゆりうごかし 強い揺り動かし (衝撃), Schütterung 女, vibration, succession 機械 地学 建設 船舶

つりあいおもり 釣り合い錘 (カウンターバランス, バランサー), Gegengewicht 中, balance weight, counter balance 機械 設備

つりあいかん つり合い管 (レシプロライン, バランスパイプ, 吊索[つりさく]), Pendelleitung 女, reciprocating line, balance pipe, suspension cord, pendant cord 電気 機械 建設

つりあいピストン つりあいピストン, Gegendruckkolben 男, balancing piston 機械

つりあいロープ つり合いロープ(バランスロープ), Unterseil 中, balancerope, underrope 機械

つりあわせる 釣り合わせる, austarieren, 英 balance 機械 物理 エネ

つりさく 吊索 (つり合い管, レシプロライン, バランスパイプ), Pendelleitung 女, reciprocating line, balance pipe, suspension cord, pendant cord 電気 機械 建設

つりばし 吊り橋, Hängebrücke 女, suspention bridge, hanging bridge 建設

つるまきかく つる巻角, Schraubenwinkel 男, screw angle, helical angle 機械

て

てあしくちほっしん 手足口発疹(手足口病), HFME = Hand-Fuß-Mund-Exanthem = hand-foot-mouth exanthem 医薬

デアセトキシセファロスポリンシーごうせいこうそ デアセトキシセファロスポリンC合成酵素, DAOCS = Deacetoxy-cephalosporin C-Synthetase 化学 バイオ

ていあつ 低圧, ND = Niederdruck = low pressure 機械 化学

ていあつじょうき 低圧蒸気, NDD = Niederdruckdampf = low pressure steam 機械 化学

ていあつプラズマようしゃほう 低圧プラズマ溶射法(減圧雰囲気プラズマ溶射法), LPPS = 英 low pressure plasma spray

てあつプラズマようしゃほう / **ていおんかんりゅう**

【電気】【操業】【設備】【機械】

ていあつほうちょくさじょうていみつどポリエチレン　低圧法直鎖状低密度ポリエチレン，LLDPE = PE-LLD = 英 linear low density polyethylene 【化学】【材料】

ティーアイプラスミド　Ti プラスミド(植物腫瘍誘発プラスミド)，Ti-Plasmid 中，英 Ti plasmid, tumor-inducing plasmid 【バイオ】

ディーアミノさんさんかこうそ　D アミノ酸酸化酵素，DAAO = 英 D-amino-acid-oxidase = D-Aminosäure-oxydase 【化学】【バイオ】【医薬】

ディーエヌエーいんし　DNA 因子，Baustein 男，DNA-factor 【バイオ】【医薬】

ディーエヌエーかんていほう　DNA 鑑定法，DNA-Identifizierung 女，DNA identification，DNA test 【バイオ】【医薬】

ディーエヌエーさ　DNA 鎖,DNA-Strang 男，DNA-strand, DNA –chain 【バイオ】【医薬】

ディーエヌエーしんだんほう(がく)　DNA 診断法(学)，DNA-Diagnostik 女，類 DNS- Diagnostik 女，DNA diagnostics 【バイオ】【医薬】

ディーエヌエーはいれつ　DNA 配列，Baustein 男，DAN-sequence 【バイオ】【医薬】

ディーエヌエープローブ　DNA プローブ(遺伝子中の DNA 配列を証明するための核酸，相補的な塩基配列を持つ DNA または RNA を検出するために作成された特異的な塩基配列を持つ DNAのこと)，DNA-Sonde 女，英 DNA probe 【バイオ】【医薬】

ティーエヌエムぶんるい　TNM 分類(腫瘍の大きさ，リンパ節にどれくらい転移しているか，ほかの臓器や組織に転移しているかという三つの基準を元に分類している．出典：がんのき・ほ・んホームページ)，TNM-Klassifikation = TNM classification = tumor-node-metastasis-classification 【医薬】

ティーがたつぎて　T 型継手，T-Stück 中，T-joint piece 【機械】

ていいこていの　定位固定の(定位的な)，stereotaxisch，英 stereotaxic 【機械】【電気】【医薬】【放射線】

ティーさいぼうレセプター　T 細胞レセプター(T 細胞受容体)，TCR = T- cell receptor = T-Zell-Rezeptor 【バイオ】【医薬】

ティーシーピーアイピー　TCP/IP (UNIX によるネットワークプロトコルセット)，TCP/IP = 英 transmission control protocol / internet protocol 【電気】

ていしゅじゅつてきしょうしゃ　(1 回照射による) 定位手術の照射，SRS = 英 stereotactic radiosurgery = stereotaktische Radiochirurgie 【医薬】【放射線】

ティーじょうぎ　T 定規，Reißschiene 女 【機械】

ディーゼルエンジン　Dieselmotor 男，diesel engine 【機械】

ティービーム　T ビーム，Plattenbalken 男，T-beam 【建設】【材料】

ていいほうしゃせんしょうしゃ　定位放射線照射 [1 回照射による定位手術的照射(stereotactic radiosurgery, SRS) と，分割照射による定位放射線治療(stereotactic radiotherapy, SRT) の二つに分かれる]，STI = 英 stereotactic irradiation = stereotaktische Bestrahlung 【医薬】【放射線】

ていいほうしゃせんちりょう　(分割照射による) 定位放射線治療，SRT = 英 sretereotactic radiotherapy = die stereotaktische Strahlentherapie 【医薬】【放射線】

ていおうせっかい(じゅつ)　帝王切開(術)，Schnittentbindung 女，類 Kaiserschnitt 男，Cesarean operation, cesarian section, Caesarean section 【医薬】

ディオプトリ　(屈折力測定単位，Maßeinheit der Brechkraft)，Dioptrie 女，Dptr. 【光学】【電気】【単位】

ていおんがく　低温学，Kryogenik 女，cryogenics 【化学】【物理】【材料】

ていおんかんりゅう　低温乾留，Schwelung 女，類 Urverkokung 女，Niedertemperatur-Trockendestillation 女，low temperature carboniza-

tion, low temperature coking 化学
製鉄 地学 設備 エネ

ていおんかんりゅうガス　低温乾留ガス,
Schwelgas 中, low temperature car-
bonization gas 化学 製鉄

ていおんこうおんそう　低温恒温槽(低温
恒温装置, 低温保持装置), Kryostat
男, cryostat 化学 機械 エネ

ていおんこうおんそうち　低温恒温装置
(低温恒温槽, 低温保持装置), Kryostat
男, 類 Cryostat 男, cryostat 化学 機械
エネ

ていおんさっきん(ほう)　低温殺菌(法),
Kaltsterilisation 女, 類 Pasteurisierung
女, cold sterilization, pasteurization
化学 バイオ 食品

ていおんばいよう　定温培養, Inkuba-
tion 女, incubation 化学 バイオ

でいかいがん　泥灰岩, Mergel 男,
marlstone 地学

ていかくきどう　定角軌道, Trajektorie
女, trajectory, isochronous trajecto-
ry 物理

ていかくこうど　定格高度, Steuerhöhe
女, rated altitude 航空 電気 経営 社会

ていかくしけん　定格試験, Versuch der
Steuerleistung 男, rating test 機械 電気
規格 組織

ていかくじゅみょう　(転がり軸受などの)
定格寿命, rechnerische Lebensdauer
女, rating life 機械 電気

ていかくち　定格値, Bemessungswert
男, 関 Nennwert 男, rated load val-
ue 機械 設備

ていかくばりき　定格馬力(制御電源, 駆
動力), Steuerleistung 女, cotrol power,
driving power, rated horsepower 機械
電気

ていきあつ　低気圧, Vertiefung 女,
類 Tiefdruck 男, low pressure, de-
pression 地学 気象

ていぎされた　定義された(固定した, 規
定した)definiert, 類 関 festgelegt, be
stimmt, angegeben, genannt, 英 define,
specified バイオ 医薬 数学 物理 全般

ティグようせつ　ティグ溶接,WIG-
Schweißen = Wolfram-Inertgas-Sch-
weißen = TIG-welding = tungsten in-
ert-gas welding 溶接 電気 材料

ていけつあつ(しょう)　低血圧(症), Hy-
potonie 女, 類 Blutdruckerniedrigung
女, 関 Hypertonie 女, hypotension 医薬

ていけっとう(しょう)　低血糖(症), Hy-
poglykämie 女, 関 Hyperglykämie 女,
hypoglycemia 医薬

ていこう　(電気)抵抗, Wi = Widerstand
= resistance 電気

ていこうがいしゃ　低公害車(低排ガス
車), LEV = 英 low emission vehicle =
Abgasarmes Fahrzeug 機械 環境

ていごうきんこう　低合金鋼, mikrole-
gierter Stahl 男, 類 Niederlegierungsstahl
男, micro-alloy-steel, low-alloy steel
材料 鉄鋼

ていこうせんひずみけい　抵抗線ひずみ
計,Widerstandsdraht-Dehnungsmesser 男,
類 Widerstandsdehnunungsmessstrei-
fen 男, resistance strain gauge, electric
resistance wire strain gauge 機械 電気

ていこうモーメント　抵抗モーメント(断
面係数), Widerstandsmoment 中, sec-
tion modulus, moment of resistance
機械 建設

ていコストの　低コストの(コスト面で
好都合な), kostengünstig, 英 low cost
操業 経営

ていさんそせいきょけつせいのうしょう
低酸素性虚血性脳症, hypoxischischä-
mische Enzephalopathie, hypox-
ic-ischemic encephalopathy 医薬

ていさんそのうどのじょうたいで　低酸
素濃度の状態で(酸素の欠乏した状態で),
unter Sauerstoffmangelbedingungen,
類 bei niedriger Sauerstoffkonzentra-
tion, under conditions of oxygen defi-
ciency(i.e. low oxygen concentration)
化学 バイオ 精錬 材料 物理

ていしゅうはすう　低周波数, NF = Nie-
derfrequenz = LF = low frequency
電気

ていしゅうはすうけんちき 低周波数検知器, ND = Niederfrequenzdetektor = low frequency detector 電気

ていしゅうはすうたいいきフィルター 低周波数帯域フィルタ, NBF = Niederfrequenzbandfilter = low-frequency band filter 電気

ていしゅうははっせいき 低周波発生器, NFG = Niederfrequenzgenerator = low-frequency generator 電気

ていすいい 低水位, Niederwasserstand 男, low-water level 機械 化学

ていすう 定数, Bestimmungsgröße 女, constant 数学 統計 化学 バイオ 物理

ディスク Platte 女, board, plate, sheet, slab, disc 電気 機械 材料

ディスクがたけんさく・けんまき ディスク型研削・研磨機, Tellerschleifmaschine 女, disc griding machine 機械

ディスククラッチ Lamelle-paket, 類 Scheibenkupplung 女, disc clutch, plate coupling 機械

ディスクスプリング Tellerfeder 女, cap spring, disc spring 機械

ディスクセット Lamelle-paket, disc set 機械

ディスクドライブ Laufwerk 中, disc drive 電気

ディスクブレーキ Scheibenbremse 女, disc brake 機械

ディスクロール Walzscheibe 女, disk roll 機械 電気

ディスタンスピース Zwischenstück 中, distance piece, adapter, spacer bush 機械

ディスプレイ Anzeige 女, display 電気 操業 設備

ていスロープ 低スロープ(下への張り出し), Unterhang 男, lower slope 数学 統計 建設 地学

ていせいぶんせき 定性分析, qualitative Analyse 女, qualitative analysis 化学 バイオ 電気

ていそうおんりちゃくりく 低騒音離着陸, QTOL = 英 quiet take-off and land-ing = lärmgeminderer Start und Land-ung 航空 環境

ていそくイオンさんらんぶんこうほう 低速イオン散乱分光法, ISS = Ion Scattering Spectroscopy 化学 電気 光学 材料

ていそくそうこう 定速走行, Fahren mit konstanter Geschwindigkeit 中 機械

ていそくでんしせんかいせつ 低速電子線回折, LEED = 英 low energy electron diffraction 化学 電気 材料

ていそくはねぐるま 低速羽根車, Langsamläufer 男, slow runner 機械 エネ

ていたい (流れなどの)停滞, Rückstau 男, backlog 機械 化学 エネ

ていたいあんていど 定態安定度(静的安定度), Standsicherheit 女, stability, static stability 建設 設備 操業

ていたいしない 停滞しない(どんどん進む), zügig, 英 smooth, 英 uninterrupted 機械 操業 物流

ていたんそなんこう 低炭素軟鋼, kohlenstoffarmer weicher Stahl 男, low carbon mild steel 鉄鋼 精錬 材料

ていちエンジン 定置エンジン, ortsfester Motor 男, stationary engine 機械

ていちきゅうしゅうかいきどう 低地球周回軌道(低高度地球軌道, 低地球軌道), LEO = 英 low earth orbit = niedrige Erdumlaufbahn = der erdnahe Orbit 航空 物理 電気

ていちせいぎょ 定値制御, Festwertregelung 女, constant value control, fixed set point control 電気 機械

ディップスイッチ DIP-switch = 英 dual in line package –switch 電気

ディテクター Messaufnehmer 男, transducer, detector 電気

ていでん 停電, Stromunterbrechung 女, 類 Stromausfall 男, power electric supply failure, current interruption 電気 機械

ていでんあつしれい 低電圧指令, LVD = 英 Low Voltage Directive = Europäische Verordnung über Niederspannungseinrichtungen 電気 規格 機械

ていでんあつていしゅうはすうでんげんそうち 定電圧定周波数電源装置, Stromversorgung mit konstanter Spannung und konstanter Frequnz 女, constant voltage and constant frequency power supply 電気

ていでんりゅうダイオード 定電流ダイオード, Strombegrenzungsdiode 女, current regulative diode, CRD 電気

ていねんどの 低粘度の, niederviskos, low viscous 化学 機械

デイノコッカス・ラディオデュランス(放射能に抵抗し, 分解するバクテリア名), Deinococcus Radiodurans 中, 英 Deinococcus Radiodurans バイオ 放射線

ていはくち 停泊地, Liegeplatz 男, 類 Ankerplatz 男, anchorge 船舶 海洋 設備

ていひずみそくどほう 低歪速度法, SSRT = 英 slow strain rate technique = niedrige Dehnungsgeschwindigkeits- Prüfung 材料

ていひポンプ 定比ポンプ(比例ポンプ), Propotionspumpe 女, proportional pump 機械

ていぶ 底部, Boden 男, bottom, base 機械 建設 化学

ていふつせいぶん 低沸成分, Leichtsieder 男, 関 Schwersieder 男(高沸成分), low-boiling component 化学

ディフューザー Diffuseur 男, 類 Zerstäuber 男, Lufttrichter 男, diffuser, atomizer 機械

ディフューザーコーンのかくど ディフューザーコーンの角度, Winkel des Diffusorkegels 男, diffuser angle 機械

ディフレクター (そらせ板), Schikane 女, baffle 機械

ていぶんしにほんさアールエヌエー 低分子2本鎖RNA, siRNA = 英 small interfering RNA 化学 バイオ 医薬

ていみつ(ど) 低密(度), ND = niedrige Dichte = low dencity 機械 化学

ていみつどポリエチレン 低密度ポリエチレン(分岐構造から結晶化があまり進ま ず, 融点が低く柔らかい性質を持つ, 軟質ポリエチレン, 製法から高圧法ポリエチレンとも呼ばれる), PE-ND = Polyethylen niedriger Dichte = LDPE = low density polyethylene 化学 材料

ていようサイクル 定容サイクル, Gleichraumkreisprozess 男, constant volume cycle 機械 エネ

ていようせん 定容線, Linie gleichen Rauminhaltes 女, 類 konstante Volumenslinie, constant-volume line 機械 数学 統計

ていようりょう 定容量(一定容積), konstante Teilmenge 女, 類 Aliquote 女, aliquot 化学

ていようりょうさいしゅほう 定容量採取法, CVS = 英 constant volume sampling method 化学 機械 環境

ていりょうせつえきぶ 定量接液部(計量ヘッド), Dosierkopf 男, dispensing head 機械

ていりょうてきキャリアテスト 定量的キャリアテスト, QCT = 英 quantitative carrier test = Quantitativer Keimträgerversuch 化学 バイオ 医薬

ていりょうてきコンピュータだんそうさつえい 定量的コンピュータ断層撮影(CTを用いた骨密度断層撮影測定法), QCT = quantitative Computertomografie = quantitative computed tomography 医薬 放射線 電気

ていりょうてきめんえきでんきえいどう 定量的免疫電気泳動, QIE = quantitative Immunoelektrophorese = quantitative immune electrophoresis 化学 バイオ 医薬

ていりょうぶんせき 定量分析, quantitative Analyse 女, quantitative analysis 化学 電気

ティルティングパッドじくうけ ティルティングパッド軸受, Kipp-Blocklager 中, tilting pad bearing 機械

データ (蓄積されたデータ), Ressource 女, resources, stock 機械 地学 電気 経営

データけいしきへんかんき データ形式

変換器, Stromrichter 男, converter, rectifier 電気 機械

データシート Merkblatt 中, 類 Datenblatt 中, data sheet, product specification sheet 機械 電気 化学 製品 経営

データしゅうしゅう データ収集, Datenerhebung 女, data collection 電気 全般

データしょりそうち データ処理装置, Datenverarbeitungsanlage 女, data processing equipment, DVA 電気

データセット Datensatz 男, data set 電気

データそうしんライン データ送信ライン, Datenleitung 女, data transfer line 電気

データバス Datenpfad 男, data bus 電気

データフロー Datenfluss 男, data flow 電気

データベースブラウザー Datenbankbrowser 男, data base browser 電気

データムせん データム線, Profilbezugslinie 女, datum line, profile reference line 機械

データメディア Datenträger 男, data medium 電気

テーパーあっしゅくばね テーパー圧縮ばね, Kegeldruckfeder 男, taper pressure spring 機械

テーパーころじくうけ テーパーころ軸受(円錐ころ軸受), Kegelrollenlager 中, 類 Konusrollenlager, taper roller bearing 機械

テーパーシャンク Kegelschaft 男, tapershank 機械

テーパーねじゲージ Kegelgewindelehre 女, taper thread gage 機械

テーパーのせってい テーパーの設定, Konizitätseinstellung, to set the taper 連鋳 建設 機械

テーパーピン Kegelstift 男, taper pin 機械

テーパーリーマ Kegelreibahle 女, taper reamer 機械

テーブルくどうきこう テーブル駆動機構,

Einrichtung für den Tischvorschub 女, table driving mechanism 機械

テーブルまえささえ テーブル前支え(テーブルサポート), Tischstütze 女, table support 機械

テーラードブランク TWB = 英 tailor welded blank 材料 溶接 機械

テール Schluss 男, tail 機械

テールボード (テールゲート), Heckklappe 女, tail board, tail gate 機械

テールランプ (後尾灯), Heckleuchte 女, 類 Rückleuchte 女, Schlusslicht 中, tail lamp, rear-light 機械

デオキシウリジンさんリンさん デオキシウリジン三リン酸, dUTP = 英 -2'-deoxyuridine-5'-triphosphate 化学 バイオ

ておくり 手送り, Handvorschub 男, manual feeding 機械

ておしぐるま 手押し車, Handtransportkarren 男, hand truck 機械

てがかり 手掛かり(基準点, 支点, 要点), Anhaltspunkt 男, reference point, indicator 機械

デカンにさん デカン二酸, Decandisäure 女, decanedioic acid 化学 バイオ

てきかくりつ 適格率(検定率), QQ = Qualifizierungsquote = qualification rate 化学 バイオ 医薬 数学 統計

てきかする 滴下する, eintropfen, 英 add dropwise, 英 apply 化学 バイオ 機械

てきかちゅうゆ 滴下注油, Tropfölschmierung 女, drip oil lubrication 機械

てきぎ 適宜(所要量, 好きなだけの量), q.v.=ラ quantum vis = soviel wie gewünscht = as much as you like 化学 バイオ 医薬

てきぎのひんどで 適宜の頻度で, quot. op.sit =ラ quoties opus sit = so oft wie nötig = as often as needed 化学 バイオ 医薬

てきけいせい 滴形成, Tränenbildung 女, formation of tears 材料 物理 化学

てきごうさせる 適合させる(整合させる)(etwas (3) に), nachführen, 英 up-date,

㊇ adopt to〜 機械 操業

てきごうじょうけん 適合条件, Verträglichkeitbedingung 女 複, compatibility condition 機械 化学 バイオ 環境

てきざいで 滴剤で(滴量で), i.lacr. = ㋶ in lacrimis = in Tropfen 化学 バイオ 医薬

てきしゅつする 摘出する, herausschneiden, 類 herausnehmen, ㊇ remove, ㊇ resect, ㊇ excise バイオ 医薬

テキストエントリープログラム Erfasungsprogramm 中, text entry program 電気 機械

テキストへんしゅう テキスト編集(ワードプロセッシング, ワープロ), Textverarbeitung 女, word processing 電気

てきせい 適性(資格), Eignung 女, aplitude, qualification, suitability 材料

てきせいけんさ 適性検査, Eignungsprüfung 女, apittude test 機械 品質

てきせいな 適正な(ぴったり合った), maßgeschneidert, ㊇ tailor-made, ㊇ customized 設備 操業 機械

てきていさんど 滴定酸度, TA = Titrationsazidität = titration acidity 滴定酸度 化学

てきていりょう 滴定量, Titer 男, titer 化学 バイオ

てきびん 滴瓶, v.gutt. = ㋶ vitrum guttatorium = Tropfflasche = Tropfglas = dropping bottle バイオ 医薬

できるだけよい bestmöglich, ㊇ best possible, optically 全般

テクスチャライジング [(CGで)質を整える, 質感を加える], 組織化, Texturierung 女, texturizing, texturing 繊維 電気 化学

でぐち 出口, Ausweg 男, exit 全般

でぐちでのせつぞく 出口での接続(下流でのスイッチイング), Nachschalten 中, connecting at the outlet side, downstreaming switching 電気 機械

テクニカルバイオメディカルサイバネティックス (テクニカルバイオメディカル人工頭脳学), TBK = Technische und

biomedizinische Kybernetik = technical and biomedical cybernetics 医薬 電気 機械

でこぼこ Beule 女, dent：an etwas [3] Beule(ある物に生じたでこぼこ) 材料 機械

テザリング (通信端末などを内臓したモバイルコンピュータを, 外付けモデムのように用いて,ほかのコンピュータをインターネットに接続すること), Tethering 中, 関 Anbindung 女, tethering 電気

デシケータ Exsikator 男, desiccator 化学

デジタルいんさつ デジタル印刷, Digitaldruck 男, digital printing 印刷 機械

デジタルサブトラクションけっかんぞうえいほう デジタルサブトラクション血管造影法, DSA = digitale Subtraktionsangiografie = digital subtraction angiografy 医薬 電気

デスクトップ Schreibtisch 男, 類 Desktop 男, desktop 電気

デスクトップパソコン Desktop 男, ㊇ dsesktop computer 電気

デスケーリング Entzunderung 女, descaling, scouring 材料 機械 設備

デスケールスプレーそうち デスケールスプレー装置, Zunderwäscher 男, descaler 材料 機械 設備

テストかんきょう テスト環境, Testumgebung 女, test environment 機械

テストきじゅん テスト基準, Prüfkriterium 中, testing criterion, monitoring criterion 機械 電気

テストステロンけつごうのう テストステロン結合能, TBK = testosteronbindende Kapazität = testosterone-binding-capacity バイオ 医薬

テストデータ TD = Testdaten = test data 全般

テストピース (試料), Probe 女, test piece 材料 機械 化学 バイオ

テストピースさいしゅほう テストピース採取法, Probenahmeverfahren 中, a way of sampling；abnehmen, entnehmen(採取する) 材料 鉄鋼 非鉄 化学 全般

テストほうほう　テスト方法(モデルとなる手順，モデルケースとなる処置法)，Musterverfahren 中, model procedures, model case proceedings 操業 機械 電気

テスラでんりゅう　テスラ電流，Teslastrom 男, tesla current 電気

てすり　手すり(高欄，ガードレール)，Geländer 中, 類 Treppengeländer 中, Balustrade 女, handrail, guard rail 建設 機械

デッキ　Fahrbahnplatte 女, deck, carrageway slab 建設

てっきん　(コンクリートの)鉄筋，Einlage 女, inlay 建設 機械

てっきんコンクリート　鉄筋コンクリート，SB = Stahlbeton = reinforced concrete 建設

てっきんコンクリートきょう　鉄筋コンクリート橋(補強コンクリート橋)，Stahlbetonbrücke 女, reinforce concrete bridge, steel-concrete bridge, concrete girder bridge 建設 鉄鋼 材料

てっこうきかくひょう　鉄鋼規格表，SES = Standardliste für Eisen und Stahl = standard list for iron and steel 規格 鉄鋼 組織

てっこうせんざいおよびせんざいせいひんにかんするきかくいいんかい(どいつきかくきょうかい)　鉄鋼線材および線材製品に関する規格委員会(ドイツ規格協会)，NAD = Normenausschuss Stahldraht und Stahldrahterzeugnisse im DIN 規格 鉄鋼 材料 組織

てっこうてきようぎじゅつきょうどうけんきゅうとうろくきょうかい　鉄鋼適用技術共同研究協会，FOSTA = Forschungsvereinigung Stahlanwendung e.V. 鉄鋼 機械 全般 組織

てつどうしゃりょう　鉄道車両，Eisenbahnfahrzeug 中, railroad car 交通 機械

デッドマンズハンドル　(デッドマン装置)，Totmanneinrichtung 女, dead man's handle 機械 電気

デッドマンそうち　デッドマン装置(デッドマンズハンドル)，Totmanneinrichtung 女, dead man's handle 機械 電気

てつみょうばんせき　鉄明礬石(ジャロサイト，鉄明)，Jarosit 中, $KFe_3(SO_4)_2(OH)_6$, jarosite 地学

デトネーション　Detonation 女, detonation 機械 化学 電気 地学

テトラエチルオルソシリケート　(テオス；層間絶縁膜として使用するガラスの原料ほかに用いられる)，TEOS = Tetraethyl-o-silikat = tetraethylorthosilicate 化学 電気 光学

テトラエチルジチオピロリンさん　テトラエチルジチオピロリン酸，TEDP = tetraethyl-dithio-pyrophosphate = Tetraäthyldithiopyrophosphat 化学

テトラエチルチウラムジスルフィド　(ジスルフィラム)，TETD = tetraethylthiuram disulfide = Tetraäthylthiuramdisulfid 化学

テトラエチルピロリンさん　テトラエチルピロリン酸(テップ；特定毒物)，TEPP = Tetraethylpyrophosphat = tetraethylpyrophosphate 化学 バイオ 医薬

テトラグリシン　TG = Tetraglycin = tetraglycine 化学

テトラクロロアゾベンゼン　TCAB = Tetrachlorazobenzen = tetrachloroazobenzene 化学 バイオ 医薬 環境

テトラクロロエチレン　Tetrachloroäthylen 中, tetrachloroethylene 化学 繊維 環境

テトラクロロニトロベンゼン　TCNB = 1,2,4,5-Tetrachlor 3-nitrobenzene = 1,2,4,5-tetrachloro 3-nitrobenzene 化学

テトラサイクリン　(放線菌の産生する抗生物質の一種)，Tetracyclin 中, tetracyclin バイオ 医薬

テトラサイクリンフルオレッセンステスト　TFT = Tetracyclinfluoreszenztest = tetracycline fluorescence test 化学 バイオ 医薬

テトラヒドロアミノアクリジン　(コリンエステル化酵素阻害薬)，THA = Tetrahydroaminoakridin = tetrahydroamino-acridine 化学 バイオ 医薬

テトラヒドロアルドステロン（ステロイド剤），THA = Tetrahydroaldosteron = tetrahydroaldosteron 化学 バイオ 医薬

テトラヒドロコルチゾン（副腎皮質ステロイド），TH = Tetrahydrokortisol = tetrahydrokortisone 化学 バイオ 医薬

テトラヒドロチオフェン [（慣用名）チオラン，硫化テトラメチレン]，Tetrahydro-thiophen 中，C_4H_8S, tetrahydrothio-phene, thiophane, tetramethylenesul-fide 化学

テトラヒドロデオキシコルチコステロン THS = Tetrahydro-11-desoxycortico-steron = tetrahydro-11-deoxycorticoste-rone 化学 バイオ 医薬

テトラヒドロフラン（フランの水素化で得られる環状エーテル，示差屈折率検出計の移動相溶媒として用いられる），Tetra-hydrofuran 中，THF, tetrahydrofu-ran 化学 光学

テトラヒドロホウさんナトリウム テトラヒドロホウ酸ナトリウム，Natriumtetra-hydroborat 中，sodiumtetrahydrobo-rate 化学

テトラヒメナ（分子生物学の研究に多用されている），Tetrahymena 中，英 Tetrahymena 化学 バイオ

テトラフェニルホウさん テトラフェニルホウ酸，TB = Tetraphenylborat = tet-raphenylborate 化学

テトラブチルアンモニウムパークロレート TBAP = Tetrabutylammoniumper-chlorat 化学

テトラブチルアンモニウムヒドロキシド（水酸化テトラブチルアンモニウム），TBAH = Tetrabutylammoniumhydrox-id = tetrabutyl ammonium hydroxide 化学

テトラフルオロエチレン TFE = Tetra-fluorethylen = tetrafluoroethylene 化学 材料

テトラメチルエチレンジアミン [電気泳動・ブロッティング試薬，ポリアクリルア

ミドゲル電気泳動（PAGE）用試薬などに用いられる．出典：和光純薬工業（株）ホームページ]，TEMED = N,N,N',N'-Te-tramethyl-ethylendiamin = N,N,N'-te-tramethyl ethylene diamine 化学

デパーチャーかく デパーチャー角，Hinterüberhangwinkel 男，rear over-hang angle, departure angle 機械

デバッグする debuggen, 英 debug 電気

デフォッガー Beschlagentferner 男，demister, defogger 機械

デフラグ Defragmentierung 女，defrag-mentation 電気

てぶれ 手ぶれ，Unschärfe 女，camera shake, hands movement 光学 機械

デフロスターこうし デフロスター格子，Enteisergitter 中，de-icer grid, de-froster grid 機械

テフロン（通称は）テフロン（ポリテトラフルオロエチレン），PTFE = Polytetraflu-orethylen = polytetrafluoroethylene 化学 繊維

デボンき デボン紀，Devon 中，英 the Devonian 地学 物理 バイオ

デミスター Beschlagentferner 男，de-mister, defogger 機械

デュアルクラッチ・トランスミッション DKG = Doppelkupplungsgetriebe = dual clutch transmission, DCT, 類 関 DSG（Direktschaltgetriebe）機械

デュアルログ（デュアルロガリズム）（lg x ≡ ^{2}log x），ld = ラ logarithmus dualis = Dual logarithm = Zweierlogarithmus = Logaruthmus zur Basis 2 = dual logarithm 数学 統計

テューキーテスト（正規分布の有意差検定に用いる），Tukey-Test 男，英 Tukey-test 数学 統計 全般

デラバルタービン de Laval Turbine 女，de Laval turbine 機械 エネ 電気

デリートキー Löschtaste 女，delete key 電気

デリートする löschen, delete 電気

テルミットようせつ テルミット溶接，Thermitschweißung 女，thermite

welding 溶接 材料 設備

テレスコピックフォーク （フロントフォーク），Telegabel 囡，front fork, telescopic fork 機械

テレフタルさん テレフタル酸(C_6H_4 $(COOH)_2$，ポリエステル系の合成繊維の製造原料），TPA = 英 terephthalic acid = Terephthalsäure 化学 繊維

テレフタルさんジメチル テレフタル酸ジメチル，DMT = 英 dimethyl terephthalate 化学 材料

テレフタルさんジメチルエステル テレフタル酸ジメチルエステル，TDME = Terephthalsäuredimethylester 化学

テレフタルさんポリエチレン テレフタル酸ポリエチレン(ポリエチレンテレフタレート)，PET = Polyethylenterephthalat = polyethylene terephthalate 化学

でんあつせいぎょはっしんき 電圧制御発振器，VCO = 英 voltage controlled oscillator = spannungsgesteuerter Oszillator 男 電気 機械

でんあつちえんせいぎょそうち 電圧遅延制御装置，Spannungs-Verzögerungs-regler 男，voltage delay controller, VDC 電気

でんあつていざいはひ 電圧定在波比，VSWR = 英 voltage standing wave ratio = Spannungsstehwellenverhältnis 電気

てんい 転移(変態)，Umwandlung 囡，類 関 Transition 囡，transformation, conversion, trasition 材料 数学 統計 化学 バイオ 医薬

てんい 転位(結晶体の可塑性を説明するために提唱された欠陥の模型)，Dislokation 囡，dislocation 材料 物理 鉄鋼 非鉄

てんい （癌などの）転移，Methastase 囡，類 関 Absiedelung 囡，metastasis バイオ 医薬

でんいいぞんせいカルシウムチャネル 電位依存性カルシウムチャネル，VDC = 英 voltage-dependent calcium channel 医薬 電気

てんいいんし 転移因子（転写因子，伝達因子），Transfer-Faktor 男，transfer factor, TF 化学 バイオ 医薬

てんいけいすう 転位係数，Profilver-schiebungsfaktor 男，addendum modification coefficient 機械

でんいさ 電位差，PD = Potentialdifferenz = potential difference 電位差 電気 化学

でんいさけい 電位差計，Kompensator 男，potentiometer, compensator, expansion joint 電気 機械

でんいさそくていほう 電位差測定法，Potentiometrie 囡，potentiometry 化学 電気

てんいち （歯車の）転位置，Größe der Profilverschiebung 囡，translocation 機械

てんいてん 転移点(変態点)，Umwandlungspunkt 男，transformation point, trasition point, change point 材料 物理 鉄鋼 非鉄

でんいほしょう 電位補償，Potentialausgleich 男，compensation of potential, potential equalization 電気 機械

てんか 点火，Entzündung 囡，類 Zündung 囡，ignition 機械

でんか 電化，Elektrisierung 囡，electrification 電気

てんかい (しき) 展開(式)[開発，発達，(騒音などの)発生]，Entwicklung 囡，development, generation, evolution 地学 化学 バイオ 数学 環境

でんかいイオンけんびきょうほう 電界イオン顕微鏡法，FIM = Feldionenmikroskopie = field ion microscopy 物理 化学 材料 光学 電気

でんかいエネルギー 電界エネルギー，W_e = elektrische Feldenergie = electrical field energy 電気

でんかいてつ 電解鉄，Elektrolytisch-eisen 中，electrolytic iron 精錬 化学 電気

でんかいでんしけんびきょうほう 電界電子顕微鏡法，FEM = 英 field electron microscopy 物理 化学 材料 光学 電気

でんかいほうしゃけんびきょうほう 電界放射顕微鏡法, 英 field emission microscopy 物理 化学 材料 光学 電気

でんかいほうしゅつがたオージェでんしぶんこうほう 電界放出型オージェ電子分光法, FE-AES = Feldemission-Auger-Elektronenspektroskopie = field emission Auger electron spectroscopy 電気 化学 材料 光学 物理

てんかおくれ 点火遅れ, Zündverzug 男, ignition delay 機械

てんかかんかく 点火間隔(点火器間隔), Zündabstand 男, igniter gap, firing interval 機械

でんかけつごうそし 電荷結合素子, CCD = 英 charge coupled device = ladungsgekoppeltes Bauelement 電気 機械 光学

てんかざい 添加剤, Additiv 中, additive 化学 バイオ 医薬

てんかする 添加する, zusetzen, add 機械 化学 バイオ 精錬 操業

てんかそうち 点火装置, Zündanlage 女, ignition system 電気 機械

てんかひばな 点火火花, Zündfunke 男, ignition spark 電気 機械

てんかプラグ 点火プラグ, Zündkerze 女, spark plug 機械

てんかん 転換(反応, 変換), Umsetzung 女, 類 関 Transversion 女, conversion, reaction 化学 バイオ 機械 数学 統計 物理

てんかんのほっさ 癲癇の発作, epileptische Krämpfe 中 複, epileptic seizures, epileptic fits バイオ 医薬

てんがんやく 点眼薬, Augentropfen 男 複, eye drops, ophthalmic solution 医薬

でんきあえんメッキ 電気亜鉛メッキ, galvanische Verzinkung 女, electro-galvanizing 材料 機械 化学 電気

でんきあえんメッキをほどこした 電気亜鉛メッキを施した, elektrolytisch verzinnkt, 英 electrogalvanised 材料 機械 化学 電気

でんきいんせいど 電気陰性度, Elektronegativität 女, electronegativity 化学 バイオ 電気

でんきえいどう 電気泳動, Elektrophorese 女, electrophoresis 化学 バイオ

でんきがんしんほう 電気眼振法, ENG = 英 electronystagmography = Elektronystagmographie 医薬 光学 電気

でんきし 電機子, Anker 男, armature, anchor 電気 機械 建設

でんきすずメッキこうはん 電気錫メッキ鋼板, elektrolytisch verzinntes Weißblech 中, electrolytic tinplate 材料 機械 電気

でんきせってん 電気接点, elektrischer Kontakt 男, electric contakt 電気 機械

でんきせつびぎょうしゃ 電気設備業者, Elektroausrüster 男, electrical eqipment finisher 電気 機械 設備

でんきてきしょうきょがたピーロム 電気的消去型PROM, EEPROM = 英 electrically erasable and programmable ROM 電気

でんきてんか 電気点火, Fremdzündung 女, external autoignition, applied ignition 機械 電気

でんきぶんかい 電気分解, Elektrolyse 女, electrolysis 化学 材料 電気

でんきぶんかいそうち 電気分解装置, Elektrolyseur 男, electrolyzer 化学 電気 材料

でんきへんかんする 電気変換する, verstromen, 英 convert into electricity 電気 機械

でんきユニット 電気ユニット, Elektrik 女, elecrical equipment, electrics 電気

でんきろうづけ 電気ろう付, elektrische Lötung 女, electric soldering(brazing) 電気 機械 材料

でんくうへんあつき 電空変換器, PE-Wandler = pneumatisch-elektrischer Wandler = electro-pneumatic converters 電気

デングねつ デング熱, Denguefieber 中, dengue feber 化学 バイオ 医薬

でんげんケーブル 電源ケーブル, Stromkabel 中, power cable 電気

でんげんでんあつ 電源電圧, Speisespannung 女, supply voltage, feed voltage 電気 機械

てんこう 転向, Umlenken 中, deflection, steering, reversing 光学 音響 エネ 機械

てんこうかく 転向角, Umlenkungswinkel 男, deflection angle, turning angle 光学 音響 エネ 機械

でんしエネルギーそんしつぶんこうほう 電子エネルギー損失分光法, EELS = 英 electron energy loss spectroscopy = Elektronen-Energieverlust-spektroskopie 電気 化学 材料 物理

でんじかんきょうりょうりつせい 電磁環境両立性, EMV = elektromagnetische Verträglichkeit = EMC = electric-magnetic compatibility 電気 機械 法制度

でんしききのしょっかん 電子機器の触感, Tastsinn der Elektronik 男, sense of touch on electronics 電気 機械

でんしきょうよせいの 電子供与性の, elektronenliefernd, 類 elektronenspendend, 英 electron-donating, 英 electron-releasing, 英 electron-providing 化学 バイオ 物理

でんじクラッチ 電磁クラッチ elektromagnetische Kupplung 女, electromagnetic clutch, electromagnetic coupling 機械 電気

でんしじききょうめい 電子磁気共鳴, EMR = Elektron Magnetresonanz = electron magnetic resonance 機械 物理 材料 電気

でんししきしゃりょうあんていかプログラム 電子式車両安定化プログラム, ESP = Elektronisches Stabilitätsprogramm = electric stabilization program 電気 機械

でんししきせいぎょトランスミッション 電子式制御トランスミッション, ESG = Elektronisches Schaltgetriebe = electronic control transmission 電気 機械

でんししきねんりょうふんしゃそうち 電子式燃料噴射装置, EFI = 英 electronic fuel injection = elektronische Kraftstoffeinspritzung 電気 機械

でんししきパワーステアリング 電子式パワーステアリング, EPS = 英 electric power steering = elektronische Lenkhilfe 電気 機械

でんししきブレーキさどうそうち 電子式ブレーキ差動装置, EBD = elektronische Bremsdifferential = automatic brake differential 機械 電気

でんししきブレーキりょくぶんぱいちょうせいそうち 電子式ブレーキ力分配調整装置,EBV = elektronische Bremsverteilung = electronic braking distribution 機械 電気

でんししげきだつり 電子刺激脱離, ESD = 英 electron stimulated desorption 電気 物理 化学

でんししゅっぱんシステム 電子出版システム, EPS = 英 electronic publishing system 印刷 電気

でんしじゅようたい 電子受容体, Elektronenakzeptor 男, electron acceptor 化学 バイオ 物理

でんしじょうじきょうめい 電子常磁共鳴, EPR = Elektronen-paramagnetische Resonanz = electron paramagnetic resonance 機械 物理 材料 電気

でんしスピンきょうめい 電子スピン共鳴, RPE = 仏 resonance paramagnétique électronique = ESR = Elektronenspinresonanz = electron spin resonance 物理 化学

でんしせんかいせつ 電子線回折, Elektronenbeugung 女, electron diffraction 化学 電気 材料

でんしせんマイクロアナライザー 電子線マイクロアナライザー, Elektronenstrahl-Mikroanalysator 男, EPMA, electron-probe microanalyser 化学 電気 光学 材料

でんじソレノイドきりかえべん 電磁ソレノイド切換弁, elektromagnetischer Schieber 男, electromagnetic valve, electromagnetic slider 機械 電気

でんしデータしょり 電子データ処理, EDV = elektronische Datenverarbeitung = EDP = elecronic data processing 電気 機械

でんしビームぶつりじょうちゃく 電子ビーム物理蒸着, EB-PVD = 英 elctron beam physical vapor deposition = Elektronenstrahlverdampfen 電気

でんしビームようせつ 電子ビーム溶接, Elektronenstrahlschweißen 中, electron beam welding 溶接 材料 機械 電気

でんじべん 電磁弁(ソレノイド弁), Magnetventil 中, magnetic valve, solenoid valve 機械 電気

でんじポンプ 電磁ポンプ, elektromagnetische Pumpe 女, electromagnetic pump 機械 電気

てんしゃアクチベータ 転写アクチベータ, transkriptioneller Aktivator 男, transcription activator バイオ 医薬

てんしゃいんし 転写因子(伝達因子, 転移因子), Transfer-Faktor 男, transfer factor バイオ 医薬

てんしゃかいどくわく 転写解読枠(オープンリーディングフレーム, 開放解読枠), ORF = 英 open reading frame バイオ 医薬

てんしゃし 転写紙(トランスファー用紙), Transferpapier 中, transfer paper 印刷 機械

てんしゃする 転写する, transkribieren, 英 transcribe バイオ

てんじょうクレーン 天井クレーン, Laufkran 男, overhead travelling cranes 機械 操業 設備

テンショニングユニット Zugträger 男, tensioning unit 建設 機械

テンションリール Zughaspel 女, tension reel 機械

テンションロックの kraftschlüssig, 英 tensionally locked 機械

でんじりゅうりょうけい 電磁流量計, MID = magnetisch-induktiver Durchflussmesser = electromagnetic flowmeter = EMF 電気 機械

でんじりょく 電磁力, EMK = elektromagnetische Kraft = EMF = electromagnetic force 電気 機械

でんせんせいきかんしえんウイルス 伝染性気管支炎ウイルス, IBV = infektiöses Bronchitisvirus = infectious bronchitis virus バイオ 医薬

でんせんせいたんかくきゅうしょう 伝染性単核球症(EBウイルス感染症), M.i. = ㋖ Mononucleosis infectiosa = infektiöse Mononukleose (Pfeiffersches Drüsenfieber)= infectious mononucleosis バイオ 医薬

てんそうこうかんきょく 転送交換局 (転送交換センタ), ÜlVSt = Überleitungsvermittlungsstelle = transfer switching center 電気

てんそうする 転送する(送信する), übertragen, 英 tansfer, 英 transmit 電気

てんぞうねじ 転造ねじ(ロールねじ), gewalzte Schraube 女, 類 gerolltes Gewinde, rolled screw, rolled threaded screw 機械

てんぞうばん 転造盤, 英 rolling machine 機械

てんたいしょうの 点対称の, punktsymmetrisch, 英 point-symmetric 数学 統計

でんたついんし 伝達因子, Transfer-Faktor 男, transfer factor 化学 バイオ 医薬 電気 物理

でんたつかんすう 伝達関数, ÜF = Übertragungsfunktion = transfer function = gain 電気

でんたつする 伝達する, übermitteln, 英 transmit 電気

でんたつぶっしつ 伝達物質, Botenstoff 男, allomone, messenger 化学 バイオ 医薬

でんたつベルト 伝達ベルト, Treibriemen 男, driving belt 機械

てんてき 点滴, Tropfinjektion 女, 関 Tropfinfusion 女, drip infusion バイオ 医薬

てんてつきじょうのせんたん 転轍軌条の先端 (スイッチブレード), Weichenzunge

女, switch blade, tongue 交通 機械

てんてつする　転轍する(スイッチする),
rangieren, 英 shunt 交通 機械

でんどうじく　伝動軸, Übertragungs-
welle 女, transmission shaft 機械

てんとうそうち　点灯装置(ダイナモ),
Lichtmaschine 女, dynamo 電気 機械

てんどうたい　(ころがり軸受の)転動体,
Wälzkörper 男, rolling element 機械

でんどうりつ　伝導率, Leitfäigkeit 女,
conductivity 電気 エネ 機械

てんとつぜんへんい　点突然変異,
Punktmutation 女, point mutation
バイオ 医薬

デンドライトほうこう　デンドライト方向,
Dendritenrichtung 女, dendric direc-
tion 連鋳 鋳造 材料

テンドンガイド　テンドンガイド, Spann-
gliedführung 女, tendon guide 建設

でんねつしきねつこうかんき　伝熱式
熱交換器, Rekuperator 男, recupera-
tor 機械 エネ

でんねつめんねつふか　伝熱面熱負荷,
Heizflächenbelastung 女 = heating sur-
face load 機械 エネ 電気

てんねんガス　天然ガス, Erdgas 中,
natural gas 化学 エネ 機械

てんねんこうヒスタミンぶっしつ　天然抗
ヒスタミン物質(ビタミンC, カルシウムな
ど), NAS = natürliche Antihistamini-
kasubstanz = natural antihistamine
substance 化学 バイオ 医薬

てんねんゴム　天然ゴム, NK = Natur-
kautschuk = NR = natural rubber 化学

てんねんとう　天然痘, Po = Pocken =
smallpox 医薬

テンパーカラー　Anlauffarbe 女, anneal-
ing colour, temper colour 材料

てんはいしゅつげん　(大規模工場などの)
点排出源, Emissionen aus Punktquelle
女, point source emissions 環境 法制度
操業 設備

でんぱじかん　伝播時間, Laufzeit 女,
transit time, travel time, lag time,
running time 電気

でんぱほうしきにんしき　(こたいしきべつ)
きんせつばへんせいき　電波方式認識
(個体識別)近接場変成器, RFID = ra-
dio frequency identification near field
transfomer = Radio Frequenz Nahfeld
Transformer 電気

でんぱんじょうすう　伝搬定数, Aus-
breitungskonstante 女, 類 Fortpflan-
zungskonstante 女, propagation con-
stant 光学 音響 電気

でんぱんそんしつ　伝搬損失, Fehler-
fortpflanzung 女, propagation of er-
rors 光学 音響 電気

でんぱんルート　伝播ルート, Laufweg
男, passageway 光学 音響 機械 電気

テンプレート　[型板, 版下, 参照パターン
(バイオの)鋳型], Vorlage 女, template,
copy 電気 機械 バイオ

テンプレートデータファイル　(パターン
データファイル), Schablonendatei 女,
template data file 電気 機械

てんようせつき　点溶接機(スポット溶接
機), Punktschweißmaschine 女, spot
welding machine 溶接 機械

でんりした　電離した, dissoziiert, 独
electlytic dissociated, 英 ionized 電気
物理 化学

でんりそうのとつぜんじょうらん　電離
層の突然擾乱, SID = 英 sudden iono-
spheric disturbance = Störungen der
Ionosphäre 気象 物理 電気

でんりゅうけいろ　電流経路, Strom-
pfad 男, current path 電気

でんりゅうぞうふく　電流増幅, Strom-
verstärkung 女, current amplification,
current gain 電気

でんりゅうへんかんき　電流変換器,
Stromrichter 男, converter, rectifi-
er 電気 機械

でんりゅうみつど　電流密度, Strom-
dichte 女, current density, CD 電気

でんりゅうろ　電流路, Strompfad 男,
current path 電気

でんりょくかいろしゃだんき　電力回路
遮断器, Leistungsschalter 男, power

circuit breaker, PCB 電気

でんりょくきょうきゅうあんていかそうち
電力供給安定化装置, PSS = 英 power supply stabilizer = Netzstabilisiergerät 電気

でんりょくきょうきゅうほう(きゅう) 電力供給法(旧)(EEG によって, 代替された 法律), Stromeinspeisegesetz 中, StrEG, electricity feed low 電気 法制度

でんりょくげんたんい 電力原単位, Leistungsaufnahme 女, power consumption 電気 機械 エネ

でんりょくじゅよう 電力需要, Leistung 女, power demand 操業 設備 電気 製品 経営

でんりょくしょうひりょう 電力消費量, Leistungsaufnahme 女, power consumption 電気 機械 エネ

でんりょくせんはんそうそうち 電力線搬送装置, PLC = 英 power line carrier = Stromversorger als Kommunikationsdienstleister 電気

でんりょくそし 電力素子(電力用半導体スイッチング素子の略称), Leistungsteil 中, power element, power section 電気 機械

でんりょくみつど 電力密度, Leistungsdichte 女, power density 電気 機械 エネ

でんりょくようはんどうたいしゅうせきかいろ 電力用半導体集積回路, PIC = 英 power integrated circuit = Leistungshalbleiter 電気

でんろかいへいてんか 電路開閉点火, Abreißzündung 女, break ignition 電気

てんろガス 転炉ガス, Konvertergas 中, converter gas 精錬 エネ

てんろガスかいしゅう 転炉ガス回収, Konvertergasgewinnung 女, converter gas recovery 精錬 エネ

てんろけいじょう 転炉形状(コンバーター形状), Konvertergeometrie 女, converter geometry 精錬 設備

でんろこう 電炉鋼, Elektrostahl 男, electric steel 精錬 材料 電気

てんろサイクル 転炉サイクル, Konvertertakt 男, converter cycle 精錬 操業 設備

でんわおん 電話音, Telefonieschall 男, ringing of the telephone 電気 音響

でんわこうかんする 電話交換する, vermitteln, 英 exchange 電気

でんわせつぞくそうち 電話接続装置, TAE = Telekommunikations-Anschluss-Einheit = telecommunications connection unit 電気

と

ドアストライカー Türraste 女, door striker 機械

どあつ 土圧, Erddruck 男, earth pressure 建設

ドアトリム Innenverkleidung für eine Kraftfahrzeugtür 女, door trim 機械

ドアハンドル Türgriff 男, door handle 機械

ドアベルトシーリング Fensterschacht-Abdichtung 女, door-belt weatherstrip 機械

といあわせ 問い合わせ, Anfrage 女, 類 Referenz 女, question, inquiry 経営 製品

といしぐるまめなおし 砥石車目直し, Schleifscheibenabrichten 中, griding wheel dressing 機械

といしだい 砥石台, Schleifspindelstock 男, griding wheelhead 機械

ドイツあんぜんえいせいこうがくぎじゅつしゃきょうかい ドイツ安全衛生工学技術者協会, DSI = Verbund deutscher Sicherheitsingenieure 安全 医薬 操業 組織 全般

ドイツエネルギーすいどうじぎょうしゃれんめい ドイツエネルギー水道事業者連盟, BDEW = Bundesverband der deutschen Energie-und Wasser-wirtschaft エネ 電気 組織

ドイツかがくぎじゅつおよびバイオぎじゅつ(とうろく)きょうかい　ドイツ化学技術およびバイオ技術(登録)協会，DECHE-MA = Deutsche Gesellschaft für Chemische Technik und Biotechnologie e.V. 化学 バイオ 組織 全般

ドイツかがくこうぎょううんぱんじこきゅうしゅつたいおうシステム　ドイツ化学工業運搬事故救出対応システム，TUIS = Transport-Unfall-Informations-Hilfe-leistungssystem der deutschen chemischen Industrie = the German Transport Accident Information and Emergency Response System of the chemical industry 化学 医薬 物流

ドイツがくじゅつしんこうかい　ドイツ学術振興会，DFG = die Deutsche Forschungsgemeinshaft 全般 組織

ドイツガスすいどうきょうかい　ドイツガス水道協会，DVGW = Deutscher Verein des Gas-und Wasserfaches 機械 化学 設備 組織

ドイツかんきょうほご(とうろく)きょうかい　ドイツ環境保護(登録)協会，DUH = Deutsche Umwelthilfe e.V 環境 組織

ドイツけいえいしゃれんめい　ドイツ経営者連盟，VDF = Verband der Deutschen Führungskräfte 経営 組織

ドイツけいりょうけんていしょ　ドイツ計量検定所，DKD = Deutscher Kalibrierdienst 機械 電気 組織

ドイツこうぎょうきかく　ドイツ工業規格，DIN = Deutsche Industrie Norm 規格

ドイツこうくううちゅうセンター　ドイツ航空宇宙ゼンター，DLR = Deutsches Zentrum für Luft-und Raumfahrt 航空 組織

ドイツこうこうぞう(てっこつこうぞう)いいんかい　ドイツ鋼構造(鉄骨構造)委員会，DASt = Deutscher Ausschuss für Stahlbau 建設 機械 材料 組織

ドイツこうど　ドイツ硬度，dH = deutscher Härtegrad = German hardness 化学 単位

ドイツこうりぎょうきょうかい　ドイツ小売業協会，HDE = Handelsverband Deutschland 経営 組織

ドイツさいせいエネルギーれんめい　ドイツ再生エネルギー連盟(再生エネルギーの普及を目指す団体)，BEE = Bundesverband Erneuerbare Energie e.V., Berlin エネ 電気 組織

ドイツざいりょうけんきゅうしけんきょうかい　ドイツ材料研究試験協会，DVM = Deutscher Verband für Materialforshung und -prüfung 材料 全般 組織

ドイツしぜんほご(とうろく)きょうかい　ドイツ自然保護(登録)協会，NABU = Naturschutzbund Deutschland e.V. 環境 バイオ 組織

ドイツじどうしゃこうぎょうれんめい　ドイツ自動車工業連盟，VDA = Verband deutscher Automobilindustrie e.V 機械 組織 経営

ドイツすいしつおせんとうきゅう　ドイツ水質汚染等級(強3→弱0)，WGK = Wassergefährdungsklasse = water hazard class = water hazard classification 化学 バイオ 医薬 環境 規格

ドイツちゅうぞうこうぎょうれんめい　ドイツ鋳造工業連盟，BDG = Bundesverband der Deutschen Gießerei-Industrie 鋳造 鉄鋼 機械 経営 組織

ドイツてっこうきょうかい　ドイツ鉄鋼協会，VDEh = Verein Deutscher Eisenhütcenleute 組織 鉄鋼 全般

ドイツてっこうれんめい(とうろくきょうかい)　ドイツ鉄鋼連盟(登録協会)，VFE = Verband Der Führungskräfte Der Eisen-und Stahlerzeugung und -verarbeitung e.V. 組織 鉄鋼 経営

ドイツでんきぎじゅつしゃきょうかい　ドイツ電気技術者協会，VDE = Verband Deutscher Elektrotechniker 電気 規格 組織 全般

ドイツどじょうがっかい　ドイツ土壌学会，DBG = Deutsche Bodenkundliche Gesellschaft 地学 組織

ドイツどじょうぶんるいず　ドイツ土壌分類図, die Bodenkundliche Kartieranleitung 女, German soil classification key 地学 バイオ 規格

ドイツのうぎょうきょうかい　ドイツ農業協会, DLG = Deutsche Landwirtschaftsgesellschaft e.V. バイオ 食品 組織

ドイツひはかいけんさきょうかい（とうろくきょうかい）　ドイツ非破壊検査協会（登録協会）, DGZfP = Deutsche Gesellschaft für Zerstörungsfreie Prüfung e.V. 材料 機械 電気 組織

ドイツひんしつイーラーニング　ドイツ品質イーラーニング[BMWA(ドイツ経済労働省)とDIN(ドイツ規格協会)のプロジェクトで, 品質を重視した情報技術を用いて行う学習(イーラーニング)], QED = Qualitätsinitiative E-Learning in Deutschland 品質 組織 全般

ドイツひんしつほしょうにんしょうきょうかい（とうろくきょうかい）　ドイツ品質保証認証（登録）協会(連邦環境局と共同で, 品質認証ラベリング事業を行なっている), RAL = Deutsches Institut für Gütesicherung und Kennzeichnung e. V. = (旧)Reichsausschuss für Lieferbedingungen und Gütesicherung = German Institute for Quality Assurance and Certification e. V. 環境 品質 安全 組織

ドイツようせつおよびてきようプロセス（とうろく）**きょうかい**　ドイツ溶接および適用プロセス登録協会, DVS = Deutscher Verband für Schweißen und verwandte Verfahren e.V. 溶接 材料 全般 組織

ドイツれんぽうかんきょうききん　ドイツ連邦環境基金, DBU = die Deutschen Bundesstiftung Umwelt 環境 組織

ドイツれんぽうしょくぶつひんしゅほごほう　ドイツ連邦植物品種保護法, Sortenschutzgesetz 中, Plant Variety Protection Law, SortSchG バイオ 法制度

ドイツれんぽうリスクひょうかけんきゅうしょ　ドイツ連邦リスク評価研究所,

BfR = Bundesinstirut für Risikobewertung 数学 統計 全般 経営 組織

どう　銅, Kupfer 中, copper 材料 非鉄

どうあつ　動圧, dynamischer Druck 男, dynamic pressure エネ 化学 設備 機械

とうあつへんか　等圧変化, Gleichdruckänderung 女, constant pressure change 機械 エネ 物理

どういげんそ　同位元素, Isotop 中, isotope 原子力 物理

どういつチャンネルスイッチ　同一チャンネルスイッチ, ZKS = Zweikanalschalter = co-channel switch 電気

どういつであることのかくにん　同一であることの確認, Identifizierung 女, identification 化学 バイオ 電気 機械

どういつへいめんの　同一平面の, koplanar, 英 coplanar 電気 機械 数学 物理

とうえいず　投影図, Projektionszeichnung 女, projection drawing, projection plan 機械 建設

とうえいめん　投影面, Projektionsebene 女, plane of projection 機械 建設

とうおんじょうたいへんか　等温状態変化, isothermische Zustandsänderung 女, isothermal change 材料 物理

とうか　等価(等値), Äquivalenz 女, equivalence 化学 物理 数学 統計 精錬

とうか　糖化, Saccharifizierung 女, saccarification 化学 バイオ

とうがいの　当該の, einschlägig, 類 genannt, mitgeltend, 英 said 全般

とうがいのうそんしょう　頭蓋脳損傷(頭蓋脳外傷, 頭蓋大脳外傷, 頭部外傷), SHT = Schädel-Hirn-Trauma = craniocerebral trauma = traumatic brain injury 医薬

とうがいようえき　当該溶液, die genannte Lösung 女, the said solution 化学

とうかがたでんしけんびきょうほう　透過型電子顕微鏡法, TEM = Transmissionselektronen-Mikroskopie = transmission electron microscopy 化学 電気 材料

とうかけいすう　透過係数, PK = Permeabilitätskoeffizient = permeability coefficient 物理 化学 光学

とうかこうそ 透過酵素(輸送体;担体などともいわれる機能タンパク質．生体膜にあって，広義にはイオンを含む物質の輸送を仲介するタンパク質全体をさし，狭義には，糖やアミノ酸などの有機物質の輸送を仲介するタンパク質を指す)，Permease 女, permease バイオ 医薬

どうかさよう 同化作用, Anabolismus 男, 類 Assimilation 女, anabolism, assimilation 化学 バイオ

とうかしにんせい 透過視認性, Transmissions-Sichtbarkeit 女, transmission visibility 光学 機械

とうかせい 透過性(浸透性), Permeabilität 女, permeability, magnetic inductivity；magnetische Permeabilität 女(磁気浸透性) 電気 化学 物理

どうがバッファーけんしゅつき 動画バッファー検出器, VBV = 英 video buffering verifier 電気

どうかん 導管(脈管, 血管), Gefäß 中, vessel, container, case 機械 バイオ 医薬

どうかん 導管, Leitungsrohr 中, conduit, piping 機械 化学 材料 操業 設備

どうかんえきりゅう 導管液流, Xylemsaftfluss 男, xylem sap flow 化学 バイオ

どうかんの 導管の(脈管の, 血管の), vasc. = ラ vascularis = vaskulär = vascular バイオ 医薬

とうかんばり 套管針(トロカール), Trokar 男, trocar 医薬

どうき 動悸, Palpitation 女, palpitation(e.g. heart), pulsation, throbbing 医薬

どうきか 同期化, Synchronisation 女, synchronization, dubbing, copy 電気 機械

どうきたじゅうかそうふくごうき 同期多重仮想復号器, STD = 英 system target decoder 電気

どうぐるい 道具類, Utensilien 複, utensils, useful equipment, small utilities 機械 操業 設備

どうけい 同形, Isomorphie 女, isomorphism 化学 バイオ 材料

とうけいカサはぐるま 等径カサ歯車(マイタ歯車), 英 miter gear, Kegelrad 中, 類 Kegekgetriebe 中, Winkelgetriebe 中 機械

とうけいてきにとらえる 統計的にとらえる(モニターする, 検出する), erfassen, 英 monitor 電気 化学 バイオ 数学 統計

どうけいとうこうはい 同系統交配 Inzuchtlinie 女, inbreed line バイオ

どうけいの 同系の, verwandt, consanguineous, affine 化学 バイオ

とうけつかんそうする 凍結乾燥する, lyophilisieren, 英 lyophilize, 英 freeze-dry 化学 バイオ

とうげんびょう 糖原病(糖原貯蔵障害), Glykogenspeicherkrankheit 女, glycogen storage diseases 医薬

どうこうきょり 瞳孔距離, PD = Pupillendistanz = pupillary distance 医薬 光学

とうごうしっちょうしょう 統合失調症, Schizophrenie 女, schizophrenia 医薬

とうこつこつまくはんしゃ 橈骨骨膜反射(橈骨腱反射), RPR = Radiusperiostreflex = radius periosteal reflex 医薬

どうさかでんあつ (スイッチの)動作過電圧, Schaltleistung 女, breaking capacity, switching capacity 電気 機械

とうさけいせい 糖鎖形成(グリコシル化), Glycosylierung 女, glycosylation 化学 バイオ

どうさしゅうはすう 動作周波数, OF = 英 operating frequency = Betriebsfrequenz 電気

どうさち 動作値, Arbeitswert 男, 類 der funktionierte Wert 男, Arbetsleistung 女, working value 機械

どうさでんあつ 動作電圧, Betriebsspannung 女, working tension, working stress, operating voltage 電気 操業 設備 機械

どうさ(けんさ)とくせいきょくせん 動作(検査)特性曲線, OC曲線, OC = Operationscharakteristik = operating characteristic curve 数学 統計 機械 医薬

とうしあな 通し穴（通過孔）, Durchgangsloch 中, through hole, learance hole, through bore-fit 機械

どうしおくり （心なし研削の）通し送り, Durchgangsvorschub 男, through feed 機械

どうじく 導軸, Führungsachse 女, guiding axle, leading shaft 機械

どうじくど 同軸度, Koaxialitätsabweichung 女, concentricity deviation 機械

とうししつ 糖脂質, Glykolipid 中, glycolipid 化学 バイオ 医薬

どうじちんでん 同時沈殿, Simultanfällung 女, simultaneous precipitation 化学 バイオ

とうしブレーキ 通しブレーキ, durchlaufende Bremse 女, continuous brake 機械

どうじほうそう 同時放送, SB = 英 simultaneous broadcasting = Gleichwellenrundfunk 電気

とうしボルト 通しボルト, durchgehende Schraube 女, through bolt 機械

とうしゃ（はっしゃ）き 投射（発射）器, WG = Wurfgerät = throwing devices 機械 軍事

とうしゅこう 頭首工（堰, ダム）, Stauwerk 中, headworks 建設

どうじょうしゃ 同乗者, Insasse 男, fellow passenger 機械

どうじょはく 洞徐拍, SB = Sinusbradykardie = sinus bradycardia 医薬

どうしんかいてんの 同心回転の, rundläufig, 英 concentric running 機械

どうしんせい 同心性, Konzentrizität 女, concentricity 機械

どうしんどのずれ 同心度のずれ, Rundlaufabweichung 女, deviation of the cyclic running, radial run-out deviation 機械

とうす 通す（入れる）, einfädeln, 英 thread 材料 操業 設備 機械

どうせいふせいみゃく 洞性不整脈, SA = Sinusarrhythmie = sinus arrhythmia 医薬

とうせき 透析, Dialyse 女, dialysis 医薬

とうせきえき 透析液（透析物, 透析物質）, Ysat = Dialysat = dialysate 医薬

どうそうじょきょひ 同相除去比, CMRR = 英 common mode reduction ratio = Gleichtaktunterdrückungsfaktor 電気

とうそくうんどう 等速運動, gleichförmige Bewegung 女, uniform motion 機械 物理

どうぞくたい 同族体, Homolog 中, homologue 化学 バイオ

どうぞくの 同属の, verwandt, 関 kongenetisch, 英 consanguineous, 英 affined 化学 バイオ

とうだい（ず） 等大（図）［等長（図）］, Isometrie 女, isometry 機械 数学

とうだいひょうじ 等大表示, isometrische Darstellung 女, isometric representation 機械 数学

どうたいぶい 胴体部位, Korpus 中, carcass, corpus 機械 音響

どうたいレール 導体レール, Stromschiene 女, conductor rail, power rail, third rail 交通 電気 機械

とうたつきょり 到達距離（到達値）, Reichwert 男, reaching value 機械 光学

とうタンパクしつ 糖タンパク質, Glykoprotein 中, glycoprotein 化学 バイオ 医薬

とうちょうりゅうしゅつぶつ 塔頂留出物, Kopfprodukt 中, 関 Sumpfprodukt 中 overhead product 化学 操業 設備

どうてい 同定, Identifizierung 女, identification 化学 バイオ 電気 機械

どうていかくかじゅう （ころがり軸受の）, 動定格荷重, dynamische Tragfähigkeit 女, dynamic load carrying capacity 機械

とうていかんしゅつえき 塔底缶出液, Sumpfprodukt 中, 関 kopfprodukt 中, bottom product 化学 操業 設備

とうでんてん 等電点, isoelektrischer

Punkt 男, isoelectric point, IEP 化学

とうでんてんでんきえいどう　等電点電気泳動（分画電気泳動），IEF＝Isoelektrofokusierung＝isoelectric focusing 化学

どうでんレール　導電レール，Stromschiene 女, conductor rail, power rail, third rail 交通 電気 機械

どうでんろ　導電路，Leiterbahn 女, conducting path, conductive track 電気

とうど　陶土，Töpfertonmasse 女, potter's clay 化学 精錬 製銑 地学 非金属

とうなんぼうしシステム　（電子的な照合システムによる）盗難防止システム（イモビライザー），Wegfahrsperre 女, immobilizer 機械 電気

とうにゅうする　投入する，einsetzen, 英 invest, 英 add 機械 化学 操業

どうにょう　導尿，Urethralkatheterismus 男, urethral catheterization 医薬

とうにょうびょう　糖尿病，Diabetes mellitus 中, 類 Zuckerkrankheit 女, diabetes mellitus 医薬

とうのうどとうよ　（医薬の）等濃度投与，ICD＝英 isoconcentration dosage＝Isokonzentrationsdosierung 医薬

どうはきこう　導波機構，Wellenleiterstruktur 女, waveguiding structure 光学 電気

どうはろ　導波路，Wellenleiter 男, wave guide, WG 電気 光学 音響

とうひきゅうすう　等比級数，geometrische Reihe 女, geometric series 数学 統計

とうびょうちないにあるかいなか　投錨地内にあるか否か，w.i.b.o.n.＝英 whether in berth or not＝ob in Liegeplatz vorhanden oder nicht 船舶 物流

とうぶそんしょうきじゅん　（自動車，航空機，遊戯施設などでの）頭部損傷基準，HIC＝英 head injury critereon＝Kopfverletzungskriterium 医薬 機械 航空

どうぶつせいタンパク　動物性タンパク，TE＝tierisches Eiweiß＝animal protein バイオ 医薬

とうぶんぷかじゅう　等分布荷重，

gleichmäßigverteilte Last 女, uniform load 機械 建設

どうべんけい　動弁系，Ventiltrieb 男, valve train, valve control 機械 設備

とうほうせい　等方性，Isotropie 女, isotropy 材料 電気 物理

とうみつ　糖蜜，Melasse 女, molasses 化学 バイオ 食品

どうみゃく　動脈，Arterie 女, 類 Schlagader 女, 関 Vene 女, Blutader 女, artery 医薬

どうみゃくこうか　動脈硬化，Arterienverkalkung 女, 類 Arteriosklerose 女, arteriosclerosis 医薬

どうみゃくこうかしょう　動脈硬化症，Arteriosklerose 女, 類 Arterienverkalkung 女, arteriosclerosis 医薬

とうめいたいぶぶんせっかいほう　透明帯部分切開法（体外人工授精の確立を高める手法），PZD＝英 partial zone dissection バイオ 医薬

とうもろこしちくせきタンパクしつ　とうもろこし蓄積タンパク質，Maisspeicherprotein 中, cone storage protein バイオ

とうやくする　投薬する（投与する），verabreichen, 英 medicate, 英 prescribe, 英 dispense, 英 give medicine to 医薬

とうゆ　灯油，Kerosin 中, kerosene, paraffin 化学

とうゆそうまくタンパクしつ　糖輸送膜タンパク質，Zuckertransportprotein 中, sugar transport protein バイオ 医薬

とうようへんか　等容変化，Isochore 女, isochore エネ 機械

どうよく　動翼，Laufschaufel 女, 関 Leitschaufel 女, moving blade, turning blade, impeller blade, rotor blade 機械 エネ

とうりゲージ　通りゲージ，Gutlehre 女, go gauge 機械

どうりょう　同量，tal.dos.＝ラ tales dosis＝solche Einzelgaben＝such doses 医薬

とうりょうの　等量の（当量の，等価の），äquivalent, 英 equivalent 化学

どうりょくけい 動力計, Dynamometer 中, dynamometer 機械

どうりょくでんたつそうち 動力伝達装置, Übertragungsvorrichtung 女, 類 Kraftübertragungsvorrichtung 女, transmission mechanism 機械

どうりょくようげんしろ 動力用原子炉, Leistungsreaktor 男, power reactor エネ 原子力 電気

どうろきょう 道路橋, Straßenbrücke 女, road bridge 建設

とうろくしょうひょうほう 登録商標法, WzG = Warenzeichengesetz = Trademark Act 法制度 製品

とうろくトン 登録トン(1RT = 100ft³, 船舶を対象), RT = Registertonne = register ton 船舶 機械 単位

どうろけんせつようざいりょう 道路建設用材料, Material für den Straßenbau 中, road making material 建設

どうろこうじちゅうでつうこうできないこと 道路工事中で通行できないこと, straßenbauliche Unpässlichkeit 女, no pasing through 機械 建設 交通

どうろのはさいされたじょうたい (道路工事による)道路の破砕された状態(道路材料の割れ目, 破砕された道路表面), Straßenaufbruch 男, road scarification, excavated road-building material, broken road surface 建設

どうろようとうけつぼうしえん 道路用凍結防止塩, Tausalz 中, road salt, di-icing salt 建設 化学

トーイン Vorspur 女, toe-in 機械

トーションバースプリング (ねじり棒懸架), Drehstabfeder 女, torsion bar spring 機械

トータルエネルギーマネジメント GEM = ein ganzheitliches Energiemanagement = total energy management エネ 規格 操業 設備 経営

トータルさんそ トータル酸素(全酸素), Gesamtsauerstoff 男, total oxygen 精錬 連鋳 材料 操業 設備

トーチヘッド トーチヘッド, Brennerkopf 男, burner head 溶接 材料 機械

トーピードレードル Torpedopfanne 女, torpedo ladle 製銑 精錬 操業 設備 交通

トーマス・フェルミきんじりつ (ほう) トーマス・フェルミ近似率(法), TFA = 英 Thomas-Fermi-approximation = Thomas-Fermi-Näherung 物理 電気

ドームライト Lichtkuppel 女, dome light 機械 電気 光学 建設

トーラス [円環面(体)のトーラス], Torus 男, torus 数学 統計

トールゆしぼうさん トール油脂肪酸(アルキド樹脂；界面活性剤, 油剤などに用いられる. 出典：ハリマ化成グループホームページ), Tallölfettsäure 女, tall oil fatty acid 化学 バイオ

どかい 土塊(量的土壌資源), Bodenmasse 女, soil mass 地学

とがた 塗型(被覆), Überzug 男, 類 関 Schlichteauf trag 男, Schlichten 中, coating 鋳造 機械

とがたそう 塗型層, Schlichteschicht 女, coating layer 鋳造 機械

とがたとそう 塗型塗装, Schlichteauftrag 男, 類 Schlichten 中, coating 鋳造 機械

とがったカムのような spitzkämmig, 英 sharp comb like 機械

とがりさき とがり先, Kegelspitze 女, cone point 機械

とがりさんかくけい (ねじの)とがり三角形, Profildreieck 中, fundamental triangle 機械

とぎあわせられた 研ぎ合わせられた(再研削した), eingeschliffen, 英 grinded 機械

トキソイドこうどくそこんごうぶつ トキソイド抗毒素混合物, TAM = Toxoid-Antitoxin-Mischung = toxoid-antitoxin mixture バイオ 医薬

トキソイドこうどくそフロキュールワクチン トキソイド・抗毒素フロキュールワクチン, TAF = Toxoid-Antitoxin-Flocken(-Impfstoff] = toxoid-antitoxin-fluoccules (vaccine) バイオ 医薬

とくいてきな　特異的な(特定の，特有の)，㋐ specific，㋳ spezifisch，bestimmt バイオ 医薬 物理 電気

とくしゅきごう　特殊記号(特殊文字)，Sonderzeichen 中，special character 電気 印刷

とくせい　特性(挙動，アクション)，Verhalten 中 精錬 材料 電気 化学 物理

とくせいかいせき　特性解析(特性表示，特性評価)，Charakterisierung 女，characterization 材料 化学 バイオ

とくせいきょくせん　特性曲線(性能曲線)，Kennlinie 女 類 Charakteristik 女，characteristic curve 材料 機械 化学 バイオ 物理 数学 統計

どくせいげんしょうひょうか　毒性減少評価，TRE = ㋐ toxicity reduction evaluation = Beurteilung der Toxizitätsreduzierung 化学 バイオ 医薬

どくせいしきべつひょうか　毒性識別評価，TIE = ㋐ toxicity identification evaluation = Toxizitäts-Identifizierungsbewertung 化学 バイオ 医薬

とくせいしけん　特性試験，Charakteristikprüfung 女，characteristic test 材料 化学 バイオ

どくせいとうかけいすう　毒性等価係数[世界保健機構(WHO)が，最も毒性が強い2,3,7,8-TCDDの毒性を1としてほかのダイオキシン類の仲間の毒性の強さを1998年，2006年に換算して定めたもの]，TEF = TEFs = toxic equivalency factors = Toxizitätsäquivalentfaktoren 化学 バイオ 医薬 環境 規格

どくせいのある　毒性のある，virulent，㋐ virulent バイオ 医薬

とくせいノイズ　特性ノイズ，Körpergeräusch 中，characteristic noise 音響 機械 電気

とくせいひょうか　特性評価(特性解析，特性表示)，Charakterisierung 女，characterization 材料 化学 バイオ

とくせいひょうじ　特性表示(特性解析，特性評価)，Charakterisierung 女，characterization 材料 化学 バイオ

どくそうてきな　独創的な，genial，㋐ ingeniously 特許

とくていきぼでんきじぎょうしゃ　特定規模電気事業者，PPS = ㋐ power producer and supplier エネ 電気 経営 組織

とくていようとむけしゅうせきかいろ　特定用途向け集積回路[((日本では)エーシック，ゲートアレー]，ASIC = ㋐ application specific integrated circuit = anwendungs-spezifischer elektronischer Schaltkreis 電気

とくにこまかく　特に細かく，XF = ㋐ extra fine = besonders fine 全般

とくにしょけんなし　特に所見なし，o.b.B = ohne besonderen Befund = no particular fault found 医薬

とくはつせい(しん)ひだい　特発性(心)肥大，IH = idiopathische (Herz-) Hypertrophie = idiopathic hypertrophy 医薬

どくぶつがくてきにきょようされるたいないきゅうしゅうりょう　毒物学的に許容される体内吸収量，TD = die toxikologischen tolerablen Körperdosen = toxicologically tolerable body doses バイオ 医薬 環境

とくべつけんきゅうりょういき　特別研究領域，SFBs = Sonderforschungsbereich = special reseach area 全般

とくべつじたて　特別仕立て(特別な意匠，特定製造)，Sonderanfertigung 女，special production，special design 機械 製品

とくべつてあて　特別手当，Zuschlag 男，surcharge 経営

とくべつひじょうでんげん　特別非常電源(停電後，10秒以内に作動)，besondere Notstromversorgung 女，special emergency power supply 医薬 電気設備 操業

どくりつきほうざいりょう　独立気泡材料，geschlossenzelliges Material 中，closed-cell material 化学 材料

どくりつけいはつでんじぎょうしゃ　独立系発電事業者，IPP = ㋐ independent

power producer エネ 電気 経営

どくりつけんかほうしき　独立懸架方式, Einzelaufhängungssystem 中, single suspension, independent suspension 機械

トグルジョイント　Knebelgelenk 中, toggle joint 機械

トグルスイッチ（タンブラースイッチ）, Knebelkippschalter 男, 類 Kipphebelschalter 男, togle switch 電気

トグルレバーきこう　トグルレバー機構, Kniehebelmechanik 女, togle lever mechanic 機械

とけいほうこうかいてん　時計方向回転（右回り）, Rechtslauf 男, clockwise rotation 機械

とけおち　溶け落ち（妨害ファインダー）, Durchbrand 男, burn-through 電気 精錬

とけこみのふかさ　溶け込みの深さ, Einbrandtiefe 女, depth of penetration 溶接 材料 機械

とけこみぶそく　溶け込み不足（不十分な溶け込み）, ungenügende Durchschweißung 女, incomplete penetration, lack of penetration 溶接 材料

とげ（きょく）**じょうとっき**　棘（きょく）状突起, Wirbelfortsatz 男, spinous process バイオ 医薬 機械

とけつ　吐血, Hämatemesis 女, 類 Blutbrechen 中, hematemesis 医薬

とこ　床, Schicht 女, bed 機械 エネ 化学 バイオ

トコグラム（子宮娩出記録）, TG = Tokogramm = tocogram 医薬 電気

ドコサヘキサエンさん　ドコサヘキサエン酸, DHA = 英 docosahexaenic acid = Dokosahexaensäure バイオ 医薬

トコフェロールオルトメチルトランスフェラーゼ　トコフェロール -O- メチルトランスフェラーゼ(EC 2.1.1.95, 転移酵素で, 特に１炭素基を転移させるメチルトランスフェラーゼのファミリーに属する. 系統名は, S-アデノシル -L- メチオニン；γ-トコフェロール 5-O- メチルトランスフェラーゼ), TMT = Tocopherol-0-Methyl-Transferase = tocopherol-o-methyl-transferase

化学 バイオ 医薬

としごみ　都市ごみ（公共固形廃棄物）, MSW = 英 municipal solid waste = feste Siedlungsabfälle 環境 リサイクル 化学 バイオ

としゅつあつ　吐出圧（背圧）, Gegendruck 男, back pressure, counter pressure 機械 エネ

としゅつりょう　吐出量（送り出し効率）, Förderleistung 女, output, feed performance 機械

どじょう　土壌, Boden 男, soil, bottom, tray, base 地学 機械 建設 化学 設備

どじょう・がんせきゆらいの　土壌・岩石由来の, geogen, 英 geogenous 環境 地学 バイオ

どじょうかがくてきな　土壌化学的な, pedochemisch, 英 pedochemical バイオ 地学

どじょうかさみつど　土壌かさ密度, Lagerungsdichte 女, soil bulk density 地学

どじょうかた　土壌型（土壌層位による分類）, Bodentyp 男, soil type 地学 バイオ

どじょうくうき　土壌空気（土壌内部の空気と土壌近傍の空気）, Bodenluft 女, soil air, soil vapour 化学 バイオ 地学

どじょうこきゅうさよう　土壌呼吸作用, Basalatmungsaktivität 女, soil respiration 地学 バイオ

どじょうさいしゅようカラム　土壌採取用カラム, Bodensäule 女, soil column 化学 バイオ 地学 環境

どじょうさんか　土壌酸化, Bodenversauerung 女, soil acidification 化学 バイオ 環境 地学 気象

どじょうじょうたいちょうさ　土壌状態調査, BZE = Bodenzustandserhebung 地学 バイオ

どじょうせいせいの　土壌生成の, pedogenetisch, 英 pedogenetic, 英 soil forming 地学 バイオ 医薬

どじょうせいぶつのかかわりあい　土壌生物の関わり合い, Verflechtungen des Bodenlebens 複, linkages of soil life バイオ 環境 地学

どじょうそうい 土壌層位, Bodenhorizont 男, soil horizon 地学 化学 バイオ 環境

どじょうタイプ 土壌タイプ, Bodentyp 男, soil type 地学 バイオ

どじょうだんめん 土壌断面, Bodenprofil 中, soil profile 地学 バイオ 建設

どじょうちずがく 土壌地図学, Kartographie der Böden 女, soil cartography 地学 バイオ 環境

どじょうぶんるい 土壌分類(粒径による分類, 砂・ローム・粘土など),Bodenart 女, soil class, kind of soil 地学 バイオ 環境

どじょうゆうきぶつ 土壌有機物, OBS = organische Bodensubstanz = feste organische Substanz = SOM = soil organic matter 地学 化学 バイオ

どじょうようせきみつど 土壌容積密度, Lagerungsdichte 女, soil bulk density 地学

どじょうれんぞくかんしりょういき 土壌連続監視領域, BDF = Bodendauerbeobachtungsfläche, permanent soil observation area 化学 バイオ 地学

トシルか トシル化(p-トルエンスルホニル化ともいわれる), Tosylation 女, 類 Tosylierung 女, tosylation 化学

とそう 塗装, Auftrag 男, 類 Anstrich 男, coating, painting, enmelling 機械

とそうによるくるまのしたまわりのほご 塗装による車の下回りの保護, Unterbodenschutz 男, underseal 機械

どだい 土台, Grundkörper 男, foundation, basic body 機械 設備 建設

とちかいりょう 土地改良(特に排水灌漑によるもの), Melioration 女, soil modification, land improvement, melioration, Mel. 化学 バイオ 地学 環境

とちこゆうの 土地固有の, ortsansässig, 関 autochthon, 英 resident, local バイオ

とち・どじょうのさいしぜんか 土地・土壌の再自然化(アスファルトなどを剥すこと), Bodenentsiegelung 女, land renaturalization バイオ 地学 化学 環境

とちのきふくのへんけい 土地の起伏の変形, Reliefumgestaltung 女, relief transformation 地学 物理 気象

とちのさんしゅつりょく・ひよくさ 土地の産出力・肥沃さ, Bodenfruchtbarkeit 女, soil fertility 化学 バイオ 地学

とっき 突起(伸長, 柄, ラグ), Ansatz 男, 類 関 Besatz 男, Henkel 男, Lasche 女, Vorsprung zum Halten 男, Haltevorrichtung 女, lug 機械

とっき 突起(突起物, 虫垂, 伸長), Fortsatz 男, process, projection, appendix バイオ 医薬 機械

とっきょいぎ (もうしたて) 特許異議(申し立て), Einspruch 男, patent opposition 特許 法制度

とっきょきょうりょくじょうやく 特許協力条約, PCT = 英 Patent Cooperation Treaty = Internationales Patentabkommen 特許 法制度

とっきょこうかい 特許公開, OS = Offenlegungsschrift = patent application 特許

とっきょこうほう 特許公報, Patentblatt 中, Patent Journal 特許 規格

とっきょしゅつがんにかかわるはつめいのようし・しゅだい 特許出願に係わる発明の要旨・主題, Erfindungsgegenstand 男 特許 法制度

とっきょのきれたこうはつひん 特許の切れた後発品(ジェネリック), 英 generic, 独 generisches Produkt 中, 類 Generikum 中 医薬 特許

とっきょふよ 特許付与, Patenterteilung 女, patent granting 特許 規格

とっきょほうじょうやく 特許法条約, PLT = 英 Patent Law Treaty = Internationales Patentabkommen der WIPO 特許 法制度

とっきょめいさいしょ 特許明細書, Patentbeschreibung 女, 類 Patentschrift 女, patent specification 特許 規格

とっしゅつ 突出(突起, 張り出し部, 利点), Vorsprung 男, 類 関 Ansatz 男, Besatz 男, Henkel 男, Lasche 女, Vorsprung zum Halten 男, Haltevorrichtung 女, lug, nose, overhang, advantage 機械

とっしゅつ 突出（ラグ，突起，柄，取っ手），英 lug，独 Ansatz 男，類関 Besatz 男，Henkel 男，Lasche 女，Vorsprung zum Halten 男，Haltevorrichtung 女 機械

とっしゅつぶ 突出部（延長部，伸長部，付属物，虫垂），Fortsatz 男，extension, prolongation, process, projection, appendix 操業 設備 機械 医薬

とっしゅつぶつ 突出物（余長），Überstand 男，excess length, protrusion 機械 化学

とつぜんのおおきなぞうか・ひやく・しんぽ 突然の大きな増加・飛躍・進歩（量子飛躍），Quantensprung 男，quantum leap, quamtum jump 物理 化学 全般

とつぜんへんい 突然変異，Mutation 女，mutation バイオ 医薬

とつぜんへんいかぶ 突然変異株（突然変異体，ミュータント，変異菌），Mutante 女，mutant, variant バイオ 医薬

とつぜんへんいけいせい 突然変異形成（突然変異誘発，突然変異誘導，突然変異発生，突然変異生成），Mutagenese 女，mutagenesis バイオ 医薬

とつぜんへんいしすう 突然変異指数（形質転換指数），TI = Transformationsindex = transforming index 化学 バイオ 医薬

とつぜんへんいする 突然変異する（突然変異させる），mutieren，英 mutate バイオ 医薬

とつぜんへんいたい 突然変異体（ミュータント，変異菌，突然変異株），Mutante 女，mutant, variant バイオ 医薬

とつぜんへんいゆうはつ 突然変異誘発（突然変異誘導，突然変異発生，突然変異生成，突然変異形成），Mutagenese 女，mutagenesis バイオ 医薬

とって 取っ手（ラグ，突出，突起，柄），英 lug，独 Ansatz 男，類関 Besatz 男，Henkel 男，Lasche 女，Vorsprung zum Halten 男，Haltevorrichtung 女 機械

とっぱつじこ 突発事故（偶発事故），Zwischenfall 男，incident 操業 設備 環境

とつぶ 凸部（つまみ，タン，舌片），Zunge 女，類 Mitnehmer 男，Lippe 女，tongue 機械

トップグループ・クラスター・きょうそう トップグループ・クラスター・競争，SCW = Spitzen-Cluster-Wettbewerb 全般 経営

とつレンズ 凸レンズ，konvexe Linse 女，convex lens 光学 機械

ドデカナール Laurinaldehyd 男，類 Lauraldehyd 男，lauraldehyde, dodecanal 化学 バイオ

ドデシルりゅうさんナトリウム ドデシル硫酸ナトリウム［代表的な陰イオン性界面活性剤，脂質や難溶性タンパク質の水への可溶化や SDS タンパク質電気泳動法などに用いられる，$C_{12}H_{25}NaO_4S$，ラウリル硫酸ナトリウム（NaLS，SLS）とも呼ばれる］，NaDS = NDS = Natriumdodezylsulfat = SDS = sodium dodecyl sulphate 化学 バイオ 医薬

どてずくり 土手造り，Überhöhung 女，関 Wölbung 女，Quergefälle 中，Balligkeit 女，Sturz 男，camber, cant, superelevation, banking 交通 建設 機械 材料 航空

トナーカートリッジ Tonerkasette 女，toner catridge 電気 印刷

となりピッチごさ 隣ピッチ誤差（単一ピッチ誤差，ピッチ誤差），Teilungssprung 男，類 Teilungsfehler 男，Einzelteilungsfehler 男，pitch error 機械

トノー （後部座席の後方にある手荷物収納部），英 tonneau 機械

ドビー Schaftmaschine 女，dobby machine 機械

とふ 塗布，Aufbringen 中，spraying, coating 機械 材料

とまりゲージ 止りゲージ，Ausschusslehre 女，not-go gauge 機械

とめ 止め（ラッチ，キャッチ，ノッチ，足掛け台），Raste 女，latch, catch, notch

とめ　　　　　　　　　　　　　　　　　　　　　　　　　　　　　　トラバースそくりょう

機械
とめ　止め(ロック)，Verriegelung 女，
関 Arretierung 女，Ausschlag 男，
Zusetzen 中，locking device，locking
system 機械

ドメイン　Domäne 女，domain バイオ 医薬

とめがね　止め金(ラチェット刃)，Sperr-
klinke 女，detent，detent pawl 機械

とめざがね　止め座金(外向係止板)，
Schlossscheibe 女，lock washer，out-
side locking plate 機械

とめダイ　止めダイ(セットハンマー)，
Setzstempel 男，set hammer 機械

とめつぎ　止め継ぎ(二等分割で継ぐこと)，
Gehrung 女，mitre 建設 機械

とめナット　止めナット，Gegenmutter 女，
類 Kontermutter 女，check nut 機械

とめねじ　止めねじ(押しねじ)，Maden-
schraube 女，類 Kontermutter 女，
Setzschraube 女，headless screw，set
screw 機械

とめば　止め歯(ラッチ歯)，Rastzähne 男
複，ratch stop 機械

とめぶた　留め蓋，Verschlussdeckel 男，
lid，sealing cap 機械

とめボルト　止めボルト(割り出しボルト)，
Rastbolzen 男，indexing bolt，stop bolt
機械

とめわ　止め輪，Klammerring 男，re-
taining ring 機械

トライアック　(二方向性三端子サイリスタ)，
Triac ＝ 英 bidirectional triode thyris-
tor ＝ Zweirichtungs-Thyristortri-
ode 電気 機械

ドライキルンほう　ドライキルン法，
Darr-Wäge-Verfahren 中，dry-kiln-
method 機械 化学 設備

ドライバー　(ねじ回し)，Schraubenzie-
her 男，screw driver 機械

ドライバー　Treiber 男，device driver
電気

トラウベ・ヘーリングは　トラウベ・ヘーリ
ング波(第三級動揺とも呼ばれる)，THW
＝ Traube-Hering-Wellen ＝ Traube-
Hering-waves 医薬

トラス　(ウイングユニット，ホイストギヤー)，
Tragwerk 中，類 関 Träger 男，truss
機械 建設

トラス　(パッキングドラム，シッピングコン
テナー)，Gebinde 中，類 関 Träger 男，
truss 機械 建設 船舶

トラスきょう　トラス橋，Fachwerkbrücke
女，truss bridg 建設

トラッキングシステム　Verfolgungssystem
中，tracking system 電気 機械 操業 設備
物流

トラック　(磁気ストラップの長手方向帯状
部分)，Speicherspur 女，track 電気

トラック　LKW＝Lastkraftwagen＝truck
機械

ドラッグする　ziehen，英 drug 電気

トラックタイム　(連続操業時間，リード
時間)，Durchlaufzeit 女，continuous run-
ning time，passing through time 操業
設備

ドラッグリンク　Lenkspurhebel 男，類
Lenkschubstange 女，Lenkstange 女，
drag link，drop arm 機械

ドラッグリンクコンベアー　Trogketten-
förderer 男，drag link conveyor 機械

ドラッグレバー　Schlepphebel 男，rock-
er arm，drag lever 機械

トラックロッド　(タイロッド)，Lenkspurstange
女，類 関 Spurstange 女，track rod，tie
rod 機械

トラップエアー　(エアーポケット，エアー
ロック)，Lufteinschlüsse 男 複，air lock，
entrapped air，air pockets 機械 化学
鋳造

トラニオン　Drehzapfen 男，関 Wellen-
zapfn 男，Lagerzapfen 男，Zapfen 男，
pivot，trunnion 機械 設備

トラニオンブロック　Kardanstein 中，
trunnion block 機械

トラバースそくりょう　トラバース測量(測
点間の測定方法は三角測量と同一．基準
点から測点Ａ，測点Ａから測点Ｂ，測点
Ｂから測点Ｃという具合に測点を結ん
で測量区域を多角形で示し，多角形の
各辺の長さ・角度で位置関係を求める方法．

出典：コトバンク），Polygonierung 女，
関 Messtraverse 女，traverse survey,
measurement traverse 機械 地学 建設
数学

トラバースたてけずりばん トラバース
縦削り盤，traversierende Senkrecht-
stoßmaschine，traverse slotter 機械

トラフコンベヤー Trogförderband 中，
trough conveyor 機械 設備

トラフセグメント Rinnensegment 中，
trough segment 機械

トラフひごうし トラフ火格子，Mulden-
enrost 男，trough grate エネ 機械 設備

トラフようせつ トラフ溶接，Mulden-
schweißung 女，trough welding 溶接
機械 建設

トラブルほうちシステム トラブル報知
システム，Störmeldesystem 中，distur-
bance report system，fault message
system，fault notification system 機械
化学 電気 操業 設備

ドラム (樽)，Fass 中，barrel，drum 機械

ドラム (リール)，Trommel 女，reel，
drum 機械

ドラムクランプ Fassklammer 男，drum
clamp 機械

ドラムポンプ Fasspumpe 女，drum pump
機械

トランスケトラーゼ (グリコールアルデヒ
ドトランスフェラーゼともいい，ペントース
リン酸回路の重要な酵素の一つ．出典：
コトバンク)，Transketolase 女，trans-
ketolase 化学 バイオ 医薬

トランスデューサー (センサー，ディテク
ター)，Messaufnehmer 男，transducer，
sensor，detector 電気 機械

トランスデューサー (測定トランスデュ
ーサー) Messumformer 男，関 Mess-
wandler 男，measuring transduc-
er 電気

トランスバースギヤー Quergetriebe 中，
transverse-mounted gear，transverse
gear 機械

トランスファーシリンダー (送り胴)，
Übertragungszylinder 男，transfer

cylinder 印刷 機械

トランスファーようし トランスファー用
紙(転写紙)，Transferpapier 中，trans-
fer paper 印刷 機械

トランスフェリン Tf = Transferrin =
transferrin 化学 バイオ 医薬

トランスフェリンほうわひゃくぶんりつ
トランスフェリン飽和百分率（トランス
フェリン飽和率)，PSAT = 英 percent
saturation of transferrin = Sättigungs-
prozent von Transferrin 化学 バイオ
医薬

トランスミッション (ギヤーボックス，送
り装置)，Schaltgetriebe 中，gear box，
transmission 機械

トランスミッションギヤーひ トランス
ミッションギヤー比(変速比)，Getrie-
beübersetzung 女，transmission gear
ratio 機械

トランスミッションケース (ギヤーボック
ス)，Getriebegehäuse 中，transmission
case，gear box 機械

トランセクト (植物群落の帯状断面図)，
Transekt 男，transect バイオ 地学

トリアセチルオレアンドマイシン (抗生物
質)，TAO = Triazetyloleandomycin =
triazetyl-oleandomycin バイオ 医薬

トリアミノピリミジン TAP = Triamino-
pyrimidin = triaminopyrimidine 化学
バイオ 医薬

とりいれぐち 取り入れ口(吸い込み口，
注入口，浣腸)，Einlauf 男，類 関 Zu-
lauf 男，Zuführung 女，Einströmen 中，
inlet，intake，enema，clyster 機械
操業 設備 化学 バイオ 医薬

とりいれぶい 取り入れ部位(流入部
位，入り口)，Einlass 男，類 関 Ein-
strömen 中，Zulauf 男，Zuführung 女，
inlet，intake 操業 設備 機械 化学

トリエチルアミノエチル (イオン交換体
などに用いられる)，TEAE = Triethyl-
aminoethyl = triethyl-amino-ethyl 化学

トリエチルアルミニウム TEA = 英 tri-
ethyl aluminum 化学 軍事 航空

トリエチルインジウム (高輝度白色発光

ダイオードなどの化合物半導体の MO-CVD 法などの原料として用いられている. 出典：宇部興産(株)ホームページ), TEI = Triethylindium = triethylindium 化学 電気 光学

トリエチレングリコール（最大の用途は合成繊維やフィルムとして用いられるポリエチレンテレフタレートの製造原料である. 出典：コトバンク), TEG = Triethylenglykol = triethylenglykol 化学 材料 繊維

トリエチレンメラミン（抗癌剤), TEM = Triethylenmelamin = triethylene melamine バイオ 医薬

トリガー [解除, 解放,(遮断機などの)釈放,(自動交換機などの)復旧], Auslösen 中, trigger 機械 電気 交通

とりかえる 取り替える(ずらす, 混ぜる), versetzen, 関 verschieben, vermischen, 英 displace, 英 mix 機械 精錬 材料 化学

とりかこまれた 取り囲まれた, eingeschlossen, 英 included, 英 surrounded 機械 数学

トリカルシウムアルミネート TCA = Tricalciumaluminat = tricalcium aluminate 化学 精錬

トリグリセリドしぼうさん トリグリセリド脂肪酸, TGFA = 英 triglyzceride fatty acid = TGFS = Triglyzceride-Fettsäure 化学 バイオ 医薬

トリクロロエチレン Trichloroäthylen 中 (CHCL = CCL$_2$, 水道水暫定基準 0.03mg/L 以下), trichloroethylene, TCE 化学 バイオ 医薬 環境

トリクロロカルバニリド（化粧品などに利用される), TCC = Trichlorcarbanilid = trichlorcarbanilide 化学

トリクロロさくさん トリクロロ酢酸, TCA = Trichloracetat = trichloroacetic acid 化学

トリクロロトリニトロベンゼン TCTNB = 1,3,5-Trichlor-2,4,6-trinitro benzen = 1,3,5-trichloro-2,4,6-trinitro benzene 化学

トリクロロフルオロメタン（特定フロンガス), TCFM = Trichlorfluormethan = trichlorfluormethan 化学 環境

とりしろ 取り代 (仕上げ代), Zuschlag 男, machining allowance 機械

トリスかんしょうえき トリス緩衝液 [トリスヒドロキシメチルアミノメタン,トリスアミノメタン；トリスヒドロキシ メチルアンモニウム (Tris-hydroxymethylammonium)を塩基成分に用いた緩衝液で, 中性から弱アルカリ性で緩衝効果がある], TRIS = THAM =独 Tris-(hydroxymethyl)aminomethan = Puffersubstanz für biochemische Untersuchungen = tris(hydroxymethyl)aminomethane 化学 バイオ 医薬

とりちがえ 取り違え(混同), Verwechselung 女, confusion, mix-up 機械 材料 製品 品質

とりつけかく 取り付け角, Winkel zwischen Arbeitsfläche und Mittellinie des Schaftes 男, 類 Steigungswinkel 男 材料 機械

とりつけぐ 取付け具(キャップ), Aufsatz 男, attachment, cap 機械

とりつけこうばい 取り付け勾配, Überhöhungsrampe 女, superelevation connecting ramp 機械 建設

とりつけとりはずしかのうなしきり 取り付け取り外し可能な仕切り(補助ポケット, 補助仕切り面, 補助仕切りパネル枠), Zusatzfach 中, additional removable compartment, extra pocket 繊維 機械 建設

とりつけピン 取り付けピン(位置合わせピン), Passstift 男, alignment bolt, fitting pin 機械

トリナトリウムリンさんえん トリナトリウムリン酸塩, Na$_3$PO$_4$, Trinatriumphosphat 中, trisodium phosphate 化学

トリニトログリセリン（ニトログリセリン：C$_3$H$_5$N$_3$O$_9$, 狭心症発作の特効薬), Trinitroglyzerin 中, trinitroglycerin バイオ 医薬

とりはずし 取り外し(分解,分析,解体,解剖, 分離),Zerlegung 女, 関 Auflösung 女, Zersetzung 女, Demontage 女, Trennung 女, resolution, decomposition, dismounting, separation 化学 バイオ 医薬 機械 設備 建設

トリハロメタン（水道水の処理に使用される塩素が原水内の有機物質と反応して生成するハロゲン化合物．クロロホルム，ブロモジクロロメタン，ジブロモクロロメタン，ブロモホルムの総称．出典：栄養・生化学辞典，朝倉書店），THM = Trihalogen = trihalogeno methane 化学 バイオ 医薬 環境

トリヒドロキシインドール（試薬などに用いられる），THI = Trihydroxyindol = trihydroxyindole 化学

トリヒドロキシブチロフェノン（食品添加物，酸化防止剤），THBP = Trihydroxybutyrophenon = trihydroxybutyrophenone 化学 バイオ 医薬

トリフェニルスズ（抗真菌塗料の活性成分），Triphenylzinn 中, triphenyltin, TPT 化学 バイオ 医薬 環境

トリプシンよくせいでんし　トリプシン抑制因子，TI = Trypsininhibitor = trypsin inhibitor 化学 バイオ 医薬

トリブチルスズ（環境ホルモン作用が認められている），Tributylzinn 中, 類 関 Hormonähnliches Gift 中, tributiltin, tributyltin, TBT 化学 バイオ 医薬 環境

トリプトファン（タンパク質を構成するアミノ酸の一種，残基の略記号は Trp, W），Tryptophan 中, tryptophan 化学 バイオ 医薬

トリプトファンふか（テスト）　トリプトファン負荷（テスト），TB = Tryptophanbelastung = tryptophan load test バイオ 医薬

トリフルオペラジン（抗精神病薬，出典：GenomeNet），TFPZ = Trifluoperazin = trifluoperazine 医薬

トリプレット（三塩基組），Triplett 中, triplet 化学

とりべ　取鍋，Pfanne 女, ladle；tonerdereich zugestellte Pfanne（ハイアルミナ・レードル），high alumina lined ladle 製鉄 精錬 操業 設備 鉄鋼 非鉄

とりべせいれんろ　取鍋精錬炉，Pfannenofen 男, ladle refining furnace 精錬 材料 操業 設備

トリミングする　besäumen, trimming 機械 光学 電気 印刷

トリム（車室内の内張り装飾），Karosserieverzierung 女, body decoration 機械

どりょうこう　度量衡，Maße und Gewichte 複 中, weights and measures 機械 電気 物理

トリヨードあんそくこうさん　トリヨード安息香酸，TIBA = 英 triiodobenzoic acid = Triiodobenzoesäure 化学

ドリル　Bohrer 男, drill 機械

ドリルコア　Bohrkern 男, drill core 機械

ドリルのはさき　ドリルの刃先，Meißel 男, auger drill, chisel, drill bit 機械 地学

トルエン（$C_6H_5CH_3$；溶媒として広く使われるほか，合成化学工業での重要原料），Toluol 中, toluene 化学

トルエンジアミン　TDA = Toluendiamin = toluenediamine 化学

トルエンジイソシアネート（トルエンジイソシアネートには技術的に関連性のある二つの異性体 2,4-TDI, 2,6-TDI があり，一般的には 2,4-TDI（80 %）と 2,6-TDI（20 %）の混合物として製造され，軟質ポリウレタンフォームの製造に用いられている），TDI = Toluol-Diisocyanat = toluene diisocyanate 化学 材料

トルク　Drehmoment 中, torque 機械

トルクコンバータ　Drehmomentwandler 男, torque converter 機械

トルクチューブ（ねじれ受け器），Drehwiderstandsröhre 女, 類 Schubrohr 中, Hohlwelle 女, torque tube 機械

トルクでんたつ　トルク伝達，Drehmomentübertragung 女, torque transmission 機械

トルクひ　トルク比，Drehmomentziffer 女, torque ratio 機械

トルクレンチ　Drehmomentschlüssel 男, torque wrench 機械

トルブタミド（ふか）**しけん**　トルブタミド

（負荷）試験，TBT = Tolbutamid-Belastungstest = tolbutamide load test 化学 バイオ 医薬

トレイ（段塔内に設けた気液接触用の水平な棚段），Anströmboden 男， 類 Ablage 女，Boden 男，tray，bed ditribution plate，vessel botom 化学 機械 設備

トレーサビリティ（追跡可能度，生産履歴の追跡可能なこと，復元可能なこと），Rückführbarkeit 女， 類 Rückverfolgbarkeit 女，traceability，restorability 機械 材料

トレーシング Durchzeichnung 女，tracing 機械

トレーシングペーパー Transparentpapier 中，tracing paper 機械

トレースエレメント（微量元素，痕跡元素；動植物に不可欠とされる元素），Spurenelement 中，trace element 化学 バイオ 精錬 材料 機械 電気

トレーラー（付随車），Anhänger 男，trailer 機械

トレーリングリンク Längslenker 男，trailing link，longitudinal control arm 機械

トレッド（踏み面），Reifenauffläche 女， 類 関 Lauffläche 女，Spurweite 女，tread 機械

トレッドパターン Lauffflächenprofil 中，tread pattern 機械

ドレナージ（体内留置排液用カテーテル，排水設備），Drainage 女，dorainage バイオ 医薬 機械 化学

ドレンコック Entleerungshahn 男，drain cock 機械 設備

トロイドコアメモリー Ringspeicher 男，toroidal core store 電気

トロカール（套管［とうかん］針），Trokar 男，trocar 医薬

トロコイド（余擺［はい］線），Trochoide 女，trochoid 数学 統計 機械

ドロップアーム Lenkstockhebel 男， 類 Lenkspurhebel 男，Lenkhebel 男，drop arm，steering-gear arm，pitman arm 機械

ドロップアウト Signalausfall 男，dropout 電気

ドロップイン Störsignal 中，drop-in 電気

ドロップノーズ（沈下鼻端，下降鼻端），Senknase 女，drop nose 航空 機械 建設

ドロマイト Dolomit 女，dolomite 製銑 精錬 化学 地学 非金属

どろよけ 泥よけ，Kotflügel 男，mud guard，fender 機械

トロリーコンベアー Hängebahn 女，trolley conveyor，cable-mounted buckets 機械

トロリーバス Oberleitungsomnibus 男，trolley bus 機械 交通 電気

どろりとした どろりとした（ネバネバした），dickflüssig， 英 turbid， 英 viscous 化学 機械

トロンボプラスチンけいせいじかん トロンボプラスチン形成時間，TGT = 英 thromboplastin generation time = Thromboplastingenerationszeit バイオ 医薬

トロンボプラスチンけいせいしけん トロンボプラスチン形成試験，TGT = Thromboplastingenerationstest = thromboplastin generation test バイオ 医薬

どんかく 鈍角，stumpfer Winkel 男，an obtuse angle 機械 数学

トング（プライヤー），Zange 女，tongs，pliers 機械

どんてん 曇点（① 非イオン界面活性剤の水溶液の温度を上げていくとき，濁りはじめる最低温度をいう。② 石油製品を所底の方法で冷却してゆくとき，パラフィンそのほかの個体が析出または分離して曇りはじめる温度を指す］，Taupunkt 男， 類 関 Trübungspunkt 男，cloud point，clouding point 化学

トンネルがま（環状炉），Tunnelofen 男，tube furnace，tunnel kiln 材料 機械 化学

トンネルくっさくき トンネル掘削機，Tunnelbohrmaschine 女，TBM，tunnelling machine，tunnel excavator 機械 地学 建設

トンネルじきていこうこうか トンネル磁

トンネルじきていこうこうか　　　　　　　　　　　　　　　　　　　　　　　　　　　　ないめんけんさくばん

気抵抗効果，TMR = 英 tunnel mag-
neto resistance effect 電気 物理
トンネル・ダイオードろんり　トンネル・

ダイオード論理，TDL = Tunneldioden-
logik = tunnel diode logic 電気 物理

な

ないあつぼうばくこうぞう　内圧防爆構
造［EX-p（規格）］，überdruckgekapselte
und explosionsgeschützte Struktur 女，
pressurized explosionproof struc-
ture 電気 規格
ないいんせいの　内因性の，endogen，
類 関 intrinsisch，英 endogenous，英
intrinsic 化学 バイオ 医薬
ないか　内科，die innere Medizin 女，
internal medicine，the internal de-
partment 医薬
ないがいりょうがわで　内外両側で，
beiderseitig innen und außen，英 on
both inside and outside 機械 化学 バイオ
全般
ないくう　内腔，Lumen 中，lumen 医薬
電気 光学
ないけいこうていひ　内径行程比，
Bohrung-Hub-Verhältnis 中，stroke-
bore ratio 機械
ないざいせいの　内在性の，endogen，
類 関 intrinsisch，英 endogenous 化学
バイオ 医薬
**ないしきょうてきかつやくきんせっかい
じゅつ**　内視鏡的括約筋切開術，EST
= endoskopische Sphincterotomie =
endoscopic sphincterotomy 医薬 光学
電気
**ないしきょうてきぎゃっこうせいすいたん
かんぞうえいほう**　内視鏡的逆行性膵
胆管造影法，ERCP = endoskopische
retrograde Cholangiopankreatikogra-
phie 女 医薬 電気 光学
ないしきょうてきこうかりょうほう　内視
鏡的硬化療法，EST = endoskopische
Sklerotherapie = endoscopic sclero-
therapy 医薬 光学 電気
ないしきょうてきにゅうとうせっかいじゅ

つ　内視鏡的乳頭切開術，endoskop-
ische Papillotomie 女，endoscopic pa-
pillotomy 医薬 光学 電気
ないしきょうてきねんまくせつじょじゅつ
内視鏡的粘膜切除術，EMR = endsko-
pische Mukosaresektion = endoscopic
mucosal resection 医薬 光学 電気
ないせいどくそ　内性毒素，Endoto-
xin 中，endotoxin バイオ 医薬
ないせつしている　内接している，einge-
schrieben，英 inscribing 機械 光学 電気
設備 数学
ないたんぶ（傘歯車の）内端部，英 toe
機械 医薬
ないぶ　内部（名詞的用法），das Inne-
re 中，inside 全般
ないぶ・こゆうこうりつ　内部・固有効率，
Eigenleistung 女，in-house perfor-
mance 操業 設備
ないぶエネルギー　内部エネルギー，in-
nere Energie 女，internal energy 機械
エネ 物理
ないぶおうりょく　内部応力，Eigenspan-
nung 女，internal tension，residual
stress 材料 機械
ないぶからのさびのしんこう　内部から
の錆の進行，Unterrostung 女，under-ly-
ing rusting，rust penetration 材料 鉄鋼
建設
ないぶせんねつ　内部潜熱，innere la-
tente Wärme 女，internal latent heat
精錬 材料 機械 エネ 物理
ないぶまさつ　内部摩擦，innere Rei-
bung 女，類 Eigenreibung 女，internal
friction 材料 電気 物理
ないめんけんさくばん　内面研削盤，In-
nenschleifmaschine 女，internal grid-
ing machine 機械

と

な

ないめんしんだしした 内面芯出しした，innenzentriert，英 internal centered 機械

ないりくち 内陸地，Binnenland 中，inland area 物流 全般

ないりん 内輪（スラスト軸受の），Wellenscheibe 女，shaft locating washer 機械

なかぐりばん 中ぐり盤，Bohrmaschine 女，boring machine 機械

なかご 中子，Gusskern 男，core 鋳造 機械

なかごいれフレーム・ラック 中子入れフレーム・ラック，Kernlagergestell 中，core rack 鋳造 設備

なかごおさえ 中子押え，Kernstütze 女，chaplet，box stud 鋳造 機械

なかごおさめき 中子納め機（中子セッター），Kerneinleger 男，core mask，core setter 鋳造 設備 機械

なかごかんそうろ 中子乾燥炉，Kerntrockenofen 男，core-baking oven 鋳造 機械 設備

なかごきょうきゅうき 中子供給機，Kernschießmaschine 女，core feed maschine 鋳造 機械

なかごずな 中子砂，Kernsand 男，core moulding sand 鋳造 機械 非金属

なかごセッター 中子セッター，Kerneinleger 男，core mask，core setter 鋳造 設備 機械

なかごぞうけいき 中子造型機，Kernformmaschine 女，core-moulding machine 鋳造 機械

なかごとり 中子取り，Kernkasten 男，core box 鋳造 機械

なかごはいち 中子配置，Kernlagerung 女，core storage，core placement 鋳造 操業 機械

なかごほかん 中子保管，Kernlagerung 女，core storage，core placement 鋳造 操業 機械

ながさ 長さ，Länge 女，length，duration 機械

ながてブランチ 長手ブランチ，Längszweig 男，branch in longitudinal 機械

電気 化学

ながてほうこうへうごく 長手方向へ動く，längsbeweglich，英 move in longitudinal 機械

なかぼそノズル 中細（なかぼそ）ノズル，doppeltrichterförmiges Rohr 中，類 Lavaldüse 女，converging and diverging nozzle，laval nozzle 機械

ながめの 長めの，länglich，elongated，longish 機械 全般

ながれ 流れ（水，ガス，EMS など），Strömung 女，flow；erzwungene Strömung（強制流），forced stream 機械 エネ 電気

ながれ 流れ，Verlauf 男，course，process，run，flow 操業 設備

ながれこむ 流れ込む，einmünden，英 discharge into 機械

ナサカウリング NACA（米国国家航空宇宙諮問委員会）カウリング，NACA-Haube 女，NACA-cowling 機械 航空

ナジオン・バジオンせん ナジオン・バジオン線［ナジオン（鼻根点）・鞍結節・バジオンを結ぶ線の成す角を基底角という］，NBL = Nasion-Basion-Linie = Nasion-Basion-Line 医薬

なだらかな（こうばいなど） なだらかな（勾配など），sanft，英 gently-sloping；der sanfte Übergang［なだらかな移行・変化（部位）］機械 化学 数学 統計

ナックルジョイント Kardangelenk 中，cardan joint，knuckle joint 機械

ナックルつぎて ナックル継ぎ手，Wellengelenk 中，knuckle joint，universal joint 機械

ナックルリンク Knickgelenk 中，converting kit 機械

ナットタップ Muttergewindebohler 男，nut tap 機械

ナットどめそうち ナット止め装置，Schraubensicherung 女，screw locking，screw retention，securing screw，nut locking devic 機械

ナトリウムありゅうさんえん ナトリウム亜硫酸塩，Natriumsulfit 中，sodium sulphite 化学 バイオ

ナトリウムセルロースりゅうさんえん ナトリウムセルロース硫酸塩, NACS = Natriumzellulosesulfat = cellulose sulfate sodium salt 化学 バイオ

ナトリウムデオキシコレート (膜タンパク質の抽出に使用される非変性界面活性剤, 膜レセプタおよびほかの原形質膜タンパク質の抽出, 核分離に適している. 出典: Sigma-Aldrich ホームページ), NaDOC = Natriumdesoxycholat = sodium deoxycholate 化学 バイオ

ナトリウムはいしゅついんし ナトリウム排出因子(副腎皮質から分泌される電解質調節ステロイド), SEF = 英 sodium excreting factor = Natriumausscheider Faktor 医薬

ななアミノよんメチルクマリン 7アミノ4メチルクマリン(分光蛍光光度計を用いたプロテアーゼ活性を測定することなどに用いられる. 出典: 日本分光, FP-Application data), AMC = 7-Amino-4-Methylcumarin 化学 バイオ 光学

ななめながれタービン 斜め流れタービン, Diagonal-Turbine 女, diagonal-turbine 機械

ナノスケールの nanoskalig, 英 nano-scale 化学 バイオ 材料

ナノたこうせいの ナノ多孔性の, nanoporös, 英 nanoporous 化学 バイオ 材料

ナノろか ナノ濾過(1~10kDの濾過能力), Nanofiltration 女, nanofiltration 化学 バイオ

ナビエーストークスのうんどうほうていき ナビエーストークスの運動方程式, Navier-Stokes Gleichung 女, Navier-Stokes equation of motion 化学 物理

ナフチルイソチオシアネート NIT = Naphthylisothiozyanat = naphthyl-iso-thiozyanate 化学 バイオ 医薬

なまえのへんこう 名前の変更, Umbenennen 中, rename 電気

なまえをつける 名前を付ける(ファイルなどに), benennen, 英 name 電気

なまがた 生型, Grünerform 女, green sand mould 鋳造 非金属

なまこ・ずく (銑鉄, 銑), Massel 女, 類 Roheisen 中, pig of iron, bloom, ingot 製銑 精錬 鋳造

なまずな 生砂, Grünsand 男, green sand 鋳造 非金属

なまずながた 生砂型, Nassgussform 女, 類 Grünsandform 女, green-sand mold 鋳造 機械 非金属

なまなかご 生中子, grüner Gusskern 男, green core 鋳造 非金属

なみおこしき 波起し機, WG = Wellengenerator = wave generator 機械 電気

なみがたかん 波形管, Faltenrohr 中, 類 Wellrohr 中, corrugated pipe 機械 材料

なみがたにする 波形にする, wellen, 英 wave 機械

なみがたばねざがね 波形ばね座金, Federscheibe 女, wave spring washer 機械

なみがたマーク 波形マーク, Rattermarke 女, corrugations 材料 機械

なみすうをふたつもつ 並数を二つ持つ, bimodal, 英 bimodal 数学 統計

なみば 並歯, Normalzahn 男, full depth tooth 機械

なみめねじ 並目ねじ, Grobgewinde 中, 類 Regelgewinde 中, coarse thread, coarse screw thread 機械

なみめやすり 並目やすり, kreisbogenverzahnte Feile 女, 類 gefräste Feile, vixen file 機械

なみよけいた 波よけ板, Wellenbrechungsplatte 女, wash board, dash plate 機械 建設

ならい Führungslehre 女, 類 Schablohne 女, jig, contour gauge, templete 機械 鋳造

ならい Profil 中, profile 機械 材料 建設

ならいけずり ならい削り, Nachformung 女, 類 Profilierung 女, profiling, contour turning 機械

ならいせんばん ならい旋盤, Kopierdrehbank 女, 類 Formdrehmaschine 女, cotouring lathe 機械

なんエックスせんコンピュータトモグラフィー　軟 X 線コンピュータトモグラフィー, SXCT = 英 soft X-ray computer tomography 化学 バイオ 医薬 地学

なんエックスせんゆうきこうでんしぶんこうほう　軟 X 線誘起光電子分光法, XPS = 英 X-ray-induced Photoelectron Spectroscopy = RPS = Röntgenphoto-elektronenspektroskopie 電気 光学 材料 化学 バイオ 物理

なんか　軟化, Erweichung 女, softening, sintering 材料 製銑 化学

なんかかいし　軟化開始, WA = Weichenanfang = start of softening 物理エネ 材料

なんこう　軟膏, Salbe 女, ointment 医薬 機械 化学

なんこつそしき　軟骨組織, Knorpelgewebe 中, chondroid tissue 医薬

なんしつはんだ　軟質はんだ, Weichlöten 中, softsolder, softsoldering 材料 機械 電気

ナンセンスとつぜんへんい　ナンセンス突然変異, Nichtsinnmutation 女, non-

sense mutation バイオ 医薬

なんちょう　難聴, Schwerhörigkeit 女, hearing disorder, deafness, hypacusis, auditory disorder 医薬 音響

ナンド（論理回路）［論調和(AND)の否定演算回路, 否定論理積］, NAND = 英 not and = nicht und 電気

なんびょう　難病, (nahezu) unheilbare Krankheit 女, incurable disease バイオ 医薬

なんぶそしきのサーマルインデックスふかさ　軟部組織のサーマルインデックス深さ, TIS = 英 soft tissue thermal index = thermischer Index des Weichgewebes 医薬 音響

なんろうづけ　軟ろう付け,Weichlöten 中 (軟質をはっきりさせる場合には, Löten 中 ではなく, この語を用いる), softsolder, softsoldering 材料 機械 電気

なんろうづけ・はんだづけ　軟ろう付け, はんだ付け, 英 soldering, Löten 中, 関 英 brazing, Löten 中 (硬ろう付け, ろう付け), (ドイツ語としては, 共に Löten を用いる) 材料 機械 電気

に

に-アミノエタンチオール　2-アミノエタンチオール(シスチン排出疾患の治療などに用いられる), MEA = β-Mercaptoethylamin = beta.-mercapto ethylamine 化学 バイオ 医薬

ニードルころじくうけ　ニードルころ軸受, Nadellager 中, needle roller bearing 機械

ニードルちょうせいべん　ニードル調整弁, Nadelregulator 男, 類 Nadelreglierventil 中, needle regulator 機械

ニードルべん　ニードル弁, Nadelventil 中, needle valve 機械

ニードルべんあんない　ニードル弁案内, Nadelventilführung 女, needle valve guide 機械

におろし　荷降ろし, Entlastung 女, re-

lief, unloading 機械

におろしステーション　荷降ろしステーション,Entleerungsstation 女,discharging station 機械 設備

にがし　逃がし, Fluchtung 女, alignment 機械

にがしべん　逃がし弁, Entlastungsventil 中, 類 関 Entlüftungsventil 中,blow-off valve, relief valve, air bleeder valve 機械 製銑 精錬 化学 エネ

にか　二価の(イオンの), 独 divalent, 類 zweiwertig, 英 divalent 化学

にかわでつける　膠でつける, leimen, 英 glue 機械 化学

にぎょうの　二行の, zweizeilig, two-line, double-spaced 電気 印刷

にくじゅうばいよう　肉汁培養, Bouil-

lonkultur 女, bouillon culture バイオ

にくしょくじゅう 肉食獣, Karnivore 男, 類 Fleischfresser 男, 関 Herbivore 男, Pflanzenfresser 男, carnivore バイオ

にくもりようせつ 肉盛溶接, Auftragsschweißung 女, build-up welding 溶接 機械 建設

にげ 逃げ, Fluchtung 女, alignment 機械

にげかく 逃げ角, Freiwinkel 男, clearance angle 機械

にげみぞのはば 逃げ溝の幅, Gewindefreistiche 女, width of thread undercut 機械

にげめん 逃げ面, Freifläche 女, flank, freespace, open space 機械

にげんけいの 二元系の, binär, 関 ternär, quaternär, 英 binary; binäres Gleichgewichtsschaubild 中 (二元系平衡状態図) 製銑 精錬 材料 化学 鉄鋼 非鉄

にげんれいとうき 二元冷凍機(二台の冷凍機と二種類の冷媒を用いて急冷する), Zweistoff-Kältemaschine 女, dual refrigerating machine 電気 機械 設備

にこうしきゅうしゅう 二光子吸収, TPA =英 two-photon absorption= Zwei-Photonen Absorption 電気 光学 化学

にこうしひかりそうあんていせい 2光子光双安定性, 2POB =英 two-photon optical bistability = Zwei-Photonen-Licht-Bistabilität 光学 物理 電気

に・ごオリゴアデニレートシンセターゼ 2-5オリゴアデニレートシンセターゼ[2,5 −オリゴアデニル酸合成酵素活性がIFN (インターフェロン) 療法での生体反応の指標として検査される], OAS = Oligoadenylatsynthetase = oligoadenylate synthesis 化学 バイオ 医薬

ニコチンアミドアデニンジヌクレオチド (多くの酸化還元酵素反応に関与する補酵素の一種であり,補酵素Ⅰとも呼ばれる), NAD = Nicotinsäureamid-Adenin-Dinucleotid = nicocinamide-adenine dinucleotide バイオ 医薬

ニコチンアミドアデニンジヌクレオチドり

んさん ニコチンアミドアデニンジヌクレオチドりん酸(補酵素Ⅱとも呼ばれる), NADP = Nicotinsäureamid-Adenin-Dinucleotid Phosphat=英 nicocinamide-adenine dinucleotide phosphate バイオ 医薬

にサイクルエンジン 二サイクルエンジン, Zweitaktmotor 男, two-stroke engine 機械

に・さんジエチルごメチルピラゼリン 2.3 ジエチル5メチルピラゼリン, DEMP = 2.3-Diethyl-5-methylpyrazelin 化学

に・さん・なな・はちテトラクロロジベンゾパラジオキシン 2,3,7,8-テトラクロロジベンゾ -p- ジオキシン[(慣用名)2,3,7,8- テトラクロロジベンゾ -p- ダイオキシン, 2,3,7,8- 四塩化ジベンゾパラジオキシン], TCDD = 2,3,7,8-Tetrachlordibenzo-p-dioxin = 英 2,3,7,8-tetrachlordibenzo-p-dioxin, $C_{12}H_4C_{14}O_2$ 化学 バイオ 医薬 環境

に・さん・よん・ごトリメトキシフェニルシクロプロパンアミン 2-(3,4,5- トリメトキシフェニル) シクロプロパンアミン [$C_{12}H_{17}NO_3$, 体系名 2-(3,4,5- トリメトキシフェニル) シクロプロパンアミン], TMT = 2-(3,4,5-Trimethoxyphenyl) cyclopropanamine 化学 バイオ

にじアメーバせいずいまくのうえん 二次アメーバ性髄膜脳炎, SAM = sekundäre Amöben-Meningoenzephalitis = secondary amebas meningoencephalitis 医薬

にじイオンけんびぶんせき 二次イオン顕微分析, SIMA = Sekundärionenmikroanalyse = secondary ion microanalysis 化学 物理 材料

にじイオンしつりょうぶんせきほう 二次イオン質量分析法, SIMS = 英 secondary ion mass spectroscopy 化学 材料 電気 物理

にじかんせん 二次感染, Sekundärinfektion 女, secondary infection, SI 医薬

にじぎょうこ 二次凝固, Sekundärerstarrung 女,secondary solidification 精錬 連鋳 材料

にじくうきふんしゃそうち 二次空気

噴射装置, Sekundärlufteinblasung 囡,
secondary air injection system 機械 エネ

にじくえんしんポリプロピレン　二軸延
伸ポリプロピレン, OPP = 英 biaxial oriented polypropylene = biaxial gereckter Polypropylen 化学 材料

にじくボギーしゃ　二軸ボギー車, zweiachsiger Drehgestellwagen 男, double-axle bogie car 交通 機械

にじげんめんえきでんきえいどうほう
二次元免疫電気泳動法(主としてゲル電
気泳動法での分解能の向上のため, 二
段階に分けて別種の電気泳動法を適用
することがあり, それをこのように呼ぶ),
ZIE = zweidimensionale Immunelektrophorese = two-dimensional immunoelectrophoresis 化学 バイオ 医薬 電気

にじせいれん　二次精錬, Sekundärmetallurgie 囡, secondary refining 精錬
材料

にじセメンタイト　二次セメンタイト,
Sekundärzementit 男, secondary cementite 材料 鋳造 鉄鋼 非鉄

にじちんでんタンク　二次沈殿タンク,
NKB = Nachklärbecken = second sedimentation besin 化学 バイオ 環境 設備

にじでんしぞうばいかん　二次電子増倍
管, Photomultiplier 男, 類 Sekundärelektronen-Vervielfacher 男, secondary
electron multiplier, photomultiplier,
PMT 電気 光学 機械

にじでんしでんどうさつぞうかん　二次
電子伝導撮像管, SEC = 英 secondary
electron conduction = Sekundärelektronenleitung 物理 光学 電気

にじねんしょう　二次燃焼(アフターファイ
ヤー), Nachverbrennung 囡, post combustion 機械 精錬 操業 設備 エネ

にじふんしゃ　二次噴射, Sekundäreinspritzung 囡, secondary injection 機械

にしゃせん　二車線, Parallelspur 囡,
parallel lanes 機械 交通

にじゅうあてがねリベットけつごう　二重
当て金リベット結合, Doppellaschennietung 囡, 類 関 Vernietung mit zwei

Laschen 囡, revetting with double
conector 機械

にじゅうインチモニター　20インチモニ
ター, 20-Zoll-Monitor 男, 20 inch monitor 電気

にじゅうふくげんきこう　二重復元機構,
doppelt gesteuerter Ausgleichungsmechanismus 男, double compensator 機械

にじゅうまくろかけっしょうこうかんほう
二重膜濾過血漿交換法, DFPP = Doppelfiltration-Plasmapherese = double
filtration plasmapheresis 医薬

にじゅうめもり　二重目盛, Doppelmaßstab 男, double scale 機械 電気

にじゅうらせん　二重らせん, Doppelhelix 囡, double helix バイオ

にじょうき　二畳紀, Perm 中, 英 the
Permian 地学 物理 バイオ

にしょくせいの　二色性の, dichroitisch,
英 dichroic, 英 dichromatic 光学 電気

にせいぶんらんりゅうきょくげん　二
成分乱流極限(レイノルズ応力方程式モ
デル関連), TCL = 英 two compornent
turbulence limit 物理 機械

にせんねんたいおうの　2000年対応の,
Jahr-2000-kompatibel 電気

にそく　二速, Sekundärübersetzung 囡,
secondary transmission, secondary
ratio 機械

にだい(側板の開くトラックの)荷台,
Pritsche 囡, loading bed, platform 機械

にだんくうきあっしゅくき　二段空気圧
縮機, zweistufige Luftpumpe 囡, two
stage air pump, two stage air compressor エネ 機械

にだんの　二段の, zweigängig, 英 double thread 機械

にだんふんしゃべん　二段噴射弁, Duplex-Zerstäuber 男, two stage atomizer 機械

**にちべいイーユーいやくひんきせいちょ
うわこくさいかいぎ**　日米EU医薬品規
制調和国際会議, ICH = 英 International Conference on Harmonisation of

Technical Requirements for Registration of Pharmaceuticals for Human Use 医薬 組織 規格

ニッケルめっき Nickel-Platttierung 女, nickel plating 材料 機械 化学

にっちゅうそうこうとうきそく 日中走行燈規則, TFL = Tagesfahrlichtgebot = daytime running lights rule 機械 電気 法制度

ニッパー Drahtabschneider 男, 類 Kneifzange 女, nippers, wire cutter 材料 機械

につめられた (問題が) 煮詰められた, eingekreist, 英 encircled, 英 fully discussed 全般

にてんサポート 二点サポート, Zweipunktauflage 女, two-point support 機械

ニトロあんそくこうさん ニトロ安息香酸, NBS = Nitrobenzoesäure = nitro benzoic acid 化学 バイオ

ニトログリセリン NG = Ngl = Nitroglycerin = nitroglycerin 化学 軍事

ニトロソか ニトロソ化, Nitrosierung 女, nitosation 化学 バイオ

ニトロソグアニジン (1-メチル-1-ニトロソ-3-ニトログアニジン), NG = Nitrosoguanidin (verbindungen) = MNG = MNNG = 1-Methyl-2-nitro-1-nitrosoguanidine 化学 バイオ 医薬 軍事

ニトロフェニルりんさん ニトロフェニルリン酸, NPP = Nitrophenylphosphat = nitrophenylphosphate 化学 バイオ

ニトロベンゼン NB = Nitrobenzol = nitrobenzene 化学 バイオ 医薬

にないばね Tragfeder 女, bearing spring, suspention spring 機械

にばいたいの 二倍体の, 独 diploid, 英 diploid 化学

にはちょうそっこうほう 二波長測光法, Zweiwellenlängenphotometrie 女, dual-wavelength method 化学 光学

にばんがり 二番刈り, Nacherntre 女, post-harvest バイオ

にばんどりする 二番取りする, hinter-drehen, 英 relieving 操業 設備 機械

にばんどりせんばん 二番取り旋盤, Hinterdrehmaschine 女, relieving lathe 機械 材料

にフルオロさくさんメチル 2-フルオロ酢酸メチル(TCA 回路阻害毒), MFA = Methylfluoroacetat = methylfluoroacetate 化学 バイオ 医薬

にへんりょうぶんせき 二変量分析, die bivariate Analyse 女, bivariate analysis 数学 統計 品質

にほうこうせいさんたんしサイリスタ 二方向性三端子サイリスタ, Triac = bidirectional triode thyristor = Zweirichtungs-Thyristortriode 電気 機械

にほんじどうしゃこうぎょうきかくきょうかい 日本自動車工業規格協会, JASO = 英 Japan Automotive Standards Organisation 材料 機械 規格 組織

にほんふんたいこうぎょうぎじゅつきょうかい 日本粉体工業技術協会, APPIE = 英 The Asociation of Powder Process Industry and Engineering 化学 物理 組織 全般

にめんはば 二面幅, Schlüsselweite 女, width across flat 機械

にゅういん 入院, die Aufnahme des Patienten 女, hospitalization 医薬

にゅういんせつびのてきせつなめっきん 入院設備の適切な滅菌, SIP = 英 sterilization in place = Sterilisation einer stationären Anlage バイオ 医薬

にゅういんてつづき 入院手続き, Krankenhausaufnahmeformalitäten 中 複, 英 formalities needed for inpatient treatment, hospitalization procedures 医薬 経営

にゅうかざい 乳化剤, Emulgator 男, emulsifier 化学

にゅうがん 乳癌, Brustkrebs 男, 類 Mammakrebs 男, Mammakarzinom 中, breast cancer, mammary cancer, mammary carcinoma 医薬

にゅうさん 乳酸, Laktat 中, lactate 化学 バイオ

にゅうじとつぜんししょうこうぐん 乳児突然死症候群, SIDS = 英 sudden infant death syndrome = Syndrom"plötzlicher Tod im Säuglingsalter" 医薬

にゅうしゃかく 入射角（仰角, 高低角）, Anstellwinkel 男, 類 関 Erhöhungswinkel 男, Erhebungswinkel 男, Einfallswinkel 男, elevation angle, angle of attack（AOA）, apporch angle, angle of incidence, angle of inclination 機械 光学 エネ 電気

にゅうしゃたん 入射端, Eintrittsende 中, incident end, incident edge 光学

にゅうしゃてん 入射点, Auftreffposition 女, beam index, probe index, point of incidence, point of entry 光学

にゅうしゃは 入射波, einfallende Welle 女, incidence wave 電気 光学

にゅうしゃほうしゃ 入射放射, auftreffende Strahlung 女, 類 einfallende Strahlung, incident radiation 光学

にゅうしゃまど 入射窓, Strahlungseintrittsfenster 中, radiation entry window 光学 電気 機械

にゅうしゃめん 入射面, Eintrittsfläche 女, 類 Einfallsebene 女, incident face 光学

にゅうとうえん 乳頭炎, Papillitis 女, papillitis, mamillitis, thelitis, mammillitis 医薬

にゅうとうせっかいじゅつ 乳頭切開術, Papillotomie 女, papillotomy 医薬

にゅうねつ 入熱, eingebrachte Wärme 女, 類 Wärmeeinbringen 中, heat input 溶接 材料 機械 電気 エネ

にゅうねつゾーン 入熱ゾーン, Wärmeintragszone 女, heat inputted zone 溶接 材料 機械

にゅうりょくしんごう 入力信号, Eingangsgröße 女, input signal, input variable 機械 電気

にゅうりょくする 入力する, eingeben, input 電気

にゅうりょくマスク 入力マスク, Eingabemaske 女, input mask 電気

にゅうりん 乳輪, Hof 男, areola, aureole 化学 バイオ 医薬 光学

にょういせっぱくかん 尿意切迫感, Harndrang 男, urinary urgency 医薬

にょうかん 尿管, Harnleiter 男, ureter 医薬

にょうさいかんきていまく 尿細管基底膜, TBM = tubuläre Basalmembran = tubular basement membrane 医薬

にょうさん 尿酸, Harnsäure 女, uric acid 化学 バイオ 医薬

にょうしっきん 尿失禁, Harninkontinenz 女, incontinence of urine 医薬

にょうせいしょくきけっかく 尿生殖器結核, UGT = Urogenitaltuberkulose = urogenital tuberculosis 医薬

にょうせいしょくろ 尿生殖路, UGT = Urogenitaltrakt = urogenital tract 医薬

にょうせきしょう 尿石症, Harnsteinleiden 中, urolithiasis 医薬

にょうそかいろ 尿素回路（肝臓に存在し, 主にタンパク質として摂取した窒素の大部分を尿素として排出し, 五つの酵素反応より成っている）, Harnstoffzyklus 男, urea cycle 化学 バイオ 医薬

にょうそちっそ （血液中）尿素窒素, UN = 英 urea nitrogen = BUN = 英 blood urea nitogen = Harnstoffstickstoff = Blut-Harnstoff-Stickstoff 化学 バイオ 医薬

にょうそホルムアルデヒド（じゅし） 尿素ホルムアルデヒド（樹脂）, UF = Urea-od.Harnstoff-Formaldehyd = urinary formaldehyde 化学 材料

にょうちゅうじゅうもうまくせいせいせんしげきホルモン （妊婦の）尿中絨毛膜性性腺刺激ホルモン, UCG = Urinchoriongonadotropin = urinary chorionic gonadotropin バイオ 医薬

にょうちゅうビリルビン 尿中ビリルビン, UB = Urobilirubin 医薬

にょうどう 尿道, Harnröhre 女, urethra 医薬

にょうどうえん 尿道炎, Harnröhrenentzündung 女, 類 Urethritis 女, urethritis 医薬

にょうどうかつやくきん 尿道括約筋, Harnröhrenschließmuskel 男, 類 Harnröhrensphinkter 男, sphincter muscle of urethra 医薬

にょうどうダイレータ 尿道ダイレータ, 英 ureteral dilator 医薬

にょうどうぼうこうぞうえい（ず） 尿道膀胱造影（図）, UCG = Urethrocystogramm = urethrocystogram 医薬 放射線

にょうどくしょう 尿毒症, Harnvergiftung 女, 類 Urämie 女, uremia, uraemia 医薬

にょうどくしょうせいアシドーシツ 尿毒症性アシドーシス, UA = urämisches Azidose = uremic acidosis バイオ 医薬

にょうはいせつしけん 尿排泄試験, UET = Urinexkretionstest = urinary excretion test 医薬

にょうろ 尿路, Harnwege 男 複, urinary tract 医薬

にょうろかそくど 尿濾過速度, UFR = Urinfiltrationsrate = urine filtration rate 医薬

にりゅうかたんそ 二硫化炭素, Schwefelkohlenstoff 男, carbon bisulfide, carbon disulfide, CS₂, SK 化学

にりゅうかモリブデン 二硫化モリブデン, MDS = Molybdändisulfid = molybdenum disulphide 化学

にりょうたい 二量体, Dimer 中, dimer 化学 バイオ

にりょうたいしぼうさん 二量体脂肪酸, Dimerfettsäure 女, dimer fatty acid 化学 バイオ

にる 煮る, garen, 英 cook, 英 boil 化学 食品

にんいの 任意の, beliebig, 類 willkürlich, 英 arbitary, 英 optional, 英 voluntary 全般 法制度

にんげんによっておきかえられた 人間によって置き換えられた, anthropogen, 英 anthropogenic 化学 バイオ 環境 地学

にんしきそうち 認識装置, Erkennungseinrichtung 女, detecting means, detection unit, detection device, detection equipment 電気 機械 設備

にんしょう 認証, Zertifizierung 女, 関 Identifizierung 女, certification 化学 電気 機械 規格 全般

にんしょうひょうじゅんぶっしつ 認証標準物質, zertifiziertes Referenzmaterial 中, ZRM, CRM, certificated reference material 化学 バイオ 材料 電気 規格

ニンジン （小形のニンジン）, Möhre 女, carrot バイオ

にんちしょう 認知（症）, Dementia 女, 類 Demenz 女, Verblödung 女, dementia, deterioration 医薬

にんていきけんはいきぶつしょうきゃくせつび 認定危険廃棄物焼却設備, SAV = Sonderabfallverbrennungsanlage 女, harzardous waste incineration plant, authorized special waste incineration plant 環境 エネ 設備 機械

にんていしけん 認定試験, QT = Qualifikationstest = qualification test 品質 操業 設備 経営

ニンニク Knoblauch 男, garlic バイオ

ぬ

ヌクレオシドニりんさん ヌクレオシドニりん酸, NDP = Nukleosiddiphosphat = nucleoside diphosphate バイオ 医薬

ぬれひっぱりつよさ 濡れ引張り強さ, Nasszugfestigkeit 女, green tensile strength, wet tensile strength 鋳造 機械 非金属

ね

ネガティブキャスターかく ネガティブキャスター角, Vorlaufwinkel 男, negative caster angle, offset angle 機械

ねじあたま ねじ頭, Schraubenkopf 男, screw head 機械

ねじあな ねじ穴, Schraubenloch 中, bolt hole, screw hole 機械

ねじかいてんりょうけんしゅつき ねじ回転量検出器, Drehwertgeber 男, rotary encoder 機械

ねじきりせんばん ねじ切り旋盤, Gewindeschneiddrehbank 女, thread cutting lathe 機械

ねじきりロッド ねじ切りロッド, Gewindestange 女, all threaded rod 機械

ねじクランプ Schraubklemme 女, screw terminal,screw clamp 電気 機械

ねじゲージ Gewindelehre 女, thread gauge 機械

ねじこていそうち ねじ固定装置, Schraubensicherung 女, screw locking, screw retention, securing screw, nut locking device 機械

ねじこみかんつぎて ねじ込み管継手, Rohrverschraubung 女, screwed connection, threaded pipe union 機械 材料

ねじこみくちがね ねじ込み口金, Schraubdeckel 男, screw-down cover, screw cap, screw-type closure 機械

ねじこみたんし ねじ込み端子,Schraubklemme 女, screw terminal, screw clamp 電気 機械

ねじこみフランジ ねじ込みフランジ, Gewindeflansch 男, threaded flange 機械

ねじさき ねじ先, Gewindeende 中, screw end 機械

ねじしたぎり ねじ下切り, Gewindebohrer 男, tap drill 機械

ねじしめかなぐ ねじ締め金具, Spannschloss 中, tension lock, tightener, turnbuckle 機械

ねじそうにゅうそうち ねじ挿入装置, Schraubeneinfädelmittel 中, screw insert device 機械

ねじたいぐう ねじ対偶, Schraubenpaar 中, screw pair 機械

ねじタップ ねじタップ,Gewindebohrer 男, tap drill 機械

ねじたてばん ねじ立て盤, Gewindebohrmaschine 女, tapping machine 機械

ねじてんぞうばん ねじ転造盤, Gewindewalzmaschine 女, thread rolling machine 機械

ねじのたかさ ねじの高さ, Gewindetiefe 女, depth of thread 機械

ねじはぐるま ねじ歯車, Schraubrad 中, wheel with gear 機械

ねじピン Gewindestift 男, 類 Gewindezapfen 男, threaded pin, threaded stud 機械

ねじぶながさ ねじ部長さ, Gewindelänge 女, length of thread 機械

ねじボルト Schraubbolzen 男, screw bolt, SB 機械

ねじポンプ Schraubenpumpe 女, screw pump 機械

ねじまわし ねじ回し, Schraubenzieher 男, screw driver 機械

ねじやま ねじ山, Einschraubgewinde 中, integral thread, screw thread 機械

ねじやまゲージ ねじ山ゲージ, Gewindeschablone 女, screw-pitch gauge 機械

ねじやまのかくど ねじ山の角度, Flankenwinkel 男, bevel angle, angle of thread 機械

ねじやまのかず ねじ山の数, Gangzahl 女, number of threads, number of gears 機械

ねじりごうせい ねじり剛性,Torsionssteifigkeit 女, 類 Verwindungssteifigkeit 女, Verdrehungssteifigkeit 女, torsional rigidity, torsion-resistant stiffness, torque stiffness 材料 建設

ねじりぼうけんか ねじり棒懸架, Drehstabfeder 女, torsion bar spring 機械

ねじれかく ねじれ角, Schrägungswinkel 男, 類 Torsionswinkel 男, Verdrehungswinkel 男, angle of torsion, warp angle, helix angle（ねじ，歯車，切削工具ほか）, 材料 機械

ねじれのない verzugsfrei, 英 distortion-free, 英 without deformation 材料

ねじれ刃ドリル ねじれ刃ドリル, Spiralbohren 中, twist drilling 機械

ねじれんけつき ねじ連結器, Verschraubung 女, screw connection, 機械

ねつあんていざい 熱安定剤, Wärmestabilisator 男, heat stabilizer 化学 材料 操業

ねつえいきょうぶ 熱影響部, Wärmeeinflusszone 女, WEZ, heat affected zone（HAZ）溶接 材料 機械

ねつおうりょく 熱応力, Wärmespannung 女, thermal stress, thermal strain 機械 材料 溶接 エネ

ねつかくさんていこうせい 熱拡散抵抗性, Diffusionsdichtigkeit 女, diffusion density, impermeability, seal integrity 機械 エネ 物理 化学

ねつかそせいじゅし 熱可塑性樹脂, TPE = 英 thermoplastic elastmere = Thermoplastischer Kunststoff 化学

ねつかそせいの 熱可塑性の, thermoplastisch, 英 thrmoplastic 化学 材料 鋳造

ねつかそせいポリウレタン 熱可塑性ポリウレタン, TPU = thermoplastisches Polyurethan 化学 材料

ねっかんあつえん 熱間圧延, Warmwalzen 中, hot rolling 材料 操業 設備

ねっかんかこうこうぐこう 熱間加工工具鋼, Warmarbeitsstahl 男, hot forming tool steel, hot working steel 材料 鉄鋼 機械

ねっかんせいちょうさんかひまく 熱間成長酸化皮膜（セラミック層と合金層の間で成長する界面酸化層）, TGO = 英 thermally grown oxide layer 材料 設備

ねつかんりゅうりつ 熱貫流率, Wärmedurchgangszahl 女, coefficient of overall heat transmission エネ 材料 化学 機械

ねつきでんりょく 熱起電力, thermoelektrische Kraft 女, thermo-electromotive force 電気 機械

ねつきょうきゅう 熱供給, Wärmeführung 女, heat control, heat conduction 機械 エネ 化学

ネックリング Halsring 男, neck ring 機械

ねつこうかせいの 熱硬化性の, duroplastisch, 英 thrmosetting 化学 材料 鋳造

ねつこうかんき 熱交換器, Wärmeaustauscher 男, heat exchanger, WAT, WA エネ 機械

ねつこうりつ 熱効率, TE = 英 thermal efficiency = thermischer Wirkungsgrad エネ 機械 化学 操業 設備

ねっしゃびょう 熱射病, Hyperthermie 女, heatstroke 医薬

ねつじゅうりょうの 熱重量の, thermogravimetrisch, 英 thermogravimetric エネ 化学 物理

ねつじゅうりょうぶんせき 熱重量分析（熱重量分析法, 熱重量測定, 熱てんびん法）, TG = Thermogravimetrie = thermogravimetry 物理 化学 エネ 材料

ねつしゅつりょく 熱出力, Wärmeauskopplung 女, heat extraction, heat decoupling エネ 機械 化学

ねつしょうげき 熱衝撃, thermischer Stoß 男, thermal shock 材料 溶接 エネ 化学 原子力 機械

ねつしょうひの 熱消費の, wärmeverbrauchend, 英 heat consuming, 英 endothermal 機械 材料 化学 エネ 物理

ねつしょりこう 熱処理鋼, Vergütungsstahl 男, heat-treatable steel 材料 鉄鋼

ねつしょりした 熱処理した, V = vergütet = heat-treated 材料

ねつスイングきゅうちゃくほう 熱スイング吸着法, TSA = 英 thermal swing adsorption 化学 設備

ねつせいぎょ 熱制御（熱伝達）,

Wärmeführung 女, heat control, heat conduction 機械 エネ 化学 操業 設備

ねっせんふうそくけい 熱線風速計, Hitzdrahtanemometer 男, hot-wire instrument, thermal anemometer 機械 物理 環境 エネ

ねつぞうきょうこうかひ 熱増強効果比, TER = 英 thermal enhancement ratio 医薬 放射線

ねったいこううかんそくえいせい 熱帯降雨観測衛星, TRMM = 英 tropical rainfall measuring mission 化学 バイオ 電気 航空 物理 気象 環境

ねつちゅうせいしろ 熱中性子炉, thermischer Reaktor 男, thermal reactor 物理 原子力 放射線 設備

ねつでんおんどけい 熱電温度計（パイロメーター）, thermoelektrisches Thermometer 中, thermoelectric thermometer, pyrometer エネ 機械

ねつでんかいイオンほうしゅつ 熱電界イオン放出, TFIE = 英 thermal-field ion emission = Wärmefeld-Ionenemission 物理 電気 化学

ねつてんしゃプリンタ 熱転写プリンタ, Thermotransferdrucker 男, thermal transfer printer 電気 印刷

ねつでんたつ 熱伝達（熱制御）, Wärmeführung 女, heat control, heat conduction 機械 エネ 化学

ねつでんたつのう 熱伝達能, Wärmeübertragungsleistung 女, heat transmission capacity 機械 材料 化学 エネ 物理

ねつでんたつりつ 熱伝達率, Wärmeübergangszahl 女, 類 Wärmeübergangskoeffizient 男, heat transfer coefficient 機械 材料 化学 エネ 物理

ねつでんでんあつ 熱電電圧, TEV = thermoelectric voltage = Thermospannung 電気

ねつでんどうどけんしゅつき 熱伝導度検出器, WLD = Wärmeleitfähigkeitsdetektor = TCD = thermal conductivity detector 化学 物理 電気 エネ

ねつでんどうりつ 熱伝導率, Wärmeleitzahl 女, 類 Wärmeleitfähigkeit 女, thermal conductivity エネ 材料 化学 機械 連鋳 鋳造

ねつでんへいきゅうコージェネぎじゅつ 熱電併給コージェネ技術, Technik der gleichzeitigen Strom-und Wärmeerzeugung 女, 電気 エネ 機械 環境

ねつでんへいきゅうコージェネレーション 熱電併給コージェネレーション, Kraft-Wärme-Kopplung 女 エネ 電気 機械 環境

ねつとうりょう 熱当量, Wärmeäquivalent 中, thermal equivalent, heat equivalent エネ 物理 化学 機械

ネットワークせいぎょ ネットワーク制御, Netzführung 女, network control 電気 機械

ネットワークノード NK = Netzknoten, network junction = network centre 電気

ねつにふあんていの 熱に不安定の, hitzelabil, 関 hitzestabil, 英 heat labile 化学 精錬 材料

ねつのうけいれとほうしゅつ 熱の受け入れと放出, Wärmeeinnahme und –ausgabe 女, heat receipt and output エネ 材料 化学 機械

ねつふういんかのうな 熱封印可能な, heißsiegelfähig, 英 heat-sealable 機械

ねっぷうろ 熱風炉, Heißwindofen 男, 類 Cowper 男, hot blast stove 製銑 エネ

ねっぷうろガス 熱風炉ガス, Cowperabgas 中, cowper gas 製銑 エネ

ねつフラクトグラフィー 熱フラクトグラフィー, TFG = Thermofraktographie = thermofractography 化学 バイオ 医薬 光学

ねつぶんかい 熱分解, Pyrolyse 女, pyrolysis 機械 エネ 化学

ねつぶんかいでんかいイオンかしつりょうぶんせきほう 熱分解電界イオン化質量分析法, Py-FIMS＝Pyrolyse-Feld-Ionisations-Massenspektrometrie = pyrolysis-field ionization mass spectrometry 化学 物理

ねつぶんせき 熱分析, TA＝Thermoanalyse＝thermo analysis 物理 材料

ねつほうしゃ 熱放射, Wärmestrahlung 女, heat radiation, heat radiation 機械 材料 エネ 物理

ねつほうしゅつ 熱放出, Wärmeauskopplung 女, heat extraction, heat decoupling エネ 機械

ねつぼうちょう 熱膨張, Wärmedehnung 女, heat expansion, thermal expansion エネ 材料 化学 機械 物理

ねつぼうちょうぶんせきほう 熱膨張分析法, TDA＝thermo-dilatometrische Analyse＝thermo-dilatometric analysis 物理 エネ 材料 化学 機械

ねつようゆうせつび 熱溶融設備, TFA＝Thermofusionsanlage＝thermofusion facility 熱溶融設備 物理 原子力 環境 リサイクル 操業 設備

ねつようりょう 熱容量, Wärmeinhalt 男, heat content；Wärmeinhalt der Schlacke（スラグの熱容量）, heat content of slag エネ 環境 操業 設備 材料 精錬 製銑

ねつようりょく 熱揚力, Wärmeauftrieb 男, heat aerodynamic lift 航空 エネ 機械

ねつりきがくてきなかんけい 熱力学的な関係, thermodynamische Beziehung 女, thermodynamic relation 製銑 精錬 材料 化学 物理 操業 設備

ねもとちょう 根元長, WL＝Wurzellänge＝root length バイオ 溶接

ねんえき 粘液, Schleim 男, slime, mucilage バイオ 医薬

ねんかんひばくせんりょう 年間被爆線量, JSE＝jährliche Strahlenexposition＝annual radiation exposure 医薬 放射線

ねんけつざい 粘結剤, Binder 男, binder 鋳造 機械

ねんしょうこうりつ 燃焼効率, Verbrennungsleistung 女, combustion efficiency 機械 エネ 操業 設備

ねんしょうざんさ 燃焼残渣, Glührückstand 男, residue on ignition, ash residure, ash 化学 機械

ねんしょうしつ 燃焼室, Feuerraum 男, combustion chamber, furnace 機械 エネ 材料

ねんしょうチャンバー 燃焼チャンバー, 燃焼器 Brennkammer 女, combustion chamber 機械 エネ

ねんしょうチャンバーのうなりおん 燃焼チャンバーのうなり音, Brennkammerbrummen 中, combustion instabilities 機械 エネ

ねんしょうロス 燃焼ロス, Abbrand 男, loss by burning, melting loss, scaling loss 化学 精錬 材料

ねんせいけいすう 粘性係数, Zähigkeitskoeffizient 男, coefficient of viscosity 物理 化学 材料 連鋳 鋳造

ねんだいじゅんの 年代順の, chronologisch, 英 chronologic 地学 バイオ

ねんだいのひづけのきにゅう 年代の日付けの記入, Altersdatierung 女, age dating 地学 バイオ

ねんだんせい 粘弾性, Visko-elastizität 女, viscoelasticity 機械 化学 物理

ねんちゃくせいのある 粘着性のある（凝集力のある）, kohäsiv, 類 haftfähig, 英 cohesive 機械 化学 地学

ねんせいのある 粘性の有る（半流動体の）, zähflüssig, viskos, 英 viscous, viscously 化学 材料 機械

ねんちゃくりょく 粘着力, Haftfähigkeit 女, 類 Adhäsion 女, adhesion 化学 材料

ねんど 粘土, Lehm 男, 類 Ton 男, clay, loam, pug 地学 鋳造 化学 機械 製銑 精錬

ねんどけいすう 粘度係数, VI＝英 viscosity index 機械 化学 物理

ねんどこうぶつ 粘土鉱物, Tonmineral 中, clay mineral 地学 鋳造 機械 化学 非金属

ねんどねんけつの 粘土粘結の, tongebunden, 英 clay-bonded 鋳造 機械

ねんどようだつさよう 粘土溶脱作用, Lessivierung 女, 類 Tondurchschlämmung 女, lessivation 地学 化学

ねんりき 念力, PK＝Psychokinese＝

psychokinesis 医薬

ねんりょうオイル 燃料オイル, Brenn-öl 中 機械

ねんりょうきょうきゅうりょう 燃料供給量, Einspritzmenge 女, injection ratio 機械

ねんりょうクーラー 燃料クーラー, KK = Kraftstoffkühler = fuel cooler 機械 化学 エネ

ねんりょうダクト 燃料ダクト, Brenn-stoffkanal 男, fuel duct 機械

ねんりょうてんかざい 燃料添加材, Brennstoff-Zusatzmittel 中, fuel-additive 機械 エネ

ねんりょうでんち 燃料電池, Brenn-stoffzelle 女, fuel cell 電気 機械 化学

ねんりょうふんしゃき 燃料噴射器, Brennstoffeinspritzer 男, fuel-injection system 機械

ねんりょうふんしゃべん 燃料噴射弁, Brennstoffeinspritzventil 中, fuel injection valve 機械

ねんりょうふんしゃりつ 燃料噴射率,

Einspritzgeschwindigkeit 女, fuel injection ratio 機械

ねんりょうペレットとひふくかんのきかいてきそうごさようと, ひふくかんのきかいてききょどう 燃料ペレットと被覆管の機械的相互作用と, 被覆管の機械的挙動, PCMI = 英 pellet cladding mechanical interaction = Wechselwirkung zwischen Pellet und Hüllrohr, und das mechanische Verhalten des Hüll-rohrs 原子力 材料 物理 電気

ねんりょうべん 燃料弁, Kraftstoffventil 中, fuel valve 機械

ねんりょうポンプ 燃料ポンプ, Kraft-stoffpumpe 女, fuel pump 機械

ねんりょうゆ 燃料油 OF = oil fuel = Heizöl 化学 機械

ねんりょうれいきゃくき 燃料冷却器, KK=Kraftstoffkühler = fuel cooler 機械 化学 エネ

ねんりょうろかき 燃料濾過器, Brenn-stofffilter 中, fuel filter 機械

の

ノイズ(えいきょう)があるばあい ノイズ(影響)がある場合, Beeinflussungsfall 男, in the influence of noise 材料 電気 溶接

ノイズしすう ノイズ指数, NI = 英 noise index = Rauschindex 機械 電気

ノイズパワー Rauschleistung 女, noise power 電気

ノイラミニダーゼ (大きな酵素のファミリーであり, 最もよく知られているものは, インフルエンザ感染の拡大を防ぐ薬のターゲットとなるウイルス・ノイラミニダーゼである. 出典：ウイキペディア) NA = Neuraminidase = neuraminidase 化学 バイオ 医薬

のうかすいたい 脳下垂体, Hirnanhang 男, 類 Hypophyse 女, pituitary body, hypophysis pituitary gland 医薬

のうぎょうきかい 農業機械, Landmaschine 女, agicultural machine 機械 バイオ

のうぎょうとうしそくしんプログラム 農業投資促進プログラム, AFP = Agarin-vestitionsföderungsprogramm バイオ 経営

のうこうさいだいしゅつりょくこんごうき 濃厚最大出力混合気, reiches Gemisch für Höchstleistung 中, rich mixture for maximum performance 機械 エネ

のうこうそく 脳梗塞, Hirninfarkt 男, brain infarction 医薬

のうざしょう 脳挫傷, Hirnkontusion 女, 類 Hirnquetschung 女, cerebral contusion 医薬

のうさんぶつのあんぜいせいにかんするきかく [CGF (コンシューマー・グッズ・

のうさんぶつのあんぜいせいにかんするきかく　ノズルマウス

フォーラム：世界の流通・食品大手が加入）が推奨している〕農産物の安全性に関する規格, Global GAP = 英 Global Good Agricultural Practices 規格 化学 バイオ 食品 安全

のうじず　脳磁図, MEG = Magnet(o)enzephalografie = magnetencephalography 医薬 電気 物理

のうしゅくぶつ　濃縮物, Konzentrat 中, concentrate 製銑 地学 化学 鉄鋼 非鉄

のうしゅよう　脳腫瘍, Gehirngeschwulst 女, 類 Hirntumor 男, Hirngeschwulst 女, cerebral tumor, brain tumor 医薬

のうしんけいげか　脳神経外科, Neurochirurgie 女, neurology, the department of neurosurgery 医薬

のうせきずいえき　脳脊髄液, LCS = ラ Liquor cerebrospinalis = CSF = 英 cerebrospinal fluid = Zerebrospinal-Flüssigkeit = Hirn-Rückenmark-Flüssigkeit 脳脊髄液 医薬

のうせきずいまくえん　脳脊髄膜炎, CSM = 英 cerbrospinal meningitis = Meningitis = Hirnhautentzündung 医薬

のうそっちゅう　脳卒中, Gehirnschlag 男, 類 Hirnschlag 男, cerebral stroke, cerebral apoplexy 医薬

のうどうてき　能動的, aktiv, 英 active 光学 機械 化学 バイオ

のうどうばいしつ　能動媒質, Wirkmedium 中, active medium, operating medium, effective medium, working medium 機械 化学 バイオ

のうないけっしゅ　脳内血腫, IH = intrazerebrales Hämatom = intracerebral haematoma 医薬

のうにゅうび（ひきわたしび，しはらいび）**のせいかくさ**（しんらいせい）　納入日（引渡，支払日）の正確さ（信頼性）, Termintreue 女, adherence to delivery dates, delivery reliability 経営 操業 品質

のうはず　脳波図, EEG = Elektroenzephalogramm 医薬 電気

のうほう　膿胞, Pustel 女, bouton, blain 医薬

のうほうせいせんいしょう　嚢胞性線維症, Mukoviszidose 女, 類 Zystische Fibrose 女, cystic fibrosis 医薬

のうやくこうどうネットワーク　農薬行動ネットワーク（有毒農薬禁止の国際運動団体）, PAN = Pestizid-Aktions-Netzwerk = pesticide action network 化学 バイオ 医薬 組織

のうりつ　能率, Leistung 女, 類 関 Ausbringen 中, Produktivität 女, Wikungsgrad 男, capacity, efficiency 操業 設備 機械 電気

のうりょく　能力, Leistung 女, 類 Kapazität 女, Ausbringen 中, Produktivität 女, Wikungsgrad 男, capacity, power, output 操業 設備 機械 電気

ノーズ　Vorbau 男, forepart, forebuilding 機械

ノーズコーン　Nasenkonus 男, nose corn 機械 航空 〖船舶〗

ノード（ネットワークシステムでデータ伝送路に接続される中継点）, Knoten 男, knot, tuberculation, node, wave node 機械 電気 医薬 物理

ノートがたパソコン　ノート型パソコン, Notebook 女, notebook computer 電気

ノートンがたギヤーボックス　ノートン型ギヤーボックス, Nortongetriebe 中, Norton-type gear box, swivel gear drive 機械

ノートンクイックチェンジギヤーようロッカー　ノートンクイックチェンジギヤー用ロッカー, Schwunghebel für Nortongetriebe 男 機械

のこば　のこ刃, Sägeblatt 中, saw blade 機械

のこばきりかき　のこ歯切り欠き, Kerbverzahnung 女, 類 Ausschnitt 男 機械

ノズル　Düse 女, 類 Stutzen 男, Mündungsstück 中, nozzle 機械 精錬 材料 連鋳 鋳造 製銑 操業 設備

ノズルヘッド　Düsenkörper 男, nozzle head, nozzle body, die base, die body 機械

ノズルマウス　Düsenmund 男, nozzle

mouth 製銃 精錬 操業 設備 エネ 機械

ノックダウンいでんし ノックダウン遺伝子, KD = 英 knock-down 化学 バイオ

ノッチ（ボッシュ） Rast 女, bosh, notch 機械 製銃

ノッチ Raste 女, latch, catch, notch 機械

ノッチダイ Ausklinkenrad 中, notching die 機械

ノッチディスク Rastenscheibe 女, notched disc, slotted disc 機械

ノッチをいれた ノッチを入れた, eingekerbt, 英 notched 材料 機械

ノッチをいれること ノッチを入れること, Einkerbung 女, to notch, to groove 機械

のどあつ のど厚, Nahthöhe 女, 類 Nahtdicke 女, Kehlnahttiefe 女, throat thickness, throat depth, throat 溶接 機械

のどえん のど円, Kehlkreis 男, gorge circle 機械

のどぶ のど部, Kehle 女, throut, fillet, channel 機械

ノニフェノールポリエトキシカルボンさ ノニフェノールポリエトキシカルボン酸, NPnEC = 英 nonylphenol polyethoxy

carboxylic acid 化学 バイオ

ノニルフェノール（表面活性剤の製造に用いる）, Nonylphenol 中, nonylphenol 化学 バイオ

のび・ヴェーラーカーブ 伸び・ヴェーラーカーブ, DWL = Dehnungs-Wöhlerlinie 材料 機械

のびている 延びている, verlaufend, 英 passing 機械 化学 バイオ

ノモグラム Nomogramm 中 数学 統計

のり 糊, Stärke 女, starch 機械 材料 化学 バイオ 医薬

のりのような 糊のような, pastös, 英 paste-like 化学 バイオ 機械

のりめん 法面, Böschung 女, slope 機械 建設

ノルジヒドログアイアレチンさん ノルジヒドログアイアレチン酸, 4,4'-(2,3-ジメチル-1,4-ブチレン)ジピロカテコール, NDGA = nordihydroguaiaretic acid = n-Dihydroguajaretsäure 化学 バイオ 医薬

ノルロイシン（化粧品, ほかに用いられる）, Nle = Norleucin = norleucine 化学 バイオ 医薬

は

パーキンソンびょう パーキンソン病, Parkinsonkrankheit 女, 英 Parkinson's disease 医薬

パークアンドライドほうしき パークアンドライド方式（都市との境界で車を駐車させ, 公共交通で都心部まで行く方式）, P+R = 英 park and ride = Parken an der Stadtgrenze und Weiterfahrt mit öffentlichen Verkehrsmitteln 交通 機械 社会 環境

パークロルエチレン（有機溶剤の一種で, 洗剤としてはドライクリーニングなどに使われる）, PER = Perchlorethylen = perchlorethylene 化学

バーコードリーダー Strichcode-Lesegerät 中, bar code reader 電気 機械

パージライン Spülleitung 女, flushing supply line 機械 設備 化学

パージングガス Formiergas 中, inert gas, purging gas 製銃 精錬 化学

はあたり 歯当り, Tragbild 中, gear contact pattern, tooth contact 機械

バーチカルポンプ Vertikalpumpe 女, vertical pump 機械

バーチャルリアリティ（仮想現実）, virtuelle Realität 女, virtual reality 電気

ハードコート（突き固めた場所）, Tennenplatz 男, hard court, tamped area 地学 建設

ハードディスクメモリー Festplattenspeicher 男, hard disc memory 電気

ハードトップ festes Verdeck 中, hard

top 機械

バーナー　Brenner 男, burner 溶接 材料
機械

ハーフナット　Halbmutter 女, half nut
機械

パーフルオロアニリン　p-フルオロアニリン,
PFA = 英 p-fluoroaniline 化学 バイオ

パーフルオロアルコキシ　（ポリテトラフル
オロエチレン PTFE と似た性質を持つフ
ルオロポリマーの一種）, PFA = 英 per-
fluoroalkoxy 化学

パーフルオロエラストマー　FFKM =
Perfluorkautschuk = perfluorinated ru-
ber 化学

パーフルオロオクタンさん　パーフルオロ
オクタン酸（乳化性能に優れるが, 環境残
存性有）, PFOA = 英 perfluoroctanacid
= Perfluoroctansäure 化学 バイオ 医薬
環境

パーフルオロオクタンスルホンさん　パー
フルオロオクタンスルホン酸（界面活性剤
として用いられる）, PFOS = Perfluorooc-
tylsulfonat = perfluorooctanesulfonate
化学 バイオ 環境

パーフルオロケロシン　（テトラフルオロエ
チレンの溶剤などに用いられる）, PFK
=Perfluorkerosin = perfluoro-kerosine
化学 材料

パーライト　Perlit 男, pearlite 材料 鉄鋼
物理

はい　胚, Embryo 男, embryo バイオ

バイアス　Vorspannung 女, prestress-
ing, bias, pretension, prestressing 機械
電気

はいあつ　背圧, Gegendruck 男, back
pressure, counter pressure 機械 エネ

はいあつタービン　背圧タービン（炉頂圧
タービンなど）, Gegendruckturbine 女,
類 Gichtgasentspannungsturbine 女,
back -pressure turbine 製銑 機械 電気
エネ 設備

はいあつべん　配圧弁（分配弁）, Vertei-
lungsventil 中, 類 Verteilerventil 中,
distribution valve 機械 化学

はいいし　配位子（リガンド）, Ligand 男,

ligand 化学 バイオ

はいいはいち　（異性体置換基などの）配
意配置, Konfiguration 女, arrangement,
configuration, structure, molecular
configuration 化学 バイオ 機械 電気

はいえき　廃液, Abwasser 中, 類 Ef-
fluent 中, effluent 環境 リサイクル 化学 バイオ

はいえん　肺炎, Pneumonie 女, 類 Lun-
genentzündung 女, PN, pneumonia
医薬

はいえんきゅうきん　肺炎球菌,
Pneumokokken 男, pneumococcus バイオ
医薬

はいえんすいかく　背円錐角, Rücken-
kegelwinkel 男, back cone angle 機械

はいえんすいきょり　背円錐距離,
Ergänzungskegellänge 女, 類 Rücken-
kegellänge, back cone distance 機械

はいえんはいねつそうちのほんたいこう
ぞうぶ　排煙排熱装置の本体構造部,
RWA-Beschläge = Rauch-Wärmeab-
zugsanlage-Beschläge 機械 設備 エネ
バイオ 医薬

ハイオク　（加鉛ガソリン）,verbleiter Kraft-
stoff 男, leaded gasoline 機械 化学

バイオス　BIOS = 英 basic input output
system = grundlegendes Input/Output
System 電気

バイオスタット　バイオスタット, Biostatt
女, bioplace バイオ 環境

バイオねんりょう　Biosprit 男, bio fuel,
bio gas エネ バイオ 環境 化学 機械

バイオマス　（量的生物資源）, Biomasse
女, biomass バイオ 地学

はいがさいぼう　胚芽細胞, Keimzelle
女, germinal cell, gamate バイオ

はいガスきせいおうしゅうきかく　（ドイツ
の規格に合わせてモディファイした）排ガス
規制欧州規格, Euro4/D4-Abgaslimits
für Schadstoffemisssion 中 複 規格 環境
機械 化学

はい(き)ガスさいじゅんかん　排(気)ガ
ス再循環, AGR = Abgasrückführung
=exhaust gas recirculation=EGR 機械
環境

はいかつりょう　肺活量，VC =英 vital capacity = Vitalkapazität 医薬

はいかん　配管（配管系），Rohrleitung 女，類 Rohranordnung 女，piping，pipework 機械 材料 操業 設備 化学

はいかんけい　配管系（配管），Rohrleitung 女，類 Rohranordnung 女，piping，pipework 機械 材料 操業 設備 化学

はいかんけいそうず　（化学プラントの）配管計装図，PID =英 piping and instruments diagram = Rohrleitungs- und Instrumentierungs-Schaltbild 化学 機械 建設

はいかんしけんけんけんち　配管試験検知器（スクレイパー），Molch 男，detector pig，scraper 機械 化学

はいかんのながれ　配管の流れ（配管プロセス，配管方向），Verlauf der Rohrleitung 男，route of pipe 操業 設備 材料 化学

はいきかんねんしょう　排気管燃焼，Nachverbrennung 女，post combustion 精錬 操業 設備 機械

はいきくうかん　排気空間，Evakuierungsraum 男，evacuation space 機械

はいきしゅ　肺気腫，Lungenemphysem 中，pulmonary emphysema 医薬

はいきちょうせいき　排気調整器，Luftausströmer 男，air outlet adjuster 機械 建設 エネ

はいきのうふぜん　肺機能不全，PI = Pulmonalinsuffizienz = pulmonary insufficiency 医薬

はいきぶつからのろうすい　廃棄物からの漏水，Deponiesickerwasser 中，landfill seepage water 環境

はいきぶつ（ごみ）こけいかねんりょう　廃棄物（ごみ）固形化燃料，RDF =英 refuse derived fuel 環境 リサイクル エネ 機械

はいきぶつしゅうせきじょう　廃棄物集積場，Entsorgungspark 男，disposal place 環境

はいきぶつしょりおよびおせんどじょうしゅうふくれんぽうほう　廃棄物処理および汚染土壌修復連邦法，AAVG = Abfallentsorgungs-und Altlastensa-

nierungsverbundgesetz 環境 化学 バイオ 医薬 経営 法制度 組織

はいきプラスチック　廃棄プラスチック（廃プラ），Kunststoffabfälle 男 複，plastic waste 環境 化学 リサイクル

はいきりゅうりょう　肺気流量，PDF = pulmonales Durchflussvolumen = pulmonary flow volume 医薬

はいぐうし　配偶子，Gamet 中，類 Keimzelle 女，Geschlechtszelle 女，gamete バイオ 医薬

はいクリアランスしすう　肺クリアランス指数，LCI = Lungenclearance-Index = lung clearance index 医薬

はいけっかく　肺結核，Lungentuberkulose 女，pulmonary phthisis，pulmonary tuberculosis，lung tuberculosis，PP，PT，PTB 医薬

はいけっせんそくせんしょう　肺血栓塞栓症，PTE =英 pulmonary thromboembolism = Lungenthromboembolismus 医薬

はいこうきょくせん　配光曲線，Lichtverteilungskurve 女，light distribution curve 光学 電気

はいごうしょほう　配合処方，Formlierung 女，formulation 鋳造 化学 機械

はいこうせいストランドボード　配向性ストランドボード，OSB-Platten =英 oriented strand board = Platte aus ausgerichteten Spänen = Spannplatte mit Holzstruktur-Oberflächen 建設 化学

はいこうぶんきょく　配向分極，Orientierungs-Polarisation 女，orientational polarization 電気 機械 物理

はいざ　配座（コンフォメーション），Konformation 女，conformation，conformatial structure 化学 バイオ 建設

ばいしつ　媒質，Medium 中，medium 化学 バイオ 機械 電気

はいしゅつおしだしき　排出押出機（排出スクリューコンベヤー），Austragsschnecke 女，dischage screw conveyor，discharge extruder 機械

はいしゅつき　排出器（エジェクター），

Abwerfer 男, ejector 機械 化学 バイオ 設備

はいしゅつこう 排出口, Ablauf 男, 類 Auslass 男, Abführung 女, Ablass 男, process, outlet, outflow 操業 設備 機械 化学

はいしゅつスクリューコンベヤー 排出スクリューコンベヤー, Austragsschnecke 女, dischage screw conveyor, discharge extruder 機械

はいしゅつダクト 排出ダクト, Abführkanal 男, discharge duct 機械

はいじょうみゃく 肺静脈, PV = Pulmonalvene = pulmonary vein 医薬

はいじょうみゃくへいそく 肺静脈閉塞, PVO = Pulmonalvenenokklusion = pulmonary venous occlusion 医薬

はいじょうみゃくもうさいけっかんあつ 肺静脈毛細血管圧, PVC = pulmonary venous capillary pressure = pulmonalvenöser Kapillardruck 医薬

ばいしょうろ 焙焼炉, Röstofen 男, roasting furnace, calcining furnace 地学 製銑 精錬 鉄鋼 非鉄 化学 エネ 環境 リサイクル

はいしんじゅん 肺浸潤, Lungeninfiltration 女, pulmonary infiltration, infiltration of the lungs 医薬

はいすい 排水, Abwasser 中, waste water 環境 リサイクル 化学 バイオ

はいすいこう 排水溝, Wasserrille zum Abfluss vom Wasser 女, drain ditch, waste channel 機械 化学 環境 リサイクル

はいすいごう 排水濠, Küvette 女, cuvette 設備 環境 化学 バイオ

はいすいさいかん 排水細管, Entwässerungstülle 女, drinage spout 建設

はいすいせつび 排水設備(ドレナージ), Drainage 女, dorainage 機械 化学 医薬

はいすいトンすう 排水トン数, Verdrängungstonne 女, displacement tonnage 船舶 機械

はいすいポンプ 排水ポンプ, Entwässerungspumpe 女, drinage pump 機械 電気

はいすいろ 排水路, Vorfluter 男, discharge, drainage ditch 設備 化学 バイオ 環境

ヴァイスバッハ [通気の際の坑道構造物などのストリーム(気流)抵抗の単位, $1Wb = 1kp/s^2/m^3$], Wb = Weisbach 単位 地学 建設

ばいせい 媒精(受精), Besamung 女, insemination；künstliche Besamung 女 (人工授精) バイオ 医薬

はいせいがんしゅさいぼう 胚性癌腫細胞, embryonale Karzinomzelle 女, embryonic carcinoma cell バイオ 医薬

はいせいの 胚性の, embryonal, 英 embryonic バイオ

はいせつぶつ 排泄物, Exkrement 中 (通常複), excrement 医薬

はいせんいさいぼう 肺線維芽細胞 (肺繊維芽細胞), LF = Lungenfibroblast = fibroblasts of human lungs バイオ 医薬

はいせんず 配線図, Schaltplan 男, circuit layout, circuit diagram 電気 機械 建設 設備

はいせんする 配線する, verdrahten, 英 wire 電気 機械

ばいたい 媒体(情報伝達のメディア), Medium 中, medium 化学 バイオ 機械 電気 社会

はいたつしょうめいしょ 配達証明書, WEB = Wareneingangsbescheinigung = DVC = delivery verification certificate = certificate of arrival of goods 法制度

はいち 配置, Anordnung 女, arragement, layout 機械 建設 設備

ばいち 培地, Medium 中, medium 化学 バイオ 機械 電気

はいチタンせき 灰チタン石(高チタンスラグの重要成分, チタン酸カルシウムの鉱物名), Perowskit 男, perovskite 地学 製銑 化学 非鉄

パイちゅうかんし パイ中間子[核子を相互につなぎ原子核を安定化する引力(強い相互作用)を媒介するボソンの一種で, パイ粒子, パイオン(Pion)とも呼ぶ. 出典：ウイキペディア], Pion = π −meson

物理

はいでんばんかくのうこ 配電盤格納庫（スイッチキャビネット），Schaltschrank 男，switch cabinet 電気 機械

バイト Drehstahl 男，cutting tool, lathe tool 機械

はいとうたい 配糖体，Glykosid 中，glycocide 化学 バイオ 医薬

はいどうみゃくべんぎゃくりゅう（しょう）肺動脈弁逆流（症），PVR = 英 pulmonary valve regurgitation = Pulmonalklappe-Regurgitation 医薬

はいどうみゃくべんきょうさく（しょう）肺動脈弁狭窄（症），PS = Pulmonal (klappen)stenose = pulmonary (valve) stenosis 医薬

ばいどくトレポネーマけいこうこうたい（ほう）梅毒トレポネーマ蛍光抗体（法），FTA = fluorescent treponemal antibody = Treponema -Fluoreszenz-Antikörper 化学 バイオ 医薬

ばいどくはんのうけんさほう 梅毒反応検査法［トリポネーマ・パリダムに対する特異抗体（TP抗体）を検出］，TPLA = 英 treponema pallidum latex agglutination 医薬

バイトセッティング Bissversatz 男，tool setter 機械

バイトホルダー Stahlhalter 男，tool holder 機械

ハイドライド（水素化物），Hydrid 中，hydride 化学

ハイドロクラッキング（水素化分解，分解水素添加），Hydrospalten 中，類 Hydrospaltung 女，hydrocracking 化学 操業 設備

ハイドロストリッピングプロセス（原油に直接水素添加する石油精製法），HSP = 英 hydrostripping process 化学 操業 設備

ハイドロタルサイト（Mg/Al系層状化合物であり，層間にある炭酸基とのイオン交換によりCl-などの陰イオンが固定化される．PVC用安定剤，樹脂用安定剤，合成ゴム安定剤，吸着剤などに用いられる．出典：協和化学工業（株）ホームページ），

Hydrotalcit 男，hydrotalcite 化学

ハイドロユニット Hydraulikaggregat 中，hydraulic unit 機械

ハイドロリックバルブ（油圧弁），Hydraulikventil 中，hydraulic valve 機械

はいにょうきん 排尿筋，Detrusor 男，detrusor muscle 医薬

はいにょうしょうじょう 排尿症状，Harnproblem 中，urinary problems 医薬

はいねつかいしゅうボイラー 排熱回収ボイラ，HRBL = 英 heat recovery boiler = Kessel zur Wärmerückgewinnung = Abhitzekessel エネ 電気 機械

はいのほうひ 胚の胞皮（発芽管），Keimschlauch 男，germination tubes, germ tubes バイオ

バイパス Nebenweg 男，by-pass, byway 化学 機械 建設 医薬

バイパスパイプ Überströmrohr 中，by-pass pipe 機械

バイパスべん バイパス弁，Überströmventil 中，関 Umgehungsventil 中，Umgangsventil 中，Kurzschlussventil 中，overflow valve, relief valve 操業 設備 機械

はいはん 胚斑，Keimfleck 男，germ spot, germinal spot バイオ

はいばん 胚盤，Keimscheibe 女，類 Embryonalschild 男，Blastdiskus 男，Plazenta 女，germinal disk, blastodisc バイオ

はいばんぶんよう 胚盤分葉，Keimblatt 中，類 関 Keimschicht 女，Kotyledone 女，germ layer, embryonic layer, cotyledon バイオ

はいばんほう 胚盤胞，Blastozyste 女，blastocyst バイオ

パイプエルボー Rohrkrümmer 男，pipe bend, pipe elbow 機械 材料 設備

パイプソケット， Rohrstutzen 男，pipe socket, pipe stub 機械 設備

パイプタップ Rohrgewindebohler 男，類 Rohrgewindeschneider 男，pipe tap, gas tap 機械 材料

パイプたんかいこうぶ パイプ端開口部，

Endrohrblende 女, pipe end vane 機械

ハイフネーション（分綴），Silbentrennung 女, hyphenation 電気 印刷

パイプブラケット LT = Leitungsträger = lead holder = cable trolley = pipe bracket 交通 機械 電気 設備

パイプフレーム Rohrrahmen 男, pipe frame 機械 設備 建設

はいプラ 廃プラ（廃棄プラスチック），Kunststoffabfälle 男 複, plastic waste 環境 化学 リサイクル

パイプライン PL = 英 pipeline = Überlandrohrleitung 鉄鋼 材料 化学 地学 設備

ハイブリダイゼーション（雑種形成），Hybridisierung 女, hybridization バイオ

ハイブリドーマ Hybridom 中, hybridoma バイオ

ハイフン Bindestrich 男, hyphen 電気

はいぶんりょく 背分力，Schubkraft 女, thrust force 機械

ハイポイドはぐるま ハイポイド歯車, Hypoidzahnrad 中, hypoid gear 機械

バイメタル Bimetall 中, bi-metal 機械 材料 電気

はいめんかくのよかく（傘歯車の）背面角の余角，Komplementwinkel des Rückenkegelwinkels 男, complement angle of spine taper angle（back angle）機械

はいめんくみあわせ（軸受の）背面組み合わせ，DB = 英 back-to-back duplex 電気 機械

はいもうさいけっかんどうみゃくあつ 肺毛細血管動脈圧，PCA-Druck = pulmonal-kapillär-arterieller Druck = pulmonary capillary arterial pressure 医薬

ばいよう 培養，Kultivierung 女, cultivation バイオ

はいよう 胚葉，Keimblatt 中, 類 関 Keimschicht 女, Kotyledone 女, germ layer, embryonic layer, cotyledon バイオ

ばいようえき（濁った）培養液，Kulturbrühe 女, 類 Kulturmedium 中, 関 Nährlösung 女, culture medium バイオ

ばいようえきようりょういっぷんあたりのちゅうにゅうようりょう 培養液容量1分当たりの注入容量，vvm = Volumenzufuhr pro Volumenkulturlösung und Minute バイオ

ばいようかんてん 培養寒天，Nähragar 男, nutrient agar 化学 バイオ

ばいようき 培養基，Substrat 中, substrate, base 化学 バイオ 電気 地学

ばいようき（きしつ）のせんたくのはば（たようせい） 培養基（基質）の選択の幅（多様性），Substratspektrum 中, substrate spectrum 化学 バイオ

はいりぐあい 入り具合（充填レベル），Füllstand 男, filling level, level in a bin 機械 化学

ばいりつ 倍率，Vergrößerung 女, magnification 機械 光学 物理

はいれつ 配列，Aneinanderreihung 女, 類 関 Sequenz 女, sequence, arranging 機械 バイオ

はいれつけってい 配列決定，Sequenzierung 女, sequencing 化学 バイオ 医薬

はいれつしきべつばんごう 配列識別番号，SEQ-ID No = 英 sequence numeric identifier 化学 バイオ 医薬

はいれつをけっていする 配列を決定する（コードする），codieren, kodieren, encodieren, verschlüsseln, 英 encode 化学 バイオ 医薬

パイロットか パイロット化，Pilotierung 女, piloting, pilot test 機械 化学 操業 設備 全般

パイロットコーン Pilotkonus 男, pilot cone 機械

パイロットせいさん パイロット生産，Nullserienproduktion 女, 関 Labormaßstab 男, halbtechnischer Maßstab 男, Technikumsmaßstab 男, großtechnischer Maßstab 男, industrieller Maßstab 男, pilot production 操業 設備 化学 機械 鉄鋼 非鉄 全般

パイロットそうさあんぜんべん パイロット操作安全弁，vorgesteuertes Sicherheitsventil 中, pilot-operated safty valve 機械 化学 電気

パイロットプラントきぼ パイロットプラン

は

ト規模, halbtechnischer Maßstab 男,
類 関 Labormaßstab 男, Technikums-
maßstab 男, Nullserienproduktion 女,
großtechnischer Maßstab 男, industri-
eller Maßstab 男, pilot plant scale 操業
設備 化学 機械 鉄鋼 非鉄 全般

はう 這う, kriechen, 英 crawl, creep
機械

ハウジング（ケーシング） Gehäuse 中,
housing, casing 機械

ハウスダスト Hausstaub 男, house dust
医薬 環境

はか 破過(吸気特性関連語), Durch-
bruch 男, break-out, break through,
opning 化学 バイオ

はかい 破壊[溶解, リーシス(特定の溶
解素の作用による細胞の破壊(溶解)作
用)], Lysis 女, lysis 化学 バイオ 医薬

はかいけいすう 破壊係数, MOR =英
modulus of rupture = Bruchmodul 材料
建設 物理

はがすこと（アスファルト等を）剥がすこと,
Entsiegelung 女, unsealing 建設 機械

はかずひ 歯数比(直行ピッチ関係),
Zähnezahlverhältnis 中, teeth ratio
機械

はがた 歯形, Profil 中, profile 機械
はがた 歯形, Zahnprofil 中, tooth pro-
file 機械

はがたごさ 歯形誤差, Flankenformfeh-
ler 男, tooth profile error 機械

はがたしゅうせい 歯形修正, Flanken-
formkorrektur 女, 類 Profilkorrektur 女,
profile modification 機械

はぎとり 剥ぎ取り, Abreißen 中, strip-
ping 機械

はぎとりぶた 剥ぎ取り蓋, Abreißde-
ckel 男, stripping cover 機械

はぎりはば 歯切り幅, Verzahnungs-
breite 女, width of the gearing,
toothed width 機械

はぎりばん 歯切盤, Zahnradfräsmaschine
女, gear hobbing machine 機械

はぎりぴっちえん（創成工具による）歯切
りピッチ円, Erzeugungswälzkreis, gen-

erating -rolling circle 材料 機械

はくあき 白亜紀, Kreide 女, 英 the
Cretaceous 地学 物理 バイオ

ばくが 麦芽, Malz 中, 類 Meizenkeim 男,
malt 化学 バイオ

ばくがじゅう 麦芽汁, Würze 女, malt
wort, mash 化学 バイオ

はくしんかたんちゅうてつ 白心可鍛鋳
鉄, Weißkernguss 男, white heart
malleable cast iron 鋳造 材料 製銑

はくせん 白銑, weißes Roheisen 中,
forge pigs, white pig iron 製銑 鋳造
材料

はくそうクロマトグラフィー 薄層クロマト
グラフィー, TLC =英 thin layer chroma-
tography = Dünnschichtchromatogra-
phie 化学 電気

はぐち 刃口(切れ刃), Schneidkante 女,
類 Schnittkante 女, cutting edge 機械

はぐち 羽口, Blasform 女, 類 Düsen-
stock 男, tuyere 製銑 精錬 機械 エネ

はぐちノズル 羽口ノズル, Rüssel 男,
tuyere nozzle 製銑 精錬 機械

はぐちのまえにげかく 刃口の前逃げ角,
Freiwinkel der Hauptschneide 男,
front clearance angle 機械

バクテリアコロニーけいせい バクテリ
アコロニー形成, die bakterielle Besie-
delung 女, bacterial colonization バイオ

はくてん 白点, Flocke 女, whitespot,
flake 材料 精錬 機械 鋳造

はくど 剥土, Strippung 女, 類 Strip-
pen 中, stripping 地学 建設

はくないしょう 白内障, grauer Star 男,
類 Katarakt 男, 関 grüner Star 男,
Glaukom 中, cataract 医薬 光学

はくねつとう 白熱灯, Glühbirne 女,
類 Glühlampe 女, 関 incandescent bulb
or lamp 電気 光学

ばくはつ 爆発, Explosion 女, explosion,
burst 化学 地学 操業 設備

ばくはつかげん 爆発下限, UEG = Un-
tere Explosionsgrenze = Mass für die
Sättigung der Luft mit explosiven
Stoffen = LEL = lower explosion limit

化学 物理 精錬 地学

ばくはつしんかん 爆発信管, Detonator 男, detonator 機械 地学

ばくはつのきけんせいのある 爆発の危険性のある, ex-gefährdet, explosion-endangered 機械 エネ 化学 地学

ばくはつぶつ 爆発物, Sprengstoff 男, 類 Explosionsstoff 男, explosive 化学 機械 地学

ばくはつりょく 爆破力, Brisanz 女, explosiveness, explosive nature 機械

はくへん 薄片, Flocke 女, whitespot, flake 材料 精錬 機械

はくへんにすること 薄片にすること(フレーキング, 片々と散らすこと), Flocken 中, flaking 材料 機械 化学

はくまく 薄膜, Membran 女, 関 Diaphragma 中, Pellicularmembran 女, diaphragm 化学 バイオ 機械 電気

はくまくプリントコーティング 薄膜プリントコーティング,Dünnschichtlackierung 女, thin layer print coating 材料 化学

パグミル (煉瓦などを造るこね機, アスファルト混合物の混練機械装置などをいう), Lehmmühle 女, pug mill 機械

ばくめいき 爆鳴気, Knallgas 中, detonating gas 化学 地学

はくり 剥離 (スポーリング), Ablösung 女, 類 Abblättern 中, Absplittern 中, Abplatzen 中, 関 Netzhautablösung 女, spalling 機械 材料 化学 医薬

はぐるまかたけずりばん 歯車型削り盤, Wälzstoßmaschine 女, gear shaper 機械

はぐるまでんどうポンプ 歯車伝動ポンプ, Zahnradpumpe 女, gear pump 機械

はぐるまばこ 歯車箱, Radkasten 男, gear housing, wheel housing 機械

はぐるまれつ 歯車列(ホイールギヤー), Rädersatz 男, 類 Räderkette 女, caster set, wheel set 機械

バケット Eimer 男, 類 Kübel 男, bucket 機械

パケットこうかんノード (データ通信ネットワークの) パケット交換ノード, PSN =

英 packet - switching node = Paketvermittlungs -Knoten 電気

バケットコンベアー Eimerförderer 男, 類 Kettenförderersystem 中, bucket conveyer 機械 操業 設備

パケットへんかん パケット変換, PV = Paketvermittlung = packet switching 電気

パケットへんかんもう パケット変換網, PVN = Paketvermittlungsnetz = packet switching net 電気

バケットホイール Schaufelrad 中, 関 Schöpfrad 中, Zellenrad 中, bladed wheel, impeller, bucket wheel 機械 エネ

バケットホイール Schöpfrad 中, 類 Zellenrad 中, Schaufelrad 中, bucket wheel 機械 操業 建設

はけでぬる 刷毛で塗る, einpinseln, 英 brush 機械

はけぬり 刷毛塗り, Aufpinseln 中, burush application, brush coating 機械

はげます 励ます, anregen, 英 embolden, 英 cheer 化学 バイオ 医薬

はこがたげた 箱形げた(ボックスガーダ), Kastenträger 男, box girder 建設

はこげたきょう 箱桁橋, Hohlkastenbrücke 女, box girder bridge 建設

はこつさいぼう 破骨細胞, Osteoklast-Zelle 女, osteoclast バイオ 医薬

はさきえん 歯先円, Kopfkreis 男, 類 Zahnkopfkreis 男, addendum circle 機械

はさきえんすいかく 歯先円錐角, Kopfkegelwinkel 男, face cone angle 機械

はさきのにげ・にがし 刃先の逃げ・逃がし, Kopfrücknahme 女, tip relief, addendum reduction 操業 設備 機械

はさきめん 歯先面, Zahnkopfkante 女, 関 Zahnlückenfläche 女, top land 機械

はさんそうち 破算装置, Freigabeorgan, calculation device 中 電気

はしあき 端空き, Vormaß 中, end distance (of fillet weld), lathe roughing cut dimension 溶接 機械 建設

パジェット・シュレッターしょうこうぐん
パジェット・シュレッター症候群(腋窩[えきか]静脈が内膜損傷を受けて血栓性閉塞をきたす疾患), PSS = Paget-Schroetter-Syndrom = Paget-Schroetter syndrome 医薬

はしかけつごう 橋かけ結合(架橋結合), Brückenverbund 男, cross linking, bridged bond 化学 バイオ

はしげた 橋桁, Querträger 男, cross member, cross bar 機械 建設

はしのとがった 端のとがった, scharfkantig, 英 sharp-edged 機械

はじまる 始まる, einsetzen 自, start 化学 機械 全般

はしょうふう 破傷風, Tetanus 男, 類 Wundstarrkrampf 男, lockjaw, tetanus, Te 医薬

はしょうふうどくそ 破傷風抗毒素, TAT = Tetanusantitoxin = tetanus antitoxin バイオ 医薬

パス [(電波航法の)レーン], Pfad 男, path, trail 機械 電気 航空

パスあたりのつうか・ひきぬきりょう パス当たりの通過・引き抜き量, Stichabnahme 女, draught, draught per path 連鋳 材料 操業 設備

はずえかく 歯末角, Kopfwinkel 中, head angle 機械

はずえのめん 歯末の面, Kopfflanke eines Zahns 女, tooth face 機械

パスかんおんど パス間温度, Zwischenlagentemperatur 女, interpass temperature 材料 機械 溶接

バスこうそくゆそうシステム バス高速輸送システム, BRT = 英 bus rapid transit 交通 電気

はすじ 歯すじ, Flankenlinie 女, tooth trace 機械

はすじほうこうごさ 歯すじ方向誤差, Flankenlinienfehler 男, error in tooth trace 機械

ハススキーピングプログラム Verwaltungsprogramm 中, house keeping program 電気 機械

パスのじゅんじょ パスの順序, Stichfolge 女, pass sequence, reduction sequence 材料 溶接 機械

はすばかさはぐるま はすば傘歯車, Schrägzahnkegelrad 中, 類 Spiralzahnkegelrad 中, helical bevel gear, skew bevel gear, spiral bevel gear, screw bevel gear 機械

はすばひらはぐるま はすば平歯車, Schrägstirnrad 中, 類 Schrägzahnrad 中, schrägverzahntes Zahnrad 中, Schraubenzahnrad 中, helical gear 機械

パス(ピー・エー・エス)はんのう パス(PAS)反応(組織切片内の多糖体の検出などに用いられる), PSR = Perjodsäure-Schiff-Reaktion = PAS-Reaktion = periodic acid Schiff reaction = PAS-reaction 化学 バイオ 医薬

はずみぐるま はずみ車, Schwungrad 中, fly wheel 機械

はずれ 外れ, Auslenkung 女, deflection, deviation 機械 光学

はずれち 外れ値, Ausreißer 男, outlying observation, outlier 数学 統計 操業

パスワード Password 中, 類 Kennwort 中, Passwort 中, password 電気

はせつてん 波節点(入射波と反射波が合成されて最小となる点), Wellenknoten 男, wave node 電気

はせん 破線, gestrichelte Linie 女, 類 unterbrochene Linie 女, broken line 数学 機械

はそこえん 歯底円(歯元円), Fußkreis 男, root circle, deddendum circle 機械

はそこかく 歯底角(歯元角), Fußwinkel 男, deddendum angle 機械

はそこすみにくぶきょくりつはんけい 歯底隅肉部曲率半径, Fußrundung 女, root radius 機械

はそこめん 歯底面, Zahnlückenfläche 女, 関 Zahnkopfkante 女, bottom land 機械

パソコン Personalcomputer 男, personal computer 電気

パソコンどうさかんきょう パソコン動作環境, Treiberplattform 女, driver platform 電気

はそんかしょ 破損箇所, Bruch 男 機械

パターンデータファイル Schablonendatei 女, pattern data file 電気 機械

はだずな はだ砂, Modellsand 男, facing sand 鋳造 機械

バタフライバルブ Drosselklappe 女, 類 Drosselventil 中, butterfly valve, throttle valve 機械

バタフライバルブいちしんごうはっしんき バタフライバルブ位置信号発信器, DKG = Drosselklappengeber = throttle valve signal sender 機械

はたやさい 畑野菜(農作野菜), Feldgemüse 中, field vegetable バイオ

はだんげんしょう 破断現象, Brucherscheinung 女, fructure phenomenon 材料 機械

はだんしぼり 破断絞り, Brucheinschnürung 女, fructure area reduction 材料

はだんそしき 破断組織, Bruchgefüge 中, fructure structure 材料

はちめんたいの 八面体の, oktaedrisch, 英 octahedral 化学 材料 非金属

はちょうぶんかつたじゅうほうしき 波長分割多重方式, WDM = 英 wavelength division multiplexing = Übertragungsverfahren für LWL = Wellenlängenmultiplex 電気

はちょうぶんさんがたエックスせんぶんこうほう 波長分散型 X 線分光法, WDS = 英 wavelength dispersive X-ray spectroscopy 化学 電気 光学

はちょっかくピッチ 歯直角ピッチ, Normalteilung 女, normal pitch 機械

はちょっかくモジュール 歯直角モジュール, Normalmodul 男, normal module 機械

はついくふぜん 発育不全, Unterentwicklung 女, aplasia, hypoplasia, dysgenesis バイオ 医薬

はつが 発芽, Ausschlag 男, germina-

tion バイオ

はつがかんの 発芽管(胚の胞皮), Keimschlauch 男, germination tubes, germ tubes バイオ

はつがき 発芽期, Verkeimung 女, microbial contamination, germination バイオ 医薬

ばっかくアルカロイド 麦角アルカロイド(麦角菌培養時の生成物), Ergotalkaloid 中, ergot alkaloid バイオ

ばっかくきん 麦角菌 Claviceps 中, ergot fugus, Claviceps purpurea バイオ

はつがする 発芽する, auskeimen, 関 entkeimen, 英 germinate, 英 sprout バイオ

はっかん 発汗, Transpiration 女, transpiration 化学 バイオ 医薬

はつがんいでんし 発癌遺伝子, Onkogen 中, oncogene バイオ 医薬

はつきヴィベルトじく 歯付き V ベルト軸, Zahnriemenachse 女, toothed belt axis 機械

はつきざがね 歯付き座金(外部歯止め座金), Zahnscheibe 女, toothed lock washer, external teeth lock washer 機械

パッキンおさえ パッキン押さえ, Stopfbüchse 女, stuffing box, gland seal, shaft seal 機械

パッキング Dichtung 女, packing, gasket 機械

パッキングドラム Gebinde 中, 類 関 Tragwerk 中, Unterzug 男, packing drum 機械

パッキンばこ パッキン箱, Stopfbüchse 女, stuffing box, gland seal, shaft seal 機械

はっきんメッキする 白金メッキする, platinieren, 英 platinize 材料 化学 鉄鋼 非鉄

パッキンリング Manschette 女, packing ring, cuff 機械 医薬

バックアップすいじゅん バックアップ水準, Rückfallebene 女, back up level, fall-back level 電気 機械

バックギヤー Rückwärtsgang 男, back

gear 機械

バックステップようせつ　バックステップ溶接，Pilgerschrittschweißung 女，backstep welding 溶接 機械

バックストローク　Rückhub 男，back stroke，return stroke 機械

バックスペーシング　Rückschaltung 女，shift-inn，back spacing 電気

バックスペースキー　Rücktaste 女，backspace key 電気

バックスペースする　rücksetzen，英 reset，英 back-space 電気 機械

バッグフィルター　Schlauchfilter 男，bag filter 機械 環境

バックフラッシュべん　バックフラッシュ弁，Rückspülventil 中，backflushing valve，backwash valve 機械

バックプロパゲーションほう　バックプロパゲーション法（ニューラルネットワークにおける教師あり学習アルゴリズムの一つ），Backpropagation-Modus 男，英 Backpropagation- Mode 電気

バックラッシュ　Rückprall 男，back lash，rebound bounce 機械

バックラッシュ　Spiel 中，backlash，side play，play 機械

バックラッシュほせい　バックラッシュ補正，Spielausgleich 男，backlash compensation 機械

バックル　（ターンバックル），Vorreiber 男，類 Gurtschloss 中，Schnalle 女，Spange 女，buckle 機械

はつけいこうだん　発蛍光団（蛍光体），Fluorophor 男，fluorophore，fluorogen 化学 バイオ 電気 光学

パッケージ　Packet 中，package 機械 化学 バイオ

はっけっきゅう　白血球，Leukozyten 女（男）複，類 weißes Blutkörperchen 中，leukozyte バイオ 医薬

はっけっきゅうげんしょうしょう　白血球減少症，Leukopenie 女，leucopenia，leukopenia，hypoleukocytemia バイオ 医薬

はっけっきゅうせっちゃくそがいざい　白血球接着阻害剤，LAI = Leukoozyten-adhärenzinhibitor = leukocyte adhesion inhibitor バイオ 医薬

はっけっきゅうぞう　白血球像（白血球分画），LDC = 英 leukocyte differential count = Differenzierung der Leukozyten バイオ 医薬

はっけっきゅうぞうかしょう　白血球増加症，Leukozytose 女，leukocytosis バイオ 医薬

はっけっきゅうゆうそうそがいいんし　白血球遊走阻害因子，LMIF = 英 leukocyte migration inhibitory factor = Leukozytomigration und ihre Inhibitoren バイオ 医薬

はっけつびょう　白血病，Leukämie 女，leukaemia バイオ 医薬

はつげん　発現，Expression 女，expression バイオ

はつげんいでんしはいれつだんぺん　発現遺伝子配列断片，ESTs = 英 expressed sequence tag バイオ 医薬

はつげんカセット　発現カセット，Expressionskassette 女，expression cassette バイオ

はっこう　発光，Leuchten 中，light emission 光学

はっこう　発酵，Fermentation 女，類 Vergärung 女，fermentation 化学 バイオ 食品

はっこうスペクトル　発光スペクトル，Emissionsspektrum 中，emission spectrum 光学 電気 物理

はっこうそし　発光素子，Lichtsender 男，light emitter，fibre optics 光学 電気

はっこうとうごうシステム　発酵統合システム，FIS = 英 fermentation integration system 化学 バイオ

はっこうフィルム　発光フィルム，LEF = 英 light-emitting-film = lichtemittierender Film 光学 電気

はっこうりょういき　（シナプス前終末における）発光領域，QED = 英 quantum emission domain バイオ 光学

はっさん　発散，Transpiration 女，transpiration 医薬

はっさんレンズ 発散レンズ, Zerstreuungslinse 女, divergent lens 光学

はっしょうきかん 発症期間, PO = 英 period of onset 医薬

はっしんき 発振器, Schwinger 男, 類 Oszillator 男, oscillator, transducer 電気 物理 光学 音響 機械

はっしんきしゅうはすう 発振器周波数, OF = Oszillatorfrequenz = oscillator frequency 電気 音響

はっしんサポートかく 発進サポート角, Anfahrabstützwinkel 男, start-up support angle 機械

はつずり 初刷り, Prototyp 男, prototype 印刷

はっせいさせる 発生させる, erzeugen, 英 generate, 英 produce 機械 化学 バイオ

はっせいろガス 発生炉ガス, Produktgas 中, product gas, producer gas 化学 バイオ 精錬 製鉄 エネ

はっそう 発送, Versand 男, shipment 経営 製品

はったつ 発達, Entwicklung 女, development, generation, evolution 全般 化学

バッチ Satz 男, batch 機械

バッチ Lappen 男, rag, lobe 機械 バイオ

バッチしょうどんした バッチ焼鈍した, haubengeglüht, 英 batch-annealed 材料

バッチそうぎょう バッチ操業, Satzbetrieb 男, batch operation 機械 操業 設備

バッチろ バッチ炉, Haubeofen 男, batch furnace 精錬 材料 設備 機械

バッテリー Speicher 男, 類 Element 中, storage, accumulator, memory, battery, SP 機械 電気 化学 バイオ

バッテンびょうしょうこうぐん バッテン病症候群(サンタボーリハルチア症候群, 神経セロイドリポフスチン症), SHS = Santavuori-Haltia-Syndrom = Santavuori-Haltia syndrome 医薬

パッド Lötauge 中, pad, land 電気

はつどうき 発動機, Kraftmaschine 女, engine 機械

パッドじくうけ パッド軸受け, Blocklager 中, pad thrust bearing 機械

パッドちゅうゆ パッド注油, Flaumschmiereung 女, pad lubrication 機械

ハットレール Hutschiene 女, top hat (cap) rail 機械

はつねつせいの 発熱性の, pyrogen, 英 pyrogenic 化学 機械 エネ

はつねつはんのう 発熱反応, exotherme Reaktion 女, exothermic reaction エネ 化学 物理 機械

はつねつりょう 発熱量, Heizwert 男, heating value 機械 精錬 化学 物理 エネ

バッファー バッファー, Reserve 女, buffer, reserve 機械 操業 製品 経営

バッファーかんかく バッファー間隔, PA = Pufferabstand = buffer distances 物流

バッフル Kanal 男, 類 Umlenkblech 中, Ablenker 男, Prallblech 中, baffle 機械 電気

バッフルがたしょうおんき バッフル型消音器, Kulissendämpfer 男, baffle type silencer 機械

はっぽう 発泡, Schaumbildung 女, foaming, formation of foam 化学 バイオ 精錬

はっぽうざい 発泡剤, Treibmittel 中, 類 関 Schaummittel 中, blowing agent, propellant, foaming agent 化学 バイオ 材料 機械 エネ

はっぽうざいいりクッション 発泡材入りクッション, Schaumstoffkissen 中, cushion with foaming agent 機械 化学

はっぽうざいりょう 発泡材料, Schaumstoff 男, foam, foamed material 化学 バイオ 材料

はっぽうせいけいしょり 発泡成形処理(フォーミング処理), Aufschäumen 中, forming up 化学 バイオ 機械 鋳造

はっぽうたい 発泡体, Schaumstoff 男, foam, foamed material 化学 バイオ 材料

はっぽうよくせいざい 発泡抑制剤 Antischaummittel 中, antifoaming agent 機械 化学 バイオ

はつめいしゃをあげるせんせいしょ 発明者を挙げる宣誓書，Erfinderbenennung 囡，name of inventor, mention of inventor 特許

はつめいせい 発明性，erfinderische Betätigung 囡，inventiveness 特許

はつめいせつめいしょ（めいさいしょ） 発明説明書（明細書），Lastenheft 回，performance specification 特許 規格 機械 設備

はどうば 波動場，Wellenfeld 回，wave field 物理 光学 化学 材料

はなれにくい 離れにくい，固着した，festhaftet，英 adherent 化学 機械

ハニカムたんたい ハニカム担体，Wabenkörper 團，honeycomb carrier 機械 エネ 化学 バイオ 環境

はね 羽根，Feder 囡，feather 機械

ばね （羽），Feder 囡，spring, feather 機械

はねあげそうち 跳ね上げ装置，Klappvorrichtung 囡，folding device 機械

ばねあんぜんべん ばね安全弁，Federsicherheitsventil 回，spring loaded safety valve 機械

はねいりぐちかく 羽根入口角，Schaufeleintrittswinkel 團，類 Laufradeintrittswinkel 團，inlet blade angle, inlet angle of impeller 機械

はねかえり はね返り，Rückfederung 囡，spring back 機械

はねかえりげんしょう 跳ね返り現象（リバウンド，バックラッシュ），Rückprall 團，back lash, rebound bounce 機械

はねかけじゅんかつ はねかけ潤滑，Tauchbadschmierung 囡，immersion lubrication, splash lubrication 機械

ばねがたシリンダー ばね形シリンダー，Federspeicherzylinder 團，spring type cylinder 機械

ばねがたターミナル ばね型ターミナル，Federkraftklemme 囡，spring loaded terminal 電気 機械

はねぐるま 羽根車，Schaufelrad 回，bladed wheel, impeller, bucket wheel 機械 エネ

ばねしきあんぜんべん ばね式安全弁，Sicherheitsventil mit Federbelastung 回，safty valve with spring loading 機械

はねそり はね反り，Rückfederung 囡，spring back 機械

ばねつりあいそうち ばね釣り合い装置，Federausgleichsvorrichtung 囡，spring balance equipment 機械

ばねつりて ばねつり手，Federlasche 囡，spring shackle 機械

はねでぐちかく 羽根出口角，Schaufelaustrittswinkel 團，blade outlet angle 機械

はねとりつけかく 羽根取り付け角（ブレード角），Schaufelwinkel 團，blade angle 機械 エネ 航空

パネルディスカッション Podiumsdiskussion 囡，pannel discussion 全般

はねわ 羽根輪（翼環，ブレードリング），Schaufelkranz 團，blade ring 機械 エネ

はのちょうぶ 歯の頂部，Spitze 囡，crest, head, peak, tip, point 機械

はばき 幅木，Kernmarke 囡，類 Kernloch 回，core print, core mark 鋳造 機械

はばけいれつ （ころがり軸受などの）幅系列，Breitenreihe 囡，width series 機械

はばのび 幅伸び，英 center buckle 材料 機械

はばば 歯幅，Zahnbreite 囡，tooth width, face width 機械

はばひろい 幅広い（多価の），polyvalent，英 polyvalent, broad-scale, broad-spectrum；die polyvalente Korrosionsbeständigkeit 囡（幅広い耐腐食性）材料 化学 製品

はばひろがわ 幅広側，Breitseite 囡，broad side 機械

バビットメタル （Sn ベース Sb-Cu 系合金），Weißlagermetall 回，類 Babittmetall 回，英 Babitt metal 非鉄 材料 機械

パピローマウイルス PV = Papillomviren = papillomavirus バイオ 医薬

ハブ Nabe 囡, 類 Butzen 男, hub 機械

ハブ(ホイールセンター) Radkörper 男, wheel center, hub 機械

バフけんま バフ研磨, Polieren 中, polishing 材料 機械

はぷとそうるい ハプト藻類（プリムネシウム属，植物プランクトン，独立栄養生物）Prymnesium 中, 英 Prymnesium 化学 バイオ

バフばん バフ盤,Schwabbel-maschine 囡,buffer unit, buffering unit 材料 機械 光学 電気

はみぞ 歯溝,Zahnlücke 囡,tooth space 機械

はみぞのはば 歯溝の幅，Zahnlückenweite 囡, tooth space width 機械

はみぞのふれ 歯溝の振れ（同心度のずれ），Rundlaufabweichung 囡, deviation of the cyclic running, radial run-out deviation 機械

はめあい 嵌め合い, Passung 囡, 類 Beschlag 男, Sitz 男, fit, matching, interface fit 機械

はめあいとうきゅう 嵌め合い等級，Passqualität 囡, grade of fit 機械

はめあいながさ 嵌め合い長さ，Passlänge 囡, fitted length, matching length 機械

はめこみ 嵌め込み，Einlage 囡, inlay 機械 建設 医薬

はめこみフランジ 嵌め込みフランジ，Kopfflansch 男, mounting flange, head flange 機械

はめこむ （場面などを）はめ込む，einblenden, 英 insert, 英 overlay 電気 光学 機械

ハメットそく ハメット則, Hammett-Beziehung 囡, Hammett rule 物理 化学

はめばはぐるま はめば歯車，Kammrad 中, cog wheel 機械

はめん 歯面，Zahnflanke 囡, tooth surface, tooth flank 機械

はめんはんてん （光の）波面反転，WFR ＝英 wave-front reversal＝Umkehr von Wellenfronten 光学 物理

はもとえん 歯元円（歯底円），Fuß-

kreis 男, root circle, deddendum circle 機械

はもとかく 歯元角（歯底角），Fußwinkel 男, deddendum angle 機械

はもとのたけ 歯元のたけ，Fußhöhe 囡, root of a tooth, deddendum of a tooth 機械

はもとのめん 歯元の面，Fußflanke 囡, flank of a tooth, tooth flank 機械

はものおくりだい 刃物送り台（刃物往復台），Werkzeugschlitten 男, tool slide, tool carrier, tool carriage 機械

はものだい 刃物台, Stichelhalter 男, cutter holder 機械

はやおくりきこう 早送り機構，Eilgang 男, quick return motion mechanism 機械 電気

はやくすすんだ 速く進んだ, rasant fortgeschritten,英 progressed swiftly 機械

パラアミノあんそくこうさん パラアミノ安息香酸（髪の毛と肌の健康を守る働きがある），PAB＝PABS＝Paraaminobenzoesäure＝PABA＝para-aminobenzoic acid 医薬

パラアミノサリチルさん パラアミノサリチル酸[p-アミノサリチル酸(抗結核薬成分)]，PAS＝Paraaminosalicylsäure＝para-aminosalicylic acid 医薬

パラアミノばにょうさん パラアミノ馬尿酸，PAH＝Paraaminohippursäure＝para-aminohippuric acid（腎機能検査用薬剤などに用いられる）医薬

パラい パラ位, para-Position 囡, para-position 化学

パラえんかすいぎんあんそくこうさん パラ塩化水銀安息香酸, PCMB＝para-Chlormerkuribenzoat＝para-chloro-mercuri-benzoic acid 化学 バイオ 医薬

パラオキシプロピオフェノン PPP＝p-Oxypropiophenon＝p-oxypropiophenone 化学

はらおこし 腹起し, Strebe 囡, tie rod, strut, post 機械 建設

パラクロルフェノール PCP＝p-Chlorphenol＝p-chlorophenol 化学

パラクロロフェニルアラニン PCPA = Parachlorphenylalanin = parachlorophenylalanine 化学 バイオ 医薬

パラクロロフェノール p‐クロロフェノール，PCP = p-Chlorphenol = p-chlorophenol 化学 バイオ

パラジクロルベンゼン （パラジクロロベンゼン：防虫剤，消臭剤などに用いられる），PDB = Paradichlorbenzol = paradichlorbenzene 化学 バイオ

バラスじき バラス敷き，Bettung 女，ballast laying 交通 建設

ばらつき Streuung 女，類 Varianz 女，Dispersion 女，dispersion, variation, variance 数学 統計

ばらづみかもつせん ばら積貨物船，Schüttgutfrachter 男，bulk carrier 船舶 製銑 地学 操業 設備 交通 物流

パラテルフェニル （レーザー色素名），PTP = P-Terphenyl = para-terphenyl 光学 電気

パラトルエン・スルホンさん p-トルエン・スルホン酸[示性式 $CH_3C_6H_4SO_3H$，分子量 172.20 の芳香族スルホン酸，トシル酸（tosic acid）と通称される]，PTSA = 英 p-toluene sulphonic acid = p-Toluolsulfonsäure 化学 バイオ

ばらに （鉱石，石炭などの）散荷，Schüttgut 中，類 Sturzgüter 中 複，bulk goods, bulk products, bulk materials 製銑 地学 操業 設備 船舶 交通 物流

ばらにそうにゅううんてん 散荷装入運転，Schüttbetrieb 男，bulk feeding operation 製銑 地学 操業 設備 船舶 交通 物流

パラニトロアニリン （ポリウレタン樹脂の出発原料などに用いられる），PNA = p-Nitroanilin = p-nitroaniline 化学

パラニトロフェニルグリセリン （p‐ニトロフェニルグリセリン），PNPG = p-Nitrophenylglycerin = p-nitrophenylglycerin 化学

パラニトロフェニルさくさん パラニトロフェニル酢酸(p‐ニトロフェニル酢酸)，PNPA = p-Nitrophenylacetat = p-nitrophenyl acetate 化学 光学

パラニトロフェニルリンさん パラニトロフェニルリン酸(p‐ニトロフェニルリン酸；ホスファターゼ用発色基質．出典：funakoshi ホームページ)，PNPP = p-Nitrophenylphospha = p-nitrophenylphosphate 化学 光学

パラニトロフェノール PNP = Paranitrophenol = paranitrophenol 化学

パラニトロブルーテトラゾリウム PNBT = Paranitroblautetrazol = paranitroblue tetrazolium 化学

パラネオプラスチックしょうこうぐん パラネオプラスチック症候群，PNS = paraneoplastisches Syndrom = paraneoplastic syndrome 医薬

パラフェニレンジアミン （頭髪染料などに用いられる），PPDA = p-Phenylendiamin = paraphenylenediamine 化学

パラフルオロフェニルアラニン [p‐フルオロフェニルアラニン，パラフルオロフェニルアラニン，4‐フルオロ‐α‐アミノベンゼンプロパン酸(アミノ酸の類似物質)]，PFPA = PFA = Parafluorphenylalanin = parafluorophenylalanine 化学 バイオ 医薬

パラメータか パラメータ化，Parametrierung 女，parameterizing, configuring 機械 電気 数学 統計

パラメータひょうじインターフェースとこうせいインターフェース パラメータ表示インターフェースと構成インターフェース，Prametrisierungs-und Konfigulations-Schnittstelle 女，parameterizing and configuring interface 電気 数学 統計

パラメトキシフェニルエチルアミン PMPEA = Paramethoxyphenylethylamin = p-methoxyphenyl ethylamine 化学 光学

パラレルインターフェース PSS = Parallelschnittstelle = parallel interface 電気

バランサー Gegengewicht 中，balance weight, counter balance 機械 設備

バランスのとれた （均衡した），ausgebogen，英 balanced 機械 エネ

はり 梁, Trägerelement 男, support membre 機械

バリエーション Variante 女, variant, alternative, variation 数学 統計 化学 バイオ 医薬

バリスター (ヴァリスタ), SAW = spannungsabhängiger Widerstand = veränderlicher Widerstand = varistor = variable resistor 電気

バリせいせい バリ生成, Gratbildung 女, barr formation 機械 材料

はりだしアーム 張り出しアーム, Führungsarm 男, guide arm 機械

はりだしぶ 張り出し部, Vorsprung 男, 関 Ansatz 男, Besatz 男, Henkel 男, Lasche 女, Vorsprung zum Halten 男, Haltevorrichtung 女, lug, nose, overhang 機械

はりつけ 貼り付け, Einfügen 中, paste 電気 機械

パリティたいしょうせいのやぶれ（ひほぞん）エネルギーさ パリティ対称性の破れ（非保存）エネルギー差, PVED = paritätsverletzende Energiedifferenz = parity-violating energy difference 化学 バイオ 物理

バリデーション Validierung 女, validation 化学 バイオ 医薬 機械 全般

ばりとり バリ取り, Entgraten 中, deburring 機械 材料

はりのじゅうりょう はりの重量, Balkenmasse 女, weight of beam 建設

はりのたかさ はりの高さ, Höhe des Trägers 女, height of beam 建設 機械

バリようだんじょきょそうち バリ溶断除去装置, Brennbartentfernungsanlage 女, deburring machine 材料 溶接 機械

バルクデポジット （大気降下物質負荷量）, Freilanddeposition 女, bulk deposition 化学 バイオ 環境 地学 気象

パルスいちへんちょう パルス位置変調, PPM = 英 pulse position modulation = Pulslagenmodulation 電気

パルスかんかくへんちょう パルス間隔

変調 ［パルス位置変調（PPM）などと比較した場合，狭帯域伝送路においてその特長の発揮が期待される］, PIM = Pulsintervalmodulation = pulse interval modulation 電気

パルスくりかえしかんかく パルス繰り返し間隔, PRI = 英 pulse repetition interval = Impuls-Wiederholungsintervall 電気

パルスくりかえししゅうはすう パルス繰り返し周波数, Pulswiederholfrequenz 女, PRF, pulse repetition frequency 電気 機械

パルスけいしゃへんちょう パルス傾斜変調, PSM = Pulssteigerungsmodulation = pulse-slope modulation 電気

パルスさいぼうこうどけい パルス細胞光度計, ICP = Impulscytophotometer 化学 バイオ 医薬 光学

パルスジェット pulsierendes Düsentriebwerk 中, intermittent jet, pulse jet 航空 機械

パルスじかんへんちょう パルス時間変調, PTM = 英 pulse-time modulation = Pulszeitmodulation 電気

パルスしゅうはすう パルス周波数, PF = Pulsfrequenz = pulse frequency 医薬 電気

パルスしゅうはすうへんちょう パルス周波数変調, PFM = Puls-Frequenz Modulation = pulse frequency modulation 電気

パルス（はこう）しんぷくいそうへんちょう パルス（波高）振幅位相変調, PAPM = Pulsamplituden-und Phasen-modulation = pulse amplitude phase modulation 電気

パルスしんぷくへんちょう パルス振幅変調, IAM = Impuls-Amplituden-Modulation = PAM = Puls-Amplituden-Modulation = pulse amplitude modulation 電気

パルスちょうへんちょう パルス長変調, PLM = Pulslangenmodulation = pulse length modulation 電気

パルスはそくど(そくてい) パルス波速度（測定）(動脈壁の弾性状態を非侵襲的に測定する方法)，PWV =㊤ pulse wave velocity (measurement) 医薬 音響 電気

パルスはば パルス幅，Pulsdauer 女，pulse duration 電気 機械

パルスはばへんちょう パルス幅変調[棒状のマークの端(前端および後端)が2値信号の1および0の信号遷移を表す変調方式．JIS X 6330 による]，PWM = Pulsweitenmodulation = PBM = Pulsbreitenmodulation = pulse width modulation = Verfahren der elektrischen Leistungssteuerung 電気

パルスひょうめんはんのうそくどかいせき (触媒の)パルス表面反応速度解析，PSRA =㊤ pulse surface reaction rate analysis 化学

パルスまえフランク パルス前フランク，Vorderflanke eines Impulses 女，leading edge of the pulse 電気

パルセータ (洗濯機底の羽根)，Pulsator 男，pulsator 機械

バルブキー Ventilkeil 男，valve key 機械

バルブさしこみぶい バルブ差し込み部位(バルブユニット)，Ventileinsatz 男，valve inseart 機械

バルプじょうの パルプ状の，breiig，㊤ pulpy，㊤ mushy 印刷 機械 化学 バイオ

バルブステム Ventilstange 男，valve stem 機械

バルブターミナル Ventilinsel 女，valve terminal，valve battery 機械 電気

バルブタイミング Steuerzeit 女，valve timing 機械 電気

バルブトレーン Ventiltrieb 男，valve train，valve control 機械

バルブハウジング Ventilgehäuse 中，valve body，valve housing 機械

バルブブラケット Laterne 女，bonnet，lamp，valve bracket，valve yoke，lantern 機械 電気

バルブヘッド Ventilteller 男，valve head 機械

バルブユニット (バルブ差し込み部位)，Ventileinsatz 男，valve inseart 機械

バルブヨーク Laterne 女，bonnet，lamp，valve bracket，valve yoke，valve bonnet，lantern 機械 電気

パルミチンさん パルミチン酸，PA =㊤ palmitic acid = Palmitinsäure 化学

パルミチンさんエステル パルミチン酸エステル，Palmitat 中，palmitate 化学

パルミチンさんえん パルミチン酸塩，Palmitat 中，palmitate 化学

はれ 腫れ，Schwellung 女，swelling，bulge 医薬

パレタイザー Palettiermaschine 女，palletizing machine 機械 物流

はれつ 破裂，Explosion 女，explosion，burst 化学 地学 操業 設備

バレル Fass 中，barrel，drum 機械

ハローセクション Hohlprofil 中，hollow section 材料 建設

ハロゲンかアルキル ハロゲン化アルキル(フッ化メチル，臭化メチルなど)，Alkylhalogenid 中，alkyl halide 化学

ハロゲンかごうぶつ ハロゲン化合物，Halogenid 中，halide 化学

パワーショベル Löffelbagger 男，power shovel 機械

パワーステアリングシステム Hilfskraftlenkanlage 女，類 Lenkhilfesteuerung 女，power steering system 機械

ぱわーそし パワー素子(電力用半導体スイッチング素子の略称)，Leistungsteil 男，power element，power section 電気 機械

ぱわーちゃっく Kraftspannfutter 中，power chack 機械

パワーテイクオフシャフト (トラクターなどの原動機のパワーテイクオフシャフト)，PTO =㊤ power take-off shaft = Zapfwelle 機械 電気

パワーリミット (パワーピーク)，Leistungsgrenze 女，power limit 電気

はんい 範囲，Spannweite 女，span，wing span 機械 航空 数学 統計 建設

はんい 範囲，Strecke 女，route，line，distance 機械 電気 操業 設備

はんいにあるてんてつき　反位にある転轍機（反位にあるポイント），Weiche auf Ablenkung 囡，point in reverse position 交通 材料 機械

ハンガー（衣文掛け），Kleiderbügel 男，clothes hanger 建設 雑貨

ハンガーロッド　Hängestange 囡，hanger rod, suspention rod 機械

はんかいこうかく　半開口角，halber Öffnungswinkel 男，half-opening angle 電気 機械 光学 化学

はんかいぶんばいよう　半回分培養（培養基中に基質を添加していく培養法），Fedbatch-Verfahren 甲 類 関 Zufutter-Satzbetrieb 男，fed-batch culture process バイオ

はんきゅう　半球，Halbkugel 囡，類 Hemisphäre 囡，Kalotte 囡，hemisphere 数学 物理

ばんきんかこう　板金加工，Blechbearbeitung 囡，sheet metal working 機械 材料

ばんくかく　バンク角，Querneigungswinkel 男，angle of bank 機械 航空

パンクレオチミン（膵臓のアミラーゼ産生を刺激する），PZ＝Pankreozymin＝pancreozymin バイオ 医薬

はんけいおうりょく　半径応力，Radialspannung 囡，radial tension 機械

はんけいほうこうそくど　半径方向速度，RG＝Radialgeschwindigkeit＝radial velocity 機械

はんけいほうこうへんい　半径方向変位，Radialverschiebung 囡，radial movement, radial displacement 機械 物理

はんけいりゅうあっしゅくき　半径流圧縮機，Radialkompressor 男，radial compressor エネ 機械

はんけいりゅうタービン　半径流タービン（ラジアルタービン），Radialturbine 囡，radial turbine エネ 機械

はんげつキー　半月キー，Scheibenfeder 囡，disc spring, woodruff key 機械

はんげつばん　半月板（メニスカス），Meniskus 男，meniscus 医薬

はんげんき　半減期，Halbierungszeit 囡，類 Halbwert（s）zeit 囡，Halbwertsperiode 囡，half-life period, half-value period，T_H, $T_{1/2}$ 原子力 放射線 物理

はんこけいばいち　半固形培地，halbstarres Medium 甲，semisolid medium バイオ

はんこつずいろう　汎骨髄癆（再生不良性貧血と同義語），PM＝Panmyelopathise＝panmyelophthisis 医薬

バンコマイシンたいせいちょうきゅうきん　バンコマイシン耐性腸球菌，VRE＝英 vancomycin resistant enterococcus バイオ 医薬

はんじどうようせつ　半自動溶接，Halbselbstschweißung 囡，semi-automated welding process 溶接 機械 設備

はんしゃかく　反射角，Reflexionswinkel 男，類 Reflexwinkel 男，angle of reflection 機械 光学

はんしゃがたねつそくていかんしょうほう　反射型熱測定干渉法，RSPI＝英 reflection-supported pyrometric interferometry＝reflexionsgestützte pyrometrische Interferometrie 光学 医薬 物理

はんしゃこうそくでんしせんかいせつ　反射高速電子線回折，RHEED＝英 reflection high electron diffraction 化学 電気 材料

はんしゃこうだいにこうちょうは（はっせい）　反射光第二高調波（発生）（非線形光学効果），RSH 英 reflected second harmonic（generation）光学 電気

はんしゃそうち　反射装置，Reflektorvorrichtung 囡，RV, reflector 光学 機械

はんしゃヌルコレクター　反射ヌルコレクター（光学部品の研磨検査器），RNC＝英 reflective null corrector 光学

はんしゃぼうしまく　反射防止膜，Anti-reflexbelag 男，anti-refrection layer 光学 機械

はんしゃめん　反射面，Reflexionsfläche 囡，reflecting surface, reflecting interface 光学 機械

はんしゅつ 搬出，Förderung 囡，promotion，dischage，deliverry，mining，transfer 機械 設備 操業 地学

はんそうウオーム 搬送ウオーム，Transportschnecke 囡，feeding screw 機械

はんそうでんりゅう 搬送電流，Trägerstrom 團，carrier current，CC 電気

パンタグラフ Gleitbügel 團，pantograph 交通 電気

はんだつぎて はんだ継ぎ手，Lötverbindung 囡，solder connection，brazing connection 機械 電気

はんだづけ（なんろうづけ） はんだ付け（軟ろう付け），Löten 田，英 soldering；英 brazing［硬ろう付け（ろう付け）］（共に独語は Löten） 材料 機械 電気

パンチ Stempel 團，類 Lochstempel 團，punching device，punch 機械

パンチカードシステム PCS = 英 punch card system = Lochkartensystem 電気 機械

はんちそう 半値層，HVL = 英 half-value-layer = Halbwertsschicht 材料 機械 化学

はんちはば 半値幅（半値全幅），Halbwertsbreite 囡，half width，full width at half maximum，FWHM 数学 統計 物理 材料 光学

ハンチング Nachpendeln 田，類 Nachlauf 團，hunching，bouncing 機械 電気 数学 統計

パンチングアウトてんい（単結晶のパンチングアウト転位），POD = 英 punching out dislocation = Punching Out Versetzung 物理 電気 材料

パンチングボス Stanzbutzen 團，punching boss 機械

パンチングリベット Stanzniet 團，punching revet 機械

パンチングりょく パンチング力，Lochkraft 囡，punching force 機械

はんてんそうち 反転装置（アップエンダー），Kippstuhl 團，tilting device，upender 機械 設備

はんてんのある 斑点のある，gefleckt，

英 spotted 全般

はんてんぶんぷ 反転分布，Populationsinversion 囡，類 Besetzungsinversion 囡，Besetzungsumkehr 囡，population inversion 光学 電気 物理 数学 統計

はんどう 版胴，Plattenzylinder 團，plate cylinder 印刷 機械

はんどうタービン 反動タービン，Reaktionsturbine 囡，類 Überdruckturbine 囡，reaction turbine 機械 エネ

はんどうだん 反動段，Gegenwirkungsbühne 囡，reaction stage 機械 化学

はんとうめいの 半透明の，transluzent，類 halbsichtig，英 translucent 機械 光学

バンドケーブル Stegleiter 團，conductor strip，strap conductor，falt-welded cable，band cable 電気

バンドじょうのふきんいつせいじょう バンド状の不均一性状，Faser 囡，band-like ununiform part 材料

バンドパターン（バーコードパターン），Bandenmuster 田，band pattern，barcord pattern，banding pattern 化学 バイオ 電気

ハンドブレーキ Handbremse 囡，類 Parkierbremse 囡，hand brake 機械

ハンドリングユニット Handhabungseinheit 囡，handling unit 機械

ハンドル（ステアリングホイール），Lenkrad 田，steering wheel 機械

ハンドルじく ハンドル軸，Säule 囡，support，column，post，pillar 機械 建設

ハンドルバー Lenkstange 囡，handle bar，tiller，steering rod 機械

ハンドルバーへのしょうげき ハンドルバーへの衝撃，Lenkerschlagen 田，kick back 機械

ハンドルバーをきゅうにかたむけること ハンドルバーを急に傾けること（ぐいっと引くこと），Lenkerzucken 田，twitching of handlebar；in Form von leichtem Lenkerzucken（軽く傾けることのできる様式の） 機械

ハンドルポスト（ステアリングカラム），

Lenksäure 女, steering-column 機械

はんのうがま 反応釜, Reaktionskessel 男, reaction vessel, reaction tank 化学 機械 エネ

はんのうきオペレーションモード 反応器オペレーションモード, Reaktorbetriebsweise 女, mode of reactor operation 化学 操業 設備

はんのうごコークスきょうど 反応后コークス強度, CSR =英 coke strength after reduction 製銑 地学

はんのうこんごうぶつ 反応混合物, Reaktionsansatz 男, reaction mixture 化学

はんのうしゃしゅつせいけい 反応射出成形, RIM =英 reaction injection molding = Reaktionsspritzguss-System = Niederdruckspritzgießen 鋳造 化学 機械

はんのうじょうりゅう 反応蒸留, Reaktivdestillation 女, reactive distillation 化学 操業 設備

はんのうせいイオンエッチング 反応性イオンエッチング(半導体微細加工技術), RIE = 英 reactive ion etching = reaktives Ionenätzen 電気

はんのうせいじゅうけつ 反応性充血, RH = reaktive Hyperämie = reactive hyperemia 医薬

はんのうせいたんきゅうぞうか(しょう) 反応性単球増加(症), RM = reaktive Monozytose = reactive monocytosis 医薬

はんのうせいのある 反応性のある(反応的な), reaktionsbereit, 英 reactive 化学

はんのうそうど 反応速度, RG = Reaktionsgeschwindigkeit = reaction speed 化学 バイオ 医薬

はんのうそくしんせいの 反応促進性の, reaktionsfördernd, 類 関 rege, reaktionsträge, 英 reaction promoting 化学 操業 設備 物理

はんのうそくどじょうすう 反応速度定数, Geschwindigkeitskonstante der Reaktion 女, RGK, reaction velocity constant, reaction rate constant 化学

製銑 精錬 物理

ばんのう(じく)つぎて 万能(軸)継ぎ手, Kreuzgelenkkupplung 女, cross link universal coupling, universal joint 機械

はんのうてきな 反応的な, reaktionsbereit, 英 reactive 化学 バイオ

はんのうどじこ 反応度事故(原子炉において, 大きな反応度が印加され, 出力が異常に増加することによって起こる事故をいう. 出典:(一財)高度情報科学技術研究機構ホームページ), Reaktivitätsstörfall 男, reactivity initiated accident, RIA 操業 設備 原子力 放射線 電気

はんのうぶつ 反応物(反応原系), Reaktant 男, reactant 化学 バイオ

はんのうりょく 反応力, Reagenz 女, reagency 化学

ハンノキ Erle 女, alder, Alnus japonica バイオ

バンパー Stoßfänger 男, bumper 機械

はんぱでんい 半波電位, Halbstufenpotential 中, half-wave potential 電気 化学 材料

バンプ (突起部), Unebenheit 女, 類 Bondhügel 男, Beule 女, Stoß 男, unevenness, bump, lack of flatness 地学 材料 機械 電気

はんぷくしげきごぞうきょう 反復刺激後増強(後[こう]テタヌス性増強), PTP = posttetanische Potenzierung = posttetanic potentiation バイオ 医薬

はんぷくしぜんりゅうざん 反復自然流産, RSA =英 recurrent spontaneous abortion = wiederholter Spontanabort 医薬

はんぷくせいきんちょうがいしょう 反復性緊張外傷, RSI = 英 repetitive strain injury = Verletzung durch wiederholte Belastung 医薬

はんぷくの 反復の, iterativ, 英 iterative 機械 物理 材料 化学 電気

ハンマーをうつ ハンマーを打つ, hämmern 英, hammer 機械

ハンマミル (ビーターミル), Schlägerrad 中, beater mill 機械 材料

は

はんまるこねじ 半丸小ねじ(丸頭ねじ), Halbrundschraube 女, french fillister head screw, round-head screw 機械

はんみっぺいサイクル 半密閉サイクル, halbgeschlossener Kreisprozess 男, semiclosed cycle 機械 化学 バイオ エネ

はんゆうこうりょう 半有効量(50％有効量), MED ＝ mittlere effektive Dosis ＝ median effective dose ＝ ED_{50} 医薬 放射線

パンようねりこ パン用錬り粉, Brotteig 男, bread dough 化学 バイオ 食品

はんようフレームワーク 汎用フレームワーク, Rahmenbedingungen 女 複, basic conditions, general conditions, general frame work 電気 機械 経営 全般

はんようユニットモジュラーシステム 汎用ユニットモジュラーシステム, UEB ＝ Universelles Einheitsbaukastensystem ＝ universal unit modular system 建設 機械

はんようランプ 汎用ランプ, AGL ＝ Allgebrauchslampe ＝ ordinary light bulb ＝ incandescent lamp 電気

はんようろんりかいろ 汎用論理回路(プログラマブル論理回路), ULC ＝英 universal logic circuit ＝ ULS ＝ universelle Logikschaltung 電気

ばんりゅう 伴流, Nachstrom 男, slip stream, wake, back wash, following wake 機械 航空 エネ

はんれい 凡例, Legende 女, legend, explanatory notes 全般

はんれんぞくライン 半連続ライン, teilkontinuirliche Straße 女, semi-continuous line/train 設備

はんわりナット 半割りナット, Halbmutter 女, half nut 機械

ひ

ピアサープラグ Lochdorn 男, piercer plug, piercer mill 材料 機械 設備

ひあっしゅくせいの 非圧縮性の, inkompressibel, 類 nicht-zusammendrückbar, 英 incompressible 機械 化学 材料 物理

ヒアルロンさんじゅようたい ヒアルロン酸受容体, Hyaluronsäurerezeptor 男, hyaluronan receptor 化学 バイオ 医薬

ビー・アール・シー・エヌによるかがくてきせつだんほう BrCN による化学的切断法(ペプチド結合を切断する方法の一つ), Bromcyanspaltung 女, bromcyan decomposition 化学 バイオ

ビー・エム・ダブリュしゃかへんカムシャフトせいぎょ BMW 社可変カムシャフト制御(装置), Vanos ＝ die Variable Nockenwellensteuerung von BMW ＝ variable cam shaft controlling equipment of BMW 機械

ひイオンかの 非イオン化の, NI ＝ non-ionizung ＝ nichitionisierend 化学 バイオ

ひイオンけいかいめんかっせいざい 非イオン系界面活性剤(Triton X-100 など), nichtionishe Tenside 女 化学 バイオ

ビーがたかんえんウイルス B 型肝炎ウイルス, HBV ＝ Hepatitis B-Virus バイオ 医薬

ピークセルレート (最大セルレート), PCR ＝英 peak cell rate ＝ Maximale Übertragungsrate bei ATM-Netzen 電気

ピークたいサイドローブひ ピーク対サイドローブ比, PSR ＝英 peak-to-sidelobe ratio 光学 電気

ピークパワーみつど ピークパワー密度, PPD ＝ 英 peak power density ＝ Spitzenleistungsdichte 光学 数学

ピークふかしんぷくせいげんき ピーク負荷振幅制限器, Lastspitzenbegrenzer 男, maximum demand (load peak/peak load) limiter/peak chopper 電気 機械 材料

ピークほうらくせんでんりょく ピーク

包絡線電力, PEP = 英 peak envelope power = Maximale Hüllkurvenleistung 電気 機械 操業 設備

ビーコン Funkbake 女, radio beacon 電気 航空

ピー・シ・ーブイバルブ PCV バルブ (内圧コントロールバルブ；クランクケースブリーザーの機能を発展させたもの), PCV-valve = 英 positive crankcase ventilation -valve 機械

ビーそうい B 層位(A 層位と C 層位の間にある鉱石含有下部土壌層位で, 75 体積％ 以下の固形岩石を含み, 岩石由来の炭酸物は含まない. 出典：Wörterbuch der Bodenkunde, Enke 1997), B-Horizont 男, B-horizon 地学 物理

ビーターミル Schlägerrad 中, beater mill 機械 材料

ピーチャンネルがたモス P チャンネル型 MOS, PMOS = 英 positive channel metal oxide semiconductor 電気

ピー・ティー・ピーほうそう PTP 包装 (薬の錠剤の包装方式),PTP = 英 press-through pack 医薬

ヴィーデマン・ベックウイズしょうこうぐん ヴィーデマン・ベックウィズ症候群, WBS = Wiedemann-Beckwith-Syndrom = Wiedemann-Beckwith syndrome 医薬

ビード (タイヤのビード), Wulst 女, bead 機械

ビードコアー (ビードワイヤー), Wulstkern 男, bead core, bead wire 機械

ビードシート Wulstsitz 男, bead seat 機械

ビードシートかく ビードシート角, Wulstsitzwinkel 男, bead seat angle, bead seat contour 機械

ビードシールドイナートガス Wurzelschutzgas 中, root shielding gas 溶接 材料

ビードしたわれ ビード下割れ, Riss im Schweißgut 男, under-bead crack 溶接 材料 機械

ピートタール Torfteer 男, peat tar 化学

バイオ

ビードのきそくせい ビードの規則性, Nahtregelmäßigkeit 女, regularity of welding seam 溶接 材料 機械

ビードブレーカー (タイヤビード部をウエル部へ落とし込むためのもの), Wulstheber 男, bead breaker 機械

ビードワイヤー Wulstkern 男, bead core, bead wire 機械

ピーニングしょり ピーニング処理, Hämmern 中, 類 Kugelstrahlen 中, Peening 中, peening 材料 機械

ビーミング (集束), Bündelung 女, beam, beaming 電気 物理

ビーム Strahl 男, jet, stream, flow, beam, ray 機械 光学 材料 エネ 航空

ビーム Träger 男, beam, girder, carrier, supporter 建設 材料

ビームはば ビーム幅, Trägerbreite 女, girder width, beam width 材料 建設

ピーリングかこうけしょうばんそう ピーリング加工化粧板層, Schälfunierschicht 女, peeling machined veneer layer 機械

ピーリングマシーン Schälmaschine 女, peeling machine 機械

ひうちいし 火打ち石, Feuerstein 男, 類 Flint 男, flint, fire stone 機械

ひエステルかしぼうさん 非エステル化脂肪酸, NEFA = 英 nonesterified fatty acid 化学 バイオ 医薬

びえん 鼻炎, Nasenentzündung 女, 類 Rhinitis 女, nasal catarrh, rhinitis 医薬

ひエンジンようせき 比エンジン容積, spezifischer Motorhubraum 男, specific engine volume 機械

ビオチンけつごうタンパク ビオチン結合タンパク(ビオチンに非常に高い親和性を持ったタンパク質), Biotin-Bindungsprotein 中, biotin binding protein 化学 バイオ 医薬

ビオチンひょうしき ビオチン標識(ビオチン標識とは, タンパク質などの高分子にビオチンが結合するプロセスで, ビオチン標識試薬は, 第一級アミン, スルフ

ヒドリル，カルボキシル，炭水化物など，特定の官能基や残基を標的としたものを利用することができる．出典：サーモフィッシャーサイエンティフィック（株）ホームページ），Biotinylierung 女，biotinylation 化学 バイオ 医薬

ビオトープ（ある一定の生命体の小生活圏），Biotop 男，biotope バイオ 環境

ひがいもうそう 被害妄想，Schädigungswahnsinn 男，reference delusion, delusion of injury, persecution complex, persecutory delusion, delusion of persecution 医薬

ひかえボルト 控えボルト，Stehbolzen 男，stay bolt, stud bolt 機械

ひかくき 比較器（コンパレータ），VGL = Vergleicher = comparator 電気

ひかくけいせい 被殻形成，Inkrustierung 女，incrustation 化学 バイオ 機械 電気

ビカットなんかおんど ビカット軟化温度，VST =英 Vicat softening temperature = Vicat-Erweichungstemperatur 化学 物理 材料

ひかりアレルギーせいの 光アレルギー性の（光線過敏性の），PA = photoallergisch = photoallergenic 医薬

ひかりあんていかせいけいざいりょう 光安定化成型材料，gegen Licht stabilisierte Formmasse 女，light stabilized moulding compound 化学 鋳造 光学

ひかりあんていせい 光安定性，Lichtbeständigkeit 女，light stability 光学 化学 材料

ひかりいぞんせいていこうき 光依存性抵抗器（フォトレジスタ），LDR =英 light dependent resistor = Lichtabhängiger Widerstand 光学 電気

ひかりえいようの 光栄養の，phototroph，英 phototrophic 化学 バイオ 光学

ひかりかがやく 光り輝く，brilliant，類 glänzend，英 brilliant 材料 機械

ひかりがぞうしょり 光画像処理，OIP =英 optical image processing = optische Bildverarbeitung 光学 電気

ひかりかんしょうじま 光干渉縞，Streifen 男，light strip 機械 材料 光学

ひかりかんしょうだんそうけい（ほう）光干渉断層計（法）（眼底三次元画像解析のひとつで，眼底に弱い赤外線を当て，反射して戻ってきた波を解析して，網膜の断層を描き出す装置のことで，加齢黄斑変性症や黄斑浮腫，黄斑円孔の診断や，緑内障における視神経繊維の状態を調べる際に役立てられている．出典：病院の検査の基礎知識ホームページ），OCT =英 optical coherence tomography = optische Cohärenztomografie 医薬 光学 電気

ひかりかんしょうほう 光干渉法，Interferenzmethode 女，interference methode 光学 電気

ひかりきでんがたすいぎんカドミウムテルルせきがいひかりけんしゅつき 光起電型水銀カドミウムテルル赤外光検出器，PVMCT =英 photo-voltaic mercury cadmium telluride 光学 電気 材料

ひかりきょうめいほかく（原子または分子による）光共鳴捕獲，RRT =英 resonant radiation trapping = resonantes Strahlungseinfangen 光学 物理 化学

ひかりくっせつこうか 光屈折効果，PRE = Photorefraktiver Effekt = photorefractive effect 光学 物理

ひかりくっせつせいけっしょう 光屈折性結晶，PRC =英 photorefractive crystal = photorefraktive Kristalle 光学 物理

ひかりくっせつどうはろ 光屈折導波路，PRW = photorefraktiver Wellenleiter = photorefractive waveguide 光学 電気 物理

ひかりけつごうし 光結合子，Optokoppler 男，optocoupler, optical coupler 光学 電気 機械

ひかりけつごうした 光結合した，optisch angekoppelt，英 optical coupled 光学 電気

ひかりこうおんけい 光高温計 optisches Pyrometer 中，optical pyrometer 光学 機械

ひかりじきかいてんぶんこうほう　光磁気回転分光法，MOR = magneto-optische rotationsspektroskopie = magneto-optical rotation spectroscopy 光学 電気 材料

ひかりじきディスク　光磁気ディスク（MOディスク），magneto-optische Diskette 女, magneto-optical disk 電気

ひかりしげきだつりほう　光刺激脱離法，PSD = Photo-stimulierte Desorption = photo-stimulated desorption 光学 化学 材料

ひかりしゅうせきかいろ　光集積回路（光 IC），OIC = 英 optical integrated circuit = optoelektronischer integrierter Schaltkreis 光学 電気

ひかりしょくばいはんのう　光触媒反応，Photokatalyse 女, 関 Photokatalysator 男, photocatalysis 材料 化学 バイオ 医薬

ひかりセンサー　光センサー，Photozelle 女, light sensor, photpcell 電気 光学 機械

ひかりダイオード　光ダイオード，Leuchtdiode 女, 類 関 Photodiode 女, PD, light-emitting diode 電気 機械

ひかりのぞうふく　光の増幅，Lichtverstärkung 女, light amplification 光学

ひかりパッチテスト　光パッチテスト（光貼付試験，光線貼付試験），PPT = Photopatch-Test = photopatch-Test 医薬 光学

ひかりパラメトリックぞうふくき　光パラメトリック増幅器，OPA = 英 optical parametric ampflifier = optisch-parametrischer Verstärker 光学 電気

ひかりファイバー　光ファイバー，Lichtleiter 男, optical fiber 電気 光学

ひかりファイバーケーブル　光ファイバーケーブル，LWL = Licht Wellen Leiter = optical fiber cable 電気 光学

ひかりファイバーコアぶ　光ファイバーコア部，Laserkern 男, optical fiber core 光学 電気

ひかりぶんかいじかん　光分解時間，Photolysezeit 女, photolysis time 光学

物理 電気 機械

ひかりボード　光ボード，Leuchtschaubild 中, visualization diagram 電気 機械

ひかりゆうきはっこう　光誘起発光，PSL = photo-stimulierte Lumineszenz = photo-stimulated luminescence 光学 物理

ひかりゆうはつポテンシャル　光誘発ポテンシャル，PEP = photisch evoziertes Potential = photic evocation potential 光学 物理 医薬

ひかわ　砒鈹（スパイス），Speise 女, speiss 精錬 非鉄

ひきこみかのうニップル　引き込み可能ニップル（格納式ニップル），Einzugsnippel 男, retractable nipple 機械

ひきこみかん　引き込み管，Gebrauchsrohr 中, service pipe 電気 建設 設備

ひきこみしゅうはすうレンジ　引き込み周波数レンジ[（テレビの）ロックレンジ]，Mitnahmebereich 男, lock in range, pulling-in range 電気

ひきこみせん　（電話，テレビの）引き込み線，Eingangleitung 女, lead-in 電気 機械

ひきこみせん　（鉄道の）引き込み線[（鉄道の）入口線]，Zufuhrgleis 中, entry line, siding service line (railway) 交通

ひきこみてん　引き込み点，zurückgezogene Position 女, 関 ausgefahrene Position 女, entry position 機械

ひきさき　引き裂き（スコーリング），Fressen 中, scoring 材料

ひきさく　引き裂く，verschneiden, 英 cut 機械

ひきだしせん　（図面記号の）引き出し線，Pfeillinie 女, arrow line 機械

ひきぬきだい　引き抜き台，Ziehbank 女, drawing bench 材料 機械

ひきぼう　引き棒，Zugstange 女, pull rod, drawbar 機械 建設

ひきゅうめんの　非球面の，asphärisch, 英 aspheric 数学 物理

ひきゅうめんレンズ　非球面レンズ，asphärische Linse 女, 英 aspherical lens, aspheric lens 光学

ひきょくしょてき　非局所的，nicht-lokal，英 not locally 数学 統計 物理 光学

ひきわたしぶい　引渡し部位，Übergabestelle 女，point of transfer 機械 物流

びくう　鼻腔，NH = Nasenhöhle = nasal cavities 医薬

ピクセル　Bildpunkt 男，image point，Pixel (= picture element) 光学 電気

ひぐち　火口，Brennermundstück 中，burner chip assembly 溶接 材料 機械

ビクトリアあお　ビクトリア青(HBs 抗原の青染などに用いられる．出典：臨床検査，24 巻 3 号，1980)，VB = Victoria Blau = Victoria Blue 化学 バイオ 医薬

ひくば　低歯，Stumpfzahn 男，stub tooth 機械

ひげんすいこゆうしんどうすう　非減衰固有振動数，ungedämpfte Eigenfrequenz 女，undamped natural frequency，undamped specific frequncy 機械 音響 物理

びこう　備考(記載)，Vermerk 男，類 Notiz 女，Anmerkung 女，comment 全般 社会

ひごうし　火格子，Brennrost 男，grate 機械 設備 エネ

ひこうじかんがたにじイオンしつりょうぶんせきけい　飛行時間型二次イオン質量分析法，TOF-SIMS = 英 time of flight secondary ion mass spectrometry 物理 化学 材料 光学 電気

ひごうしゆりそうち　火格子揺り装置，Rostschüttelapparat 男，関 Schürrost 男，Schüttelrost 男 機械 エネ 材料 設備

ひさいせつせいの　(岩石の) 非砕屑性の (非散乱性の)，antiklastisch，英 anticlastic 地学 電気 光学

ひさくざい　被削材(工作物，仕掛り品)，Werkstück 中，working part，workpiece 機械

ひさくせい　被削性，zerspanende Bearbeitbarkeit 女，類 Zerspanbarkeit 女，machinability 材料 機械

ひさんらんせいの　非散乱性の [(岩石の) 非砕屑性の]，antiklastisch，英 anticlastic 光学 電気 地学

ひしせん　皮脂腺，Talgdrüse 女，sebaceous gland 医薬

ひしつ　皮質(樹皮)，Rinde 女，bark，cortex バイオ

びじゃくか　微弱化，Schwächung 女，類 Dämpfung 女，attenuation，extinction，weakening 機械 電気 光学 音響

ひじゅう　比重，spezifisches Gewicht 中，specific gravity 化学 物理 機械

びしょうかした　微小化した，miniaturisiert，miniaturized 電気 機械

びしょうでんききかいシステム　微小電気機械システム，MEMS = 英 micro electrical mechnical system 電気 機械

ひじょうでんげんうんてん　非常電源運転，NB = Notstrombetrieb = emergency power operation 電気 操業

ひじょうでんげんせつび　非常電源設備，NEA = Netzersatzanlage = emergency power system 電気 操業 設備 医薬

ひじょうブレーキ　非常ブレーキ，Notbremse 女，emergency brake 機械 設備

ひじょうブレーキべん　非常ブレーキ弁，Notbremshahn 男，emergency brake valve 機械 設備

ひしょくけい　比色計，Farbenmesser 男，colourimeter 化学 電気

ひしょくばいようりょう　比触媒容量，SKVOL = das spezifische Katalysator Volumen 機械 化学

ひしんにゅうがたの　非侵入形の nicht-invasiv，英 non-invasive 化学 バイオ 医薬 電気 光学

ヒスチジン　(塩基性アミノ酸の一種)，Histidin 中，英 histidine 化学 バイオ 医薬

ヒステリシス　(履歴現象)，Hysteresis 女，hysteresis 電気 物理

ピストンキャリパー　Kolbensattel 男，piston caliper 機械

ピストンていりょうポンプ　ピストン定量ポンプ，Kolbendosierpumpe 女，piston-type dosing pump 機械

ピストンピン　Kolbenbolzen 男，piston pin 機械

ピストンヘッド Kolbenboden 男, piston head 機械

ピストンポンプ Kolbenpumpe 女, piston pump 機械

ピストンロッド Kolbenstange 男, piston rod 機械

ひずみ 歪, Verzerrung 女, distortion 材料 光学

ひずみそくど 歪速度,Umformgeschwindigkeit 女, strain rate 材料 機械 建設

ひずめ 蹄, Huf 男, hoof バイオ

びせいぶつ 微生物, Mikrobe 女, 類 Kleinlebewesen 中, Mikroorganismus 男, microbe バイオ

びせいぶつこんにゅう 微生物混入, Verkeimung 女, microbial contamination, germination 化学 バイオ 医薬

びせいぶつふちゃくていこう(つまり) 微生物付着抵抗(詰り), Biofouling 男, biofouling 化学 バイオ 機械 設備

ひせんけいかねんせいモデル 非線形渦粘性モデル, NLEVM = 英 nonliner eddy viscosity model = nichtlineares Wirbelviskositätsmodell 機械 エネ 物理 数学

ひせんけいこうがく 非線形光学, NLO = nichtlineare Optik = nonlinear optics 光学 物理 電気 数学

ひせんけいさいてきかほう 非線形最適化法, NLO = nichtlineare optimierung = non-linear optimization 数学 統計 電気

ひせんけいふくげんりょく 非線形復元力, nichtlineare Rückstellkraft 女, nonlinear retaining strength, nonlinear recoil strength 機械 数学

ひそうどうの 非相同の(異種構造の), heterolog, 英 heterologous 化学

ひだい 肥大, Hypertrophie 女, hypertrophy；Hypertrophie Prostata(前立腺肥大) 医薬

ひたいしょうジメチルヒドラジン 非対称ジメチルヒドラジン(ロケット用の液体燃料, 発癌性物質), UDMH = unsymmetrisches Dimethylhydrazin = unsymmetric dimethylhydrazine 航空 化学 医薬

ひたいしょうデジタルかにゅうしゃかいせん 非対称デジタル加入者回線(インターネット接続サービスシステムの一つ), ADSL = 英 asymmetrical digital subscriber line/loop = Teilnehmer-Anschluss mittels Telefonkabel 電気

ひだくけいだくどたんい 比濁計濁度単位(精製水1リットルに1mgホルマジンを溶かした単位をNTUの1度とする), NTU=英 nephelometric turbidity units = nephelometrische Trübungseinheiten 化学 環境 単位

ひだくぶんせきほうの 比濁分析法の, nephelometrisch,英 nephelometric 化学

びたみんイー ビタミン E, a-Tocopherol 中, a-tocopherol 化学 バイオ 医薬

びたみんエー ビタミン A, Retinol 中, retinol, vitamin A 化学 バイオ 医薬

びたみんエム ビタミン M(葉酸, プテロイルグルタミン酸), Folsäure 女, folic acid, vitamin M 化学 バイオ 医薬

びたみんシー ビタミン C,Ascorbinsäure 女, ascorbic acid, vitamin C 化学 バイオ 医薬

びたみんディー ビタミン D(カルシフェロール), Calciferol 中, calciferol, vitamin D 化学 バイオ 医薬

びたみんディーさん ビタミン D_3(コレカルシフェロール), Cholecalciferol 中, cholecalciferol 化学 バイオ 医薬

びたみんディーに ビタミン D_2(エルゴカルシフェロール), Ergocalciferol 中, ergocalciferol 化学 バイオ 医薬

びたみんビーいち ビタミン B_1(チアミン), Thiamin 中, thiamine, vitamine B_1 化学 バイオ 医薬

びたみんビーに ビタミン B_2(リボフラビン), Riboflavin 中, 英 riboflavin, vitamin B_2 化学 バイオ 医薬

びたみんビーろく ビタミン B_6(ピリドクシン), Pyridoxin 中, 英 pyridoxine, vitamin B_6 化学 バイオ 医薬

ひだりぞろえの 左揃えの, linksbündig,

left justified 電気 印刷

ひだりねじの 左ねじの, lingsgängig, left-handed；lingsgängige Schraube（左ねじ）機械

ひだりねじれの 左ねじれの, linkssteigend, left hand thread 機械

ひだりハンドル(しき) （自動車の）左ハンドル（式）, LHD ＝ 英 left hand drive ＝ Linkssteuerung bei Autos 機械

ひだりへのかいてん（めいれい）（コンピュータのバイトまたはワード単位のビット列の）左への回転(命令), ROL ＝ 英 rotate left byte or word ＝ rotieren Byte nach links 電気

ひだりまえあし（四足獣の）左前足, VFl ＝ Vorfuß links ＝ left forefoot バイオ 医薬

ひだをつける ひだを付ける, plissieren, 英 pleat 機械

ひだんせいいき 非弾性域, unelastischer Bereich 男, inelastic region 材料 機械 化学

ヒダントイナーゼ（ジヒドロピリミディナーゼは, ヒダントインの誘導体を加水分解して, n－カルボマイル D アミノ酸を生成するので, ヒダントイナーゼと呼ばれる）, Hydantoinase 中, hydantoinase 化学 バイオ 光学

ヒダントイン（アミノ酸の合成原料）, Hydantoin 中, hydantoin 化学 バイオ

ビチューメン（瀝青）, Bitumen 中, bitumen 化学 建設

ヴィッカースかたさ ヴィッカース硬さ, Vickers-Härte 女, Vickers hardness 材料

ヴィッカースかたさばんごう ヴィッカース硬さ番号, VHN ＝ 英 Vickers hardness number ＝ Vickershärtezahl 材料

ひっかかりのたかさ（ねじの）ひっかかりの高さ, Flankenüberdeckung 女, flank coverage 機械

ひっかききず 引っ掻き傷, Kratzer 男, scratch 材料 機械

ピックアップめん ピックアップ面, Mitnahmefläche 女, pick up face 機械

ピックウィックしょうこうぐん ピックウィック症候群（極度の肥満者に見られる肺胞低換気症候群）, PWS ＝ Pickwick-Syndrom ＝ pickwickian syndrome 医薬

ひっくりかえす ひっくり返す, umstülpen, turn upside down, turn inside out 機械

ヒツジけっきゅうぎょうしゅうはんのう ヒツジ血球凝集反応, SBR ＝ Schafblutkörperchenagglutinations-Reaktion ＝ sheep red cell agglutinationreaction バイオ 医薬

ひつじゅひん 必需品（道具類, 用具）, Utensilien 複, utensils, useful equipment, small utilities 機械 操業 設備

ひっすアミノさん 必須アミノ酸, essentielle Aminosäure 女, essential amino acid 化学 バイオ 医薬

ぴったりあった ぴったり合った, maßgeschneidert, customized 設備 操業 機械

ピッチ Ganghöhe 女, 類 Gang 男, Teilung 女, Steigung 女, pitch 機械

ピッチえん ピッチ円, Wälzkreis 男, pitch circle, rolling circle 機械

ピッチえんすいちょうてん ピッチ円錐頂点, Teilkegelspitze 女, apex of pitch cone 機械 数学

ピッチえんちょっけい ピッチ円直径, Teilkreisdurchmesser 男, pitch circle diameter, PCD 製銑 精錬 設備 電気 機械

ピッチかく ピッチ角, Steigungswinkel 男, lead angle, inclination angle, pitch angle 材料 機械

ピッチごさ ピッチ誤差, Teilungssprung 男, 類 Teilungsfehler 男, Einzelteilungsfehler 男, pitch error 機械

ピッチぼせん ピッチ母線, Teilflächenelement 中, pitch surface element 機械

ピッチング Lochfraß 男, pitting 材料

ひっぱりあっしゅくつかれげんど 引張り圧縮疲れ限度, Zug-Druck-Wechselfestigkeit 女, fatigue limit under reversed tension-compression stresses 材料 機械 設備 建設

ひっぱりおうりょく 引張応力, Zugspannung 女, tensile stress, tensile strain 材料 機械 設備 建設

ひっぱりしけん 引張試験, Zugversuch 男；～an Stahl(鋼の引張り試験) 材料

ひっぱりせいけい 引張成形, Streckzieh 男, stretch forming 機械

ひっぱりつよさ 引張強さ, Zugfestigkeit 女, tensile strength 材料 機械 設備 建設

ひっぱりばね 引張りばね, Spannfeder 女, pre-load spring, tension spring 機械 繊維

ひっぱりぼう 引張り棒(引き棒, プルロッド, リリースロッド, ドローバー), Zugstange 女, pull rod, drawbar 機械 建設

ひっぱる 引っ張る, schleppen, draw, tow 機械

ひつようなだけのりょうを 必要なだけの量を, q.p. = ㋵ quatum placet = beliebig viel = soviel wie gewünscht = as much as desired 化学 バイオ 医薬

ひつようにおうじて 必要に応じて(必要なとき), p.r.n. = ㋵ pro re nata = für den (Not-) Fall = if necessary 医薬

ひつようゆうこうすいこみヘッド 必要有効吸込みヘッド, erforderlicher NPSH = 英 required net positive suction head = NPSH$_R$ 機械

ひていじょうの 非定常の, instationär, 英 transient, 英 unsteady 機械 化学

ビデオきょりじかんそくていそうち ビデオ距離時間測定装置, VAMA = Video-Abstandsmessanlage 機械 電気

ひてつ 非鉄, Nichteisen, non-ferrous, NE, NF 非鉄 材料 精錬

ひてつきんぞく 非鉄金属, Nichteisenmetall 中, 類 関 NE-Metall 中, Buntmetall 中, non-ferrous metal 精錬 材料 非鉄

ひどうはぐるま 被動歯車, Gegenrad 中, 類 Getrieberäder 中 複, Nachfolger 男, counter wheel, mating gear, gearwheel, follower 機械

ピトーかん ピトー管, Staudruckdüse 女, 類 Pitotrohr 中, pitot tube 機械

ピトーかんふうそくけい ピトー管風速計, Pitotmanometer 中, 英 Pitot manometer 機械 物理

ヒトかした ヒト化した, humanisiert, 英 humanized 化学 バイオ 医薬

ヒトけっせいのがんまぐろぶりん ヒト血清のγ-グロブリン(ヒトガンマグロブリン), HGG = humanes Gammaglobulin = human gammaglobulin 化学 バイオ 医薬

ヒトじゅうもうせいせいせんしげきホルモン ヒト絨毛性性腺刺激ホルモン(ヒト絨毛性ゴナドトロピン), HCG = humanes Choriongonadotropin = human chorionic gonadotropin バイオ 医薬

ヒトじょうひこうげん ヒト上皮抗原, HEA = humanes epitheliales Antigen = human epithelial antigen 化学 バイオ 医薬

ヒトせっけっきゅうこうげん ヒト赤血球抗原, HEA = humanes Erytrozyten-Antigen = human erythrocyte antigen 化学 バイオ 医薬

ヒトたいばんせいラクトゲン ヒト胎盤性ラクトゲン(分娩後急激に消失する胎盤ポリペプチドホルモン), PL = Plazentalaktogen = placental lactogen バイオ 医薬

ひととちきゅうにとってじぞくかのうなライフスタイル 人と地球にとって持続可能なライフスタイル(健康と持続性とを重視するライフスタイル), LOHAS = 英 lifestyle of health and sustainability = Konsumverhalten zur Förderung von Gesundheit und Nachhaltigkeit = Ausrichtung der Lebensweise auf Gesundheit und Nachhaltigkeit 化学 バイオ 医薬 環境 全般 社会

ヒトのうえんはっせいタンパク ヒト脳炎発生タンパク, HEP = humanes enzephalitogenes Protein = human encephalitogenic protein 化学 バイオ 医薬

ヒトパピローマウイルス (子宮頸癌の原因), HPV = humanes Papillomavirus 化学 バイオ 医薬

ヒトめんえきグロブリン ヒト免疫グロ

ブリン, HIg = humanes Immunglobulin = human immunoglobulin 化学 バイオ 医薬

ヒドラジン（強力な還元剤，ロケット燃料），N_2H_4 = Hydrazin = hydrazine 化学 航空

ヒドラジンハイドレート Hydrazinhydrat 中, hydrazine hydrate 化学

ひとりいちにちあたりのすいていせっしゅりょうけいさんほう 一人一日当たりの推定摂取量計算法［香料などの年間生産量を人口の10%および補正係数で割ることによる推定法，MSDI（Maximized Survey-Derived Intake）法ともいう．JECFA，欧米，日本で採用］，PCTT = 英 per capita intake times ten 化学 バイオ 医薬 安全

ヒドロありゅうさんナトリウム ヒドロ亜硫酸ナトリウム，Natriumhydrosulfat 中, sodium hydrosulfate 化学

ヒドロキサムさん ヒドロキサム酸，Hydroxamsäure 女, hydroxamic acid 化学

ヒドロキシき ヒドロキシ基，Hydroxylgruppe 女, hydroxyl group, OH-group 化学 バイオ

ヒドロキシさくさん ヒドロキシ酢酸，HES = Hydroxyessigsäure = hydroxyacetic acid 化学 バイオ 医薬

ヒドロキシさん ヒドロキシ酸，Hydroxysäure 女, hydroxy acid 化学 バイオ

ヒドロキシしぼうさん ヒドロキシ脂肪酸，Hydroxyfettsäure 女, hydroxy fatty acid 化学 バイオ 医薬

ヒドロキシニトリル Hydroxynitril 中, hydroxynitrile 化学

ヒドロキシらくさん ヒドロキシ酪酸，Hydroxybuttersäure 女, hydroxybutyric acid 化学 バイオ 医薬

ヒドロゲナーゼ Hydrogenase 女, hydrogenase 化学 バイオ

ヒドロシリルか ヒドロシリル化，Hydrosilylierung 女, hydrosilylation 化学 バイオ

ひないはんのう 皮内反応，Intrakutanreaktion, intradermal reaction 医薬

ひないはんのうけんさ 皮内反応検査

［皮内試験（アレルゲン皮内反応検査）］，IKT = Intrakutantest = intradermal test 医薬

ひながた ひな型，Muster 中, pattern, sample, specimen 製品 品質 経営

ピニオン Ritzel 中, 関 Zahnstange 女, pinion, sprocket wheel, sprocket 機械

ピニオンカッター Radformmesser 中, pinion cutter 機械

ひにょうきか 泌尿器科，Urologie 女, urology, urology department 医薬

ビニルベンゾエート VB = Vinylbenzol = vinyl benzoate 化学 光学

ひねつ 比熱，spezifische Wärme 女, specific heat 化学 物理 機械

ひねつしょりこう 非熱処理鋼，nicht-vergütbare Stähle 女, non-heat treated steel 材料 鉄鋼

ひねんけつたん 非粘結炭，nichtbackende Kohle 女, non-caking coal 地学 製銑

ひねんぴ 比燃費，spezifischer Brennstoffverbrauch 男, specific fuel consumption 機械 エネ

ひばくけいろ 被爆経路，Expositionspfad 男, radiation exposure pathway 原子力 放射線 バイオ 医薬

ひばな 火花，Funke 女, spark 機械 電気

ひばなギャップ 火花ギャップ，Funkenstrecke 女, spark gap 機械 電気

ひばなてんか 火花点火，Funkenzündung 女, spark ignition 機械 電気

ひひょうめんせき 比表面積，die spezifische Oberfläche 女 材料 物理 化学 バイオ

びびりもよう（ロール方向の振動で起こる）びびり模様，Formwelle 女, roll chattering mark 材料 機械

ひふえん 皮膚炎，Dermatitis 女, 類 Hautentzündung 女, dermatitis 医薬

ひふか 皮膚科，Dermatologie 女, dermatology 医薬

ひふく（ざい）被覆（材），Deckung 女 類 関 Überzug 男, Umhüllung 女, covering, coating, covering material, coating material 溶接 材料 機械

ひふくアークようせつぼう 被覆アーク溶接棒, umhüllte Elektrode 女, covered electrode, coated ekectrode 溶接 材料 機械 電気

ひふそうようしょう 皮膚掻痒症, Hautjucken 中, skin itches, pruritus cutaneous 医薬

ひふびょう 皮膚病, Dermatose 女, 類 Hautkrankheit 女, skin disease, dermatosis, dermatologic disease 医薬

ひぶんさんがたしがいせんぶんせきけい 非分散型紫外線分析計, NDUV = 英 non-dispersive ultra-violet analyser 化学 電気 光学

ひぶんさんがたせきがいせんぶんせきけい 非分散型赤外線分析計, NDIR = 英 non-dispersive infrared catalyser 化学 電気 光学

ひぶんしょう 飛蚊症, fliegende Mücken 女, 類 Mückensehen 中 医薬 光学

びぶんじょうりゅう 微分蒸留(平衡蒸留に対比して使われる), 英 differential distillation 化学

びふんたん 微粉炭, pulverisierende Kohle 女, 類 関 Kohlenstaub 男, pulverized coal 製銑 精錬 地学 電気

びふんたんちゅうにゅう 微粉炭注入, PCI = 英 pulverized coal injection 製銑 精錬 電気

びふんたんねんしょうそうち 微粉炭燃焼装置, Kohlenstaubfeuerungsanlage 女, pulverized coal combustion facility 製銑 電気 エネ 地学

びぶんほうていしき 微分方程式, Differentialgleichung 女, differential equation 数学 統計

ひへいめんストリップのきょうせい 非平面ストリップの矯正, Recken von unplanem Band 中, levelling of non-flat 材料

ひへいめんほうこうぞく 非平面芳香族, nichtplanare Aromaten 複 化学 バイオ

ピペス PIPES = piperazine-1,4-bis(2-ethanesulfonic acid), 関 MES 化学 バイオ

ピペットチップ Pipettenspitze 女, pi-

pette tip 化学 バイオ

ひほぞんがたの 非保存型の, nicht-konservativ, 英 nonconservative 化学 バイオ 光学 機械 物理

ピボットじくうけ ピボット軸受, Kipplager 中, 類 Zapfenlager 中, Schwenklager 中, Gelenklager 中, pivoting bearing 機械

ピボットベアリング Schwenklager 中, hinji bearing, pivot bearing, swivel bearing 機械

ピボットポイント Anlenkpunkt 男, hinji point 機械

ピボットレバー Schwenkhebel 男, pivot lever 機械

ひまく (金属の)被膜, Belag 男, film, coating, covering, pavement 材料 機械

ひまくアークようせつワイヤー 皮膜アーク溶接ワイヤー, Fülldraht 男, fluxed-cored welding wire 溶接 機械 材料

ひまつきゅうゆ 飛沫給油, Tauchschmierung 女, splash lubrication 機械

ヒメタンきはつせいゆうきかごうぶつ 非メタン揮発性有機化合物〔メタン以外の炭化水素(脂肪族飽和炭化水素, 不飽和炭化水素, 芳香族炭化水素)の総称. 出典:エコナビ ホームページ〕, NMVOC = 英 non-methane volatile organic compounds = flüchtige Kohlenwasserstoffe außer Methan 化学 バイオ 医薬 環境

ひやくかい 飛躍解(変動解, ステップ応答), Sprungantwort 女, step response, step function response 数学 電気

ひゃくにちぜき 百日咳, Pe = Pertussis 医薬

ひゃくにちぜきかめんえきグロブリン 百日咳過免疫グロブリン, PHG = Pertussishyperimmunglobulin = pertussis hyperimmune globulin バイオ 医薬

ひゃくぶんいすう 百分位数, Perzentil 中, percentile 数学 統計

ひゃくぶんりつへいきんごさ 百分率平均誤差, PAE = 英 percent average error 数学 統計

ひゃくまんぶんのいち 百万分の一,

PPM ＝英 parts per million ＝ Millionstel ＝ Teile pro Million 単位 化学 物理 材料

ひゆうでんかいろ 被誘電回路, Induktionsschleife 女, induction loop 電気

ヒューム（コンクリート）かん ヒューム（コンクリート）管, Hume-Betonrohr 中, hume concrete pipe 材料 建設

ビュレット Bürette 女, 類 Messglas 中, burette 化学

びょういんまえはんそうししゃ 病院前搬送死者, U-Fälle ＝ prähospitaleUnterwegsgestorbene 医薬

びょうがしら 鋲頭, Nietkopf 男, rivet head 機械

ひょうかはんい 評価範囲, Auswertebereich 男, evaluation range 数学 統計

ひょうかひょうめん 評価表面, Beurteilungsfläche 女, evaluation surface 材料

ひょうかユニット 評価ユニット（補正ユニット）, Auswerteeinheit 女, AE, evaluation unit 機械 電気

びょうきなどがおこる 病気などが起こる, befallen；von einer Krankheit befallen werden（ある病気にかかる） 医薬

ひょうけいさんソフト 表計算ソフト, Tabellenkalkulationsprogramm 中, spread-sheet program 電気

ひょうけつ 氷結, Vereisung 女, icing, freezing 化学

ひょうげんがた 表現型, Phänotyp 男, 類 phenotype バイオ 医薬

びょうげんせい 病原性, Pathogenität 女, pathogenicity バイオ 医薬

びょうごとの 秒毎の, sekündlich, every second 機械

ひょうし 表紙, Decke 女, cover 印刷

ひょうじ 表示, Darstellung 女, representation 電気 機械 化学 バイオ 医薬

ひょうじゅんえき 標準液, Titerlösung 女, standard solution 化学 バイオ 医薬

ひょうじゅんか 標準化（規格化）, Normung 女, 類 Standardisierung 女, Vereinheitlichung 女, standardization 規格

特許 全般 組織 経営

ひょうじゅんかへんりょう 標準化変量, Standardisierte Zufallsvariable 女, standardised variate 数学 統計

ひょうじゅんきかん 標準軌間（標準ゲージ）, Vollspur 女, 類 関 Normallehre 女, standard gauge, full track 交通 機械

ひょうじゅんギブスじゆうエネルギー 標準ギブス自由エネルギー, Standard Gibbs'sche freie Energie 女, standard Gibbs free energy 材料 電気 化学 物理

ひょうじゅんゲージ 標準ゲージ, Normallehre 女, 類 関 Vollspur 女, standard gauge 機械 交通

ひょうじゅんこうさ 標準公差（基本公差）, Grundtoleranz 女, basic or standard tolerance 規格 材料

ひょうじゅんこくさいぼうえきしょうひんぶんるい 標準国際貿易商品分類, SITC ＝英 Standard International Trade Classification ＝ Internationales Warenverzeichnis für den Aussenhandel 規格 製品 経営 組織

ひょうじゅんごさ 標準誤差, Standardfehler 男, standard error of mean, SE 数学 統計

ひょうじゅんさぎょうてじゅんしょ 標準作業手順書, SOP ＝英 standard operation procedure ＝ Standard-Arbeitsausweisung ＝ Standard-Verfahrensanleitung 機械 操業 設備 全般 規格

ひょうじゅんじかん 標準時間（目標時間, 設定時間）, Vorgabezeit 女, taget time, specified time, standard time 機械 電気 操業 設備

ひょうじゅんそうび 標準装備, Standardsausführung 女, standard equipment 操業 設備 機械 製品

ひょうじゅんテーパ 標準テーパ, Normalverjüngung 女, standard taper 機械

ひょうじゅんはぐるま 標準歯車, Nullrad 中, standard gear 機械

ひょうじゅんビームしんにゅうほうしき 標準ビーム進入方式, SBA ＝英 standard beam approach 航空 電気

ひょうじゅんぶっしつおよびけいりょうぎじゅつけんきゅうしょ 標準物質および計量技術研究所（IRMM, EU, ベルギー）, IRMM＝英 The Institute for Reference Materials and Measurements 規格 化学 バイオ 機械 組織

ひょうじゅんぶひん 標準部品（規格部品）, Normbauteil 中, standard component, standardized component 機械 建設 化学

ひょうじゅんへんさ 標準偏差, Standardabweichung 女, standard deviation, SD 数学 統計

ひょうじゅんよう 標準容（標準体積, 正規容積）, Normalvolumen 中, normal volume 化学 バイオ 機械

ひょうじゅんようえき 標準溶液, Standardlösung 女, standard solution 化学 バイオ 全般

ひょうしょうせき 氷晶石（単斜晶系, アルミニウム製錬に使用, $Na_3A_1F_6$, ヘキサフルオロアルミン酸ナトリウム）, Kryolith 男, cryolite 精錬 化学 バイオ 非鉄 電気 地学

びようせいけいげか 美容整形外科, die kosmetische Orthopädie 女, cosmetics surgery 医薬

ひようせき 比容積, spezifisches Volumen 中, specific volume 機械 エネ 物理

ひようせきぶつでいかいがん 漂積物泥灰岩（砂状・粉状粘土で炭酸塩を25〜75％含む岩屑状泥灰岩）, Geschiebemergel 男, till, moraine clay, boulder clay 地学

ひようせつざい （超音波接合などの）被溶接材, Schweißteil 中, welded part 溶接 音響 材料 機械

ひようそう 表層, Decklage 女, top layer 溶接 機械 地学

ひようそうまたはちゅううそうざいりょう 表層または中層材料, Deck-oder Tragschichtmaterial 中, over or base course layer material 材料 機械 地学

ひようたいこうかのかんけい 費用対効果の関係, Verhältnis Kosten-Nutzen

中, 関 Verhältnis Nutzen-Risiko 中, Verhältnis Preis-Leistung 中, Verhältnis Gewinn-Verlust 中, cost benifit ratio 操業 経営

びょうたいせいりがく 病態生理学, PPh ＝ Pathophysiologie ＝ pathophysiology 医薬

びょうたいせいりがくてきへいそく 病態生理学的閉塞（CEAP分類）, P_o＝英 pathophysiological obstruction ＝ pathophysiologische Behinderung 医薬

ひょうてきいでんしくみかえ 標的遺伝子組み換え, 英 gene targeting, 独 gezielte Genveränderung 化学 バイオ

ひょうてきグループ 標的グループ（対象グループ）, Zielgruppe 女, target group 化学 バイオ

ひょうてんほう 氷点法, Kryoskopie 女, cryoscopy 化学 バイオ 物理

ひょうど 表土（表層）, Decke 女, top soil, surface soil 地学

びょうとう 病棟, Krankenstation 女, hospital ward 医薬 設備

ひょうはくする 漂白する, bleichen, 英 blanch, bleach 化学

ひょうひ 表皮［皮（原子の）殻］, Schale 女, scabs, cuticle, epidermis, atomic shell 材料 バイオ 医薬 原子力 物理

ひょうひクラック 表皮クラック, Schalenriss 男, surface crack 材料 化学 建設

ひょうひけいせい 表皮形成, Schalenbildung 女, surface formation 材料 化学 建設

ひょうめんあらさそくていき 表面粗さ測定器, Oberflächenprüfgerät 中, surface roughness measuring instrument 連鋳 材料 鉄鋼 非鉄 化学

ひょうめんイグザフス 表面イグザフス, SEXAFS＝英 surface extended X-ray absorption fine structure 化学 バイオ 電気 材料 物理

ひょうめんかいようすい 表面海洋水, Oberflächengewässer 中, ocean surface water 海洋 物理 気象 化学 バイオ

ひょうめんかっせいいんし 表面活性因

子，OF = <u>o</u>berflächenaktiver <u>F</u>aktor = surface-activated factor 化学 バイオ 医薬 物理

ひょうめんきんでんずほう　表面筋電図法（筋電位を測定する神経筋骨格系疾患診断法），OEMG = <u>O</u>berflächen-<u>E</u>lektro-<u>m</u>yographie = surface electromyography 医薬 電気

ひょうめんけっかん　表面欠陥，Oberflächenfehler 男，surface defect 連鋳 材料 鉄鋼 非鉄 化学

ひょうめんこうげん　表面抗原，OA = Oberflächenantigen = surface antigen 化学 バイオ 医薬

ひょうめんコーティング　表面コーティング，Oberflächenbeschichtung 女，surface coating 材料 鉄鋼 非鉄 化学

ひょうめんしあげ　表面仕上げ，Oberflächenbeschaffenheit 女，surface treatment 材料 化学 鉄鋼 非鉄

ひょうめんしょり　表面処理，Oberflächenbehandlung 女，surface finishing, surface treatment 材料 鉄鋼 非鉄 化学

ひょうめんしょりした　表面処理した，oberflächenveredelt，英 surface coated 材料 鉄鋼 非鉄 化学

ひょうめんせいじょう・ひんしつ　表面性状・品質，Oberflächengüte 女，surface quality 連鋳 材料 鉄鋼 非鉄 化学

ひょうめんせんりょう　表面線量，Oberflächendosis, surface dose 放射線 医薬

ひょうめんそんしょう　表面損傷，Oberflächenschädigung 女，surface damage 連鋳 材料 鉄鋼 非鉄 化学

ひょうめんだんせいはフィルター　表面弾性波フィルター，SAW-Filter = 英 surface acoustic wave filter = Filter für Zwischenfrequenzen in Multimedia-Anwendungen 電気 光学 音響 機械

ひょうめんちょうりょく　表面張力，Oberflächenspannung 女，surface tension 物理 化学 バイオ

ひょうめんは　表面波，OFW = <u>O</u>berflächenwelle = surface wave 音響 光学

物理

ひょうめんびせいぶつすう　表面微生物数，OKZ = <u>O</u>berflächen<u>k</u>eim<u>z</u>ahl = microbial count of surface 化学 バイオ 医薬

ひょうめんひんしつ・せいじょう　表面品質・性状，Oberflächengüte 女，surface quality 連鋳 材料 鉄鋼 非鉄

ひょうめんプラズモンポラリトン　表面プラズモンポラリトン（金属表面に存在する光と電荷粗密波の混成状態。出典：佐藤勝昭ホームページ），PSP = 英 plasmon surface polariton 物理 光学 電気

ひょうめんまさつ　表面摩擦，Oberflächenreibung 女，surface friction 連鋳 材料 鉄鋼 非鉄 化学

ひょうめんれいきラマンぶんこうほう　表面励起ラマン分光法，SERS = 英 surface <u>e</u>nhanced <u>r</u>aman <u>s</u>pectroscopy 化学 バイオ 電気 材料 物理

ひょうゆうじばそくてい　漂遊磁場測定，Streufeldmessung 女，stray field 電気 機械

びょうりがくてきステージぶんるい（病態の）病理学的（所見による）ステージ分類，PS = 英 pathological staging 医薬

ひょうりりょういんさつめんをせいごうさせること　表裏両印刷面を整合させること，Registrierung 女，recording, registering 機械 印刷

ヒヨスチアミン　Hyoscyamin 中，hyoscyamine 化学 バイオ

ピラー　Säule 女，support, column, post, pillar 機械 建設

ひらおうレンズ　平凹レンズ，plankonkave Linse 女，plano-concave lens 光学

ひらがしらリベット　平頭リベット，Flachkopfniet 男，flat head rivet 機械

ひらかなぐ　平金具，Lappen 男，機械

ひらかれたじょうたいのしょうひん・せいひんみほんちょうに　開かれた状態の商品・製品見本帳に，bei aufgeschlagener Mustermappe 女 製品 経営

ひらく　開く，作動させる，活性化する，aktivieren，類 aufrufen, activate 電気 化学 バイオ

ひらけずり 平削り, Planieren 中, grading, levelling, planing 機械 建設

ひらけずりがたフライスバン 平削り形フライス盤, Doppelständerfräsmaschine 女, planer type milling machine 機械

ひらこねじ 平小ねじ, Zylinderschraube 女, cylinder head screw 機械

ピラジナミド (抗結核剤), PZA = Pyrazinamid = pyrazinamide バイオ 医薬

ひらだいいんさつき 平台印刷機, Drucktiegel 男, flat-bed press, platen press, flat platten 印刷 機械

ひらのげんぶん (暗号記号文に対する)平の原文(プレインテキスト, 文字飾りやレイアウト情報を含まない文字コードだけから成るファイル形式), Klartext 男, normal writing, plain text 電気

ひらはぎり 平歯切り, Geradeverzahnung 女, spur gear cutting 機械

ひらはぐるま 平歯車, Stirnrad 中, cylindrical gear, spur wheel 機械

ビリアルけいすう ビリアル係数 (ビリアル方程式の実験的に求められる各温度での気体ごとの定数を指す), Virial-Koeffizient 男, virial coefficient 物理 化学 機械

ピリジノールカルバメート (血管拡張剤), PDC = Pyridinolcarbamat = pyridinolcarbamate 医薬

ピリジルアゾナフトール (キレート滴定の金属指示薬などに用いられる), PAN = 英 pyridyl-azonaphthol 化学

ピリジンアルドキシムようかメチル ピリジンアルドキシム沃化メチル(コリンエステラーゼの活性化剤, 有機リン中毒の解毒剤などに用いられる), PAM = Pyridin-2-aldoxim-N-methyljodid = pyridin-2-aldoxime-N-methyljodide 化学 バイオ 医薬

ピリドキサミンリンさん ピリドキサミンリン酸, PyP = PMP = pyridoxamine phosphate 化学 バイオ 医薬

ピリドキシリデン Pxd = Pyridoxyliden = pyridoxylidene 化学

ピリドキシル Pxy = Pyridoxyl = pyridoxyl 化学 バイオ 医薬

びりゅうしりゅう 微粒子流, Korpuskularströmung 女, corpuscular flow 物理 機械 化学 電気

びりゅうどうけんあつほう 鼻流動検圧法, RRM = Rhinorheomanometrie = rhino-rheomanometry 医薬

びりょうげんそ 微量元素, Spurenelement 中, trace element 化学 バイオ 精錬 材料 機械 電気

ピリング・ベドワースひ ピリング・ベドワース比(酸化物膜が金属表面に密に形成されるか否かを判断する指標としての体積比), Pilling-Bedworth-Verhältnis 中, Pilling–Bedworth ratio, PBV 材料 物理

ビルジポンプ Bilgewasserpumpe 女, bilge pump 機械

ピルビンさん ピルビン酸, Pyruvat 中, pyruvate 化学 バイオ

ピルビンさんえん ピルビン酸塩, Pyruvat 中, pyruvate 化学 バイオ

ピルビンさんえんさんかいんし ピルビン酸塩酸化因子, POF = Pyruvatoxidationsfaktor = pyruvate oxidation factor 化学 バイオ 医薬

ヒルホルダー Rollsperre 女, hill holder 機械

ひれいしんはんしゃ 非励振反射(寄生反射), parasitäre Reflexion 女, parasitic reflection 光学 物理

ひれいせいぎょべん 比例制御弁, Proportionalregelventil 中, proportional control valve, PCV 機械 化学 操業 設備

ひれいせきぶんびぶんせいぎょき 比例・積分・微分制御器, PID-Regler = Proportional-Integral-Differential-Regler = proportional-integral-differential controller 電気

ひれいバイパスバルブ 比例バイパスバルブ, Proportionaldosierventil 中, proportioning and bypass valve, PBV 機械 化学 操業 設備

ひれいポンプ 比例ポンプ, Propotionspumpe 女, proportional pump 機械

化学 操業 設備

ピレキシンゆうはつしけん　ピレキシン誘発試験, PPT = Pyrexinprovokationstest = pyrexin provocation test 化学 バイオ 医薬

ヒレつきチューブねつこうかんき　ヒレ付きチューブ熱交換器, Rippenrohr-Wärmetausher 男, tube heat exchanger with rib 機械 エネ 材料 化学 操業 設備

ビレット　Knüppel 男, billet 連鋳 材料

ひれんぞくの　非連続の, diskret, 英 discrete 電気 数学 統計

ひろう　疲労, Ermündung 女, fatigue, exhaustion 材料

ひろうあんぜんりつ　疲労安全率, FSF = 英 fatigue safety factor 材料 電気 物理 鋳造 建設 設備

ひろうきょうど　疲労強度, Schwingfestigkeit 女, fatigue strength, 類 Dauerfestigkeit 女, Ermündungsfestigkeit 女 材料 機械

ひろうげんど　疲労限度, Dauerfestigkeit 女, fatigue limit, endurance limit 材料 建設

ひろうはかい　疲労破壊 Dauerbruch 男, fatigue failure 材料 建設 設備

ひろうへんけい　疲労変形, Ermündungsformänderung 女, fatigue deformation 材料

ひろがり　拡がり, Spannbreite 女, range, divergence, span width 電気 機械

ひろがりていこう　拡がり抵抗（アース抵抗）, Ausbreitungswiderstand 男, spreading resistance, resistance of earth 電気

ひろがりていこうそくていほう　拡がり抵抗測定法(SRA は測定試料を斜め研磨し，その研磨面に2探針を接触させ，広がり抵抗を測定する手法で，導電型(p型／n型）の判定，深さ方向のキャリア濃度分布の評価などが可能．出典：(一財)材料科学技術振興財団ホームページ), SRA = 英 spreading resistance analysis 化学 電気 光学 材料 物理

ピロホスファターゼ（DNA の塩基配列決定などに用いられる．出典: Weblio 辞書),

PPase = Pyrophosphatase = pyrophosphatase バイオ 医薬

ピロリジジンアルカロイド（肝毒性がある，また，肝中心静脈血栓症や肝癌を引き起こす), PA = Pyrrolizidinalalkaloid = pyrrolizidine alkaloid 化学 バイオ 医薬

ピロリンさん　ピロリン酸（ピロリン酸塩), PP = Pyrophosphat = pyrophosphate 化学 バイオ

ピングリッドアレイ（IC 形状の一つ), PGA = 英 pin grid array = Anschlussstiftmatrix 電気

ひんけつ（しょう）　貧血(症), Anämie 女, 類 Blutarmut 女, anemia, anaemia 医薬

ヒンジ（蝶番), Scharnier 中, 類 Gelenk 中, hinge 機械

ヒンジけつごうの　ヒンジ結合の（ジョイント結合の，リンク結合の), gelenkig, flexible, agile, hinged 機械

ひんしつかんり　品質管理, Qualitätskontrolle 女, 類 Qualiätslenkung 女, QK, QC, quality control 製品 品質 操業 設備 材料 規格 経営

ひんしつシール　品質シール, Gütesiegel 中, seal of quality, seal of approval 製品 品質 化学 バイオ 医薬 安全 食品

ひんしつしひょう　品質指標, Qualitätsmaßstab 男, qualitybenchmark, quality yardstick, quality standard 製品 品質 操業 設備 材料 規格 経営

ひんしつすいじゅんのいじ　品質水準の維持, QE = 英 quality&equality = Gleichbleibende Qualität 操業 設備 品質 製品 規格

ひんしつパラメータ　品質パラメータ, QKZ = Qualitätskennziffer = quality parameters = quality characteristics 品質 製品 操業 設備 材料 規格 経営

ひんしつほしょうされた　品質保証された, qualitätssichernd, quality assured 製品 品質 操業 設備 材料 規格 経営

ひんしつほしょうシステム　品質保証システム(品質保証体制), QSS = Qualitäts-Sicherungssystem = quality assurance

ひんしつほしょうシステム

system 製品 品質 操業 設備 経営

ひんしつほしょうモデル 品質保証モデル,
QAM = 英 quality assurance model =
Qualitätssicherungsmodell 製品 品質
操業 設備 材料 規格 経営

ひんしつマネジメントシステム 品質マネ
ジメントシステム(ISO9001), QMS = 英
Quality Management System = Qua-
lität Management System 品質 規格 材料
操業

ヒンジぶた ヒンジ蓋, Klappdeckel 男,
hinged cover 機械

ヒンジベアリング Schwenklager 中,
hinge bearing, pivot bearing, swivel
bearing 機械

ヒンジリッドドラム Hinged-Lid-Schachteln,
hinged-lid-drum 機械

ピンセット Pinzette 女, pincette 化学
バイオ 医薬

ピンチカバーどめ ピンチカバー止め,
Klappendeckelverschluss 男, pinch
cover stopping 機械

ピンチコック Quetschhahn 男, pinch-
cock 機械

ピンチパスミルスタンド Kalt-
nachwalzgerüst 中, pinch pass mill
stand 材料 操業 設備

ピンチべん ピンチ弁, Quetschventil
中, squeezing valve, pinch valve,
lockable valve 機械

ピンチポイント (例えば, 熱複合線図の
与熱複合線と受熱複合線が接する点をい
う. 出典:(一財) 省エネルギーセンターホー
ムページ), Pinch Point 男, 関 Quet-
schpunkt 男, pinch point 機械 エネ

ピンとはった ピンと張った, gestrafft,
関 geschlafft, durchhängend, tight-
ened 機械

ビンブラスチン (抗癌剤), VBL = Vin-
blastin = vinblastine バイオ 医薬

ピンようせつガン ピン溶接ガン,
Schweißpistole 女, welding gun 溶接
材料

びんらん 便覧, Nachschlagewerk 中,
類 Lexikon 中, Hndbuch 中, Wörter-
buch 中, handbook 全般

ふ

ぶ 部, Exemplar 中, copy, specimen
印刷 材料

ファイナライズすること endgültige
Formgebung 女, finarizing 電気

ファイナルパス Decklage 女, final pass,
top seam, top layer 溶ész 機械 地学

ファイバー Faser 女, fiber 材料 化学

ファイバーシース Fasermantel 男, fi-
bre sheath 光学 材料 医薬 電気

ファイバーブラッググレーティング FBG
= 英 fiber-bragg-grating=Faser-Bragg-
Gitter 光学 電気

ファイヤーウォール (ネットワーク上のセ
キュリティーシステム), Feuerwand 女,
fire wall 電気

ファイリングシステム Ablage 女, stack-
ing, storage place, tray, stacker, filing
system 機械 電気 印刷

ファイルかんり ファイル管理, Datei-
verwaltung 女, file management 電気

ファインダー Sucher 男, locator, find-
er 光学 機械

ファンクションキー Funktionstaste 女,
function key 電気

ファンデルワールスのしき ファンデル
ワールスの式, Van der Waalssche Zu-
standsgleichung 女, Van equation of
state, Van der Waals' equation of
state 物理 エネ 機械 化学

**ファンデルワールスのじょうたいほう
ていしき** ファンデルワールスの状態方
程式, Van der Waalssche Zustands-
gleichung 女, Van equation of state,
Van der Waals' equation of state 物理
エネ 機械 化学

ファントム (生体組織近似模型), 英

ファントム ブースター

phantom 医薬 電気
ぶい 部位, Element 中, element 操業
設備 化学 電気 機械
ぶい 部位, Glied 中, part 機械 化学
ぶい 部位, Partie 女, lot, batch 機械
バイオ 製品
フィージビリティースタディー Mach-
barkeitsstudie 女, feasibility study
経営 操業 設備
フィーダー Zubringer 男, 類 Zuführsys-
tem 中, Aufgabebett 中, Förderer 男,
feeder 操業 設備 機械 印刷
フィードシステム Zuführsystem 中,
類 Aufgeber 男, Förderer 男, Zubrin-
ger 男, feeding system 操業 設備 機械
化学 印刷
フィードバック Rückkopplung 女, feed
back 機械 電気 光学
フィードバックせいぎょ フィードバッ
ク制御, Regelung mit Rückführung 女,
feed back control 電気 機械
フィードフォワードニューラルネット
FFNN = 英 feedforward neural net-
work, バイオ 医薬 電気 数学
フィードポンプ Speisepumpe 女, feed-
ing pump 機械
フィードライン Zuführung 女, 類 関
Einströmung 女, Einlass 男, Zu-
lauf 男, Zuleitung 女, feed line, feed,
supply 操業 設備 機械 化学
フィールド Feld 中, 類 Kästchen 中,
field 電気 物理
フィールドしゅうはすう フィールド周波
数, Feldfrequenz 女, field frequen-
cy 電気
ブイ・エイ・ティー VAT (心室ペーシング・
心房センシング・心室動作トリガ；心臓
のペースメーカーの機能), VAT = 英
ventricular pacing and atrial sensing,
triggered mode 医薬
ブイがたきかん V形機関, V-förmier
Motor 男, V-type engine 機械
ブイがたグルーブ V形グルーブ, Halbe
V-Naht 女, V-type groove 溶接 機械 材料
ふいご 鞴 Blasebalg 男, bellows 製銑

精錬
フィチンさん フィチン酸, Phytinsäure 女,
phytic acid 化学
ふいっち 不一致, Diskordanz 女, 関
Diskrepanz 女, conformity, discrep-
ancy, disagreement 地学 物理 気象
フィッティング Fassung 女, fitting 機械
フィットカバー Passhülse 女, dowel
sleeve, fitting seeve 機械
フィットねじ Passschraube 女, 類 Pass-
bolzen 男, shoulder bolt, dowel screw,
tight fitting screw 機械
フィトアレキシン（植物が生物ストレスお
よび非生物ストレスに応答して新規に合
成する，抗菌性の二次代謝産物の総称），
Phytoalexin 中, phytoalexin バイオ
ふいのしんこう 不意の進行 (動き出すこ
と), Losrollen 中, 類 Wegrollen 中 機械
ブイ（ヴィ）ベルト V ベルト, Keilriemen
男, V-belt 機械
ブイヨンばいよう ブイヨン培養, Bouil-
lonkultur 女, bouillon culture バイオ
フィラメント Faden 男, filament 機械
電気
フィリップねじ Kreuzschlitzschraube
女,英 Phillips head screw, recessed-head
screw 機械
フィルタープレス Filterpresse 女, fil-
ter press 機械 化学 バイオ
フィンガープリントほう フィンガープリ
ント法, Fingerabdruckverfahren 中,
fingerprinting method 材料 品質 連鋳
フィンつきセパレータ フィン付きセパレータ,
Lamellenabscheider 男, separator with
fin 機械
ふうか 風化,Verwitterung 女,weather-
ing 化学 材料 地学 気象
ふうかかこうがん 風化花崗岩 (まさ土),
der zersetzte Granit 男, decomposed
granite 地学 物理
ふうすいりょう 封水量, Sperrwasser-
menge 女, quantityof sealing water
設備 操業 化学 精錬 機械
ブースター Druckverstärker 男, boost-
er 機械 エネ

ふうどう 風洞，Windkanal 男，wind tunnel，air duct 機械 物理 航空

ブートする （パソコンの電源を入れ，OSを作動させるプログラムを起動することをいう），booten，英 boot 電気

フートべん フート弁，Fußventil 中，foot valve，retaining valve 機械

ふうにゅうばいたい 封入媒体，Einschlussmedien 中 複 化学 バイオ

フープおうりょく フープ応力，Ringspannung 女，類 Umfangsspannung 女，hoop stress，ring tension，circumferential stress 機械

プーリー プーリー，Rollenblock 男，roller block，pulley 機械

フーリエきゅうすう フーリエ級数，Fourier-sche Reihe 女，英 Fourier's series 機械 物理 数学

フーリエへんかんせきがいぶんこうほう フーリエ変換赤外分光法，FTIR = Fourier Transformierte Infrarot Spektroskopie = Fourier-transform infrared spectroscopy 化学 電気

ふうりょくはつでんせつび 風力発電設備，Windkraftanlage 女，wind power plant，aerogenerator，wind power station エネ 環境 電気 機械 設備

フェースギヤー Planrad 中，類 Kronenrad 中，Planverzahnung 女，crown gear，face gear 機械

フェースミル Planfräser 男，face milling cutter 機械

フェードインする einblenden，英 insert，overlay 電気 光学 機械

フェナントレン （コールタールから分離される芳香族炭化水素，化学式 $C_{14}H_{10}$），Phenanthren 中，phenanthrene 化学

フェニルアラニン （脳内の神経伝達物質を作るために欠かせないアミノ酸．出典：サプリメントの効果・副作用・摂取量ホームページ），Phe = Phenylalanin = phenylalanine バイオ 医薬

フェニルアラニンアンモニアリアーゼ （EC 4.3.1.24，5つの代謝経路に関与している），PAL = Phenylalanin-ammoniumlyase = phenylalanine ammonia lyase 化学 バイオ 医薬

フェニルアラニンすいそかこうそ フェニルアラニン水酸化酵素（フェニルアラニンの4位に酸素を1原子付加してチロシンを合成する酵素，EC1.14.16.1)，PH = PAH = Phenylalaninhydroxylase = phenylalanine hydroxylase バイオ 医薬

フェニルイソチオシアナート （ペプチド鎖のN末端から順次アミノ酸配列を決定する場合などに用いられる試薬．出典：栄養・生化学辞典，朝倉書店），PITC = Phenylisothiocyanat = phenylisothiocyanate 化学 バイオ

フェニルグリシジルエーテル （オキシラン-2-イルメチル，フェニルエーテル；反応性希釈剤などに用いられる），PGE = Phenylglycidylether = phenylglycidylether 化学

フェニルケトンにょうしょう フェニルケトン尿症，PKU = Phenylketonurie = phenylketonuria バイオ 医薬

フェニルチオカルバミド PTC = Phenylthiocarbamid = phenylthiocarbamide 化学 バイオ 医薬

フェニルトリメチルアンモニウム PTA = Phenyltrimethylammonium = phenyltrimethylammonium 化学

フェニルピルビンさん フェニルピルビン酸，PP = 英 phenylpyruvic acid = Phenylbrenztraubensäure 化学 バイオ 医薬

フェニルプロピオニルグリシン PPG = 英 phenylpropionylglycine 化学

フェニルプロピオンさん フェニルプロピオン酸，PPA = 英 phenylpropionic acid 化学 バイオ 医薬

フェニルベータナフチルアミン フェニルβナフチルアミン（老化防止剤などに用いられる），PBNA = Phenyl-β-naphthylamin = phenyl-β-naphthylamin 化学

フェニレフリン （アドレナリン作動薬の一つ），PE = Phenylephrin = phenylephrine 医薬

フェニレンジアミン（示性式 $C_6H_4(NH_2)_2$ の有機化合物で3種の異性体が存在する）, PDA = Phenylenediamin = phenylenediamine 化学

フェノールあか　フェノール赤, PR = Phenolrot = phenol red 化学 バイオ 医薬

フェノールスルフォンフタレイン（〜検査；腎機能検査）, PSP = Phenolsulfon-phthalein (test)= phenolsulfonphthalein (test) 医薬

フェノールフタレイン（pH 指示薬）, PP = Phenolphthalein = phenol phthalein 化学

フェノキシベンズアミン　POB = Phenoxybenzamin = phenoxybenzamine 化学 バイオ 医薬

フェノラト（フェノールの金属塩, フェノキシドイオン C_6H_5O を供与する有機塩基として, 各種有機反応の研究に使われる, フェノレート）. Phenolat 中, phenolate 化学

フェライト　Ferrit 男, ferrite 材料 電気

フェルトリング　Filzring 男, felt ring 機械

フェロクロム　Ferrochrom 中, ferro-chrome 精錬 材料 化学 地学

フェロシリコン　Ferrosilicium 中, ferro-silicon 精錬 材料 化学 地学

フェロマンガン　Ferromangan 中, ferro-manganese 精錬 材料 化学 地学

フェンダー（泥よけ）, Kotflügel 男, fender, splash-guard 機械

ふおうき　不応期(神経, 筋などの興奮性膜において, 活動電位の発生している間, またはその直後に加えられた次の刺激に対し興奮性が低下している時期または全く失われている時期をいう）, RPh = Refraktärphase = refractory phase 医薬

ふおうの　不応の, refraktär, 類 reaktionsträge, 関 rege, refractory 化学 非金属 精錬 製銑

フォーカス　Fokus 男, focus 光学 電気

フォークヘッド（U リンク）, Gabelkopf 男, forkhead (of connecting rod) 機械

フォークリフトトラック　Flurförderzeug 中, forktruck 機械

フォーマットする　formatieren, 英 format 電気

フォーミングガス　Formiergas 中, inert gas, purging gas 製銑 精錬 化学 バイオ

フォーミングしょり　フォーミング処理, 発泡成形処理, Aufschäumen 中, forming up 化学 バイオ 機械

フォームフィティングの（型枠固定締めの）, formschlüssig, form fitting 機械 設備

フォールドウエブ（グループウエブ）, Falzsteg 男, fold web 機械

フォールトのきかいせき　フォールトの木解析, FTA=英 fault tree analysis 操業 設備 機械 化学 統計

フォグランプ　Nebelscheinwerfer 男, fog lamp 機械 電気

フォスファチジルセリン　PS = Phosphatidylserin [= Kephalin] = phosphatidylserine 化学 バイオ 医薬

フォトクロミー（周辺明度に光透視度を合わせること）, Photochromie 女, photochromy, photochromism 電気 光学

フォノンそくはたいせいこう（半導体の）フォノン側波帯正孔, PSBH = 英 phonon side-band hole 電気 光学 物理

フォマジンひだくそくていたんい　フォマジン比濁測定単位(ISO7027 準拠), FNU = 英 formazine-nephelometric unit = Formazin-Nephelometrieeinheit 化学 バイオ 単位 規格

フォルダー　フォルダー, Ordner 男, folder 電気

フォロアー（カムのフォロアー, 被動歯車）, Nachfolger 男, follower 機械

フォントきゅうすう　フォント級数, Schriftgröße 女, font size 印刷 機械

ふおんどけいすう　負温度係数(負の温度係数), NTC = 英 negative temperature coefficient = negativer Temperaturkoeffizient 電気 エネ 材料

ふか　富化, Anreicherung 女, enrichment 材料 化学 バイオ

ふかうけいれそうてい　負荷受入想定,

Lastaufnahme 女, load-bearing capacity, loading capacity 機械 設備 建設

ふかかごうぶつ 付加化合物, Additionsverbindung 女, addition compound 化学 バイオ

ふかかちぜい 付加価値税, VAT = 英 value added tax = MWSt = Mehrwertsteuer 経営 社会

ふかかちれんさ 付加価値連鎖(バリューチェーン), Wertschöpfungskettte 女, value added chain 製品 操業 環境 経営

ふかぎゃくせい 不可逆性, Nichtumkehrbarkeit 女, irreversibility 化学 バイオ 物理 機械

ふかぎゃくの 不可逆の, irreversibl, 英 irreversible, nonreversible 化学 バイオ 物理 機械

ふかくていびょういん(がく) 不確定病因(学)(不確定因果関係学, 不確定原因論), UE = 英 uncertain etiology = unklare Ätiologie 医薬

ふかじタップきりかえそうち 負荷時タップ切り換え装置, Laststufenschalter 男, on load tap changer, LTC 電気 機械

ふかしぼりせい 深絞り性, Tiefziehbarkeit 女, deep drawing property 材料

ふかっぱつな 不活発な, träge, inertial, inactive 化学 バイオ 医薬

ふかでんりゅう 負荷電流(周辺電流), Laststrom 男, load current, peripherical power 電気 機械

ふかへんどうすう 負荷変動数, Lastwechselzahl 女, number of load cycle 機械

ふかみぞがたたまじくうけ 深溝形玉軸受, Rillenkugellager 中, deep groove ball bearing 機械

ふかんぜんきんるい 不完全菌類, Fungi Imperfecti, 類 unvollkommene Pilze 男 複, fungi imperfecti, Deuteromycetes バイオ

ふかんぜんねじぶ 不完全ねじ部, Gewindeauslauf 男, thread run-out 機械

ふかんでんきょく 不間電極(零電位を導出する電極, 生体作用を生じさせない

電極), indifferente Elektrode 女, indifferent electrode 化学 バイオ 医薬 電気

ふきこみ 吹込み, Eindüsung 女, injection 化学 バイオ 精錬

ふきこみじのへいそく 吹き込み時の閉塞, Blasenkoaleszenz 女, coalescence during blowing 精錬 操業 設備

ふきこみせいけい 吹き込み成型, Blasform 女, blow mould 製銑 精錬 鋳造 化学

ふきこみせいけいようかながた 吹込成形用金型, Blasform 女, blow mould 製銑 精錬 鋳造 化学

ふきこみりょう(わりあい) 吹き込み量(割合), Einblasrate 女, blowing/injection ratio 精錬 製銑 操業 設備

ふきぬけ 吹き抜け, Durchblasen 中, acade, colonnade, stairwell 機械 建設

ふきはつせいメモリ 不揮発性メモリ, nichtflüchtiger Speicher 男, non-volatile memory 電気

ふきんしつ 不均質, Heterogenität 女, heterogeneity 化学 バイオ

ふくあつ 腹圧, abdominaler Druck 男, abdominal musle pressure 医薬

ふくあつせいにょうしっきん 腹圧性尿失禁, SI = Stressinkontinenz = stress incontinence 医薬

ふくえん 複塩(2種以上の塩が結合した形式で表わすことのできる化合物のうち, それえぞれの成分イオンがそのまま存在するものを指す), Doppelsalz 中, double salt 化学

ふくくっせつ 複屈折, Doppelbrechung 女, double refraction 光学 電気

ふくげんかのうなこと 復元可能なこと(トレーサビリティ), Rückführbarkeit 女, 類 Rückverfolgbarkeit 女, traceability, restorablity 機械 材料 製品

ふくげんモーメント 復元モーメント, Aufrichtmoment 中, righting moment 船舶 機械

ふくげんりょく 復元力, Rückstellkraft 女, restoring force 船舶 機械

ふくこうかんしんけいけい 副交換神経系, PNS = parasympathisches Nervensystem = parasympathetic nervous system 医薬

ふくごうコンクリート 複合コンクリート, Konglomeratbeton 男, conglomeratic concrete 材料 建設

ふくごうざいりょう 複合材料, Verbundstoff 男, composite material 機械 化学 材料

ふくこうじょうせんちゅうしゅつぶつ 副甲状腺抽出物, PTE = Parathyreoidextrakt = Nebenschilddrüseextrakt = parathyroid extract 医薬

ふくこうじょうせんてきしゅつじゅつ 副甲状腺摘出術, PTx = Parathyreoidektomie = parathyroidectomy 医薬

ふくこうじょうせんホルモン 副甲状腺ホルモン, PTH = Parathyreoidhormon = parathyroid hormone 医薬

ふくごうたい 複合体(錯体, キレート), Komplex 男, complex, chelate 化学 バイオ 数学

ふくごうブレーキ 複合ブレーキ, Verbundbremsc 女, composite brake 機械

ふくごうめんえきふぜん 複合免疫不全, KID = kombinierter Immundefekt = combined immune deficiency バイオ 医薬

ふくしきインジェクター 複式インジェクター, Duplexinjektor 男, duplex injector 印刷 機械

ふくしきぜんしきゅうてきしゅつじゅつ 腹式全子宮摘出術, TAH = totale abdominelle Hysterektomie = total abdominal hysterectomy 医薬

ふくしきタービン 複式タービン, Verbundturbine 女, duplex turbine, compound turbine エネ 機械

ふくしきポンプ 複式ポンプ, Duplexpumpe 女, duplex pump 機械

ふくじく 副軸, Vorgelege 中, intermediate gear, countershaft lay shaft, primary reduction gear 機械

ふくしんそうち (連結器の)復心装置, Rückstellvorrichtung 女, centering device 交通 機械

ふくじんのうよう 副腎膿瘍, PNA = paranephritischer Abszess = paranephric abscess 医薬

ふくすい 復水, Kondensation 女, condensed water 機械 エネ 化学 バイオ

ふくすいき 復水器, Kondensator 男, condenser 機械 化学 エネ

ふくすいきぎゃくせんべん 復水器逆洗弁(バックフラッシュ弁), Rückspülventil 中, backflushing valve, backwash valve 機械

ふくすいポンプ 復水ポンプ, Kondensatpumpe 女, condensate pump 機械

ふくすうみぞの 複数溝の, mehrrillig, 英 multi-groove 機械

ふくせい 複製, Nachbildung 女；imitieren(模造する) 全般 バイオ

ふくそうたいの 複相体の(二倍体の), 独 diploid, 英 diploid 化学 バイオ

ふくそかんしきの 複素環式の, heterocyclisch, 英 heterocyclic 化学

ふくそしんぷく 複素振幅, komplexe Amplitude 女, complex amplitude 電気 数学

ふくどうりん (カムの)副動輪, Nachfolger 男, follower 機械

ふくねつそうち 復熱装置(レキュペレータ), Rekuperator 男, recuperator 機械 エネ

ふくはんそうは 副搬送波, Zwischenträger 男, 類 Hilfsträger 男, sub-carrier, substrate, intermediary carrier, intermediary support 電気 機械

ふくまくえん 腹膜炎, Peritonitis 女, 類 Bauchfellentzündung 女, peritonitis 医薬

ふくまくこうきふくしょう 腹膜後気腹症(後腹膜気体造影), RPP = Retropneumoperitoneum = retropneumoperitoneum 医薬

ふくまくとうせき 腹膜透析, PD = Peritonealdialyse = peritoneal dialysis 医薬

ふくようさせる 服用させる, darreichen, 関 verabreichen 医薬

ふくようする 服用する, einnehmen 医薬

ふくようりょう 服用量, Dosis 女, dose 医薬

ふくらみ 膨らみ(膨れ), Schwellung 女, 類 Quellung 女, Schwelle 女, swelling, bulge 化学 バイオ 医薬 材料 交通 建設 機械

ふくれ(けいせい) 膨れ(形成)(滴形成), Tränenbildung 女, burst blister, formation of tears 材料 物理 化学

ふくれんけつかん 副連結桿, Nebenpleuelstange 女, auxilliary connecting rod 機械

ふくワイヤー 副ワイヤー, Zusatzdraht 男, sub-wire 溶接 機械

ふごうのせつめい 符号の説明, Bezugszeichen 中, reference sign 特許 操業 設備 機械

ぶさいくさ 不細工さ, Verschandelung 女, clumsiness 機械

ふしだまのあるそとがわひょうめん 節玉のある外側表面, genoppte Außenoberfläche 女, nubbly outer surface 材料

ふじゅうぶんなとけこみ 不十分な溶け込み, ungenügende Durchschweißung 女, incomplete penetration, lack of penetration 溶接 材料

ふじゅんぶつ 不純物(混入物, 混入), Beimengung 女, addition, impurity 機械 操業 化学 バイオ 精錬

ふじゅんぶつみつど 不純物密度, Störstellendichte 女, impurity content 電気 材料

ふじゅんぶつゆうきそうてんい (半導体量子井戸構造の)不純物誘起層転移(不純物誘導変調, 結晶構造の不整),IID = 英 impurity induced disordering 物理 材料 化学 光学 電気

ふしょくさせる 腐食させる, angreifen corrode, attack, act on 材料 化学 機械

ふしょくど 腐植土, Humus 男, humus バイオ 地学

ふしょくぶっしつ 腐植物質(フミン質), Huminstoffe 男 複, humic substances

化学 バイオ 地学

ふじんか 婦人科, Frauenheilkunde 女, 類 Gynäkologie 女, gynecology 医薬

ふしんとうせいの 不浸透性の, impermeabl, 英 impermeable 化学 バイオ

ふずいげんそ 付随元素, Begleitelement 中, accompanying element 製銑 精錬 材料 化学 バイオ

ふすま Kleie 女, bran 化学 バイオ

ふせいごう (地震の)不整合, Diskordanz 女, conformity 地学 物理 気象

ふせいごうせい 不斉合成, asymmetrische Synthese 女, asymmetric synthesis 化学 バイオ

ふせいていこうき 負性抵抗器, negistor = 英 negative resistor = Negativwiderstand 電気

ふせいていこうぞう 不静定構造, statisch unbestimmter Aufbau 男, statically indeterminate construction 建設 設備

ふせいみゃく 不整脈, Arrhythmie 女, arrhythmia, pulsus heterochronicus, cardiac dysrhythmia, pulsus irregularis, allorhythmic pulse, irregular pulse 医薬

ふせつかんかく 敷設間隙, Verlegungslücke 女, lay clearance 交通 機械 建設

ふせつされたレール 敷設されたレール, Schienenstrang 男, laid rail 交通 機械

ふせつする 敷設する(移す), verlegen, 英 lay 操業 設備 交通

ふそくげんすい 不足減衰, Unterdämpfung 女, under damping 音響 機械

ふぞくひん 付属品, Zubehör 中, accessory 機械 電気

ふぞくぶつ 付属物, Fortsatz 男, extension, prolongation 操業 設備 機械

ふたしかさのすいてい 不確かさの推定, Unsicherheitsabschätzung 女, estimation of uncertainty 数学 統計

フタロシアニン (5,10,15,20-テトラアザ-21H,23H-テトラベンゾ[b,g,l,q]ポルフィリン;鮮青色の美しい有機顔料. 出典:日本大百科全書, 小学館), PC = Phthalocyanin = phthalocyanine 化学 バイオ

ふたん　負担(計器用変成器の二次端子間に接続される計器の負荷)，Bürde 女，burden，apparent ohmic resistance 電気

ふちおうりょく　縁応力(周辺応力)，Randspannung 女，edge stress，extreme fiber stress 機械 材料 建設

ふちどる　縁取る，umrahmen，英 frame 機械

ふちゃく　付着，Adhäsion 女，adhesion 化学 バイオ 材料

ふちゃくおうりょく　付着応力，Haftspannung 女，adhesive stress，bond stress 材料

ふちゃく・ざんりゅうしたりゅうし　付着・残留した粒子，zurückgehaltene Partikel(n) 中 (女)複，remained particle 機械 電気 設備 化学 バイオ

ふちゃくせい　付着性，Verklebeeigenschaft 女，stiking property 材料 化学

ふちゃくつよさ　付着強さ，Haftfestigkeit 女，adhesive strength，bonding strength 材料 化学

ふちゃくぶい　付着部位，Anheftungsstelle 女，類 Ansatzstelle 女，attachment site 化学 バイオ 材料

ふちゃくまったん　付着末端，überhängendes Ende 中，類 kohäsives Ende 中，cohesives end 化学 バイオ 医薬

ブチルゴム(イソブチレン・イソプレンゴム) IIR = 英 isobutene-isoprene rubber = Butylkautschuk 化学 材料

ぶつ　物，Objekt 中，object 光学

ふつうすんぽうきょうさ　普通寸法許容差，zulässige Abweichungen für Maße ohne Toleranzangabe 女複，permissible deviation in dimension without indication，general dimension tolerance 機械

フッカエチレンプロピレン　フッ化エチレンプロピレン(赤外光ファイバー用スリーブ材に用いられる)，FEP = Fluorethylenpropylen = fluorinated ethylene propylene 化学 光学

フッカキノリンさん　フッ化キノリン酸，

Fluorchinolonsäure 女，fluoroquinolinic acid 化学 バイオ 医薬

フッかすいそ　フッ化水素，Fluorwasserstoff 男，hydrogen fluoride 化学

フッかすいそさん　フッ化水素酸，Flusssäure 女，hydrofluoric acid 化学

フッかぶつ　フッ化物，Fluorid 中，fluoride 製銑 精錬 地学 化学

ふっきゅう　(自動交換機などの)復旧，Auslösen 中，recovery，restoration 機械 電気 交通

ふっくうえき　腹腔液，Bauchhöhlenflüssigkeit 女，類 Bauchraumflüssigkeit 女，liquid in abdominal cavity 医薬

ふっくうきょう　腹腔鏡，Laparoskop 中，laparoscope 医薬 電気 光学

ふっくうきょうてきたんのうてきしゅつじゅつ　腹腔鏡的胆囊摘出術，LC = laparoskopische Cholezystektomie = laparoscopic cholecystectomy 医薬 電気 光学

ブックマーク　Lesezeichen 中，book mark 電気

ぶっしついどうていこう　物質移動抵抗，Stofftransportwiderstand 男，mass transfer resistance，mass transport resistance 化学 バイオ 物理

プッシャーコンベアー　Mitnehmer 男，pusher conveyer 機械

プッシャータイプろ　プッシャータイプ炉，Stoßofen 男，pusher type oven 材料

プッシュ(めいれい)　プッシュ(命令)(スタックメモリーへデータを格納する命令)，PUSH = 英 push data onto stack 電気

プッシュスイッチ　Tastschalter 男 電気

ブッシュ　Hülse 女，類 Buchse 女，類 Durchführung 女，Muffe 女，bush，sleeve，socket，liner 機械

プッシュプルがたさんあらいき　プッシュプル型酸洗い機，Schubbeize 女，push-pull pickler 材料 機械 化学

プッシュボタンスイッチ　Druckschalter 男 類 Drucktaster 男，press switch，push-button switch 電気

プッシュロッド　Schubstange 女，push rod

〔機械〕

フッそ フッ素, Fluor 〔中〕, fluorine 〔製銑〕〔精錬〕〔化学〕〔地学〕

ぶったい 物体, Objekt 〔中〕, object 〔光学〕

ぶったいいがいのはいけい （画像の中の）物体以外の背景, ROS = 〔英〕 region of support 〔光学〕〔電気〕

ふってん 沸点, Siedepunkt 〔男〕, boiling point 〔化学〕〔バイオ〕〔物理〕

ふっとうすいがたげんしろ 沸騰水型原子炉, Siedewasserreaktor 〔男〕, boiling-water reactor, BWR 〔原子力〕〔放射線〕

フットぶい フット部位（ベース部位）, Fußteil 〔男〕, foot part 〔機械〕〔化学〕〔バイオ〕〔設備〕

フットブリッジ （ウエブ, ランナー, サポート, バンド）, Steg 〔男〕, web, foot-bridge, runner, support 〔機械〕〔鋳造〕〔建設〕

フットブレーキレバー Fußbremshebel 〔男〕, foot-brake lever 〔機械〕

フットレスト （オートバイなどの足置き台）, Fußraste 〔女〕, foot rest 〔機械〕

ふつりあい 不釣り合い（不均衡, 不平衡）, Unwucht 〔女〕, imbalance 〔機械〕〔物理〕〔医薬〕

ぶつりしゅうちゃく 物理収着, Physisorption 〔女〕, physisorption, physical adsorption 〔機械〕〔化学〕〔物理〕

ぶつりょうがくとリハビリテーション 物療学とリハビリテーション, PMR = physikalische Medizin und Rehabilitation = physical medicine and rehabilitation 〔医薬〕

ぶつり（りがく）りょうほう 物理（理学）療法, Pth = Physiotherapie = physiotherapy 〔医薬〕

ふてきごうせい 不適合性, Inkompatibilität 〔女〕, 〔類〕〔関〕Unverträglichkeit 〔女〕, inkompatibility 〔化学〕〔バイオ〕

ふてんか 不点火, Fehlzündung 〔女〕, misfire 〔機械〕

ふでんししんわりょく 負電子親和力, NEA = negative Elektronenaffinität = negative electron affinity 〔物理〕〔化学〕

ふとう・ふせいきょうそうぼうしほう 不当・不正競争防止法, UWG = Gesetz gegen den unlauteren Wettbewerb 〔男〕〔経営〕〔法制度〕

ふとうえき 不凍液, Gefrierschutzmittel 〔中〕, antifreezing agent 〔機械〕〔化学〕

ふとうかせい 不透過性, Diffusionsdichtigkeit 〔女〕, diffusion density, impermeability, seal integrity 〔機械〕〔エネ〕〔物理〕〔化学〕〔バイオ〕

ふとうかりつ 不透過率,Undurchsichtigkeit 〔女〕, opacity 〔光学〕〔機械〕

ふとうクレーン 埠頭クレーン, Hafenkran 〔男〕, dockside crane, port crane 〔機械〕〔設備〕〔船舶〕

ふどうじくうけブッシュ 浮動軸受ブッシュ,freibewegliche Lagerbuchse 〔女〕, freely movable bearing bush 〔機械〕

ふどうししょう 浮動支承, Loslager 〔中〕, movable bearing, floating bearing 〔機械〕〔建設〕

ふとうしつ 不等質, Heterogenität 〔女〕, heterogeneity 〔化学〕〔バイオ〕

ふどうたい 不動態, Passivität 〔女〕, passivity 〔化学〕〔材料〕

ふどうベアリング 浮動ベアリング, Loslager 〔中〕, movable bearing, floating bearing 〔機械〕〔建設〕

ふとうめいどいんし 不透明度因子, OF = Opazitätsfaktor = opacity factor 〔化学〕〔光学〕〔物理〕

ふなずみこう 船積み港, POL = 〔英〕 port of loading = Ladehafen 〔船舶〕〔経営〕

ふにんちゅうほうし 不妊虫放飼（害虫駆除法の一つ）, SIT = Sterile-Insekten-Technik = sterile insect technique 〔バイオ〕

ふはい 腐敗, Fäule 〔女〕, foulness, putrefaction 〔化学〕〔バイオ〕〔環境〕

ふはいスラジ 腐敗スラジ（消化汚泥, 浄化汚泥）, Faulschlamm 〔男〕, digested sludge, septic sludge, sapropel 〔化学〕〔バイオ〕〔機械〕〔環境〕

ぶひんず 部品図, Teilzeichnung 〔女〕, part drawing 〔機械〕

ふぶき 吹雪, Gestöber 〔中〕, flurry, storm 〔気象〕

ぶぶんあんていかジルコニア 部分安定化ジルコニア(変態を完全に抑制した完全安定化ジルコニアよりも,添加剤の量を減らしてわずかに変態できるようにした部分安定化ジルコニアのほうが機械的特性に優れることが知られている),PSZ = 英 patially stabilized zirconia = teilstabilisiertes Zirkonoxid 非金属 材料 機械 電気

ぶぶんシェーディング 部分シェーディング,Teilabschattung 女 機械 光学

ぶぶんてきにかよう 部分的に可溶,p.sol. = 英 partly soluble = teilweise löslich 化学

ぶぶんてきにしゅくしょう (腫瘍の)部分的に縮小(癌の治療奏功度の表現),PR = 英 partial response = partial remission = partielles Ansprechen 医薬

ぶぶんトロンボプラスチンじかん 部分トロンボプラスチン時間[現在では短時間で,測定値のばらつきの少ないAPTT(活性化部分トロンボプラスチン時間)が主流となっている.出典:(一社)日本衛生検査所協会],PTT = 英 partial thromboplastin time=PTZ=Partielle Thromboplastinzeit バイオ 医薬

ぶぶんはいれつ 部分配列,Teilsequenz 女,partial sequence バイオ 医薬

ぶぶんほたいけつごうしけん 部分補体結合試験,PKBR = partielle Komplementbindungsreaktion = partial complement fixation test バイオ 医薬

ぶぶんプロトロンビンじかん 部分プロトロンビン時間,PPT = 英 partial prothrombin time = partielle Prothrombinzeit バイオ 医薬

ぶぶんようりょう 部分容量(ポーション),Teilmenge 女,関 Massenteil 中(男)(マスポーション),portion,partial quantity,partial amount 化学 バイオ 電気

ふへんせいしけん 不変性試験,Konstanzprüfung 女,constancy test バイオ 電気 設備

ふへんぶんさん 不偏分散(平均平方),MAQ = mittleres Abweichungsquad-rat = mean square 数学 統計 化学 バイオ 医薬 機械

ふほうわてつけつごうのう 不飽和鉄結合能(血液中の鉄と結合していないトランスフェリンを表わす.出典:ベストメディテク ホームページ),UEBK = ungesättigte Eisenbindungskapazität = UIBC = unsaturated iron-binding capacity バイオ 医薬

ふほうわの 不飽和の,ungesättigt,英 unsaturated 化学 バイオ 物理

ふほうわポリエステル 不飽和ポリエステル,UP = Ungesättigtes Polyester = the unsaturated polyester 材料 化学

フマルさんえん フマル酸塩,Fumarat 中,fumarate バイオ

ふみめん 踏み面,Reifenaufstandsfläche 女,tyre contact area,tread contact 機械

フミンか フミン化,Humifizierung 女,humification,formation of humus バイオ 地学

フミンかごうぶつ フミン化合物,Humusverbindung 女,humic compounds,HC バイオ 地学

フミンしつ フミン質(腐植物質),Huminstoffe 男 複,humic substances バイオ 地学

ふみんしょう 不眠症,Schlaflosigkeit 女,agrypnia,vigilance,insomnia,sleepless-ness 医薬

ふゆう 浮遊,Aufschwimmen 中,類 Suspendieren 中,floating 材料 化学 精錬 機械

フューエルアキュムレータ Kraftstoffspeicher 男,fuel accumulator 機械 化学

フューエルレーシオレギュレータ Kraftstoffregler 男,fuel ratio controler 機械

ふゆうせんこうほう 浮遊選鉱法,Flotationsverfahren 中,flotation process 地学 製銑

ふゆうの 浮遊の,flottierend,類 schwebend,英 floating 化学 バイオ 機械 精錬

ふゆうぶっしつ 浮遊物質,Schwimmstoffe 男 複,関 Schwebestoffe 男 複,sus-

ふゆうぶっしつ / フラックス

pended & floating matter or particles 化学 機械 精錬 環境

ふゆうりゅうしじょうぶっしつ 浮遊粒子状物質, SPM = 英 suspended paticulate mattter = Schwebstaubpartikel 環境 化学 バイオ 機械 物理 気象

ブライ Kordlage 女, ply 機械

フライスアーバ Fräsdorn 男, cutter arbor, mandrel for shaping machine 機械

フライスけずり フライス削り（ミリング加工）, Fräsen 中, milling 機械

フライスばん フライス盤, Fräsmaschine 女, milling machine, shaper 機械

フライポンプ Flügelzellenpumpe 女, fly pump, sliding-vane pomp 機械

プライマー （核酸合成または脂肪酸合成のプライマー）, Primer 男, primer 化学 バイオ

プライマー Grundierung 女, undercoating, primer 機械 設備 建設 鋳造

プライミングこうか プライミング効果, Priming Effekt 男, priming effect 電気 化学 バイオ 医薬

プライヤー Zange 女, tongs, pliers 機械

フライヤーねんしき フライヤー撚糸機, Flügelzwirnmaschine 女, flyer twister, flyer throwing machine 繊維 設備 機械

ブラインドフランジ （盲フランジ）, Blindflansch 男, blank/blind flange 機械

ブラインドリベット Blindniet 男, blind rivet 機械

フラウンフォーファーでんしせんおよびプラズマぎじゅつけんきゅうしょ フラウンホーファー電子線およびプラズマ技術研究所, FEP = Forschungsinstitut für Elektronenstrahl-und Plasmatechnik der Fraunhofer-Gesellschaft 電気 光学 組織

プラグインにんしょうモジュール プラグイン認証モジュール, PAM = 英 pluggable authentication module = steckbare Module für die Authentifizierung 電気

プラグインハイブリッドしゃ プラグインハイブリッド車, PHV = 英 plug in hybrid vehicle = aufladbare Hybridfahrzeuge

機械 電気

プラグインユニット Einschub 男, 類 Steuerungseinschübe 男 複, Steckeinheit 女, plug-in unit, PIU, plug in module 電気 機械

プラグガスケット Zündkerzdichtung 女, plug gasket 機械

プラグゲージ Lehrdorn 男, plug gauge 機械

プラグスリーブ Steckerhülse 女, plug sleeve, connector sleeve 電気

フラクタルもよう フラクタル模様（幾何学模様）, fraktale Eigenschaften 女, fractal structure 数学 印刷 材料 光学

ブラケット Konsole 女, console, bracket 電気 機械 建設

ブラケットじくうけ ブラケット軸受, Bocklager 中, bracket bearing 機械

プラスチックせいけいこうぐこう プラスチック成形工具鋼, Kunststoffformenstahl 男, plastic mould steel 材料 鉄鋼 機械 化学

プラスチックひかりファイバー プラスチック光ファイバー, POF = 英 plastic optical fibre = Lichtwellenleiter auf Kunststoffbasis 光学 化学 電気

プラストキノン PQ = 英 plastoquinone = Plastochinon バイオ 光学

プラズマ Plasma 中, plasma 電気 光学 物理

プラズマクロマトグラフィー PC = Plasmachromatographie = plasma chromatography 化学 バイオ 医薬 物理 環境

プラズマしんせきイオンちゅうにゅうそうち プラズマ浸漬イオン注入装置, PIII = 英 plasma immersion ion implanter = Plasma-Immersion-Ionenimplanter 電気 光学 物理

プラダーウィリしょうこうぐん プラダーウィリ症候群（筋緊張低下, 知能障害などで特徴付けられる）, PWS = Prader-Willi-Syndrom = Prader-Willi syndrome 医薬

フラックス （溶加材）, Zuschlag 男, 関 Flussmittel 中, Schweißzusatzwerkstoff 男, flux filler mateial 製銑 精錬 連鋳 鋳造 溶接 電気 機械

フラッシュうめこみがたソケット フラッシュ埋め込み型ソケット, Unterputz-Steckdose 女, flush-mounted socket 電気

フラッシュじょうりゅう フラッシュ蒸留, Entspannungsdestillation 女, flash distillation, continuous equilibrium vaporization 化学 操業 設備

フラッシュバットようせつ フラッシュバット溶接, Abbrennstumpfschweißung 女, flush butt welding 溶接 材料 機械

ブラッシングマシーン Bürstmaschine 女, brushing machine 機械

フラットオーエス フラット OS, PBS = Plattenbetriebssystem = flat operating system 電気

フラットガスケット Flachdichtung 女, flat gascket 機械

フラットケーブル Flachbandkabel 中, flat cable 電気

フラットスライドバルブ Flachschieber 男, flat slide valve 機械

フラップ Klappe 女, flap 機械

プラテン プラテン(押し板, 印字版), Drucktiegel 男, 英 platen：(タイプライターの) プラテン, Schreibwalze 女；型取り付け版, (フロッピーディスクの) 基盤保持盤, パレットフォーク, 英 platen;版胴, Plattenzylinder 男 機械 電気 印刷 溶接

フラビンモノヌクレオチド (酸化還元酵素の補酵素の一つ), FMN = Flavinmononukleotid = flavin mononucleotide 化学 バイオ 医薬

フランク (側面), Flanke 女, flank, tooth side 機械

ブランクざい ブランク材(素材, 未加工材), Rohling 男, blank 材料 電気 鉄鋼 非鉄

ブランクちほせい ブランク値補正, Blindwertkorrektur 女, blank value correction 機械 化学

ブランケット Tuch 中, blanket 雑貨

フランジあつ フランジ厚, Gurtdicke 女, flange width 機械

プランジカットけんさく プランジカット研削, Einstechschleifen 中, plunge cut grinding 機械

フランジシールめん フランジシール面, Flanschendichtleiste 女, flange sealing face 機械

フランジ(じく)つぎて フランジ(軸)継ぎ手, Flanschenkupplung 女, solid flanged coupling 機械

プランジャー Stößel 男, 類 Mitnehmer 男, ram, tappet, lifter, plunger 機械

プランジャーポンプ Plungerpumpe 女, plunger pump 機械

プランジャーロッド Schieberstange 女, 類 Ventilschaft 男, Ventilspindel 女, Ventilstange 女, plunger rod, slide rod valve rod, valve spindle, valve stem 機械

フランスきかく フランス規格(仏規格), NF = Ⓛ Norme francaise = Französische Norm 規格

フランスでんしこうぎょうちゅうおうけんきゅうじょ フランス電子工業中央研究所, LCIE = Ⓛ Laboratoire Central des Industries Electriques = 英 Central laboratory for electrical industries 電気 組織

ブランチはば (溝形鋼の, U 形鋼の) ブランチ幅, Schenkelbreite 女, branch width 材料 鉄鋼 非鉄 建設

ふり (旋盤の) 振り(最大加工可能径), größter Drehdurchmesser 男, 類 Schwingdurchmesser 男, turning diameter, swing, swing diameter 機械

フリーウエアー Freiware 女, 類 Freeware 女, free ware 電気

フリース Vlies 中, fleece 繊維

フリーデルクラフツアルキルかはんのう フリーデルクラフツアルキル化反応, Friedel-Crafts-Alkylierung 女, Friedel-Crafts-alkylation 化学

フリーホイールクラッチ Freilaufkupplung 女, free wheel cluch 機械

フリーポジション Ruhestellung 女, 類 Leerlaufstellung 女, free position 電気 機械

フリーラジカルしょうきょざい フリーラ

ジカル消去剤，Radikalfänger 男，radical catcher, radical interceptor, free radical scavenger 化学 バイオ

フリクションクラッチ Reibungskupplung 女, friction clutch 機械

ブリケットにする brikettieren, 英 briquetting 製銑 精錬 環境

ふりこうんどう 振り子運動 (ウイービング)，Pendelbewegung 女, movement of pendulum, weaving 機械 溶接

ふりこしきダンパー 振り子式ダンパー，Pendeldämpfung 女, anti-sway damping, pendulum damping, power-system-stabilizer 機械 設備 建設

ふりこししょう 振り子支承，Pendellager 中, pendulum bearing, self-aligning bearing 機械

ふりこほうしゃせんちりょう 振り子放射線治療，Pendel-Strahlentherapie 女, pendular radiotherapy 放射線 医薬 電気

ブリスターじょうへん ブリスター条片，Blisterstreifen 男, blister strip 材料 機械

ブリストリップ Vorband 中, near-net strip, pre-strip 材料

ブリズム Prisma 中, prism 光学 機械

ブリセット Voreinstellung 女, pre-setting 機械 材料 電気 化学 操業 設備

ブリッジサポート Brückenlager 中, bridge bearing, bridge support 建設

ブリッジベアリング Brückenlager 中, bridge bearing, bridge support 建設

ブリネルかたさ ブリネル硬さ，Brinell-Härte 女, brinell hardness 材料 機械

ブリラッフィング Vorschruppen 中, pre-roughing 機械

ブリン Pur = Purin = purine 化学 バイオ 医薬

フリンジ Saum 男, fringe 材料 地学

ブリンせいごうせい プリン生合成(核酸を構成するアデニンおよびグアニンの生合成をいう．プリンヌクレオチド生合成ともいう)，Purin-Biosynthese 女, purine biosynthesis 化学 バイオ 医薬

ブリンタードライバ Druckertreiber 男, printer driver 電気

ブリントアウト PO = 英 print out = Ausdruck 電気

ブリントかいろ プリント回路，PC = 英 printed circuit = gedruckte Schaltung 電気

ブリントかいろきばん プリント回路基板，Platine 女, 類 Leiterplatte 女, board, plate, printed circuit board, PCB 電気 機械

ブリントはいせんばんくみたてひん プリント配線板組立品，PBA = 英 printed board or circuit assembly = Leiterplattenbaugruppe 電気

ブリントようし (写真) プリント用紙，POP = 英 printing-out paper = Kopierpapier 光学 印刷

フリントレンズ (アッベ数が55以下のレンズ，フリント)，Flintglaslinse 女, 関 Kronglaslinse 女, flint lens 光学

ブリンヌクレオシドホスホリラーゼ PNP = Purin-Nukleosid-Phosphorylase = purine nucleoside phosphorylase 化学 バイオ 医薬

ブリンぶんかい プリン分解(プリン塩基の代謝で，キサンチンオキシダーゼによるキサンチンの尿酸への酸化を中心として行なわれる)，Purin-Degeneration 女, 英 purine degeneration 化学 バイオ 医薬

ふるい 篩，Sichter 男, sifter, separator, classifier 機械 化学 鋳造 製銑

ふるいにかける 篩にかける，sichten, 英 sift, separate, classify 機械 化学 鋳造 製銑

ブルーム Vorblock 男, bloom；Vorblockquerschnitt(ブルーム断面), bloom cross-section 連鋳 材料 操業 設備

ブルーム・スラブヤード Blocklager 中, bloom and slab yard 精錬 操業 設備 材料

フルオレセインイソチオシアネート (蛍光標識試薬として多用されている) FITC = Fluoreszenz-isothiocyanat = fluorescein isothiocyanate 化学 バイオ

ブルガリアにゅうさんかんきんいんし ブルガリア乳酸桿菌因子(ブルガリア菌)，LBF = Lactobacillus-bulgaricus-Faktor

= Lactobacillus bulgaricus factor バイオ 医薬

フル・スロットルたかさ フル・スロットル高さ(スロットル全開高さ)，VDH = Volldruckhöhe = full throttle height 機械

フルせいさん フル生産(の状態・ステージ)[(パイロット生産をクリヤーして)完全に工業生産された段階]，Produktionsreife 女，production stage 操業 設備 経営 全般

フルフリルチオール FFT = Furfurylthiol = furfuryl thiol バイオ 化学

フルラップ Volleinschlag 男，full lock，full wrap 機械

フルリール Volltambour 女，full real，parent real 機械 材料

フルロック Volleinschlag 男，full lock，full wrap 機械

プルロッド Zugstange 女，pull rod，drawbar 機械 建設

フレアーフィティング Bördelverschraubung 女，flared fitting 機械

ブレイクダウンパス Streckkaliber 中，breaking-down pass 材料 機械

ブレイシング (筋交)，Aussteifung 女，類 Verschwertung 女，bracing 建設

フレームワーク Fachwerk 中，frame，frame work，skelton framing 設備 建設

プレインテキスト (文字飾りやレイアウト情報を含まな文字コードだけから成るファイル形式)，Klartext 男，normal writing，plain text 電気

ブレーカー (タイヤのブレーカー)，Gürtel 男，reinforcfd belt 機械

ブレーカーストリップ Gürtelstreifen 男，reinforcfd belt strip 機械

ブレーカーそうち ブレーカー装置，UE = Unterbrechereinrichtung = interrupt facility 電気

ブレーキキャリパー Bremssattel 男，brake caliper 機械

ブレーキこうりつ ブレーキ効率，Bremswirkungsgrad 男，degree of brake performance 機械

ブレーキじく ブレーキ軸，Bremsachse 女，brake axis 機械

ブレーキシュー Bremsschuh 男，brake shoe，chock 機械

ブレーキディスク Bremsscheibe 女，break disc 機械

ブレーキとくせい ブレーキ特性，Bremsverhalten 中，braking responce performance 機械

ブレーキのたくみなそうさ ブレーキの巧みな操作，Bremsmanöver 中，braking manoeuvres 機械

ブレーキパッド Bremsklotz 男，brake pad 機械

ブレーキパワーユニット Bremskrafterzeuger 男，brake power unit 機械

ブレーキブースター Bremskraftverstärker 男，brake booster 機械

ブレーキライニング (フリクションパッド)，Bremsbelag 男，brake shoe lining 機械

ブレーキランプ Bremsschlusskenzeichenleuchte 女，stop-tail lump 機械 電気

ブレーキレバー Bremehebel 男，brake lever 機械

フレーキング (薄片にすること，片々と散らすこと)，Flocken 中，flaking 材料 機械 化学

フレーク Flocke 女，whitespot，flake 材料 精錬 機械

ブレークアウト (連続鋳造のブレークアウト)，Durchbruch 男，break-out，break through，opning 連鋳 材料 操業 設備

フレークじょうの フレーク状の，flockig，flaky 化学 バイオ 材料 鋳造

ブレークダウン (ダイオード関連語)，Durchbruch 男，break-down，break-out，break through，opning 電気

ブレークダウン Herunterbrechen 中，break down 電気 機械 材料

ブレース・プライ Gürtellage 女，bracing ply 建設 機械

プレート Platte 女，board，plate，sheet，slab，disc 機械 材料 建設 電気

プレート (車用安全ベルトの差し込み用

プレート）, Steckzunge 女, plate 機械

プレートアッセイほう プレートアッセイ法, Plattentest 男, plate assay, plate incorporation method, cultivation-based assays 化学 バイオ

ブレードエンド Schaufelkopf 男, blade end, blade tip エネ 機械 操業 設備

ブレードかく ブレード角（羽根取り付け角）, Schaufelwinkel 男, blade angle 機械 エネ 航空

プレートカップリング Scheibenkupplung 女, disc clutch, plate coupling 機械

ブレードこうえん ブレード後縁, Schaufel-blatt-Hinterkante 女, blade trailing edge, blade following edge, blade posterior margin エネ 機械

ブレードぜんえん ブレード前縁, Schaufel-Vorderkante 女, blade front edge エネ 機械

ブレードドライヤー Schaufel-Trock-ner 男, blade drier 機械 エネ 航空

ブレードフット Schaufelfuß 男, blade root, blade foot エネ 機械 操業 設備

ブレードホイール Schaufelrad 中, bladed wheel, impeller, bucket wheel エネ 機械 操業 設備

ブレードリング （羽根輪）, Schaufelkranz 男, blade ring 機械 エネ

プレーナ・エピタキシアルぎじゅつ プレーナ・エピタキシアル技術, PET = Planar-Epitaxial-Technik = planar epi-taxial technique = Halbleiter-Herstel-lungsverfahren 電気

フレーミング Ausschnitt 男, framing 材料 機械 光学

フレーム Einfassung 女, 類 関 Blend-rahmen 男, Rahmen 男, frame 設備 機械 建設

フレームシフトとつぜんへんい フレーム シフト突然変異, Rasterverschie-bungsmutation 女, frameshift muta-tion バイオ 医薬

フレームじょきょ フレーム除去, Strip-pen 中, 類 Strippung 女, stripping 電気

フレームデスケーリング （フレームスカー

フィング）, Flämmen 中, 類 Flammstrahlen 中, flame scarfing 材料 機械

フレームのしんどう・へんどう フレームの振動・変動, Flammenschwingung 女, flame vibrancy 機械 エネ

フレームレート Bildwechselfrequenz 女, frame rate 光学 電気

フレームワーク Rahmentragwerk 中, bent, frame load-bearing structure, framework structure 建設 機械 操業

フレキシブルビーム Biegeträger 男, bending beam 機械 建設 操業 設備

プレクシガラス® PLEXIGLAS® 中, plexiglas, acrylic glass 化学 バイオ

フレクソいんさつ フレクソ印刷, Flexo-druck 男, 英 Flexoprinting 印刷 機械

プレスかこうひん プレス加工品, Pressling 男, pressed article 機械

プレスかのうな プレス可能な, andrück-bar, pressable 材料 機械

プレスそざい プレス粗材, Blechronde 女, sheet blank 材料 機械

プレストレストコンクリートきょう プレ ストレストコンクリート橋, Spannbeton-brücke 女, pre-stressed concrete bridge 建設

フレッシュコンクリート Frischbeton 男, fresh concrete 建設

フレッシュルートマス （生根塊, 生根質量）, WFM = Wurzelfrischmasse = root fresh mass 化学 バイオ

ブレッドユニット ［炭水化物換算値, 1BE = 1CU = 12g（炭水化物）, 12gの炭水化物を含む食物重量(g)］, BE = Brot-einheit = bread unit = carbohydrate exchange = carbohydrate unit, 類 KE 化学 バイオ 医薬 食品 単位 規格

プレドニゾロンブドウとうふかしけん プ レドニゾロンブドウ糖負荷試験, PGTT = Prednisolonglukosetoleranztest = Prednisolone glucose tolerance test 医薬

プレドニソンゆうはつしけん プレドニソン誘発試験（プレドニソンは, 合成糖質コルチコイド）, PPT = Prednisonprovoka-tionstest = prednisone provocation test 化学 バイオ 医薬

ふれのかくど ふれの角度, Ausschlag-winkel 男, angle of stearing lock, deflection angle 機械

プレハブユニット Element 中, prefabricated unit 操業 設備 機械 電気 化学

プレフィルべん プレフィル弁, Vorfüll-ventil 中, pre-fill valve 機械 エネ 化学

プレポリマー (熱硬化性樹脂では, 成形加工を容易にするため, 重合または重縮合反応を適当な段階で中止して, 比較的低分子量の取り扱いやすい中間生成物として使用することが多く, このような予備重合物をいう), Vorpolymer 中, pre-polymer 化学 バイオ 操業

フレンチ (シェリエール) (カテーテルなどの外径寸法表示単位, 3Fr (ch) = 1mm) 医薬 単位

ブレンド Verschnitt 男, blend 化学 機械

ブレンドする verschneiden, 英 dilute 英, blend, 英 intersect 化学 機械

ブロアー Gebläse 中, blower 機械 電気

ブローアウトプリベンター [噴出防止装置(坑井)], BOP =英 Blow Out Preventer = Überdruckschutz, Ausblasvorrichtung 地学 化学 材料 設備

フローインジェクションぶんせきほう フローインジェクション分析法, FIA = Fließinjektionsanalyse, flow-injection analysis 化学 バイオ 電気

フローエネルギー Strömungsarbeit 女, flow energy 機械 エネ 化学 バイオ

ブローオフ Abreißen der Brennerkammer 中, blow- off 操業 設備 エネ

フローサイトメータ (流動細胞計測), Durchflusszytometer 中, flow cytometer 機械 化学 バイオ 医薬

ブローせいけい ブロー成型, Blasform 女, blow mouding 鋳造 化学

ブローチばん ブローチ盤,Räummaschine 女, broaching machine 機械

フローティングキャリパー , Schwimmsattel 男, floating caliper 機械

フローティングブレーキディスク schwimmend gelagerte Bremsscheibe 女, floating break disc 機械

フローティングレバー Schwinge 女, floatng lever, swing arm 機械

フロートべん フロート弁, Schwimmerventil 中, floate valve, floating switch 機械

ブローバイガス (ピストンの傍を通り抜ける燃焼ガス), 英 blowby gas, Verbrennungsgas, das am Kolben vorbei strömt. 機械

フローバルブ Ausschlagventil 中, kick-off valve, flow valve 機械

プローブ Prüfkopf 男, probe, scanning head 電気 機械

プローブせきがいレーザーぶんこうき プローブ赤外レーザー分光器, IRLS = probe IR (infra-red) laser spectrometer 化学 バイオ 電気

ブローホール (気泡,収縮巣), Lunker 男, blow hole, shirinkage cavity 精錬 連鋳 鋳造 操業 設備 材料 電気 化学

フローポンプ (非容積式ポンプ), Strömungspumpe 女, flow pump, stream pump 機械 化学 バイオ

プロカルバジン (抗癌剤), PCZ = Procarbazin = procarbazine 医薬

プロクターみつど プロクター密度[土の締め固め状態を表す指標で, 「対象となる土の締め固め後の乾燥密度」を「基準となる室内締め固め試験(JIS A 1210 による)での最大乾燥密度」で除した値を百分率で表したもの. 出典:日本水道鋼管用語集]. Proctordichte 女, Proctor density 建設 物理 地学

プログラマブルコントローラ PC =英 programmable controller = programmierbare Steuerung 電気

プログラマブルロム プログラマブル ROM, PROM =英 programmable Read Only Memory = programmierbarer ROM 電気

プログラミングげんご プログラミング言語, Programmiersprache 女, programming language 電気

プログラムかやくぶつとうよ プログラム化薬物投与, Promedos = programmierte Medikamenten-Dosierung = programmed medicine feeding 医薬 電気

プログラムさいてきかシステム プログラム最適化システム, POS = Programmier-Optimierungssystem = program optimization system 電気

プログラムじょうたいご プログラム状態語, PSW = Programmstatuswort = program status word プログラム状態語 電気

プロジェクトかんりそしき プロジェクト管理組織, Projektträgerschaft 女, project management organization 全般 経営

プロスタグランジン (プロスタン酸骨格を持つ一群の生理活性物質, 精嚢から分泌される. プロスタグランジンには A〜J の種類がある), PG = Prostaglandin = prostaglandin 化学 バイオ 医薬

プロスタグランジンイー プロスタグランジンE [Eには2種類ある. PGE₁ : 動脈管開存作用, 子宮収縮作用. PGE₂ : 平滑筋収縮作用(EP受容体 EP1 サブタイプ) ほかの作用], PGE = Prostaglandin E = prostaglandin E 化学 バイオ 医薬

プロスタグランジンちつざざい プロスタグランジン腟坐剤, PVS = Prostaglandin-Vaginalsuppositorium = prostaglandin-vaginal suppositories 医薬

プロセスコンピュータシステム PRS = Prozessrechnersystem = process computer system 電気

プロセスでんりょくよびようりょう プロセス電力予備容量, Gangreserve 女, power reserve 機械 電気

プロセスデータ Prozessdaten 中 複 機械 化学 バイオ 操業 電気

プロセスへんすう プロセス変数, Prozessgröße 女, 類 Prozessvariable 女, process variable, process parameter 化学 バイオ 医薬 数学 統計 機械

プロセスへんどうせいぎょ プロセス変動制御, PVC = 英 process variation

control = Prozesssvariationssteuerung 電気 操業 設備

ブロック Block 男, block 電気

ブロックゲージ Parallelendmaß 中, 類 Vorrichtungsblocklehre 女, slip block, gauge block 機械

フロックせんい フロック線維, Flockfaser 女, flock fiber 繊維 機械 電気

ブロックブレーキ Blockbremse 女, 類 Schubbremse 女, block brake 機械

ブロッタープレス Fließpapier-Filterpresse 女, blotter press 化学 バイオ

フロッピーディスク Diskette 女, FD = floppy disk 電気

プロテアーゼ PT = Protease = protease バイオ 医薬

プロテオーム (生物が遺伝情報に基づいてつくる全タンパク質の総称), Proteom 中, proteome 化学 バイオ

プロテオグリカンふくごうたい プロテオグリカン複合体(糖とタンパク質の複合体で糖タンパク質の一つ. 動物の細胞間組織の構成成分. 多糖の比率がいわゆる糖タンパク質に比べて高い), PGK = Proteoglycankomplex = proteoglycancomplex 化学 バイオ 医薬

プロテオミクス (タンパク質の構造・機能の網羅的な解析・研究), 英 proteomics 化学 バイオ

プロトコルぐん (治験における)プロトコル群, PP = 英 per prptocol = gemäß Protokoll 医薬

プロトコルじっそうてきごうせいめいしょ プロトコル実装適合声明書, PICS = 英 protocol implementation conformance statement = Erklärung zur Konformität der Protokollimplementierung 電気

プロトポルフィリンしょう プロトポルフィリン症, PP = Protoporphyrie = protoporphyria 医薬

プロトロンビン (血液凝固因子, 第Ⅱ因子), PTB = Prothrombin = prothrombin バイオ 医薬

プロトロンビンじかん(けんさ) プロトロ

ンビン時間（検査），PT = 英 prothrombin time (test) バイオ 医薬

プロトロンビンひ プロトロンビン比，PR = 英 prothrombin ratio = Prothrombin-Verhältnis バイオ 医薬

プロトンきょうめいしゅうはすう プロトン共鳴周波数，PRF = Protonenresonanzfrequenz = proton resonance frequency 物理 化学 電気

プロトンこうかんまく プロトン交換膜，PEM = 英 proton exchange membrane = Protonen leitende Elektrolytmembran 電気 物理 機械

プロトンじききょうめい プロトン磁気共鳴，PMR = protonenmagnetische Resonanz = proton magnetic resonance 物理 電気 音響

プロバイダー Internetdienstanbieter 男, Internet Service Provider, IPS 電気

プロパノル Propanol 中, propanol 化学 バイオ

プロパルギルグリシン （システイン合成阻害剤），PPG = 英 propargylglycine 化学 バイオ 医薬

プロピルアミン PA = Propylamin = Propylamine 医薬

プロピレンオキサイド PP = Propylenoxid = propylene oxide 化学 バイオ

プロペラはねぐるま プロペラ羽根車，Propellerläufer 男, propeller runner, propeller impeller, propeller vane wheel 機械 エネ

プロラクチンほうしゅついんし プロラクチン放出因子，PRF = 英 prolactin releasing factor = Prolaktin-Freisetzungsfaktor バイオ 医薬

フロン （クロロフルオロカーボン），CFK = Chlorfluorkohlenstoffe 化学 バイオ 医薬 環境

フロントアクスル Vorderachse 女, front axle 機械

フロントゲート Frontklappe 女, front gate 機械

フロントフォーク Telegabel 女, front fork, telescopic fork 機械

フロントレイ Marke 女, mark, marker, front lay, sort 機械 印刷

フロントわくぶち フロント枠縁，Frontleiste 女, front strip 機械

ふわごうせい 不和合性，Inkompatibilität 女, 類 関 Unverträglichkeit 女, inkompatibility 化学 バイオ

ぶんあつ 分圧，Partialdruck 男, 類 partieller Druck 男, partial pressure 化学 物理

ふんいきプラズマようしゃほう 雰囲気プラズマ溶射法，APS = atmosphärisches Plasmaspritzen 中 電気 材料 操業 設備 機械

ふんか 粉化，Zerfall 男, destruction, decomposition 機械 化学 物理

ふんか 噴火，Eruption 女, 類 Vulkanausbruch 男, eruption 地学 物理 気象

ぶんかい 分解，Zerlegung 女, 類 関 Abbau 男, Auflösung 女, Demontage 女, Trennung 女, Zerfall 男, Zersetzung 女, resolution, decomposition, dismounting, destruction, separation 化学 バイオ 医薬 機械 設備 建設 鋳造 物理

ぶんかいあつえんき （こうじょう） 分塊圧延機（工場），Vorwalzwerk 中, roughing mill, blooming mill 材料 機械 操業 設備

ぶんかいくみたてぶひんはいれつず 分解組み立て部品配列図，Explosionsdarstellung 女, exploded view 操業 設備 機械

ぶんかいじょうりゅう 分解蒸留，Krackdestillation 女, destructive distillation, cracking distillation 化学

ぶんかいすいそてんか 分解水素添加，Hydrospalten 中, 類 Hydrospaltung 女, hydrocracking 化学 操業 設備

ぶんかいする 分解する，zersetzen 化学 バイオ

ぶんかいせいせいぶつ 分解生成物（含核分裂生成物），Spaltprodukt 中, cleavage product, fission product 化学 原子力

ぶんかいたいしゃ　分解代謝（異化作用），Katabolismus 男，catabolism 化学 バイオ 医薬

ぶんかいのう　分解能［（光などによる）分析能力，解像力，溶解能］，Auflösungsvermögen 中，類 Lösungsvermögen 中，resolution，resolution power，discrimination，dissolution properties，solvating power 材料 化学 電気 光学

ぶんかいはんのう　分解反応，Zersetzungsreaktion 女，decomposition reaction，disintegration process 化学 バイオ 物理

ぶんかいライン　分塊ライン（粗圧延ライン），Vorstraße 女，blooming train，breakdown train，roughing-line 連鋳 材料 操業 設備

ぶんかかい　分科会（調査報告），Dezernat 中，subcommittee 全般 社会

ぶんかこうげんをにんしきするたんクローンこうたいのぶんるい　分化抗原を認識する単クローン抗体の分類，CD = 英 cluster of differentiation 化学 バイオ 医薬

ぶんかつ　分割，Aufspaltung 女，cleavage，cracking，splitting 化学 バイオ 電気 機械 材料

ぶんきかん　分岐管，Zweigleitung 女，branch arm piping（BAP），branch pipe 機械 化学 設備

ぶんげつ　分げつ，Bestockung 女，tillering，growing stock バイオ

ぶんこうき　分光器，Spektroskop 中，spectroscope 光学 電気 化学 機械

ぶんこうけい　分光計，Spektrometer 中，spectrometer 光学 電気 化学 機械

ふんコークス　粉コークス，Koksgrus 男，coke breeze 製銑 電気 地学

ふんさいき　粉砕機（シュレッダー），Zerkleinerungsmaschine 女，crushing machine，shredder，griding machine 機械 材料 設備

ぶんさん　分散，Streuung 女，類 Varianz 女，Dispersion 女，variance 数学 統計

ぶんさんか　分散化，Dispergieren 中 機械 化学

ぶんさんがたモデル　分散型モデル，Dispersionsmodell 中，dispersion model 数学 統計 物理

ぶんさんこう　分散光，Streulicht 中，scattered light 光学 機械

ぶんさんこう　分散項，Dispersionsterm 男，dispersion term 機械 数学 統計 物理 電気

ぶんさんそう　分散相，Dispersphase 女，dispersed phase，disperse phase，dispersal phase，dispersion phase 化学

ぶんさんはんい　分散範囲，Streubereich 男，類 Varianzbereich 男，variance range，scatter range 数学 統計 機械 化学

ぶんさんへのえいきょうど　分散への影響度（寄与），Streubetrag 男，degree of influence on dispersion 数学 統計

ぶんさんよく　分散翼，Wurfschaufel 女，dispersion blade 機械 エネ 航空

ぶんしかんの　分子間の，intermolekular，英 intermolecule，英 intermolecular 化学 物理

ぶんしけつえきがく　分子血液学，MH = Molekularhämatologie = molekular hematology バイオ 医薬

ふんじさいだい（こきゅう）かんきりょう　分時最大（呼吸）換気量，MBC = 英 maximum breathing capacity = maximale Atemkapazität バイオ 医薬

ぶんしせんさんらんほう　分子線散乱法，MBS = 英 molecular beam scatttering 物理 化学 材料 光学 電気

ぶんしでんしデバイス　分子電子デバイス，MED = 英 molecular electronic device = molekularelektronisches Bauelement 化学 バイオ 医薬 電気

ぶんしどうりきがく　分子動力学，MD = Molekulardynamik = molecular dynamic 物理 機械 化学

ふんしゃこう　噴射口，Abspritzöffnung 女，injection tip 機械

ふんしゃじきせいぎょ　噴射時期制御，Spritzzeitpunktverstellung 女，injection timing control 機械 電気

ふんしゃべん 噴射弁, Einspritzventil 中, fuel injection valve 機械

ふんしゃりょう 噴射量, Einspritzmenge 女, injection ratio 機械

ぶんしゅ 分取, Aliquote 女, 類 関 Aliquot 中, konstante Teilmenge 女, aliquot 化学 バイオ

ぶんしゅした 分取した, aliquot 化学 バイオ 数学 統計

ぶんしゅする 分取する, aliquotieren, aliquot 化学 バイオ

ふんしゅつする 噴出する, exhalieren 機械 化学

ふんしゅつぼうしそうち (坑井の)噴出防止装置(ブローアウトプリベンター), BOP = 英 blow out preventer = Überdruckschutz = Ausblasvorrichtung, 地学 化学 材料 設備

ふんじょうねんどの 粉状粘土の, schluffig, 英 silty 地学

ぶんしりょう 分子量, MG = Molekulargewicht = molecular weight 化学 物理

ふんじんほうしゅつ 粉塵放出, Emission 女 環境 エネ 機械

ぶんすいせん 分水栓, zusammenwirkender Hahn 男, corporation cock 機械 化学

ぶんすう 分数, Bruch 男, fraction 数学 機械

ぶんすうちょうわきょうしん 分数調和共振, unterhamonische Resonanz 女, subharmonic resonance 機械 音響

ぶんせきのうりょく (光などによる)分析能力, Auflösungsvermögen 中, resolution power 材料 化学 電気 光学

ぶんせつ 分節, Abschnitt 男, segment；Zeitabschnitt(時期) 化学 バイオ 医薬

ふんたん 粉炭, Feinkohle 女, fine coal 製銑 精錬 電気 地学

ふんにょう 糞尿, Mist 男, feces and urine, fecaluria バイオ 地学

ぶんぱいコーン 分配コーン, Verteilerkegel 男, distribution cone 機械 化学

ぶんぱいチェーン 分配チェーン, Verteilerschlange 女, distrubution line 機械 化学

ぶんぱいべん 分配弁, Verteilungsventil 中, 類 Verteilerventil 中, distribution valve 機械 化学 設備

ぶんぱき 分波器, Splitter 男, chip, splinter, splitter 電気 機械 地学

ぶんぴ 分泌, Sekretion 女, secretion バイオ 医薬

ぶんぷ 分布, Verteilung 女, distribution；Sauerstoffverteilung zwischen Metall und Schlacke (金属とスラグ間の酸素分配), oxygen distribution between metal and slag 精錬 化学 鉄鋼 非鉄 機械 建設

ぶんべんごしゅっけつ 分娩後出血, PPH = postpartale Hämorrhagie = post-partum hemorrhage 医薬

ぶんまきモータ 分巻モータ, Nebenschlussmotor 男, shunt-wound motor 電気 機械

ふんまつやきん 粉末冶金, Pulvermetallurgie 女, powder metallurgy 材料 鉄鋼 非鉄 機械

ふんむカーテン 噴霧カーテン, Wasserschreier 男, aerosol curtain, spray and inhalator curtain, mist curtain 連鋳 材料 設備

ふんむきゅうゆ 噴霧給油, Nebelschmierung 女, mist lubrication 機械

ふんむじゅんかつ 噴霧潤滑, Nebelschmierung 女, mist lubrication 機械

ぶんり 分離, Ablösung 女, 類 Abscheidung 女 化学

ぶんりがたスパークギャップ 分離型スパークギャップ, Trennfunkenstrecke 女, isolating spark gap 電気 機械

ぶんりカラム 分離カラム, Trennsäule 女, separation column 化学 設備 機械

ぶんりき 分離器, Separator 男, 類 Trenner 男, separator 機械 化学

ぶんりさぎょうたんい 分離作業単位(分離プロセスの処理能力を示す尺度. 特にウラン濃縮プラントの処理能力を表すと

きに多く用いられる）, SWU = ㊇ sepa-rate work unit 単位 原子力 操業 設備 化学 全般

ぶんりじょうりゅうぶい 分離蒸留部位, Abtriebsteil 男, driving part for separstion and distlation 化学 設備

ぶんりゅう 分留, fraktionierte Destilla-tion 女, 類 absatzweise Destillation 女, Fraktionieren 中, Fraktionierdestilla-tion 女, fractional distillation 化学 エネ

ふんりゅう 噴流, Strahl 男, jet, stream, flow, beam, ray 機械 材料 エネ 光学 航空

ぶんりゅうき 分流器, Shuntwiderstand 男, 類 Abzweigungswiderstand 男, Ne-benschlusswiderstand 男, shunt resis-tance, RS 電気 機械

ふんりゅうノズル 噴流ノズル, Strahldüse 女, jet nozzle 航空 エネ 機械

ぶんりゅうぶざい 分流部材（流路体）, Strömungskörper 男, flow body 機械 エネ

ぶんりょく 分力, Kraftkomponente 女, component of force 機械 建設

ぶんるいがく 分類学, Taxonomie 女, taxonomy 化学 バイオ 全般

ぶんるいキー 分類キー, Kartieranlei-tung 女, classification key 数学 統計 電気

へ

ベアリング・アイ Lagerauge 中, bear-ing eye, bearing lug 機械

ベアリングかんげき ベアリング間隙, Lagerluft 女, bearing clearance 機械

ベアリングサポート Lagerung 女, bearing, support, storage 機械

ベアリングネック （ベアリングピン）, La-gerzapfen 男, bearing neck, bearing pin 機械

ベアリングピン （ベアリングネック）, La-gerzapfen 男, bearing pin, bearing neck, 機械

ベアリングブッシュ Lagerbuchse 女, bearing bush 機械

ベアリングボトムプレート Lagerspie-gel 男, bin status report, storage lev-el, bearing bottom plate 機械

ペイオフリール Ablaufhaspel 男, pay off reel 機械 材料 印刷

へいかつきんそしき 平滑筋組織, glatte Muskulatur 女, smooth muscle tissue バイオ 医薬

へいかつなうんてん （さどう） 平滑な運転 （作動）, Laufruhe 女, running smooth-ness 機械

へいかん 閉環（鎖式化合物から環式化合物を生成する反応）, Ringschluss 男, ring closure, cyclization 化学

へいきゅうめんレンズ 平球面レンズ, Planglas 中, plano-spherical lens 光学

へいきんおうりょく 平均応力, Mittel-spannung 女, mean stress 機械 材料 建設

へいきんきしゃくじかん 平均希釈時間, MDZ = mittlere Dilutionszeit 化学 バイオ 医薬

へいきんじゅうごうど 平均重合度, DPZ=Durchschnittpolymerisationszahl =Durchschnittpolymerisationsgrad= avarage degree of polymerization 化学

へいきんしゅうふくじかん 平均修復時間 （平均保全補修時間）, MTTR = ㊇ mean time to repair = Mittlere Repa-raturdauer 操業 設備 機械 バイオ 医薬

へいきんすいていのごさ 平均推定の誤差, MSF = mittlere Schätzfehler 数学 統計

へいきんせっけっきゅうちょっけい 平均赤血球直径, MCD =㊇ mean cell diameter = ㊇ mean corpuslar diame-ter = mittlerer Zelldurchmesser = mittlerer Korpuskulardurchmesser

**へいきんせっけっきゅうヘモグロビンの
うど** 平均赤血球ヘモグロビン（血色素）
濃度，MCHC ＝㊤ mean corpuscular
[cell] hemoglobin concentration ＝ Mit-
tlere Korpuskuläre Hämoglobinkonz-
entration バイオ 医薬

**へいきんせっけっきゅうヘモグロビンりょ
う** 平均赤血球ヘモグロビン（血色素）量，
MCH ＝㊤ mean corpuscular [cell] he-
moglobin ＝ Mittleres Korpuskuläres
Hämoglobin バイオ 医薬

へいきんぜったいへんさ 平均絶対偏差，
MAD ＝㊤ mean absolute deviation ＝
mittlere absolute Abweichung 数学 統計
全般

へいきんちをもとめること 平均値を求
めること，Mittelung 女, averaging 数学
操業 設備

へいきんていしじかん（設備または装置
の）平均停止（動作不能）時間，MDT ＝
㊤ mean down time ＝ Mittlere Aus-
fallzeit（von Geräten oder Anlagen）
操業 設備 統計

へいきんてきなおもさの 平均的な重さの，
gewichtsmittler，㊤ medial weight of~
物理 電気

へいきんどうみゃくあつ 平均動脈圧，
MAP＝㊤ mean aortic pressure ＝ mit-
tlerer Aortendruck 医薬

へいきんはんそうしゅうはすう 平均
搬送周波数，MCF ＝㊤ mean carrier
frequency ＝ mittlere Trägerfrequenz
平均搬送周波数 電気

へいきんをこえた 平均を超えた（平均以
上の），überdurchschnittlich 数学 統計

ヘイグダイアグラム（疲労強度決定法，
鋳鉄などに適用される），Haigh Dia-
gramm 中，㊤ Haigh diagram 材料 鋳造
機械 電気 設備

へいこうかべ 平衡壁，Ersatzwand 女,
equivalent wall 建設

へいこうしへんけいのかたちの 平行四
辺形の形の，parallelogrammförmig,
㊤ parallelogram-shaped 機械 数学

へいこうじょうたいず 平衡状態図,
Gleichgewichtsschaubild 中, 類 関 Zu-
standsschaubild 中, equilibrium dia-
gram エネ 化学 物理 精錬 材料

へいこうせい 平行性，Parallelität 女,
parallelism 数学 統計

へいこうど 平行度，Parallelitätsab-
weichung 女, parallelism, degree of
parallelization 機械

へいこうフラッシュじょうりゅう 平衡
フラッシュ蒸留，Entspannungsdestilla-
tion 女, flash distillation, continuous
equilibrium vaporization 化学 操業 設備

へいこうリーマ 平行リーマ，Parallelreib-
ahle 女, parallel reamer 機械

べいこくエネルギーしょう 米国エネル
ギー省，USDOE ＝㊤ United States De-
partment of Energy ＝ amerika-
nisches Energieministerium エネ
原子力 地学 組織

**べいこくおせんぼうしゅうがいぶっしつ
きょく** 米国汚染防止有害物質局，
OPPTS ＝㊤ Office of Polution Preven-
tion and Toxics 環境 化学 バイオ 医薬
組織

べいこくかいようたいきちょう 米国海
洋大気庁，NOAA ＝㊤ National Oce-
anic and Atmospheric Administration
地学 海洋 気象 物理 環境 組織

べいこくかんきょうほごきょく 米国環
境保護局，EPA ＝ Environmental Pro-
tection Agency ＝ Amerikanische Be-
hörde für Umweltschutz 環境 バイオ
気象 組織

**べいこくかんきょうゆうがいぶっしつ・と
くていしっぺいたいさくちょう** 米国環
境有害物質・特定疾病対策庁，ATSDR
＝ The Agency for Toxic Substances
and Disease Registry ＝ Amerika-
nische Agentur für Toxische Sub-
stanzen und Seuchenregister 化学
バイオ 医薬 環境 法制度 組織

べいこくかんようテーパねじきかく 米
国管用テーパねじ規格（ANSI/ASME）
（セルフシールテーパパイプねじに関する

米国規格），NPT = 英 National Standard Pipe Taper/Thread = Amerikanische Norm für selbstdichtende konische Rohrgewinde 規格 機械

べいこくかんようねじ 米国管用ねじ，Sellergewinde 中，Seller's screw thread，American standard pipe thread 機械 規格

べいこくげんしりょくこうぎょうれんめい 米国原子力工業連盟，NIAA = 英 Nuclear Industries Association of America = Amerikanischer Nuklearindustrieverband 原子力 経営 組織

べいこくこっかうんゆあんぜんいいんかい 米国国家運輸安全委員会，NTSB = 英 National Transportation Safety Board = Amerikanische Behörde für Vehrkehrssicherheit 交通 機械 航空 船舶 組織

べいこくじどうしゃぎじゅつしゃきょうかい 米国自動車技術者協会（米国自動車規格），SAE = Society (Standard) of Automotive Engineers = Amerikanische Standardisierungs-Organisation für Kfz-Fragen 機械 規格 全般 組織

べいこくしゅうていせいぞうしゃぞうせんぎょうきょうかい 米国舟艇製造者造船業協会，NMMA = 英 National Marine Manufacture Association = Amerikanische Organisation der Hersteller für die Seefahrt 船舶 機械 経営 組織

べいこくしょくひんいやくひんきょく 米国食品医薬品局，FDA = 英 Food and Drug Administration = Amerikanische Behörde für Nahrungsmittel und Medikamente 化学 バイオ 医薬 食品 法制度 組織

べいこくしょくぶつしんひんしゅほごほう 米国植物新品種保護法(1970年)，PVPA = Plant Variety Protection Act of 1970 = Sortenschutzgesetz，関 UPOV バイオ 環境 特許 法制度 組織

べいこくしんあんごうきかく （DES の後継としての）米国新暗号規格（米国商務省標準局 NIST により 2001 年に制定），

AES = 英 Advanced Encryption Standard 電気 規格

べいこくせきゆきょうかい 米国石油協会，API = 英 American Petroleum Institute = Interessenverband der Amerikanischen Gas-und Ölindustrie，auch Herausgeber von Standards 地学 材料 化学 機械 規格 組織

べいこくたいへいようつなみけいほうセンター 米国太平洋津波警報センター，PTWC = 英 Pacific Tsunami Warning Center 地学 海洋 物理 環境 組織

べいこくちしつ・ちせいちょうさしょ 米国地質・地勢調査所，USGS = 英 United States Geological Survey 地学 環境 組織

べいこくどくせいゆうがいぶっしつきせいほう 米国毒性有害物質規制法，TSCA = 英 Toxic Substances Control Act = amerikanische Gesetz zur Kontrolle giftiger Stoffe 化学 バイオ 医薬 環境 法制度

べいこくとっきょきょく 米国特許局，USP = 英 United States Patent 特許 組織

べいこくとっきょしょうひょうちょう 米国特許商標庁，PTO = 英 Patent and Trademark Office 特許 組織

べいこくねつこうかんきょうかい 米国熱交換協会（規格，テクニカルシートなどを発行），HEI = 英 The Heat ExchangeInstitute 規格 エネ 機械 設備 組織

べいこくのうむしょうじゅんかつざいきせいきかく 米国農務省潤滑剤規制規格，USDA-H1-Norm = 英 United States Department of Agriculture-H1-Standard = Amerikanische Landwirtschaftsministerium-H1-Norm 規格 環境 化学 機械 法制度

べいこくばいようさいぼうけいとうほぞんきかんかぶばんごう 米国培養細胞系統保存機関菌株番号，ATCC No. = 英 American Type Culture Collection No. バイオ 医薬 組織

べいこくひょうじゅんぎじゅつけんきゅうしょ 米国標準技術研究所，NIST = 英 National Institute of Standards and

Technology 規格 電気 組織

べいこくほけんぎょうしゃしけんしょき
そく 米国保険業者試験所（Under-writers Laboratories Inc.）規則，UL-Vorschrift 女 規格 機械 電気 医薬 安全 経営 組織

べいこくやっきょくほう 米国薬局方，USP ＝ 英 United States Pharmacopeia 規格 医薬

べいこくゆしかがくしゃきょうかいきかく
（てきてん） 米国油脂化学者協会規格（滴点），AOCS-Co18-80 ＝英 American Oil Chemists' Society-Co18-80 化学 食品 規格 組織

べいこくユニファイほそめねじきかく
米国ユニファイ細目ねじ規格，UNF ＝ 英 Unified National Fine Thread ＝ Amerikanische Norm für Feingewinde 規格 機械

べいこくれんぽうこうくうきょく 米国連邦航空局，FAA ＝英 Federal Aviation Administration ＝ Amerikanische Luftfahrtbehörde 航空 組織

べいこくろうどうあんぜんえいせいきょくによるきょようばくろげんかいち 米国労働安全衛生局による許容暴露限界値，OSHA-PEL ＝英 Ocupational Safety and Health Administration- permissible exposure limit 化学 バイオ 医薬 規格 法制度 安全

へいさこていぶい 閉鎖固定部位，Schließelement 中, closing element 機械

へいさ（みっぺい）ようせき 閉鎖（密閉）用石，Schlussstein 中, keystone, closing stone 機械

へいしねじあな へいしねじ穴，Sacklochgewinde 中, tapped blind hole 機械

へいしフランジ へいしフランジ，Blindflansch 男, 類 Deckelflansch 男, blind /blank flange 機械

へいしんうんどう 並進運動，translatorische Bewegung 女, translational motion 機械

へいそく 閉塞，Blockade 女, 類 関

Blockung 女, Embolus 男, blockage 材料 操業 設備 機械 医薬

へいそくせいけっせんけっかんえん 閉塞性血栓血管炎（ビュルガー病），TAO ＝ ラ Thrombangiitis obliterans ＝ 英 thromboangiitis obliterans ＝英 Buerger's disease バイオ 医薬

へいそくぼうしをほどこした 閉塞防止を施した（塊形成を防止した），gemolcht, pig, scraped 化学 バイオ 機械 設備

ベイナイト Zwischenstufengefüge 中, 類 関 Bainit 中, bainite, intermediate stage structure 材料 物理 化学

へいめんいちひょうじき 平面位置表示機（レーダーのPPIスコープ），PPI ＝英 plan position indicator ＝ Rundsichtanzeige 航空 電気 機械

へいめんおうりょく 平面応力，ebene Spannung 女 機械

へいめんけんさくばん 平面研削盤，Flächenschleifmaschine 女, surface grinding machine 機械

へいめんず （上から見た）平面図，Draufsicht 女, 類 Grundriss 男, ground plan 機械

へいめんの 平面の，flächig, 英 tabular, plane 機械

へいめんはでんぱじょうすう 平面波伝播定数，PWPC ＝英 plane wave propagation constant ＝ Ausbreitungskonstante der ebenen Welle 光学 物理

へいめんへんこう 平面偏光，linear-polarisiertes Licht 男, plane polarized light 光学 電気

へいめんまげ 平面曲げ，Flachbiegung 女, flat-bending 機械

へいれつがたタービン 並列形タービン（クロスコンパウンド形タービン），Kreuzverbundschaltung-Gasturbine 女, cross-compound gas turbine エネ 機械

へいれつくみあわせ （軸受の）並列組み合わせ，DT ＝英 tandem duplex 機械 電気

へいれつの 並列の，parallelgeschaltet, 英 connected in parallel 電気

へいろ 平炉，OH ＝英 open hearth ＝

Siemens-Martin-Ofen 精錬 設備

ページきじゅつげんご ページ記述言語, PDL = 英 page description language = Seitenbeschreibungssprache 電気

ベース ベース, Auflage 女, base, support, overlay, plating, bearing plate 操業 設備 材料 建設 機械

ベースこみかぶりのうど ベース込みかぶり濃度, die optische Dichte einschließlich Unterlage und Schleier 女, film base plus fog density 光学 電気

ベースたい ベース体, Grundkörper 男, foundation, basic body 機械 設備 建設

ベースぶい ベース部位, Fußteil 男, foot part 機械 化学 設備

ベースボディー Grundkörper 男, foundation, basic body 機械 設備 建設

ベースメーカー PM = 英 pacemaker = Schrittmacher 医薬 電気

ベータセットほう ベータセット法(中子造型法の一種), Beta-Set-Verfahren 中 鋳造 機械

ペーパークロマトグラフィー (本法の水を固定相とする分配クロマトグラフィーにおいては, 親水性物質を容易確実に分離することが可能である), PC = Papierchromatografie = paper chromatography 化学 バイオ

ペーハーちにいぞんする ph 値に依存する, pH-Wert-abhängig, dependent on pH-value 化学 バイオ

ペーパーレスオフィス PO = 英 paperless office = papierloses Büro 経営 社会 電気

ヴェーラーきょくせん ヴェーラー曲線(S-N 曲線), Wöhlerkurve 女, Wöhler curve, S-N curve 材料 機械 建設

ベール Schleier 男, veil 機械

へきあつ 壁厚, Wanddicke 女, WD, wall thickness 材料 機械 操業 設備 化学 バイオ 医薬 規格

へきかい 劈開(分裂, 分割, 切断, 開裂, 分解), Aufspaltung 女, cleavage, cracking, splitting 化学 バイオ 電気 機械 材料

へきかいめん 劈開面, Gleitfläche 女,

gliding plane, sliding surface, cleavage plane 機械 材料 物理

ヘキサクロロシクロヘキサン HCH = Hexachlorcyclohexan = hexachlorocyclohexane バイオ 医薬

ヘキサクロロベンゼン (ベンゼンヘキサクロリドとは別の化合物, 第一種特定化学物質), HCB = Hexachlorbenzol = hexachrorobenzen 化学 バイオ 医薬 安全 環境

ベクトルゆうげんようそ(ほう) ベクトル有限要素(法), VFE = 英 vector finite element(method)=Vector-Finit-Element-(Methode) 数学 統計

へこみすみにく へこみ隅肉, Hohlkehle 女, concave fillet, halloe groove 機械

へこみすみにくようせつ へこみ隅肉溶接, Hohlkehlnaht 女, 類 konkave Kehlnaht 女, concave fillet weld joint 溶接 機械

ヘッダー Kopfsatz 男, 類 Döpper 男, header 電気

ヘッド Werkzeugträger 男, tool carrier, tool holder, die carrier, head, rail head of planer, platen 機械

ベッドプレート Unterlageplatte 女, bed plate, sole plate 機械 建設

ヘッドライト (スポットライト), Scheinwerferlicht 中, spot light, headlights 機械 電気 光学

ヘッドレスト Kopfstütze 女, head rest 機械

ヘディング Vortrieb 男, heading, advance 地学 機械 建設

ヘテロかんしきの ヘテロ環式の(複素環式の, 異頂環式の), heterocyclisch, 英 heterocyclic 化学

ペトロラタムテープひふくこうほう ペトロラタムテープ被覆工法(海洋構造物の飛沫帯や干満帯での腐食を防止する技術), PTC = 英 petrolatum tape and covering system 建設 海洋 材料 化学 鉄鋼

ペニシリンたいせいはいえんきゅうきん ペニシリン耐性肺炎球菌, PRP = Penicillin-resistente Pneumokokken = peni-

cillinase-resistant pneumococci バイオ
医薬

ペニシロイルポリリジン PPL = Penicil-
loylpolylysin = penicilloyl-polylysine
医薬

ベニヤ Furnier 中, veneer 建設 材料

ペニングイオンかでんしぶんこうほう
ペニングイオン化電子分光法, PIES =
英 penning ionozation electron spec-
troscopy 電気 化学 材料 物理 光学

ヘパリン Heparin 中, heparin バイオ
医薬

ヘパリンとうよごしぼうぶんかいのう
ヘパリン投与後脂肪分解能(ヘパリン後
脂解活性), PHLA = postheparin-lipo-
lytische Aktivität = postheparin-lipo-
lytic activity バイオ 医薬

ペプチドちょうせついんし ペプチド調
節因子, PRF = Peptid-Regulationsfak-
tor = peptide regulatory factor バイオ
医薬

**ペプトン・イースト・グルコース・マルトー
ス**(かんてん) ペプトン・イースト・グル
コース・マルトース(寒天)(細菌培地),
PYGM = 英 pepton-yeast-glucose-malt-
ose (agar) = Pepton-Hefe-Glukose-Mal-
tose (Agar) 化学 バイオ 医薬

べべるかく ベベル角, Flankenwin-
kel 男, bevel angle, angle of thread 機械

ベベルピストンリング Fasering des
Kolbens 男, bevel piston ring 機械

ヘマタイト (赤鉄鉱), Hämatit 男, 類
Roteisenstein 男, hematite 製銑 製銑
地学

ヘマトクリットち ヘマトクリット値(赤血
球沈殿容積), PCV = 英 packed cell
volume = Volumen der gepackten Zel-
len = Hämatokritwert バイオ 医薬

ペムこうか PEM効果, PEM-Effekt =
Photoelektromagnetischer Effekt =
photoelectrromagnetic effect 電気 物理
光学 機械

ヘムタンパクしつ ヘムタンパク質,
Hämoprotein 中, hemoprotein, hae-
moprotein 化学 バイオ 医薬

ヘモグロビンけつごうのう ヘモグロ
ビン結合能, HbBK = HBK = Hämoglo-
binbindungskapazität = HbBC =
hemoglobin-binding-capacity バイオ 医薬

へらがたミルかいてんスクラバー へら
形ミル回転スクラバー, Schwerttrom-
melwäsche 女, paddle mill type re-
volving scrubber 機械

ペラグラよぼういんし ペラグラ予防因
子(ナイアシンなど), PPfactor = 英 pel-
lagra preventive factor = Pellagra-
schutzstoff 医薬

ヘリカルポート (螺旋状給気ポート),
Schraubenschlitz 男, helical port 機械

へりけずりばん へり削り盤, Blechkan-
tenhobelmaschine 女, plate-edge plan-
ing machine 機械

ヘリコプター Hubschrauber 男, heli-
copter 航空 機械

へりつぎて へり継ぎ手, Bördelnaht 女,
double- flanged seam 機械

ペルオキシダーゼ PO = POD = Peroxi-
dase = peroxidase 化学 バイオ 医薬

ベルクランク Winkelhebel 男, gang
control lever, angled lever, toggle le-
ver, bell crank 機械

ペルチェそし ペルチェ素子, Peltierele-
ment 中, Peltier element 物理 電気 材料
エネ

ベルトくどう ベルト駆動, Riemen-
trieb 男, belt drive 機械

ベルトコンベヤー (コンベヤーベルト),
Förderband 中, 類 Gurtbandförderer 男,
belt conveyor, conveyor belt 機械

ベルトじめ ベルト締め Gurtstraffer 男,
seat belt tightener 機械

ベルトたんぶ ベルト端部, Riemen-
trumm 中, end of the belt 機械

ベルトトランセクトほう ベルトトランセ
クト法, 英 belt transect method バイオ
地学

ベルトプーリー Riemenscheibe 女, belt
pulley 機械

ペロブスカイト (高チタンスラグの重要成
分, チタン酸カルシウムの鉱物名), Pero-

wskit 男, 英 perovskite 製銑 化学 地学 非鉄 非金属

へんあつき 変圧器, Transformator 男, 類 関 Wegaufnehmer 男, transformer 電気 機械

へんあつきようりょう 変圧器容量, Trafoleistung 女, transformer power, transformer output, transformer capacity, transformer voltage 電気 精錬 機械

へんあつする 変圧する, umspannen, 英 transform 電気 機械 エネ

へんい 変位, Verschiebung 女, 類 関 Abweichung 女, Schwankung 女, Versatz 男, Streuung 女, displacement 機械 物理 光学 電気 数学 統計

へんい(りょう) 変異(量), Varianz 女 数学 統計 機械 物理 光学 電気

へんいインジケータせんず (位相を90°ずらした圧力‐ピストンなどの) 変位インジケータ線図, versetztes Indikatordiagramm 中, shifted indicator diagram 機械 エネ

へんいかく 変位角, Verschiebungswinkel 男, displacement angle, rotation angle 機械 電気 物理 光学 数学

へんいげんせい 変異原性, Mutagenität 女, mutagenicity バイオ 医薬

へんいほう 偏位法, Ausschlagmethode 女, deflection method 電気 機械

へんか 変化, Übergang 男, transition, transfer 材料 鉄鋼 非鉄 物理 化学 機械 建設

べんかいへいじき 弁開閉時期, Steuerzeit 女, valve timing 機械 電気

べんかいへいじきせんず 弁開閉時期線図, Steuerdiagramm 中, valve timing diagram 機械

べんがさ 弁がさ, Ventilteller 男, valve head 機械

べんかさなり 弁重なり, Ventilüberschneidung 女, valve overlap 機械

へんかん 変換, Umwandlung 女, 類 関 Umsetzung 女, transformation, conversion, trasition, transmutation 材料 機械 数学 化学 バイオ 電気 原子力

物理

へんかんへんでんしょ 変換変電所, Ufw. = Umformerwerk = converter station 電気 交通 設備

へんけい 変形, Durchbiegung 女, 関 Verformung 女, deflection 材料 操業 設備 電気

へんけいつぎめいた 変形継ぎ目板, Deformationslasche 女, deformity strap 機械

へんけいど 変形度, Umformgrad 男, degree of deformation 機械 材料

へんけいのない 変形のない, verzugsfrei, 英 distortion-free, without deformation 材料

へんこう 偏向(偏差), Abweichung 女, 類 Auslenkung 女, deflection, deviation 数学 統計 光学 機械 電気 物理

へんこう 偏光, polarisiertes Licht 中, polarized light 光学 電気 機械

へんこうこうがくじかんりょういきはんしゃけいそく(ほう) 偏光光学時間領域反射計測(法), POTDR = 英 polarisation optical time-domain reflectometry = Polarisations-Optik-Zeitbereichs-reflek-tometrie 光学 物理

へんこうし 偏光子, Polarisator 男, polarizer 光学 電気 機械

へんこうする (装備・設備を) 変更する, umrüsten, 英 convert, replace 設備 機械 化学

へんこうそうあんていせい 偏光双安定性, POB = Polarisierungs-Bistabilität = polarization bistability 光学 物理 電気

へんこうばん 偏向板, Prallfläche 女, deflector plate, baffle wall 機械 光学

へんこうビームスプリッター 偏光ビームスプリッター(偏光分離素子), PBS = 英 polarized beam splitter = Polarisationsstrahlteiler = polarisierender Strahlteiler 光学 電気

へんこうローラー 偏向ローラー, Umlenkwalzen 複, deflecting rollers, guide rolls 材料 機械 設備

べんざがね 弁座金, Klappenschei-

be 女, butterfly disc, valve disc 機械
べんざたい　弁座体, Ventilsitzkörper 男, valve seat body 機械
べんサポート　弁サポート(弁支持), Ventilträger 男, valve support 機械
へんしゅ　変種, Varietät 女, variety バイオ
へんしんせい　偏心性(偏心率), Exzentrizität 女, eccentricity 操業 設備 機械 光学 材料 電気 物理 数学
へんしんりん　偏心輪, Exzenter 男, eccentric, cam 操業 設備 機械
へんすう　変数, Variable 女, variable 数学 統計 操業
へんずつう　片頭痛(別の読み方：へんとうつう), Migräne 女, migraine, hemicrania 医薬
へんせい　変性, Denaturierung 女, denaturation バイオ
へんせいがん　変成岩, metamorphes Gestein 中, metamorphic rock 地学 物理
へんせいき　変成器(トランスデューサー), Messwandler 男, transducer, measuring transformer 電気
へんせいした　変性した, entartet, 英 degenerated バイオ
へんせき　偏析, Seigerung 女, segregation 精錬 連鋳 材料
ベンゼンかく　ベンゼン核, Benzolkern 男, 類 関 Benzolring 男, aromatischer Kern 男, benzene nucleus, aromatic nucleus, benzene ring 化学
へんそくきじく　変速機軸(伝動軸), Übertragungswelle 女, transmission shaft 機械
へんそくせんず　変速線図, Variogramm 中, variogram 機械
へんそくはぐるまそうち　変速歯車装置, Geschwindigkeitswechselrad 中, 類 Wechselgetriebe 中, change speed gearbox 機械
へんそくひ　変速比, Getriebeübersetzung 女, transmission gear ratio 機械
へんたい　変態, Umwandlung 女, transformation, conversion, trasition 材料

化学 バイオ
へんたいエンタルピー　変態エンタルピー, Umwandlungsenthalpie 女, transformation enthalpy 材料 化学 物理 数学 統計
へんたいざ　弁体座, Ventilkörpersitz 男, valve body seat, valve body unit 機械
へんたいてん　変態点, Umwandlungspunkt 男, transformation point, transition point, change point 材料 物理 鉄鋼 非鉄
へんたいゆうきそせい　変態誘起塑性, TRIP = 英 transformation induced plasticity = umwandlungsinduzierte Plastizität 材料 物理
へんたいゆうきりゅうせいちょう　変態誘起粒成長, TAGG = 英 transformation assist grain growth = umwandlungsinduziertes Kornwachstum 材料 物理 鉄鋼 非鉄
ペンタエリスリオールテトラさくさんえん　ペンタエリスリオールテトラ酢酸塩, TAPE = 英 tetra-acetate of pentaerythriol = Pentaerythrittetraacetat 化学
ペンタエリスリトール(狭心症の治療に使用される冠拡張薬), PE = Pentaerythritol = pentaerythritol 医薬
ペンタクロロニトロベンゼン(ペンタクロロメチルチオベンゼン：2000年3月26日に農薬登録が失効した), PCNB = Pentachlornitrobenzol = pentachloronitrobenzene 化学 バイオ 医薬 環境
ペンタクロロフェノール　PCP = Pentachlorphenol = pentachloro phenol 化学 バイオ
ペンタメチルジエチレントリアミン(一般汎用触媒, 軟質・硬質フォーム用), PDETA = Pentamethyldiethyltriamin = pentamethyldiethylenetriamine 化学 材料
ペンタン　Pentan 中, pentane, C_5H_{12} 化学
ベンチカバー　Sitzbankbezug 男, bench cover 機械
ベンチュリーかん　ベンチュリー管, Venturidüse 女, venturi tube 機械

へんちょう 変調, Modulation 囡, modulation 電気 機械

へんちょう・ふくちょう 変調・復調, M/D = Modulation/Demodulation = modulation/demodulation 電気

へんちょうされたれんぞくは 変調された連続波(被変調持続波), MCW = 英 modulated continuous wave = modulierte ungedämpfte Welle 電気

へんちょうでんたつかんすう 変調伝達関数(レンズ特性評価指標, 空間周波数特性), MTF = 英 modulation transfer function = Modulationsübertragungsfunktion, 光学 電気 機械 物理

ペンチレンテトラゾール (てんかん研究での発作の誘発に投与されることが多い. 出典：EMF ポータル), PTZ = Pentylentetrazol = pentylene tetrazole 医薬

ベンド Krümmer 男, bend, elbow, manifold 機械

へんとう(へんとうせん) 扁桃(扁桃腺), Mandel 囡 バイオ 医薬

へんとう(せん)えん 扁桃(腺)炎, Mandelentzündung 囡 類 Tonsillitis 囡, tonsillitis 医薬

べんどう 弁胴, Ventilgehäuse 中, valve body, valve housing 機械

へんどうあつ 変動圧, Wechseldruck 男, alternating pressure, pulsating load pressure, fluctuating pressure 機械 化学 操業 設備

へんどうけいすう 変動係数, Variationskoeffizient 男, coefficient of variance, coefficient of variation, VC 操業 数学 統計 物理 機械 化学

へんどうしゅうはすう 変動周波数, VF = 英 variable frequency = veränderliche, einstellbare Frequenz 電気

へんどうする 変動する, schwanken, fluctuate 機械 電気 光学 音響

へんどうせい 変動性, Variabilität 囡, variability 数学 統計 物理

へんとうてきしゅつじゅつ 扁桃摘出術, TE = Tonsillektomie = tonsillectomy 医薬

へんどうひ 変動費, valiable Kosten 複, valiable costs 経営 操業 設備

ペントースリボかくさん ペントースリボ核酸, PNS = Pentoseribonucleinsäure = pentose ribonucleic acid 化学 バイオ 医薬

ペントースリンさんかいろ ペントースリン酸回路(グルコース代謝経路の一つ, NADPH およびリボース 5-リン酸を供給する), Pentosephosphatweg 男, 類 Pentosephosphatzyklus 男, pentose phosphate cycle, PPC 化学 バイオ 医薬

ペントサンポリスルホエステル PPS = Pentosanpolysulfoester = 英 pentosane polysulfoester 化学 バイオ 医薬

べんとじたい 弁閉じ体, Ventilschließkörper 男, valve closing body 機械

べんとりいれぐち 弁取り入れ口, Ventileinlass 男, valve inlet, VE 機械

べんの 弁の, valv. = valvulär = valvular 医薬

べんはいしゅつぐち 弁排出口, Ventilauslass 男, valve outlet, VA 機械

べんばこ 弁箱, Schiebergehäuse 中, slide housing 機械

べんばねおさえ 弁ばね押え, Ventilfederteller 男, valve spring retainer 機械

へんぱめんいじファイバー 偏波面維持ファイバー(偏波光を伝送する光ファイバー導波路), PMF = 英 polarization-maintaining fiber = polarisationserhaltende Faser 光学 電気

へんぱモードぶんさん 偏波モード分散(光ファイバー), PMD = 英 polarization mode dispersion 電気 光学 機械

べんぴしょう 便秘症, Darmträgheit 囡, 類 Konstipation 囡, Verstopfung 囡, constipation, obstipation 医薬

べんピストン 弁ピストン, Ventilkolben 男, valve piston 機械

へんびぶんほうていしき 偏微分方程式, partielle Differentialgleichung 囡, partial differential equation 数学 統計 物理

べんフェース 弁フェース, Ventilsitzfläche 囡, valve face 機械

ペンプロッター　Zeichenstift 男, pen-plotter 電気 機械

へんぺいさき　扁平先, abgeflachte Spitze 女, flattened tip, leveled tip 機械

べんべつき　弁別器 Deskrimillator 男 機械

へんぺんとちらすこと　片々と散らすこと（フレーキング）, Flocken 中, flaking 材料 機械 化学 鋳造

へんぺんとちる　片々と散る, schuppen, flake, scale 溶接 材料 機械

べんぼう　弁帽, Ventilaufsatz 男, valve bonnet, valve top 機械

べんぼう　弁棒 Ventilschaft 男, 類 Ventilspindel 女, Scieberstange 女, valve rod 機械

べんもうそうるい　鞭毛藻類, Geißelalge 女, flagellum alga, flagellate cell バイオ

べんもうちゅう　鞭毛虫, Flagellat 男, flagellata, Chilomastix バイオ

べんりしほう　弁理士法, Patentanwalts-ordnung 女 特許 規格 法制度

へんりゅうき　変流器, Stromwandler 男, 類 Stromtransformator 男, current transformer, CT 電気

ほ

ボア　Bohrung 女, bore 機械

ポアソンすう　ポアソン数, poissonsche Zahl 女, 類 Querzahl 女, Poisson's number, Poisson's constant 機械

ホイールアラインメント・インジケータ　Prüfvorrichtung für die Radstellung 女, testing device (indicator) of wheel alignment 機械 電気

ホイールギヤー　（歯車列）, Radsatz 男, 類 Räderkette 女, wheel gear 機械

ホイールキャンバー　Radsturz 男, wheel cambering, wheel lean 機械

ホイールコンベヤー　Rollenbahn 女, roller conveyor 機械

ホイールちゅうしん　ホイール中心, Radmitte 女, wheel center 機械

ホイールディスク　Radscheibe 女, wheel disk 機械

ホイールトランク　Radträger 男, wheel trunk, wheel carrier 機械

ホイールナット　Radmutter 女, wheel nut 機械

ホイールハブ　Radnabe 女, wheel hub 機械

ホイールベース　Radstand 男, wheel base 機械

ボイスコイルモータ　Tauchspulenmotor 男, voice coil motor, plunger coil motor 電気 機械

ホイスト　（エレベータ）, Hebewerk 中, hoist, elevator 機械

ホイストギヤー　Tragwerk 中, 関 Hubwerk 中, Unterzug 男, Gebinde 中, hoist gear 機械

ホイストシリンダー　（リフティングシリンダー）, Hubzylinder 男, hoist cylinder, lifting cylinder 機械

ホイストユニット　Hubwerk 中, hoisting unit, hoisting gear 機械 操業 設備

ボイドけいすう　ボイド係数［一般に液体減速材を用いる原子炉の炉心内において, 減速材中のボイド(気泡)の量の変化に伴う反応度の変化率をいう. 出典：（一財）高度情報科学技術研究機構ホームページ］, Void-Koeffizient 男, void-coefficient 電気 原子力 物理

ボイラー　（炉殻）, Kessel 男, boiler, basin, shell エネ 精錬 機械 設備

ボイラースケールじょきょざい　ボイラースケール除去剤, Kesselsteinentfernungsmittel 中, boiler scale removal agent・solvent エネ 機械 設備 化学

ボイラーチューブ　Dampfkesselrohr 中, boiler tube 機械 材料

ボイラーほんたい　ボイラー本体, Hauptteil des Dampfkessels 男, main

part of boilor 機械 エネ 設備

ボイラーラギング（がいひほおん）**ジャケットシート** ボイラーラギング（外被保温）ジャケットシート, Kesselverkleidungsscheibe 女, boiler lagging jacket sheet エネ 機械 設備

ポインター Mauszeiger 男, pointer 電気

ポイントブロックサーキット Weichensperrkreis 男, point-blocking circuit 電気 交通

ぼうえきの 防疫の, prophylaktisch, 英 prophylactic, prophylactically バイオ 医薬

ほうが 萌芽（微生物汚染，発芽性）, Verkeimung 女, microbial contamination, germination 化学 バイオ 医薬

ほうかい 崩壊（粉化，分解）, Zerfall 男, destruction, decomposition 機械 化学 物理

ほうかい 崩壊（挫屈）, Knick 男, bend, backling 材料 鉄鋼 非鉄 機械 建設

ほうかいかてい 崩壊過程（分解反応）, Zersetzungsreaktion 女, decomposition reactions, disintegration process 化学 バイオ 物理

ほうかいじょうすう 崩壊定数, Zerfallskonstante 女, decay constant 物理 原子力

ぼうがいファインダー 妨害ファインダー（溶け落ち，断線）, Durchbrand 男, burn through, jammer finder 電気 精錬

ぼうぎょさいぼう 防御細胞（免疫細胞）, Abwehrzelle 女, defense cell, immune cell バイオ 医薬

ほうけいパルス 方形パルス（矩形パルス）, Rechteckimpuls 男, rectangular pulse, RAP 電気

ほうこう 方向, Richtung 女, direction 機械 電気 全般

ぼうこう 棒鋼, Stabstahl 男, steel bars 鉄鋼 連鋳 材料 建設 操業 設備

ぼうこうえん 膀胱炎, Harnblasenentzündung 女, 類 Zystitis 女, cystitis 医薬

ほうこうかんをもつしぼうぞくの 芳香環を持つ脂肪族の（芳香脂肪族の）, ar-

aliphatisch, 英 araliphatic 化学

ほうこうしぼうぞくの 芳香脂肪族の（芳香環を持つ脂肪族の）, araliphatisch, 英 araliphatic 化学

ほうこうせいぎょべん 方向制御弁, Wege-Ventil 中, directional control valve 機械

ほうこうせいけつごうき 方向性結合器, RKA = Richtungskoppelanordnung = directional coupler 電気

ほうこうせいけつごうば 方向性結合場, RKF = Richtungskoppelfeld = directional coupling field 電気

ぼうこうぞうろうじゅつ 膀胱造瘻術, Zystostomie 女, cystostomy 医薬

ほうこうぞくかごうぶつ 芳香族化合物, Aromaten 複, aromatic compounds 化学

ほうこうぞくたんかすいそ 芳香族炭化水素, AH=英 aromatic hydocarbons = aromatische Kohlenwasserstoffe 化学

ほうこうぞくの 芳香族の（芳香のある）, aromatisch, 英 aromatic 化学

ぼうこうりゅうちようカテーテル 膀胱留置用カテーテル, Urethralkatheterismus 男, urethral catheterization 医薬

ほうさく 方策, Ressource 女, resources, stock 経営

ホウさんトリエチル ホウ酸トリエチル（トリエチルボレート）, TEB = Triethylboran = triethyl borate 化学

ほうし 胞子, Spore 女, spore バイオ

ほうしかけ 帽子掛け, Hutablage 女, hat rack 雑貨

ほうしきしんさ 方式審査, Formalprüfung 女, examination as to formal requirements 特許

ぼうしきゅうたいしすう 傍糸球体指数（傍糸球体細胞の細胞質顆粒形成程度の指標．出典：法則の辞典，コトバンク）, JGI = juxtaglomerulärer Index = juxtaglomerular index 医薬

ほうしたいふわごうせい 胞子体不和合性, sporophytische Selbstinkompatibilität 女, sporophytic self-incompatibility バイオ

ほ

ぼうしつの　房室の，atrioventrikulär，⊕ atrioventricular 医薬

ほうしゃ　放射，Strahlung 女，emission，radiation 原子力 放射線 物理 医薬 材料 環境 光学

ほうしゃあつりょく　放射圧力，RP = ⊕ radiation pressure = Strahlungsdruck 物理 光学

ほうしゃきど　放射輝度，strahlender Glanz 男，radiance 電気 光学

ほうしゃシールド　放射シールド，Strahlungsschirm 男，radiation shield 光学 放射線 物理

ほうしゃじゅようたいそくていほう　放射受容体測定法，RRA = ⊕ radioreceptor assay = Radiorezeptorassay 化学 バイオ 医薬 放射線

ほうしゃじょうかくまくせっかい(じゅつ)　放射状角膜切開(術)(近視や乱視の程度を軽減させる目的で行なう)，RK = radiäre Keratotomie = radial keratotomy 医薬

ほうしゃしょうど　放射照度，Bestrahlungsstärke 女，irradiance 電気 光学

ほうしゃせいアレルゲンきゅうちゃくほう　放射性アレルゲン吸着法(アレルギーの検査法の一種)，RAST = Radio-Allergo-Sorbent-Test = radioallergosorbent test バイオ 医薬

ほうしゃせいかくしゅ　放射性核種，RN = Radionuklid = radionuclide 物理 医薬 放射線

ほうしゃせいかくしゅけっかんぞうえい　放射性核種血管造影(ラジオアイソトープ血管造影法)，RNA = Radionuklidangiografie = radionuclide angiography 医薬 放射線 電気

ほうしゃせいかくしゅこっかくサーベイ　放射性核種骨格サーベイ(骨シンチグラフィー)，RNSS = ⊕ radionuclide skeletal surveys 医薬 放射線

ほうしゃせいかくしゅじょうみゃくぞうえい(ほう)　放射性核種静脈造影(法)，RNV = Radionuklidvenografie = radionuclide venography 医薬 放射線 電気

ほうしゃせいかくしゅしんしつぞうえい(ほう)　放射性核種心室造影(法)[ラジオアイソトープ心室造影(法)]，RNV = Radionuklidventrikulografie = radionuclide ventriculography 医薬 放射線

ほうしゃせいかくしゅぼうこうぞうえいず　放射性核種膀胱造影図，RNC = ⊕ radionuclide cystogram = Radionuklid-Zystogramm 医薬 放射線 電気

ほうしゃせいかくしゅレノグラフィー　放射性核種レノグラフィー(腎臓機能の検査などに用いられる)，RR = Radionuklid-Renographie = radionuclide renography 医薬 放射線

ほうしゃせいげんそひょうしきめんえきちんこうほう　放射性元素標識免疫沈降法，RIP = Radioimmunpräzipitation = radioimmunoprecipitation 化学 バイオ 医薬 放射線

ほうしゃせいセレンメチオニンけんさ　放射性セレンメチオニン検査(膵臓癌における集積などに用いられる)，RSMT = Radioselen-Methionintest = radio-selenium methionine test 化学 バイオ 医薬 物理

ほうしゃせいどういげんそじんぞうえい(ほう)　放射性同位元素腎造影(法)(ラジオネフログラフィー)，RNG = Radio (isotope) nephrografie = radionephrography 医薬 放射線

ほうしゃせいどういげんそめんえきでんきえいどう(ほう)　放射性同位元素免疫電気泳動(法)[同位元素標識免疫電気泳動(法)]，RIEP = Radioimmunelektrophorese = radioimmunoelectrophoresis 化学 バイオ 医薬 放射線

ほうしゃせいはいきぶつ　放射性廃棄物，Atommüll 男，radioactive waste 原子力 放射線 環境 社会

ほうしゃせいぶっしつ　放射性物質，radioactive Substanz 女，radioactive substance，radioactive material 原子力 物理

ほうしゃせいほうかい　放射性崩壊，radioaktiver Zerfall 男，radioactive decay 原子力 物理

ほうしゃせいめんえきちんこうほう 放射性免疫沈降法[放射性免疫沈降分析, 放射性元素標識免疫沈降(反応)], RIPA = Radioimmunpräzipitationsassay = radioimmunoprecipitation assay 化学 バイオ 医薬 放射線

ほうしゃせいヨウかヒトけっせいアルブミン 放射性ヨウ化ヒト血清アルブミン, RIHSA = RISA = radioaktiv-iodiertes humanes Serumalbumin = radioactive iodinated human serum albumin 化学 バイオ 医薬 放射線

ほうしゃせいヨウそクリアランス 放射性ヨウ素クリアランス(放射性ヨウ素排出能), RJC = Radiojodclearance = radio iodine clearance 医薬 放射線

ほうしゃせんか 放射線科, Radiologie 女, radiology, department of radiology 医薬 放射線

ほうしゃせんかんじゅせいしけん 放射線感受性試験(小核試験ほか), RST = radiosensitiver Test = radiosensitivity test 化学 バイオ 医薬 放射線

ほうしゃせんそんしょう 放射線損傷, Strahlungsschaden 男, radiation damage 放射線 物理 医薬 材料

ほうしゃせんふとうかせいの 放射線不透過性の(ラジオパク), röntgenkontrastfähig, radiopaque 放射線 電気 医薬

ほうしゃせんほうかいのかず 放射線崩壊の数, dpm = 英 degradation per minitues 放射線 医薬 単位

ほうしゃせんりょう 放射線量(服用量), Dosis 女 放射線 医薬 機械

ほうしゃせんりょうほう 放射線療法, Radiotherapie 女, 類 Strahlentherapie 女, Strahlenbehandlung 女, radiation therapy, RT, radiation treatment, radiotherapy, radio therapeutics 医薬 放射線

ほうしゃせんルミネセンス 放射線ルミネセンス, RL = Radiolumineszenz = radio luminescence 放射線 光学

ほうしゃでんねつりょう 放射伝熱量, Strahlungsanteil 男 機械 エネ 物理 エネ

ほうしゃのう 放射能, Radioaktivität 女, radioactivity 原子力 物理 医薬

ほうしゃばね 放射羽根, radialer Flügel 男, radial vane エネ 機械

ほうしゃひょうしきめんえきけんていほう 放射標識免疫検定法(放射性同位元素標識免疫測定法, 放射性免疫測定法), RIT = Radioimmuntest = radio immunoassays 化学 バイオ 医薬 放射線

ほうしゃぼうがいかんじゅせい 放射妨害感受性(輻射感受性, 電磁雑音感受性), RS = 英 radiated susceptibility = Strahlungs-Störanfälligkeit 電気

ほうしゃまど 放射窓(放出窓), Auskoppelfenster 中, outcoupling window, coupling-out window 光学

ほうしゃめんえきかくさんほう 放射免疫拡散法(動径免疫拡散法；抗体による免疫検定法), RID = radiale Immundiffusion = radial immunodiffusion 化学 バイオ 医薬

ほうしゃめんえきシンチグラフィー 放射免疫シンチグラフィー(ラジオイムノシンチグラフィー), RIS = Radioimmunszintigrafie = radio immunoscintigraphy 化学 バイオ 医薬 放射線

ほうしゃりつ 放射率, Emissionsgrad 男, emissivity 光学 電気 物理

ほうしゅつ 放出(遊離), Freisetzen 中, 類 release, emission 化学 環境

ほうしゅつ (粒子の)放出, Strahlung 女, 類 Emission 女, Freigabe 女, emission, radiation 原子力 放射線 物理 材料 環境 光学

ほうしゅつげん 放出源(発生源), Emittent 男, emission source, issuer 化学 電気 光学 環境

ほうしゅつまど 放出窓(アウトカップリング窓), Auskoppelfenster 中, outcoupling window, coupling-out window 光学 音響 電気

ほうしゅつよくせいいんし 放出抑制因子, RIF = 英 release-inhibiting factor = freisetzungshemmender Faktor バイオ 医薬

ぼうじゅん

ぼうわそう

ぼうじゅん（せい） 膨潤（性）（膨化）, Quellung 女 類 Schwellung 女, expansion, swelling 化学 医薬 機械

ぼうしょうはんのう（Al-Cr系合金などの）包晶反応, peritektische Reaktion 女, peritectic reaction 材料 鋳造 非鉄

ぼうすいした 防水した, wg. = wassergeschützt = water-protected 機械 電気 規格

ぼうせいほしょう 防錆保証, RSG = Rostschutzgarantie = anti-rust guarantee 機械 経営

ぼうせきいと 紡績糸, Garn 中, spun yarn 繊維 機械

ぼうせききかい 紡績機械, Spinnmaschine 女, spinning machine 繊維 機械 設備

ぼうせきこうじょう 紡績工場, Spinnerei 女, spinning mill 繊維 機械 設備

ぼうせきそらせそうち 防石そらせ装置, Steinschlagschutz 男, stone guard deflector 地学 建設

ぼうせきぶつ 崩積物, Kolluvium 中, colluvium 地学

ほうせんせいちゅうめん 縫線正中面, RME = Raphe-Median-Ebene = raphe-median-plane 医薬

ほうせんにゅうとうおうだんせん 縫線乳頭横断線, RPT = Raphe-Papillen-Transversale = raphe papillary transversal 医薬

ほうせんピッチ 法線ピッチ, Eingriffsteilung 女, normal line pitch 機械

ホウそちゅうせいしほそくりょうほう ホウ素中性子捕捉療法, BNCT = 英 boron neutron capture therapy 化学 医薬 放射線

ぼうちゅうの 傍注の（欄外の）, marginal, 英 marginal 印刷 全般

ほうちユニット 報知ユニット, Meldeeinheit 女, reporting unit 電気 機械

ぼうちょう 膨張（肥大）, Dilatation 女, dilatation 医薬 機械

ぼうちょう 膨張, Expansion 女, dilatation, expansion エネ 化学 機械 物理

ぼうちょうざい 膨張剤（発泡剤, 推進薬）, Treibmittel 中, blowing agent, propellant 化学 機械 エネ

ぼうちょうせい 膨張性, Intumeszenz 女, intumescence 機械 材料 化学

ぼうちょうひずみエネルギー 膨張ひずみエネルギー, Energie der Volumenveränderung 女, energy for change in volume 機械 エネ

ぼうちょうべん 膨張弁, Expansionsventil 中, eapansion valve 機械 化学 設備

ほうでんかこうき 放電加工機 Funkenerosionsmaschine 女, spark erosion machine 機械 電気

ほうはいくう 胞胚腔, Hohlraum eines Embryos 男, blastocoele 化学 バイオ 医薬

ほうばく 防爆, Ex-Schutz 男, explosion proof エネ 機械 化学 地学 電気

ほうほう 方法, Weg 男, manner, method, way, path, travel, distance 機械 全般

ほうほうのてきようはんいとゆうこうはんい 方法の適用範囲と有効範囲, Anwendungs-und Gültigkeitbereiche der Methoden 男 複, application and validity range for the method 規格 特許

ほうぼくする 放牧する, weiden, 英 depasturage, 英 pasture バイオ

ぼうマイナスひりつ 棒マイナス比率（EN比率）, 英 electrode negative ratio 溶接 電気 材料

ぼうもう 紡毛, Streichwolle 女, 関 gekämmte Wolle 女, carded wool 繊維

ほうらく 崩落, Zusammenbruch 男, falling, collapse 地学 建設

ほうらくせんせんとうでんりょく 包絡線尖頭電力（ピーク包絡線電力）, PEP = 英 peak envelope power = Maximale Hüllkurvenleistung 電気 機械 操業 設備

ほうわおんど 飽和温度, Sättigungstemperatur 女, saturation temperatur 機械 化学 物理 気象

ほうわじょうき 飽和蒸気, gesättigter Dampf 男, saturated steam 機械 化学 操業 設備

ほうわそう 飽和槽, Sättiger 男, satu-

ほうわそう　　　　　　　　　　　　　　　　　　　　　　　　　ほかん・ちょぞう

rator 化学 バイオ 機械 設備

ほうわポリエステル　飽和ポリエステル，SP = 英 saturated polyester = Gesättigter Polyester 化学 材料

ポーション　Teilmenge 女, 関 Massenteil 男 （マスポーション），portion, partial quantity, partial amount 化学 バイオ 医薬

ポジチブキャスター　Nachlauf 男, positive castor 機械

ポーズトゥポーズ　PTP = 英 pose to pose 電気

ホースポンプ（蠕動ポンプ），Schlauchpumpe 女, hose pump, peristaltic pump 機械

ポーターシルバーはんのう　ポーターシルバー反応（コルチゾール分泌量検査に用いる），PSR = Porter-Silber-Reaktion = Porter-Silber-reaction 医薬

ポータブルようせつき　ポータブル溶接機，tragbare Schweißmaschine 女, 類 transportable Schweißmaschine 女, portable welding machine 溶接 材料 機械

ボーデンケーブル　Bowdenzug 男, bowden cable 機械 電気

ポート　Kanal 男 機械 電気

ボード（プリント回路基板），Platine 女, board, plate, printed circuit board 電気 機械

ボード　Platte 女, board, plate, sheet, slab, disc 機械 材料 建設 電気

ポートスプリッター　Kanalaufteilung 女, 類 Ausgangssplitter 男, port splitter 機械 電気

ポートそうき　ポート掃気，Schlitzspülung 女, port scavenging 機械

ホーニングばん　ホーニング盤，Hohnmaschine 女, honing machine 機械

ボーリングコア　Bohrkern 男, bohring core 機械

ボールコック（ボールバルブ），Kugelhahn 男, ball stop-cock, ball valve 機械

ボールコレクター（洗浄ボールなどのボールコレクター），Kugelschleuse 女, ball collector 機械

ボールジョイント（玉継手），Kugelgelenk 中, ball joint, ball pivot 機械

ホールドアップ（分散相容積，滞留量），英 hold-up 化学 バイオ

ホールドダウンそうち　ホールドダウン装置，Niederhaltevorrichtung 女, hold down equipment 機械

ボールねじ　Kugelgewinde 中, recirculating ball screw 機械

ボールバルブ　Kugelhahn 男, ball stop-cock, ball valve 機械

ボールばん　ボール盤，Bohrmaschine 女, drilling machine 機械

ボールピボット（ボールジョイント），Kugelgelenk 中, ball joint, ball pivot 機械

ボールベアリング　ボールベアリング，Kugellager 中, spherical bearing, ball bearing 機械

ボールマグ（ボールソケット），Kugelpfanne 女, ball socket 機械

ボールミル　Kugelmühle 女, ball mill 機械

ボールロッド（軸流ピストンポンプの）ボールロッド，Kugelstange 女, ball rod 機械

ほかく　補角，Supplement 中, supplementary angles 数学 機械

ほかにてきようできる　他に適用できる，mitgeltend, 英 other applicable 全般

ほかにぶんるいされない（項目などで）ほかに分類されない，n.e.c. = 英 not elsewhere classified = nirgendwo anders klassifiziert = nicht anderweitig klassifiziert 数学 統計

ほかにぶんるいされないふようせいりゅうし（粉塵などの）ほかに分類されない不溶性粒子，PNOC = 英 particulates not otherwise classified = nicht näher klassifizierte Partikel 環境 化学 機械

ぼがん　母岩，Ausgangsgestein 中, parent rock 地学 物理 化学

ほかん・ちょぞう　保管・貯蔵，Lagerung 女, bearing, support, storage, bedding 機械 物流 地学

ほ

ほかんする　保管する，aufbewahren，英 retain，store 物流 機械

ボギー　Radgestell 中，wheel set，wheel and axle，bogie，wheel frame 交通 機械

ボギーだいしゃ　ボギー台車，Drehgestell 中，bogie truck 交通 機械

ボギーホイール　Laufrad 中，bogie wheel，impeller 機械 エネ

ボギーランナー　（カムローラー），Laufrolle 女，cam roller，bogie runner 機械

ボギーろ　ボギー炉，Herdwagenofen 男，bogie hearth furnace 材料 機械

ほきしつ　補基質，Co-Substrat 中，cosubstrate 化学

ほきょうざい　補強材，Anker 男，armature，anchor 電気 機械

ほきょうざい　補強材（余盛），Versteifung 女，類 Nahtüberhöhung 女，Schweißbart 男，excess metal，weld reinforcement，reinforcement，hardening，stiffening 溶接 機械 材料

ほきょうそせきぞう　補強組積造(RM 建築；石やレンガの組積造に鉄筋コンクリート構造を組み合わせた建築技法)，RM = reinforced masonry construction 建設

ほきょうてっきん　（コンクリートの）補強鉄筋，Bewehrungseinlage 女，reinforcing steel rod 建設

ぼけい　母型，Matrize 女，matrix，counter die，die plate，lower die 機械 鋳造

ほけつぶんしぞく　補欠分子族（接合団），prosthetische Gruppe 女，prosthetic group 化学

ほこうそ　補酵素，Coenzym 中，coenzyme 化学 バイオ

ほごかいろ　保護回路，Schutzschaltung 女，protective circuit 電気

ほごキャップ　保護キャップ，Schutzklappe 女，protective cap 機械

ほご(せっち)どうたいとちゅうせいせんのりょうほうをかねそなえたどうたい　保護（接地）導体と中性線の両方を兼ね備えた導体，PEN＝英 protection earth neutral = Nullleiter mit Schutzleiter-Funktion 電気

ほごモード　保護モード，der geschützte Modus 男，protected mode 電気

ぼざい　母材（基材），Grundwerkstoff 男，substrate，base material or metal，parent material or metal，substrate 溶接 材料 印刷

ほじ　保持，Retention 女，retention 化学 バイオ 医薬 機械 建設 原子力

ほじあんていじかん　保持安定時間[（装置などの）寿命]，Standzeit 女，service life，stability time，holding time 材料 機械 操業 設備 製品

ほじかのうな　保持可能な，rückhaltbar，英 reservable，restrainable，retaining 機械 化学 バイオ

ほじき　（転がり軸受の）保持器（ケージ），Käfig 男，cage，retainer 機械

ほじキーみぞ　保持キー溝，Steinhaltenut 女，retaining key way 機械

ほじクランプ　保持クランプ，Haltekammer 女，holding clamp 機械

ポジショナー　Stellungsregler 男，類 Positionierer 男，positioner 機械 電気

ほじする　保持する（保留する，阻止する，残留させる），zurückgehalten，retain 機械 電気 設備 化学

ポジティブキャスター　Nachlauf 男，positive caster，caster angle，casater trail，hunting 機械

ポジティブキャスターかく　ポジティブキャスター角，Nachlaufwinkel 男，angle of positive caster 機械

ポジティブロッキングの　（型枠固定締めの）formschlüssig，positive locking 機械 設備

ほじでんりゅう　保持電流（零入力電流），Ruhestrom 男，closed-circuit current，zero-signal current 電気 機械

ほじねじ　保持ねじ（クランプボルト），Halteschraube 女，clamping bolt，holding screw 機械

ほじのうりょく　保持能力，Fassungsvermögen 中，holding capacity 機械

ほしゅ 保守(メンテナンス)，Instand-haltung 女，類 Wartung 女，mainte-nance 操業 設備

ぼしゅうだん 母集団，Population 女，population バイオ 数学 統計

ほじゅうてきほごしょうめいしょ 補充的保護証明書(特許法第70a条に従う補充的保護証明書に該当)，SPC = 英 supplementary protection certificate = Ergänzendes Schutzzertifikat 特許 法制度

ほしゅうにくもり 補修肉盛り，Auf-schweißen 中，back weld, build up 溶接 材料 操業 設備 機械

ほしゅうようせつ 補修溶接(保守溶接)，Instandsetzungsschweißung 女，repair welding 溶接 材料 操業 設備 機械

ほじゅうようせつ 補充溶接，Auffüll-schweißung 女，fill-up welding 溶接 機械

ほしょう(きん) 保証(金)，Bürgschaft 女 法制度

ほしょうき 補償器，Kompensator 男，compensator, expansion joint 機械

ほしょうきんのうふ 保証金納付，Si-cherheitsleistung 女，payment of guran-tee money 経営 法制度

ほしょうそうち 補償装置(電位差計，伸縮継ぎ手)，Kompensator 男，potenti-ometer, compensator, expansion joint 電気 機械

ほしょうにん 保証人，Bürge 男，bonds-man 特許 法制度

ほじょきん 補助金(助成金)，Fördergeld 中，類 Zuschuss 男，subsidy 経営 全般

ほしょく 補色，Komplementärfarbe 女，complementary color 光学 物理

ほじょしきりパネルわく 補助仕切りパネル枠，Zusatzfach 中，aditional re-movable compartment, extra pocket 繊維 機械 建設

ほじょじくうけ 補助軸受，Führungs-lager 中，guide bearing, pilot bearing 機械

ほじょしりょうようこうち 補助飼料用耕地，ZF = Zusatzfutterfläche バイオ

ほじょバーナー 補助バーナー，Zusatz-brenner 男，additional burner, auxil-iary burner 材料 エネ 精錬

ほじょポケット 補助ポケット(取り付け取り外し可能な仕切り，補助仕切り面，補助仕切りパネル枠)，Zusatzfach 中，aditional removable compartment, ex-tra pocket 繊維 機械 建設

ほじょポンプ 補助ポンプ，Hilfspumpe 女，booster pump, standby pump 機械

ほじょりん 補助輪，Sicherheitsrad 中，safety wheel, safety caster 機械

ほじょレンズ 補助レンズ，Vorsatzlinse 女，ancillary lens, front lens 光学 機械 電気

ほじりつ 保持率，Rückhalterate 女，retention rate 機械 電気 化学

ほじろ 保持炉(保熱炉)，Warmhal-teofen 男，類 Wärmehalteofen 男，hold-ing furnace, heat retention furnace 材料 機械

ボス Nabe 女，類 Butzen 男，boss, hub 機械

ほすい 保水，Wasserretention 女，類 関 Wasserrückhaltung 女，Retention 女，water retention バイオ 地学 環境

ほすいりょう 保水量，Wasserretention 女，類 Wasserrückhaltung 女，water retention バイオ 地学 環境

ポスターセッション Posterausstellung 女，poster session 経営 製品

ポスト Säule 女，support, column, post, pillar 機械 建設

ホストコンピュータ Hostrechner 男，host computer 電気

ホストコンピュータあんごうさくせいユニット ホストコンピュータ暗号作成ユニット，HCU = 英 host computer cryp-to-unit = Kryptoeinheit des Hostrech-ners 電気

ホストそしき ホスト組織，Trägeror-ganisation 女，host organization 組織 全般

ホスファターゼ (リン酸エステルおよびポリリン酸の加水分解を触媒する酵素の総称)，Phosphatase 女，phosphatase 化学

バイオ 医薬

ホスファチジルエタノールアミン（膜リン脂質の一種），PE = Phosphatidyl-Ethanolamin = phosphatidyl ethanolamine 化学 バイオ 医薬

ホスファチジルグリセリン（内側ミトコンドリア膜の構成成分），Phosphatidylglycerin 中，phosphatidylglycerine バイオ

ホスホエノールピルビンさん　ホスホエノールピルビン酸（ホスホエノールピルビン酸塩，糖代謝の重要な中間体），PEP = Phosphoenolpyruvat = phosphoenolpyruvate 化学 バイオ 医薬

ホスホグリセリンアルデヒド（リン酸 2-ヒドロキシ -3- オキソプロピル，筋の代謝過程で生じる化合物，代謝中間体となる有機化合物），PGA = Phosphoglycerinaldehyd = 3-phosphoglycerin aldehyde 化学 バイオ 医薬

ホスホグリセリンアルデヒドだっすいそこうそ　ホスホグリセリンアルデヒド脱水素酵素（高エネルギーリン酸結合形成に関与），PGADH = Phosphoglyzerinaldehyddehydrogenase = phosphoglycerin aldehyd dehydrogenase 化学 バイオ 医薬

ホスホグリセリンさんキナーゼ　ホスホグリセリン酸キナーゼ（還元的ペントースリン酸回路構成酵素の一つ），PGK = Phosphoglyceratkinase = phosphoglycerokinase = phosphoglycerate kinase 化学 バイオ 医薬

ホスホグリセリンさんムターゼ　ホスホグリセリン酸ムターゼ（ホスホグリセリン酸ムターゼは，2- ホスホグリセリン酸と 3- ホスホグリセリン酸を可逆的に変換する解糖系の酵素），PGM = Phosphoglyzeratmutase = phosphoglycerate mutase 化学 バイオ 医薬

ホスホグリセルさんリンさん　ホスホグリセル酸リン酸，PGP = Phosphoglyzeratphosphat = phosphoglyzerate phosphate 化学 バイオ 医薬

ホスホグルコースイソメラーゼ（ホスホグルコース異性化酵素，グルコースリン酸イソメラーゼ：グルコースをフルクトースに変換する酵素．解糖系においてグルコースリン酸イソメラーゼはグルコース -6-リン酸をフルクトース -6-リン酸に変換する），PGI = Phosphoglukoseisomerase = phosphoglucose isomerase 化学 バイオ 医薬

ホスホグルコネートだっすいそこうそ　ホスホグルコネート脱水素酵素（グルコースの特殊な代謝経路であるホスホグルコン酸経路で機能する酵素．最終的には，ピルビン酸とグリセルアルデヒド 3-リン酸が生成される），PGDH = Phosphogluconat-dehydrogenase = 6- phosphogluconate-dehydrogenase 化学 バイオ 医薬

ホスホグルコムターゼ（EC5.4.2.2，グルコース 6-リン酸をグルコース 1-リン酸にする酵素で，グリコーゲン合成経路の酵素），PGM = Phosphoglukomutase = phosphoglucomutase 化学 バイオ 医薬

ホスホグルコンさん　ホスホグルコン酸（解糖中間物質の一つ），PG = Phosphoglukonsäure = phosphogluconate 化学 バイオ 医薬

ホスホクレアチン（筋の代謝で分解する），PC = Phosphocreatin = phosphocreatine 化学 バイオ 医薬

ホスホジエステラーゼ（選択的 PDE 阻害薬はさまざまな疾病の治療に使われている），PDE = Phosphodiesterase = phosphodiesterase 医薬

ホスホセリンホスファターゼ　Phosphoserinphosphatase 女，phosphoserine phosphatase 化学 バイオ 医薬

ホスホトランスアセチラーゼ　PTA = Phosphotransacetylase = phosphotransacetylase 化学 バイオ 医薬

ホスホトランスフェラーゼけい　ホスホトランスフェラーゼ系，PTS = Phosphotransferasesystem = phosphotransferase system 化学 バイオ 医薬

ホスホノギさん　ホスホノギ酸（ホスホノホルメート），PF = Phosphnoformiat =

phosphonoformate 医薬

ホスホフルクトアルドラーゼ PFA = Phosphofruktoaldolase = phosphofruktoaldolase 化学 バイオ 医薬

ホスホフルクトキナーゼ（フルクトース -6-リン酸に作用する酵素で，二つのタイプがある，解糖系律速酵素），PFK = Phosphorfructokinase = phosphorfructokinase 化学 バイオ 医薬

ホスホヘキソイソメラーゼ PHI = Phosphohexoisomerase = phosphohexose isomerase バイオ 医薬

ホスホリボシルアミン（プリン合成過程の中間物質移動），PRA = Phosphoribosylamin = phosphoribosylamine 化学 バイオ 医薬

ホスホリボシルてんいこうそ ホスホリボシル転移酵素，PRT = Phosphoribosyltransferase = phosphoribosyl transferase 化学 バイオ 医薬

ホスホリボシルピロリンさん ホスホリボシルピロリン酸，PRPP = Phosphoribosylpyrophosphat = phosphoribosylpyrophosphate バイオ 医薬

ホスホリラーゼキナーゼ（グリコーゲンホスホリラーゼ活性化酵素，E.C.2.7.1.38），PhK = Phosphorylasekinase = phosphorylase kinase 化学 バイオ

ホスホリラーゼホスファターゼ（リン酸付加加水分解酵素リン酸酵素），PRP = 英 phophorylase phosphatase 化学 バイオ 医薬

ほせい 補正，Kompensation 女，compensation 電気 機械

ほせいせつがんレンズ 補正接眼レンズ，Kompensationsokular 中，compensation ocular 光学

ほせいばかり 補正秤り，Kompensationswaage 女，compensation balance 機械

ほせいユニット 補正ユニット（評価ユニット），Auswerteeinheit 女，AE, analysis unit 機械 電気

ほせん 母線，Mantellinie 女，surface line, directrix 機械 化学 設備

ほぞあな ほぞ穴，Zapfenloch 中，mortise 機械 建設

ほそう 舗装，Decke 女，pavement 建設

ほそくざい 捕捉剤（スカベンジャー），Fänger 男，類 Fängersubstanz 女, catcher, scavenger 化学 放射線

ほぞつぎする ほぞ継ぎする，verdübeln，英 dowel 建設 機械

ほそながひ 細長比，Schlankheitsgrad 男，slenderness ratio, degree of slenderness 機械

ほそめねじ 細目ねじ，Feingewinde 中，fine thread 機械

ほぞんかのうな 保存可能な，rückhaltbar, reservable, restrainable, retaining 機械 化学 バイオ 医薬

ほたい 補体（血清内の防御系成分），Komplement 中，complement バイオ 医薬

ほたいけつごうしけん 補体結合試験（補体結合反応，抗体の検出法），KBR = Komplementbindungsreaktion = complement fixation test バイオ 医薬

ぼたやま ぼた山，Halde 女，heap 地学 環境 リサイクル

ホタルいし ホタル石，Flussspat 男，類 Fluorit 中，fluorspar 精錬 地学

ボタン Schaltfläche 女，botton 電気

ホック（止め金），Heftel 男，hook 機械

ボックス Kästchen 中，類 Feld 中，box 電気 物理

ボックスガーダ Kastenträger 男，box girder 建設

ほっさ 発作，Anfall 男 医薬

ほっさせいじょうしつせいひんぱく（しょう） 発作性上室性頻拍（症），PST = paroxysmale supraventrikuläre Tachykardie = paroxysmal supraventricular tachycardia 医薬

ほっさせいしんしつせいひんぱく 発作性心室性頻拍，PVT = paroxysmale ventrikuläre Tachykardie = paroxysmal ventricular tachycardia 医薬

ほっさせいひんぱくしょう 発作性頻拍症，PT = paroxysmale Tachykardie = paroxysmal tachycardia 医薬

ボッシュ Rast 女, bosh, notch 製銑 機械

ほっしん 発疹, Eruption 女, 類 Hautausschlag 男, eruption 医薬 地学 物理

ホットスポット (DNA 塩基配列上特に突然変異を起こしやすい部位，および染色体上で特に組換えを起こしやすい部位を組換えのホットスポットと呼ぶ)，Hot-Spot 男, hot spot バイオ 医薬

ホットボックスシリーズなかご ホットボックスシリーズ中子, Hot-Box-Serien-kern 男 鋳造 機械

ホッパー Trichter 男, 関 Behälter 男, hopper, funnel, feeder, 化学 製銑 鋳造 精錬

ホッパーかく ホッパー角, Trichterschräge 女, cone inclination, hopper angle 機械 化学 バイオ 設備

ボツリヌスどくそ ボツリヌス毒素, Botulinumtoxin 中, botulinus toxin バイオ 医薬

ボデーこうぞう ボデー構造, Karossericeaufbau 男, body structure 機械

ボデーシェル Rohbaukarosserie 女, body shell, body-in-white 機械

ボデーぶ ボデー部, Grundkörper 男, foundation, basic body 機械 設備 建設

ほどうきょう 歩道橋, Brückensteg 男, footbridge 建設

ポドゾル Podsol 男, podsol 地学 化学 バイオ

ほにゅうどうぶつ 哺乳動物, Säuger 男, mammal バイオ

ほねぐみ 骨組み(フレームワーク)，Fachwerk 中, 類 Gerüst 中, frame, frame work, skelton framing 設備 機械 建設 化学 バイオ

ほねつろ 保熱炉(保持炉)，Warmhalteofen 男, holding furnace, heat retention furnace 材料 機械

ほばいようき 補培養基(補基質)，Co-Substrat 中, cosubstrate 化学 バイオ

ほはば 歩幅, Schrittweite 女, step size 機械

ボビン Spule 女, coil, winding, bobbin, spool, reel 材料 操業 設備 繊維

ホブばん ホブ盤, Abwälzfräsmaschine 女, gear hobbing machine, 類 関 Wälzfräsmaschine 女, Wälzfräser 男 機械

ポプラ Pappel 女, poplar バイオ

ポペットべん ポペット弁, Tellerventil 中, disc valve, poppet valve 機械

ホメオパシー (代替療法，同毒療法)，Homöopathie 女, homeopathy 医薬

ホモセリンデヒドロゲナーゼ Homoserin-Dehydrogenase 女, homoserine dehydrogenase 化学 バイオ 医薬

ポリアクリルアミド (接着剤ほかに用いられる)，PAA = Polyakrylamid = polyacrylamide 化学

ポリアクリルアミドでんきえいどうほう ポリアクリルアミド電気泳動法，PAGE = Polyacrylamid-Gelelektrophorese = polyacrylamide gel electrophoresis 化学 バイオ 医薬 電気

ポリアクリレート PAC = Polyacrylat = polyacrylate 化学

ポリアミド PA = Polyamido = polyamide 化学 バイオ

ポリアミドこんごうせんい ポリアミド混合繊維，PAMF = Mischpolyamidfaser 化学 繊維

ポリアルコール (多価アルコール)，Polyol 中, 類 Polyalkohol 男, polyalcohol 化学 バイオ

ポリイソブチレン PIB = Polyisobutylen = polyisobutylene 化学 バイオ

ポリイミド (熱的，機械的，化学的性質に優れる)，PI = Polyimid = polyimide 化学 材料

ポリウレタン PUR = PU = Polyurethan = polyurethane 化学 材料

ポリウレタンきぬ ポリウレタン絹, PUS = Polyurethanseide = polyurethane silk 化学 繊維

ポリウレタンせんい ポリウレタン繊維，PUF = Polyurethanfaser = polyurethane fibre 化学 繊維

ポリエーテルイミド (非晶性の高機能スーパーエンプラ)，PEI = Polyether-Imido = polyether-imido 化学 材料

ポリエーテルエーテルケトン PEEK = Polyetheretherketon = polyetheretherketone 化学 バイオ

ポリエーテルスルホン（透明樹脂素材中最高域の耐熱性を持つ），PES = Polyethersulfon = polyether sulfone 化学 材料

ポリエステルせんい ポリエステル繊維，PEF = Polyesterfaser = polyester fibre 繊維 化学

ポリエチレン PE = Polyethylen = Polyäthylen = polyethylene 化学 バイオ

ポリエチレンイミン（紙・布・OPP・PEIフィルムのラミネートアンカー剤などに用いられる），PEI = Polyethylenimin = polyethylenimine 化学 バイオ

ポリエチレンオキシド PEO = Polyethylenoxid = polyethylene oxide 化学

ポリエチレングリコール PEG = Polyethylenglycol = polyethylene glycol 化学

ポリエチレンスルホンさん ポリエチレンスルホン酸，PSS = Polyäthylensulfonsäure = polyethylene sulfonic acid 化学

ポリエチレンテレフタレート（プラスチック素材の中でも極めて汎用性が高い素材），PETP = PET = Polyethylenterephthalat = polyethylene terephthalate 化学 材料 繊維

ポリエチレンナフタレート PEN = Polyethylennaphthalat = polyethylene naphthalate 化学

ポリエチレンプロピレン PEP = Polyethylenpropylen = polyethylene propylene 化学 材料

ポリエルカルニチンアリルエステル ポリ -L- カルニチンアリルエステル，PLCA = Poly-L-Carnitinallylester 化学 バイオ

ポリえんかさんフッかエチレン ポリ塩化三フッ化エチレン（PCTFE は，耐熱性や耐薬品性は PTFE より劣るが，機械的強度，光学的性質に優れている），PCTFE = Polychlortrifluorethylen = polychlortrifluoro-ethylene 化学 機械

ポリえんかジベンゾウパラジオキシン ポリ塩化ジベンゾウ -p- ジオキシン，PCDD = polychlorierte Dibenzo-p-Dioxine 女 化学 環境

ポリえんかジベンゾウフラン ポリ塩化ジベンゾウフラン，PCDF = polychlorierte Dibenzofurane = polychlorinated dibenzofurans 女 化学 環境

ポリえんかターフェニル ポリ塩化ターフェニル（化学公害物質，使用禁止），PCT = polychloriete Terphenyle = polychlorinated terphenyls 化学 バイオ 医薬 環境

ポリえんかナフタレン ポリ塩化ナフタレン（エンジンオイル添加剤，防腐剤などの用途がある），PCN = polychlorierte Naphthaline = polychlorinated naphthalene 機械 化学 食品

ポリえんかビニリデン ポリ塩化ビニリデン，PVDC = Polyvinylidenchlorid = polyvinylidene chloride 化学 バイオ

ポリえんかビニル ポリ塩化ビニル，PVC = Polyvinyl Chlorid = polyvinyl chloride 化学 バイオ

ポリオ Poliomyelitis 女，類 Kinder-lähmung 女，英 Polio, poliomyelitis anterior acuta, spinal infantile paralysis 化学 バイオ 医薬

ポリオキシエチレン POE = Polyoxyethylen = polyoxyethylene 化学

ポリオキシエチレンモノオレート POEMS = Polyoxyethylen-monostereat = polyoxyethylene sorbitan monooleate 化学

ポリオキシメチレン POM = Polyoxymethylen = Polyacetal = polyoxymethylene = polyacetal 化学 バイオ

ポリオけいこうワクチン ポリオ経口ワクチン，PSI = Polioschluckimpfstoff = polio oral vaccine 医薬

ポリオレフィン PO = Polyolefin = polyolefine 化学 バイオ

ポリオレフィンゆ ポリオレフィン油，PO = 英 polyolefine oil = Polyolefinöl 化学 バイオ

ポリガラクチュロナーゼ（ペクチン酸を加水分解する酵素），PG = Polygalacturonase = polygalacturonase 化学 バイオ

ポリクロロビフェニル PCB = polychlorierte Biphenyle = polychlorobiphenyl 化学 バイオ 環境

ポリクロロプレン（合成ゴムの一種で，耐油性・耐熱性・耐老化性・耐オゾン性に優れ，油用ホース・パッキング・ベルトなどに用いられる），PCP = Polychloropren = polychloroprene 化学 機械

ポリジアリルジメチルアンモニウムクロライド（固定化マトリックスのカプセル剤として用いる），PDAMAC = Polydiallyldimethylammoniumchlorid 化学 バイオ

ポリジアリルフタレート（主として電気・電子および通信機器のコネクターなどの工業部品に使用されている），PDAP = Polydiallylphthalat = polydiallyl phthalate 化学 電気

ポリジメチルシロキサン PDMS = Polydimethylsiloxan = polydimethylsiloxane 化学 バイオ

ポリしゅうかビフェニル ポリ臭化ビフェニル（難燃剤，生物濃縮のおそれがある），PBB = polybromierte Biphenyle = polybromated biphenyls 化学 バイオ 医薬

ポリスチレン PS = Polystrol = polystyrene 化学

ポリスチレンアクリルニトリル PSAN = Polystyrolakrylnitril = polystyrene akrylnitrile 化学

ポリスチレンラテックス（きゅう） ポリスチレンラテックス（球），PSL = Polystyrollatex = polystyrene latex (sphere) 化学 光学 物理

ポリスルフィドゴム PSK = Polysulfid-Kautschuk = polysulphide rubber 化学 材料

ほりだしたつちなどのそうしょう 掘り出した土などの総称，Aushubmaterialien 男 複, excavation material 建設 環境 リサイクル

ポリテトラフルオロエチレン（通称はテフロン），PTFE = Polytetrafluorethylen = polytetrafluoroethylene 化学 繊維

ポリトリフルオロエチレン P3FE = Po-

lytrifluorethylen = polytrifluoroethylene 化学 材料

ポリトロープこうりつ ポリトロープ効果，polytropischer Wirkungsgrad 男, polytropic (gas) efficiency 機械 エネ 物理

ポリヒドロキシアミノエーテル（高いガスバリアー性と接着性を発揮する新しい熱可塑性樹脂），PHAE = Polyhydroxyaminoether 化学

ポリビニルアルコール PVOH = PVA = PVAL = Polyvinylalkohol = polyvinyl alcohol, 化学 バイオ

ポリビニルさくさん ポリビニル酢酸，PVA = PVAC = Polyvinylacetat = polyvinyl acetate 化学

ポリビニルトルエン（プラスチックシンチレータ材料），PVT = Polyvinyltoluol = polyvinyl toluene 化学 放射線

ポリビニルピロリドン（代用血漿剤などに用いられる），PVP = Polyvinylpyrrolidon = polyvinyl pyrrolidone 化学 バイオ 医薬

ポリビニルブチラール PVB = Polyvinylbutyral = polyvinyl butyral 化学

ポリビニルポリピロリドン（アルコール飲料，非アルコール飲料および食酢など 調味料の品質を改善するためのろ過助剤などに用いられる．出典：シンワフーズケミカル（株）ホームページ），PVPP = Polyvinylpolypyrrolidon = polyvinyl polypyrolidone 化学 バイオ 医薬

ポリビニルメチルエーテル PVME = Polyvinylmethylether 化学 バイオ 医薬

ポリビニレングリコール PVG = Polyvinylenglycol 化学

ポリフェニレンエーテル（プラスチック樹脂），PPE = Polyphenylenether = polyphenylene ether 化学

ポリフェニレンオキシド [2,6- ジメチルフェノール(2,6 - キシレノール)の縮合重合によって得られる．耐熱性・耐寒性・機械的強度に優れ，テレビのケースなどに用いられる]，PPO = Polyphenyloxid = polyphenylene oxide 化学

ポリフェニレンサルファイドじゅし ポリフェニレンサルファイド樹脂，PPS = Polyphenylsulfid = Polyphenylensulfid = polyphenylene sulfide resin 化学 電気

ポリブタジエンアクリルさんアクリロニトリル　ポリブタジエンアクリル酸アクリロニトリル, PBAN = Polybutadienacrylnitril = polybutadiene-acrylic acid acrylonitrile 化学 航空

ポリブチルイソシアネート　PBIC = Polybutylisocyanat = polybutylisocyanate 化学

ポリブチルメタクリレート（高分子膜などに用いられる）, PBMA = Polybutylmethacrylat = poly-n-butyl methacrylate 化学

ポリブチレンイソプレン　PIBI = Polyisobutylenisopren = polyisobutylene isoprene 化学

ポリブチレンテレフタレート（機械部品などに用いられる）, PBT = Polybutylenterephthalat = polybutylene terephthalate 化学 バイオ 材料

ポリフッかビニリデン　ポリフッ化ビニリデン（高耐性, 高純度な熱可塑性フッ素重合体の一つ, スライダーやタンパク質転写膜などに用いられる）, PVDF = Polyvinylidendifluorid = polyvinylidene difluoride 化学 バイオ

ポリふほうわしぼうさん　ポリ不飽和脂肪酸, PUFA = 英 polyunsaturated fatty acid = mehrfach-ungesättigte Fettsäure 化学 バイオ 医薬

ポリプロピレン（汎用プラスチックの1種）, PP = Polypropylen = polypropylene 化学 バイオ

ポリプロピレンオキシド（発泡ウレタン原料などに用いられる）, PPO = Polypropylenoxid = polypropylen oxide 化学

ポリプロピレングリコール　PPG = Polypropylenglycol = polypropylene glycol 化学

ポリペプチド　PP = Polypeptid = polypeptide 化学 バイオ 医薬

ポリベンゾチアゾール（加硫促進剤ほかへの配合に用いられる）, PBT = Polybenzothiazol = polybenzothiazole 化学

ポリマーあつまく　ポリマー厚膜（回路盤技術）, Polymer-Dickschicht 女, polymer thick film, PTF 電気

ポリミキシン（細菌の1種 Bacillus polymyxa が産生する塩基性のポリペプチド抗生物質. 出典：Weblio 辞書）, Po = Polymyxin = polymyxin バイオ 医薬

ポリメタクリルさん　ポリメタクリル酸, PMA = Polymethacrylat = polymethacrylate 化学 材料

ポリメタクリルさんメチル　ポリメタクリル酸メチル（LEXIGLAS®, PLEXIGLAS® などの原材料）, PMMA = Polymethylmethacrylat = polymethyl methacrylate 化学 バイオ

ポリメチルオクチル・ビニルメチル・ジメチルシロキサン　POMS = Polymethyloctyl-Vinylmethyl-Dimethylsiloxane 化学 バイオ

ポリメチルメタクリレート（LEXIGLAS®, PLEXIGLAS® などの原材料）, PMMA = Polymethylmethacrylat = polymethyl methacrylate 化学 バイオ

ポリメラーゼによるはつげんプラスミド　ポリメラーゼによる発現プラスミド, PET = 英 plasmid for expression by T7RNA-polymerase 化学 バイオ

ポリメラーゼれんさはんのう　ポリメラーゼ連鎖反応（DNA を選択的に増殖させる方法）, PCR = 英 polymerase chain reaction = Polymerase-Kettenreaktion (PKR), Methode in der Gentechnik 化学 バイオ

ほりゅうした　保留した（保持された, 阻止した, 残留されている）, zurückgehalten 機械 電気 設備 化学

ポリリンさん　ポリリン酸, PP = Polyphosphorsäure = polyphosphoric acid 化学 バイオ

ホルダー　Fassung 女, holder 機械

ボルト（電圧）, V = 英 volt = Spannung 電気 単位

ボルトじめトラス　ボルト締めトラス（ビーム）, Unterzug 男, 関 Tragwerk 中, Gebinde 中, underbeam 機械 建設

ボルトつぎて ボルト継手，Bolzen-verbindung 女， 類 Schraubenverbindung 女，bolted joint 機械

ボルトパスユニット Engpassaggregat 中，bottleneck unit 機械

ポルトランドセメント（モルタルや コンクリートの原料として使用されるセメントの種類の一つで，最も一般的なセメント），PC ＝英 portland cement ＝ PZ ＝ Portlandzement 建設 化学

ポルフィリンしょう ポルフィリン症，Porphyrien 中，porphyria 医薬

ポレンスケーすう ポレンスケー数(油脂中の揮発性非水溶性酸含有量を表わす)，Po-Z ＝ Polenske-Zahl ＝ Polenske number 化学 食品

ほろ（蛇腹式連結具），Faltenbalg 男，folding bellows 交通 機械

ホロこうそ ホロ酵素(アポ酵素に補欠分子族が結合した酵素)，Holoenzym 中，holoenzyme 化学 バイオ

ボロメーター（温度上昇によって抵抗が変化する物質を利用して，赤外線などの放射エネルギーを測定する装置．出典：デジタル大辞泉)，Bolometer 中，bolometer 光学 電気

ホワイトバランス Weißabgleich 男，white balance 光学 機械

ホワイトボデー（ボデーシェル），Rohbaukarosserie 女，body shell，body-in-white 機械

ホワイトメタル（主に軸受合金用)，Weißmetall 中，white metal 材料 非鉄 機械

ほんしつあんぜんぼうばくこうぞう 本質安全防爆構造[EX-ia，ib(規格)]，explosionsgeschützte Eigensicherheitsstruktur 女，explosion-proofappa-ratus（structure）電気 機械 規格

ほんしつでんあつあんぜんの 本質電圧安全の，eigenspannungssicher，英 intrinsically voltage safe，substantial voltage safe 電気 材料 機械 規格

ほんしゃ 本社，Sitz 男，head office 経営 機械

ボンデしょりする ボンデ処理する，bondern，英 bond 機械

ボンネット（カウリング），Motorhaube 女，類 関 Laterne 女，bonnet，cowling，engine hood 機械

ボンネットロックかいじょ ボンネットロック解除，Motorhaubeentriegelung 女，hood unlocking 機械

ポンプかんしモジュール ポンプ監視モジュール，Pumpenüberwachungsbaustein 男，PÜB，pump monitering module 機械 電気

ポンプケーシング Pumpengehäuse 中，類 関 Pumpenkörper 男，pump casing 機械

ポンプこうげん ポンプ光源，Pumplichtquelle 女，pumplight source 光学 音響

ポンプブロック（ポンプ本体)，Pumpenkörper 男，類 関 Pumpgehäuse 中，pump block，pump body，pump casing，pump unit 機械

ポンプほんたい ポンプ本体（ポンプブロック），Pumpenkörper 男，類 関 Pumpgehäuse 中，pump block，pump body，pump casing，pump unit 機械

ポンプをしようする ポンプを使用する，zupumpen，英 pump 機械

ほんやく 翻訳，Translation 女，translation バイオ 社会 全般

ま

マーカー Marke 女，mark，marker，front lay，sort 機械 印刷

マーケットバスケット（ほうしき） マーケットバスケット（方式），Warenkorb 男，shopping cart/basket 経営

マージン（リベット継ぎ手などのマージン），

マージン

Einpasszugabe 女, 類 関 Spanne 女,
margin 機械
まいあがり　舞い上がり，Aufstäuben 中,
whirling up 機械
まいあさ　毎朝，q.m. = ラ quaque mane
= jeden Morgen = every morning 化学
バイオ 医薬
マイクロインジケータ　Feinzeiger 男,
micro indicator 機械
マイクロカプセルふうにゅう　マイクロカ
プセル封入(マイクロカプセルとは，極小
のカプセル内に薬剤などを内包したもの
である)，Mikroverkapselung 女, mi-
croencapsulation 医薬
マイクロチャンネルプレート　[荷電粒子
(電子やイオンなど)を増幅する装置]，
Mikrokanalplatte 女, micro channel
plate, MCP 電気
マイクロはしゅうせきかいろ　マイクロ
波集積回路，MIC = 英 microwave inte-
grated circuit = Mikrowellenschaltung
電気
マイクロはでんりょくでんたつ　マイクロ
波電力伝達，MEÜ = Mikrowellen-
energieübertragung = microwave oven
power transmission 電気
マイクロはレーザーぞうふくき(誘起ビー
ム放出型)　マイクロ波レーザー増幅器，
MASER = 英 microwave amplification
by stimulated emission of radiation =
Mikrowellenverstärkung oder Moleku-
larverstärkung durch angeregte oder
induzierte Strahlungsemission 電気
光学 物理
マイクロピペット(遠心分離機中のプラス
チック反応容器)，Eppendorfgefäs 中,
nicrocentrifuge tube, microfuge tube
化学 バイオ
マイクロレンズアレイ(微小光学素子を
基板上に多数集積させる技術)，Mikro-
linsenanordnung 女, micro lens array,
MLA 光学 電気 物理
まいじかん　毎時間，qqh = ラ quaque
hora = jede Stunde = hourly 化学 バイオ
医薬

マイタはぐるま　マイタ歯車，英 miter
gear, Kegelrad 中, 類 関 Kegelgetrie-
ben, Winkelgetriebe 中 機械
まいにちいっかい　毎日1回，s.i.d. =
s.d. = ラ semal in die = einmal täglich
医薬
まいにちよんかい　毎日4回，q.i.d. =
ラ quater in die = viermal täglich =
four times daily 化学 バイオ 医薬
まいばん　毎晩，q.n. = ラ quaque nocte
= jede nacht = every night 化学 バイオ
医薬
まいびょうかいてんすう　毎秒回転数，
U/min = Umdrehungen je Minute =
rpm = rotations per minute 機械 電気
まいびょうこうせん・めん(すう)　毎秒光
線・面(数)(コンピュータによるレンズ設
計の速度単位)，RSS = 英 ray-surfaces
per second 光学 単位
まいびょうパルスすう　毎秒パルス数，
pps = 英 periods(pulses)per second =
Herz(Impulse)je Sekunde 電気 機械
物理
まいフライスかこう　舞いフライス加工，
Schlagfräsen 中, fly-cutting 材料 機械
マウスボタン　Maustaste 女, mouse but-
ton 電気
まえいた　前板，Schaffplatte 女, fore
plate 製銑 精錬 鉄鋼 非鉄
まえしょりつききょうやくこうばいほう
前処理付き共役勾配法，PCG = 英 pre-
conditioned conjugate gradient method
= vorkonditioniertes Verfahren der
konjugierten Gradienten 数学 統計
まえすくいかく　前すくい角，Spitzen-
spanwinkel 男, front top rake angle 機械
まえばね　前ばね，Vorderfeder 女,
front spring 機械
まがってたるんだ　曲がってたるんだ，
biegeschlaff, 英 limp 機械
まきあげ　巻き上げ，Wicklung 女,
winding 機械 電気 材料
まきあげでんどうき　巻き上げ電動機，
Motor zum Aufheben 男, hoisting
motor 機械 電気

まきかえ 巻替え，Neuzustellung 囡，
囲 Mauerwerk 回，new lining, relining,
brickwork 製銑 精錬 材料 非金属 設備

まきすう 巻き数，Windungszahl 囡，
number of turns, number of windings,
number of coils 材料 電気 機械

まきせん 巻線，Wicklung 囡，winding
機械 電気 材料

まきつける 巻きつける，sich ⁽³⁾ etwas
umschlingen，囲 umreifen, umgreifen,
英 coil, curl；etwas umschlingen（巻き
つく）機械

まきとりがだい 巻き取り架台，Wickel-
bock 男，winding frame 機械 操業 設備

まきとりがみいんさつ 巻取り紙印刷，
Rollendruck 男，web-fed printing 印刷

まきとりしん 巻き取り芯，Wickel-
kern 男，winding core 機械 印刷

まきとりスピンドル 巻き取りスピンドル，
Wickeldorn 男，winding mandrel,
winding spindle 機械 繊維

まきとりそうち 巻き取り装置 Aufroll-
einrichtung 囡，囲 Wickelmaschine 囡，
Wickelvorrichtung 囡，winding equip-
ment, winding device, roll-up device,
spooler 機械 繊維 印刷 操業 設備

まきとりロールギャップ 巻き取りロール
ギャップ，Wickelspalt 男，winding roll
gap 機械 印刷

まきもどし 巻き戻し，Rückspulen 回，
囲 Abroll 男，rewind 材料 機械 繊維

まきもどしがだい 巻き戻し架台，Ab-
wickelbock 男，rewinding frame 操業
設備 機械

まきもどしき 巻き戻し機，Ablauf-
haspel 囡（男），pay off reel 機械 材料
印刷

まきもどしリール 巻き戻しリール，ab-
gewickelte Tambour 囡，囲 Leertam-
bour 囡，pay off reel 機械

まくかいごう 膜会合，Assoziation 囡，
囲 Membranassoziation 囡，associa-
tion バイオ 医薬

まくかんつうゆそう 膜貫通輸送，der
transmembranöse Transport 男，

transmembrane transport バイオ 医薬

まくけつごうがためんえきグロブリン
膜結合型免疫グロブリン（B 細胞の細胞
表面に結合する免疫グロブリン）mIg =
membrangebundes Immunglobulin =
membrane-bound immunoglobulin
バイオ 医薬

マグネットがたたまじくうけ マグネット
型玉軸受，Schulterkugellager 回，mag-
neto ball bearing 機械 電気

マグネットハイドロダイナミックくどう
マグネットハイドロダイナミック駆動，
magnetohydrodynamischer Antrieb 男，
magnetohydrodynamic drive 機械 電気

まくめんえきけいこう（ほう） 膜免疫
蛍光(法)，MIF = Membranimmunfluo-
reszenz = membrane immunofluores-
cence バイオ 医薬 光学

マグようせつ マグ(MAG)溶接，MAG
= Metall-Aktivgas-Schweißen = metal
active gas welding 溶接 材料

まくらぎ 枕木，Schwelle 囡，thresh-
old, sill, sleeper 交通 機械 建設

マクロライドけいこうせいぶっしつ マク
ロライド系抗生物質（マイコプラズマ肺炎
の第一選択薬），Makrolidantibiotikum
回，macrolide antibiotic バイオ 医薬

まげ 曲げ，Biegung 囡，deflexion,
flexure 材料 操業 設備 建設

まげごうせい 曲げ剛性，Biegestei-
figkeit 囡，bending rigidity 機械 材料

まげせい 曲げ性，Biegefähigkeit 囡，
bendability 材料 操業 設備

まげつよさ 曲げ強さ，Biegefestigkeit 囡，
bebding strength 材料 操業 設備 建設

まげテスト 曲げテスト，Faltversuch 男，
bending test 材料

まげテストようおしかなぐちょっけい
曲げテスト用押し金具直径，Biegedorn-
durchmesser 男，bending mandrel di-
ameter 材料 操業 設備

まげへんけいがく 曲げ変形額，Biege-
betrag 男，amount of deflection 材料
操業 設備 建設

まげモーメント 曲げモーメント，Biege-

moment 中, bending moment 材料
操業 設備 建設

まさつかくはんせつごう 摩擦攪拌接合,
Rührreibschweißen 中, friction stir
welding, FSW 材料 溶接

まさつクラッチ 摩擦クラッチ, Reibungs-
kupplung 女, friction clutch 機械

まさつぐるま 摩擦車, Reibrad 中,
friction wheel 機械

まさつけいすう 摩擦係数, Reibungs-
koeffizient 男, coefficient of friction
機械 材料 化学 物理

まさつていこう 摩擦抵抗, Reibungs-
widerstand 男, frictional resistance
機械 材料 化学 物理

まさつでんきの 摩擦電気の, triboelekt-
risch, 英 triboelectric 電気 機械 物理

まさつれんけつの 摩擦連結の, reib-
schlüssig, 英 frictionally locked 機械

まさど まさ土, der zresetzte Granit 男,
decomposed granite 地学 物理

マシーンベースフレーム Maschinen-
grundkörper 男, machine base, ma-
chine body 機械

マシーンボデー Maschinengrundkör-
per 男, machine base, machine body
機械

ますいをかける 麻酔をかける, narkoti-
sieren, 類 anästhesieren, 英 anesthe-
tize 医薬

マスチックアスファルト Gussasphalt 男,
mastic asphalt, poured asphalt 建設 化学

マストさいぼう マスト細胞, Mastzelle
女, mast cell, mastocyte バイオ

まぜる 混ぜる, versetzen, 関 verschie-
ben, vermischen, displace, mix 精錬
材料 化学 機械

まだらちゅうてつ 斑鋳鉄, halbiertes
Gusseisen 中, mottled cast iron 鋳造 製銑
材料

まちぎょうれつさくいんじゅんアクセス
待ち行列索引順アクセス, QISAM = 英
queued indexed sequential access meth-
od 電気

まちぎょうれつでんきつうしんアクセスほ

うしき 待ち行列電気通信アクセス方
式, QTAM = 英 queued telecommunica-
tions access method 電気

まっしょうけっかんていこう 末梢血
管抵抗, PVR = 英 peripheral vascular
resistance = peripherer Gefäßwider-
stand 医薬

まっしょうけつりゅう 末梢血流, PBF
= peripherer Blutfluss = peripheral
blood flow 医薬

まっしょうしんけい 末梢神経, PN =
peripherer Nerv = peripheral nerve
医薬

まっしょうしんけいしげき 末梢神経刺
激, PNS = periphere Nervenstimula-
tion = peripheral nerve stimulation
医薬

まっしょうしんけいしょうがい 末梢
神経障害, PN = PNP = periphere Neu-
ropathie = peripheral neuropathy 医薬

まっしょうティーさいぼうリンパしゅ 末
梢 T 細胞リンパ腫, PTL = peripheres
T-Zellen-Lymphom = peripheral T-cell
lymphoma 医薬

まっしょう(けつりゅう)ていこう 末梢
(血流)抵抗, PR = periphere Resistenz
= peripheral resistance 医薬

まっしょうていこうたんい 末梢抵抗単
位, PRU = 英 peripherial resistance
unit = periphere Resistenzeinheit 医薬
単位

まっしょうどうみゃくりゅう 末梢動脈流,
PAD = periphere arterielle Durchblu-
tung = peripheral arterial blood flow
末梢動脈流 医薬

マッドガン Stichlochstopfmaschine 女,
mud gun, blast furnace gun 製銑 精錬
地学 機械 非金属

マッドポンプ Spülpumpe 女, mud pump
機械 化学 バイオ 建設

マッピング Kartierung 女, mapping バイオ

**マトリックスしえんレーザー・だつりイオ
ンか・ひこうじかんがた** (ティー・オー・
エフがた)**しつりょうぶんせきほう** マト
リックス支援レーザー・脱離イオン化・飛

マトリックスしえんレーザー・だつりイオンか 行時間型（TOF 型）質量分析法，MAL-DI/TOFMS ＝英 matrix assisted laser desorption/ionization time-of-flight mass spectrometry 化学 電気

マトリックスメタロプロテアーゼ MMPs ＝ Matrix-Metallo-Proteasen ＝ matrix-metalloproteases 化学 バイオ 医薬

まどわく 窓枠，Flügelrahmen 男，window sash，wing-frame，vent frame 機械 建設

マニピュレータ Kantvorrichtung 女，manipulator，tilting device 機械

マニフォールド Krümmer 男，bend，elbow，manifold 機械

マニフォールド Sammelrohr 中，collecting pipe，manifold 機械

まぬがれない （〜を）免れない（定められている），unterliegen，etwas$^{(3)}$〜，英 be subject to〜 機械 全般 経営 特許 規格

マノメータすいとう マノメータ水頭，manometrische Druckhöhe 女，manometric pressure altitude，manometric deliverry head 機械 物理 化学

マメかしょくぶつ マメ科植物，Schmetterlingsblütler 男 複 類 Leguminose 女，英 Papilionaceae family バイオ

まめつの 摩滅の，abrasiv，英 abrasive 材料 機械

まもう 摩耗，Verschl. ＝ Verschleiß ＝ wear ＝ abrasion 材料

まもるべきもの （生命，生活，健康，水質などの）守るべきもの，Schutzgüter 中 複，objects of protection，the most important protected assets，the things in need of protection 環境 化学 バイオ 医薬

マランゴニこうか マランゴニ効果（界面に誘起される流動をいう），Marangoni-Effekt 男，英 Marangoni effect 物理 エネ 化学 バイオ

まるあたまねじ 丸頭ねじ，Halbrundschraube 女，french fillister head screw，round-head screw 機械

まるさき 丸先，Linsenkuppe 女，oval point，round point 機械

まるさきバイト 丸先バイト，Schneidkante

男，類 gerader Radiusdrehmeißel 男，round nose tool 機械

まるさらリベット 丸皿リベット，Flachrundniet 男，類 Linsenrundniet 男，flat-round rivet,truss head rivet 機械

マルチタスクしょり マルチタスク処理，Multitaskbetrieb 男，multitasking 電気

マルチディスククラッチ Lamellenkupplung 女，multi-disc clutch 機械

マルチトラック Mehrspur 女，multi-truck 機械

マルチプル・スリップ・ジョイント・グリップ・プライヤー Wasserpumpenzunge mit Gleitgelenk，multiple slip joint gripping plier 機械

マルチほうこうへそうしんする マルチ方向へ送信する，rundsenden，英 send round 電気 機械

マルチモードファイバー MMF ＝英 multi-mode-fiber ＝ Multimode-Faser 光学

マルテンサイト Martensit 男，martensite 材料 物理

まるナット 丸ナット，Rundmutter 女，round nut 機械

まるのこばん 丸のこ盤，Kreissägemaschine 女，circular saw machine，disc saw machine 機械

まるひらこねじ 丸平小ねじ，Linsenschraube 女，oval flat-head screw 機械

まるみづけ 丸み付け，Rundung 女，curve，rounding 機械 数学 統計

まるめ 丸め，Rundung 女，curve，rounding 機械 数学 統計

まる（あたま）**リベット** 丸（頭）リベット，Halbrundniet 男，button-head rivet 機械

マレインさんヒドラジド マレイン酸ヒドラジド（植物成長調整剤および除草剤として使用されている），MH ＝ Maleinsäurehydrazid ＝ maleic acid hydrazide 化学 バイオ 環境

マレインさんモノエチルエステル マレイン酸モノエチルエステル，MAME ＝英

maleic acid monoethylester = Maleinsäuremonoethylester 化学 バイオ 医薬

マロンジアルデヒド ［3,3'-メチレンビス(2-ヒドロキシベンゼンカルボン酸)：脂質過酸化分解生成物の一つであり, 脂質過酸化の主要なマーカーとしてよく用いられる], MDA = Malondialdehyd = malondialdehyde 化学 バイオ 医薬

まわしいた 回し板, Mitnehmerscheibe 女, entrainer disc, driving plate, flange coupling, clutch disc 機械

まわしてはなす まわして離す, losdrehen, unscrewing, loosening 機械

まわしぶた まわし蓋, Schraubdeckel 男, screw-down cover, screw cap, screw-type closure 機械

まわりたいぐう 回り対偶, Drehpaar 中, turning pair 機械

まんせいきかんしえん 慢性気管支炎, chronische Bronchitis 女 英 chronic bronchitis 医薬

まんせいじょうみゃくしっかん 慢性静脈疾患, CVD = 英 chronic veneous disorders = chronische venöse Störungen 医薬

まんせいの 慢性の, chronisch, 関 akut, 英 chronic 医薬

まんせいへいそくせいはいしっかん 慢性閉塞性肺疾患, COLD = 英 chronic obstructive lung disease = chronische obstruktive Lungenkrankheit, 類COPD = 英 chronic obstructive pulmonary disease 医薬

まんせいへんえんせいししゅうえん 慢性辺縁性歯周炎, chronische Parodontitis marginalis 女, 類 chronische marginale Paradentose 女, chronic marginal periodontitis 医薬

マンデルさん マンデル酸, Mandelsäure 女, mandelic acid 化学 バイオ

マンドレル Fräsdorn 男, cutter arbor, mandrel for shaping machine 機械 材料

マンドレル・パイラー Dornstapler 男, mandrel piler 機械

マンノース (植物の単糖類, $C_6H_{12}O_6$), Man = Mannose = mannose 化学 バイオ

まんりょう 満了, Ablauf 男, expiration 経営

み

ミエロブラスト MB = Myeloblast = myeloblast cells バイオ 医薬

ミオヘモグロビン MHb = Myohämoglobin = myohemoglobin バイオ 医薬

みかけねんど 見掛け粘度, scheinbare Viskosität 女, apparent viscosity 機械 化学 物理

みかづきがたの 三日月形の, mondsichelförmig, 英 crescent shaped 全般

みぎかはいじょうみゃく 右下肺静脈, RLPV=英 right lower pulmonary vein = rechte untere Pulmonalvene 医薬

みぎかはいよう 右下肺葉, RLL = 英 right lower (lung) lobe = rechter unterer Lungenlappe 医薬

みぎかようきかんし 右下葉気管支, RLLB = 英 right lower lobe bronchus = rechte Unterlappen-Bronchien 医薬

みぎけんこうこつぜんい 右肩甲骨前位, RScA = 英 right scapula anterior 医薬

みぎしただいどうみゃく 右下大静脈, RIVC = 英 right inferior vena cava = rechte untere Hohlvene 医薬

みぎしつがい(こつ)こっせつ 右膝蓋(骨)骨折, RPF = rechte Patella-Fraktur = right patella fracture 医薬

みぎじょうちょくきん 右上直筋(眼球運動に関与), RSR = rechter superior rectus (Muskel)= right superior rectus 医薬

みぎせんこつこうい 右仙骨後位(胎位), RSP=英 right sacroposterior (position)

みぎぞろえの　右揃えの, rechtsbündig, right justified 電気 印刷

みぎちゅうようきかんし（肺の）右中葉気管支, RMLB = rechte Mittellappen-Bronchie = right middle lobe bronchus 医薬

みぎねじ　右ねじ, rechtsgängige Schraube 女, right-hand thread, right-hand screw 機械

みぎねじれの　右ねじれの, rechtssteigend, 英 right-hand helix, dextrotorsion 材料 機械

みぎハンドルうんてん　右ハンドル運転, RHD = 英 right hand drive = Rechtssteuerung bei Autos 機械

みぎひざ　右膝, RK = rechtes Knie = right knee 医薬

みぎへのかいてん（めいれい）（コンピュータのバイトまたはワード単位のビット列の）右への回転（命令）, ROR = rotate right byte or word = rotieren Byte nach rechts 電気

みぎまわり　右回り, Rechtslauf 男, clockwise rotation 機械 化学

みぎもんみゃくじょうみゃく　右門脈静脈, RPV＝英 right portal vein = rechte Pfortader 医薬

みぎよせの　右寄せの, rechtsbündig, 英 right justified 電気 印刷

ミグようせつほう　ミグ溶接法（ミグ溶接ワイヤーを電極とする不活性ガスアーク溶接法）, MIG = Metall-Inertgas（Schutzgas）Schweißverfahren = metal-inert-gas welding process 溶接 機械

ミクロソームアルコールさんかシステム　ミクロソームアルコール酸化システム, MAOS = mikrosomales Alkoholoxidationssystem = microsomal alcohol oxidation system 化学 バイオ 医薬

ミクロソームヘムさんかこうそ　ミクロソームヘム酸化酵素, MHO = mikrosomale Hämoxygenase = mikrosomal heme oxygenase 化学 バイオ 医薬

ミクロろか　ミクロ濾過（0.1～1.4μmの濾過能力）, Mikrofiltration 女, MF, microfiltration 化学 バイオ

みじかいたんぶ　短い端部, Stumpf 男, stub 機械 溶接 数学 統計

ミスアラインメント　Versatz 男, offset, displacement, misalignment 機械 物理 電気 数学 統計

みずうけよういた　水受け用板, Wasserfangleiste 女, drift eliminator strip 機械 エネ

みずしげんたいさくほう　水資源対策法, WHG = Wasserhaushaltsgesetz = the Water Resources Act 環境 リサイクル 化学 バイオ 医薬 法制度

ミスセンスとつぜんへんい　ミスセンス突然変異, Fehlinmutation 女, missense mutation バイオ 医薬

みずベースとがた　水ベース塗型, Wasserschlichte 女, water-based coating 鋳造 機械

みずようかいふじゅんぶっしつ　水溶解不純物質, Wasserinhaltsstoffe 男 複, substances in water, water impurities, water-borne substances, water constituents 化学 バイオ 医薬 環境

みずりゅうりょう　水流量, Wasserdurchsatz 男, water flow rate 機械 化学

みぞ　溝, Fuge 女, 類 Riefe 女, Sicke 女, groove, gap, seam, joint 溶接 機械 材料

みぞあんない（スライドする）溝案内, Nutenstein 男, sliding block 機械

みぞがたこう　溝形鋼, Rinennstahl 男, 類 U-Träger 男, channel shaped steel, channel, U-steel, trough sections 材料 鉄鋼 建設

みぞカム　みぞカム, Nutscheibe 女, grooved cam, washer 機械

みぞつきナット　みぞ付きナット, Kronenmutter 女, castellated nut 機械

みぞバイト　みぞバイト（旋盤用）, Einstechstahl 男, recessing tool, cutting-off tool 機械

みぞをつける　溝をつける, aussparen, 英 notch, recess 機械

みぞをつけること 溝をつけること，Einkerbung 囡, to notch, to groove 機械

みっちゃくしきじどうれんけつき 密着式自動連結器，starre Kupplung 囡, riged coupling, fixed coupler 機械 交通

みつど 密度，Dichte 囡, density 機械 化学 バイオ エネ

みっぺいサイクルガスタービン 密閉サイクルガスタービン，geschlossener–Kreisprozess-Gasturbine 囡, closed cycle gas turbine 機械 エネ

みつまきコイルばね 密巻きコイルばね，geschlossene Schraubenfeder 囡, tightly wound coil spring 機械

みつまきばね 密巻きばね，dicht gewickelte Schraubenfeder 囡, tightly wound coil spring 機械

みぶんかくこうぶんしへパリン 未分画高分子ヘパリン，UFH = unfraktioniertes hochmolekulares Heparin = unfractionated high-molecular-weight heparins バイオ 医薬

みほん 見本，Exemplar 中, copy, specimen 印刷 材料

みゃくかん 脈管，Gefäß 中, vessel, container, case 医薬 バイオ 機械

みゃくせき 脈石，Gang 男, gangue 地学 化学 製銃 機械

みゃくどうちゅうしゅつとう 脈動抽出塔，pulsierte Extraktionskolonne 囡, pulsed extraction column 化学 バイオ

みゃくどうでんりゅう 脈動電流，pulsierender Strom 男, pulsating current 電気

みりんかいの 未臨界の，unterkritisch, 英 subcritical 化学 原子力 物理

ミルエッジ Naturkante 囡, mill edge, natural edge 材料 機械

ミルクたんいきょうど ミルク単位強度[1MeS = 0.25kgStE, 1StE(1g 当たり) = 2.36kcal], MeS = Milcheinheit-Stärke = milk unit stength 化学 バイオ 医薬 単位

みんかんこうくうおうようぎじゅつかいはつセンター （有限会社)民間航空応用技術開発センター(クラスター"Hamburg Aviation"と協働関係にある)，ZAL = Zentrum für Angewandte Luftfahrtforschung GmbH in Hamburg = Hamburg's center for Applied Aeronautical Reserch 航空 全般 組織

む

むがいかしゃ 無蓋貨車，offener Güterwagen 男, open waggon, uncovered freight car 交通

むかえかく 迎え角，Anstellwinkel 男, 関 Erhöhungswinkel 男, Erhebungswinkel 男, elevation angle, angle of attack(AOA), apporch angle, angle of incidence, angle of inclination 機械 光学 エネ 電気

むきか 無機化，Mineralisierung 囡, mineralization 化学 バイオ 地学

むきけいねんけつざい 無機系粘結剤，AOB = anorganischer Binder = inorganic binder 鋳造 化学 機械

むきしつひりょうとうかきじゅん 無機質肥料等価基準(有機肥料特に馬屋肥，水肥などの栄養素有効性の指標)，MDÄ = Mineraldüngeräquivalent = Bezugsmassstab für die Nährstoffwirksamkeit von organischen Düngern, insbesondere Wirtschaftsdüngern(Stallmist, Jauche, Gülle) = mineral fertilizer equivalent 化学 バイオ

むきの 無機の anorganisch, 英 inorganic 化学

むきゅうでんそし 無給電素子，parasitäres Element 中, parasitic element 電気 機械

むきんせいほしょうレベル 無菌性保証レベル，SAL = 英 sterility assurance

level = Sterilitätssicherungsgrad 化学
バイオ 医薬

むきんの 無菌の, aseptisch, 英 aseptic 化学 バイオ 医薬

むくりアーチ 英 camber arch 建設

むけっかん（うんどう） 無欠陥（運動）, ZD = 英 zero defects = Null-Fehler 操業 設備 製品 品質 経営

むげんインパルスおうとう 無限インパルス応答, IIR = 英 infinite impulse response 電気

むげんよくれつ 無限翼列, unendliche Gitterschaufel 女, infinite cascade エネ 機械 航空

むこうがいしゃ 無公害車, ZEV = 英 zero emission vehicle = Abgasloses Fahrzeug 機械 環境

むこうのせんげん 無効の宣言, Nichtigkeitserklärung 女, annulment, anullification 特許

むさくいちゅうしゅつほう 無作為抽出法, Zufallauswahl 女, random sampling；einfache Zufallsauswahl（単純無作為抽出法）数学 統計 品質

むさくいに 無作為に, zufällig, random 数学 統計

むさんか 無酸化, Anoxidation 女, non-oxidation 化学 バイオ

むさんその 無酸素の, anoxisch, 英 anaerobic 化学 バイオ

むしこうせいの 無指向性の, OD = 英 omnidirectional = omnidirektional = runddirektional 電気 物理 光学 材料

むしこうせいむせんひょうしき 無指向性無線標識（主に中波を用いて航空機の航法援助を行う無線標識）, NDB = 英 non-directional beacon = ungerichtetes, rundstrahlendes Kreisfunkfeuer 電気 航空

むしする 無視する, vernachlässigen, 類 außer acht lassen, außer Betracht lassen 数学 統計 電気 機械

むしぶんれつ 無糸分裂, Fragmentierung 女, fragmentation, amitosis 化学 バイオ

むしょうじょうせいとうにょうびょう 無症状性糖尿病, SD = subklinischer Diabetes = subclinical diabetes バイオ 医薬

むしょうてんてきけつぞう 無焦点的結像, afokale Abbildung 女, afocal imagery 光学

むじんこうくうき 無人航空機, unbemanntes Flugzeug 中, unmanned aircraft, pilotless aircraft 航空 機械 電気

むじんの 無人の, fahrerlos, 類 unbemannt, unmanned, pilotless 機械 操業 設備

むすいか 無水化, Absolutierung 女, dehydration 化学 バイオ

むすいさくさん 無水酢酸, Essigsäureanhydrid 中, acetic anhydride, ethanoic anhydride 化学

むすいしょうたいがん 無水晶体眼（白内障の手術を行ない, 水晶体を取り去ってしまった眼）, das aphake Auge 中, aphakic eye 医薬 光学

むすいマレインさん 無水マレイン酸, Maleinsäureanhydrid 中, maleic anhydride 化学

むすいりゅうさん 無水硫酸, Schwefeltrioxid 中, sulphur trioxide, SO_3 化学

むすびつける （帯金で）結びつける, umreifen, 関 umschlingen, umgreifen, 英 strap 機械

むせいの 無性の, vegetativ, 英 vegetative 化学 バイオ

むせきついどうぶつ 無脊椎動物, Evertebraten 男 複, 類 wirbellose Tiere 中 複, invertebrate バイオ

むせんじほういしじき （航空機の）無線磁方位指示器, RMI = 英 radio magnetic indicator = Funk-Magnet-Inddikator 電気 航空

むせんしゅうはすうぼうがい 無線周波数妨害, RFI = 英 = radio frequency interference = Hochfrequenzstörung 女 電気

むせんつうしんしょいちのひょうていき 無線通信所位置の標定器, RPF = 英 radio position finder = Funkpeilgerät

〔電気〕〔航空〕
むせんつうしんをけいゆして 無線通信を経由して, OTA =〔英〕over-the-air 〔電気〕〔機械〕

むせんネットワークしゅうたん 無線ネットワーク終端, RNT =〔英〕radio network termination = Funk-Netzabschluss 〔電気〕

むそうかんきんしつぶんぷ（もよう） 無相関均質分布（模様), IID =〔英〕independent and identically distributed = Unabhängige, identische Verteilung 〔光学〕

むだんへんそくトランスミッション 無段変速トランスミッション, stufenlos einstellbare Übersetzung〔女〕, stepless regulation transmission, variable speed transmission, continuously variable transmission 〔機械〕

むちうちしょう むち打ち症, Halswirbelsäule-Verletzung〔女〕,〔類〕HWS-Verletzung〔女〕, Injuries to the cervical spine 〔医薬〕

むちつじょでゆるいつめこみじょうたい 無秩序で緩い詰め込み状態（粒子の詰め込み状態), RLP =〔英〕random-loose-packed 〔物理〕

むていでんでんげんそうち 無停電電源装置, UPS =〔英〕uninterruptible power supply = unterbrechungsfreie Stromversorgung 〔電気〕

むひずみへんちょう 無ひずみ変調, verzerungsfreie Modulation〔女〕, distortionless modulation 〔電気〕〔機械〕

むふかうんてん 無負荷運転, Leerlauf〔男〕, idling, running without load 〔機械〕

むふかいほうでんあつ 無負荷開放電圧, Leerlaufspannung〔女〕, no-load voltage, open-circuit voltage 〔電気〕〔機械〕

むふかさいていかいてんそくど 無負荷最低回転速度, kleinste Leerlaufdrehzahl〔女〕, least idling speed 〔機械〕

むほうこうせいそしき 無方向性組織, ungerichtete Strukutur〔女〕, non-oriented structure 〔材料〕〔物理〕

むゆうどうの 無誘導の, NI =〔英〕non-inductive = induktionsfrei 〔電気〕〔化学〕〔物理〕

むようりょくかく 無揚力角, Nullauftriebswinkel〔男〕, no-lift angle, zero-lift angle 〔航空〕〔機械〕

ムラサキウマゴヤシ（紫馬肥), Luzerne〔女〕, lucerne, alfalfa 〔バイオ〕

めいさいしょ 明細書, Lastenheft〔中〕, performance specification 〔機械〕〔設備〕〔特許〕〔規格〕

めいど 明度, Helligkeit〔女〕, luminous intensity 〔電気〕〔光学〕

めいどしんごう 明度信号, Helligkeits-signal〔中〕, luminance signal 〔電気〕〔光学〕

めいばん 銘板, Leistungsschild〔中〕, name plate, face plate 〔機械〕

メインシャフト (トランスミッションのメインシャフト), Getriebehauptwelle〔女〕, transmission main shaft 〔機械〕

メインボード Hauptplatine〔女〕, main board, mother board 〔電気〕

メインワイヤー Hauptdraht〔男〕, main wire 〔溶接〕〔機械〕

メータクラスター Instrumentengruppe〔女〕, meter cluster 〔機械〕

メータリングバルブ Messventil〔中〕, metering valve 〔機械〕〔電気〕

メートルげんき メートル原器, Meter-Prototyp〔男〕, meter standard 〔機械〕〔電気〕

メートルねじ メートルねじ, metrisches Gewinde〔中〕, metric thread 〔機械〕

メガエネルギーそうとうきょうきゅうしりょうたんい メガエネルギー相当供給飼料単位, MEF = megaenergetische Futtereinheit（1MEF = 106EF) 〔化学〕

メカエリス・メンテンのしき　メカエリス・メンテンの式(酵素反応速度と基質濃度の関係を示す)，Michaelis-Menten-Gleichung 女，英 Michaelis-Menten-equation 化学 バイオ

メカニカルシール　mechanische Dichtung 女，mechanical seal 機械

メス　メス[2-(N-モルホリノ)エタンスルホン酸]，MES =英 -2-(N-morpholinyl)ethanesulfonic acid，関 PIPES 化学

メソメリーこうか　メソメリー効果，M-Effekt = mesomerer oder Mesometrie-Effekt = mesomeric effect 化学 物理

メソメリーの　mesomer，英 mesomeric 化学 物理

メタい　メタ位，meta-Position 女，類 meta-Stellung 女，meta position 化学

メタクリルさん　メタクリル酸，Methacrylsäure 女，methacrylic acid 化学

メタジニトロベンゼン　m-ジニトロベンゼン(生化学用試薬，染料の原料として用いられる)，MDNB = Metadinitrobenzol = m-dinitrobenzene 化学 バイオ 医薬 環境

メタセンター　Metazentrum 中，metacenter 船舶 機械

メタノール　Methanol 中，methanol，methyl alcohol，CH_3OH 化学

メタロプロテアーゼそしきインヒビター　メタロプロテアーゼ組織インヒビター，TIMP =英 tissue inhibitor of metalloproteases，類 関 Inhibitors der MMPs バイオ 医薬

メチシリンたいせいおうしょくブドウきゅうきん　メチシリン耐性黄色ブドウ球菌，MRSA = Methicillin-resistenter Staphylococcus aureus = methicillin resistant staphylococcus aureus バイオ 医薬

メチルアクリレート　Methylacrylat 中，methyl acrylate 化学

メチルアゾキシメタノール　MAM = Methylazoxymethanol = methylazoxymethanol 化学 バイオ 医薬 環境

メチルイソブチルケトン　(ケトンに分類される有機溶媒の一種，キレート滴定などに用いられる)，MIBK = MIK = Methylisobutylketon = methyl isobutyl ketone 化学

メチルエチルケトン　(ケトンに分類される有機溶媒の一種)，MEK = Methylethylketon = methylethylketone 化学

メチルか　メチル化，Methylierung 女，methylation 化学 バイオ

メチルグリオキサール　(抗炎症作用や高い抗菌作用がある)，MG = Methylglyoxal = methylglyoxal バイオ 医薬

メチルシクロヘキサン　(水素の貯蔵・輸送に使われる)，MCH = Methylcyclohexan = methylcyclohexane 化学 機械

メチルシクロペンタン　(重質油に含まれ，異性化脱水素反応によりベンゼンに変換される)，MCP = Methylcyclopentan = methylcyclopentane 化学

メチルティーアニルエーテル　(メチル tアニルエーテル)　MTAE = Metyl-tertiär-anyl-ether = methyl tertiary anyl ether 化学 機械

メチルティーブチルエーテル　(オクタン価向上剤，$C_5H_{12}O$)，MTBE = Metyl-tertiär-butyl-ether = methyl tertiary butyl ether 化学 機械

メチルブロモウラシル　MBU = 1-Methyl-5-Bromuracil = 1-methyl-5-bromouracil バイオ 医薬

メチルメタクリレート・ブタジエン・スチレンきょうじゅうごうじゅし　メチルメタクリレート・ブタジエン・スチレン共重合樹脂，MBS = Methylmethacrylat-Butadien-Styrol-Misch-polymerisat = methylmethacrylate-butadiene-styrene resin 化学 材料

メチルゆうどうたい　メチル誘導体，MD = Methylderivat = methyl derivative 化学 バイオ 医薬

メチレンジフェニルジイソシアネート　(硬質ポリウレタンフォームの原料として用いられる)，MDI = Methylen-Diphenyl-Diisocyanat = methylene diphenyl diisocyanate 化学 材料 建設

メチロトローフせいの メチロトローフ性の, methylotroph, 英methylotrophic 化学 バイオ

めっきんする 滅菌する, sterilisieren, 英sterilize 化学 バイオ 医薬

メッケルけいしつ メッケル憩室, MD = Meckelsches Divertikel = Meckel diverticulum メッケル憩室 医薬

メッシュ Geflecht 中, fabric, net 化学 バイオ 医薬 繊維

メッシュクロス Maschengewebe 中, mesh cloth 機械 繊維

メッシュじょうの メッシュ状の, maschig, netted 機械 化学

メッセージにんしょうコード メッセージ認証コード, MAC = 英message authentification code 電気

メッセンジャー Botenstoff 男, allomone, messenger バイオ 医薬

メッセンジャーアール・エヌ・エー メッセンジャーRNA, Boten-RNA 女, messenger RNA バイオ 医薬

メディア （情報伝達のメディア）, Medium 中, 英medium 電気 機械

メディアクラッシュ Medienbruch 中, media crash, media discontinuity 電気

メトキシソラレンとしがいせんエーのへいようによるかんせんのちりょうほう メトキシソラレンと紫外線Aの併用による乾癬の治療法, PUVA = 8-Methoxy-Psoralen-Ultraviolett A(-Therapie) = 8-methoxypsoralen and ultraviolet A (therapy) 医薬 光学

メトキシヒドロキシフェニルグリコール （アドレナリン代謝分解中間生成物）, MHPG = 3-Methoxy-4-hydroxyphenyl-ethylen-glycol = 3-methoxy-4-hydroxyphenyl-ethylen-glycol バイオ 医薬

メニスカス Meniskus 男, 類 関 Kuppe 女, meniscus 精錬 連鋳 材料 機械 化学 バイオ 医薬 光学

メニューアイテム Menüfeld 中, 類 Menüpunkt 男, menu item 電気

メニューバー Menüleiste 女, menu bar

電気

めねじのがいけい 雌ねじの外径, Außendurchmessser des Muttergewindes 男, outside diameter of tht nut thread 機械

めねじのたにけい 雌ねじの谷径, Getriebekerndurchmesser 男, core diameter of tht nut thread 機械

めねじのないけい 雌ねじの内径, Kerndurchmesser der Mutter 男, 類 Hauptdurchmesser der Mutter 男, major diameter of nut thread 機械

めねじやまかけ 雌ねじ山欠け, Innengewinde- Ausgerissen 中, chipping of internal thread 機械

めの 眼の, ophthalmisch, 英 ophthalmic 医薬 光学

めのあらい 目の粗い, locker, 英coarse, rough 化学 機械 材料

めまい （目眩い）, Schwindel 男, vertigo, dizziness 医薬

めもり 目盛, Skala 女, scale 電気 機械

メモリー Speicher 男, storage, accumulator, memory, SP 電気 機械 化学

メモリースロット Speicherbank 女, memory slot 電気

めもりさだめ 目盛定め, Kalibrierung 女, calibration 電気

メラニンがさいぼう メラニン芽細胞, Mb = Melanoblast = melanoblast バイオ 医薬

メラミン・にょうそ・ホルムアルデヒドじゅし メラミン・尿素・ホルムアルデヒド樹脂, MUF = 英melamine urea formaldehyde resin = Melanin-Harnstoff-Phenol-Form-aldehyd Kunststoff 化学 材料

メルカプトベンゾチアゾール （加硫促進剤ほかとして用いられる）, MBT = Mercaptobenzothiazol = mercapto-benzo-thiazol 化学

めんあつ 面圧, Flächenpressung 女, face pressure, pressure per unit of area 機械

めんえき 免疫, Immunität 女, immu-

めんえききんコロイドーぎんせんしょく 免疫金コロイドー銀染色，IGSS = Immunogold silber staining = Immunogold–Silberfärbung 化学 バイオ

めんえきグロブリン 免疫グロブリン，Immunglobulin 中，immunoglobulin, IG バイオ 医薬

めんえきグロブリンけつごういんし 免疫グロブリン結合因子，IBF = Immunglobulinbindender Faktor = immunoglobulin-binding factor バイオ 医薬

めんえきグロブリンジー 免疫グロブリン G，IgG = Immunglobulin G = immunoglobulin G バイオ 医薬

めんえきけいこうほう 免疫蛍光法，Immunfluoreszenz 女，immunofluorescence method, immunofluorescence, IF 化学 バイオ 医薬

めんえきコンプレックス 免疫コンプレックス（免疫複合体），IC = 英 immune complex = Immunkomplex バイオ 医薬

めんえきさいぼう 免疫細胞，Abwehrzelle 女，immune cell, defence cell バイオ 医薬

めんえきたい 免疫体，IK = Immunkörper = immune body 免疫体 バイオ 医薬

めんえきでんきえいどうほう 免疫電気泳動法，IEA = immunelektrophoretische Analyse = immunoelectrophoresis analysis 化学 バイオ 医薬 電気

めんえきふくごうたい 免疫複合体（免疫コンプレックス），IK = Immunkomplex = immune complex バイオ 医薬

めんえきふぜんしょうこうぐん 免疫不全症候群，IDS = Immundefektsyndrom = immunodeficiency syndrome バイオ 医薬

めんがいしんどう 面外振動，Out-of-Plane-Schwingung 女，out-of-plane-vibration 光学 電気 物理 化学

めんかんれんの 面関連の，flächenbezogen，英 areal 機械 エネ 数学 統計

めんしんりっぽうこうし 面心立方格子，FCC = 英 face-centered cubic lattice = kubisch-flächenzentriertes Kristallgitter (KFZ) 材料 機械 物理 化学

めんせきせんりょう 面積線量，Dosis-flächenprodukt 中，dose area product, DAP 原子力 放射線 医薬

めんせん 面線，Mantellinie 女，surface line, directrix 機械 化学

メンテナンス Instandhaltung 女，類 Wartung 女，maintenance 操業 設備

めんとり 面取り，Kantenbrechen 中，類 Abschrägen 中，Abfasen 中，facing 機械

めんとりかこうした 面取り加工した，plangedreht，類 fasen, anschrägen，英 faced，英 mechanically reworked，英 faceturned 機械

めんとりしたかど 面取りした角，Fase 女，faced corner 機械 溶接

めんとりする 面取りする，fasen，類 anschrägen, plandrehen，英 face，英 mechanically rework，英 faceturne，英 bevel，英 chamfer 機械

めんとりば 面取り歯，entgratete Zähne 女，類 abgeschrägte Zähne 女，chamfered tooth 機械

めんとりばん 面取り盤，Kehlmaschine 女，類 Formmaschine 女，Zahnkantenfräsmaschine 女，chamfering machine 機械

めんないしんどう 面内振動，In-Plane-Schwingung 女，in-plane vibration 光学 電気 物理 化学

メンバ Glied 中，member 機械 化学

めんばん 面板，Planscheibe 女，face plate 機械

モアレかんしょうじま モアレ干渉縞，Moire-Interferenzstreifen 男，moire

interference pattern, moire interference fringe 光学 電気 機械

もうかんさよう 毛管作用, Kapillarwirkung 女, capillary action 化学

もうさいかんカラム 毛細管カラム, Kapillarsäure 女, capillary column 化学

もうさいかんカラムクロマトグラフィー 毛細管カラムクロマトグラフィー, Kapillarrohrchromatographie 女, capillary column chromatography 化学

もうさいかんしきとうそくでんきえいどうほう 毛細管式等速電気泳動法, CIP = 英 capillary isotachophoresis = Kapillar-Isotachophorese 化学

もうさいけっかん 毛細血管, Kapillare 女, 類 Kapillargefäß 中, vas capillare, blood capillary, capillary vessel 医薬

もうしたて 申し立て, Erhebung 女, declaration 機械 特許

もうじょうせっけっきゅうじゅくせいじかん 網状赤血球熟成時間(網赤血球が成熟赤血球になるには, 末梢血で24〜48時間有するとされている. 出典:岡山大学病院検査部ホームページ), RMZ = Retikulozytenmaturationszeit = reticulocyte maturation time 化学 バイオ 医薬

もうちょうえん 盲腸炎, Blinddarmentzündung 女, 類 Appendizitis 女, appendicitis 医薬

もうまくしきそじょうひさいぼう 網膜色素上皮細胞(加齢黄斑変性関連), RPE = retinale Pigmentepithelzellen = retinal pigment epithelium cells 医薬

もうまくでんずけんさ(ほう) 網膜電図検査(法), ERG = 英 electroretinography = Elektroretinographie 医薬 電気

もうまくどうみゃくあつ 網膜動脈圧, NAD = Netzhautarteriendruck = Hintergrundarteriendruck = retinal arterial pressure = blood pressure of the retinal vessels 医薬

もうまくはくり 網膜剥離, Netzhautablösung 女, retinal detachment 医薬

もうまくもうさいけっかんしゅ 網膜毛細血管腫, RKH = retinales kapilläres Hämangiom = retinale capillary hemangiomas 医薬

もうようたいふかつけい 網様体賦活系, RAS = retikuläres Aktivierungssystem = reticular activating system 医薬

モーターせいぎょそうち モーター制御装置, MSTG = Motorsteuerngsgerät 中 電気 機械

モーターちょうせいべん モーター調整弁, Motorregelventil 中, motor control valve, motorized valve, motor regulated valve 機械

モーターハウジング Motorgehäuse 中, motor housing 機械

モーターまきせん モーター巻線, Motorwicklung 女, motor winding 電気 機械

モードけつごう モード結合, Modenkopplung 女, mode coupling 電気

モードじすう モード次数, Ordnungszahl 女, modal numbers, ordinal number, 電気 数学 化学

モードのじゅんか モードの純化, Modenreinigung 女, purification of mode 電気 光学

モーフィングこうぞう モーフィング構造(飛行プロファイルに応じた機体形状変化により環境性能, 飛行効率などを向上させる構造. 出典:東京大学産学提携プロポーザルホームページ), Morphingstruktur 女, morphing structure 航空 機械

モーメント Moment 中, moment 機械

モールステーパ Morsekegel 男, morse taper 機械

モールディング Deckleiste 女, cover bar, cover molding, butt strap 機械

モールド (プラスチック用モールド), Formwerkzeug 中, 類 Formstahl 男, Schruppwerkzeug 中, Schruppstahl 男, forming tool, roughing tool 化学 機械 鋳造

モールドいれようはこ モールド入れ用箱, Formeinsatz 男, mould insert

box 材料 鋳造

モールドこうかんそうち　モールド交換装置，Werkzeugwechselvorrichtung 女，tool changer，mould changing device 機械 鋳造 連鋳 化学 電気

モールドのそうにゅう　モールドの挿入，Formeinsatz 男，mould insert 材料 鋳造 連鋳

モールドパウダーきょうきゅうき　モールドパウダー供給機，Gießpulverzugabe 女，mould powder addition 連鋳 材料 操業 設備

もくざいたんすいかんげん　木材淡水乾舷（木材積載表示線），HFT = Holz-Frischwasser-Tropfenfreibord 海洋 船舶

もくしけんさ　目視検査，Sichtprüfung 女，visual inspection，nacked-eye inspection（液晶技術用語），visual examination（プリント基板技術用語）材料 電気 機械

もくたん　木炭，Holzkohle 女，wood charcoal バイオ 地学

もくてきのエルアミノさん　目的の L - アミノ酸，gewünschte L-Aminosäure 女，desired L-amino acid，requested L-amino acid 化学 バイオ

もくひょうきのうしっぱいしゃくど　目標機能失敗尺度［低頻度作動要求モード運用と高頻度作動要求または連続モード運用に対して，1～4 の安全度水準について，規定されている．機能安全規格 IEC 61508（国際電気標準会議規格 61508）］，TFM＝英 target failure measure＝Ausfallgrenzwert 機械 規格 操業 安全

もくひょうげんご　目標言語，ZS = Zielsprache = TL = target language 電気

もくひょうじかん　目標時間，Vorgabezeit 女，taget time，specified time，standard time 機械 電気 操業 設備

もくひょうじかんせってい　目標時間設定，Zeitvorgabe 女，setting of time standard 機械 電気 操業 設備

もくぶじゅうえきりゅう　木部汁液流（導管液流，道管液流），Xylemsaftfluss 男，xylem sap flow バイオ

もくぶすい　木部水，Xylemwasser 中，xylem water バイオ

もくめ　木目，Maserung 女，moire，grain woody texture 機械 建設

もしきかいろず　模式回路図，Stromlaufplan 男，schematic circuit diagram 電気 機械

もしゃ　模写，Abbildung 女；replizieren（模写する）機械 光学

モジュール　Baustein 男，module 電気 機械 操業 設備

モジュール　Modul 男（歯車の）モジュール，係数；Modul 中（操作単位としての部品集合）モジュール，（コンポーネント，ユニット）機械 設備 数学 電気

もぞう　模造，Nachbildung 女；imitieren（模造する）法制度 全般

もちあげ　持ち上げ，Erhebung 女，英 elevation, rise 機械 特許

もちあげる　持ち上げる，abheben，英 lift, remove 機械 操業 設備

もちこむ　持ち込む，einschleusen，英 bring in 化学 バイオ 機械

モチベーションこうじょうこうか　モチベーション向上効果，Mobilisierungseffekt 男，mobilisation effect 操業 設備 経営

もっこうぐ　木工具，Holzbearbeitungswerkzeug 中，wood working tool 機械

もっともらしさ　尤もらしさ，Plausibilität 女，plausibility，validity 機械 数学 統計 物理

モデルケースとなるしょちほう　モデルケースとなる処置法，Musterverfahren 中，model procedures，model case proceedings 操業 機械 電気 全般

モデルコードばんごう　（自動車などの）モデルコード番号，Typschlüsselnummer 女，TSN, model code number 機械

モデルしえんの　モデル支援の，modellgestützt，英 model-based, model-supported 電気 機械

モデルとなるてじゅん　モデルとなる手順，Musterverfahren 中，model procedures，model case proceedings 操業

もどしばね 戻しばね, Rückstellfeder 囡, return spring, restoring spring 機械

もとデータ 元データ, Quellendaten 覆, source data 数学 統計 電気

もどり 戻り, Zurückschieben 中 機械

もどりこうてい 戻り行程, Rückhub 男, back stroke, return stroke 機械

もどりこうりょう 戻り光量, zurück-kehrendes Licht 中, amount of returning light 光学

モニターする erfassen, 英 monitor 電気 化学 バイオ 機械 数学 統計

モノアミンさんかこうそ モノアミン酸化酵素, MAO = Monoaminoxydase = monoamine oxidase 化学 バイオ 医薬

モノー・ワイマン・シャンジュー・モデル ［アロステリック効果(allosteric effect, allosterischer Effekt)を説明する理論の一つ］, Monod-Wyman-Changeux-Modell 中 化学 バイオ

モノグリセリドかすいぶんかいこうそ モノグリセリド加水分解酵素, MGH = Monoglyceridhydrolase = monoglyceride hydrolase 化学 バイオ 医薬

モノクローナルこうたい モノクローナル抗体, MAK＝monoklonaler Antikörper = monoclonal antibody 化学 バイオ 医薬

モノクロメーター Monochromator 男, monochromator 光学 電気 機械

モノコックの (構体全体で重量を支える. 外皮が強度部材を兼ねる), selbsttragend, 英 self-supporting, 仏 monocoque 機械 交通 建設

モノマーてんかりつ モノマー転化率, Monomerumsatzrate 囡, 類 Monomer-Umwandlungsrate 囡, monomer conversion rate 化学

モノヨードさくさんえん モノヨード酢酸塩, MIA = 英 monoiodo acetate = Monojodacetat 化学 バイオ 医薬

モノリシックしゅうせきかいろ モノリシック集積回路, HBS＝Halbleiterblockschaltung＝monolithic integrated circuit 電気

モノリシックすいしょうフィルター モノリシック水晶フィルター(狭帯域 IF フィルタ), MCF＝英 monolithic crystal filter 光学 音響 電気 機械

モノリシックはくまくぎじゅつ モノリシック薄膜技術, MDFT = monolithische Dünnfilmtechnik = monolithic thin film technologie モノリシック薄膜技術 電気

モバイルデータモニターしゅうしゅうそうち モバイルデータモニター収集装置, MDE = Mobiles Datenerfassungsgerät = mobile data recording device = mobile data collection device 電気 機械

もみがら 籾殻, Spreu 囡, chaff バイオ

もみぬきほじき もみ抜き保持器(ころがり軸受), Massivkäfig 男, machined cage, drilled cage 機械

もりのさかいのりょういき 森の境の領域, Waldsaumbereich 男, the edge-part of the wood バイオ 地学 環境

もりのないぶ 森の内部, Bestandsinnere 中, inner forest 地学 環境

モルぶんりつ モル分率, Molenbruch 男, mole fraction 化学

もれ 漏れ, Leckage 囡, leakage 化学 機械 操業 設備

もれそんしつ 漏れ損失, Leckverlust 男, leak loss 機械 エネ 化学 操業 設備

もれる 漏れる, entweichen, 英 escape, leak 化学 機械 操業 設備

もんがたクレーン 門形クレーン, Portalkran 男, portal crane 機械 操業 設備 材料

もんがたひらけずりばん 門形平削り盤, Doppelständerhobelmaschine 囡, double housing planer 機械

もんがたローダー 門形ローダー, Portallader 男, gantry loader, portal loder 機械 操業 設備 材料

モンキーレンチ Rollgabelschlüssel 男, 類 Universalschraubenschlüssel 男, Universalschlüssel 男, adjustable spanner, adjustable wrench 機械

もんだいしこう(がた)いりょうじょうほうシステム 問題志向(型)医療情報システ

ム，PROMIS = 英 problem-oriented medical-information system = problemorientierte medizinisches Informationssystem 医薬 電気

もんだいこうシステム （診察記録の）問題指向システム，POS = problemorientierte Systemunterlagen = problem oriented system 医薬 電気

モンテカルロほう モンテカルロ法，Monte-Carlo-Simulation 女，英 Monte-Carlo-simulation 数学 物理 化学

もんみゃくあつこうしんしょう 門脈圧亢進症，PH = portale Hypertension = portal hypertension 医薬

もんみゃくあつこうしんしょうせいちょうしょう 門脈圧亢進症性腸症，PHE = portalhypertensive Enteropathie = portal hypertensive enteropathy 門脈圧亢進症性腸症 医薬

モンモリロナイト （ベントナイトは，モンモリロナイトを主成分とするモンモリロナイト粘土化合物である），Montmorillonit 男，montmorillonite 地学 鋳造 機械 化学

や （図面記号の）矢（矢じり），Pfeilspitze 女，arrowhead 機械

やかんしきべつ・にんしきしんごう 夜間識別・認識信号，NES = Nachterkennungssignal 電気 海洋 船舶

やかんたにょうしょう 夜間多尿症，Nykturie 女，nocturia, nycturia 医薬

やきつきぼうしざい 焼付き防止剤（抗焼付き剤，耐過熱剤，耐加圧剤），Anti-Seize-Mittel 中，anti-seize 機械 化学

やきなまし 焼きなまし（焼鈍），Glühen 中，annealing 材料

やきならし 焼きならし（焼準），Normalglühen 中，normalization 材料 鉄鋼 非鉄

やきはたかいこん 焼畑開墾，Brandrodung 女，slash and burn バイオ 地学

やきばめ 焼きばめ（締りばめ），Schrumpfsitz 男，類 Festsitz 男，shrinkage fit, interference fit, stationary fit 機械

やきんしょり 冶金処理（冶金プロセス），Verhüttung 女，metallurgical treatment, metallurgical process 材料 操業 設備 鉄鋼 非鉄

やきんプロセス 冶金プロセス（冶金処理），Verhüttung 女，類 metallurgisches Verfahren 中，metallurgical treatment, metallurgical process 材料 操業 設備 鉄鋼 非鉄

やくがく 薬学，Pharmazeutik 女，pharmazeutics 化学 バイオ 医薬

やくがくの 薬学の，pharm. = pharmazeutisch = 英 pharmaceutical = 英 pharmaceutic 化学 バイオ 医薬

やくしゅ 薬種［薬（の原料）］，Droge 女，drug 化学 バイオ 医薬

やくにたたない 役に立たない（欠陥がある，対応しきれない，うまく機能しない），versagen, 英 fail, malfunction 製品 品質 操業 設備 機械

やくりがく 薬理学，Pharmakologie 女，pharmacology 化学 バイオ 医薬

やくりがくの 薬理学の，pharm. = pharmakologisch = pharmacological 化学 バイオ 医薬

やすりしあげ やすり仕上げ，Feilen 中，filing 材料 機械

やどぬしさいぼう 宿主細胞，Wirtzelle 女，host cell バイオ 医薬

やどぬしとくゆうの 宿主特有の，wirtseigen, 英 host's own バイオ 医薬

ヤナギ Weide 女，英 willow バイオ

やねコラムかんそうき 屋根コラム乾燥機（シャフト乾燥機），Dächerschachttrockner 男，英 mixed-flow dryer, roof shaft dryer 機械

やねへいめん 屋根平面，DF = Dachfläche = roof surface 建設

やぶ （藪），Gestrüpp 中，bushes バイオ

やまがたこう　山形鋼，Winkelstahl 男，angles, angle steel 材料 建設 機械 鉄鋼
やまばはぐるま　やまば歯車，Pfeilzahnrad 中，類 Zahnrad mit Pfeilverzahnung, double-helical gear 機械
ヤングけいすう　ヤング係数（ヤング率，縦弾性係数），Elastizitätsmodul 男，類 Elastizitätskoeffizient 男，modulus of longitudinal elasticity, Young's modulus 材料 機械 建設
ヤングりつ　ヤング率（縦弾性係数，ヤング係数），Elastizitätsmodul 男，類 Elastizitätskoeffizient 男，modulus of longitudinal elasticity, Young's modulus 材料 機械 建設

ゆあつしきサスペンションストラット　油圧式サスペンションストラット（油圧式伸縮アーム），hydraulischesFederbein 中，oleo suspension strut, oleo telescopic arm 機械
ゆあつしきロールギャップせいぎょ　油圧式ロールギャップ制御，HGC = 英 hydraulic gap control = hydraulische Walzspaltregelung 材料 機械 電気 操業 設備
ゆあつブレーキ　油圧ブレーキ，Öldruckbremse 女, oil pressure brake 機械
ゆあつべん　油圧弁（ハイドロリックバルブ），Hydraulikventil 中, hydraulic valve 機械
ゆういさすいじゅん　有意差水準 Signifikanzniveau der Differenzen 中, significant difference level 数学 統計
ゆういすいじゅん　有意水準, Signifikanzniveau 中, significant level 数学 統計
ゆういんつうふう　誘引通風，Saugzug 男, induced draft 機械
ユー・エイチ・ピータイヤ　UHP（ウルトラハイパフォーマンス）タイヤ，UHP-Reifen 男, 英 Ultra High Performance Tyre 機械
ゆえきせいちょうふくごうざいりょう　融液成長複合材料（一方向凝固共晶複合セラミックス材料ともよばれ，ガスタービン部材などの耐熱材料や熱起電力発電への応用が期待されている．出典：岡田益男，知恵蔵 2015），MGCs = 英 melt-growth composites = Schmelz-Wachstum-Verbundstoffe 材料 非金属 エネ 電気
ユー・エス・ビーポート　USB ポート，USB-Anschluss 男, 英 USB（= universal serial bus)-port 電気
ユー・エム・ユーテスト　umu テスト[微生物を用いた変異原性試験の主流は Ames 試験であるが，umuC'-'lacZ 融合遺伝子を導入したサルモネラ菌を用いる短期変異原性試験 umu 試験は，Ames 試験で測定が不可能なヒスチジン含有物質でも試験できることから，尿・血液・粗抽出物・食品等の試料にも適用が可能．ドイツでは排水中の安全性を評価する方法に正式採用され(DIN38415-3)，さらに ISO にも採択された(ISO13829：2000)．出典：(株)UBE 科学分析センター　ホームページ]，umu-Test 男 化学 バイオ 医薬 環境 法制度
ゆうがいかがくぶっしつはいしゅつもくろく　有害化学物質排出目録，TRI = 英 toxic releace inventry 化学 バイオ 医薬 環境 法制度
ゆうがいかしゃ　有蓋貨車，gedeckter Güterwagen 男, box car, covered wagon 交通 機械
ゆうがいはいきぶつのうめたてしょり（じょう）　有害廃棄物の埋立処理(場)［有害廃棄物廃棄(場)］，SAD = Sonderabfalldeponie = hazardous waste landfill = special waste dump 環境 化学 バイオ 医薬
ゆうがいぶっしつきせいきそく　有害物質規制規則，GefStoffV = Gefahr-

stoffverordnung = the German Hazardous Substances Ordinance 化学 バイオ 医薬 環境 法制度

ゆうがいぶっしつはいしゅつはいガスげんかいきじゅんディーよん 有毒物質排出排ガス限界基準 D4, D4-Abgaslimits für Schadstoffemission 複 機械 環境 規格

ゆーがたの u-形の, u-förmig, 英 u-shaped 機械

ゆうかぶんしょ 有価文書, Wertdokument 中, 英 valuable document 経営

ユーカリ Eukalyptus 男, eucalyptus バイオ

ゆうきアニオントランスポータ 有機アニオントランスポータ(有機アニオントランスポートポリペプチド), OATP = organische Anionen transportierendes Polypeptid = organic anion transpoting polypeptide 化学 バイオ 医薬

ゆうききんぞくきそうせいちょうほう 有機金属気相成長法, MOCVD = 英 metal organic chemical vapor deposition = MOVPE = 英 metal-organic vapor phase epitaxy = metall-organische chemischeGasphasenabscheidung 化学 電気 設備

ゆうきはっこうダイオード 有機発光ダイオード, OLED = 英 organic light emision device 電気 化学

ゆうきぶつ 有機物(有機物質), OS = organische Substanz = organic substance = organic matter 化学 バイオ 医薬 材料

ゆうきランキンサイクル 有機ランキンサイクル, ORC = 英 organic rankine cycle 電気 機械 エネ 化学

ゆうげんさぶん 有限差分, endliche Differenz 女, finite difference 数学 統計 機械

ゆうげんへんけいりろん 有限変形理論, Theorie unter Berücksichtigung der endlicher Formänderungen 女, theory of finite deformation 機械 材料 物理

ゆうげんようそほう 有限要素法, 英 FEM=英 finite element method=Metho-

de der endlichen Elemente 数学 統計 物理 機械 材料

ゆうごう 融合(溶融, 溶解), Verschmelzen 中, blend, melting, fusing, conjugation 製銑 材料 化学 物理

ゆうごういでんしイー・エム・エル・よん・エー・エル・ケイ 融合遺伝子 EML4-ALK, EML4 = 英 echinoderm microtubule-associated protein like protein 4：ALK = anaplastic lymphoma kinase；英 fused gene EML4-ALK(未分化リンパ腫リン酸化酵素) バイオ 医薬

ゆうこうエネルギー 有効エネルギー, nutzbare Energie 女, available energy 機械 エネ

ゆうこうかくにん 有効確認(バリデーション), Validierung 女, validation 化学 バイオ 医薬 機械 全般

ゆうこうけい (ねじの)有効径, Flankendurchmesser des Gewindes 男, thread-pitch diameter 機械

ゆうこうすいこみヘッド 有効吸い込みヘッド, NPSH vorhandener = 英 net positive suction head 機械

ゆうこうせいぶん 有効成分(活性成分, 活性物質, 作用物質), Wirkstoff 男, active substance, active ingredient 機械 化学 バイオ 医薬

ゆうごうタンパクしつ 融合タンパク質, Fusionsprotein 中, fusion protein 化学 バイオ 医薬

ゆうこうだんめんせき 有効断面積, wirksame Querschnittsfläche 女, Spannungsquerschnitt 男, effective cross-sectional area, stress cross-section 機械 化学 エネ 物理

ゆうこうつぎて 有効継手(作用継手), Wirkfuge 女, effective joint 機械 溶接 材料

ゆうこうでんあつ 有効電圧, Wirkspannung 女, active voltage 電気 機械

ゆうこうのどあつ 有効のど厚, effektive Nahtdicke 女, weld thickness 溶接 機械

ゆうこうはたけ 有効歯たけ, gemeinsame Zahnhöhe 女, working depth 機械

ゆうこうらくさ 有効落差, Nutzgefälle 中, available head, net head 機械 エネ

ユーザーたんまつ ユーザー端末, Benutzerendgerät 中, user terminal 電気

ユーザーデータ Nutzdaten 複, user data 電気

ユーザーデバイス Benutzergerät 中, user device 電気

ユーザーパラメータせいぎょ ユーザーパラメータ制御(使用量パラメータ制御), UPC = 英 usage parameter control = Nutzungsparametersteuerung 電気

ゆうせいはぐるまそうち 遊星歯車装置, Planetengetriebe 中, 類 Planetenantrieb 男, Planetenschnecke 女, planetary gear 機械

ゆうせつ 融接, Schmelzschweißung 女, fusion welding, non-pressure welding 材料 溶接 機械

ゆうせつの 融接の(金属結合の, 材料接合連結の, 材料接合連結的に), stoffschlüssig, 英 metallurgically bonding, 英 bonding together, 英 firmly bonded 材料 機械 化学

ゆうせつほうし 有節胞子, Arthrospore 女, arthrospore バイオ

ゆうてん 融点, Schmelzpunkt 男, melting point 製銑 精錬 材料 鋳造 連鋳 非鉄 鉄鋼

ゆうでんじょうすう 誘電定数, Dielektrizitätskonstante 女, dielectric constant, permittivity 電気

ゆうでんの 誘電の(絶縁の), dielektrisch, 英 dielectric 電気

ゆうどうげん 誘導源, Induktor 男, inductor 化学 バイオ 医薬

ゆうどうたい 誘導体, Abkömmling 男, 類 Derivat 中, derivative, inductor 化学 バイオ

ゆうどうていこうせい 誘導抵抗性, Wi = induzierter Widerstand = induced resistance バイオ

ゆうどうぶっしつ 誘導物質, Induktion 女, induction 化学 バイオ 医薬

ゆうどうほうしゅつ 誘導放出, stimulierte Emission 女, stimulated emission 光学 音響

ゆうどうるつぼろ 誘導るつぼ炉, Induktionstiegelofen 男, induction crucible furnace 精錬 鋳造 化学

ゆうはつする 誘発する, provozieren, 類 hervorrufen, induzieren, 英 provoke 材料 建設 化学 バイオ 医薬

ユー・ピー・シー UPC[リターンロス(反射減衰量)の非常にわずかな光導波路端子コネクター], UPC = 英 ultra physical contact = LWL-Steckverbinder mit sehr geringer Rückflussdämpfung 電気 光学

ユーベロー U ベロー, Rollbalg 男, rolling bellow, rolling lobe 機械 設備

ゆうようせい 有用性(使用性, 操作性, 使い勝手), Verwendbarkeit 女, 関 Brauchbarkeit 女, usability 機械 電気 環境 リサイクル

ゆうり 遊離(放出), Freisetzen 中, release, emission 化学 バイオ 環境

ゆうり 遊離, Abscheidung 女, 類 Abspalten 中, Darstellung 女, extrication, isolation 化学 バイオ 医薬

ゆうりき 遊離基(ラジカル;無機または有機化合物分子から, プロトン1個が脱離して, 残基に不対電子1個を持つものをいう), Radikal 中, free radical, radical, group 化学

ゆうりさん 遊離酸(塩を作らないで酸のままの形で存在する有機酸), freie Säure 女, free acid 化学

ゆうりしぼうさん 遊離脂肪酸(コレステロールのようにエステル化していない脂肪酸をいう), FFA = 英 free fatty acid = non esterified fatty acid = freie Fettsäure 化学 バイオ 医薬

ゆうりしぼうさんそう 遊離脂肪酸相, FFAP = 英 free fatty acid phase = freie Fettsäurephase 化学 バイオ 医薬

ゆうりすい 遊離水, freies Wasser 中,

free water 化学 物理 地学

ゆうりせい 遊離性，Darstellbarkeit 女，isolation，liberation 化学

ゆうりたい 遊離体(抽出物)，Edukt 中，類 Extrakt 男，educt 化学

ゆうりたんそ 遊離炭素，freier Kohlenstoff 男，graphite carbon，free-carbon 精錬 材料 鋳造

ゆうりな 有利な(利益のある)，lukrativ 経営

ゆうりょうどうろ 有料道路，mautpflichitiger Weg 男，toll road，toll road 交通 建設

ゆかあげがたよこなかぐりばん 床上げ型横中ぐり盤，Stockwerkwaagerechtbohrmaschine 女，floor type horizontal boring machine 機械

ゆかしたしききかん 床下式機関，Unterflurmotor 男，underfloor motor，underfloor engine 機械 交通

ゆかだんぼう 床暖房，Fussbodenheizung 女，floor heating，underfloor heating 建設

ゆがみ 歪み(反り)，Verwerfung 女，distortion；Verwerfung des Bandes[薄板片・条片(strip)の反り] 材料

ゆがみ 歪み(屈折，偏差，たわみ，偏向，外れ，そらせ)，Auslenkung 女，deflection，deviation 機械 光学 材料

ゆがみ 歪み，Verzerrung 女，distortion 材料 光学

ゆがみのない 歪みのない(ねじれのない，変形のない)，verzugsfrei，英 distortion-free，without deformation 材料

ゆぐち 湯口，Einguss 男，類 関 Anschnitt 男，down gate，down sprue 鋳造 機械

ゆけつ 輸血，Bluttransfusion 女，類 Blutübertragung 女，blood transfusion バイオ 医薬

ゆけつごリンパきゅうぞうかしょう 輸血後リンパ球増加症，PTLD = 英 posttransfusion lymphoproliferative disease(disorder)= Lymphoproliferative Postransfusions- Erkrankungen バイオ

医薬

ゆすいねつこうかんき 油水熱交換器，ÖWWT = Öl-Wasser-Wärmetauscher = oil /water heat exchanger 機械 設備

ゆそうかんろ 輸送管路(配管方向，配管経路)，Rohrverlauf 男，pipe run，pipe route 材料 設備 化学

ゆそうたい 輸送体，Translokator 男，carrier molecule バイオ 医薬

ゆそうタンパクしつ 輸送タンパク質(難溶性物質を運搬する役割をしている血漿タンパク質などをいい，アルブミンが代表的なものである)，Transportprotein 中，transporter protein(of plasma)，transport protein(of plasma) バイオ 医薬

ゆだしぐち 湯出し口(出銑口，出鋼口，他)，Stichloch 中，tap hole 製銑 精錬 鋳造 連鋳 設備 鉄鋼 非鉄

ゆちゃく 癒着(合体，閉塞，詰まり)，Koaleszenz 女，Obstruktion 女 coalescence 化学 バイオ 医薬 精錬 物理

ユニオンつぎて ユニオン継ぎ手(ねじ込み管継手)，Rohrverschraubung 女，screwed connection，threaded pipe union 機械 材料

ユニット [(機械の)セット，集合体]，Aggregat 中，aggregate 機械 化学 バイオ 建設

ユニット (ギヤー，バッチ，セット，アセンブリー)，Satz 男，unit 機械

ユニット (コア，差し込み，エレメント，インサート仕切り)，Einsatz 男，unit 機械

ユニットぶひん ユニット部品，Einsatzstück 男，insert piece 機械

ユニットホルダー (挿入ホルダー，ハンドル)，Einsatzhalter 男，unit holder 機械

ユニバーサル・ジョイント・ハウジング Gelenkgehäuse 中，universal joint housing 機械

ゆにゅうひん 輸入品，Importe 女，import items 経営 製品

ゆみぞ 油溝(別の読み方：あぶらみぞ)(潤滑溝)，Schmiernute 女，lubrication groove，oil groove 機械

ゆみち 湯道, Gießlauf 男, 類 関 Eingusskanal 男, Eingussrinne 女, Hochofenrinne 女, runner, cast fllow runner 鋳造 機械 製銑

ゆみのこばん 弓のこ盤 Bügelsägemaschine 女, hack saw machine 機械

ゆめんせいぎょ 湯面制御, Gießspiegelregelung 女, control of meniscus, mould level control 連鋳 鋳造 材料 操業 設備

ゆるみ 緩み(遊び, 横隙間, バックラッシ),

Spiel 中, backlash, side play, play 機械

ゆるむ 弛む, 再 lockern sich, 英 slacken off, ease up 機械

ゆれどめ 揺れ止め[固定振れ止め(時計の)斜面溝], Lünette 女, steady rest (clamping device inside lathe, Spannmittel in Drehmaschine), bezel 機械

ユレモ (シアノバクテリアの一種), Oscillatoria 女, 英 Oscillatoria バイオ

よ

よあつ 予圧 (予張力, バイアス, プリテンショナー), Vorspannung 女, prestressing, pretention, pre-tensioner 機械 電気

よあつスプリング 予圧スプリング(引張りばね, 糸調子ばね), Spannfeder 女, preload spring, tension spring 機械 繊維

よう 葉, Lappen 男, lobe バイオ 医薬

よういオン 陽イオン, Kation 中, cation 化学 バイオ

よういオンこうかんたい 陽イオン交換体, Kationen-Austauscher 男, cation exchanger 化学 バイオ 設備

よういオンこうかんのう 陽イオン交換能, KAK = Kationenaustauschkapazität = CEC = cation-exchange capacity 化学 バイオ 設備

ようかい (溶液への) 溶解(固溶), Auflösung 女, dissolution 材料 化学 電気 光学 鉄鋼 非鉄

ようかい (溶けにくいものの) 溶解, Aufschluss 男, disintegration 材料 化学 機械

ようかい 溶解(溶融, 融合), Verschmelzen 中, melting, fusing, conjugation, blend 製銑 精錬 材料 化学 物理 鉄鋼 非鉄

ようかいさんそ 溶解酸素, Gelöstsauerstoff 男, dissolved oxygen 製銑 精錬 材料 化学 バイオ

ようかいしにくい 溶解しにくい(不応の), refraktär, 類 reaktionsträge, 関 rege,

refractory 化学 バイオ 医薬

ようかいじゅうりょう 溶解重量, Schmelzengewicht 中, melting weight 精錬 鋳造 操業 設備

ようかいする 溶解する (抽出する), herauslösen, 関 extrahieren, leach, dissolve out, elute 化学 バイオ 医薬

ようかいする 溶解(熔解)する, schmelzen, melt 精錬 製銑 操業 設備 化学 物理

ようかいでんりょくげんたんい 溶解電力原単位, der spezifische Schmelzstrom 男, molting electric power consumption rate 精錬 鋳造 電気 鉄鋼 非鉄

ようかいぶっしつ (水への) 溶解物質(水溶解不純物質), Wasserinhaltsstoffe 複, substances in water, water impurities, water-borne substances, water constituents 化学 バイオ 医薬 環境

ようかいゆうきぶっしつ 溶解有機物質, DOM = 英 dissolved organic materials = gelöste organische Substanzen 化学 バイオ 地学

ようかざい 溶加材(フラックス), Zuschlag 男, 関 Flussmittel 中, Schweißzusatzwerkstoff 男, flux, filler mateial welding filler material 製銑 精錬 連鋳 鋳造 溶接 材料 機械

ようがん 溶岩, Lava 女, lava 地学

ようき 容器(コンテナ, ケース), Gefäß 中, vessel, container, case 機械 化学

バイオ

ようきせつぞくぶい　容器接続部位(容器接続管路)，Behälterdurchführung 女 機械 操業 設備

ようきゅう　要求，RQ = 英 request = Abfrage 電気

ようきょく　陽極，Anode 女，anode 化学 バイオ

ようきょくさんか　陽極酸化，anodische Oxidation 女，anodic oxidation 機械 化学 材料

ようきょくさんかしょり　陽極酸化処理，Eloxierung 女，anodic treatment，anodic oxidation 機械 化学 材料 電気 非鉄

ようきんかくぶ　溶菌核部，Lysehof 男，lytic hof バイオ 医薬

ようきんはん　溶菌斑(溶血斑)，Aufklärungshof 男，plaque バイオ 医薬

ようけつせいにょうどくしょうこうぐん　溶血性尿毒症候群(EHEC・腸管出血性大腸菌による合併症として生じる)，HUS = hämolytisch-urämisches Syndrom バイオ 医薬

ようけつせいレンサきゅうきん　溶血性レンサ球菌(溶連菌)，hämolytische Streptokokken 男 複，hemolytic streptococcus バイオ 医薬

ようけつはん　溶血斑(溶菌斑)，Aufklärungshof 男，plaque バイオ 医薬

ようけつレンサきゅうきんがさんせいするデオキシリボヌクレアーゼ　溶血レンサ球菌が産生するデオキシリボヌクレアーゼ，SD = Streptokokken-Desoxyribonuklease = streptococccal desoxyribonuclease バイオ 医薬

ようけん　葉圏，Phyllosphäre 女，関 Rhizosphäre 女，phyllosphere バイオ

ようざい　溶材(フラックス，溶加材)，Flussmittel 中，関 Zuschlag 男，flux 製銑 精錬 連鋳 鋳造 溶接

ようざい　溶剤(溶媒)，Solvens 中，類 関 Lösungsmittel 中，solvent 化学 バイオ 医薬

ようさん　葉酸(ビタミン M，プテロイルグルタミン酸)，Folsäure 女，folic acid，

vitamin M 化学 バイオ 医薬

ようすいはつでんしょ　揚水発電所，Pumpspeicherkraftwerk 中，pump-fed (pumping-up)powerstation, pumped-storage station 電気 エネ 機械

ようせいけんたいしきべつ　陽性検体識別，PSID = 英 positive sample identification = positive Probenidentifikation 医薬

ようせいさいぼうひゃくぶんりつ　陽性細胞百分率(陽性細胞率)，PP = Prozentsatz positiver Zelle = percentage of positive cells 化学 バイオ 医薬

ようせいせいしょくの　幼生生殖の，pedogenetisch，英 pedogenetic，英 pedogenic 化学 バイオ 地学

ようせき　容積(保持能力)，Fassungsvermögen 中，holding capacity, volumetric capacity 機械 化学 バイオ

ようせき　容積，Rauminhalt 男，volume, capacity 機械 化学 数学 統計

ようせきがたかたあっしゅくき　容積型圧縮機(容積式ポンプ)，Verdrängerpumpe 女，positive displacement pump 機械

ようせつかいさき　溶接開先(溶接継ぎ手，溶接接合)，Schweißfuge 女，welding joint, welding groove 溶接 材料 機械

ようせつかいしいち・ぶい　溶接開始位置・部位(溶接接合部・ラグ位置)，Nahtansatzstelle 女，welding start position 溶接 機械

ようせつぎじゅつきかくいいんかい　(DIN 内の)溶接技術規格委員会，NAS = Normenausschuss Schweißtechnik im DIN = standards committee for welding technologie 溶接 規格 組織

ようせつきょか　溶接許可，Zulassung zum Schweißen 女，permission for welding 溶接 建設 機械 材料

ようせつきんぞくのオーバーフロー　溶接金属のオーバーフロー，Schweißgutüberlauf 男，over flow of welding metals 溶接 材料

ようせつけいろ　溶接経路(溶接痕，ウ

エルドマーク）, Schweißspur 女, welding path, welding mark, traces of perspiration 溶接 機械 材料

ようせつしせい 溶接姿勢, Schweißstelle 女, 類 Schweißposition, welding position 溶接 機械

ようせつしたん 溶接止端, Schweißnahtübergangsbereich 男, weld toe, toe of weld 溶接 材料

ようせつじゅんじょ 溶接順序, Schweißfolge 女, welding sequence 溶接 材料 機械

ようせつスパッタ 溶接スパッタ（はね）［溶接スプラッター（はね）, 溶滴スパッタリング］, Schweißspritzer 男, welding splash, weld spatter, welding sparks, welding splatter 精錬 溶接 材料

ようせつせい 溶接性, Schweißbarkeit 女, weldability 溶接 材料 機械 建設

ようせつせつごうぶ・ラグいち 溶接接合部・ラグ位置（溶接開始位置・部位）, Nahtansatzstelle 女, welding start position 溶接 機械

ようせつつぎて 溶接継ぎ手（溶接接合, 溶接開先）, Schweißfuge 女, 類 関 Schweißnaht 女, welding joint, welding groove 溶接 材料 機械

ようせつつぎて（つぎめ）ながさ 溶接継ぎ手（継ぎ目）長さ, Nahtlänge 女, seam length, weld length 溶接 機械

ようせつでんげん 溶接電源, Schweißstromquelle 女, welding power source 電気 溶接 機械

ようせつによるゆがみ・ねじれ 溶接によるゆがみ, ねじれ, Schweißverzug 男, welding distortion 溶接 材料

ようせつねつ 溶接熱, Schweißglut 女, 類 Schweißwärme 女, welding heat 溶接 材料 機械

ようせつネック 溶接ネック（溶接用カラー, ショートスタブエンド, スタブフランジ）, Vorschweißbund 男, welding neck, welding collar, short stub end, stub flange 機械 溶接

ようせつビード 溶接ビード（パス, キャタ

ピラ）, Raupe 女, 類 Schweißraupe 女, welding bead, caterpillar 溶接 機械 建設 材料

ようせつひぐち 溶接火口, Schweißdüse 女, welding tip 溶接 機械

ようせつプール 溶接プール（溶接溶融池）, Schweißbad 中, weld pool 溶接 機械 材料

ようせつプールうらあてがね 溶接プール裏当て金, Schweißbadsicherung 女, 関 Schweißunterlage 女, weld pool backing 溶接 材料 機械

ようせつへんあつき 溶接変圧器, Schweißumspanner 男, 類 Schweiß-Stromerzeuger 男, welding transformer 溶接 電気 機械 設備 材料

ようせつぼう 溶接棒, Schweißdraht 男, 類 Schweißelektrode 女, welding rod, welding wire 溶接 材料 機械

ようせつボンド 溶接ボンド（溶接境界, 遷移帯, 移行帯）, Übergangszone 女, weld bond, transition zone 溶接 材料 化学 機械

ようせつようカラー 溶接用カラー（溶接ネック, ショートスタブエンド, スタブフランジ）, Vorschweißbund 男, welding collar, welding neck, short stub end, stub flange 機械 溶接

ようせつようフラックス 溶接用フラックス, Schweißmittel 中, 類 Schweißpulver 中, Schweißpaste 女, welding flux, welding powder, filler material 溶接 材料 機械

ようせつようゆうち 溶接溶融池（溶接プール）, Schweißbad 中, weld pool 溶接 機械 材料

ようせんしょり 溶銑処理, Roheisenbehandlung 女, hot metal treatment 製銑 精錬 操業 設備

ようせん・せんてつせいぞうコスト 溶銑・銑鉄製造コスト, Roheisenerzeugungskosten 複 製銑 精錬 操業 設備 経営

ようせんだつりゅうせつび 溶銑脱硫設備, Roheisenentschwefelungsanlage 女, hot metal desulphurisation equipment

製銑 精錬 操業 設備

ヨウそ ヨウ素, Jod 中, 類 Iod 中, iodine 化学

ようだつ 溶脱(浸出), Auslaugen 中, leaching 化学 地学

ようだつそう (第四紀学の)溶脱層(残積), Eluvialhorizont 男, eluvial horizon 地学 バイオ

ようたんき 揚炭機, Kohlenentlader 男, 類 Kohlenhebewerk 中, coal dischager, coal hoist, coal unloader 製銑 船舶 地学 設備

ようちゃくきんぞく 溶着金属, eingetragenes Schweißgut 中, weld metal 溶接 機械

ようちゅう 幼虫, Larve 女, larva バイオ

ようついせんしせいとうつう 腰椎穿刺性頭痛, postspinale Kopfschmerzen 男 複, postspinal headache 医薬

ようつう 腰痛, Hüftschmerzen 男 複, 類 Lendenschmerzen 複, Lumbago 女, backache, low back pain,lumbago, LBP 医薬

ようてき 溶滴, Tropfen 男, drop 製銑 精錬 材料 操業 設備

ようでんしほうしゃがたおうだんだんそうさつえい 陽電子放射型横断断層撮影 [陽電子放射型横断断層撮影法, 陽電子放射型体軸横断層撮影, 陽電子放射型体軸横断断層撮影法, ポジトロン放射型横断断層撮影(法)], PETT = Positronenemissionstransaxialtomografie = positron emission transaxial tomography 医薬 放射線 電気 物理

ようでんしほうしゃだんそうさつえいそうち 陽電子放射断層撮影装置, PET = 英 position emission tomography 医薬 放射線 電気 物理

ようとう 溶湯(ヒート), Schmelze 女, heat, melt 精錬 連鋳 鋳造 操業 設備

ようどうじく 搖動軸(揺れ軸),Schwingwelle 女, swinging shaft 機械

ようどうひごうし 搖動火格子(揺り火格子), Schürrost 男, 類 Schüttelrost 男, rocking grate, shaking grate エネ 機械

ようどうポンプ 揺動ポンプ, Flügelradpumpe 女, vane pump 機械

ようばい 溶媒(溶剤), Solvens 中, 類 関 Lösungsmittel 中, Medium 中, solvent 化学 バイオ

ようばいちゅうしゅつき 溶媒抽出器(コンタクター, 接触反応器, 接触片, 接触槽), Kontaktor 男, contactor, solvent extractor 化学 バイオ 電気

ようぶんフィルムぎじゅつ (観葉植物などの)養分フィルム技術, NFT = Nährfilmtechnik = nutritive film techniques = nutritional film technology 化学 バイオ

ようへんせい 揺変性(チクソトロピー, チクソトロピー性;外力による等温可逆的ゲル・ゾル変化をいう), Thixotropie 女, thixotropy, thixotropic property 化学 バイオ 物理 電気

ようほうじょう 養蜂場, Imkerei 女, apiary バイオ

ようゆう 溶融(溶解, 融合), Verschmelzen 中, melting, fusing, conjugation, blend 製銑 材料 化学 バイオ 物理

ようゆうあえんめっき 溶融亜鉛めっき, Feuerverzinken 中, 類 Feuerverzinkung 女, hot dip galvanising 材料 機械

ようゆうきんぞくぜいかわれ 溶融金属脆化割れ, LMEC = 英 liquid metal embrittlement cracking = flüssigmetallinduzierte Spannungsrisskorrosion 材料 鉄鋼 非鉄 建設

ようゆうそくど 溶融速度, Schmelzgeschwindigkeit 女, melting rate 製銑 精錬 非鉄 鉄鋼

ようゆうたんさんえんがたねんりょうでんち 溶融炭酸塩型燃料電池, MCFC = 英 molten carbonate fuel cell = Schmelzkarbonat-Brennstoffzelle 電気 機械 化学 エネ 環境

ようり 溶離(エリューション, ウオッシュアウト, 侵食), Auswaschung 女, wash out, washing attack, cavitation, leaching 地学 材料 化学 機械 建設

ようりする 溶離する, eluieren, 英

elute [化学] [バイオ]

ようりょう　容量(静電容量，キャパシティー，能力)，Kapazität [女]，[関] Fassungsvermögen [中]，capacitance，capacity [電気] [機械]

ようりょうせいかいろ　容量性回路，kapazitiver Stromkreis [男]，capacitive circuit [電気]

ようりょうせいカップリング　容量性カップリング，kapazitive Koppelung [女]，capacitive coupling [電気]

ようりょくそ　葉緑素，Chlorophyll [中]，chlorophyll，leaf-green [バイオ]

ようりょくたい　葉緑体，Chloroplast [男]，chloroplast [バイオ]

ヨーク（横梁），Joch [中]，yoke，hitch，trunnion [機械] [建設]

ヨードすう　ヨード数(油脂の純度，同定において重要)，JZ = Jodzahl = iodine number [化学]

ヨードひょうしきヒトけっせいアルブミン　ヨード標識ヒト血清アルブミン，IHSA = iodiertes Humanserumalubumin = iodinated human serum albumin [バイオ] [医薬] [放射線]

ヨーロッパしょうひんコード　ヨーロッパ商品コード(イアンコード；UPC のヨーロッパ版，GTIN，GS1 準拠)，EAN-Code = (英) Europian Article Number Code = Strichcode-Nummer für alle Waren des Verbrauchs [電気] [製品] [規格] [経営]

ヨーロッパでんしぎじゅつひょうじゅんかいいんかい　ヨーロッパ電子技術標準化委員会，(仏) CENELEC = Europäisches Kommitee für elektro-technische Normung [電気] [規格]

よかく　余角，Komplementwinkel [男]，Ergänzungswinkel [男]，complementary angle [数学] [機械]

よく　浴，Bad [中]，bath；Stahlbad [中]（鋼浴），steel bath [精錬] [化学] [操業] [設備]

よくうつしょう　抑うつ症(抑鬱症)，Vertiefung [女]，[類] Depression [女]，Melancholie [女]，Schwermut [女]，[関] Aussparung [女]，recess，sinking，depression [医薬] [機械] [地学] [気象]

よくげん　翼弦(翼の前縁と後縁を結んだ直線)，Flügelsehne [女]，[類] Schaufelsehne [女]，balde chord，wing chord [航空] [エネ] [機械] [設備]

よくこうえんきんぼうふか（流れの剥離を抑制するための）翼後縁近傍負荷，(英) aft-loading [航空] [機械]

よくこうえんぶに　翼後縁部に(船尾へ，船尾に)，(英) aft，(独) achteraus [航空] [船舶] [機械]

よくせい　抑制(阻止)，Repression [女]，[類] Unterdrückung [女]，repression [化学] [バイオ] [医薬] [機械] [物理]

よくせいいでんし　抑制遺伝子，Repressorgen [中]，repressor gene [バイオ] [医薬]

よくせいいんし　抑制因子，Inhibitionsfaktor [男]，inhibiting factor [化学] [バイオ] [医薬]

よくせいせいかいざいニューロン　抑制性介在ニューロン，IIN = inhibitorisches Interneuron = inhibitory interneuron [バイオ] [医薬]

よくせいティーさいぼう　抑制 T 細胞(サプレッサーT 細胞)，Suppressor-T-zelle [女]，suppressor T cell [バイオ] [医薬]

よくせいホルモン　抑制ホルモン，IH = Inhibitionshormon = inhibiting hormone 抑制ホルモン [バイオ] [医薬]

よくぜんえんぶ　翼前縁部，Flügelvorderkante [女]，wing leading edge [航空] [エネ] [機械]

よくたんしっそく　翼端失速，Abreißen am Außenflügel [中]，tip stall [機械] [エネ] [航空]

よくはいれつ　翼配列，Schaufelanordnung [女]，[類] Beschaufelung [女]，blade arrangement，blading [エネ] [機械]

よくふってからしようせよ　“よく振ってから使用せよ”，p.p.a. = (ラ) phiala prius agitata = vor Gebrauch schütteln = shake before use [医薬]

よくめん　翼面(支持面積，支承面積，空中翼，エーロフォイル)，Tragfläche [女]，bearing area，aerofoil [航空] [機械] [建設]

よ

よくれつ 翼列（カスケード）, Kaskade 囡, 類 Flügelreihe 囡, cascade, blade lattice 機械 エネ 電気

よこいと 横糸, Schuss 男, 関 Kette 囡, woof, weft 繊維 機械

よこおくり 横送り（前後送り）, Planvorschub 男, 類 Quervorschub 男, crossfeed 機械

よこけいしゃ 横傾斜（片勾配, カント, キャンバー）, Überhöhung 囡, 関 Wölbung 囡, Quergefälle 囲, Balligkeit 囡, Sturz 男, camber, cant, superelevation, banking 交通 建設 機械 材料 航空

よこげた 横桁, Traverse 囡, 関 Querträger 男, cross beam, horizontal beam, traverse 建設

よこけたしょうこうちょうせいきこう 横桁昇降調整機構, Einstelleinrichtung für den Querbalken 囡, elevating device for horizontal beam 機械

よこけたのない 横桁のない, holmlos, 英 without horizontal beam 建設 設備

よこざひょう 横座標, Abszisse 囡, abscissa 数学 統計

よこざひょうにへいこうな （グラフなどで）横座標に平行な, abszissenparallel, parallel to x-coordinate 電気 数学

よこじわ 横じわ（交差褶曲, 折り畳み, 折り曲げ）, Querfaltung 囡, cross fold, cross folding 機械 材料

よこすくいかく 横すくい角, Seitenspanwinkel 男, side rake angle 機械

よこすべりていこう 横すべり抵抗, Seitenführungskraft 囡, lateral guided force, cornering force 機械

よこすべりぼうしそうちのこしょう （BMV, フォード, マツダなどでの）横滑り防止装置（ESC）の呼称, DSC = 英 dynamic stability control = Dynamische Stabilitätskontrolle bei BMW usw. 機械

よこだんせいけいすう 横弾性係数（剪断弾性係数）, Schubelastizitätsmodul 男, 類 Schubmodul 男, elastic shear modules, modulus of transverse elasticity 機械 材料 設備 建設

よこなかぐりばん 横中ぐり盤（横ボール盤）, Horizontalbohrmaschine 囡, 類 Waagerechtbohrmaschine 囡, horizontal boring machine（横中ぐり盤）, horizontal drilling machine（横ボール盤） 機械

よこにげかく （刃物の）横逃げ角, Brustfreiwinkel der Hauptschneide 男, side clearance angle 機械

よこばり 横ばり, Querstrebe 囡, cross stud, cross brace, cross member, cross rod 機械 建設

よこびかえ 横控え, Queranker 男, cross-stay, cross joist, transverse tie rod 機械 建設

よこびかえスチールパイプフレーム 横控えスチールパイプフレーム, Kreuzverband-Stahlrohrrahmen 男, cross-bond steel pipe frame 設備 建設 機械

よこびきのこ 横びきのこ（横挽き鋸）, Trummsäge 囡, cross cut saw 機械

よこフライスばん 横フライス盤, Waagerechtfräsmaschine 囡, plain milling machine, horizontal milling machine 機械

よこほうこうオフセット 横方向オフセット, Querversatz 男, transverse offset 機械

よこむきささえぼう 横向き支え棒（ラテラルロッド）, Querstange 囡, lateral bar, cross-bar, transverse rod 機械 建設

よこむきようせつ 横向き溶接（水平溶接）, waagerechte Schweißung 囡, horizontal welding, horizontal position of welding 溶接 機械 建設

よこワレ 横ワレ（横割れ）, Querriss 男, transverse crack 材料 連鋳

よじかんごとに 四時間毎に, q.q.h. = ラ quaque quarta hora = alle vier Stunden = every four hours 化学 バイオ 医薬

よじょうガス 余剰ガス, Überschussgas 囲, surplusgas, overplus gas, excess gas 化学 バイオ 操業 設備 製銑 精錬 材料

よせフライス 寄せフライス, Satzfräser 男, gang cutter 機械

よそく （コンピュータによる）予測（展開，外挿法），Hochrechnung 女, 類 Simulation 女, expansion, extrapolation 数学 統計 電気

よそくち 予測値, PV = 英 predictive value = prädiktiver Wert = Vorhersagewert 化学 バイオ 医薬

よちょう 余長, Überstand 男, excess length, supernatant, protrusion 機械 化学

よちょうりょく 予張力（予圧，バイアス），Vorspannung 女, pre-tension 機械 電気

よつみぞざぐりふらいす 四つみぞ座ぐりフライス, Spiralsenker mit vier Schneiden 男, spiral countersink with four cutting edges 機械

よどみ Stau 男, 類 関 Totwasser 中, stagnation, dead water 機械 化学

よねつくうき 予熱空気, erhitzte Luft 女, pre-heated air 機械 エネ

よねんしょうしつ 予燃焼室, Vorzündungskammer 女, precombustion chamber 機械 エネ

よはいせんの 余擺線の（トロコイドの），trochoid, 英 trochoid, 英 trochoidal 数学 統計 機械

よび 予備（在庫，バッファー），Reserve 女, reserve 機械 操業 製品 経営

よびきけんげんぶんせき 予備危険源分析, PHA = 英 pre hazard analysis = Vefahren zur Sicherheitsbetrachtung technischer Systeme 操業 設備 数学 統計 経営

よびしんさだんかいこうもく （ISO などの）予備審査段階項目, PWI = 英 priliminary work item 規格

よびせいぎょしんごう 予備制御信号（パイロット信号），Vorsteuersignal 中, pre-control signal, pilot signal 機械 電気

よびでんげん 予備電源（予備容量，予備性能），Leistungsreserve 女, power reserve, capacity reserve, performance reserve 電気 機械 化学

よびはっぽう 予備発泡（予膨張），Voraufweitung 女, pre-expansion 機械 化学 物理

よびほかんサンプル 予備保管サンプル, Rückstellprobe 女, retained sample, reserve sample 機械 化学 バイオ 医薬

よびようりょう 予備容量（供給予備力），RK = Reservekapazität = reserve capacity = spare capacity, 類 関 Leistungsreserve 女 機械 電気 化学 医薬

よふかスプリング 予負荷スプリング（予荷重スプリング），Speicherfeder 女, pre-loaded spring, accumulator spring 機械

よぼう 予防, Prävention 女, 類 関 Vorbeugung 女, Vorsorge 女, Prohylaxe 女, prevention 医薬

よぼうけんきゅう 予防研究, Vorsorgeforschung 女, preventive research 全般 バイオ 医薬

よぼうしよう 予防使用（暴露後予防），PEP = Postexpositionsprophylaxe = postexposure prophylaxis 医薬

よぼうせっしゅ 予防接種, Impfung 女, 類 Inokulation 女, prophylactic vaccination, prophylactic inoculation, protective innoculation, preventive vaccination 医薬

よぼうの 予防の（防疫の），prophylaktisch, 英 prophylactic, 英 prophylactically, 英 proph. 医薬

よぼうほぜん 予防保全, vorbeugende Instandhaltung 女, preventive maintenance 機械 操業 設備 品質

よみこむ 読み込む, einlesen, read 電気

よみだしアクセス 読み出しアクセス, Lesezugriff 男, reading access 電気

よもり 余盛（補強材），Versteifung 女, 類 Nahtüberhöhung, Schweißbart 男, excess metal, weld reinforcement, reinforcement, hardening, stiffening 溶接 機械 材料

よやく 予約, Terminvereinbarung 女, appointment 社会 経営

よる 撚る，verdrillen，類 verseilen，英 twist，strand 繊維 機械

よろめく taumeln，関 wanken，tumble 機械

よんきとう 4気筒，Vierzylinder 男，4-cylinder 機械

よんきゅうアンモニウムえんき 四級アンモニウム塩基，quaternäre Ammoniumbasen，quaternary ammonium bases 化学

よんクロロにメチルフェノキシさくさん 4-クロロ-2-メチルフェノキシ酢酸（除草剤），MCPA = Methylchlorphenoxyacetat = 2-Methyl-4-chlorphenoxyessigsäure = methyl chlorophenoxy-acetic acid 化学 バイオ 医薬 環境

よんげんごうきん 四元合金，Vierstofflegierung 女，quarternary alloy 材料 物理

よんげんの 四元の，quaternär，英 quaternary 材料 精錬 化学 鋳造 製銑 物理

よんサイクルエンジン 四サイクルエンジン，Viertaktmotor 男，four-stroke engine 機械

よんじくせん 四軸船，QSM = 英 quadruple-screw motorship = Vierschraubenmotorschiff 機械 船舶

よんしょうさんペンタエリトリトール 四硝酸ペンタエリトリトール［ペンタエリトリトールテトラニトラミン，2,2-ビス(ヒドロキシメチル)-1,3-プロパンジオールテトラニトラート：血管拡張剤，抗狭心症剤］，PETN = Pentaerythrityltetranitrat = pentaerythritol tetranitrate 化学 医薬

よんチャンネルほうしきの 4チャンネル方式の，QS = 英 quadrasonic = quadrophonic = quadrophonisch 電気 音響

よんばいたいの 四倍体(別の読み方：しばいたい)の，tetraploid，英 tetraploid 化学 バイオ

よんぶんのいちはちょうこうがくあつみ 四分の一波長光学厚み，QWOT = 英 quarterwave optical thickness = Viertelwellen-optische Dicke 光学 電気

よんぶんのいちはちょうばん 四分の一波長板，Viertelwellenplatte 女，quarter wavelength plate 光学 機械 電気 物理

よんぶんのさんふどうしゃじく 四分の三浮動車軸，Dreiviertelachse/dreiviertelfliegende Achse 女，three-quarter floating axle 機械

よんまいばの 4枚羽の，vierflügelig，英 four-wing 機械 エネ

よんリンクかいてんれんさきこう 四リンク回転連鎖機構，Gelenkviereck 中，link quardrialteral bellcrank throttle control 機械

ら

ラーニングプラットフォーム Lernplattform 女，learning platform 電気 機械

ライス・ラムスパーガー・カッセル・マーカス(りろん) ライス・ラムスパーガー・カッセル・マーカス(理論)(熱化学理論でのエネルギー再分配理論)，RRKM = Rice-Ramsperger-Kassel-Marcus (theory) 化学 物理 数学

ライターかぶタンパクほたいけつごうしけん ライター株タンパク補体結合試験(梅毒血清反応の一つ)，RPCF = 英 Reiter protein complement fixation (test) = RPKBT = Reiter Protein Komplementbindungstest 化学 バイオ 医薬

ライターしょうこうぐん ライター症候群，RS = Reiter-Syndrom = Reiter syndrome 医薬

ライデンフロストおんど ライデンフロスト温度，Leidenfrosttemperatur 女，英 Leidenfrost temperature 連鋳 鋳造 物理

ライトけいすう ライト係数，WI = Wright-Index バイオ

ライトスポット Lichtempfangsfleck 男，

ライトスポット light spot 光学 電気

ライトバーひょうじ ライトバー表示（光のバーで表示），Leuchtbalken-Anzeige 女, light bars display 機械 電気 光学

ライトバリヤー Lichtschranke 女, light barrier 電気 機械

ライナック（ちょくせんかそくき） ライナック（直線加速器），Linearbeschleunigung 女, linear acceleration 機械 電気 交通

ライニング（巻き替え），Zustellung 女, 関 Ofenkleidung 女, new lining 製銑 精錬 材料 操業 設備 環境 エネ 非金属 鉄鋼

ライフサイクル（製品などのライフサイクル），Lebensweg 男, life cycle 経営 リサイクル 製品

ライヘルト・マイスルか ライヘルト－マイスル価(脂肪酸の定量法，バターで高く，マーガリンとバターの鑑別が可能)，RMZ = Reichert-Meißl-Zahl = Reichert-Meißl number = R-M number for evaluating oils and fats 化学 バイオ 医薬

ライミング Kalkung 女, liming 化学 バイオ 地学

ライムミルク Kalkmilch 女, milk of lime, aqueous slurry of calcium hydroxie 化学 バイオ

らいもんもよう 雷文模様，Mäandermuster 中, fretwork pattern 繊維 印刷

ライン Strecke 女, line 機械 電気 操業 設備

ライントランセクトほう ライントランセクト法，Linientransekt 男, line transect method 化学 バイオ 地学

ラインペアーかいぞうど ラインペアー解像度，英 line pair resolution 光学 電気 機械

ラインマインパイプライン RMR = Rhein-Main-Rohrleitung = Rhein-Main-pipe line エネ 化学 設備

ラウリンアルデヒド Laurinaldehyd 男, 類 Lauraldehyd 男, lauraldehyde, dodecanal 化学 バイオ

ラウリンさんエステル ラウリン酸エステル，Laurat 中, laurate 化学 バイオ

ラグ Lasche 女, connector, lug, plate, eye, shackle 機械

らくさん 酪酸，Buttersäure 女, butyric acid 化学 バイオ

ラグタイム Laufzeit 女, transit time, travel time, lag time, running time 電気

らくのうようきかい 酪農用機械，milchwirtschaftliche Maschine 女, dairy farming machine 機械 バイオ

らくばんする 落盤する，einstürzen, 英 rock falling 地学

らくようざい 落葉剤，Entlaubungsmittel 中, defoliant 化学 バイオ 環境

らくらい 落雷，Blitzeinschlag 男, cloud-to-groun discharge, flash-to-ground, thunderbolt 電気

ラグランジュのうんどうほうていしき ラグランジュの運動方程式，Lagrangesche Bewegungsgleichung 女, Lagrange equation of motion 機械 物理

ラザフォードこうほうさんらんほう ラザフォード後方散乱法，RBS = 英 Rutherford back Scattering 化学 バイオ 電気 材料

ラジアルタービン Radialturbine 女, radial turbine エネ 機械

ラジアルタイヤ Gürtelreifen 男, 類 Radialreifen 男, radialply tire 機械

ラジアルベアリング Radiallager 中, radial bearing 機械

ラジエターグリル Kühlergitter 中, 類 Kühlergrill 男, radiator grille 機械

ラジオアイソトープしんしつぞうえい ラジオアイソトープ心室造影，Radionuklidventrikulographie 女, radionuclide ventriculography 化学 バイオ 医薬 放射線

ラジオパク röntgenkontrastfähig, 英 radiopaque 放射線 電気 化学 バイオ 医薬

ラジオマーカー（ビーコン） RMB = 英 radio marker(beacon) = Funkmarker 電気

ラジカルてんい ラジカル転位，R_R = 英 radical rearrangement = radikalische Umlagerung 化学

ラジカルほそくざい ラジカル捕捉剤, Radikalfänger 男, radical catcher, radical interceptor, free radical scavenger 化学 バイオ

ラジさいぼう ラジ細胞(パーキット腫瘍患者から採取し, 株化されたBリンパ球系細胞), RJC =英 Raji cell = Raji-Zellen 化学 バイオ 医薬

ラシヒリング (化学プラントの充填塔の充填物で, 装置内の接触面積の増加を目的に使用される), RR = Raschig ring 化学 操業 設備

ラセマート Racemat 中, racemate 化学 バイオ

ラセミか ラセミ化, Racemisierung 女, racemization 化学 バイオ

ラセミたい ラセミ体, 英 racemic modification 化学 バイオ

らせんがたフライスば (やまあらしのような)螺旋形フライス刃, Igelfräser 男, porcupine helix milling cutters 機械

らせんじくよくかくはんき らせん軸翼攪拌機, Wendelrührer 男, spiral agitator, spiral stirrer 機械

らせんじょうの 螺旋状の, spiralförmig, 英 spiral 機械

ラチェット Knarre 女, 類 Zahngesperre 中, ratchet 機械

ラチェットは ラチェット刃, Sperrklinke 女, detent, detent pawl 機械

ラック Zahnstange 女, 関 Ritzel 男, toothed rack 機械

ラックカッター Kammstahl 男, rack cutter 機械

ラックしきそうこ ラック式倉庫, Regalmagazin 中, rack-type magazine 機械 設備

ラックちゅうしんせん ラック中心線, Zahnmittellinie 女, center line of rack 機械

ラッシュせん ラッシュ船(船内にはしけご と貨物を載せて運ぶ輸送船舶), LASH = 英 lighter aboard ship = Leichter an Bord 船舶

ラッセル (聴診で聴取される異常な呼吸音), RL =英 rales = Rasselgeräusch 医薬

ラッチ Raste 女, latch, catch, notch 機械

ラッチリレー Haftrelais 中, latch relay 電気

ラッパぐち ラッパ口, Erweiterung 女, bell mouth, expansion 機械

ラッピングようし ラッピング用紙, Einwickelpapier 中, wrapping paper 機械

ラップしあげ ラップ仕上げ, Läppen 中, lapping 材料 機械

ラップばん ラップ盤, Läppmaschine 女, lapping machine 機械 材料

ラテックスぎょうしゅう ラテックス凝集 (ラテックス凝集反応), LA = Latexagglutination = latex agglutination 化学 バイオ 医薬

ラテラルロッド Querstange 女, lateral bar, cross-bar, transverse rod 機械 建設

ラビリンスシール Labyrinthdichtung 女, labyrinth seal 機械 化学 バイオ

ラフィネート Raffinat 中, raffinate 化学 バイオ

ラフグラインダー Schruppschleifmaschine 女, roughing grinding machine 機械

ラベル Etikett 中, lavel 電気

ラベルいんさつ ラベル印刷, Etikettendruck 男, printing of lavels 電気

ラベルデータ Etikettdaten 複, labelling data 電気

ラベルはりき ラベル貼り機, Etikettiermaschine 女 印刷 機械

ラマンこうか ラマン効果, Raman-Effekt 男, Raman-Effect 光学 電気 物理

ラマン(さんらん)ぶんこう(ほう) ラマン(散乱)分光(法), RSS = Raman-Streuungs-Spektroskopie = Raman-scattering spectroscopy 光学 化学 電気 物理

ラマンゆうきカーこうか ラマン誘起カー効果(非線形光学効果), RIKE = Raman-induzierter Kerr-Effekt = 英 Raman-induced Kerr effect 光学 物理

ラミネーションクラッチ Lamellenkupplung 女, multi-plate clutch 機械

ラム Stößel 男, 類Mitnehmer 男, Stempel 男, ram, tappet, lifter, plunger 機械

ラムあっしゅく ラム圧縮, Staudruck-Luftverdichtung 女, ram compression 機械 エネ

ラムがたタレットせんばん ラム型タレット旋盤, Stampfelrevolverdrehbank 女, ram type turret lathe 機械

ラムジェット Staustrahltriebwerk 中, ramjet 機械 航空

ラムダプローブ (燃焼排ガス中の残留酸素を測定し, 空気比を制御する), Lamdasonde 女, lamda probe, heat exhaust gas oxygen sensor 機械 環境 エネ

ラムは ラム波, Lamb-Welle 女, Lamb-wave 光学 物理 材料 化学

らんおう 卵黄, Eigelb 中, 関 Eiweiß 中, egg yolk, vitelline 化学 バイオ

らんがいの 欄外の, marginal, 英 marginal 全般 規格

らんがいのぼうちゅう 欄外の傍注, Randbemerkung 女, marginal note 規格 特許 全般

らんすう 乱数, Zufallzahl 女, rundom number 数学 統計

らんせいせい 卵生成, Oogenese 女, oogenesis, egg formation 化学 バイオ 医薬

らんそう 藍藻, Cyanobakterien 女 複, cyanobacteria, blue-green algae 化学 バイオ

らんそうてきしゅつ 卵巣摘出, Ovariektomie 女, ovariectomy 化学 バイオ 医薬

ランタイム Laufzeit 女, transit time, travel time, lag time, running time 電気 光学 音響

ランダムアクセス Zufallzugriff 男, random access 電気 機械

ランダムいそうきんじ (りろん) ランダム位相近似(理論)(超伝導理論), RPA = 英 random phase approximation 物理 化学 数学

ランダムいそうばん ランダム位相板, RPP = 英 random phase plate = zufällige Phasenplatte 光学 電気

ランダムサンプル Stichprobe 女, random sample 材料 化学 バイオ

ランダムシーケンスはっせいき ランダムシーケンス発生器, Zufallsgenerator 男, random sequence generator 電気

ランダムじしょう ランダム事象, Zufallsereignis 中, random event 機械 電気

ランダムたじゅうアクセス ランダム多重アクセス, RMA = 英 randam multiple access = zufälliger Mehrfachzugriff 電気

ランダムつい (アモルファスカルコゲナイドの) ランダム対(不規則に分布する荷電欠陥対), RP = 英 random pair = zufälliges Paar 物理 光学 電気 材料

ランドルトかん ランドルト環, Landolt-Ring 男, 英 Landolt ring 化学 バイオ 医薬 光学

ランナー Steg 男, web, foot-bridge, runner, support 機械 鋳造 建設

ランニングコスト Unterhaltskosten 複, maintenance cost, running cost 機械 操業 設備 経営

ランバーサポート Hüftgegendstütze 女, lumbar support 機械

らんぱく 卵白, Eiweiß 中, egg white, albumin, protein 化学 バイオ

ランプ (立体交差路などのランプ), Rampe 女, ramp, platform, slope 建設 航空 交通

ランプ Laterne 女, lamp, lantern 機械 電気

ランプモジュール Leuchtmittelmodul 中, lamp module 機械 電気

ランフラットタイヤ (80km/hr 以下でのドライ走行性能を持つタイヤ), Run-flat-Reifen 男, 英 Runflat-tyre 機械

らんりゅう 乱流, Wirbelströmung 女, turbulent flow, eddy flow 機械 エネ 電気

らんりゅうえん 乱流炎, Turbulenz-Flamme 女, turbulent flame エネ 機械

らんりゅうかくさんけいすう 乱流拡散係数, turbulenter Diffusionskoeffizient 男, turbulent diffusion coefficient 機械 精錬 エネ 化学 物理

らんりゅうかくさんねんしょう 乱流拡散燃焼, turbulente Verbrennung 女, turbulent diffusion combustion 機械 エネ

らんりゅうせいせいそうち 乱流生成装置, Turbulenzeinsatz 男, turbulence generator, turbulence tube block 機械 エネ

ランレングスきんいつせい ランレングス均一性(超音波内視鏡の画像パラメータ), RLU = 英 run length uniformity = Einheitlichkeit der Lauflänge 医薬 音響 電気

り

リアーゼ Lyasen 女 複.lyases 化学 バイオ

リアクターうけき リアクター受け器, Reaktorvorlage 女, reactor receiver 化学 バイオ 設備

リアノジンじゅようたい (細胞の)リアノジン受容体(カルシウムチャンネル), RR = Ryanodin-Rezeptor = ryanodine receptor 化学 バイオ 医薬

リーク Leckage 女, leakage 化学 バイオ 機械 操業 設備

リーシス [特定の溶解素の作用による細胞の破壊(溶解)作用, 破壊, 溶解], Lysis 女, lysis 化学 バイオ 医薬

リーチでしていされたかがくぶっしつがもつせいしつ REACHで指定された化学物質が持つ性質[ストックホルム条約は, 残留性有機汚染物質(POPs:Persistent-Organic Pollutants)から人健康および環境を保護するため, ① 毒性, ② 難分解性, ③ 生態濃縮性, および④ 長距離移動性の性質を持つ化学物質の製造, 使用, 輸出入の禁止, 制限などの実施を規定した], PBT = Persistent, Bioaccumulative and Toxic = REACH-Klassifizierung chemischer Substanzen 化学 バイオ 医薬 環境 法制度 規格

リードかく リード角, Steigungswinkel 男, lead angle, inclination angle, pitch angle 材料 機械

リードバックする abrufen,英 retrieve 電気

リードメンバ Führungskulisse 女, lead member 機械

リーフベイニング Blattrippe 女, leaf veining, leaf veining defects 鋳造 材料 機械

リーマ Reibahle 女, reamer 機械

リール (ドラム), Trommel 女, reel, drum 操業 設備 機械

リールこうてい リール工程(仕上げロール), Glattwalzen 中, reeling, finish rolling 材料 機械

リールそうこ・ちょぞうこ リール倉庫・貯蔵庫, Tambourmagazin 中, 類 Tambourlager 中, Tambourspeicher 男, reel spool magazine 機械 操業 設備

リールまきあげまきもどしそうち リール巻き上げ巻き戻し装置, Tambour-ein-und-ausrollvorrichtung 女, reel windung and roll-out eqipment 操業 設備 機械

リーンラジアル (周方向へ傾いた), 英 lean radial 機械 エネ

リウマチせいしんしっかん リウマチ性心疾患(リウマチ心臓病), RHK = rheumatische Herzkrankheit = rheumatic heart disease 医薬

リウマチせいたはつきんつう リウマチ性多発筋痛,PMR =独 Polymyalgia rheumatica = 英 polymyalgia rheumatica 医薬

リウマチせいべんしっかん リウマチ性弁疾患, RKD = rheumatischer Klappendefekt = rheumatic defect of the valve 医薬

リオトロピックえきしょう リオトロピッ

ク液晶, lyotrope Flüssigkristalle 女,
lyotropic liquid crystal 電気 化学

リガーゼ Ligase 女, 類 Synthetase 女,
ligase, synthetase 化学 バイオ

りがくりょうほう 理学療法, Physio-
therapie 女, Physiotherapy 医薬

リカバリレート WFR = Wiederfin-
dungsrate = recovery rate 数学 統計 化学

りかんしやすいこと 罹患しやすいこと,
Infektanfälligkeit 女, susceptibility
バイオ 医薬

リガンド Ligand 男, ligand 化学 バイオ

リガンドこうかんクロマトグラフィー リ
ガンド交換クロマトグラフィー, Liganden-
austauschchromatographie 女, ligand
exchange chromatography 化学 バイオ
電気

りきせん 力線, Feldlinie 女, line of
force 機械 電気

りきりつ 力率, Leistungsfaktor 男,
power factor 機械 電気

りきりつほせい 力率補正, PFC = 英
power factor correction = Blindstrom-
kompensation = Blindleistungskompen-
sation 電気

リクライニングシート Liegesitz 男, re-
clining seat 機械

リサイクリング (資源再生利用), Recyc-
ling 中, recycling リサイクル 環境

リサイクルする rezyklieren, 類 recyc-
lieren, 英 rycycle 環境 リサイクル

リサイクルできる (リサイクル可能な),
rezyklierbar, 英 recyclable 環境 リサイクル

リサイクルひん リサイクル品,
Rezyklate 中 複, 類 Recyclate 中 複,
recycled materials, recycled goods,
recyclate 環境 リサイクル 化学 機械

リサイクルひんしゅうせきせつび リサイ
クル品集積設備, Recyclinghof 男, ry-
cycling facility 環境 リサイクル 設備

りさんてん 離散点, Diskretisierungszeit-
punkt 男, discrete point 数学 統計 電気
機械

リスクち リスク値, RV = 英 risk value
= Risikowert 数学 統計 化学 バイオ 医薬

品質 全般

リスクマネジメント Risikomanage-
ment 中, risic management 操業 設備
品質 経営 規格

リセット [データ通信のモデムのリセット
(命令)], RST = 英 reset = rücksetzen
電気

リセットする (バックスペースする, 後退す
る), rücksetzen, 類 関 nachstellen, 英
reset, 英 back-space 電気 機械

リソース (供給源, 資源), Reservoir 中,
resource 機械 エネ 電気 リサイクル

リターそう リター層(L層), Auflage-
humus 男, litter layer 地学 化学 バイオ

リターダ Retarder 男, 類 Dauerbrems-
anlage 女, Verzögerer 男, retarder
機械

リターンキー Rücklauftaste 女, return
key 電気

リターンストローク (バックストローク, 戻
り行程), Rückhub 男, back stroke,
return stroke 機械

りっそくだんかい 律速段階, geschwin-
digkeitsbestimmender Schritt 男,
rate-determining step 化学 バイオ 物理
製銑 精錬

リッターあたりミリとうりょう リッター
当たりミリ当量(溶液中の電解質濃度),
mEq/L = 英 milliequivalent per litre =
Milli- Äquivalent je L (Einheit der
Elektrolytkonzentration in Lösungen)
化学 バイオ 医薬

リッターほう リッター法(トラス部材応
力の計算法), Rittersches Verfahren
中, Ritter method 建設 材料

りったいあみめかじゅうしじこうぞう
立体網目荷重支持構造(立体網目構造,
フレームワーク, 橋脚), Rahmentrag-
werk 中, bent, frame load-bearing
structure, framework structure 建設
機械 操業

りったいいせいたい 立体異性体, Ste-
reoisomer 中, stereoisomer, space
isomer 化学

りったいカーブ 立体カーブ, räumliche

Kurve 女, spatial curve 機械

りったいカム 立体カム, Vollkamm 男, solid cam 機械

りったいけっこうフレーム 立体結構フレーム,Sicherheitskäfig 男,safty cage 機械

りったいせんたくせい 立体選択性, Stereoselektivität 女, stereoselectivity 化学

リットルあたりのバイオマスこけいぶつりょう リットル当たりのバイオマス固形物量, TS/l = Trockensubstanz -Biomassenkonzentration = dry substance (dry matter)biomass concentration = bio mass per unit volume 化学 バイオ 単位

リットルたんいでのそくてい リットル単位での測定, Ausliterung 女, measuringcontent in liters 化学 バイオ 機械

リップシール Dichtlippe 女, sealing lip 機械

リップス (毎秒推論回数), LIPS = 英 logical inferences per second = logishe Inferenzen je Sekunde 電気

りっぽうさいみつじゅうてん 立方最密充填, CCP = 英 cubic close packing = kubisch dichte Packung 材料 物理 化学

りっぽうたいの 立方体の, würfelförmig cubic, 英 cubical-shaped 数学 機械

りてん 利点, Vorsprung 男, advantage 機械 全般

りとく 利得(強化), Verstärkung 女, amplification, gain 電気 音響

リドベルク・クライン・リース (転移点またはポテンシャルエネルギー曲線), RKR = 英 Rydberg-Klein-Rees (turning points or potential-energy curve) 物理 光学 化学 数学

リトレッド Runderneuerung 女,retreading 機械

リニアじきていこうでんどうき リニア磁気抵抗電動機, LRM = linearer Reluktanzmotor = linear reluctance motor 電気

リニアしゅうせきかいろ リニア集積回路 (リニア IC), LIC = 英 linear integrated circuit = LIS = lineare integrierte

Schaltung 電気

リニアゆうどうでんどうき リニア誘導電動機, LIM = Linearer Induktionsmotor = linear induction motor 電気

リノールさん リノール酸, Linolsäure 女, linoleic acid 化学 バイオ

リノレンさん リノレン酸, Linolsäure 女, linolenic acid 化学 バイオ

リバーシングミル Reversiergerüst 中, 類 Umkehrgerüst 中, reversing mill 材料 操業 設備 鉄鋼 非鉄

リバース Umlenken 中, deflection, steering, reversing 光学 音響 エネ 機械

リバウンド Rückprall 男, back lash, rebound bounce 機械

リバウンドストラップ (セーフティーストラップ), Fangband 中, 類 Ausschlagbegrenzung 女, rebound strap (for stearing lock), safety strap 機械

リハビリ Rehabilitation 女, Reha, rehabilitation 医薬

リブ Rippe 女, rib 機械

リファンピシン (結核を起こす結核菌の発育や増殖を阻害する. 出典:goo 辞書 ─ 薬の手引き), RIF = RIFA = RMP = Rifampicin 化学 バイオ 医薬

リフォーマー Reformer 男, reformer 化学 バイオ 設備

リブがた リブ型, Profilrippe 女, tread rib 機械

リフター Stößel 男, 類 Mitnehmer 男, ram, tappet, lifter, plunger 機械

リフティングプラットフォーム Hubladebühne 女, lifting platform 機械

リブみぞ リブ溝, Rillenprofil 中, rib tread 機械

リブロースごリンさん リブロース -5- リン酸(生体内ではペントースリン酸回路で生合成される. プリンヌクレオチドの合成にも利用される), Rib-5-P = Ribulose-5-Phosphat = ribulose-5-phosphate 化学 バイオ 医薬

リベッター Nietsetzgerät 中, 類 Nieter 男, rivet setter, rivet tool 機械

リベッティングナット Einnietmutter 女,

rivetting nut 機械

リベットうちき リベット打ち機, Nietsetzgerät 中, 類 Nieter, rivet setter, rivet tool 機械

リベットがしら リベット頭, Setzkopf 男, 類 Nietkopf 男, 関 Schließkopf 男, die head, rivet head, setting head 機械 建設

リベットさき リベット先, Schließkopf 男, closing head, head made during process of riveting 機械 建設

リベットさきまるめがた リベット先丸め型, Schließkopfdöpfer 男, closing head-cupping tool 機械 材料 建設

リベットダイ Nietstempel 男, rivetting punch, rivetting die 機械 建設

リベットつぎて リベット継ぎ手, Nietverbindung 女, rivet joint, rivetting joint 機械 建設

リベットどめ リベット止め, Setzkopf 男, 関 Schließkopf 男, die head, setting head 機械 建設

リベットパンチ Nietstempel 男, rivetting punch, revetting die 機械 建設

りべんせい 利便性, Zugänglichkeit 女, accessibility 電気

リボかくさん リボ核酸, RNA = 英 ribonucleic acid = RNS = Ribonukleinsäure 化学 バイオ 医薬

リボかくタンパクしつ リボ核タンパク質, RNP = Ribonukleoprotein = ribonucleoprotein 化学 バイオ 医薬

リボかくリンさん リボ核リン酸, RNP = Ribonukleophosphat = ribonucleophosphate 化学 バイオ 医薬

リボソームリボかくさん リボソームリボ核酸, rRNA = 英 ribosomal ribonucleic acid = ribosomale Ribonukleinsäure 化学 バイオ 医薬

リボたとう リボ多糖, LPS = Lipopolysacchrid = lipopolysaccharide 化学 バイオ 医薬

リボヌクレアーゼ RNase = Ribonuklease = ribonuclease 化学 バイオ 医薬

リボヌクレオシドさんリンさん リボヌク

レオシド三リン酸, NTP = Ribonukleosidtriphosphat = ribonucleoside triphosphate 化学 バイオ

リボン Streifen 男, ribbon 機械 材料 光学

リミットスイッチ Endlagenschalter 男, position indicator switch, limit switch 電気

リム Radkranz 男, 類 Radfelge 女, Kranz 男, rim 機械

リムちゅうしんめん リム中心面, Felgenmittelebene 女, rim center face 機械

リムディッシュ Felgenschlüssel 男, rim dish 機械

リムはば (ベルト車のベルト受け部のリム幅), Kranzbreite 女, rim width 機械

リムフランジ Felgenhorn 中 機械

リモートコントロールぎじゅつ リモートコントロール技術, Fernwirkungstechnik 女, remote control technic 電気 機械

リモートラマンプローブ (光ファイバーによるラマン分光装置), RRP = 英 remote Raman probe = ferngesteuerter Raman-Fühler 光学 化学 バイオ 医薬 電気

りゅう 粒[顆粒(状のもの)], Granulat 中, granular material, granylated material 化学 バイオ 機械

りゅうかすいそ 硫化水素, Schwefelwasserstoff 男, hydrogen sulfide, H_2S 化学 バイオ

りゅうかばいよう 流加培養(半回分培養, 培養基中に基質を添加していく培養法), Fedbatch-Verfahren 中, 関 Zufutter-Satzbetrieb, fed-batch culture process 化学 バイオ

りゅうかんふしょく 粒間腐食, IKK = interkristalline Korrosion = intergranular corrosion 材料 設備

りゅうこうびょう 流行病, Epidemie 女, 類 Seuche 女, epidemic disease 医薬

りゅうさん 硫酸, Schwefelsäure 女, sulfuric acid, sulphuric acid, H_2SO_4 化学

りゅうさんアンモニウム 硫酸アンモニウム(硫安), Ammoniumsulfat 中, ammonium sulphate 化学 バイオ

りゅうさんか 硫酸化(硫酸塩処理),

Sulfatierung 女, sulphation, sulphatizing 化学 バイオ

りゅうさんどうか 硫酸同化, Sulfat-assimilation 女, sulfate assimilation 化学 バイオ

りゅうさんトリグリシン 硫酸トリグリシン(強誘電体), TGS = Triglycinsulfat = triglycine sulphate 化学 電気

りゅうしかそくき 粒子加速器, Teilchen- beschleuniger 男, particle accerelator 物理 原子力

りゅうしけい 粒子径(粒度), TG = Teilchengröße = particle size 化学 バイオ 医薬 材料

りゅうししつどほせいけいすう 粒子湿度補正係数, Kp = Feuchtigkeit-Korrekturfaktor für Partikel = humidity correction factor for particulates 機械 環境

りゅうしせんれいきエックスせんぶんせきほう 粒子線励起 X 線分析法, PIXE = 英 particle induced X-ray emission 電気 化学 バイオ 材料 物理 光学

りゅうしゅつ 流出(排出口), Ablauf 男, 類 Auslass 男, Abführung 女, Ablass 男, outlet, outflow 操業 設備 機械

りゅうしゅつぶつ 留出物, Destillat 中, distillate 化学 バイオ

リューシルアニリドかすいぶんかいこうそ リューシルアニリド加水分解酵素, LAH = Leuzylanilidhydrolase = leucylanilide hydrolase 化学 バイオ 医薬

りゅうせんけい 流線形, Stromlinienaufbau 男, streamline shape 機械 航空 交通

りゅうたいこうぞうそうごさよう 流体構造相互作用(流体構造連成解析；流体の流動と構造物変形の相互作用を解析する), FSI = Fluid-Struktur-Interraktion = fluid structure-interaction 機械 鋳造

りゅうたいじゅんかつ 流体潤滑, Häuchtchenflüssigschmierung 女, thin film lubrication, film lubrication, fluid lubrication 機械 材料 設備

りゅうたいちょっけい 流体直径, hyd-raulischer Durchmesser 男, hydraulic diameter 機械

りゅうたいりきがく 流体力学, Mechanik der Flüssigkeit 女, 類 Rheologie 女, hydrodynamics, fluid dynamics, rheology 機械 エネ 化学 バイオ

りゅうたいりきがくの 流体力学の, fluid-dynamisch, 英 fluid dynamic 機械 化学

りゅうでんようきょく 流電陽極(犠牲陽極), Opferanode 女, sacrificical anode 化学 材料 機械

りゅうどうこうがくてき(りきがくてき)**に** 流動工学的(力学的)に strömungstech-nisch, 英 fluidic technically 機械 エネ 物理

りゅうどうしょう 流動床(流動層), Wirbelschicht 女, fluidised bed エネ 機械 化学 設備

りゅうどうそう 流動層(流動床), Wirbelschicht 女, fluidised bed エネ 機械 化学 設備

りゅうどうど 流動度, Flüssigkeits-grad 男, degree of fluidity, viscosity 機械 化学 バイオ

りゅうどうとくせい 流動特性, Fluidi-sierungseigenschaft 女, fluid flow characteristic 製銑 精錬 化学 バイオ 物理

りゅうどこうせい 粒度構成, Kornauf-bau 男, grain structure, grain composition 機械 化学 建設 地学

りゅうどはんい 粒度範囲, Körnung 女, grading range 機械 化学 バイオ 建設

りゅうにゅうかく 流入角(入口角), Ein-trittswinkel 男, entering angle, angle of contact 機械 エネ 設備

りゅうにゅうけいろ 流入経路, Ein-tragspfad 男, intrusion pathways, entry paths 化学 バイオ 環境

りゅうにゅうぶい 流入部位(取り入れ部, 入り口), Einlass 男, 類 Zulauf 男, Zuführung 女, inlet, intake 操業 設備 機械 化学

リュウマチ Rheumatismus 男, rheuma-tism 医薬

りゅうりょう 流量, Durchflussmenge 女, flow rate 機械 化学

りゅうりょうけいすう　流量係数, Durchflusszahl 囡, discharge coefficient 機械 化学

りゅうりょうちょうせいそうち　流量調整装置, Durchflussregler 男, flow controller, 機械 化学

りゅうりょうりつ　流量率(流速), Strömungsgeschwindigkeit 囡, flow rate 精錬 連鋳 材料 操業 設備

りゅうろかへんかきゅうき　流路可変過給機, VTG-Lader=Turbolader mit variable Turbinegeometrie = VGT = variable geometry turbocharger 機械 エネ

りゅしゅつきょくせん　留出曲線, Destillationslinie 囡, distillation curve 化学 バイオ

りょういき　領域(範囲, ライン, 対象), Strecke 囡, range, region 機械 電気 操業 設備

りょういきたいしょう　領域対象, Flächenobjekt 中, area object 電気 光学

りょうがわすいこみはねぐるま　両側吸込み羽根車, doppelflutiges Laufrad 中, double suction impeller 機械 エネ

りよう(ねつこうかん)さようめん　利用(熱変換)作用面, Verwertungswirkfläche 囡, utilization area 機械 エネ 光学

りょうしいど　量子井戸(半導体レーザー), QW = 英 quantum well = Quantentopf 光学 物理 電気

りょうしいどせきがいこうけんしゅつき　(多重)量子井戸赤外光検出器, QWIP = 英 (multiple)quantum well infrared photodetector = (vielfacher)Quantentopf-Infrarot-Photo-detektor 光学 物理 電気

りょうしいろりきがく　量子色力学, QCD = Quantenchromodynamik = quanten chromo dynamic 物理 数学

りょうしかがく　量子化学, Quantenchemie 囡, quantum chemistry 化学 物理

りょうしかしゅうはすうへんちょう　量子化周波数変調, QFM = quantisierte Frequenzmodulation = quantized frequency modulation 電気 物理

りょうしかする　量子化する, quantisieren, 英 quantize 電気

りょうしかパルスしんぷくへんちょう　量子化パルス振幅変調, QPAM = quantisierte Pulsamplitudenmodulation = quantized pulse amplitude modulation 電気

りょうしきのうそし　量子機能素子, QFD = 英 quantum functional device = Quanten-Funktions-Bauteil 物理 光学 音響 電気

りょうしこうかけんしゅつき　量子効果検出器, QED = Quanteneffizienz-Detektor = quantum efficiency detector 物理 光学

りょうしこうりつ　(光検出器の)量子効率 [発光素子の場合:通電によるキャリヤ数に対して発生する(内部量子効率)もしくは外部に放射される(外部量子効率)光子の比;受光素子の場合:入射する光子数に対して発生するキャリヤ数の比. 出典:Weblio 辞書], QE = Quanteneffizienz = Quantenwirkungsgrad = quantum efficiency 光学 電気

りょうしさいずこうか　(固体の電子状態に対する)量子サイズ効果, QSE = 英 quatum size-efect 物理 化学 光学 電気

りょうししゅうりつ　量子収率(量子収量), Quantenausbeute 囡, quantum yield, quantum efficiency 物理 原子力 放射線 化学 バイオ 光学 電気

りょうししゅうりょう　量子収量(量子収率), Quantenausbeute 囡, quantum yield, quantum efficiency 物理 原子力 放射線 化学 バイオ 光学 電気

りょうしてきちょうわしんどうし　量子的調和振動子, QHO = 英 quantum version of the harmonic oscillator 物理 光学

りょうしてん　量子点(半導体, 太陽エネルギー変換などの分野で適用されつつある. 出典:Sigma-Aldrich ホームページ), QD = 英 quantum dot = Quantenpunkt 物理 化学 材料 電気 エネ

りょうしでんじきがく　量子電磁力学,

QED = Quantenelektrodynamik = quantum electrodynamics 物理 光学 数学 電気

りょうしとじこめシュタルクこうか 量子閉じ込めシュタルク効果（量子井戸構造に電界を印加したときの吸収変化．出典：上智大学理工学部下村研究室ホームページ），QCSE =英 quantum confined Stark effect = quantenbeschränkter-Stark-Effekt 物理 電気 光学

りょうしばりろん 量子場理論，QFT = Quantenfeldtheorie = quantum field theory 物理 光学 数学

りょうしひはかいそくてい 量子非破壊測定，QND =英 quantum-non-demolitation(measurement)=zerstörungsfreie Quantenmessung 物理 光学

りょうしひやく 量子飛躍（突然の大きな増加・飛躍・進歩），Quantensprung 男，quantum leap, quamtum jump 物理 化学 バイオ 全般

りょうしフーリエーへんかん 量子フーリエー変換，QFT =英 quantum fourier transformation 電気 数学

りょうしぶんしりきがく 量子分子力学，QMD =英 quantum molecular dynamic = molekulare Quantendynamik 物理 化学 数学

りょうしホールこうか 量子ホール効果，QHE = Quanten-Hall-Effekt = quantum Hall effect 物理 数学

りょうしりきがく 量子力学（量子化学計算），QM = Quantenmechanik = quantum mechanics 化学 物理

りょうしんばいせいの 両親媒性の amphiphil，英 amphiphilic 化学 バイオ

りようせいの 両性の，amphoter，英 amphoteric，英 amphiprotic 化学 バイオ

りょうそくはたいしんぷくへんちょう 両側波帯振幅変調，ZAM = Zweiseitenband-Amplituden-Modulation = double sideband amplitude modulation 電気

りょうてきせいぶつしげん 量的生物資源（バイオマス），Biomasse 女，biomass バイオ 地学

りょうてきどじょうしげん 量的土壌資源（土塊），Bodenmasse 女，soil mass バイオ 地学

りょうとうフライスばん 両頭フライス盤，Doppelfräsmaschine 女，類 Zweispindelfräsmaschine 女，double head milling maschine, duplex head milling maschine 機械

りょうふじゅうぶん 量不十分，QNS =英 quantity not sufficient = Menge nicht ausreicht = Menge nicht genügend 化学 バイオ 医薬

りょうようしょ 療養所（サナトリウム），Kuranstalt 女，sanatorium, convalescent home 医薬

りょくちけいかく（じょうれい） 緑地計画（条例），Grünordnung 女，open space planning, urban green space planning, green ordinance 環境 化学 バイオ 法制度 経営

りょくないしょう 緑内障，grüner Star 男，類 Glaukom 中，関 grauer Star 男，Katarakt 男，glaucoma 化学 バイオ 医薬 光学

りょくのうきんかんせんしょう 緑膿菌感染症，Pseudomonas aeruginosa-Infektion 女，英 Pseudomonas aeruginosa infection 化学 バイオ 医薬

リレーようケイそこう リレー用ケイ素鋼，RSi = Relais-Siliziumstahl = relay silicon steel 材料 電気 鉄鋼

りろんねつこうりつ 理論熱効率，theoretischer thermischer Wirkungsgrad 男，theoretical thermal efficiency エネ 設備 環境 機械

リワインド（巻き戻し），Rückspulen 中，rewind 材料 機械 繊維

リン・タンパクしつひ リン・タンパク質比（患者から除去されるリンの全量と患者のタンパク質摂取量の比），PEQ = Phosphor-Eiweiß-Quotient = PPQ = PPR = phosphorus-protein-quotient(ratio) 医薬

りんかいあつ 臨界圧，ρ_k = kritischer Druck = critical pressure 物理 化学

機械 原子力 エネ 設備

りんかいあつノズル　臨界圧ノズル,
CFV ＝英 critical flow valve 機械

りんかいかく　臨界角, Grenzwinkel 男
光学 音響

りんかいじょうたい　臨界状態,
kritischer Zustand 男, 類 Kritisch-Sein
中, critical state 原子力 物理 化学

りんかいてん　臨界点, kritischer Punkt
男, critical point 原子力 物理 化学

りんかいマッハすう　臨界マッハ数,
kritische Machzahl 女, critical Mach
number 航空 機械

りんかいミセルのうど　臨界ミセル濃度,
cmc ＝英 critical micellar concentration
化学 バイオ

りんかく　輪郭, Profil 中, profile 機械
建設

りんかくけずり　輪郭削り,Konturierung
女, contouring 機械 電気

りんかくけんさく　輪郭研削, Kontur-
schleifen 中, contour griding 機械 電気

りんかくせいぎょ　輪郭制御, Regelkon-
tur 女, contour of regulation 機械

りんかくびょうしゃ　輪郭描写, 英 con-
touring, Profilierung 女, 類 関 Kon-
turierung 女 機械

りんきょ　輪距, Spurweite 女, 関 Reif-
enaufläche 女, track width, tread 機械
交通

リンク　Gelenk 中, hinge, joint, link
機械

リンク　Glied 中, 類 関 Gelenk 中, Kulisse
女, Verknüpfung 女, linkage, link,
connection 機械 化学 電気

リンクけつごうの　リンク結合の, gelen-
kig 機械

リングさんかゆうきせきそうけっかん
（単結晶の）リング酸化誘起積層欠陥,
ROSF ＝ ringoxidationsinduzierter Sta-
pelfehler ＝ ring oxidation-induced
stacking fault 物理 材料 電気

リンクせいぎょ（そうち）　リンク制御（装
置）, Kulissensteuerung 女, link control
device 機械

リングせいぼうき　リング精紡機, Ring-
spinnmaschine 女, ring spinning
frame, ring frame, ring spinning ma-
chine 繊維 機械

リングテスト　Ring-Versuch 男, ring-
test 数学 統計 化学 バイオ

リングねんしき　リング撚糸機, Ring-
zwirnmaschine 女, ring twister, ring
twisting frame 繊維 機械

リングのふくらみぶ　リングの膨らみ部,
Ringwulst 男, ring bulge 機械

リングべん　リング弁, Ringventil 中,
mushroom-type valve, annular valve,
ring valve 機械

**リングレーザージャイロかんせいこうほ
うシステム**　リングレーザージャイロ慣
性航法システム, RLGINS ＝英 ring la-
ser gyro inertial navigation system
航空 電気

リンクレバー　Kulissenantrieb 男, link
lever 機械

リンケージ（リンク装置）　Gestänge 中,
linkage 機械

リンゲルえき　リンゲル液（臨床的には電
解質補給として治療に用いられる）, RS
＝ Ringer-solution ＝ Ringer-Lösung
化学 バイオ 医薬

リンゲルにゅうさんえんようえき　リン
ゲル乳酸塩溶液, RL ＝ Ringer-Laktat
(-Lösung)＝ Ringers's lactate (solution)
医薬

リンゴさんえん　リンゴ酸塩, Malat 中,
malate 化学 バイオ

リンゴさんデヒドロゲナーゼ　リンゴ酸
デヒドロゲナーゼ（クエン酸回路でリンゴ
酸をオキサロ酢酸へ, またはその逆の化
学反応を触媒する 酸化還元酵素）,
MDH ＝ Mal[e]atdehydrogenase ＝ ma-
lic dehydrogenase 化学 バイオ 医薬

リンさんいちアンモニウム　リン酸一アン
モニウム,MAP ＝ Monoammoniumphos-
phat ＝ monoammonium phosphate
化学 バイオ 医薬

リンさんウリジルトランスフェラーゼ　リ
ン酸ウリジルトランスフェラーゼ, PUT ＝

Phosphaturidyltransferase = phosphate uridyl transferase 化学

リンさんえんひふくしょりほう リン酸塩被覆処理法, Phosphatieren 中, to phosphate 材料 機械 化学

リンさんがたねんりょうでんち リン酸型燃料電池, PAFC = 英 phosphoric acid fuel cell = Phosphorsäure Brennstoffzelle 機械 化学 電気 エネ 環境

リンさんデヒドロゲナーゼ リン酸デヒドロゲナーゼ, PD = Phosphatdehydrogenase = phosphate dehydrogenase 化学 バイオ 医薬

リンさんトリブチル リン酸トリブチル, TBP = Tributylphosphat = tributyl phosphate 化学 原子力

リンさんにじゅうすいそかカリウム リン酸二重水素化カリウム, KDDP = Kaliumdideuterophosphat = potassium dideuterophosphate 化学 バイオ 光学 物理

りんじく 輪軸, Radgestell 中, wheel set, wheel and axle, bogie, wheel frame 交通 機械

リンししつまく リン脂質膜(生体膜の主要成分), Phospholipid 中, phospholipid 化学 バイオ 医薬

りんじしんぼうペースメーカーでんきょく 臨時心房ペースメーカー電極, TAPE = 英 temporary atrial pacemaker electrode = temporäre atriale Herzschrittmacherelektrode 医薬 電気

りんしょうけんさいがくにおけるトレーサビリティこくさいごうどういいんかい 臨床検査医学におけるトレーサビリティ国際合同委員会, JCTLM = 英 Joint Committee on Traceability in Laboratory Medicine 医薬 組織

りんしょうしけん 臨床試験, klinische Forschung, clinical research 医薬

りんしん 輪心, Radkörper 男, 類 Radstern 男, wheel center, hub 機械

リンせいどう リン青銅(燐青銅, りん青銅; 可鍛 P 青銅と鋳造 P 青銅の二種に大別される), Phosphorbronze 女, phosphorbronze, PhBz 材料 非鉄

りんてんき 輪転機, Rollendruckmaschine 女, 類 Rotationsdruckmaschine 女, Rotationsdruckpresse 女, Zylinderpresse 女, rotary printing press 印刷 機械

リンはいせつインデックス リン排泄インデックス, PEI = Phosphat-Exkretions-index = phosphate excretion index 医薬

リンパきゅう リンパ球, Lymphozyten 女 (男) 複, lymphocyte 化学 バイオ

リンパきゅうかっせいかいんし リンパ球活性化因子, LAF = lymphozytenaktivierender Faktor = lymphocyte activating factor 化学 バイオ 医薬

リンパしゅようにくがしゅしょう リンパ腫様肉芽腫症, LG = Lymphogranulomatose = lymphomatoid granulomatosis 医薬

リンパせつ リンパ節, Lymphknoten 男 複, lymph nodes 化学 バイオ 医薬

リンパせんえん リンパ腺炎, Lymphadenitis 女, 類 Lymphknotenentzündung 女, lymphadenitis 化学 バイオ 医薬

リンパりゅう リンパ流, LF = Lymphfluss = lymph flow 化学 バイオ 医薬

りんばんの 輪番の, turnusmäßig, regular, on a regular cycle 機械 経営

リンホカイン Lymphokin 中, lymphokine 化学 バイオ

りんぼくちくせき 林木蓄積(分げつ), Bestockung 女, tillering, growing stock 化学 バイオ

ルアーロックアダプター (ルアーロックコネクター, ルアーロックフィッティング), Luer-Lock-Ansatz 男, 英 Luer-Lock-connector, 英 Luer-Lock –fitting, 英 Luer-

Lock-adapter 機械 医薬

ルアーロックコネクター （ルアーロックフィッティング，ルアーロックアダプター），Luer-Lock-Ansatz 男，英 Luer-Lock-connector，英 Luer-Lock –fitting，英 Luer-Lock-adapter 機械 医薬

るいしんたしょうてんのコンタクトレンズ 累進多焦点のコンタクトレンズ，Gleitsichtkontaktglas 中，progressive power contact lens 光学 医薬

ルイス(しき)けつえきがた ルイス(式)血液型(赤血球抗原型の一種)，Le ＝ Symbol für Lewis-Blutgruppen ＝ Lewis-blood groups バイオ 医薬

るいせきの 累積の(累積された，集積の)，kumuliert 数学 統計

るいせきピッチごさ 累積ピッチ誤差，Summenteilungsfehler 男，comulative pitch error，accumulated pitch error 数学 統計 機械

ルーズフランジ Losflansch 男，loose flange 機械

ルーター Router 男，router 電気

ルーダーマン・キッテル・かすや・よしだそうごさよう ルーダーマン・キッテル・粕谷・芳田相互作用(金属内の f 電子間で伝導電子を媒介として働く間接的な相互作用)，RKKY ＝ Ruderman-Kittel-Kasuya-Yoshida(interaction) 物理 数学 材料

ルーツそうふうき ルーツ送風機，Rootsches Gebläse 中，類 Roots Bläser 男，英 Root's blower 機械

ルート [(数学の)根[こん]，根[ね]]，Wurzel 女，root 溶接 材料 バイオ 数学

ルートおうぶ ルート凹部(ルート融合不足部，窪んだルート融合部)，Wurzelrückfall 男，hollow root fusion，lack of root fusion，root concavity 材料 機械 溶接

ルートぶへのとけこみ ルート部への溶け込み，Wurzeleinbrand 男，weld penetration of root，penetration into the root 溶接 材料

ルートぶよもりたかさ ルート部余盛高さ，Wurzelüberhöhung 女，root supereelevation 溶接 材料

ルートめんのはば ルート面の幅(ウエブ高さ，スパン高さ)，Steghöhe 女，web height，span height，width of root face 機械 溶接

ルートゆうごうふそくぶ ルート融合不足部(窪んだルート融合部，ルート凹部)，Wurzelrückfall 男，hollow root fusion，lack of root fusion，root concavity 材料 機械 溶接

ルーバー （換気フード），Dachhaube 女，louvre，ventilation hood 機械 建設

ルーピングピット Schlingengrube 女，looping pit 材料 機械

ループ Schlinge 女，類 Schlaufe 女，Schleife 女，loop 機械

ルーフィングロールげんし ルーフィングロール原紙，Dachpappe 女，roofing felt，roofing paper 建設

ループどうたいぶ ループ導体部，Leitschleife 女，conductor loop 電気

ループレーヤー （レーイングヘッド），Windungsleger 男，loop layer，loop laying head 材料 操業 設備

ルームミラー Innenrückspiegel 男，interior rear-view mirrors 機械

ルーメン （全光束を表示），Lumen 中，lumen 電気 光学 単位

ルーラー （定規，直定規），Lineal 中，ruler，straight edge 数学 機械

ルールブック （コード，規則の公布），Regelwerk 中，rulebook，code，publication of rules 特許 規格 経営

ルシフェリン （発光酵素，酸素と反応して，発光する基質），Luziferin 中，luciferin 化学 バイオ

るつぼ 坩堝，Tiegel 男，crucible，melting pot 化学 精錬

れ

レアアースげんそ レアアース元素, Seltenerdelement 中, rare earth element 物理 地学 鉄鋼 非鉄 材料 電気

レアメタル seltenes Metall 中, rare metal 地学 鉄鋼 非鉄 材料 電気

れいかんひきぬきこう 冷間引き抜き鋼(光輝処理鋼), Blankstahl 男, cold drawn steel, bright steel 機械 鉄鋼

れいかんひきぬきこうかん 冷間引き抜き鋼管,Kaltziehstahlrohr 中,cold drawn steel pipe 材料 機械

れいき 励起, Exizitation 女, excitation 化学 バイオ 物理

れいきじょうたい 励起状態, angeregter Zustand 男, 類 Erregungszustand 男, exited state 光学 音響 物理

れいきはっこうマトリックス 励起発光マトリックス(蛍光分光法における), EEM = Exzitation-Emissions-Matrix = excitation-emissoin-matrix 化学 バイオ 電気 光学

れいきゃく 冷却, Abkühlung 女, cooling 製銑 精錬 材料 連鋳 操業 設備 機械

れいきゃくコイル 冷却コイル, Kühlschlange 女, condenser coil, cooling coil 機械 エネ

れいきゃくこうか 冷却効果, Kühlwirkung 女, cooling effect 機械 製銑 精錬 連鋳 鋳造 材料 操業 設備 化学

れいきゃくざい 冷却剤(冷却材), Kühlmittel 中, KM, coolant, cooling agent, cooling medium, refrigerant 機械 化学 エネ

れいきゃくジャケット 冷却ジャケット, Kühlmantel 男, coolant jacket 機械 製銑 精錬 設備

れいきゃくすいポンプ 冷却水ポンプ, Kühlwasserpumpe 女, circulating water pumpe, cooling water pump 機械 製銑 精錬 連鋳 材料 操業 設備 化学

れいきゃくそくど 冷却速度, Abkülungsgeschwindigkeit 女, cooling rate 連鋳

材料 鋳造 機械 操業 設備

れいきゃくたんぶ 冷却端部, Kaltende 中, cooling end 機械 エネ

れいきゃくばん 冷却板, Kühlplatte 女, cooling plate 製銑 精錬 機械

れいきゃくひれ 冷却ひれ, Kühlrippe 女, cooling fin, cooling rib 機械 化学 エネ 設備

れいしゅうはすう 零周波数, ZF = 英 zero frequency = Nullfrequenz 電気

れいせってん 冷接点, Kaltlötstelle, cold junction 機械 エネ

れいだんぼう 冷暖房, Klimatisierung 女, air-conditioning 機械 エネ 環境 建設

れいとうき 冷凍機, Kältemaschine 女, refrigerating machine, refrigerator 機械

れいとうそうちようじゅえきき 冷凍装置用受液器, Flüssigkeitssammler für Kältemaschine 男, liquid receiver for refrigerating machine 機械 化学

れいにゅうりょくでんりゅう 零入力電流(保持電流), Ruhestrom 男, closed-circuit current, zero-signal current 電気 機械

レイノルズすう レイノルズ数, Reynoldssche Zahl 女, 類 Re-Zahl 女, 英 Reynolds number 物理 化学 バイオ 機械

れいばい 冷媒(冷却剤), Kühlmittel 中, coolant, cooling agent, cooling medium, refrigerant 機械 化学 エネ

レーイングヘッド Windungsleger 男, loop layer, loop laying head 材料 操業 設備

レーザーいんこく レーザー印刻, Lasergravur 女, laser engraving 電気 印刷

レーザーきょうしんき レーザー共振器, Laserresonator 男, laser resonator 光学 音響

レーザーげかちりょう レーザー外科治療, LBS = 英 laser-beam-surgery = Laserchirurgie 化学 バイオ 医薬 電気

レーザーダイオード LD = Laserdiode = laserdiode 電気 光学

レーザードップラーそくどけい レーザードップラー速度計, LDV = 英 laser doppler velocimeter = Laser-Doppler-Geschwindigkeitsmesser 機械 電気 光学 音響 物理 気象

レーザードップラーふうそくけい レーザードップラー風速計, LDA = Laser-Doppler-Anemometrie = laser doppler anemometry 物理 気象 機械 電気 光学 音響

レーザードップラーぶんこうほう レーザードップラー分光法, LDS = Laser-Doppler-Spektroskopie = laser-doppler-spektroscopy 光学 物理 化学 バイオ 医薬

レーザービームかこう レーザービーム加工, LBM = 英 laser-beam machining = Laserstrahlbearbeitung 機械 電気 光学

レーザープリンタ Laserdrucker 男, laser printer 電気 光学 印刷

レーザーゆうきけいこう レーザー誘起蛍光, LIF = Laser-induzierte Fluoreszenz = laser induced fluorescence 電気 光学 化学

レーザーゆうきはくねつ レーザー誘起白熱(状態), LII = 英 laser-induced incandescence, 類 laserinduzierte Glühtechnik 女 電気

レーザーようせつ レーザー溶接, Laser-Schweißung 女, laser welding 溶接 機械 光学

レーダーけいほうそうち レーダー警報装置, RWI = 英 radar warning installation = Radarwarnungssystem 航空 設備 電気

レーダーしゅはっしんき レーダー主発振器, RMO = 英 rader master oscillator 電気 軍事

レーダーひてい レーダー飛程, RR = 英 radar range = Raderreichweite 電気 航空

レーヨンぼうしき レーヨン紡糸機, Kunstseidenspinnmaschine 女, rayon spinning machine 繊維 機械 設備

レーリーのかいぞうど レーリーの解像度, Rayleigh-Auflösungskriterium 男, 英 Rayleigh's criterion for resolution 光学 音響

レール Gleis 中, rails, line, platform 交通

レールカーブ Gleisbogen 男, rail curvature 交通

レールカント (カーブで, 外側のレールが高くなっていること), Schienenüberhöhung 女, cant 交通 機械

レールしたのさいせき レール下の砕石, Gleisschotter 男, railway ballast 交通

レールていぶ レール底部, Schienenfuß 男, rail base 交通 機械 設備

レールボンド Schienenverbinder 男, rail joiner 交通 機械

レールようあつえんき レール用圧延機, Schienenwalzwerk 中, rail rolling mill 交通 機械 材料

レーン [(電波航法の) パス], Pfad 男, path, trail 機械 電気 航空

レオウイルス REO virus = respiratorisches Entero-Orphan-Virus = respiratory enteric orphan virus バイオ 医薬

レがたつきあわせようせつつぎて レ形突合せ溶接継ぎ手, HY-Naht 女, single bevel butt welding joint 溶接 機械

レギオせんたくせいの レギオ選択性の, regioselektiv, 英 regioselective 化学 バイオ

れきせい 瀝青, Bitumen 中, bitumen 化学 バイオ 建設

れきせいアスファルトほそう 瀝青アスファルト舗装, Bitumen-Asphaltdecke 女, bitumen asphalt pavement 建設

れきせいたん 瀝青炭, Kokskohle 女, 類 bituminöse Kohle 女, bituminous coal, coking coal 製銑 地学

レキュペレータ Rekuperator 男, recuperator 機械 エネ

レギュラーガソリン Normalbenzin 中,

れ

regular gasoline 化学 機械

レギュロン Regulon 中, regulon 化学 バイオ

レゴソル（新たに沈積された沖積層の層をなしていない物質または砂から構成される土壌），Regosol 中, regosol 地学 物理

レシーバー Empfänger 男, receiver 電気

レジスターセレクトしんごう（液晶ディスプレイ用の）レジスターセレクト信号，RS ＝英 register select (signal) 電気

レジスターとインデックスきおく レジスターとインデックス記憶(コンピュータでレジスタとインデックスを含むアドレスで示される記憶域との間の演算形式)，英 registor and indexed storage 電気

レジスタのビットれつをひだりへかいてんする（めいれい）（コンピュータの）レジスタのビット列を左へ回転する(命令)(アセンブリ言語)，RL ＝英 rotate left register = nach links drehen Register 電気

レジスタのビットれつをみぎへかいてんする（めいれい）（コンピュータの）レジスタのビット列を右へ回転する(命令)(アセンブリ言語)，RR ＝英 rotate right register = nach rechts drehen Register 電気

レシチン・コレステロールアシルきてんいこうそ レシチン・コレステロールアシル基転移酵素(レシチン・コレステロールアシルトランスフェラーゼ)，LCAT = Lecithin-Cholesterin-Acyltransferase = lecithin-cholesterol acyltransferase 化学 バイオ 医薬

レシプロライン Pendelleitung 女, reciprocating line, balance pipe, suspension cord, pendant cord 電気 機械 建設

レジンがんしんメッキスルーホール レジン含浸メッキスルーホール RFP ＝英 resin filled PTH = Harz gefüllte Leiterplattenbohrung 電気

レストアーム Rastenausleger 男, rest arm 機械

れっか 劣化，Verschlechterung 女,

deterioration 材料 物理 化学

れっかしすう 劣化指数，DF ＝英 deterioration factor = Verschlechterungsfaktor 化学 バイオ 機械

れっしゃきかくせんもんいいんかい ［ドイツ工業規格(DIN)の］列車規格専門委員会，FSF = Fachnormenausschuss für Schienenfahrzeuge(DIN) 規格 交通 組織

れっぺん 裂片，Splitter 男, chip, splinter, splitter 電気 機械 地学 建設

レデブライト Ledeburit 男, ledeburite 材料 鉄鋼 物理

レデューサー Reduzierung 女, reducer 機械 化学

レトルトカーボン Retortenkohle 女, retort carbon 化学 材料

レバーシステム Gestängemechanismus 男, lever mechanism 機械

レバーぶんどき レバー分度器，Schaltarm-Winkelmesser 男, lever protractor 化学 バイオ 電気

レフラクトメータ（球面屈折率測定に用いる），Refraktometer 中, refractometer 光学 医薬

レベラー Streckrichtanlage 女, stretch levelling machine 材料 機械

レベルセンサー Pegelsensor 男, level sensor 電気 機械 化学 バイオ

レボドパ ［L-ドパ，ジヒドロキシフェニルアラニン：本来の生物学的に必須な役割以外に，レボドパはパーキンソン病(PD)とドパミン反応性デストニア(DSD)の臨床療法に用いられる]，L-Dopa = Levo-Dihydroxyphenylalanin = levo-dihydroxyphenylalanine 化学 バイオ 医薬

レリーフいんさつ レリーフ印刷，Hochdruck 男, relief printing 印刷 機械

レリーフべん レリーフ弁，Entlastungsventil 中, blow-off valve, relief valve 機械 製銑 精錬 化学 エネ

レンガ（煉瓦），Ziegel 男, 類 Stein 男, brick, block 製銑 精錬 連鋳 材料 非鉄 非金属 操業 設備

レンガづみ レンガ積み，Neuzustellung 女, 類 Mauerwerk 中, new lining, relining, brick work 製銑 精錬 材料 操業 設備 非鉄 非金属

れんけつかん 連結桿, Pleuelstange 女, connecting rod 機械

れんけつかんアイ 連結桿アイ, Pleuelauge 中, connecting rod eye 機械

れんけつかんあぶらすくい 連結桿油すくい, Ölschöpfer an der Pleuelstange 男, 類 Pleuelschöpfnase 女, connecting rod dipper, connecting rod oil splasher 機械

れんけつしゃりょうようれんせつそうち 連結車両用連接装置, Gelenkanbindung für Gliederzüge 女, hinge binding for articulated train 交通

れんけつばん 連結板, Verkettungsplatte 女, clip, flat-bar switch-clip 機械

れんけつリンク 連結リンク, Bindeglied 中, connecting link 機械

れんさかいろの 連鎖回路の, kettengeschaltet, 英 cascade connectid, chain connected 電気

れんさきゅうきんエーぐん，ビーぐん 連鎖球菌 A 群, B 群, Streptokokken Gruppe A Pyogenes/Gruppe B Agalactiae 複, streptococcus group A/groupB 化学 バイオ 医薬

れんさはんのう 連鎖反応, Kettenreaktion 女, chain reaction 化学 バイオ 原子力

レンズ Linse 女, lens 化学 バイオ 医薬 光学

レンズきょうとう レンズ鏡筒, Objektivtubes 男, lens barrel 光学 電気

レンズこうせんをへいこうにして（した） レンズ光線を平行にして（した）, kollimiert, 英 collimated 光学 機械

れんせつかく 連接角, Knickwinkel 男, articulation angle, traction angle 機械

れんせつバス 連接バス（連節バス；BRT・バス高速輸送システムを構成する要素として用いられる）, Gelenkbus 男, articulated bus, bendy bus 交通

れんせつぼう 連接棒, Druckstange 女,

類 Pleuel 男, pit man 機械

れんせつぼうだいたん 連接棒大端, unterer Pleuelkopf 男, connecting rod big end 機械

れんぞくきりかえギヤー 連続切替ギヤー, unterbrechungsfreies Schaltgetriebe 中, USG, uninterruptible change-over gear or gear-box 機械

れんぞくさいこうかいてんそくど 連続最高回転速度, höchste Dauerdrehzahl 女, highest continuous speed 機械

れんぞくさいだいきょようしゅつりょく 連続最大許容出力, höchstzulässige Dauerleistung 女, maximum allowable continuous rating 機械 電気 エネ

れんぞくしょうどんライン 連続焼鈍ライン, Durchlaufglühlinie 女, continuous annealing line 材料 操業 設備

れんぞくそうぎょうじかん 連続操業時間（トラックタイム，リード時間）, Durchlaufzeit 女, continuous running time, passing through time 操業 設備

れんぞくちゅうぞうせつび 連続鋳造設備, Stranggießanlage 女, continuous casting equipment/plant 連鋳 材料 操業 設備

れんぞくちゅうぞうパイロットプラント 連続鋳造パイロットプラント, Versuchsgießanlage 女, pilot casting plant 連鋳 鋳造 操業 設備

れんぞくちょうせいべん 連続調整弁, Stetigventil 中, continuously adjustable valve, proportional valve 機械

れんぞくのしき 連続の式, Kontinuitätsgleichung 女, equation of continuity 数学 統計 機械 化学 物理

れんぞくばり 連続梁, Durchlaufträger 男, continuous beam, continuous girder 建設 設備 機械

れんぞくローラーしょうどんろ 連続ローラー焼鈍炉, Rollenherddurchlaufofen 男, continuous roller-hearth annealing furnace 材料 操業 設備

れんたいさいむしゃ 連帯債務者, Gesamtschuldner 男, joint and several

debtor 経営 法制度

レンチ verstellbarer Schraubenschlüssel 男, wrench 機械

レントゲンてきオカルトはいがん レントゲン的オカルト肺癌(X線撮影像では検出されないが，細胞診や内視鏡検査で発見された軽微な病巣), ROLC = 英 radiologically occult lung cancer = radiologisch okkulter Lungenkrebs 医薬

レントゲンテスト Durchstrahlungsverfahren 中, radiographic testing, transmission method 機械 材料

レントゲンフィルムとうしかんさつそうち レントゲンフィルム透視観察装置, Schaukasten 男, 類 Röntgen-Filmbetrachtungsgerät 中, Leuchtfläche zur Durchsichtbetrachtung von Filmbildern 女, 英 Roentgen film viewer 化学 バイオ 医薬 放射線 電気

れんぽうかんきょうきょく 連邦環境局, UBA = Umweltbundesamt 環境 組織

れんぽうきぼしんりんどじょうじょうたいちょうさ 連邦規模森林土壌状態調査, BZE = bundesweite Bodenzustanserfassung imWald バイオ 地学

れんぽうきんりんこうがいぼうしじょうれい 連邦近隣公害防止条例, BImSchV = Bundesimmisionsschutzverordnung 環境 法制度

れんぽうけいざいぎじゅつしょう 連邦経済技術省, BMWi = Bundesministerium für Wirtschaft und Technologie 組織 全般

れんぽうこうせいきょく 連邦厚生局, Bundesgesundheitsamt, BGA 組織 化学

バイオ 医薬

れんぽうこうせいろうどうしょう 連邦厚生労働省, BMAS = Bundesministerium für Arbiet und Sozials 化学 バイオ 医薬 経営 組織

れんぽうざいりょう・ぶっしつけんきゅうしけんしょ 連邦材料・物質研究試験所, BAM = Bundesanstalt für Materialforschung und–prüfung 物理 材料 化学 バイオ 組織

れんぽうだいきぼでんきじぎょうしゃれんめい(とうろくきょうかい) 連邦大規模電気事業者連盟(登録協会), VEG = Bundesverband des Elektro-Großhandels e.V. 電気 経営 組織

れんぽうつうじょうさいばんしょ 連邦通常裁判所, Bundesgerichthof 男 法制度 組織

れんぽうどじょうほごほう 連邦土壌保護法,BBodSchG = Bundes-Bodenschutzgesetz 環境 化学 バイオ 経営

れんぽうとっきょさいばんしょ 連邦特許裁判所, Bundespatentgericht 中 特許 組織

れんぽうぶつりぎじゅつしけんしょ 連邦物理技術試験所, PTB = Physikalisch-Techinische Bundesanstalt 材料 物理 電気 光学 規格 組織

れんぽうろうどうさいがいぼうしさんぎょういやくきょく 連邦労働災害防止産業医薬局, BAuA=Bundesanstalt für Arbeitsschutz und Arbeitsmedizin 化学 バイオ 医薬 組織

れんれんちゅう 連々鋳, Sequenzguss 男, sequence casting 連鋳 操業 設備

ろ

ロアーマリーンライザーパケージ(海底暴噴防止装置：サブシーBOPの上部にコネクターにより接続されている), LMRP = 英 lower marine riser package 地学 化学 材料 設備 船舶 海洋

ろうえいじそく 漏洩磁束, MFL = 英 magnetic flux leakage = magnetischer Streufluss 機械 電気 材料

ろうえいじそくたんしょうしけん 漏洩磁束探傷試験, MLFT = 英 magnetic leakage flux testing = magnetisches Streuflussverfahren 材料 電気 物理

ろうえいだんせいひょうめんは 漏洩弾性表面波，LSAW = 英 leaky surface acoustic wave = Undichte akustische Oberflächenwelle 電気 光学 音響 機械

ろうえいモード 漏洩モード（リーキーモード），Leckmode 女，類 Leckwelle 女，leaky mode, tunneling mode 電気

ろうかげんしょう 老化現象，Alterserscheinung 女，類 Senilität 女，senile change, symptom of old age, senescence, aging phenomenon 医薬

ろうがた ろう型，Wachsmodell 中，wax pattern 鋳造 化学 機械

ろうがん 老眼，Alterssichtigkeit 女，aged eyes, presbyopic eye, old-sighted eye 化学 バイオ 医薬

ろうしゅつ 漏出（クロマトグラフィー関連語），Durchbruch 男，break through 化学 バイオ

ろうじんせいにんちしょう 老人性認知症，Altersblödsinn 男，類 Greisenblödsinn 男，senile dementia, senile aphrenia 医薬

ろうづけ・こうろうづけ，はんだづけ・なんろうづけ ろう付け，硬ろう付け，英 brazing：（はんだ付け，軟ろう付け）英 soldering，（独語はともに）Löten 中 材料 機械 電気

ろうでんしゃだんき 漏電遮断機，Fehlerstromschutzschalter 男，fault-current circuit breaker 電気

ろうどうあんぜんえいせいひょうかシリーズ 労働安全衛生評価シリーズ[OHSAS 18001（認証）と OHSAS 18002（指針）から成る]，OHSAS = 英 Occupational Health & Safety Assesment Services = Norm zur Bewertung von Gesundheit und Sicherheit bei Arbietsprozessen 規格 化学 バイオ 医薬 環境 安全

ろうどうあんぜんえいせいマネジメントシステム 労働安全衛生マネジメントシステム，AMS = Managementsystem zum Arbeitsschutz 規格 経営

ろうどうせいかつのしつ 労働生活の質（の向上を目指す運動），QWL = 英 quality of working life = Qualität des Arbeitslebens 経営 社会

ろうむかんり 労務管理，Menschenführung 女，personal management and industrial relations 経営

ろうわ 漏話，Nebensprechen 中，cross talk 電気

ローカライズ （システムなどを特定言語に対応させること），Lokalisierung 女，localization 機械 電気

ローダー Beladevorrichtung 女，loader 機械 設備

ローダミン （アミノフェノール類と無水フタル酸を縮合して得られる鮮紅色の塩基性染料），Rhodamin 中，rhodamine 化学

ローダミンイソチオシアネート （抗原標識用の蛍光色素），RITC = Rhodaminisothiocyanat = rhodamine isothiocyanate 化学 バイオ 医薬

ロータリーエンコーダー （ねじ回転量検出器），Drehwertgeber 男，rotary encoder 機械

ロータリーキルン （回転炉），Drehofen 男，rotary kiln, rotary furnace 設備 機械

ロータリーゲートバルブ （ロータリーフィーダー，ロータリーロックバルブ），Zellradschleuse 女，rotary lock valve, rotary gate valve, rotary feeder, cell-wheel lock 機械 化学

ロータリーシェービングカッター Schaberad 中，rotary shaving cutter 機械

ロータリーテーブル （回転工作物キャリアー），Schwenkrundtisch 男，rotary table 機械

ロータリーテーブルがたフライスばん ロータリーテーブル型フライス盤（回転フライス盤），Drehtischfräsmaschine 女，rotary table type milling machine 機械

ロータリーはいせつしゃ ロータリー排雪車，Schneeschleuder 男，rotary snowplow 機械

ロータリーピストンエンジン KKM = Kreiskolbenmaschine = rotary piston engine 機械

ロータリーフィーダー （ロータリーロックバ

ルブ，ロータリーゲートバルブ），Zellrad-schleuse 女, rotary lock valve, rotary gate valve, rotary feeder, cell-wheel lock 機械 化学

ロータリーベーンポンプ Drehschieber-pumpe 女, rotary vane pump 機械

ロ ー タ リ ー ポ ン プ RP ＝ 英 rotary pump ＝ Kreiselpumpe 機械 化学

ロータリーロックバルブ （ロータリーフィーダー，ロータリーゲートバルブ），Zellrad-schleuse 女, rotary lock valve, rotary gate valve, rotary feeder, cell-wheel lock 機械 化学

ロータリーわりだしスイッチデスク ロータリー割り出しスイッチデスク，Rund-schalttisch 男, rotary indexing table 電気 機械

ロードセミトレーラー Sattelauflie-ger 男, 関 Sattelanhänger 男, road semi-trailer 機械

ロードセル Kraftmessdose 女, 類 Last-zelle 女, load cell 材料 機械

ロードセンサー Kraftaufnehmer 男, 類 Beladungszähler 男, load sensor 材料 機械

ロードビーム Lasttraverse 女, load beam 建設 機械

ロームしつの ローム質の，lehmig, 英 loamy 地学 化学 バイオ

ローラーエプロン Strangführung 女, roller apron 連鋳 材料 操業 設備

ローラーガイド Rollenführung 女, roller guide 機械

ローラーテーブル Rollgang 男, roller table 連鋳 材料 操業 設備

ローラーレール （ホイールコンベヤー），Rollenbahn 女, roller conveyor 機械

ローリング Rollbewegung 女, rolling movement, rolling motion 機械

ローリングスキン Walzhaut 女, rolling skin, roll scale 材料 機械

ローリングぼうしき ローリング防止器（ヒルホルダー），Rollsperre 女, hill hold-er 機械

ロールアップエンダー Walzenkippstuhl 男, roll tilting device, roll up-ender 材料 機械

ロールオーガードリル Rollenmeißel 男, roller bit, drill bit 機械

ロールキャンバー Balligkeit（Walz）女, roll camber 材料 操業 設備

ロールくみたてひん ロール組み立て品（ロールセット），Walzensätze 男 複, roll assemblies, set of roll 連鋳 材料 操業 設備

ロールけい ロール径，Walzendurch-messer 男, roll diameter 連鋳 材料 操業 設備

ロールセット （ロール組み立て品），Wal-zensätze 男 複, roll assemblies, set of roll 連鋳 材料 操業 設備

ロールせんばん ロール旋盤，Walzen-drehbank 女, roll lathe 材料 機械

ロールどうのふくらみ ロール胴のふくらみ（ロール胴），Walzenballen 男, roll barrel, roll body 材料 機械

ロールねじ ロールねじ（転造ねじ），ge-walzte Schraube 女, 類 gerolltes Ge-winde 中, rolled screw, rolled thread-ed screw 機械

ロールのたわみ・へんけい ロールのたわみ・変形，Walzendurchbiegung 女, roll deflection 連鋳 材料 操業 設備

ロールのまきあげ ロールの巻き上げ，Einrolle 女, 関 Ausrolle 女 （ロールの取り外し），rolling up 材料 機械

ロールバー Überrollbügel 男, roll bar 機械

ロールピン （スプリングピン，ダウエルピン），Spannstift 男, spring pin, dowel pin, rollpin 機械

ロールベアリングになっている （潤滑ベアリングがついている，潤滑ベアリングになっている，ロールベアリングがついている），wälzgelagert, 英 mounted in anti-friction bearing 機械

ロールへんけい ロール変形（ロールたわみ），Rollendurchbiegung 女, roll de-flection 材料 操業 設備

ロールレバー Rollenhebel 男, roller lever 機械

ローレットつきナット ローレット付き
ナット，gerändelte Mutter 女，類 Kor-
delmutter 女，knurled nut 機械

ローレットホイール（サムホイール），Rän-
delrad 中，knurled wheel, thumb wheel
機械

ろか 濾過［濾過の種類としては，その濾
過孔サイズの粗い順に並べると，次のよう
になる.Präzisionsfiltration（＜10μm）精
密濾過，Mikrofiltration（0.1〜1.4μm）
ミクロ濾過，Ultrafiltration（15〜300kD）
限外濾過，Nanofiltration（1〜10 kD）ナ
ノ濾過］，Filtration 女，filtration, 化学
バイオ 医薬 機械 環境

ろがいせいれん 炉外精錬（二次精錬），
Sekundärmetallurgie 女，secondary
refining 精錬 材料

ろかえき 濾過液（ろ過液，濾過水），Fil-
trat 中，filtrate, filter effluent 化学 バイオ

ろかく 炉殻（ボイラー），Kessel 男，
boiler, basin, shell エネ 精錬 機械 設備

ろかすい 濾過水（濾過液，ろ過液），
Filtrat 中，filtrate, filter effluent 化学
バイオ

ろかようじょうご 濾過用漏斗，Filter-
trichter 男，filtering（fritted-disk ）
funnel 化学 バイオ

ろきょうかく 炉胸角，Hochofenschacht-
winkel 男，angle of stack shaft, stack
angle 製銑 設備 鉄鋼 非鉄

ログアウトする 再 sich abmelden,
logout 電気

ろくいんかんの 六員環の，sechsringig,
英 six-membered ；sechsringige
Verbindung（六員環化合物）化学 バイオ

ログインする anmelden 再 sich〜, login
電気

ろくそく 六速，Sechsgang 男，six-gear,
six-speed 機械

ろくだんピストンキャリパー 六段ピスト
ンキャリパー（六段ピストントング），
Sechskolbenzange 女，six-piston cali-
per, six-piston tong 機械

ロケーター（位置入力装置，ファインダー），

Sucher 男，locator, finder 光学 音響 機械

ロケットすいしん ロケット推進，Roketen-
vortrieb 男，rocket propulsion 航空 機械

ろこう 炉口（スロート），Ausladung 女，
throut 製銑 精錬 材料 操業 設備

ろこうけい 露光計（感光計，日射計），
Aktinometer 男，関 Belichtungssteue-
rung 女，exposure meter 光学 機械

ロシアヨーロッパしゅんかのうえん ロ
シアヨーロッパ春夏脳炎，REFSE =
russisch-europäische Frühjahr-Som-
mer-Enzephalitis 医薬

ろじたいきこうかぶっしつふかりょう 露
地大気降下物質負荷量（バルクデポジット），
Freilanddeposition 女，bulk deposition
from nearby open fields 化学 バイオ 環境
地学 気象

ろしディスク ろ紙ディスク（濾紙ディスク），
Rundfilter 中，filter-paper disk, circle
of filter paper 化学 バイオ

ろしでんきえいどう（ほう） ろ紙電気泳動
（法）（電解液をしみこませたろ紙小片の
一方に試料を置いて直流電場の中に置き，
試料の電荷やろ紙との親和性の差を利用
して物質を移動分離する方法），PE =
Papierelektrophorese = paper elctro-
phoresis 化学 バイオ 医薬

**ろしほうしゃせいめんえききゅうちゃくけ
んさほう** ろ紙放射性免疫吸着検査法，
PRIST = Papier（scheiben）-Radio-Im-
munosorbens-Test = paper-radio-im-
munoabsorption-test 化学 バイオ 医薬

ろしゅつ 露出，Exposition 女，expo-
sure 光学 電気

ろしゅつけい 露出計，Belichtungss-
teuerung 女，関 Aktinometer 中，expo-
sure meter 電気 光学

ろしゅつしている 露出している，bloßlie-
gend, 類 freiliegend, exposed 地学 化学
バイオ 機械

ロシュミットすう ロシュミット数［0℃，1
気圧の単位体積（1cm^3）の理想気体に含
まれる分子数］，N$_L$ = Loschmidt-Kon-
stante = Loschmidt's constant 物理 化学

ろしょう （高炉の）炉床，Hochofengestell

中, blast furnace hearth 製鉄 設備

ろしょうけい 炉床径, Gestelldurch-messer 男, hearth diameter 製鉄 精錬 機械 設備

ろじょうそうこうしゃ 路上走行車, Straßenfahrzeug 中, road vehicle 交通 機械

ろしんようゆう 炉心溶融, Reaktor-kernschmelzen 中, nuclear reactor core meltdown 原子力 放射線 物理 設備

ろしんようゆうぶつ 炉心溶融物, Corium 中, corium 原子力 放射線 物理

ロストコア（ちゅうぞう）**ほう** ロストコア（鋳造）法（溶融中子法）, Gießen mit verlorenen Kernen 中, casting with lost core 鋳造 化学 材料 非鉄

ロストワックスほう ロストワックス法, Vollformgießverfahren 中, 類 Wachsaus-schmelzverfahren 中, waste wax process, lost wax casting process 鋳造 機械 設備

ロスのある（不可逆の）, verlustbehaftet, 英 lossy 化学 バイオ

ロスのない（可逆の）, verlustfrei, 英 lossless 化学 バイオ

ロターブレード Rotorblatt 中, rotor blade 航空 機械

ロータリーエンジン Drehkolbenmotor 男, rotary enjine 機械

ろチャンバーないおんど 炉チャンバー内温度, Ofenraumtemperatur 女, furnace chamber temperature 材料 鉄鋼 非鉄

ろちょう 炉頂, Gicht 女, furnace throat, furnace top 製鉄 鉄鋼 非鉄 設備

ろちょうあつ 炉頂圧, Gegendruck an der Gicht 男, back -pressure 製鉄 エネ 電気

ろちょうあつタービン 炉頂圧タービン（背圧タービン）, Gegendruckturbine 女, 類 Gichtgasentspannungsturbine, back -pressure turbine 製鉄 機械 エネ 電気 設備

ロッカーアーム Kipphebel 男, 類 Kulissenhebel 男, Schlepphebel 男, Schwing-

hebel 男, tilt control lever, rocker arm 機械

ロッカーガイド（リンク案内）, Kulissen-führung 女, rocker guide 機械

ロッカープレート Kulissenplatte 女, rocker plate 機械

ろっかくスパナ 六角スパナ, Sechs-kantschlüssel 男, hexagonal wrench, hexagonal spanner, hexagon key 機械

ろっかくナット 六角ナット, Sechskant-mutter 女, hexagon-nut, hex-nut 機械

ろっかの 六価の, sechswertig, 英 sexi-valent, hexavalent 化学 バイオ

ろっかんくう 肋間腔, ICR = Intercostalraum = intercostal space, IKR, ICS 医薬

ロック（止め）, Arretierung 女, 類 関 Verriegelung 女, Blockieren 中, An-schlag 男, Zusetzen 中, Schloss 中, locking device, locking system 設備 機械

ロックアップクラッチ（直結クラッチ）, Überbrückungskupplung 女, lock up clutch 機械

ロックレンジ（テレビのロックレンジ:引き込み周波数レンジ）, Mitnahmebereich 男, lock in range, pulling-in range 電気

ロックウエルかたさ ロックウエル硬さ, Rockwellhärte 女, 英 Rockwell hardness, RH, HR 材料 鉄鋼 非鉄 機械

ロックかいじょりょく ロック解除力, Schlossöffnungskraft 女, lock opening force 機械

ロックカム Sperrnocken 男, lockking cam 機械

ロックされた（クローズした）, verschloss 機械

ロックしきあんぜんサポート ロック式安全サポート, arretierbarer Si-cherungssteg 男, lockable safety support, lockable safety bar 機械

ロックシステム Schleusensystem 中, 類 Sperrsystem 中, lock system 機械 電気 操業 設備

ロックそうち ロック装置, Verschlussvor-

ロックそうち ワーレンモータ

richtung 女, lock device 機械

ロックプラグ（ストッパー）, Verschluss-
stopfen 男, locking plug, stopper 機械

ロックベアリング Verschlusslager 中,
lock bearing 機械

ロックポール Verschlussklinke 女,
lock pawl 機械

ロット Grundstück 中, 類 関 Partie 女,
lot 操業 材料 製品

ロットサイズ Losgröße 女, lot size
連鋳 材料 操業 設備 製品

ロットせいさんほうしき ロット生産方式,
losweise Fertigung 女, lot production
system 操業 製品 経営

ろっぽうさいみつじゅうてん 六方最密
充填［ちゅう(稠)密六方］, hcp = 英 hex-
agonal close packed = hexagonal dich-
teste Packung 材料 機械 非鉄 物理 化学

ろていたいせきぶつ 炉底滞積物(サラマ
ンダー, べこ), Ofensau 女, salamander,
furnace sow, accreation 材料 エネ 鉄鋼
非鉄 化学 非金属

ろてん 露点(水蒸気を含む空気または他
の期待を冷却していくと, ある温度で水
蒸気が飽和蒸気圧に達して凝縮しはじめ
る, そのときの温度を指す), Taupunkt
男, dew point, DP 化学 物理 機械 気象

ろとうえんかんボイラー 炉筒煙管ボイ
ラー, Flammrohr-Rauchrohr-Kessel 男,
flame pipe-flue tube-boiler 機械 エネ
設備

ろないあつせいぎょ 炉内圧制御,
Feuerdrückregelung 女, in-chamber

pressure control 製銑 精錬 エネ

ろのそうぎょうほう 炉の操業法(炉の
操業の柔軟性, 炉の操業パラメータ),
Ofenfahrweise 女, the method of fur-
nace operation, furnace parameter
材料 製銑 精錬 鉄鋼 非鉄 化学 操業 設備

ろのふか 炉の負荷(炉の配置), Ofen-
belegung 女, furnace occupancy, fur-
nace allocation 機械 エネ 材料

ろのライニング 炉のライニング,
Ofenauskleidung 女, furnace lining
材料 製銑 精錬 鉄鋼 非鉄 化学 機械 非金属
操業 設備

ろのライニングはいざい 炉のライニン
グ廃材, Ofenausbruch 男, furnace lin-
ing waste material 材料 エネ 環境 鉄鋼
非鉄 化学 非金属 リサイクル

ろほう 濾胞(小胞), Follikel 男, follicle
化学 バイオ 医薬

ろほうせいリンパしゅ 濾胞性リンパ腫,
follikuläre Lymphome 中 複, follicular
lymphoma 化学 バイオ 医薬

ロボットプログラミングげんご ロボッ
トプログラミング言語, RPL = 英 robot
programming language = Roboterpro-
grammiersprache 電気 機械

ろめんでんしゃしゃりょう 路面電車車両
（ライトレール車両）, LRV = 英 light rail
vehicle = Straßenbahnwagen 交通 機械

ろをでたあと 炉を出た後, nach Ver-
lassen der Öfen 中, after exiting the
furnace 材料 機械 操業 設備

わ

ワーキンググループ（共同事業体）, Ar-
beitskreis 男, working group 経営

ワーキングドラフト（素案；国際標準化
機構の規格制定プロセスの一つ）, WD
= 英 working draft 規格

ワークサンプリング（アクティビティー
サンプリング）, Multimoment-Studie 女,
work sampling, activity sampling 数学

統計 操業 機械 化学 バイオ

ワークシート Arbeitsblätter 中 複,
worksheets 電気

ワークステーション Workstation 女,
workstation 電気

ワーレンモータ（隈取線輪形誘導電動機）,
Warren-Motor 男, Warren-type syn-
chronous motor 電気 機械

ろ

わ

ワイパー Scheibenwischer 男, windshield wiper 機械

ワイヤーあつえんガイドアーム ワイヤー圧延ガイドアーム, Drahtführungsarm 男, wire rolling guidearm 材料 機械

ワイヤーウインチ (ケーブルウインチ), Seilwinde 女, wire rope winch, cable winch 機械 繊維

ワイヤーガード Drahtgitter 中, 類 Drahtführung 女, wire guard 機械

ワイヤーさんせんき ワイヤー酸洗機 Drahterodiermaschine 女 材料 機械

ワイヤーでんきょく ワイヤー電極, Drahtelektrode 女, wire electrode 溶接 電気 材料 機械

ワイヤーハーネス Kabelbaum 男, 類 Kabelsatz 男, Kabelstrang 男, Leitungssatz 男, wire harness 電気 機械

ワイヤーばかり (針金の太さなどを測る) 針金測り(ワイヤーゲージ), WG = 英 wire gauge = Drahtlehre = Drahtdurchmesser 機械

ワイヤーバスケット Drahtkorb 男, wire basket 機械

ワイヤーはだん ワイヤー破断, Drahtbruch 男, wire rupture, broken wire 機械 建設

ワイヤーフレームモデル Drahtgittermodell 中, wire frame modell 電気 機械

ワイヤーロープ Drahtseil 中, wire rope 機械

ワイルドカード Platzhalterzeichen 中, wildcard character 電気

ワイルフェリックスはんのう ワイルフェリックス反応(Weil-Felix 反応), WFR = Weil-Felix-Reaktion = 英 Weil-Felix reaction 医薬

わかめ 若芽, Schuss 男, young leaf, young bud バイオ

わくごめ 枠込め, Kastenformerei 女, flask molding 鋳造 機械

ワクチンせっしゅご ワクチン接種後, p.v. = 英 post vaccination = nach der Impfung 医薬

ワクチンゆらいしっぺい ワクチン由来疾病(痘苗[とうびょう]由来疾病), VAE = vakzineassoziierte Erkrankung = vaccine associated disease 医薬

ワッシャー Nutscheibe 女, 類 Distanzscheibe 女, washer 機械

ワラジムシ (むかで), Assel 女, sow bug バイオ

わりこませてのたじゅうしょり 割り込ませての多重処理(入れ子, 周波数の絞り込み, 割り込ませての分散記録), Verschachtelung 女, interleaving 電気 光学

わりこませてのぶんさんきろく 割り込ませての分散記録(周波数の絞り込み, 入れ子, 割り込ませての多重処理), Verschachtelung 女, interleaving 電気 光学

わりだしボルト 割り出しボルト(止めボルト), Rastbolzen 男, indexing bolt, stop bolt 機械

わりだしえんテーブル 割り出し円テーブル, Teildrehtisch 男, circular-dividing table 機械

わりだしかどうダイ 割り出し可動ダイ(スローアウェイチップ, ターニングカッティングチップ), Wendeschneidplatte 女, indexable insert, throw away chip 機械

わりだしばん 割り出し板(割り出しプレート), Teilscheibe 女, 類 関 Indexplatte 女, dividing plate, index plate 機械

わりチューブ 割りチューブ, Spaltrohr 中, split tube 機械

わりブッシュ 割りブッシュ, Spaltbuchse 女, split bushing 機械

われかんじゅせい 割れ感受性, Rissempfindlichkeit 女, crack sensitivity; Rissempfindlichkeit gegen etwas(～に対する割れ感受性), 類 Rissanfälligkeit für etwas 連鋳 材料 鋳造 建設 化学 原子力

われめ 割れ目(クリアランス, ギャップ, 間隔, 裂け目), Spalt 男, clearance, gap, split, slot, crevice 機械 設備 地学 材料 化学 連鋳 材料 鋳造 建設

わんがんかいようがくの 湾岸海洋学の, küstenozeanographisch, 英 coast-oceanographic 地学 バイオ 海洋 気象

主 要 参 考 文 献

I 技術用語

1) Peter-k. Bundig: Langenscheidts Fachwörterbuch Elektrotechnik und Elektronik, Langenscheidt, 1998
2) Theodor C. H. Cole: Wörterbuch der Biologie, Spektrum Akademischer Verlag, Heidelberg, 1998
3) Technische Universität dresden: Langenscheidts Fachwörterbuch Chemie und chemische Technik, Langenscheidt, 2000
4) M. Eichhorn: Langenscheidts Fachwörterbuch Biologie, Langenscheidt, 1999
5) V. Ferretti: Wörterbuch der Datentechnik, Springer-Verlag, Heidelberg, 1996
6) E. Richter: Technisches Wörterbuch, 1998, Cornelsen verlag, Berlin
7) VdEh: Stahleisen-Wörterbuch, 6 Auflage, Verlag stahleisen GmbH
8) Louis De Vries: German-English Technical And Engineering Dictionary, Iowa, 1950
9) Bertelsmann: Lexikon der Abkürzungen, Bertelsmann Lexikon Verlag, 1994
10) 医学大辞典（第18版）, 南山堂, 1998
11) 機械術語大辞典, オーム社, 1984
12) 機械用語辞典, コロナ社, 1972
13) 生化学辞典（第3版）, 東京化学同人, 1998
14) 標準学術用語辞典 金属編, 大和久重雄, 誠文堂新光社, 1969
15) 理化学辞典（第5版）, 岩波書店, 1998
16) 標準化学用語辞典 縮刷版, 日本化学会, 丸善, 2008
17) 化学工学辞典（第3版）, 化学工学会, 丸善, 2007
18) 新版 電気電子用語辞典, オーム社, 2001
19) K-H. Brinkmann: Wörterbuch der Daten-und Kommunikationstechnik, Brandstetter, 1997
20) 略語大辞典, 丸善, 2005

II 一般用語

1) Harold T. Betteridge: Cassell's Dictionary, Macmillan Publishing Company, New York, 1978
2) 新英和大辞典（第5版）, 研究社, 1980
3) 新現代独和辞典, 三修社, 1994
4) 大独和辞典, 相良守峰, 博友社, 1958
5) 独和中辞典, 相良守峰, 研究社, 1996
6) 新アポロン独和辞典（第2版）, 同学社, 2001
7) 現代英和辞典, 研究社, 1973

III 参考ホームページ

1) http://www.linguee.de/deutsch-englisch/search?source = auto&query = shale
2) http://ejje.weblio.jp/content/%E5%85%85%E5%A1%AB
   （Weblio英和・和英, 化学物質辞書）
3) http://dbr.nii.ac.jp/infolib/meta_pub/G0000120Sciterm
4) http://abkuerzungen.de
5) http://www.chemie.fu-berlin.de/cgi-bin/abbscomp
6) http://ja.wikipedia.org/wiki
7) http://pr.jst.go.jp/ （JST科学技術用語日英対訳辞書）
8) http://www.medizinische-abkuerzungen.de/?first = 1
9) http://www.yahoo.co.jp/
10) http://www.chemicalbook.com/ChemicalProductProperty_JP_CB72160521.htm

あ と が き

　本書の制作にあたって御協力をいただいた 技報堂出版株式会社 取締役 石井洋平様に心より感謝申し上げますとともに，編集してくださった主任　伊藤大樹様をはじめとする関係の方々に謝意を表します．本書がドイツ語を通して日本の科学技術の発展に少しでも寄与できましたら，著者の望外の喜びであります．また，既刊の『科学技術独和英大辞典』，近刊予定の『科学技術独和英略語辞典』『科学技術独語表現・語彙・類用語集』につきましても，本書と併せて御活用いただけましたら幸いです．最後に，本書の作成にあたって，心より，応援してくれた妻の明子，亡き両親をはじめとする家族に感謝の意を表します．

2018年1月　　町村　直義

《著者略歴》

町村直義（まちむら・なおよし）

昭和42年3月 早稲田大学高等学院卒，昭和46年3月 早稲田大学理工学部金属工学科卒，昭和48年3月 早稲田大学理工学研究科金属工学専攻修士課程修了，在学中にIAESTE（国際学生技術研修協会）により，西独鉄鋼メーカーPeine-Salzgitter AGにて，技術研修，昭和48年4月住友金属工業（株）（現新日鉄住金（株））入社，製鋼所製鋼工場，鹿島製鉄所製鋼工場の現場技術スタッフ，本社勤務を経て，デュセルドルフ事務所勤務，ISO（国際標準化機構）事務局長などを歴任．その間，製鋼技術開発，連続鋳造技術開発，技術調査，技術交流，技術販売，海外展示会への出展，海外広告の制作／出稿，海外向カタログの作成，等々に携わる．ドイツ語については，高校3年間，週4時間の授業にて，基礎を学ぶ．その後，西独での研修，駐在により，技術との連携を図りながら，研鑽を積み，社内外の翻訳などを行ない，今日に至る．IAESTE 正会員，VDEh（ドイツ鉄鋼協会）正会員，日本特許情報機構（JAPIO）独和抄録作成者（10年以上にわたる），日本科学技術情報機構（JST）独和翻訳者，（株）特許デイタセンター（PDC）独和翻訳者．著書に姉妹書である『科学技術独和英大辞典』（技報堂出版）［日刊工業新聞 2016.10.27 に書評掲載］，訳書に『モビリティ革命（共訳）』（森北出版）［日本経済新聞 2016.6.19 に書評掲載］ほか実務翻訳多数．

科学技術和独英大辞典

定価はカバーに表示してあります．

2018年1月20日　1版1刷発行

ISBN 978-4-7655-3019-4 C3550

編　者	町　村　直　義
発行者	長　　滋　彦
発行所	技報堂出版株式会社

〒101-0051　東京都千代田区神田神保町 1-2-5

日本書籍出版協会会員
自然科学書協会会員
土木・建築書協会会員
Printed in Japan

電　話	営　業	（03）（5217）0885
	編　集	（03）（5217）0881
	Ｆ Ａ Ｘ	（03）（5217）0886
振替口座		00140-4-10
Ｕ Ｒ Ｌ		http://gihodobooks.jp/

© Naoyoshi Machimura, 2018
落丁・乱丁はお取り替えいたします．

装丁　ジンキッズ　　印刷・製本　昭和情報プロセス

JCOPY ＜出版者著作権管理機構　委託出版物＞

本書の無断複写は著作権法上での例外を除き禁じられています．複写される場合は，そのつど事前に，出版者著作権管理機構（電話：03-3513-6969，FAX：03-3513-6979，e-mail：info@jcopy.or.jp）の許諾を得てください．

◆小社刊行図書のご案内◆

定価につきましては小社ホームページ（http://gihodobooks.jp/）をご確認ください.

科学技術独和英大辞典

町村直義 編
A5・336頁

【内容紹介】科学技術分野のドイツ語を扱った辞典は近年刊行されることがなく，科学技術の進展に適応できていない．本書は，科学技術分野でよく使われているドイツ語について，有用な単語・表現（一部略語も含む）をまとめたものである．本書で挙げる単語・表現は，著者が実際に遭遇し，使用してきた単語・表現であり，実務に大いに活用できる．

英語論文表現例集 with CD-ROM
— すぐに使える 5,800 の例文 —

佐藤元志 著／田中宏明・古米弘明・鈴木穣 監修
A5・766頁

【内容紹介】英語で書かれた学術論文から役に立ちそうな表現例を集め整理した．英語での研究論文や国際会議，学会での発表に有益な書．また，パソコンで利用可能なデータベースのソフトを添付した版．科学論文作成に必要不可欠なキーワード単語をアルファベット順に抽出．環境科学や環境工学を中心に，実際の論文で使われた文章表現例を 5,800 に上って掲載している．

土木用語大辞典

土木学会 編
B5・1678頁

【内容紹介】土木学会が創立 80 周年記念出版として企画し，わが国土木界の標準辞典をめざして，総力を挙げて編集にあたった書．総収録語数 22,800 語．用語解説は，定義のほか，必要な補足説明を行い，重要語については，理論的裏付けや効用などにも言及している．さらに，歴史的な事柄，出来事，人物，重要構造物や施設などについては，事典としての利用にも配慮した解説がなされている．見出し語のすべてに対訳英語が併記されているのも，本書の特色の一つ．英語索引はもちろん，主要用語 2,300 余語の 5 か国語対訳表（日・中・英・独・仏）も付録．

早わかり SI 単位辞典

中井多喜雄 著
B6・212頁

【内容紹介】SI 基本単位，SI 補助単位，組立単位のしくみ，SI 接頭語，併用単位等について概説した後，10 分野に分類して物理量を逐語解説する書．重要あるいは必要と思われる非 SI 単位への換算も明示した．目次と巻末に設けられた和文索引，英文索引，単位記号索引とを活用すれば，効率的に必要な知識が得られる．

///// 技報堂出版 | TEL　営業 03(5217)0885　編集 03(5217)0881
| FAX　03(5217)0886